Nickel und Nickellegierungen

Nickel und Nickellegierungen

Eigenschaften und Verhalten

Unter Mitarbeit zahlreicher Fachleute
und besonderer Mitwirkung von R. Ergang
herausgegeben von

K. E. Volk

Springer-Verlag Berlin Heidelberg GmbH 1970

Herausgeber:
Direktor Dr.-Ing. KARL ERICH VOLK
Nickel-Informationsbüro GmbH
Düsseldorf

ISBN 978-3-662-12597-7   ISBN 978-3-662-12596-0 (eBook)
DOI 10.1007/978-3-662-12596-0

Mit 262 Abbildungen

Das Werk ist urheberrechtlich geschützt. Die dadurch begründeten Rechte, insbesondere die der Übersetzung, des Nachdruckes, der Entnahme von Abbildungen, der Funksendung, der Wiedergabe auf photomechanischem oder ähnlichem Wege und der Speicherung in Datenverarbeitungsanlagen bleiben, auch nur bei auszugsweiser Verwertung, vorbehalten.
Bei Vervielfältigungen für gewerbliche Zwecke ist gemäß § 54 UrhG eine Vergütung an den Verlag zu zahlen, deren Höhe mit dem Verlag zu vereinbaren ist.
© by Springer-Verlag Berlin Heidelberg 1970. Library of Congress Catalog Card Number: 78-84141
Ursprünglich erschienen bei Springer-Verlag, Berlin · Heidelberg 1970
Softcover reprint of the hardcover 1st edition 1970

Die Wiedergabe von Gebrauchsnamen, Handelsnamen, Warenbezeichnungen usw. in diesem Buche berechtigt auch ohne besondere Kennzeichnung nicht zu der Annahme, daß solche Namen im Sinne der Warenzeichen- und Markenschutz-Gesetzgebung als frei zu betrachten wären und daher von jedermann benutzt werden dürften.
Titel-Nr. 1524

Mitarbeiterverzeichnis

Ergang, Richard, Dr. rer. nat., Nickel-Informationsbüro GmbH, Düsseldorf.

Fahlenbrach, Hermann, Dr. phil., Fried. Krupp GmbH. Essen.

Flint, George N., International Nickel Ltd., London.

Franklin, Arthur W., International Nickel Ltd., London.

Jellinghaus, Werner, Dr. rer. nat., Max-Planck-Institut für Eisenforschung, Düsseldorf.

Kober, Heinrich, Dr. rer. nat., Physikalisch-Chemisches Institut der Universität München.

LaQue, Francis L., International Nickel Company Inc., New York.

Lücke, Kurt, Prof. Dr. rer. nat., Institut für Allgemeine Metallkunde und Metallphysik der TH Aachen.

Mager, Albrecht, Dr. rer. nat., Vacuumschmelze GmbH, Hanau.

Olshausen, Kai D., Dr.-Ing., Institutt for Atomenergi, Kjeller/Norwegen

Pfeifer, Friedrich, Vacuumschmelze GmbH, Hanau.

Smith, Ronald A., Dr., International Nickel Ltd., Birmingham.

Stüwe, Hein-Peter, Prof. Dr. rer. nat., Institut für Werkstoffkunde und Herstellungsverfahren der TU Braunschweig.

Thomas, Hans, Dr. rer. nat., Vacuumschmelze GmbH, Hanau.

Volk, Karl Erich, Dr.-Ing., Nickel-Informationsbüro GmbH, Düsseldorf.

Wakeman, Dennis W., Dr., University of Salford, England,

Westphal, Herbert, Dr. rer. nat., Vereinigte Deutsche Metallwerke AG, Frankfurt/Main.

Vorwort

Vor einigen Jahren bat mich der Springer-Verlag, ein Buch über Nickel und Nickellegierungen auf metallkundlicher Grundlage zu schreiben. Es sollte gleichermaßen für Forschung und Praxis von Wert sein und darüberhinaus alles Wesentliche über Nickel und seine Legierungen enthalten, jedoch einen vorgegebenen Umfang nicht überschreiten.

Ich war mir klar darüber, daß ein solches Buch über Nickel — einem derart vielseitigen Metall, das unter anderem bei den Ausdehnungslegierungen, den Werkstoffen mit physikalischen und magnetischen Eigenschaften, den Widerstands- und hitzebeständigen Legierungen sowie den warmfesten und korrosionsbeständigen Legierungen eine ausschlaggebende Rolle spielt — nicht von einem einzelnen geschrieben werden konnte, sondern nur von mehreren Fachleuten, die sich mit dem einen oder anderen Teilgebiet besonders intensiv beschäftigt hatten. Bei der Aufstellung der Disposition, gemeinsam mit Herrn Dr. R. ERGANG, wurde der Umfang der einzelnen Kapitel im vorgegebenen Rahmen festgelegt. Es zeigte sich dann aber, daß besonders die Autoren für die Abschnitte über Magnetismus damit nicht auskamen, und das trotz vieler Kürzungen.

Da der Umfang des Buches begrenzt war, ist der Einfluß des Nickels auf die Eigenschaften der niedriglegierten Werkstoffe nicht behandelt worden; auch die nichtrostenden Stähle wurden nur am Rande erwähnt, obwohl diese Werkstoffgruppe hinsichtlich ihrer technischen Anwendung eine sehr wichtige ist. Im allgemeinen wurden daher nur die Nickellegierungen besprochen, bei denen Nickel prozentual den größten Legierungsanteil darstellt. Nur in den Fällen, in denen auch nickelarme Legierungen zu der gleichen Werkstoffgruppe gehören, wurden sie der Vollständigkeit halber mit beschrieben, wie z. B. bei den magnetischen Werkstoffen die Dauermagnete, deren Nickelgehalt zumeist unter 25% liegt. Auch auf die Kupfer-Nickel-Legierungen wurde in einem gewissen Umfang eingegangen, da sie sich in einigen Eigenschaften nur schwer von den Nickel-Kupfer-Legierungen trennen lassen.

Herrn Professor Dr. W. KÖSTER danke ich für wertvolle Anregungen bei der Aufstellung der Disposition des Buches. Ich bin seinem Rat, den Inhalt nach den Eigenschaften der Werkstoffe einzuteilen, gerne gefolgt. Mein Dank gilt auch den Herren Professoren Dr. E. RAUB und Dr. K. BUNGARDT für wertvolle Hinweise nach Durchsicht einiger Manuskripte.

Zu danken habe ich auch Herrn Dr. H. HOLETZKO für die Hilfe bei der Suche und Auswertung von Literatur und Herrn S. OTTO von unserem Büro für die sorgfältige Durcharbeitung der Fahnen- und Umbruchabzüge und die Aufstellung des Literatur- und Sachverzeichnisses.

Nicht zuletzt sage ich allen Autoren dieses Buches meinen herzlichen Dank für die Mühe und Ausdauer beim Erarbeiten der Manuskripte und den anschließenden Korrekturarbeiten. Besonders danke ich Herrn Dr. R. ERGANG auch dafür, daß er die Manuskripte über die Widerstandslegierungen sowie über die aushärtenden und hitzebeständigen Werkstoffe betreut und abgestimmt hat.

Erwartungsgemäß kann ein Buch, das Beiträge von 17 Autoren enthält, nicht so einheitlich wirken, als wenn es nur von einem Autor geschrieben worden wäre, da die gewünschte Verknüpfung von Theorie und Praxis verständlicherweise von Autor zu Autor verschieden ausfallen mußte. Ich glaube aber, daß wir zu einem brauchbaren Kompromiß gekommen sind.

Zur Bezeichnung der Werkstoffe wurden, wo immer möglich, genormte Kurzzeichen verwendet. Zur Abkürzung von allgemeinen Legierungsbezeichnungen wurden die chemischen Symbole bevorzugt.

Wir sind dem Leser für alle Hinweise und Anregungen für die Verbesserung des vorliegenden Werkes dankbar, wobei wir jedoch zu berücksichtigen bitten, daß es infolge der Beschränkung des Buchumfanges nicht möglich ist, in den einzelnen Kapiteln alle wesentlichen Arbeiten und Veröffentlichungen anzuführen.

Düsseldorf, März 1969

K. E. Volk

„Die auszugsweise Wiedergabe der Normblätter erfolgt mit Genehmigung des Deutschen Normenausschusses. Maßgebend ist die jeweils neueste Ausgabe des Normblattes im Normformat A 4, das bei der Beuth-Vertrieb GmbH, 1 Berlin 30 und 5 Köln, erhältlich ist."

Inhaltsverzeichnis

A. Allgemeines
(K. E. VOLK)

1 Verwendung von Nickel einst und jetzt.	1
2 Vorkommen	3
2.1 Sulfidische Nickelerze	3
2.2 Oxidische Nickelerze	3
3 Hüttenmännische Gewinnung	4
3.1 Carbonylprozeß	6
3.2 Gewinnung von hochreinem Nickel	6
3.3 Die verschiedenen Hüttennickelsorten	7
4 Einfluß von Begleitelementen auf die Eigenschaften von Nickel	7
4.1 Kobalt	7
4.2 Kupfer	9
4.3 Eisen	9
4.4 Magnesium	9
4.5 Mangan	9
4.6 Kohlenstoff	9
4.7 Sauerstoff	10
4.8 Wasserstoff	10
4.9 Schwefel	12
5 Erschmelzung und Warmverarbeitung	12
5.1 Schmelzen und Gießen von Nickel und Nickellegierungen	12
5.2 Warmverarbeitung von Nickel und Nickellegierungen	13
5.3 Anlaßbehandlung von Nickel und Nickellegierungen	15
Literatur zu Kapitel A	17

B. Physikalische Eigenschaften

1 Struktur des Nickels (K. E. VOLK)	18
1.1 Elektronenanordnung und Atomgewicht	18
1.2 Gitterstruktur	18
1.3 Dichte	19
2 Optische Eigenschaften (K. E. VOLK)	19
2.1 Reflexion und Absorption	19
2.2 Emission	20

Inhaltsverzeichnis

3 Thermische Eigenschaften von Nickel und Nickellegierungen. 20
   3.1 Thermische Eigenschaften von Nickel (K. E. VOLK) 20
      3.11 Schmelzpunkt, Siedepunkt, Dampfdruck 20
      3.12 Spezifische Wärme, Entropie, Schmelz- und Atomwärme 21
      3.13 Diffusion 23
      3.14 Wärmeleitfähigkeit und Wärmeausdehnung 25
   3.2 Thermische Eigenschaften, insbesondere Wärmeausdehnung, von Nickellegierungen (H. THOMAS) 27
      3.21 Nickel-Eisen-Legierungen 27
      3.22 Nickel-Kobalt-Eisen-Legierungen 35
      3.23 Nickel-Chrom-Eisen-Legierungen 38
      3.24 Sonstige Legierungen 40

4 Elastische Eigenschaften von Nickel und Nickellegierungen (H. THOMAS) . 41
   4.1 Nickel 42
   4.2 Nickel-Eisen-Legierungen 45
   4.3 Weitere binäre Nickellegierungen 49
   4.4 Mehrstofflegierungen auf der Basis Nickel-Eisen und technische Werkstoffe 50

5 Magnetische Eigenschaften von Nickel- und Nickellegierungen 55
   5.1 Magnetische Kristalleigenschaften (Nickel und Nickel-Eisen) (A. MAGER) 55
      5.11 Sättigungsmagnetisierung und Curiepunkt 56
      5.12 Magnetische Kristallanisotropie 57
      5.13 Magnetostriktionskonstanten, Spannungsenergie 59
      5.14 Uniaxiale Anisotropie durch Richtungsordnung von Atomen im Kristallgitter 62
   5.2 Magnetische Eigenschaften von Nickel (A. MAGER) 63
      5.21 Zusammenstellung der magnetischen Grundkonstanten 63
      5.22 Temperaturgang der magnetischen Grundkonstanten 64
      5.23 Temperaturverhalten der Koerzitivfeldstärke und der Permeabilität 65
      5.24 Einfluß von mechanischen Spannungen auf die Magnetisierungskurve 67
      5.25 Einfluß von Glühbehandlung, Umformung und Reinheit 68
      5.26 Pulvermaterial, Sintereinfluß u. a. 70
      5.27 Magnetostriktionseffekte, technische Bedeutung 71
   5.3 Technisch wichtige weichmagnetische Legierungen (F. PFEIFER) . . . 73
      5.31 Hochnickelhaltige Legierungen 73
         5.311 Legierungsherstellung und Schlußglühung 74
         5.312 Abhängigkeit der magnetischen Eigenschaften von Legierungszusammensetzung und Anlaßbehandlung oberhalb der Curietemperatur 76
         5.313 Zusammenhang der magnetischen Eigenschaften mit den magnetischen Grundkonstanten 80
         5.314 Eigenschaftsänderungen bei Anlaßbehandlung unterhalb der Curietemperatur 86
         5.315 Innere Zustandsänderungen beim Anlassen 86

Inhaltsverzeichnis

5.32 Legierungen mit mittlerem Nickelgehalt 89
    5.321 Legierungen mit flachem Anstieg der Permeabilität in kleinen Feldern 89
    5.322 Legierungen mit Rechteckschleife und Isopermschleife . . 90
    5.323 Legierungen mit hoher Anfangspermeabilität 92
    5.324 Legierungen mit Rechteckschleife bzw. hoher Anfangspermeabilität durch Magnetfeldtemperung 93
5.4 Weitere Legierungen mit Nickel (F. Pfeifer) 99
    5.41 Nickel-Eisen-Kupfer (Ausscheidungsisoperm) 99
    5.42 Nickel-Eisen-Kobalt (Perminvar) 99
5.5 Legierungen mit niedriger Sättigungsmagnetisierung (H. Fahlenbrach) 101
5.6 Nickelhaltige Dauermagnet-Legierungen (H. Fahlenbrach) 107
    5.61 Dauermagnetwerkstoffe — Grundlagen 107
    5.62 Eisen-Nickel-Aluminium- und Eisen-Nickel-Aluminium-Kobalt-Legierungen 113
        5.621 Metallkundliche Grundlagen 115
        5.622 Einfluß von makroskopischen Anisotropien 121
        5.623 Einfluß zusätzlicher Legierungselemente 124
        5.624 Herstellungsverfahren 128
    5.63 Sonstige nickelhaltige Dauermagnet-Legierungen 129

6 Elektrische Eigenschaften 130
6.1 Der elektrische Widerstand von Nickel (W. Jellinghaus) 130
6.2 Der Einfluß von Legierungszusätzen auf den elektrischen Widerstand (W. Jellinghaus) 132
6.3 Der Hall-Effekt von Nickel und Nickellegierungen (W. Jellinghaus) . 136
6.4 Legierungen mit besonderen elektrischen Eigenschaften (H. Westphal) 141
    6.41 Heizleiterlegierungen auf Nickel-Chrom- und Nickel-Chrom-Eisen-Basis 141
        6.411 Die technischen Heizleiterlegierungen 142
        6.412 Physikalische Eigenschaften und Festigkeitseigenschaften der Heizleiterlegierungen 144
        6.413 Lebensdauer von Heizleitern 145
        6.414 Der elektrische Widerstand von Heizleiterlegierungen . . . 147
        6.415 Lebensdauerverbessernde Zusätze 151
        6.416 Korrosionsbeständigkeit von Heizleitern 159
        6.417 Die Oberflächenbelastung 160
    6.42 Widerstandslegierungen auf Nickel-Kupfer- und Nickel-Kupfer-Mangan-Basis 161
        6.421 Werkstoffe für Widerstände zur angenäherten Konstanthaltung des Stromes 164
        6.422 Werkstoffe für Widerstandsthermometer 164
        6.423 Werkstoffe für Präzisionswiderstände 165
        6.424 Werkstoffe für hochbelastbare Widerstände 167
        6.425 Sonstige Widerstände 167
    6.43 Legierungen mit besonderen thermoelektrischen Eigenschaften auf Nickel-Kupfer- und Nickel-Chrom-Basis 168

Inhaltsverzeichnis

7 Kerntechnische Eigenschaften von Nickel und Nickellegierungen (K. D. Olshausen u. K. Lücke) . . . 173

  7.1 Kernreaktionen . . . 173
    7.11 Reaktionen der Nickelisotope mit Neutronen . . . 173
    7.12 Aktivierung von Nickel und Nickellegierungen durch Neutronenbestrahlung . . . 174

  7.2 Strahlenschäden . . . 176
    7.21 Theoretische Einleitung . . . 176
    7.22 Eigenschaftsänderungen . . . 177
      7.221 Elektrischer Widerstand . . . 177
      7.222 Verhalten im Zugversuch . . . 178
      7.223 Zeitstandverhalten . . . 185
      7.224 Kerbschlagverhalten . . . 186
      7.225 Magnetische Eigenschaften . . . 186

  7.3 Anwendung von Nickellegierungen in der Reaktortechnik . . . 187

Literatur zu Kapitel B . . . 188

C. Verfestigung, Festigkeitseigenschaften und Vorgänge beim Weichglühen
(H.-P. Stüwe)

1 Verformung . . . 204
  1.1 Einkristall . . . 204
  1.2 Vielkristall . . . 205
  1.3 Einfluß gelöster Fremdatome . . . 207
  1.4 Kriechen . . . 208
    1.41 Übergangskriechen . . . 209
    1.42 Stationäres Kriechen . . . 209
  1.5 Verformungstexturen . . . 209
    1.51 Walztextur . . . 209
    1.52 Ziehtextur . . . 210
    1.53 Schertextur . . . 210

2 Festigkeitseigenschaften von Nickel . . . 210
  2.1 Technologische Daten . . . 210
    2.11 Streckgrenze . . . 212
    2.12 Zugfestigkeit . . . 212
    2.13 Dehnung . . . 213
    2.14 Kerbschlagzähigkeit . . . 213
  2.2 Elastische Größen . . . 215

3 Vorgänge beim Weichglühen . . . 216
  3.1 Definitionen . . . 216
  3.2 Erholung . . . 218
  3.3 Rekristallisation . . . 219
  3.4 Rekristallisationstextur . . . 221

Literatur zu Kapitel C . . . 222

D. Aushärtungsverhalten

1 Ausscheidungshärtung 224
  1.1 Theorie der Ausscheidungshärtung (D. W. WAKEMAN) 224
    1.11 Keimbildung und -wachstum 224
    1.12 Homogene und heterogene Ausscheidungen 226
    1.13 Kristallorientierung der Ausscheidungen 228
    1.14 Die einzelnen Stufen der Ausscheidungen 229
    1.15 Wachstum der Ausscheidungen 230
    1.16 Vergröberung der Ausscheidungen 231
    1.17 Ausscheidungen in Nickelbasislegierungen 232
  1.2 Aushärtbare Legierungen 233
    1.21 Hochwarmfeste Nickel-Chrom-Legierungen (R. A. SMITH) 233
      1.211 Die Zwei- und Dreistoffsysteme 234
      1.212 Festigkeitseigenschaften der Legierungen 239
        1.212.1 Einfluß der Legierungselemente 239
        1.212.2 Einfluß der Wärmebehandlung (A. W. FRANKLIN) . 249
          1.212.21 Wärmebehandlung bei Knetlegierungen . 249
          1.212.22 Wärmebehandlung bei Gußlegierungen . . 254
          1.212.23 Einfluß der Wärmebehandlung auf einige besondere mechanische Eigenschaften . . 256
          1.212.24 Festigkeit bei relativ niedrigen Temperaturen 257
          1.212.25 Kristallerholung — Federn 257
          1.212.26 Beseitigung der Kaltverfestigung von Oberflächenschichten 258
          1.212.27 Die Wärmebehandlung von Blechen und Schweißnähten 258
          1.212.28 Der Einfluß der Schmelzbedingungen auf die Hochtemperatureigenschaften 259
    1.22 Ausscheidungshärtbare Nickel-Kupfer-Legierungen (D. W. WAKEMAN) 260
      1.221 Die Zwei- und Dreistoffsysteme 260
        1.221.1 Aluminium-Kupfer-Nickel 261
        1.221.2 Kupfer-Nickel-Silicium 263
      1.222 Physikalische und mechanische Eigenschaften aushärtbarer Nickel-Kupfer-Legierungen 265
        1.222.1 Nickel-Kupfer-Aluminium-Legierungen 265
        1.222.2 Nickel-Kupfer-Silicium 268
    1.23 Andere ausscheidungshärtbare Nickellegierungen (D. W. WAKEMAN) 269

2 Dispersionshärtung (D. W. WAKEMAN) 271
  2.1 Allgemeines 271
  2.2 Herstellung von dispersionshärtenden Legierungen 271
  2.3 Gefüge und Festigkeitseigenschaften von dispersionsgehärteten Legierungen 272
    2.31 Erholung und Rekristallisation 272
    2.32 Festigkeitseigenschaften bei Raumtemperatur 272
    2.33 Festigkeitseigenschaften bei erhöhten Temperaturen 273

Inhaltsverzeichnis

2.34 Kristallorientierung 273
2.35 Dämpfungsvermögen 275
2.36 Gefügestabilität 275
Literatur zu Kapitel D 276

E. Katalytisches Verhalten
(H. KOBER)

1 Mikrostruktur und katalytische Eigenschaften 280
  1.1 Chemisorption 280
  1.2 Reaktion innerhalb der Schicht (Langmuir-Hinshelwood-Mechanismus) 282
  1.3 Desorption der Endprodukte 283
  1.4 Reaktion zwischen Schicht und Gasphase (Eley-Rideal-Mechanismus) 283
  1.5 Einfluß von Fremdstoffen an der Oberfläche 284
  1.6 Absorption und „Vergiftung" 284
  1.7 Kinetik katalytischer Reaktionen 284

2 Makrostruktur und katalytische Eigenschaften 285

Literatur zu Kapitel E 285

F. Elektrochemisches Verhalten
(K. E. VOLK)

1 Das elektrochemische Potential von Nickel 287
  1.1 Gleichgewichtsdiagramm Nickel-Wasser 287
  1.2 Passivität von Nickel 289
  1.3 Passivierung von Nickellegierungen 292
    1.31 Nickel-Kupfer-Legierungen 292
    1.32 Nickel-Chrom-Legierungen 293
    1.33 Nickel-Molybdän-Legierungen 294
    1.34 Sonstige Nickellegierungen 295

2 Galvanische Abscheidung von Nickel 296
  2.1 Der Abscheidungsvorgang an der Kathode 296
  2.2 Nickelanoden 298
    2.21 Chemische Zusammensetzung 298
    2.22 Einfluß des Gefüges 300
    2.23 Elektrolyt und Stromdichte 301
  2.3 Nickelüberzüge 304
    2.31 Glanznickel 304
    2.32 Doppelnickel 306
    2.33 Wasserstoff in Nickelüberzügen 307
    2.34 Mechanische Eigenschaften der Nickelüberzüge 309

3 Abscheidung ohne äußere Stromquelle 311
  3.1 Tauchverfahren 311
  3.2 Katalytische Reduktionsverfahren 312
    3.21 Nickel-Phosphor-Niederschläge 312
    3.22 Nickel-Bor-Niederschläge 313

Literatur zu Kapitel F 315

G. Verhalten in Gasen
(R. Ergang)

1 Theoretische Grundlagen 317
   1.1 Das Zweistoffsystem Nickel-Sauerstoff 317
   1.2 Thermodynamische Grundlagen 318
   1.3 Der zeitliche Ablauf der Oxydation 319
   1.4 Diffusionsmechanismus bei der Bildung von Nickeloxid 321
   1.5 Temperaturabhängigkeit der Oxydation 323
   1.6 Einfluß von Zusätzen 324

2 Zunderfeste Legierungen 329
   2.1 Zusammensetzung der Oxidschichten 329
   2.2 Verhalten der Oxidschichten bei wechselnder Aufheizung und Abkühlung 332
   2.3 Übersicht über die technischen Legierungen 333
      2.31 Chemische Zusammensetzung und Anwendbarkeit der hitzebeständigen Stähle und Legierungen 333
      2.32 Das Dreistoffsystem Chrom-Eisen-Nickel; Ausscheidungen und ihr Einfluß auf die Festigkeitseigenschaften 334

3 Reaktionen mit verschiedenen Gasen 339
   3.1 Verhalten in kohlenstoffhaltigen Gasen 339
   3.2 Verhalten in stickstoffhaltigen Gasen 343
   3.3 Verhalten in schwefelhaltigen Gasen 345
   3.4 Verhalten in halogenhaltigen Gasen 348

4 Sonderformen der Korrosion 348
   4.1 Grünfäule 348
   4.2 Katastrophale Korrosion 349
   4.3 Ölasche-Korrosion 350

Literatur zu Kapitel G 353

H. Chemisches Verhalten in wäßrigen Lösungen
(F. L. LaQue u. G. N. Flint)

1 Allgemeines zum chemischen Verhalten von Nickel — Wirkung von Legierungselementen 356
   1.1 Nickel-Kupfer-Legierungen 357
   1.2 Nickel-Chrom-Legierungen 358
   1.3 Nickel-Molybdän-Legierungen 359
   1.4 Nickel-Silicium-Legierungen 361
   1.5 Nickel-Eisen-Legierungen 361
   1.6 Nickel-Zinn-Legierungen 365

2 Besondere Korrosionsarten 365
   2.1 Interkristalline Korrosion 365
   2.2 Spannungsrißkorrosion 366
   2.3 Lochfraßkorrosion 368
   2.4 Kontaktkorrosion 370

XVI Inhaltsverzeichnis

3 Chemisches Verhalten in verschiedenen Medien 372
  3.1 Korrosion durch alkalische und neutrale Lösungen 372
    3.11 Nickel 372
      3.111 Verhalten gegenüber alkalischen Lösungen 372
      3.112 Verhalten gegenüber der Atmosphäre 376
      3.113 Verhalten gegenüber Wässern 377
      3.114 Verhalten gegenüber neutralen und alkalischen Salzen . . 377
    3.12 Nickel-Kupfer- und Kupfer-Nickel-Legierungen 378
      3.121 Verhalten gegenüber alkalischen Lösungen 378
      3.122 Verhalten gegenüber Süßwasser 380
      3.123 Verhalten gegenüber Meerwasser 381
      3.124 Verhalten gegenüber neutralen und alkalischen Salzen . . . 384
    3.13 Nickel-Chrom-Legierungen 384
  3.2 Korrosion durch oxydierend wirkende Lösungen und Säuren 386
    3.21 Nickel 386
    3.22 Nickel-Chrom-Legierungen 386
    3.23 Nickel-Chrom-Eisen-Legierungen 388
  3.3 Korrosion durch reduzierend wirkende Lösungen und Säuren 389
    3.31 Nickel 389
    3.32 Nickel-Chrom-Legierungen 391
    3.33 Eisen-Nickel-Chrom-Legierungen mit Zusatz von Molybdän und Kupfer 392
    3.34 Nickel-Molybdän- und Nickel-Chrom-Molybdän-Legierungen . . 393
    3.35 Nickel-Kupfer-Legierungen 395
    3.36 Nickel-Silicium-Legierungen 397
Literatur zu Kapitel H 398

Sachverzeichnis 401

A. Allgemeines

Von

K. E. Volk

1 Verwendung von Nickel einst und jetzt

Nickel wurde schon lange, bevor es als Element von dem Schweden AXEL VON CRONSTEDT im Jahre 1741 entdeckt wurde [1], in legierten Werkstoffen verwendet. Die ersten historisch nachweisbaren nickelhaltigen Münzen wurden um 234 v. Chr. im asiatischen Königreich Baktrien verwendet [2]. Mit einer Zusammensetzung von etwa 78% Cu und 20% Ni ist diese Münze bereits der Vorläufer der heute am meisten verwendeten Münzlegierung mit 75% Cu und 25% Ni. Auch in China wurde im frühen Altertum eine Cu-Ni-Legierung „Pakfong" durch Erschmelzen von komplexen sulfidischen Erzen gewonnen, die zur Herstellung von Geräten und Ziergegenständen verwendet wurde. Schließlich findet man Nickel in alten Schwertern, die anscheinend aus Meteoreisen (bis zu 10% Ni) geschmiedet wurden. Damit können drei auch heute noch sehr wichtige Verwendungen des Nickels, nämlich zur Herstellung von Münzen, Haushaltsgerät und Waffen, bereits auf das Altertum zurückgeführt werden.

Der Name für das Metall stammt anscheinend von den sächsischen Bergleuten um Freiberg und Annaberg, denn dort findet sich in mittelalterlichen Bergarchiven oft die Bezeichnung „Kupfernickel" bzw. „Kupper Nicklicht" für den Rotnickelkies (NiAs), den man wegen seiner roten Farbe fälschlicherweise für ein Kupfermineral hielt, das von dem bösen Berggeist „Nickel" verhext war, da es sich nicht zu Kupfer verarbeiten ließ [3].

Industriell wurde Nickel erstmalig 1843 für galvanische Überzüge verwendet. Infolge der geringen Reinheit des Ausgangsmaterials waren die Überzüge jedoch von mäßiger Qualität. Erst als sich dann um 1870 durch elektrolytische Raffination ein reineres Nickel herstellen ließ, konnte sich die elektrolytische Vernicklung in technischem Maßstab entwickeln.

Obwohl die Herstellung von duktilem schmiedbarem Nickel bereits 1804 gelang, wurde die Walzbarkeit des Nickels auf industrieller Basis erst durch Magnesium- bzw. Manganzusätze möglich, ein Verfahren, das 1878 R. TH. FLEITMANN patentiert wurde [4].

Auf die große Bedeutung des Nickels als Legierungselement zur Herstellung legierter Stähle machte als erster RILEY [5] aufmerksam. Heute gibt es etwa 3000 Nickellegierungen; sie sind ein Beweis für die vielseitigen Eigenschaften, die sich ergeben, wenn man Nickel mit anderen Metallen legiert, z. B.: Verbesserung der Festigkeit, der Zähigkeit, der Verschleißfestigkeit, der Korrosionsbeständigkeit, der Warmfestigkeit, der Tieftemperatureigenschaften sowie einer Reihe inter-

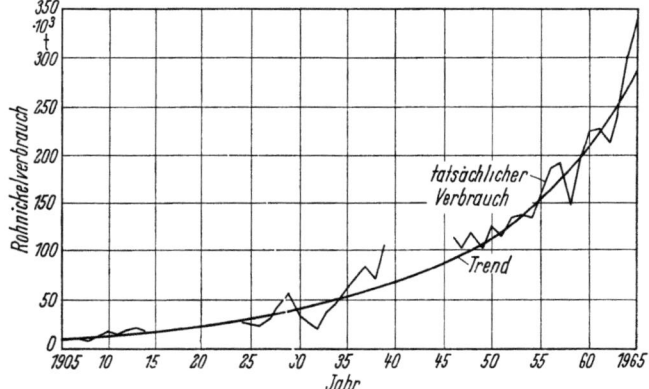

Abb. A 1. Rohnickelverbrauch der westlichen Welt in den Jahren 1905—1965.

essanter magnetischer, elastischer und katalytischer Eigenschaften. Aus diesem Grunde wird etwa 75···80% der Nickelproduktion zur Herstellung von Legierungen verwendet. Als reines Metall wird Nickel praktisch nur in der Galvanotechnik, im Apparatebau, zur Münzherstellung und in der Elektronik gebraucht.

Abb. A 1 zeigt den Nickelverbrauch der westlichen Welt in den Jahren 1905—1965: In diesem Zeitraum ist er auf mehr als das 20fache gewachsen, wobei man feststellen kann — wenn man von den beiden Weltkriegen absieht, für die im übrigen genaue Verbrauchszahlen nicht vorliegen —, daß der Nickelverbrauch nach einem anfänglich verhältnismäßig flachen Anwachsen von 1950 an eine wesentlich lebhaftere Aufwärtsentwicklung zeigt.

Die folgende Aufstellung gibt an, auf welche Werkstoffgebiete sich der Nickelverbrauch der westlichen Welt im Jahre 1967 verteilt hat [6]:

	1967		1967
nichtrostende Stähle	37%	Eisen- und Stahlguß	9%
galvanische Vernicklung	16%	Kupferlegierungen	4%
nickelreiche Legierungen	14%	sonstige Gebiete	9%
Baustähle	11%		

Wie man daraus ersieht, wird z. Z. die Hälfte der Nickelproduktion für die nichtrostenden Stähle und die galvanische Vernicklung verbraucht.

2 Vorkommen [7,8]

Die äußere Silicatkruste der Erde enthält etwa 0,02% Ni, was ungefähr der Häufigkeit von Kupfer entspricht; jedoch ist die Konzentration in vielen Vorkommen so niedrig, daß der Abbau nur dann wirtschaftlich ist, wenn dabei wertvolle Begleitelemente anfallen.

Nickel kommt als Mineral im wesentlichen in drei Formen vor, und zwar als Sulfid, als Silicat bzw. Oxid und als Arsenid, von denen das letztere jedoch wirtschaftlich von geringer Bedeutung ist.

2.1 Sulfidische Nickelerze

In diesen Erzen liegt Nickel hauptsächlich als Pentlandit $(NiFe)_9S_8$ vor, zumeist in Verbindung mit Kupfereisenkies $(CuFeS_2)$ und Magnetkies $(FeS_{\approx 1,2})$. Das größte bekannte Vorkommen dieser Art liegt im Gebiet von Sudbury (Kanada), das bisher den Hauptanteil des Weltbedarfs an Nickel geliefert hat. Außer Nickel, Kupfer und Eisen enthalten diese Erze oft noch geringe Mengen an Kobalt, Gold, Silber, Selen, Tellur und Platinmetallen. Weitere große Vorkommen sind in den Gebieten von Thompson-Moak Lake und des Lynn Lake in Manitoba (Kanada) erschlossen worden. Die Sowjetunion baut entsprechende Nickelvorkommen in Petsamo[1] und in Montschegorsk auf der Halbinsel Kola sowie bei Norilsk in Sibirien ab. In Finnland werden Nickel-Kupfer-Erze in Kotalahti abgebaut. Auch in Transvaal in Südafrika sowie in Rhodesien werden Nickelerze verhüttet. Neuerdings hat man auch in Westaustralien bei Kambalda Nickelerze festgestellt und bereits mit dem Abbau begonnen.

2.2 Oxidische Nickelerze

Diese Erze sind praktisch schwefelfrei und enthalten wenig oder gar kein Kupfer und keine Edelmetalle; sie werden in silicatischen oder lateritischen Lagerstätten gefunden. Das wichtigste Erz dieser Gruppe ist der Garnierit $(H_2(NiMg) SiO_4 \cdot n H_2O)$, bei dem Nickel und Magnesium ein hydriertes Doppelsilicat bilden. Diese Erze kommen in großem Umfang in der tropischen Zone vor und stellen die größten bisher bekannten Nickelreserven der Welt dar. Vorkommen in Kuba, Neukaledonien, im mittleren und südlichen Ural, in Griechenland sowie in Oregon (USA) werden bereits abgebaut. Weitere ausgedehnte Reserven befinden sich in Indonesien, Mittelamerika, Südamerika und auf den Philippinen.

---

[1] Petsamo ist der finnische Name, der russische lautet Pechenga.

3 Hüttenmännische Gewinnung [9—12]

Tab. A1 zeigt die Bergwerksproduktion von Nickel in den Jahren 1958—1967. Wie man daraus ersieht, sind Kanada, die Sowjetunion und Neukaledonien die Hauptproduktionsländer von Nickel.

Tabelle A 1. *Bergwerksproduktion von Nickel*

Nickelinhalt 1000 metr. t	1958	1959	1960	1961
Europa[a]				
Finnland	0,1[c]	0,3	2,1	2,0
Griechenland	0,3	—	—	—
gesamt	*0,4*	*0,3*	*2,1*	*2,0*
Asien[a]	*0,4*	*0,3*	*0,5*	*0,8*
Afrika				
Rep. Südafrika	1,2	2,6[e]	2,9[e]	2,6[e]
übriges Afrika	0,2	0,2	0,3	0,3
gesamt	*1,4*	*2,8*	*3,2*	*2,9*
Amerika[d]				
Vereinigte Staaten[d]	10,7	10,5	11,4	10,1
Kanada	126,6	169,2	194,6	211,4
Kuba	17,9	17,8	14,5	16,5
übriges Amerika	0,1	0,1	0,1	0,1
gesamt	*155,3*	*197,6*	*220,6*	*238,1*
Ozeanien				
(Neukaledonien[b])	*14,2*	*32,8*	*53,5*	*53,3*
Westliche Welt	*171,7*	*233,8*	*279,9*	*297,1*
Ostblock				
UdSSR[e]	53,0	53,0	58,0	75,0
Polen	1,4	1,3	1,3	1,3
übrige Ostblockstaaten[e]	0,9	1,7	2,5	3,5
gesamt	*55,3*	*56,0*	*61,8*	*79,8*
Welt insgesamt	*227,0*	*289,8*	*341,7*	*377,2*

[a] Ohne Ostblockstaaten.
[b] Nickelinhalt der geförderten Roherze. Der Nickelinhalt der hieraus gewonnenen Exporterzeugnisse (einschließlich der zum Export bestimmten Roherze) war wie folgt:

Jahr	1956	1957	1958	1959	1960
1000 metr. t	23,0	35,3	12,9	30,7	44,8

Bezüglich der Darstellung der verschiedenen Gewinnungsmethoden und ihrer methodischen Verbesserung im Laufe der Zeit wird auf die einschlägigen Veröffentlichungen verwiesen.

Die Wahl des Extraktionsverfahrens wird in erster Linie von dem Typ des Nickelerzes bestimmt. So lassen sich sulfidische Erze durch

in den Jahren 1958—1967 [13].

1962	1963	1964	1965	1966	1967
2,4	2,9	3,2	3,0	2,9	3,4
—	—	—	—	0,1	2,5
2,4	2,9	3,2	3,0	3,0	5,9
0,6	1,7	1,8	2,9	4,0	4,5
3,5e	3,5e	3,5e	3,5e	7,8	7,5e
0,4	0,4	0,6	1,1	1,1	1,2
3,9	3,9	4,1	4,6	8,9	8,7
10,2	10,4	11,1	12,3	12,0	12,0
215,0	199,5	207,3	242,5	216,5	224,0
16,6	19,5	22,9	27,3	27,4	28,0e
0,2	1,0	1,0	1,1	1,2e	1,2e
242,0	230,7	242,3	283,2	257,1	265,2
33,8	44,5	58,2	57,6	65,0	90,0
282,7	283,7	309,6	351,3	338,0	374,3
80,0	80,0	80,0	80,0	90,0	90,0
1,3	1,1	1,2	1,1	1,5e	1,5e
4,0	3,0	3,5	3,5	4,0	4,0
85,3	84,1	84,7	84,6	95,5	95,5
371,6	370,3	394,3	435,9	433,5	469,8

c Nickelinhalt in Nickelsulfat.
d Ausgebrachter Nickelinhalt. Der Nickelinhalt der geförderten Erze war wie folgt:

Jahr	1960	1961	1962	1963	1964	1965
1000 metr. t	12,8	11,9	11,9	12,2	14,0	14,7

e Geschätzt.

Flotation und magnetische Trennung konzentrieren, während das bei den oxidischen und silicatischen Erzen nicht möglich ist. Im übrigen haben aber die verschiedenen Nickelproduzenten selbst für den gleichen Erztyp noch unterschiedliche Verfahren entwickelt, so daß sich kein generelles Extraktionsschema angeben läßt. Im folgenden soll lediglich auf das Carbonylverfahren, das auch heute noch verwendet wird, sowie auf die Gewinnung von hochreinem Nickel eingegangen werden.

3.1 Carbonylyrozeß

Die Raffination nach dem Carbonylverfahren [14] beruht auf der Entdeckung von LANGER und MOND vom Jahre 1889, wonach Nickel in Kontakt mit Kohlenmonoxid bei 50 °C und normalem Druck ein gasförmiges Nickeltetracarbonyl $Ni(CO)_4$ bildet, das bei 180 °C wieder in seine Ausgangsprodukte zerfällt.

Dieses Verfahren, das heute noch in großtechnischem Maßstab angewendet wird, ergibt im Gegensatz zur elektrolytischen Raffination [15] ein kobaltfreies Nickel (weniger als 20 ppm Co), was für die Erschmelzung von nickelhaltigen Werkstoffen wichtig ist, die in Atomreaktoren gebraucht werden.

Bei der Gewinnung des Nickels nach dem Mond-Carbonyl-Verfahren reduziert man zuerst Nickeloxid zur Metallform, die dann durch Kohlenmonoxid in Gasreduktionskammern in gasförmiges Nickeltetracarbonyl überführt wird. Dabei ist wichtig, daß die Reduktionstemperatur so niedrig gehalten wird, daß die ebenfalls Carbonyle bildenden Metalle Kobalt und Eisen noch nicht reduziert werden. Das gewonnene gasförmige Nickelcarbonyl wird in die Zersetzungskammern geleitet, durch die auf 200 °C erhitzte Nickelkügelchen zirkulieren. Diese wirken als Keime für die Zersetzung des Carbonyls in Nickel und Kohlenmonoxid, wobei sich das Nickel auf den Nickelkügelchen in konzentrischen Schichten so lange abscheidet, bis die Kugeln die gewünschte Größe erreicht haben und über eine Klassierungsvorrichtung aus der Zersetzungskammer abgezogen werden. Das auf diese Weise produzierte Nickel hat einen Reinheitsgrad von 99,95%.

Durch Druckerhöhung in der Carbonylphase und erhöhte Betriebstemperaturen und damit höhere Reaktionsgeschwindigkeiten läßt sich das bei der Zersetzung des Carbonyls anfallende Nickel in Gestalt eines feinen Pulvers ausscheiden.

3.2 Gewinnung von hochreinem Nickel

Für die Gewinnung von hochreinem Nickel wurde von WESLEY [16] eine Methode angegeben, die auf der elektrolytischen Raffination des

Carbonylnickels beruht. Damit wurde ein Reinheitsgrad von $>99{,}97\%$ erreicht. Heute werden vom Handel bereits Nickelsorten mit einem Reinheitsgrad von $99{,}999\%$ angeboten, deren Produktion durch eine weitere Verfeinerung der elektrolytischen Raffination ermöglicht wurde.

3.3 Die verschiedenen Hüttennickelsorten

In Tab. A2 sind nach DIN 1701 die Rohnickelsorten zusammengestellt unter Angabe des Mindestgehaltes an Nickel, der zulässigen Beimengungen, der Lieferformen und des Herstellungsverfahrens. Diese Rohnickelsorten dienen zur Herstellung von Nickellegierungen, nickelhaltigen Nichteisenmetall-Legierungen und nickelhaltigen Stählen. Wie die Tabelle zeigt, können in handelsüblichem Nickel verschiedene Begleitelemente vorkommen. Allerdings werden die heute handelsüblichen Sorten bereits mit höherer Reinheit hergestellt, wie das aus der ASTM-Norm B 39-67 hervorgeht (Ni $\geq 99{,}80\%$, Co $\leq 0{,}15\%$, Cu $\leq 0{,}02\%$, C $\leq 0{,}03\%$, Fe $\leq 0{,}02\%$, S $\leq 0{,}01\%$, P $< 0{,}005\%$, Mn $< 0{,}005\%$, Si $< 0{,}005\%$, As $< 0{,}005\%$, Pb $< 0{,}005\%$, Sb $< 0{,}005\%$, Bi $< 0{,}005\%$, Sn $< 0{,}005\%$, Zn $< 0{,}005\%$).

4 Einfluß von Begleitelementen auf die Eigenschaften von Nickel [17]

Während Kobalt, Kupfer, Eisen und Schwefel zumeist bereits in den ursprünglichen Nickelerzen enthalten sind und im Raffinationsprozeß nur so weit ausgeschieden werden, wie es technisch und wirtschaftlich sinnvoll ist, stammen z. B. Mangan, Silicium, Kohlenstoff und Magnesium aus dem Aufbereitungs- bzw. Schmelzprozeß, wo sie zur Desoxydation bzw. zur Entschwefelung zugesetzt bzw. aus der Ofenauskleidung herausgelöst wurden.

Über den Einfluß einiger Begleitelemente wird im folgenden kurz berichtet.

4.1 Kobalt

Abgesehen vom Carbonylverfahren, in dem eine quantitative Abtrennung des Kobalts vom Nickel gelingt, verbleiben bei den anderen Gewinnungsverfahren bis zu 1% Co im Rohnickel. Obwohl auch hierbei eine weitere Abtrennung möglich wäre, wird sie aus Kostengründen unterlassen, da Kobalt außer einer leichten Erhöhung des elektrischen Widerstandes und der Curietemperatur keinen Einfluß auf die Eigenschaften des Nickels hat. Jedoch muß man für die Herstellung nickelhaltiger Reaktorwerkstoffe wegen der sonst durch die Kobaltatome ausgelösten starken Sekundärstrahlung ein absolut kobaltfreies Nickel verwenden.

Tabelle A2. *Hüttennickelsorten nach DIN 1701.*

Kurzzeichen	Legierungsbestandteile Gew.-%		zulässige Beimengungen Gew.-%								Lieferart	Herstellungsverfahren	bisherige handelsübliche Benennung
	Ni + Co mind.	davon Co max.	Cu	Fe	Pb	Mn	Zn	C	S	Sonstige			
C-Ni 98,5[a]	98,5	0,0	0,0	0,70		0,0		0,50	0,01		Pulver, mittlere Korngröße 10 μm	Hochdruck-Carbonylverfahren	Carbonylnickel
C-Ni 99,5[a]	99,50	0,0	0,0	0,15		0,0		0,13	0,001	kein As, Sn, Sb, P			
C-Ni 99,8[b]	99,80	0,00	0,00	0,05		0,00		0,08	0,0005		Pulver, max. Korngröße 5 μm		
M-Ni 99,5[c]	99,50			0,20	0,005			0,10	0,02	Sb 0,005 Si 0,005 weitere insges. 0,15	Kugeln $d < 10$ mm	Niederdruck-Carbonylverfahren	Mondnickel
E-Ni 99,5[c]	99,50	0,8	0,05	0,05	0,05	0,05	0,05	0,10	0,02		Kathoden, zerschnitten, Größtmaße 20 mm × × 100 mm × × 100 mm	Elektrolyse	Elektrolytnickel
E-Ni 99,8	99,80	0,8	0,05	0,05	0,005	0,05	0,02	0,10	0,01				
W-Ni 99	99,0	1,4	0,10	0,25	0,02	0,05	0,05	0,10	0,015	0,6 Nichtmetallisches[d]	Würfel oder Rondellen	durch Reduktion technischer Nickeloxide	Würfelnickel

[a] Für Einschmelzwecke. — [b] Für Sinterzwecke.
[c] Übereinstimmend mit der British Standard 373:1930 (zu beziehen durch den Deutschen Normenausschuß, Berlin 30 oder Köln).
Auf Wunsch kann auch mit einem Nickelgehalt bis 99,8 Gew.-% geliefert werden.
[d] SiO_2 0,15 Gew.-%; Al_2O_3 0,08 Gew.-%; CaO 0,06 Gew.-%; Alkali 0,20 Gew.-%; Glühverlust 0,10 Gew.-%.

4.2 Kupfer

Die üblichen Kupfergehalte der verschiedenen Rohnickelsorten liegen unter 0,1%; sie haben keinen Einfluß auf die Eigenschaften des Nickels. Das System Ni-Cu wird in Kap. D1.221 behandelt.

4.3 Eisen

Das im handelsüblichen Nickel befindliche Eisen ist entweder bereits in den Nickelerzen enthalten oder wird während des Herstellungsprozesses aufgenommen. Der Eisengehalt des Elektrolytnickels liegt im allgemeinen unter 0,05%.

Der Eisengehalt des metallurgisch hergestellten Nickels kann bis zu 0,25% betragen. In diesen Mengen hat Eisen noch keinen merklichen Einfluß auf die Eigenschaften von Nickel. Beim Elektrolytnickel wird der Eisengehalt unter 0,05% gehalten. Dies ist von Bedeutung bei der Herstellung von Anoden, weil mit zunehmendem Eisengehalt die Nickelüberzüge rauh und unansehnlich werden können.

4.4 Magnesium

Magnesium wird in der Hauptsache zur Entschwefelung von Nickelschmelzen verwendet. Der größte Teil des zugesetzten Magnesiums geht als Sulfid oder Oxid in die Schlacke; nur ein ganz geringer Anteil findet sich als unschädlicher Sulfideinschluß in unregelmäßiger Verteilung im Gefüge des Nickels.

4.5 Mangan

Nach dem Gleichgewichtsdiagramm [18] können bis zu 20% Mn vom Nickel in Lösung aufgenommen werden. Auch Mangan wird zur Entschwefelung dem flüssigen Nickel zugesetzt, weil es der Schwefel als Sulfid bindet und damit die Warmverarbeitbarkeit des Nickels verbessert. Soweit es darüber hinaus als Metall im Nickel gelöst wird, erhöht es die Härte und Festigkeit, ohne die Zähigkeit zu beeinträchtigen. Bei Zusätzen von 10···20% Mn wird der elektrische Widerstand von Nickel stark erhöht, während die Curietemperatur deutlich erniedrigt wird.

4.6 Kohlenstoff

Bei Raumtemperatur ist Kohlenstoff in Nickel bis zu 0,02% löslich. Bis zur eutektischen Temperatur von 1318 °C steigt die Löslichkeit bis 0,55% an [18]. Die Verbindung Ni_3C existiert nur oberhalb 1500 °C, sie erweist sich als sehr unbeständig. Da im festen Zustand keine stabilen Carbide auftreten, wird bei Abkühlung der überschüssige Kohlenstoff als Graphit ausgeschieden. Die Schmiedbarkeit von Nickel wird beeinträchtigt, wenn unlöslicher Kohlenstoff bzw. Graphit vorhanden ist. (Vgl. auch Kap. G 3.1.)

4.7 Sauerstoff

Im flüssigen Nickel nimmt mit steigender Temperatur die Löslichkeit von Sauerstoff zu, und zwar beträgt sie 0,294 Gew.-% bei 1450 °C und 1,63 Gew.-% bei 1691 °C [19].

Durch Sauerstoff wird der Schmelzpunkt des Nickels erniedrigt, und zwar um 15 grd, falls die eutektische Zusammensetzung (0,24 Gew.-%) erreicht wird. Sauerstoff hat nur wenig Einfluß auf die Eigenschaften von Nickel, selbst wenn er in größeren Mengen vorhanden ist und gefügemäßig als Nickeloxid nachzuweisen ist. MERICA und WALTENBERG [20] haben festgestellt, daß Nickel noch mit 1,1% Nickeloxid warm und kalt gut verformbar ist (s. Abbildung des Zweistoffsystems und weitere Beschreibung im Kap. G 1.1).

4.8 Wasserstoff

Wie man aus Abb. A 2 ersieht [21], nimmt die Wasserstofflöslichkeit von Nickel beim Schmelzpunkt sprunghaft zu. Während die Zunahme der Wasserstofflöslichkeit beim Übergang fest—flüssig bei Nickel

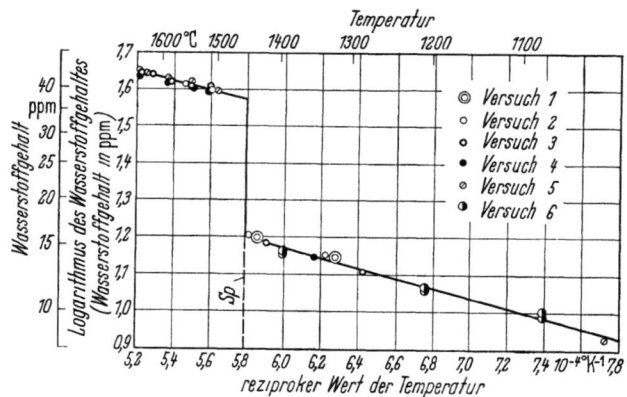

Abb. A 2. Löslichkeit von Wasserstoff in festem und flüssigem Nickel bei einem Wasserstoffpartialdruck von 1 atm [21] (Sp. = Schmelzpunkt).

21,7 ppm H_2 beträgt, ergeben sich bei vergleichbaren Metallen folgende extrapolierte Löslichkeitssprünge:

Eisen   12,2 ppm H_2 Kobalt   10,2 ppm H_2.   Kupfer   3,7 ppm H_2

Aus Abb. A 3 ersieht man, daß durch Zulegieren dieser Metalle zu Nickel die Wasserstoffaufnahme monoton erniedrigt wird

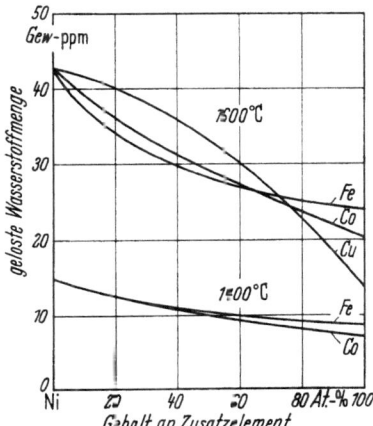

Abb. A 3. Löslichkeit von Wasserstoff bei 1440 und 1600 °C in Ni–Fe-, Ni–Co- und Ni–Cu-Schmelzen [22].

Im System Nickel-Wasserstoff gibt es bei Raumtemperatur ein instabiles Hydrid NH [23] und das Hydrid NiH_2, das sich bei etwa 300 °C zersetzt [24].

Durch elektrolytische Beladung von Nickel mit Wasserstoff kann interkristalliner Sprödbruch erzeugt werden, jedoch läßt sich durch

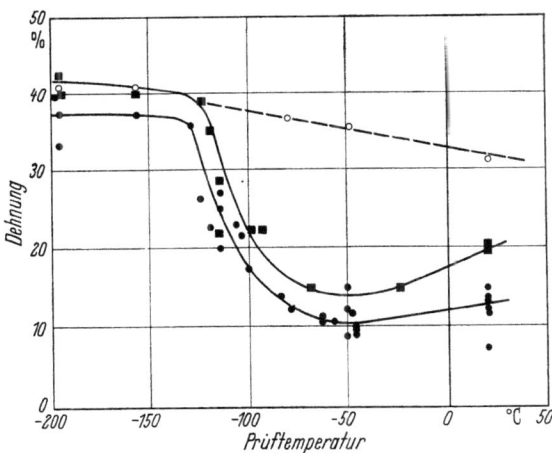

- Dehngeschwindigkeit $3{,}33 \cdot 10^{-4}\,s^{-1}$, wasserstoffbeladenes Nickel
- Dehngeschwindigkeit $1{,}67 \cdot 10^{-3}\,s^{-1}$, wasserstoffbeladenes Nickel
- Mittelwerte für wasserstofffreies Nickel

Abb. A 4. Bruchdehnung von wasserstofffreiem Nickel und Nickel mit 40 ml H_2/100 g Ni ($\approx 0{,}2$ Atom-% H_2) bei verschiedenen Prüftemperaturen [26].

Ausgasen vor dem Zerreißversuch (drei Tage 100 °C) der normale zähe Bruch des wasserstofffreien Nickels erhalten, das heißt, die Beladung mit Wasserstoff allein führt noch nicht zu einer Schädigung der Korngrenzen [25]. Die Versprödung durch Wasserstoff, die zwischen Raumtemperatur und −196 °C untersucht wurde (vgl. Abb. A 4), ist am deutlichsten im Temperaturgebiet von −50···−80 °C; bei −120 °C ist praktisch kein Unterschied mehr zwischen wasserstofffreien und wasserstoffbeladenen Proben zu beobachten.

4.9 Schwefel

Schwefel ist im Nickel bis zu etwa 0,005% löslich, darüber hinaus scheidet er sich in den Korngrenzen als ein feiner Nickelsulfidfilm ab. Da der Schmelzpunkt von Nickel durch Schwefel außerordentlich erniedrigt wird, und zwar auf 645 °C (bei der eutektischen Zusammensetzung von 21,5% S), führt das in den Korngrenzen befindliche Nickelsulfid zu einer Brüchigkeit des Nickels, wenn es warm- oder kaltverformt wird. Durch Zulegieren von Mangan und Magnesium wird der Schwefel an diese Elemente in einer globularen Form gebunden, wodurch die Verarbeitbarkeit des Nickels wesentlich verbessert wird [4].

Infolge dieses ungünstigen Einflusses von Schwefel auf Nickel muß bei allen Verarbeitungsstufen von Nickel darauf geachtet werden, daß es nicht mit schwefelhaltigen Gasen oder Verbindungen in Berührung kommt, weil sonst bei irgendwelchen Glühbehandlungen der Schwefel längs der Korngrenzen eindringt und zu einer Versprödung des Grundwerkstoffs führt (vgl. auch die Abbildung des Zweistoffsystems und die weitere Beschreibung in Kap. G 3.3).

5 Erschmelzung und Warmverarbeitung

Die Praxis des Schmelzens, Gießens und der Warmverarbeitung von Nickel und Nickellegierungen ist derjenigen bei der Stahlherstellung sehr ähnlich. Im folgenden wird daher lediglich auf einige typische Unterschiede bzw. Merkmale aufmerksam gemacht; bezüglich einer ausführlichen Darstellung wird auf das einschlägige Schrifttum verwiesen [26 bis 30].

5.1 Schmelzen und Gießen von Nickel und Nickellegierungen

Da Spurenelemente wie Schwefel und Blei einen sehr ungünstigen Einfluß auf die mechanischen Werkstoffwerte, die Verformungs- und die Schweißeigenschaften von Nickel und Nickellegierungen haben, ist es wichtig, daß man bei der Auswahl der Einsatzstoffe, der Desoxydationsmittel, der Schlackenzusätze und der Ofenzustellung darauf achtet, daß sie möglichst frei von diesen Elementen sind.

Verwendet man zur Erschmelzung keine Elektroöfen, so kommen nur Flammöfen in Frage, die mit möglichst schwefelfreien Heizgasen beheizt werden. Im allgemeinen wird eine basische Ofenzustellung bevorzugt. Ofenauskleidungen, Gießpfannen und die zu chargierenden Einsatzstoffe müssen sorgfältig getrocknet werden, um ein durch Wasserstoffaufnahme verursachtes Steigen der Schmelzen und porige Gußblöcke zu vermeiden. Dies ist besonders bei Nickel und Ni–Cr-Legierungen zu beachten.

Trichter und Speiser sollten entsprechend größer als bei Stahl dimensioniert werden wegen der größeren Schwindung und des kleineren Schmelzintervalls von Nickel und Nickellegierungen (Schwindmaß des Nickels: 2,5%).

Normalerweise wird Nickel unter einer dünnen Kalkspatschlackendecke unter Zugabe von Nickeloxid oxydierend erschmolzen. Um die Schmelze zum Kochen zu bringen und damit zu entgasen, setzt man Kohlenstoff zu. Sind alle gelösten Gase auf diese Weise entfernt, dann wird die Schmelze durch Zugabe von Desoxydationsmitteln beruhigt und so schnell wie möglich fertiggemacht. Der Kohlenstoffgehalt wird durch Zusetzen von Holzkohle auf die gewünschte Höhe gebracht.

Außerdem wird durch einen Zusatz von Magnesium noch verbliebener Schwefel bereits im flüssigen Bereich als Magnesiumsulfid ausgefällt. Magnesiumsulfid ist nach der Erstarrung als unschädlicher Einschluß in unregelmäßiger Verteilung in den Körnern zu finden. Die Gießtemperatur liegt bei Nickel zwischen 1500 und 1600 °C.

Der Schmelzprozeß für Ni–Cu- und Ni–Cr-Legierungen entspricht mit einigen Modifizierungen dem von Nickel. So wird z. B. bei Ni–Cu- und Ni–Cr-Schmelzen meist noch Titan ($\approx 0,05\%$) zugesetzt, um den Stickstoff abzubinden.

Die Gießtemperaturen für Ni–Cu-Legierungen (Monel-Typ) liegen zwischen 1450 und 1560 °C und für Ni–Cr-Legierungen zwischen 1540 und 1625 °C.

5.2 Warmverarbeitung von Nickel und Nickellegierungen

Da Nickel und seine Legierungen bei der Schmiedetemperatur fester und zäher sind als Stahl, ist es wichtig, daß man vor der Warmverarbeitung lange genug bei der richtigen Temperatur vorwärmt. Auf die Empfindlichkeit von Nickel und seinen Legierungen gegen interkristallinen Angriff von Schwefel und damit auf die Bedeutung einer möglichst schwefelfreien Ofenatmosphäre wurde bereits hingewiesen. Die Ofenatmosphäre sollte schwach reduzierend sein, in jedem Fall sollte ein

Pendeln zwischen reduzierend und oxydierend vermieden werden, weil hierdurch besonders Nickel und Ni–Cu-Legierungen sehr stark interkristallin korrodieren, was — selbst in vollkommen schwefelfreier Atmosphäre — zu einer Versprödung des Werkstoffs führt. (Zum Blankglühen sind trockener Wasserstoff bzw. Stickstoff und gekracktes Ammoniak gut geeignet.)

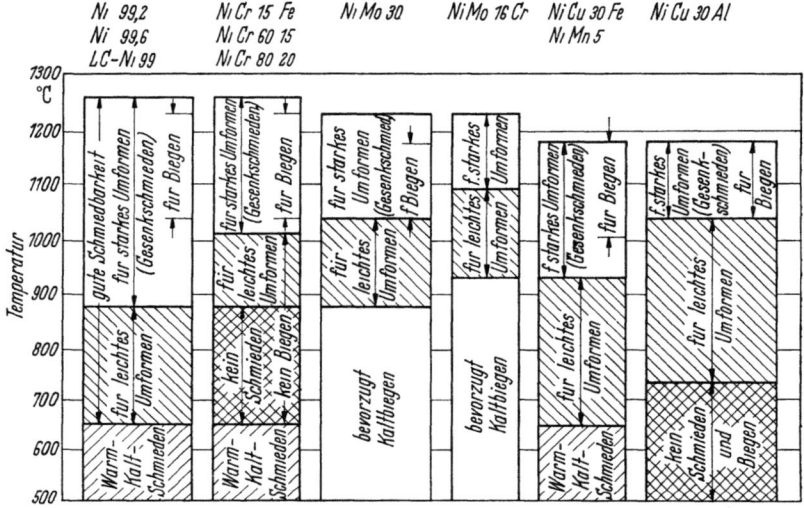

Abb. A 5. Günstige Temperaturbereiche für Schmieden und Biegen von Nickel und Nickellegierungen [26].

Für Nickel und eine Reihe typischer Legierungen (vgl. Tab. A 3) sind aus Abb. A 5 die günstigsten Temperaturbereiche für Schmieden mit hohen bzw. geringen Verformungsgraden, Gesenkschmieden, Warmbiegen und Warmkaltschmieden zu ersehen.

Tabelle A 3. *Zusammensetzung und Bezeichnung einiger typischer Nickellegierungen.*

Werkstoffbezeichnung nach DIN 17 006	typische Handelsnamen	Zusammensetzung (Richtwerte) Gew.-%
Ni 99,2; Ni 99,6; LC-Ni 99	—	99 Ni
NiCu 30 Fe	Monel	67 Ni, 30 Cu, 1,5 Fe, 1 Mn
NiCu 30 Al	„K" Monel	66 Ni, 30 Cu, 3 Al
NiMn 5	„D" Nickel	95 Ni, 5 Mn
NiCr 80 20	—	80 Ni, 20 Cr
NiCr 15 Fe	Inconel 600	80 Ni, 15 Cr, 5 Fe
NiCr 60 15	—	60 Ni, 15 Cr, 25 Fe
NiMo 30	Hastelloy B	62 Ni, 32 Mo, 6 Fe
NiMo 16 Cr	Hastelloy C	53 Ni, 19 Mo, 17 Cr, 6 Fe, 5 W

Die Schmiedeofentemperatur sollte etwa 25···30 grd höher sein als die Temperatur, auf die man das Werkstück bringen möchte. In keinem Fall sollte das Material länger im Ofen bleiben als notwendig ist, um es gleichmäßig bis zum Kern auf die gewünschte Temperatur zu erwärmen.

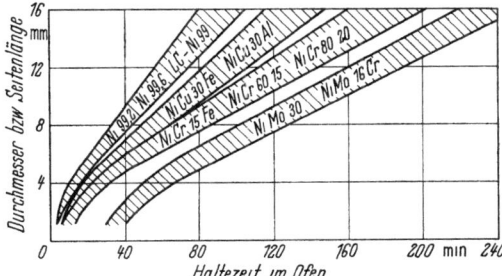

Abb. A 6. Richtwerte fur die Vorwärmdauer von Nickel und Nickellegierungen beim Schmieden [26].

Abb. A 6 zeigt die erforderlichen Anwärmzeiten in Abhängigkeit vom Durchmesser des zu schmiedenden Materials für verschiedene Nickellegierungen. Natürlich kann es sich hierbei nur um Richtwerte handeln, weil diese Angaben von der Kapazität und der Beschickung des jeweiligen Ofens abhängen.

Die Vorwärmtemperaturen für das Warmwalzen sind praktisch die gleichen wie die für das Schmieden. Die Endtemperaturen hängen natürlich weitgehend von den Abmessungen und der Form des Walzgutes ab.

An sich kann man auch Nickel strangpressen; diese Verarbeitungsmethode hat besondere Bedeutung für sehr hochwarmfeste Nickellegierungen, die kaum noch schmiedbar sind, wobei man sich des Séjournet-Verfahrens [31] bedient und den Preßling mit einem Glasfasergespinst umgibt [32].

5.3 Anlaßbehandlung von Nickel und Nickellegierungen [33—35]

Durch eine Anlaßbehandlung von Nickel und seinen Legierungen kann man eine teilweise oder vollkommene Erweichung erreichen, je nachdem, wieweit es zur Rekristallisation des Gefüges kommt (vgl. auch Kap. C 3).

Wird ein kaltverformter Nickelwerkstoff bei einer Temperatur angelassen, bei der er entspannt wird, ohne daß es zur Rekristallisation kommt, so spricht man von *Spannungsfreiglühen*. Im allgemeinen wendet man diese Behandlung nur bei kleineren Querschnitten, wie z. B. bei Drähten und Bändern, an.

Von einer *Spannungsausgleichsglühung* spricht man, wenn kalt- oder warmverformte Werkstoffe bei einer so tiefen Temperatur angelassen werden, daß es nicht zu einer Erweichung, sondern nur zu einer Homogenisierung der Spannungen kommt, wodurch die Festigkeitseigen-

Tabelle A 4. *Anlaßbehandlungen von Nickel und Nickellegierungen* [26].

Werkstoff-bezeichnung	Weichglühen				Spannungsfreiglühen		Spannungsausgleichglühen	
	offenes Glühen		Kastenglühen					
	°C	min	°C	h	°C	h	°C	h
Ni 99,2; Ni 99,6; LC-Ni 99	800···929	1···6 O, L, A	700··· 760	1···3 O, L, A	540···600	1···3 O, L, A	275···315	1···3 O, L, A
NiMn 5	875···1000	1···10 O, L, A	760··· 800	1···3 O, L, A	540···600	1···3 O, L, A	275···315	1···3 O, L, A
NiCu 30 Fe	875···1000	1···10 O, L, A	760··· 800	1···3 O, L, A	540···600	1···3 O, L, A	275···315	1···3 O, L, A
NiCu 30 Al	875···1000	1···10 A	800··· 875	1···3 A	620···650	1,5 A	275···315	1···3 O, L, A
NiCr 80 20 und NiCr 15 Fe	1000···1100	2···15 O, L, A	875···1000	1···3 O, L, A	600···700	1···3 O, L, A	375···475	1···3 O, L, A
NiCr 60 15	875···1100	2···15 O, L, A	875···1000	1···3 O, L, A	600···700	1···3 O, L, A	375···475	1···3 O, L, A
NiMo 30	1150···1175	20···90 O, A	975···1040	1···3 A				
NiMo 16 Cr	1200···1230	40···180 O	925···1040	1···3 A				

O = Ofenkühlung; L = Luftkühlung; A = Abschreckung.

schaften wesentlich verbessert werden. Für eine Reihe von Nickelwerkstoffen (vgl. Tab. A 3) sind in Tab. A 4 Angaben über Temperaturen und Haltezeiten zum Weichglühen, Spannungsfreiglühen und Spannungsausgleichsglühen gemacht.

Literatur zu Kapitel A

1. CRONSTEDT, A. F. v.: Kon. Svenska Vet. Acad. Handl. 12 (1751) 287—292.
2. FLIGHT, W.: Numism. Chron. (New Ser.) 8 (1868) 305—308.
3. HOWARD-WHITE, F. B.: Nickel. London 1963, S. 23—34.
4. FLEITMANN, T.: Ber. Dt. chem. Ges. 12 (1879) 454.
5. RILEY, J.: J. Iron Steel Inst. 35 (1889) 45—77.
6. International Nickel Presse-Information 202 (C 94). Hrsg. v. International Nickel Deutschland GmbH. Düsseldorf, Dez. 1967.
7. WELLS, R. C.: U. S. Geol. Survey, Prof. Paper 205 — A. Washington/DC. 1943, S. 1—21.
8. BOLDT, J. R., u. P. QUENEAU: The Winning of Nickel. London 1967, S. 3—78.
9. TAFEL, V.: Lehrbuch der Hüttenkunde, Bd. 3. Leipzig 1954.
10. SCHLECHT, L., u. W. SCHUBARDT: In: Ullmanns Encyklopädie der technischen Chemie. 3. Aufl. Band 12. München, Berlin 1960, S. 694—714 und Ergänzungsbände.
11. BARTH, O.: Z. Erzbergbau u. Metallhüttenwes. 15 (1962) H. 1, S. 1—6.
12. BOLDT, J. R., u. P. QUENEAU: The Winning of Nickel. London 1967, S. 83—453.
13. Metallstatistik. Hrsg. v. Metallgesellschaft AG. 55. Jahrg. Frankfurt/M. 1968.
14. MOND, L.: J. Soc. chem. Ind. 14 (1895) 945—946.
15. RENZONI, L. S., u. W. V. BARKER: Chem.-Ing. Techn. 36 (1964) 660—666.
16. WESLEY, W. A.: J. electrochem. Soc. 103 (1956) 296—300.
17. Nickel and its Alloys. Circ. nat. Bur. Stand. 592. Washington/D.C.1958, S. 27/29.
18. HANSEN, M.: Constitution of Binary Alloys. 2. Ausg. New York 1958.
19. WRIEDT, H. A., u. J. CHIPMAN: Trans. AIME 203 (1955) 477—479.
20. MERICA, P. D., u. R. G. WALTENBERG: Bureau of Standards, Techn. Paper Nr. 291, 1925, S. 155.
21. SCHENCK, H., u. K. W. LANGE: Arch. Eisenhüttenwes. 37 (1966) 739—748.
22. LANGE, K. W.: Dr.-Ing.-Diss., Techn. Hochsch. Aachen, Juni 1965.
23. WOLLAN, E. O.: J. Phys. Chem. Solids 24 [1963] 1141—1143.
24. SARRY, B.: Naturwiss. 41 (1954) 115—116.
25. BONISZEWSKI, T., u. G. C. SMITH: Acta metallurg. 11 (1963) 165—178.
26. GRUBB, L. E.: In: Metals Handbook. Hrsg. v. Amer. Soc. Metals. Cleveland/Ohio 1948, S. 1027.
27. BIEBER, C.: In: Metals Handbook. Hrsg. v. Amer. Soc. Metals. Cleveland/Ohio 1948, S. 1028—1029.
28. BURCHFIELD, W. F.: In: Metals Handbook. Hrsg. v. Amer. Soc. Metals. Cleveland/Ohio 1948, S. 1029—1039.
29. BIEBER, C. G., u. R. F. DECKER: Trans. metallurg. Soc. AIME 221 (1961) 629–636.
30. Nickel and its Alloys. Circ. nat. Bur. Stand. 592. Washington/D.C. 1958, S. 29—31.
31. SEJOURNET, J.: Machinery 25 (1954) 471—480.
32. BETTERIDGE, W.: The Nimonic Alloys. London 1959, S. 49—61.
33. MUDGE, W. A.: Trans. Canad. Inst. Min. Metallurg. 46 (1943) 506.
34. MUDGE, W. A.: In: Metals Handbook. Hrsg. v. Amer. Soc. Metals. Cleveland/Ohio 1948, S. 1031—1033, 1047—1057.
35. PECK, C. E.: Metal Progr. 72 (1957) Nr. 3, S. 70—75.

B. Physikalische Eigenschaften

Von

H. Fahlenbrach, W. Jellinghaus, K. Lücke, A. Mager,
K. D. Olshausen, F. Pfeifer, H. Thomas, K. E. Volk
und H. Westphal[1]

1 Struktur des Nickels

1.1 Elektronenanordnung und Atomgewicht

Nickel steht in der VIII. Gruppe des periodischen Systems und hat die Atomnummer 28. Es besitzt zwei innere abgeschlossene Elektronenschalen; die dritte enthält 16 statt 18 Elektronen, sie ist also nicht voll besetzt; in der 4s-Schale befinden sich zwei Elektronen[2]. In seinen Verbindungen ist es daher im allgemeinen zweiwertig. Das Atomgewicht wird mit 58,69 angegeben. Es ergibt sich als Mittelwert von fünf stabilen Isotopen, die in folgenden Gehalten vorhanden sind [2, 3]:

^{58}Ni mit 67,76%, ^{62}Ni mit 3,66%,
^{60}Ni mit 26,16%, ^{64}Ni mit 1,16%.
^{61}Ni mit 1,25%,

Die Trennung der Nickelisotope wird von KEIM [4] beschrieben. Bisher wurden sechs radioaktive Isotope des Nickels festgestellt [5, 6], die wegen ihrer stark unterschiedlichen Strahlung und Halbwertszeiten Bedeutung erlangen könnten (Näheres s. Kap. B 7.1).

1.2 Gitterstruktur

Nickel hat ein kubisch flächenzentriertes Gitter. Die Kantenlänge der Elementarzelle beträgt nach v. BATCHELDER und RAEUCHLE [6] $a = 3{,}5238 \pm 0{,}0003$ Å bei 25 °C. Nach Bestimmungen von HAZLETT und

---

[1] Die Abschnitte 1—3.1 wurden von K. E. VOLK, 3.2 und 4 von H. THOMAS, 5.1 und 5.2 von A. MAGER, 5.3 und 5.4 von F. PFEIFER, 5.5 und 5.6 von H. FAHLENBRACH, 6.1—6.3 von W. JELLINGHAUS, 6.4 von H. WESTPHAL und 7 von K. D. OLSHAUSEN und K. LÜCKE verfaßt.

[2] Nach Berechnungen von sowjetischen Wissenschaftlern [1] ist anzunehmen, daß bei Drücken von 250 Millionen at die dritte Elektronenschale auch voll besetzt wird, wodurch Nickel dann chemisch inaktiv wird.

PARKER [7] ergibt sich eine Gitterkonstante von 3,5241 Å bei 25 °C. Sie bestimmten auch den Einfluß von Legierungselementen, wie Kobalt, Eisen, Wolfram und Titan, auf die Gitterkonstante von Nickel (vgl. Abb. B 1).

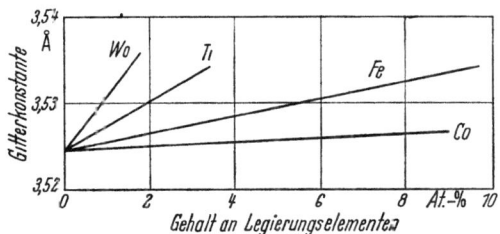

Abb. B 1. Einfluß von einigen Legierungselementen auf die Gitterkonstante von Nickel [7].

Aus der Kristallstruktur ergibt sich der Atomradius $r_A = \dfrac{a\sqrt{2}}{4}$ = 1,24 Å; die Koordinationszahl ist 12 (kubisch dichteste Kugelpackung).

Die kubisch-flächenzentrierte Phase ist vom absoluten Nullpunkt bis zum Schmelzpunkt stabil. Eine hexagonale Phase fand man beim kathodischen Aufdampfen im Vakuum [8—10] und beim Beschuß von kubischem Nickel mit 12 kV schnellen Elektronen [11].

1.3 Dichte

Aus dem Atomgewicht und der Gitterkonstante errechnet man eine Dichte von 8,908 g/cm³ bei 20°C. Direkte Bestimmungen der Dichte zeigen eine Abhängigkeit von der Zusammensetzung, dem Gefügezustand und der Vorbehandlung. Für die handelsüblichen Nickelsorten ergeben sich Werte zwischen 8,78 und 8,88 g/cm³.

2 Optische Eigenschaften

2.1 Reflexion und Absorption

Wie aus Tab. B 1 zu ersehen ist, hängt das Reflexionsvermögen von poliertem Nickel stark von der Wellenlänge ab, und zwar nimmt es mit steigender Wellenlänge zu [12].

Tabelle B 1. *Reflexionsvermögen von Nickel* [12].

Spektralbereich	Wellenlänge μm	Reflexionsvermögen %	Spektralbereich	Wellenlänge μm	Reflexionsvermögen %
ultraviolett {	0,10	≈ 10	ultrarot {	2,0	83,5
	0,30	41,3		3,0	87,0
sichtbar	0,55	64,0		4,0	≈ 90

Für eine Reihe von Wellenlängen sind in Tab. B 2 der Brechungsindex n und der Absorptionskoeffizient k von Reinnickel angegeben [13].

Tabelle B 2. *Brechungskoeffizient* (n) *und Absorptionskoeffizient* (k) *von Nickel bei verschiedenen Wellenlängen* [13].

Wellenlänge (Å)	n	k	Wellenlänge (Å)	n	k
4200	1,42	1,79	7500	2,19	1,99
4358	1,41	2,56	7800	2,13	4,43
4600	1,40	2,77	8600	2,24	4,69
5000	1,54	1,93	9400	2,45	4,92
5400	1,54	3,25	10000	2,63	2,00
5461	1,66	3,39	12500	2,92	2,11
5780	1,70	3,51	15000	3,21	2,18
5800	1,70	1,98	17500	3,45	2,25
6200	1,82	1,99	20000	3,70	2,31
6600	1,95	1,98	22500	3,95	2,33
7000	2,03	1,97			

2.2 Emission

Das *Emissionsvermögen* von Nickel hängt wie bei anderen Metallen von der Oberflächenbeschaffenheit (z. B. Gegenwart von Oxidfilmen) und der Temperatur ab. Das Gesamtemissionsvermögen nimmt etwa linear von 0,045 bei 25 °C bis 0,19 bei 1000 °C zu. Werte im Bereich von 1000···1300 °C wurden von LUND und WARD [14] angegeben.

Das *Emissionsspektrum* von Nickel ist sehr komplex und enthält Tausende von Einzellinien; die stärkste liegt bei 3414,77 Å [15].

Etwa 500 der wesentlichsten Spektrallinien im Wellenbereich von 2000···10000 Å wurden tabellenmäßig erfaßt [15]. Röntgenröhren mit Nickelkathoden haben ihre stärkste Strahlung im K-Bereich bei Wellenlängen von etwa 1,5 Å.

3 Thermische Eigenschaften von Nickel und Nickellegierungen

3.1 Thermische Eigenschaften von Nickel

3.11 *Schmelzpunkt, Siedepunkt, Dampfdruck*

Durch die Internationale Temperaturskala im Jahre 1948 wurde der Schmelz- und Erstarrungspunkt für Nickel mit 1453 °C festgelegt [16]. Die Gegenwart von Begleitelementen erniedrigt den *Schmelzpunkt* bzw.

verändert den Schmelzpunkt in einen *Schmelzbereich*, der für handelsübliche Nickelsorten bei 1440 ± 5 °C liegt.

Direkte Messungen des *Siedepunktes* wurden nicht vorgenommen, vielmehr wurde er durch Extrapolation der Dampfdruckkurve ermittelt.

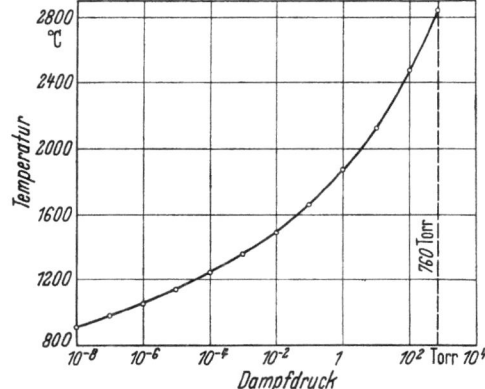

Abb. B 2. Dampfdruckkurve von Nickel zwischen 800 und 2500 °C [17].

In Abb. B 2 ist die Dampfdruckkurve nach HONIG [17] wiedergegeben, wonach der Siedepunkt bei etwa 2850 °C liegen dürfte. Von WISE [18] wurde ein Wert von 2730 °C angegeben.

3.12 *Spezifische Wärme, Entropie, Schmelz- und Atomwärme*

Die *mittlere spezifische Wärme* (0···100 °C) des Nickels beträgt 0,103 cal · g^{-1} · grd^{-1}. Messungen der *wahren spezifischen Wärme* wurden von SYKES und WILKINSON [19] an vakuumerschmolzenem Mondnickel zwischen 60 und 600 °C ausgeführt, von BUSEY und GIAUQUE [20] im Bereich von 12,95···294 °K, von KRAUSS und WARNCKE [21] an vakuumerschmolzenem Carbonylnickel von 99,97% im Bereich von 180···1150 °C und von BRAUN und KOHLHAAS [22] an 99,94% reinem Nickel zwischen 50 und 1600 °C. Die Ergebnisse dieser Autoren wurden in Abb. B 3 zusammengefaßt. Das ausgeprägte Maximum der c_p-Kurve am Curiepunkt wurde von SYKES und WILKINSON sowie von BRAUN und KOHLHAAS bei 358 °C und von KRAUSS und WARNCKE bei 357,2 °C gemessen.

Von BRAUN und KOHLHAAS wurden auch genauere Untersuchungen über die Zerlegung der spezifischen Wärme in einen Gitteranteil, einen elektronischen und einen magnetischen Anteil durchgeführt. Die Übereinstimmung zwischen theoretischem und experimentellem Verlauf war jedoch noch nicht befriedigend.

Der Wärmeinhalt des Nickels läßt sich leicht aus den Werten für die wahre spezifische Wärme durch Integration der c_p-t-Kurve ermitteln.

Von BUSEY und GIAUQUE [20] wurden auch die *Entropie* und *freie Energie* von hochreinem Nickel (99,99%) im Temperaturbereich von 15···300°K errechnet (vgl. Tab. B 3).

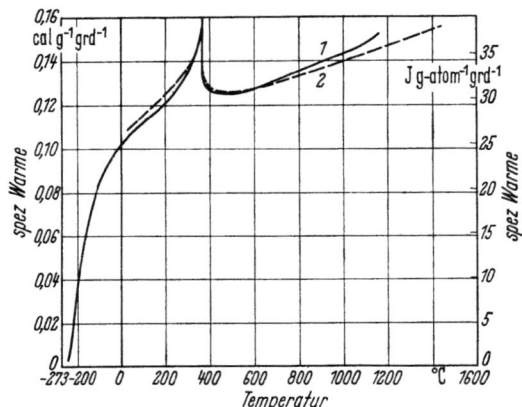

Abb. B 3. Spezifische Wärme von vakuumerschmolzenem Carbonylnickel zwischen −273 und 1600 °C (Kurve *1* [19−21], Kurve *2* [22]).

Tabelle B 3. *Entropie und freie Energie von 99,99% reinem Nickel bei Temperaturen von 15°K bis 300°K* [20].

Temperatur °K	Entropie cal · g-Atom^{-1} · grd^{-1}	freie Energie cal · g-Atom^{-1}
15	0,033	0,015
30	0,107	0,039
50	0,375	0,112
70	0,853	0,253
100	1,778	0,568
130	2,775	0,960
150	3,384	1,241
200	4,824	1,961
250	6,075	2,662
300	7,175	3,324

In Tab. B 4 sind die Meßwerte der *Schmelzwärme* und der *Schmelztemperatur* von 99,98% reinem Nickel, die von VOLLMER, KOHLHAAS und BRAUN [23] mit einem unter Schutzgas betriebenen und adiabatisch arbeitenden Hochtemperaturkalorimeter ermittelt wurden, zusammen mit den Daten anderer Bearbeiter wiedergegeben. Von den gleichen Autoren wurde auch die *Atomwärme* im schmelzflüssigen Bereich ermittelt. Ihre Ergebnisse sind zusammen mit früheren Messungen anderer Autoren in Abb. B 4 eingetragen [24].

Tabelle B 4. *Schmelzwärme und Schmelztemperatur von hochreinem Nickel* [23].

Autoren	Schmelzwärme J/g-Atom	Schmelztemperatur °K
VOLLMER, KOHLHAAS u. BRAUN [23]	16 900 ± 250	$T = 1725\,°K$
GEOFFRAY, FERRIER u. OLETTE [25]	17 500 ± 250	$T = 1726\,°K$
HULTGREN u. Mitarbeiter [24]	17 600	$T = 1725\,°K$
KUBASCHEWSKI [26]	17 700 ± 300	$T = 1728\,°K$

Die gleichen Ergebnisse, ergänzt durch Messungen im festen Zustand, zeigt Tab. B 5 zusammen mit Werten, die von KRAUSS und WARNCKE [21] gefunden wurden.

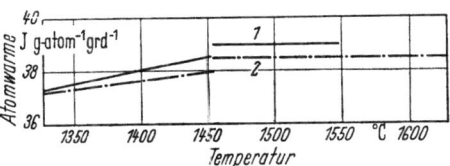

Abb. B 4. Atomwärme von Nickel zwischen 1327 und 1628°C (Kurve *1* [23], Kurve *2* [24]).

3.13 *Diffusion*

Die Arrheniussche Gleichung $D = D_0 \cdot e^{-U/RT}$ gibt die Abhängigkeit des Diffusionskoeffizienten D von der Temperatur T an, wobei D_0 einen Frequenzfaktor in cm²/sec und U die Aktivierungsenergie in kcal/mol darstellt.

In Tab. B 6 sind Werte für den Frequenzfaktor D_0 und die Aktivierungsenergie U von einigen Metallen und Nichtmetallen in Nickel angegeben, mit deren Hilfe die Diffusionskoeffizienten für 1000°C berechnet werden. Wie ein Vergleich zeigt, sind die Diffusionskoeffizienten der Elemente, die über Zwischengitterplätze diffundieren, wie Kohlenstoff und Wasserstoff, um mehrere Zehnerpotenzen größer als diejenigen, die durch Gitterplatzwechsel diffundieren.

Tabelle B 5. *Atomwärme c_p von 99.98% reinem Nickel bei Temperaturen von $300\cdots 1820\,°K$* [21, 23].

Meßtemperatur °K	Atomwärme cal·g-atom^{-1}·grd^{-1}		Meßtemperatur °K	Atomwärme cal·g-atom^{-1}·grd^{-1}	
	nach VOLLMER, KOHLHAAS und BRAUN [23]	nach KRAUSS und WARNCKE [21]		nach VOLLMER, KOHLHAAS und BRAUN [23]	nach KRAUSS und WARNCKE [21]
300	6,28				
400	6,91				
450		7,02	900	7,55	7,65
500	7,53	7,36	950		7,75
550		7,83	1000	7,69	7,85
600	8,34	8,30	1050		7,95
610		8,44	1100	7,86	8,05
620		8,66	1150		8,15
622		8,74	1200	8,05	8,25
624		8,83	1250		8,37
626		8,94	1300	8,24	8,50
628		9,10	1350		8,66
630		9,38	1400	8,46	8,84
631	9,41		1500	8,67	
635		8,09	1600	8,91	
640		7,82	1700	9,15	
645		7,70	1725	9,20^a	
650		7,62		9,32^b	
700		7,39	1800	9,32	
750	7,36	7,37	1820	9,32	
800		7,44	Curietemperatur in °K	631	630,4
850	7,41	7,55			

^{a} Fest. — ^{b} Flüssig.

Tabelle B 6. *Diffusion einiger Elemente in Nickel. Frequenzfaktor (D_0), Aktivierungsenergie (U) und Diffusionskoeffizient D bei $1000\,°C$.*

Element	Konzentration At.-%	D_0 cm²/sec	U kcal/mol	D bei 1000°C cm²/sec	Quelle
Ni	Selbstdiffusion	1,27	66,8	$2,4 \cdot 10^{-12}$	[27]
Al	1%	1,87	64,0	$1,1 \cdot 10^{-11}$	[28]
C	0,17···1,2	2,48	40,0	$2,4 \cdot 10^{-7}$	[29]
Co	niedrig	1,46	68,3	$1,5 \cdot 10^{-12}$	[30]
Fe	niedrig	$8,4 \cdot 10^{-3}$	51,0	$9,6 \cdot 10^{-12}$	[31]
H	niedrig	$4,47 \cdot 10^{-3}$	8,6	$1,5 \cdot 10^{-4}$	[33]
Mg	unter 1%	0,44	56	$6,7 \cdot 10^{-11}$	[32]
Mn	unter 1%	7,5	67,1	$1,3 \cdot 10^{-11}$	[28]
Mo	unter 1%	3,0	68,9	$2,5 \cdot 10^{-12}$	[32]
Si	1%	1,5	61,7	$6,7 \cdot 10^{-11}$	[32]
Ti	1%	0,86	61,4	$2,4 \cdot 10^{-11}$	[28]
W	1%	11,1	76,8	$7,1 \cdot 10^{-13}$	[28]

In Tab. B 7 werden zum Vergleich die entsprechenden Werte für die Diffusion von Nickel in Kupfer, Eisen und Platin gebracht. Wie man sieht, liegen die Diffusionskoeffizienten aller Elemente, die auf Gitterplätzen diffundieren, bei 1000°C in der Größenordnung von $10^{-10} \cdots 10^{-13}$ cm²/sec.

Tabelle B 7. *Diffusion von Nickel in anderen Metallen.*
Frequenzfaktor (D_0), Aktivierungsenergie (U) und Diffusionskoeffizient D bei 1000°C.

Basismetall	Nickel-Konzentration At.-%	D_0 cm²/sec	U kcal/mol	D bei 1000°C cm²/sec	Quelle
Cu	Spuren	1,7	55,3	$5,7 \cdot 10^{-10}$	[34]
Fe	1	0,36	67,5	$9,1 \cdot 10^{-13}$	[35]
Pt	15	$7,75 \cdot 10^{-4}$	43,1	$3,1 \cdot 10^{-11}$	[36]

3.14 Wärmeleitfähigkeit und Wärmeausdehnung

Die *Wärmeleitfähigkeit* des Nickels wird durch Gegenwart von Verunreinigungen erniedrigt. Dieser Effekt ist extrem deutlich im Gebiet sehr tiefer Temperaturen, wie aus Abb. B 5 zu ersehen ist. KEMP, CLE-

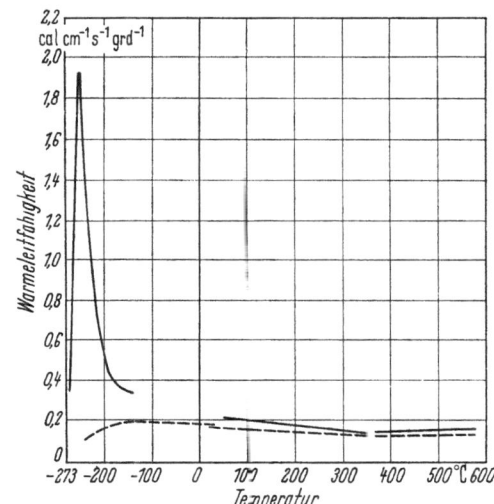

Abb. B 5. Wärmeleitfähigkeit von hochreinem Nickel (Vollinie) und handelsüblichem Nickel (Strichlinie) [37—39].

MENS und WHITE [37] schlossen daraus, daß in diesem Gebiet die Wärmeleitung in reinem Nickel fast ausschließlich durch Elektronen bewirkt wird.

Nach Messungen der Vereinigten Deutschen Nickelwerke AG [40] ergeben sich für die Wärmeleitfähigkeit von technisch reinem Nickel

(99,4%) im Temperaturbereich von 20···600°C die in der Tab. B 8 wiedergegebenen Werte. Sowohl aus diesen Werten als auch aus Abb. B 5 erkennt man eine deutliche Richtungsänderung der Temperaturabhängigkeit der Wärmeleitfähigkeit beim Durchlaufen des Curiepunktes.

Tabelle B 8. *Wärmeleitfähigkeit von technisch reinem Nickel (99,4%)* [40].

Temperatur °C	Wärmeleitfähigkeit cal · cm^{-1} · sec^{-1} · grd^{-1}	Temperatur °C	Wärmeleitfähigkeit cal · cm^{-1} · sec^{-1} · grd^{-1}
20	0,165	350	0,123
100	0,155	400	0,125
200	0,142	500	0,131
300	0,132	600	0,138

Der lineare *Wärmeausdehnungskoeffizient* des Nickels steigt mit steigender Temperatur, zeigt aber ebenso wie die spezifische Wärme und die Wärmeleitfähigkeit eine ausgeprägte Richtungsänderung beim Curiepunkt.

In Abb. B 6 sind die Messungen an 99,9%igem Ni bei niedrigen Temperaturen von NIX und MACNAIR [41] und an 99,94%igem Ni bei Temperaturen von 25···800°C von HIDNERT [42] eingetragen. Für eine Reihe von Temperaturbereichen wurden die mittleren Wärmeausdehnungskoeffizienten von reinem Nickel (99,94%) auf der Grundlage der Messungen von HIDNERT [42] sowie von JORDAN und SWANGER [43] zusammengestellt (Tab. B 9). Von HIDNERT wurden außerdem die Wärmeausdehnungskoeffizienten etlicher Nickellegierungen gemessen [44].

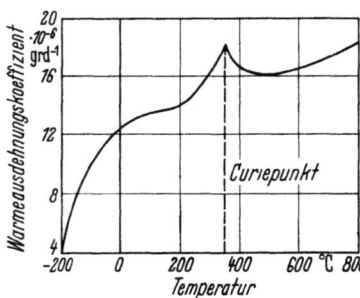

Abb. B 6. Wärmeausdehnung von 99,94% reinem Nickel [41, 42].

Durch röntgenographische Messungen der Gitterkonstanten im Temperaturbereich von 24···455°C konnten v. BATCHELDER und RAEUCHLE [6] die Ergebnisse von HIDNERT bestätigen.

Die Werte der Wärmeausdehnung sind abhängig von der chemischen Zusammensetzung, dem Gefügezustand, dem Verformungsgrad usw. Die Wärmeausdehnung verschiedener binärer und ternärer Nickel-

Tabelle B 9. *Mittlere Wärmeausdehnungskoeffizienten von 99,94% reinem Nickel* [42, 43].

Temperaturbereich °C	Wärmeausdehnungs-koeffizient $10^{-6}\,\text{grd}^{-1}$	Temperaturbereich °C	Wärmeausdehnungs-koeffizient $10^{-6}\,\text{grd}^{-1}$
25···100	13,3	400···500	15,9
25···300	14,4	500···600	16,9
25···600	15,5	600···700	17,1
25···900	16,3	700···800	17,7
100···200	14,4	800···900	18,6
200···300	15,4	300···600	16,5
300···350	17,2	600···900	17,8
350···400	16,4		

legierungen weist interessante Anomalien auf, die zur technischen Verwendung dieser Legierungen geführt haben. In den folgenden Abschn. 3.2 bis 3.24 wird darüber eingehend berichtet.

3.2 Thermische Eigenschaften, insbesondere Wärmeausdehnung, von Nickellegierungen

Die Wärmeausdehnung des Nickels unterscheidet sich nicht wesentlich von der anderer Metalle mit ähnlichem Schmelzpunkt und gleicher oder ähnlicher Struktur, beispielsweise von Eisen und Kobalt. In den Legierungen mit Eisen und in einigen davon ausgehenden ternären Systemen treten jedoch sehr bemerkenswerte Anomalien auf, die in großem Umfang technisch genutzt werden. Hierbei gibt es enge Beziehungen zu den Phasenverhältnissen einerseits und zu den magnetischen Eigenschaften, insbesondere der Magnetostriktion, andererseits. Im Zusammenhang damit stehen die Besonderheiten anderer physikalischer Eigenschaften.

3.21 *Nickel–Eisen-Legierungen*

Der Temperaturbereich, in dem die kubisch-flächenzentrierte γ-Phase des Eisens stabil ist, wird durch Nickelzusätze stark erweitert, bis — unter den Verhältnissen der üblichen experimentellen Technik — bei etwa 35% Ni nur noch kubisch-flächenzentrierte Mischkristalle vorliegen, deren Existenzgebiet sich bis zum reinen Nickel erstreckt. Zwischen etwa 8 und 35% Ni hat die Umwandlung $\alpha \rightleftharpoons \gamma$ eine mit dem Nickelgehalt zunehmende Hysterese, die sich auch auf den Kurven der Wärmeausdehnung deutlich abzeichnet (Abb. B 13 auf S. 33).

Da bei höheren Nickelgehalten des instabilen Bereichs (bzw. bei entsprechenden Zusammensetzungen ternärer Ni–Co–Fe-Legierungen) die Umwandlung $\gamma \to \alpha$ infolge der Hysterese zu sehr tiefen Temperaturen verschleppt wird, erfolgt sie dort diffusionslos unter Bildung eines martensitähnlichen Gefüges [45, 46] (Abb. B 18 auf S. 36). Diese Erscheinungen sind für einige Besonderheiten in den Eigenschaften der

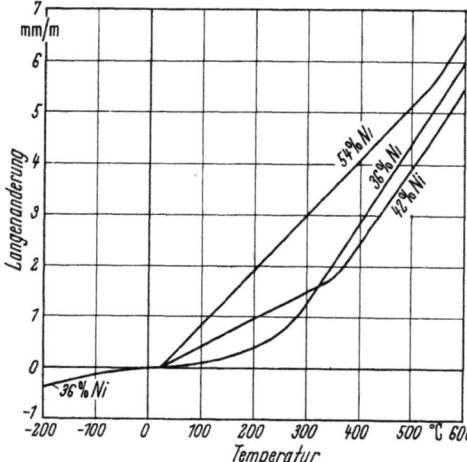

Abb. B 7. Ausdehnungskurven binärer Ni–Fe-Legierungen.

technischen Legierungen wichtig, zu deren Verständnis das Realisierungsschaubild[1] des Systems Fe–Ni [47] genügt. Im wirklichen Gleichgewichtsdiagramm existiert zwischen den kubisch-raumzentrierten α- und den kubisch-flächenzentrierten γ-Mischkristallen eine ausgedehnte Mischungslücke, die beispielsweise bei 500 °C von 5···28%, bei 300 °C von 7···57% Ni reicht [47].

Unter den Eigenschaften der Ni–Fe-Legierungen fällt die Konzentrationsabhängigkeit der thermischen Ausdehnungskoeffizienten besonders auf [48—50]. Abb. B 7 zeigt zunächst die Ausdehnungskurven einiger Legierungen mit Nickelgehalten zwischen 36 und 54%. Ohne auf die Einzelheiten der theoretischen Deutung einzugehen, für die auf zusammenfassende Darstellungen [51—53] verwiesen sei, läßt sich dieses Verhalten am besten verstehen, wenn man den Kurven in Richtung fallender Temperatur folgt. Dann sieht man, daß die bei hohen Temperaturen normale Schrumpfung etwa vom Durchschreiten der Curietemperatur ab (vgl. Abb. B 21 auf Seite 38, Kurve für 0% Cr) beträchtlich ver-

---

[1] Das Realisierungsschaubild gibt die Phasenverhältnisse so wieder, wie sie sich bei normalem experimentellem Aufwand „realisieren" lassen, ohne daß ein Phasengleichgewicht im thermodynamischem Sinne erreicht wird.

langsamt wird. Der Grund dafür ist eine unter dem Einfluß der entstehenden spontanen Magnetisierung auftretende anomal große positive Volumenmagnetostriktion (Abb. B 10 auf Seite 31), die die thermische Verkürzung mehr oder weniger weitgehend kompensiert. Wenn die spontane Magnetisierung allmählich ihrem Sättigungswert zustrebt, werden die Ausdehnungskurven bei tieferen Temperaturen wieder etwas steiler.

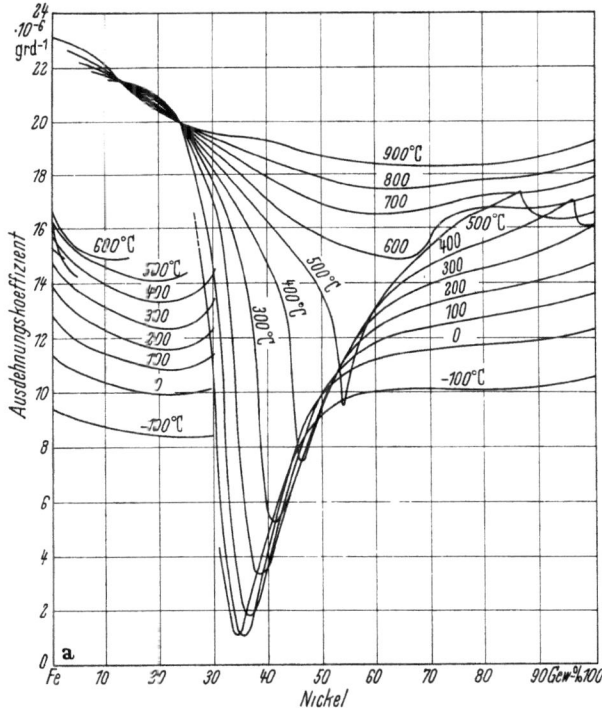

Abb. B 8. Isothermen des linearen, dilatometrisch bestimmten Ausdehnungskoeffizienten von Ni–Fe-Legierungen [48].

Trägt man die linearen Ausdehnungskoeffizienten bei verschiedenen Temperaturen über dem Nickelgehalt auf, so erhält man die bekannte Darstellung (Abb. B 8) mit dem recht scharfen Minimum der 0°- und 100°C-Isothermen bei 36% Ni. Bei höheren Temperaturen verschiebt sich das Minimum zu größeren Nickelgehalten; denn es liegt stets dicht unterhalb der Curietemperatur, weil dort die Änderung der spontanen Magnetisierung mit der Temperatur am größten ist. Gleichzeitig verflacht es sich mehr und mehr und ist auf den 600°C-Isothermen nahezu verschwunden.

Die Untersuchungen, auf denen Abb. B 8 beruht [48], wurden an Legierungen technischer Reinheit (Kohlenstoffgehalte bis 0,08%, außerdem Mangan- und Siliciumzusätze) gemacht. Wesentlich reinere Proben verwendeten OWEN, YATES und SULLY [54], die die Wärmeausdehnung nicht im Dilatometer, sondern aus der Temperaturabhängigkeit der

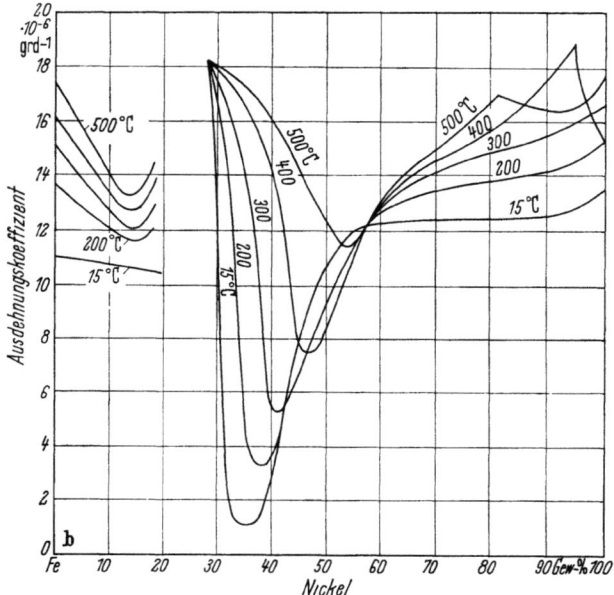

Abb. B 9. Isothermen des linearen, röntgenographisch bestimmten Ausdehnungskoeffizienten binärer Ni–Fe-Legierungen [54].

röntgenographisch bestimmten Gitterkonstanten ermittelten. Ihre Ergebnisse (Abb. B 9) bilden eine gute Ergänzung zu den Chevenardschen Messungen.

MASUMOTO [55] veröffentlichte ebenfalls eine systematische Dilatometer-Untersuchung über die Abhängigkeit des Ausdehnungskoeffizienten vom Nickelgehalt langsam abgekühlter Proben (Abb. B 10). Im Gegensatz zu den Darstellungen in Abb. B 8 und 9, in denen die Ausdehnungskoeffizienten bei den betreffenden Temperaturen (Tangentensteigung der Ausdehnungkurven) enthalten sind, gab MASUMOTO die für einen Temperaturbereich geltenden mittleren Ausdehnungskoeffizienten (Sekantensteigung der Ausdehnungskurven) an. Der Unterschied zwischen beiden Möglichkeiten ist im allgemeinen wohl zu beachten. Für die Praxis sind die mittleren Ausdehnungskoeffizienten zweckmäßiger, da sich mit ihrer Hilfe leichter die gesamte Längenänderung in einem bestimmten Temperaturintervall berechnen läßt.

Das absolute Minimum bei 36% Ni der jeweiligen Kleinstwerte der Wärmeausdehnung fällt zusammen mit einem ausgeprägten Maximum der Volumenmagnetostriktion (Abb. B 10), woraus die oben angegebene ursächliche Verknüpfung abgeleitet wurde. Auffallend ist, daß diese Extremwerte gerade an der Grenze der Gefügestabilität auftreten. Daß

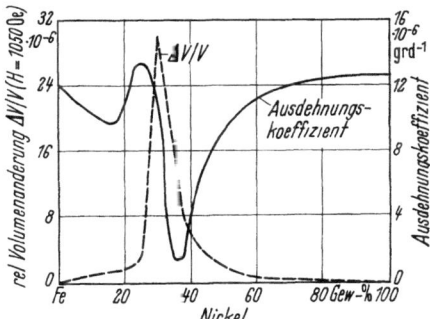

Abb. B 10. Mittlere lineare Ausdehnungskoeffizienten (30···100°C) binärer Ni–Fe-Legierungen [55]. Volumenänderung von Ni–Fe-Legierungen in einem Feld von 1050 Oe [56].

auch dieses Zusammentreffen einen tieferen Grund hat, erhellt daraus, daß in anderen Legierungssystemen mit anomal kleiner Wärmeausdehnung bei bestimmten Zusammensetzungen ähnliche Verhältnisse vorliegen. So wurden in Fe–Pt-Legierungen mit 52···54% Pt sogar negative Ausdehnungskoeffizienten gefunden [57—59]; dicht benachbart ist die mit starker Hysterese behaftete $\alpha \rightleftharpoons \gamma$-Umwandlung [60]. Ebenso sind hier die Fe–Pd-Legierungen zu nennen [61]. Auch im ternären System Fe–Co–Cr finden sich die Legierungen (rund 54% Co, 9% Cr. Rest Fe) mit verschwindender Wärmeausdehnung [62] im Realisierungsschaubild in der Nähe der mit großer Hysterese verlaufenden Umwandlung [63]; im wirklichen Gleichgewicht sind sie zweiphasig [64], wie es in Ni–Fe und Fe–Pt der Fall ist.

Unter Einbeziehung der Anomalien anderer Eigenschaften (beispielsweise der Abhängigkeit des elektrischen Widerstandes, der spezifischen Magnetisierung und der Curietemperatur von allseitigem Druck) hat man immer wieder versucht, die Erscheinungen mit dem Nebeneinanderbestehen zweier kristallographisch oder physikalisch verschiedener Strukturen in Verbindung zu bringen. BENEDICKS [65] nahm an, daß bei zunehmender Temperatur die zunächst im γ-Gefüge vorhandenen α-Teilchen mehr und mehr verschwinden und sich unter Kontraktion in γ-Kristalle umwandeln, wodurch eine teilweise Kompensation der thermischen Ausdehnung verständlich wäre. Nach TINO [66] sind sehr kleine α-Partikeln infolge der Volumendifferenz gegenüber dem γ-Gefüge so stark verspannt [67], daß dort die magnetischen Eigenschaften wesentlich geändert sind. Diese Stellen gestörter Spinordnung wirken sich so aus, daß bei Erwärmung die Abnahme der Magnetisierung schon merklich unterhalb des Curiepunktes verstärkt wird, wodurch sich einzelne Züge der Ausdehnungskurven erklären lassen. Aus Messungen der Volumenmagnetostriktion in Abhängigkeit von Nickelgehalt, Temperatur und Feld sowie Untersuchungen mit Hilfe des Mössbauereffekts wurde ebenfalls auf die wichtige Rolle von α-Keimen im Gefüge geschlossen [68].

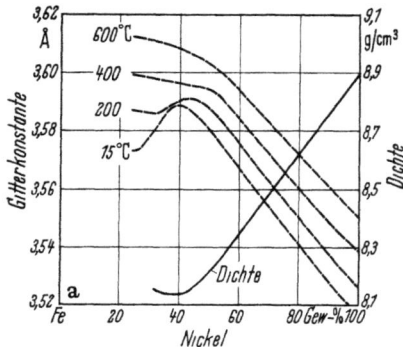

Abb. B 11.
Isothermen der Gitterkonstanten binärer Ni–Fe-Legierungen [54] und Dichte bei Raumtemperatur.

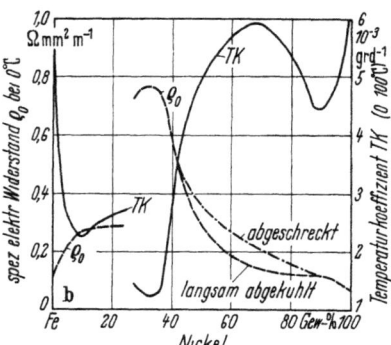

Abb. B 12.
Spezifischer elektrischer Widerstand und sein Temperaturkoeffizient (0 ··· 100 °C) binärer Ni–Fe-Legierungen, nach [76] (ergänzt).

Es wird auch angenommen [69], daß es sich primär nicht um ein Nebeneinanderbestehen von α- und γ-Phase, sondern von Bereichen mit ferromagnetischer und antiferromagnetischer Wechselwirkung handelt. ANANTHANARAYANAN und PEAVLER [70] glauben, deren Existenz zwischen 30 und 45% Ni an ihren unterschiedlichen Gitterkonstanten unmittelbar nachgewiesen zu haben. Auch Überlegungen über unterschiedliche Elektronenkonfigurationen der beteiligten Eisenatome sind hier zu nennen [71]. Unter dem Gesichtspunkt des „latenten Antiferromagnetismus" lassen sich die Besonderheiten der Ni–Fe-Legierungen einheitlich zusammenfassen [72].

Unter anderem erklärt die Annahme von der mit abnehmendem Nickelgehalt zunehmenden Tendenz zum Antiferromagnetismus auch den Abfall der Sättigungsmagnetisierung unterhalb 40% Ni und das ähnliche Verhalten der Gitterkonstanten (Abb. B 11); auch TINO [66] hat auf diese Parallele hingewiesen. Wenn demnach der Antiferromagnetismus zu einer Kontraktion der Atomabstände führt, erzeugt sein allmähliches Verschwinden bei Temperaturerhöhung eine verstärkte Dilatation [73]. So lassen sich die ungewöhnlich großen Ausdehnungskoeffizienten der nickelarmen Legierungen im Bereich der kubisch-flächenzentrierten Struktur (Abb. B 8) verstehen.

Um diese hohen Ausdehnungskoeffizienten der nickelärmeren Ni–Fe-Legierungen technisch auszunutzen, stabilisiert man durch Zusätze von Molybdän [74] (Abb. B 13), Mangan oder Mangan und Kohlenstoff die kubisch-flächenzentrierte Phase bis zu tiefen Temperaturen [75].

Mit dem Verlauf der Gitterkonstante hängt die Konzentrationsabhängigkeit der Dichte zusammen (Abb. B 11). In Abb. B 12 sind der

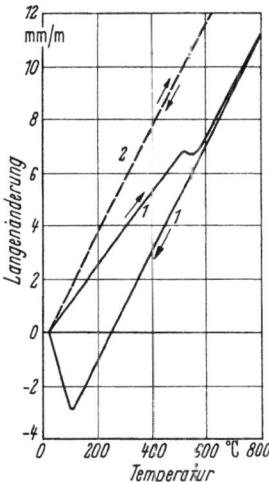
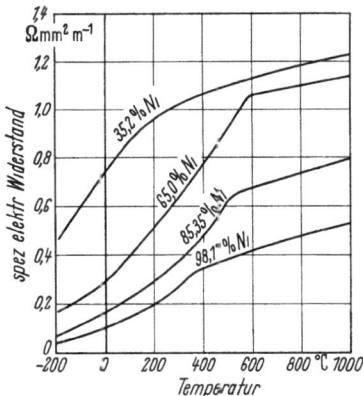

Abb. B 13. Ausdehnungskurven einer „irreversiblen" Ni–Fe-Legierung mit 25% Ni (Kurve 1) und einer durch 5% Mo (Kurve 2) stabilisierten Legierung gleichen Nickelgehaltes (Kurve 2) [74].

Abb. B 14. Temperaturabhängigkeit des spezifischen elektrischen Widerstandes verschiedener Ni–Fe-Legierungen (mit 0,03···0,13% C) [83].

spezifische elektrische Widerstand bei 0 °C und sein Temperaturkoeffizient (0···100 °C) eingetragen [76]. Die Extremwerte im Bereich um 36% Ni sind wieder durch magnetische Einflüsse bestimmt. Bei 75% Ni läßt sich die Überstruktur Ni_3Fe einstellen, die wie jede Atomordnung die elektrischen Eigenschaften ganz wesentlich beeinflußt [77–79]. Auch das breite Maximum des Temperaturkoeffizienten im Bereich zwischen etwa 50 und 80% Ni dürfte auf Fern- bzw. Nahordnung zurückzuführen sein. Die damit zusammenhängenden Erscheinungen erstrecken sich über einen breiten Konzentrationsbereich [79] und auch teilweise in ternäre Diagramme hinein [80]. Auf die Wärmeausdehnung wirkt sich die Atomordnung zwar meßbar, aber nur wenig aus [81, 82].

Über größere Temperaturbereiche verläuft der elektrische Widerstand im großen und ganzen wie bei anderen ferromagnetischen Stoffen: stärkerer Anstieg unterhalb, flacherer Anstieg oberhalb des Curiepunktes [83]. Im einzelnen betrachtet, zeichnet sich jedoch unterhalb etwa 45% Ni die Lage der Curietemperatur auf den Widerstand-Temperatur-Kurven bei weitem nicht so deutlich ab wie bei den höheren Nickelgehalten. Bei 35···36% Ni erfolgt die Richtungsänderung der Kurven nur ganz allmählich (Abb. B 14). Möglicherweise hängt auch diese Eigenart mit dem Nebeneinanderbestehen verschiedener magnetischer Strukturen zusammen, deren Mengenverhältnis temperaturabhängig ist. Entsprechend den elektrischen Eigenschaften fällt die Wärmeleitfähigkeit, ausgehend vom Wert für reines Nickel (rd. 0,2 cal · cm^{-1} · sec^{-1} · grd^{-1}; vgl. auch Abb. B 5 in Kap. B 3.14) mit steigendem Eisengehalt stark ab und durchläuft ein flaches Minimum zwischen 30 und 40% Ni, wo sie rund 0,03 cal · cm^{-1} · sec^{-1} · grd^{-1} beträgt.

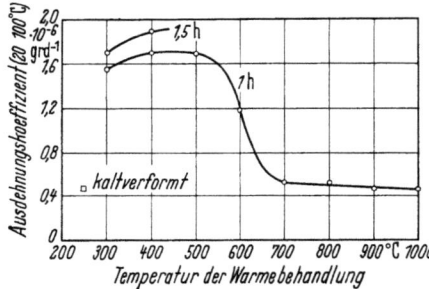

Abb. B 15. Beeinflussung des Ausdehnungskoeffizienten einer Ni–Fe-Legierung mit 36% Ni durch einstundige (bzw. 1,5stündige) Wärmebehandlung mit nachfolgendem Abschrecken.

Die „reversiblen" Ni–Fe-Legierungen mit Nickelgehalten über 35% zeigen — außer bei extrem langen Wärmebehandlungen — keine Gitterumwandlung, auch nicht bei sehr tiefen Temperaturen. Gleichwohl findet man eine Abhängigkeit des Ausdehnungskoeffizienten von der Vorbehandlung, was besonders im Bereich um 36% Ni in Erscheinung tritt [84, 85]. Nach Abschrecken von hoher Temperatur oder nach Kaltverformung, erst recht nach Kombination beider Maßnahmen, erhält man einen kleineren Ausdehnungskoeffizienten als nach Weichglühen mit langsamer Abkühlung oder gar nach „künstlicher Alterung", d. h. nach einer Erwärmung von einigen Stunden Dauer auf 300···400°C (Abb. B 15). Diese Erscheinungen sind reversibel. KUSSMANN und JESSEN [86] haben sie, ausgehend von dem Dreistoffsystem Fe–Ni–Pt, in dem sich die Ausdehnung der Überstruktur Fe_3Pt gut verfolgen läßt, mit einer hypothetischen Atomordnung Fe_3Ni in Beziehung gesetzt. In diesem Zusammenhang seien gewisse unter Bestrahlungseinfluß und Magnetfeldtemperung entstehende und einer Überstruktur FeNi zugeschriebene Änderungen der magnetischen Eigenschaften erwähnt [87]. Da sich jedoch alles im Zweiphasengebiet des wirklichen Gleichgewichtsdiagramms abspielt, wird man zunächst an Änderungen der Nachbarschaftsverhältnisse der Legierungsatome im Sinne einer Nahentmischung (oder Nahordnung) zu denken haben.

Monate- und jahrelange Wärmebehandlungen bei Temperaturen unterhalb 600°C führen entsprechend dem wahren Gleichgewicht zu beginnender Zweiphasigkeit [88]. Es ist jedoch unwahrscheinlich, daß die kurzzeitigen Alterungsbehandlungen gemäß Abb. B 15 bereits die ersten Anfänge dazu bewirken.

Störungsbehaftete (kaltverformte oder abgeschreckte) Legierungen mit kleinster Wärmeausdehnung können schon während des Gebrauchs bei Raumtemperatur oder wenig darüber allmählich oder sprunghaft eintretende Änderungen ihrer Abmessungen und ihres Ausdehnungskoeffizienten erleiden [89], die bei hohen Genauigkeitsansprüchen stören [90]. Systematische Untersuchungen unter Berücksichtigung der Mitwirkung etwaiger Kohlenstoffgehalte führten zur Empfehlung einer kombinierten Alterungsbehandlung zur Erzielung größtmöglicher zeitlicher Stabilität der Abmessungen und Eigenschaften [91]. Freilich muß man dabei auf die an sich erreichbaren extremen Kleinstwerte des Ausdehnungskoeffizienten verzichten.

Ni–Fe-Legierungen mit großer Wärmeausdehnung (Beispiele: 20% Ni, 6% Mn oder 14% Ni, 7% Mn, 0,6% C, Rest Fe) und mit kleiner Wärmeausdehnung (Beispiele: 36% Ni, oder 42% Ni, Rest Fe) werden auch zu den sogenannten Thermobimetallen kombiniert [92] (vgl. DIN 1715). Da diese Verbundwerkstoffe infolge der verschiedenen Ausdehnungskoeffizienten ihrer Komponenten und der zur Erzielung bestimmter technologischer Eigenschaften angewandten Walzverformung stets innere Spannungen enthalten, wirkt eine natürliche oder künstliche Alterung zunächst auf deren Größe und Verteilung ein [93]. Doch wird nach dem oben Gesagten durch die künstliche Alterung gleichzeitig der Ausdehnungskoeffizient der Komponente kleiner Ausdehnung etwas erhöht und dadurch die thermische Empfindlichkeit der Thermobimetalle geringfügig herabgesetzt [94].

Durch Beimengungen anderer Metalle (und Metalloide) wird der Ausdehnungskoeffizient der 36%igen Ni–Fe-Legierung erhöht; eine Ausnahme bilden kleine Kobaltzusätze (s. Abschn. 3.22).

3.22 Nickel–Kobalt–Eisen-Legierungen

Die Anomalien in der Wärmeausdehnung der Ni–Fe-Legierungen setzen sich in das ternäre System Ni–Fe–Co hinein fort, wobei auch hier eine Parallele zum Verlauf der Volumenmagnetostriktion 95 besteht. Die binären Fe–Co- und Ni–Co-Legierungen weisen in der thermischen Ausdehnung keine nennenswerten Besonderheiten auf. Wie man der aus mehreren Untersuchungen [55, 96—98] zusammengestellten Abb. B 16 entnimmt, kann die Wirkung eines Kobaltzusatzes in Ni–Fe-Legierungen auf zwei Arten beschrieben werden. Entweder erhöht er bei gleichbleibendem Ausdehnungskoeffizienten die Temperatur des Knickpunktes der Ausdehnungskurve oder er erniedrigt bei gleichbleibender Knick-

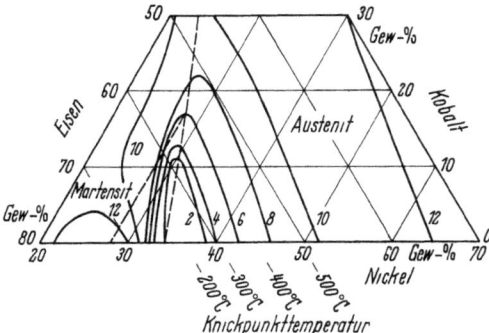

Abb. B 16. Lineare Ausdehnungskoeffizienten (die beigeschriebenen Zahlen haben die Maßeinheit $10^{-6}\,\mathrm{grd}^{-1}$) in einem Ausschnitt des Ni–Co–Fe-Diagramms [55].

Die Strichlinie kennzeichnet die Stabilitätsgrenze nach [96]. In dem keilformigen Gebiet zwischen Austenit und Martensit entsteht Martensit durch Tiefkuhlung. Die unten angeschriebenen Knickpunkttemperaturen nach [97, 98] gelten nur bis etwa 20% Co.

punkttemperatur den Ausdehnungskoeffizienten; letzteres gilt dann, wenn die Summe des Nickel- und Kobaltgehaltes, d. h. der Eisengehalt, konstant bleibt.

In Abb. B 17 haben Legierung *1* und *2* gleiche Wärmeausdehnung bis 300 °C, der Knickpunkt liegt jedoch bei der kobalthaltigen Legierung *1*

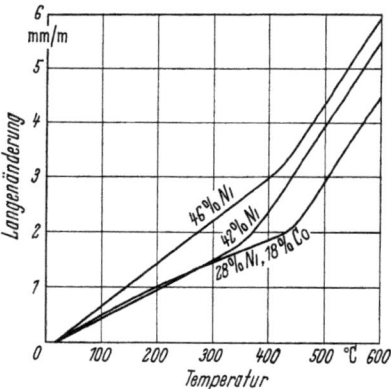

Abb. B 17. Einfluß eines Kobaltzusatzes auf die Ausdehnung von Ni–Fe-Legierungen.
Legierung *1*: 28% Ni, 18% Co, Rest Fe;
Legierung *2*: 42% Ni, Rest Fe;
Legierung *3*: 46% Ni, Rest Fe.

Abb. B 18. Martensitbereiche im Gefuge einer grobkornigen, umwandlungsfahigen Ni–Co–Fe-Probe erzeugt durch Abkuhlung auf −78 °C.

um rund 80 grd höher als bei der kobaltfreien Legierung *2*. Andererseits haben *1* und *3* gleichen Eisengehalt (54% Fe) und demzufolge gleiche Knickpunkttemperatur (rund 430 °C), jedoch beträchtlich verschiedene Ausdehnungskoeffizienten.

Die Erniedrigung des Ausdehnungskoeffizienten durch Kobaltzusatz bei gleichbleibendem Eisengehalt läßt sich auch in folgender Weise zeigen. Ersetzt man in 36%igem Ni–Fe 4···6% Ni durch Kobalt, so erhält man Kleinstwerte des Ausdehnungskoeffizienten in der Umgebung der Raumtemperatur [55]. Freilich scheint sich in solchen Legierungen der Einfluß der Vorbehandlung stärker bemerkbar zu machen.

In Abb. B 16 sind die Phasengrenzen des Realisierungsdiagramms nach KASE [96] eingezeichnet, wobei wieder auffällt, daß die kleinen Ausdehnungskoeffizienten unmittelbar an der Stabilitätsgrenze liegen. Um

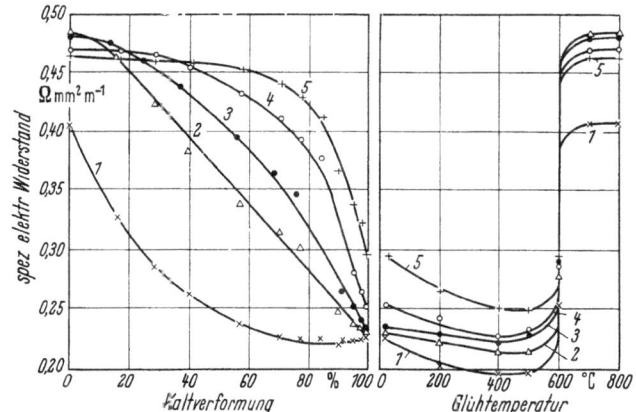

Abb. B 19. Änderung des spezifischen elektrischen Widerstandes von 5 Versuchslegierungen mit 17,7% Co und in kleinen Schritten steigendem Nickelgehalt durch Kaltverformung und Wiedereinstellung des Ausgangszustandes durch stufenweise Wärmebehandlung [100].
Kurve 1: 26,9% Ni; Kurve 2: 27,9% Ni; Kurve 3: 28,2% Ni; Kurve 4: 28,7% Ni; Kurve 5: 29,0% Ni.

die Vorteile des Kobaltzusatzes, vor allem die Anhebung der Knickpunkttemperatur, technisch auszunutzen, wählt man ihn so hoch wie möglich, wobei jedoch die reale Stabilitätsgrenze nicht überschritten werden darf. Sonst entsteht leicht ein martensitähnliches Gefüge (Abb. B 18), hervorgerufen durch örtliche, diffusionslose Umwandlungen in die kubisch-raumzentrierte Phase, wobei sich die Wärmeausdehnung und andere physikalische Eigenschaften stark ändern [99]. Abb. B 19 zeigt am Beispiel des elektrischen Widerstandes, daß durch eine hohe Kaltverformung sogar scheinbar stabile Legierungen zur teilweisen Umwandlung gebracht werden können [100]. Ähnlich wirkt in instabilen Legierungen eine Abkühlung auf tiefe Temperaturen. In der einschlägigen Literatur wird der Kobaltgehalt als „optimal" bezeichnet, bei dem die Curietemperatur bei gegebenen Ausdehnungskoeffizienten ihren höchstmöglichen Wert erreicht, die Umwandlung jedoch, wenn überhaupt, erst unterhalb −100 °C einsetzt [97, 98].

Werden instabile Legierungen durch Tiefkühlung (oder Kaltverformung gemäß Abb. B 19) in die α-Phase umgewandelt, so tritt die Rückumwandlung erst bei ziemlich hohen Temperaturen ein. Während eines solchen Zyklus durchläuft die Längenänderung einer Probe eine geschlossene Schleife (Abb. B 20), von der nur der untere Teil eine technisch brauchbare Ausdehnungskurve darstellt.

Auch sehr langzeitige Wärmebehandlungen bei mittelhohen Temperaturen können die Umwandlungsneigung scheinbar stabiler Ni–Co–Fe-Legierungen offenbaren [101]. Eine gewisse Erhöhung der Gefügestabilität läßt sich durch kleine Chromzusätze erzielen [102].

Die technische Bedeutung der Ni–Co–Fe-Legierungen liegt vor allem darin, daß bei richtiger Wahl der Zusammensetzung ihre Wärmeausdehnung mit der von bestimmten Hartgläsern so gut übereinstimmt, daß haltbare, vakuumdichte Verschmelzungen möglich sind. Die bis zum Transformationspunkt nahezu lineare Ausdehnungskurve des Glases wird von der unterhalb der Curietemperatur leicht nach oben durchgebogenen Ausdehnungskurve der Legierung mehrmals geschnitten, wodurch sich eine besonders gute Anpassung ergibt. Die neuzeitliche Prüfung dieser Anpassung beruht nicht mehr auf dem Vergleich dilatometrisch gewonnener Ergebnisse, sondern weitestgehend auf der polarisationsoptischen Messung des Gangunterschiedes zweier Hauptstrahlen in durch die elastischen Restspannungen doppelbrechend gewordenen Probeneinschmelzungen [75, 103—108].

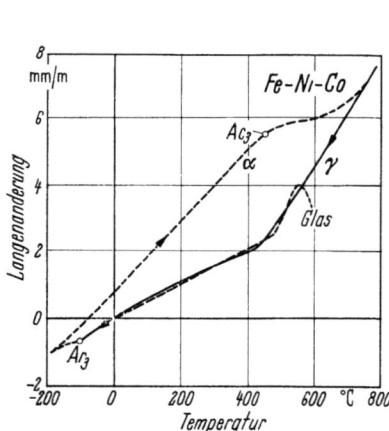

Abb. B 20. Ausdehnungsverhalten einer instabilen Ni–Co–Fe-Legierung bei zyklischer Temperaturbeanspruchung.

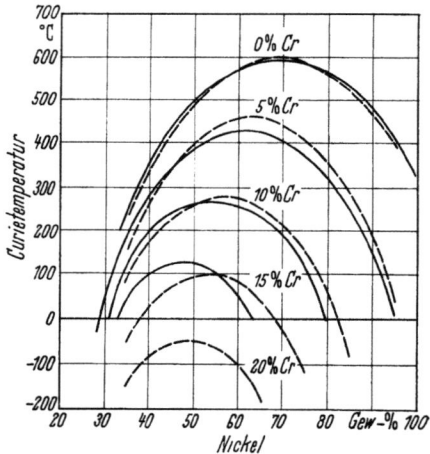

Abb. B 21. Curietemperaturen von Ni–Cr–Fe-Legierungen (Vollinie nach [48, 109] und Strichlinie nach [110].

3.23 Nickel–Chrom–Eisen-Legierungen

Während die Ni–Cr–Fe-Legierungen mit höheren Chromgehalten als oxydationsbeständige Werkstoffe von großer Bedeutung sind (s. Kap. B 6.41), ist ihre Wärmeausdehnung nur bei Chromgehalten unter

10% von Interesse. Denn die Anomalien der Ni–Fe-Legierungen werden durch Chromzusätze schnell abgeschwächt und bald zum Verschwinden gebracht [48, 50, 109]. Auch die Curietemperatur wird durch Chromzusätze stark erniedrigt [48, 109, 110[1]] (Abb. B 21).

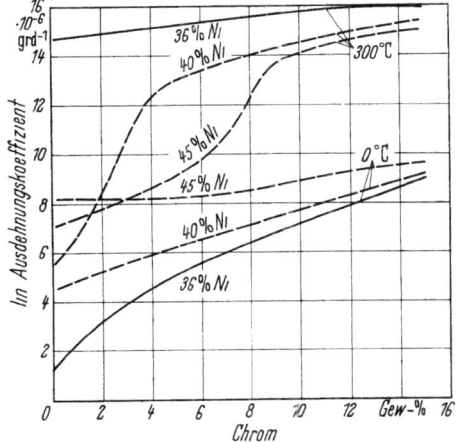
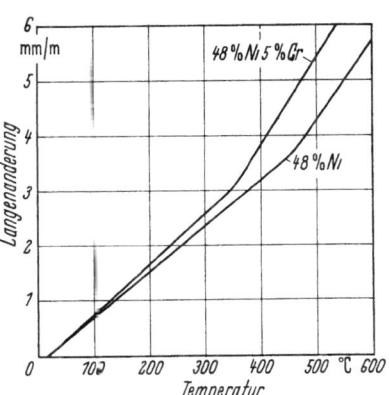

Abb. B 22. Einfluß von Chromzusätzen auf den Ausdehnungskoeffizienten bei 0 und 300 °C von Ni–Fe-Legierungen mit 36, 40 und 45% Ni (umgezeichnet aus den Darstellungen von CHEVENARD [51]).

Abb. B 23. Einfluß eines Chromzusatzes auf die Ausdehnungskurve einer Ni–Fe-Legierung mit 48% Ni.

Den drei unteren Kurven in Abb. B 22 entnimmt man, daß ein Chromzusatz (auf Kosten des Eisens) bei 36% Ni den Ausdehnungskoeffizienten stärker erhöht als bei 40 oder gar 45% Ni. Oberhalb des Curiepunktes ist der Einfluß schwächer, wie die für 300 °C geltenden oberen Kurven bei mehr als 5 bzw. 10% Cr zeigen. Bei abnehmendem Chromgehalt durchläuft bei 40 und 45% Ni der Curiepunkt gerade das Temperaturgebiet um 300 °C, woraus sich der starke Einfluß auf den Kurvenverlauf erklärt.

Man benutzt kleine Chromgehalte, um der Ausdehnungskurve eine Form zu geben (Abb. B 23), die mit der Kurve technischer Weichgläser, besonders Bleigläser, gut übereinstimmt. In Ni–Fe-Legierungen mit Nickelgehalten zwischen 49 und 54% dient häufig ein kleiner Chromzusatz (unter 1%) nur dazu, während des Einschmelzvorganges oder bei einer speziellen Voroxydation Oberflächenschichten zu erzeugen, die eine gute Haftung am Glas gewährleisten [111, 112].

---

[1] Bei ≦ 10% Chrom besteht gute Übereinstimmung mit den Ergebnissen nach [109].

3.24 Sonstige Legierungen

In den vorerwähnten technischen Legierungen stört bisweilen der Chromgehalt bei der Weiterverarbeitung, da sich bei Wärmebehandlungen leicht Chromoxid an der Oberfläche bildet, das beim Löten oder Galvanisieren hinderlich ist. In diesen Fällen kann ohne nennenswerte Änderung des Ausdehnungsverhaltens der Chromgehalt durch einen Manganzusatz etwa gleicher Höhe ersetzt werden [113].

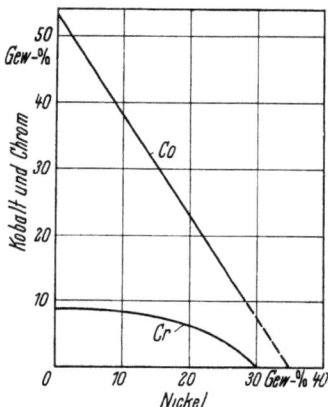

Abb. B 24. Beziehungen zwischen den Co-, Cr- und Ni-Gehalten der Co–Cr–Ni–Fe-Legierungen am jeweiligen Kleinstwert des Ausdehnungskoeffizienten [115]

Im Zusammenhang mit dem kleinen Ausdehnungskoeffizienten der 36%igen Ni–Fe-Legierung sind die Co–Cr–Fe-Legierungen mit ähnlichem Verhalten (54% Co, 9% Cr) [62] genannt worden. MASUMOTO und Mitarbeiter [114–116] haben den Einfluß von Nickelzusätzen zu diesen ternären Legierungen untersucht und gefunden, daß sich der Kleinstwert des Ausdehnungskoeffizienten bei steigendem Nickelgehalt zu kleineren Kobaltgehalten und langsam abnehmenden Chromgehalten verschiebt (Abb. B 24), bis er schließlich bei 0% Co und 0% Cr mit dem Ausdehnungsminimum der 36%igen Ni–Fe-Legierung identisch wird. In benachbarten Konzentrationsbereichen der Vierstofflegierungen sind auch recht hohe Ausdehnungskoeffizienten gefunden worden.

Von wissenschaftlicher und technischer Bedeutung ist der Befund, daß Kupfer- und Nickelzusätze zu Mangan dieses duktil machen [117] und daß dabei gut verformbare Legierungen erhalten werden, die im Konzentrationsbereich 70···75% Mn, 10···20% Ni, 10···20% Cu thermische Ausdehnungskoeffizienten (20···200°C) bis zu $27,5 \cdot 10^{-6}$ grd^{-1} aufweisen [118]. Bemerkenswert ist, daß auch diese kubisch-flächenzentrierten Mischkristalle wegen der trägen Gleichgewichtseinstellung nur scheinbar stabil sind herunter bis zu niedrigen Temperaturen. Im wahren Gleichgewicht tritt unterhalb 700°C eine teilweise Entmischung unter Ausscheidung der kompliziert gebauten α-Mangan-Phase auf [119]. Die große Wärmeausdehnung hochmanganhaltiger Legierungen wurde mit deren vermutetem Antiferromagnetismus in Verbindung gebracht [73]. Doch fehlt auf den Ausdehnungskurven eine ausgeprägte Richtungsänderung; eine solche müßte am Néel-Punkt auftreten, dessen Temperaturhöhe jedoch nicht bekannt ist.

4 Elastische Eigenschaften von Nickel und Nickellegierungen

Die elastischen Eigenschaften von Nickel und einer Anzahl seiner Legierungen werden durch ferromagnetische Effekte, Gestaltsmagnetostriktion und Volumenmagnetostriktion sehr wesentlich beeinflußt.

Wird eine Probe bei einer Temperatur unterhalb ihres Curiepunktes gedehnt, so stellen sich die Vektoren der spontanen Magnetisierung infolge von Wandverschiebungen und Drehprozessen so ein, daß außer der elastisch bewirkten Dehnung ε_0 eine magnetostriktive Zusatzdehnung ε_m entsteht. Man mißt in diesem Falle zunächst einen kleineren Elastizitätsmodul E, der bei Beendigung des Ausrichtungsprozesses, d. h. bei genügend großen Spannungen, schließlich in den normalen Wert E_0 übergeht (Abb. B 25).

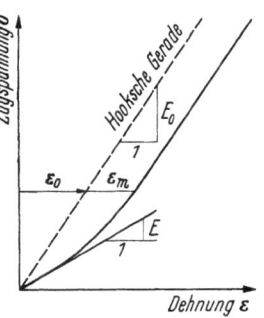

Abb. B 25. Spannungs-Dehnungs-Diagramm einer ferromagnetischen Probe (schematisch).

ε_0 elastische Dehnung; ε_m magnetostriktiv verursachte Zusatzdehnung; E_0 normaler Elastizitätsmodul; E durch ΔE-Effekt scheinbar verkleinerter Elastizitätsmodul.

Werden die Magnetisierungsvektoren durch ein starkes äußeres Magnetfeld oder durch große innere Spannungen (infolge hoher Kaltverformung oder Aushärtung) festgehalten, so bleibt die Zusatzdehnung ε_m aus, und man findet auch bei kleinen Spannungen den normalen Elastizitätsmodul E_0. Ferner besteht eine Abhängigkeit von der Kristallenergie, die bestimmt, wie stark die Magnetisierungsvektoren in den kristallographischen Vorzugsrichtungen festgehalten werden.

Man nennt die ferromagnetische Beeinflussung des Elastizitätsmoduls den ΔE-Effekt, quantitativ definiert durch den Ausdruck $\frac{1}{E} - \frac{1}{E_0}$. (In einigen der folgenden Abbildungen ist die Größe $\frac{E_0 - E}{E_0}$ dargestellt. die sich von $\frac{1}{E} - \frac{1}{E_0}$ durch den Faktor $\frac{1}{E}$ unterscheidet.)

In Legierungen mit großer Volumenmagnetostriktion tritt zusätzlich ein weiterer elastischer Effekt auf, der mit den Wechselbeziehungen zwischen den durch die spannungsbedingte Gitterverzerrung modifizierten Atomabständen und der ferromagnetischen bzw. antiferromagnetischen Spinkopplung zusammenhängt. Nach dem Vorschlag von KÖSTER [120] wird diese Erscheinung der ΔE_γ-Effekt genannt. Seine Größe ist weitgehend unabhängig von einem äußeren Magnetfeld und von inneren Spannungen. Zur Theorie und quantitativen Behandlung des ΔE- und des ΔE_γ-Effektes wird auf die Spezialliteratur verwiesen [121—123].

4.1 Nickel

Für den Elastizitätsmodul des polykristallinen Nickels bei Raumtemperatur werden verschiedene Werte zwischen 19 700 kp/mm² [124] und 22 500 kp/mm² [125] angegeben. Diese Spanne erklärt sich aus der Ab-

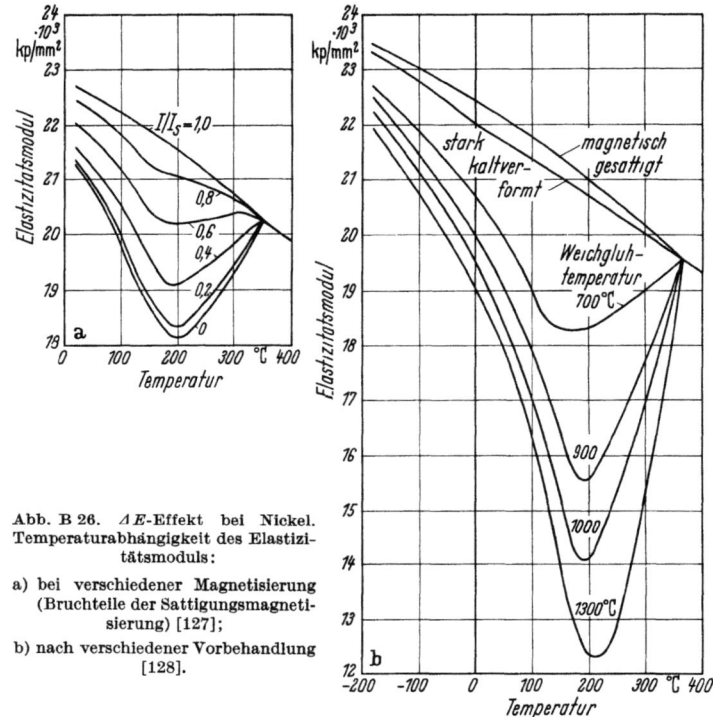

Abb. B 26. ΔE-Effekt bei Nickel. Temperaturabhängigkeit des Elastizitätsmoduls:

a) bei verschiedener Magnetisierung (Bruchteile der Sättigungsmagnetisierung) [127];

b) nach verschiedener Vorbehandlung [128].

hängigkeit vom Zustand der Probe. Nach starker Kaltverformung oder bei magnetischer Sättigung findet man 22 500 kp/mm².

Für die Koeffizienten des Elastizitätsmoduls von Nickel-Einkristallen wurden folgende Werte ermittelt [126]:

$$c_{11} = 2{,}53 \cdot 10^{12} \text{ dyn/cm}^2,$$
$$c_{12} = 1{,}52 \cdot 10^{12} \text{ dyn/cm}^2,$$
$$c_{44} = 1{,}24 \cdot 10^{12} \text{ dyn/cm}^2.$$

Der Anisotropiefaktor des Elastizitätsmoduls $\dfrac{2c_{44}}{c_{11} - c_{12}}$ beträgt 2,46.

Bei Nickel ist der ΔE_γ-Effekt wegen der sehr kleinen Volumenmagnetostriktion nicht meßbar. Wohl ausgebildet ist dagegen der ΔE-Effekt.

Abb. B 26 zeigt die Abhängigkeit des Elastizitätsmoduls von der Magnetisierung der Proben [127], der Vorbehandlung [128] und der Temperatur. Sowohl eine Magnetisierung bis zur Sättigung als auch eine starke Kaltverformung führen — da in beiden Fällen die Magnetisierungsvektoren festgehalten werden — zu dem anomaliefreien, einsinnigen Abfall des Elastizitätsmoduls mit steigender Temperatur. Abnehmende Magnetisierung läßt ebenso wie zunehmende Weichheit (steigende Temperatur der Vorglühung) die Erniedrigung des Elastizitätsmoduls immer stärker hervortreten bis zu dem sehr ausgeprägten Minimum im Felde Null bzw. nach extremer Weichglühung.

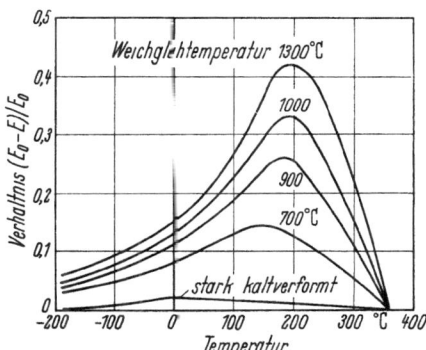

Abb. B 27. Temperaturabhängigkeit des ΔE-Effektes von Nickel nach verschiedener Vorbehandlung [128].

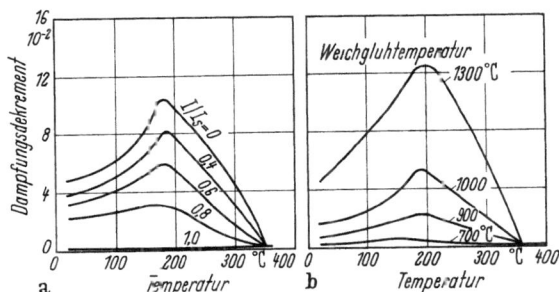

Abb. B 28. Temperaturabhängigkeit der Dämpfung von Nickel.
a) Bei verschiedener Magnetisierung (Bruchteile der Sättigungsmagnetisierung) [127];
b) nach verschiedener Vorbehandlung [128].

Naturgemäß fächern die Kurven erst unterhalb des Curiepunktes nach Maßgabe der mit sinkender Temperatur zunehmenden spontanen Magnetisierung auf. Schließlich aber macht sich die bei tieferen Temperaturen ansteigende Kristallenergie [129] bemerkbar, wie empirisch geschlossen [128] und quantitativ abgeleitet [130] wurde. Daher hat der ΔE-Effekt des reinen Nickels seine stärkste Ausprägung zwischen 150 und 200 °C (Abb. B 27).

Eng verknüpft mit den Erscheinungen der Elastizität ist die mechanische Dämpfung („innere Reibung"), die besonders bei periodischen Beanspruchungen eine wichtige Rolle spielt. Die Parallele zwischen ΔE-Effekt und Dämpfung geht deutlich aus einem Vergleich von Abb. B 27 mit Abb. B 28 hervor. Der Zusammenhang zwischen der Temperaturabhängigkeit des Elastizitäts- und Schubmoduls und der Dämpfung von technisch reinem Nickel wurde in einer neueren ausführlichen Untersuchung dargestellt [131]. Im folgenden betrachten wir nur die ferromagnetischen Dämpfungsanteile und verweisen für die allen Metallen und Legierungen gemeinsamen Dämpfungsursachen nichtmagnetischer Art auf zusammenfassende Darstellungen [132—136] (vgl. auch Hinweis in Kap. C 2.2).

Ein wesentlicher Dämpfungsanteil rührt von Mikrowirbelströmen her, die durch die unter dem Einfluß wechselnder mechanischer Spannungen erfolgenden reversiblen Wandverschiebungen und Drehprozesse entstehen. Daneben gibt es eine Dämpfung durch Makrowirbelströme, hervorgerufen durch Änderungen einer bereits vorhandenen pauschalen Magnetisierung durch mechanische Spannungen; sie setzt also die An-

Tabelle B 10. *Magnetisch bedingte Dämpfungsursachen* [139].

Ursache	Mechanismus	Abhängigkeit von		Grenzfrequenz
		Spannungsamplitude	Frequenz	
reversible Wandverschiebungen	Mikrowirbelströme	nein	$\sim f$ für $f \ll f_1$ $\sim 1/f$ für $f \gg f_1$	$f_1 \sim \dfrac{\varrho}{\mu\mu_0 l^2}$
reversible Drehprozesse		nein	$\sim f$ für $f \ll f_2$ $\sim 1/f$ für $f \gg f_2$	$f_2 \sim \dfrac{\varrho}{\mu_D\mu_0 l^2}$
Änderung einer vorhandenen pauschalen Magnetisierung	Makrowirbelströme	nein	$\sim f$ für $f \ll f_3$ $\sim 1/f$ für $f \gg f_3$	$f_3 \sim \dfrac{\varrho}{\mu\mu_0 R^2}$
irreversible Wandverschiebungen	magnetomechanische Hysterese	ja	unabhängig unter etwa 10^6 Hz	—

f Frequenz,
ϱ spez. Widerstand,
μ Permeabilität,
μ_0 Induktionskonstante,
R Probenradius,
μ_D Permeabilität für Drehprozesse,
l mittlerer Blochwandabstand

wesenheit eines Magnetfeldes oder einer remanenten Magnetisierung der Probe voraus, von deren Größe sie stark abhängig ist [137]. Weiterhin ist die magnetomechanische Hysterese zu nennen; vergrößert sich ein Elementarbereich unter dem Einfluß einer mechanischen Spannung auf Kosten eines Nachbarbereiches, so bleibt bei Aufhebung der Spannung die Blochwand unter Umständen in der neuen Lage hängen, woraus sich bei periodischer Beanspruchung eine regelrechte Hystereseschleife ergibt [138] (Abb. B 29).

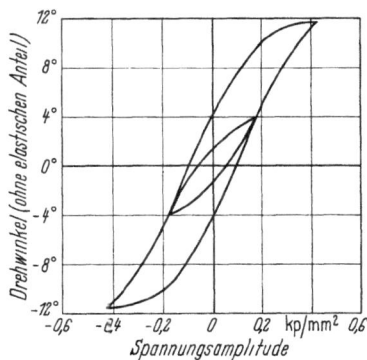

Abb. B 29. Magnetomechanische Hysterese von weichem Nickel [138].

Aus dem Mechanismus dieser Dämpfungsursachen läßt sich in Übereinstimmung mit der Erfahrung die Amplituden- und Frequenzabhängigkeit ableiten, die in der Tab. B 10 nach FRANZ [139, 140] wiedergegeben ist.

4.2 Nickel–Eisen-Legierungen

Die Ni–Fe-Legierungen zeigen eine starke elastische Anisotropie. Untersuchungen an Bändern aus rund 50%igem Ni–Fe mit Würfeltextur ergaben für den Elastizitätsmodul in Walz- und Querrichtung (Würfelkantenrichtung $\langle 100 \rangle$) Werte von 7730 und 7970 kp/mm², in Richtung der Flächendiagonalen $\langle 110 \rangle$ dagegen 13400 kp/mm². Durch Extrapolation findet man in Richtung der Raumdiagonalen $\langle 111 \rangle$ einen Wert von 17400 kp/mm², woraus für das Verhältnis $E_{\langle 111 \rangle}/E_{\langle 100 \rangle}$ der Wert 2,25 folgt [141]; die kleine Differenz gegenüber dem älteren Wert 2,17 [142] erklärt sich zwanglos aus Verschiedenheiten der Texturschärfe.

Ähnlich wie in Nickel, findet sich der ΔE-Effekt auch in Ni–Fe-Legierungen. Zusätzlich tritt hier, besonders bei Nickelgehalten um

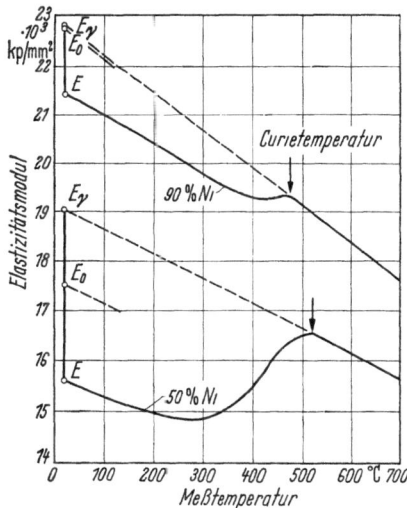

Abb. B 30. Temperaturabhängigkeit des Elastizitätsmoduls weichgeglühter Ni–Fe-Legierungen mit 50 und 90% Ni [120].

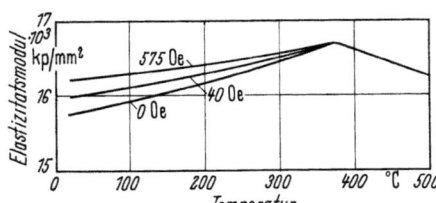

Abb. B 31. Temperaturabhängigkeit des Elastizitätsmoduls einer weichgeglühten Ni–Fe-Legierung mit 42% Ni in verschiedenen Magnetfeldern [143].

Abb. B 32. Konzentrationsabhängigkeit des Elastizitätsmoduls weichgeglühter Ni–Fe-Legierungen [120].

E ohne Magnetfeld; E_0 bei magnetischer Sättigung; $E\gamma$ von Temperaturen über 500 °C linear extrapolierte Raumtemperaturwerte.

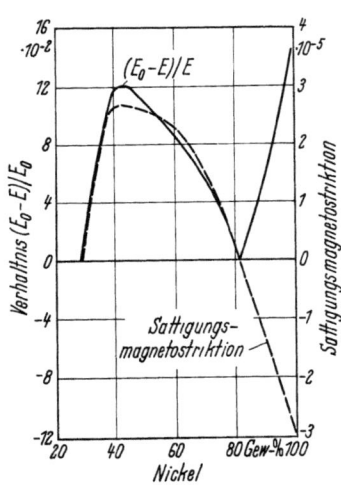

Abb. B 33. ΔE-Effekt und Sättigungsmagnetostriktion von Ni–Fe-Legierungen [120].

Abb. B 34. $\Delta E\gamma$-Effekt und Volumenmagnetostriktion von Ni–Fe-Legierungen [120].

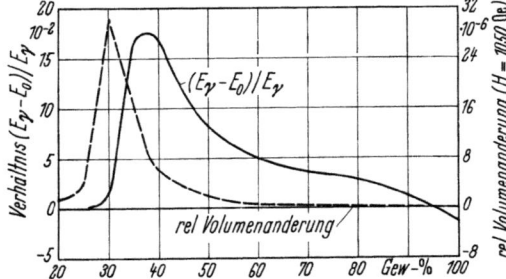

und unter 50%, der ΔE_γ-Effekt auf. Zur Verdeutlichung ist in Abb. B 30 die Temperaturabhängigkeit des Elastizitätsmoduls für Legierungen mit 90 und 50% Ni dargestellt [120]. Der Wert E_0 im magnetisch gesättigten Zustand liegt bei 90% Ni befriedigend auf der von hohen Temperaturen her extrapolierten Geraden; es liegt also reiner ΔE-Effekt vor. Im Gegensatz dazu liegt bei 50% Ni der ebenso erhaltene Extrapolationswert E_γ beträchtlich höher als der bei magnetischer Sättigung gemessene Wert E_0. Die Differenz $E_0 - E$ wird durch den ΔE-Effekt, die Differenz $E_\gamma - E_0$ durch den ΔE_γ-Effekt hervorgerufen. Der ΔE_γ-Effekt ist am größten für Nickelgehalte zwischen etwa 35 und 45%. Da er durch äußere Einwirkungen nur wenig beeinflußt wird, knicken die Elastizitätsmodul-Temperatur-Kurven entsprechender Legierungen am Curiepunkt auch in starken Magnetfeldern beträchtlich ab [143] (Abb. B 31).

Die Konzentrationsabhängigkeit der Raumtemperaturwerte E, E_0 und E_γ für weichgeglühte Proben ist nach KÖSTER [120] in Abb. B 32 dargestellt[1]. Die Parallelen zwischen ΔE-Effekt und Gestalts-Sättigungsmagnetostriktion einerseits und zwischen ΔE_γ-Effekt und Volumenmagnetostriktion andererseits gehen aus Abb. B 33 und B 34 hervor. Nach den Ausführungen über das Zustandekommen des ΔE-Effektes ist verständlich, daß sowohl positive als auch negative Magnetostriktion eine einsinnige Zusatzdehnung hervorrufen. Beim Vergleich von Abb. B 34 mit Abb. B 10 in Kap. B 3.2 fällt auf, daß das Minimum des thermischen Ausdehnungskoeffizienten beim gleichen Nickelgehalt liegt wie das Maximum des ΔE_γ-Effektes, während das Maximum der Volumenmagnetostriktion zu kleineren Nickelgehalten verschoben ist. Möglicherweise hängt diese Differenz mit der Nähe der Stabilitätsgrenze der kubisch-flächenzentrierten Mischkristalle zusammen.

Da der Ausrichtungsgrad der Magnetisierungsvektoren spannungsabhängig ist, zeigt der ΔE-Effekt ebenfalls eine Abhängigkeit von der Spannungsamplitude. Diese Abhängigkeit läuft bei kleinen Amplituden recht gut parallel mit der Feldstärkenabhängigkeit der Magnetostriktion in kleinen Feldern [120]. Beide haben ein deutliches Maximum bei 60% Ni.

OCHSENFELD [145] fand, daß in stärkeren Magnetfeldern (über etwa 15 A/cm) der Elastizitätsmodul einer Legierung mit 36% Ni nach anfänglicher Abnahme bei einer bestimmten Spannung einen sprunghaften Anstieg auf einen von weiterer Spannungserhöhung unabhängigen Endwert zeigt, wobei sowohl die Höhe des Anstiegs als auch die zugehörige Spannung feldstärkeabhängig waren; er schloß daraus auf einen unsteti-

---

[1] Die zum Teil erheblich abweichenden Ergebnisse von YAMAMOTO [144] dürften in erster Linie auf die Probenvorbehandlung (Gußprobe) zurückzuführen sein.

gen Übergang aus dem anomaliebehafteten Anfangsbereich in den Hookschen Bereich.

Abb. B 35 zeigt Elastizitäts-Temperatur-Kurven für den wissenschaftlich und technisch besonders interessanten Legierungsbereich zwischen 30

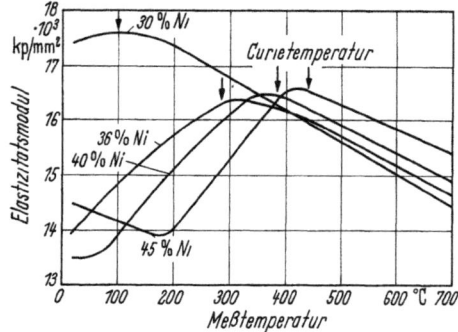

Abb. B 35. Temperaturabhängigkeit des Elastizitätsmoduls weichgeglühter Ni–Fe-Legierungen mit 30···45% Ni [120].

und 50% Ni [120]. Die Kurvenanfänge lassen erkennen, daß man allein durch Änderungen des Nickelgehaltes positive und negative Temperaturkoeffizienten des Elastizitätsmoduls bei Raumtemperatur erhalten kann.

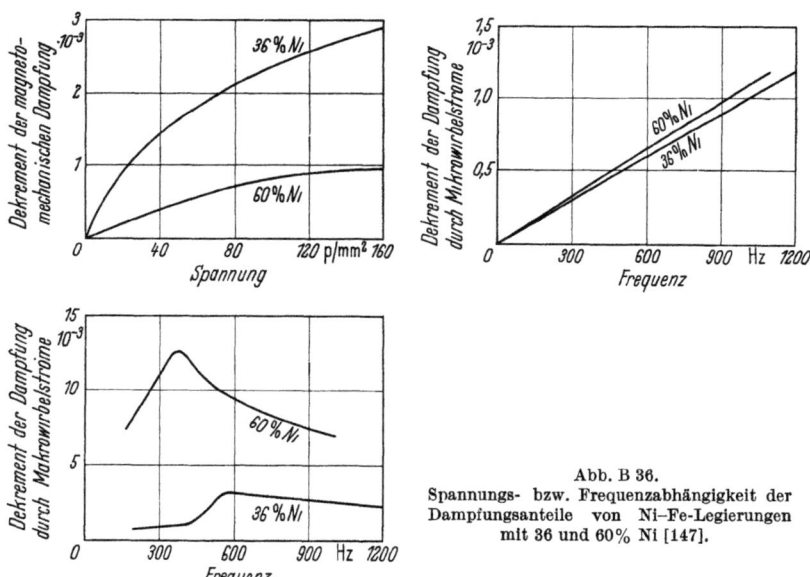

Abb. B 36. Spannungs- bzw. Frequenzabhängigkeit der Dämpfungsanteile von Ni–Fe-Legierungen mit 36 und 60% Ni [147].

Der Vollständigkeit halber sei erwähnt, daß die im Bereich von 75% Ni einstellbare regelmäßige Atomanordnung (Überstruktur Ni_3Fe) den Elastizitätsmodul deutlich erhöht [120], ein Verhalten, das sich auch bei anderen Überstruktursystemen findet [146].

Die ferromagnetisch bedingten Dämpfungserscheinungen treten auch in Ni–Fe-Legierungen auf. Abb. B 36 zeigt nach OCHSENFELD [147] die Spannungsabhängigkeit der magnetomechanischen Hysterese und die Frequenzabhängigkeit der Dämpfung durch Mikro- und Makrowirbelströme für Nickelgehalte von 36 und 60%. Die bei 36% Ni besonders große magnetomechanische Hysterese dürfte mit dem ΔE_γ-Effekt zusammenhängen, während die kleine Dämpfung der gleichen Legierung durch Makrowirbelströme mit dem großen spezifischen elektrischen Widerstand und den sehr kleinen Ummagnetisierungen unter Zug in Beziehung gesetzt wurden.

4.3 Weitere binäre Nickellegierungen

Der ΔE-Effekt des Nickels findet sich auch in den ferromagnetischen Mischkristallen mit verschiedenen Metallen, beispielsweise Molybdän oder Aluminium (Abb. B 37). Größere Zusätze von Chrom oder Titan,

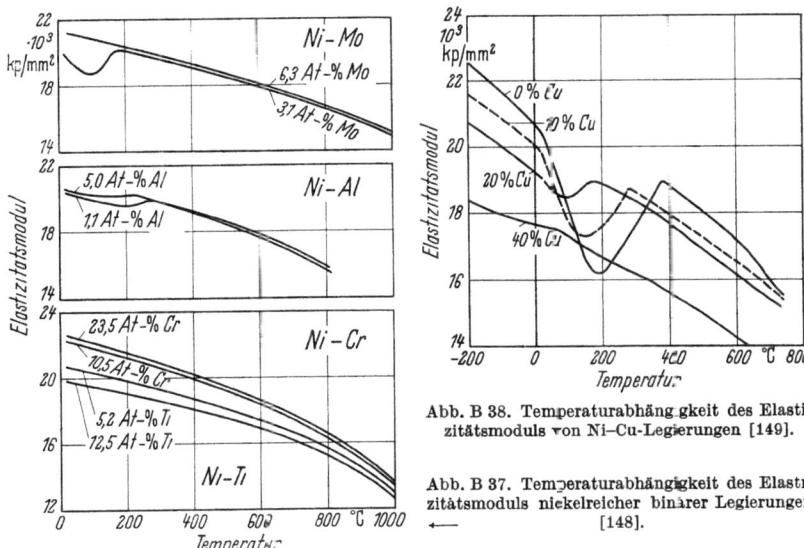

Abb. B 38. Temperaturabhängigkeit des Elastizitätsmoduls von Ni–Cu-Legierungen [149].

Abb. B 37. Temperaturabhängigkeit des Elastizitätsmoduls nickelreicher binärer Legierungen [148].

die den Curiepunkt unter 0 °C herabdrücken, führen zu anomaliefreien Elastizitätsmodul-Temperatur-Kurven [148].

In nickelreichen Ni–Cu-Legierungen ist, solange sie ferromagnetisch sind, ebenfalls ein ΔE-Effekt vorhanden, dessen Ausprägung mit zunehmendem Kupfergehalt schwächer wird (Abb. B 38) [149]. Im Gegensatz zu dem aus Abb. B 38 folgenden einsinnigen Abfall des Elastizitätsmoduls bei 0 °C mit steigendem Kupfergehalt, der noch klarer im Zustand magnetischer Sättigung hervortritt [150], wurde von japanischen Autoren [151—153] ein Minimum bei rund 15% Cu und ein Maximum bei rund 25% Cu gefunden. Zumindest teilweise dürfte dieser Verlauf damit zusammenhängen, daß die Raumtemperaturwerte in einem Bereich liegen (vgl. Abb. B 38), wo sich die Kurven der Temperaturabhängigkeit schneiden, so daß sich hier die bei tieferen und höheren Temperaturen einsinnige Reihenfolge in einzelnen Fällen umkehren kann.

In Ni–Co-Legierungen verläuft nach japanischen Autoren [154] der Elastizitätsmodul in Abhängigkeit von der Konzentration über zwei Minima (bei rund 4 und rund 16% Co) und ein Maximum (bei rund 9% Co), um dann ab etwa 30% Co nahezu konstant zu bleiben. Die Abhängigkeit des ΔE-Effektes von der magnetischen Feldstärke in kleinen Feldern ergab je nach Kobaltgehalt drei unterschiedliche Kurventypen.

In Ni–Mn-Legierungen wird bei der Zusammensetzung Ni_3Mn der Elastizitätsmodul durch Einstellung der geordneten Atomverteilung, wie bei Ni_3Fe, deutlich erhöht [155].

Der Elastizitätsmodul spricht auch auf örtlich begrenzte Atomanordnungen, die durch geeignete Wärmebehandlungen herbeigeführt werden, beispielsweise auf die Einstellung des K-Zustandes, deutlich an, wie an einer Reihe von Nickellegierungen gezeigt wurde [149, 156].

4.4 Mehrstofflegierungen auf der Basis Nickel—Eisen und technische Werkstoffe

Für die technische Aufgabe, Werkstoffe mit verschwindender oder einstellbarer Temperaturabhängigkeit der elastischen Eigenschaften zu finden, bietet der ΔE-Effekt Lösungsmöglichkeiten. Sowohl im Minimum als auch im Maximum (abgeschwächter „Knick" beim Übergang in den normalen Abfall oberhalb der Curietemperatur) der Kurven, beispielsweise in Abb. B 26, ist der Temperaturkoeffizient Null; dazwischen läßt er sich allein schon durch verschiedene Weichheit des Materials auf recht unterschiedliche Werte einstellen. Doch verhindert die starke Abhängigkeit des ΔE-Effektes von der Härte, also von der Größe innerer Spannungen, im allgemeinen die praktische Ausnutzung. Denn gerade elastisch beanspruchte Konstruktionsteile brauchen eine genügend hohe Härte und Streckgrenze; bei Wechselbeanspruchung ist meist auch die Schwinggüte (Kehrwert der Dämpfung) wichtig. Alle diese Eigenschaften erfordern einen beträchtlichen Gehalt an inneren Spannungen, hervorgerufen durch Legierungszusätze, durch Kaltverformung, durch Aushärtung oder durch Kombination dieser Einflüsse. Daher sind die Legierungen mit großem ΔE_γ-Effekt von erheblich größerer Bedeutung, und dies ist der Grund, warum sich die technischen Werkstoffe der betreffenden Art fast ausschließlich von Ni–Fe-Legierungen mit Nickelgehalten zwischen 35 und 45% herleiten (vgl. Abb. B 32).

Die Elastizitätsmodul-Temperatur-Kurven dieser Legierungen (Abb. B 35) haben die in Abb. B 39 schematisch dargestellte Form. Je nach Nickelgehalt liegt das Minimum unterhalb (36% Ni), bei (40% Ni) oder oberhalb (45% Ni) Raumtemperatur. Aber nicht nur durch den

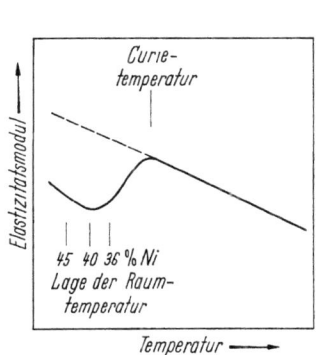

Abb. B 39. Schematischer Verlauf der Temperaturabhängigkeit des Elastizitätsmoduls einiger Ni–Fe-Legierungen.

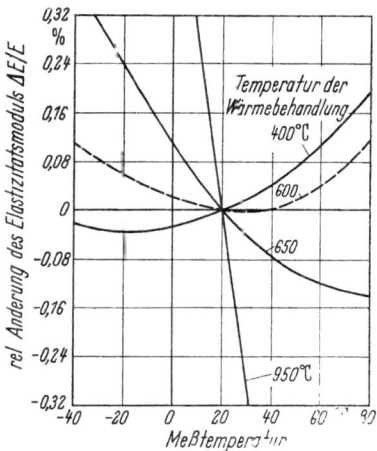

Abb. B 40. Einfluß einer Wärmebehandlung (1 h) auf die Temperaturabhängigkeit des Elastizitätsmoduls einer Ni–Fe-Legierung mit 42,7% Ni und 0,66% Mn (Vorbehandlung: 55% kaltverformt).

Nickelgehalt, sondern auch durch den Gehalt an inneren Spannungen läßt sich das Minimum etwas nach tieferen oder höheren Temperaturen verschieben [157], wodurch man bei Raumtemperatur einen positiven, verschwindenden oder negativen Temperaturkoeffizienten einstellen kann (Abb. B 40). Die nach einer Glühung bei 950 °C gemessene Kurve stellt also nicht den normalen Abfall des Elastizitätsmoduls mit steigender Temperatur dar, wie er oberhalb der Curietemperatur gefunden würde, sondern ist ein Teil der Kurve links vom Minimum in Abb. B 39. Von FINE und ELLIS [157] wird der Einfluß der Vorbehandlung darauf zurückgeführt, daß die Gitterverspannungen eine Änderung der spontanen Magnetisierung und damit der Volumenmagnetostriktion bewirken.

In den binären Ni–Fe-Legierungen ist die Abhängigkeit des Temperaturkoeffizienten vom Nickelgehalt verhältnismäßig stark. Diese Konzentrationsempfindlichkeit wird durch Chromzusätze wesentlich herabgesetzt (Abb. B 41) [158, 159]. So ist einer der ersten technischen Werkstoffe dieser Art mit 36% Ni und 12% Cr entstanden. In systematischen

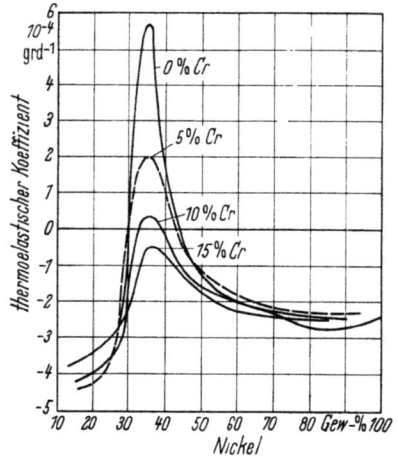

Abb. B 41. Einfluß von Chromzusätzen auf den thermoelastischen Koeffizienten von Ni–Fe-Legierungen [158].

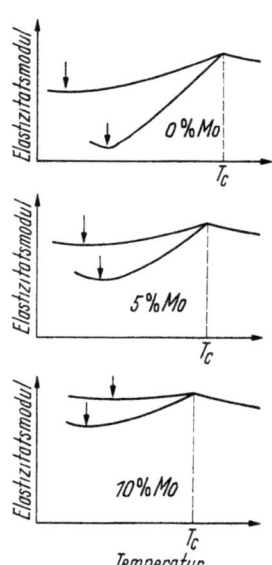

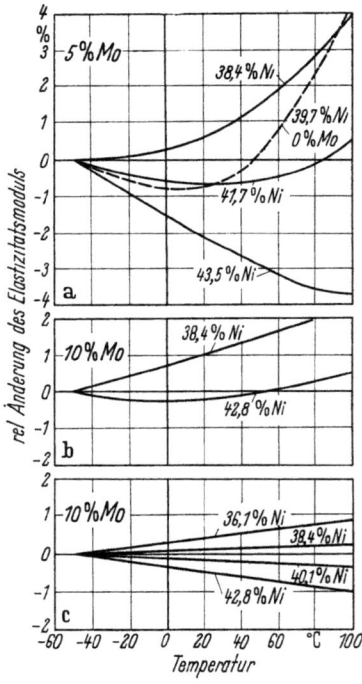

Abb B 42. Einfluß von Molybdänzusätzen auf die Temperaturabhängigkeit des Elastizitätsmoduls von Ni–Fe-Legierungen mit rund 40% Ni (schematisch) [163].
Obere Kurve jedes Teilbildes: kaltverformt; untere Kurve jedes Teilbildes: weichgeglüht; T_C Curietemperatur. Die Pfeile bezeichnen die Lage des jeweiligen Minimums.

Abb. B 43. Temperaturabhängigkeit des Elastizitätsmoduls von Ni–Fe–Mo-Legierungen für verschiedene Nickelgehalte [163].
a) und b) weichgeglüht (1000°C),
c) um 40% kaltverformt + 1 h, 400°C.

B. 4 Elastische Eigenschaften

Untersuchungen über die Wirkung von Chrom- und Kobaltzusätzen ergaben sich weitere Werkstoffe, die sich für temperaturunabhängige Federn oder Schwingkörper eignen [160], beispielsweise im Konzentrationsgebiet 37···39% Ni und 8···10% Cr, wozu teils auf Kosten des Chromgehaltes 4···5% Co treten können. Die an den so entstandenen Vierstofflegierungen Ni–Fe–Co–Cr erhaltenen Ergebnisse lassen sich einerseits zu den Ni–Fe-, Ni–Fe–Co und Fe–Co–Cr-Legierungen mit verschwindendem thermischem Ausdehnungskoeffizienten und andererseits zu den Ni–Fe–Cr-Legierungen mit kleinen thermoelastischen Koeffizienten in Beziehung setzen [161].

Molybdänzusätze wirken ebenfalls günstig auf die thermoelastischen Eigenschaften der Ni–Fe-Legierungen [162, 163]. In Abb. B 42 ist der Einfluß von Molybdän auf den Temperaturgang des Elastizitätsmoduls schematisch dargestellt [163]. Zunächst überlagern sich ΔE- und ΔE_γ-Effekt. Molybdän vergrößert die mechanische Festigkeit und verkleinert den ΔE-Effekt, wodurch sich der Raumtemperaturwert des Elastizitätsmoduls erhöht. In gleicher Richtung wirkt eine Kaltverformung. Die Curietemperatur und der ΔE_γ-Effekt nehmen bei steigendem Molybdängehalt ab. So erklären sich die in Abb. B 42 schematisch dargestellten Ergebnisse. Der Elastizitätsmodul liegt nach Kaltverformung höher als nach Weichglühung. Während die Curietemperatur mit steigendem Molybdängehalt sinkt, steigt der Elastizitätsmodul, so daß sich das Kurvenminimum in allen hier beobachteten Fällen verschiebt, im kaltverformten Zustand deutlich in Richtung höherer, im weichgeglühten Zustand ganz leicht in Richtung niedrigerer Temperaturen. Abb. B 43 bringt hierzu experimentelle Beispiele, aus denen sich ergibt, daß eine Kaltverformung zu praktisch geradlinigen Elastizitätsmodul-Temperatur-Kurven führt (Abb. B 43c). Ebenso wie Chromzusätze vermindern auch Molybdängehalte die Empfindlichkeit der thermoelastischen Eigenschaften gegenüber Schwankungen des Nickelgehaltes [163, 164].

Durch geeignete Zusätze lassen sich die Legierungen aushärtbar machen. Als solche Zusätze werden angewandt: Titan und Aluminium kombiniert [165, 166] oder Beryllium [167–169]. Auch Kohlenstoffgehalte spielen mitunter eine Rolle [167]. Einerseits erhöht die Aushärtung die Streckgrenze und Festigkeit und vermindert im allgemeinen die Dämpfung, und andererseits modifiziert sie den Gehalt an inneren Spannungen und die Legierungszusammensetzung infolge der Ausscheidung einer zweiten Phase. Die beiden letztgenannten Auswirkungen stehen nach dem früher Gesagten in enger Wechselwirkung zum ΔE- und ΔE_γ-Effekt, weshalb die Einbeziehung der Aushärtung größere Variationsmöglichkeiten der technisch wichtigen Eigenschaften bietet.

In der Tabelle B 11 sind, großenteils nach KRÜGER [170], einige technische Werkstoffe zusammengestellt. Zur Einstellung der gewünschten

Temperaturabhängigkeit kombiniert man gewöhnlich Kaltverformung und Wärmebehandlung. Die Auswirkungen auf eine Legierung vom Typ Nr. 4 sind aus Abb. B 44 ersichtlich [166], während Abb. B 45

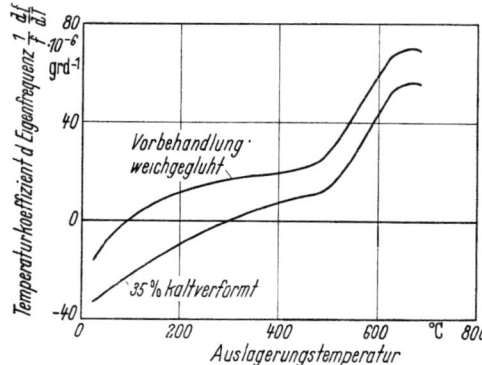

Abb. B 44. Abhängigkeit des thermoelastischen Koeffizienten einer Legierung vom Typ Nr. 4 (gemäß Tab. B 11) von Kaltverformung und Wärmebehandlung [166].

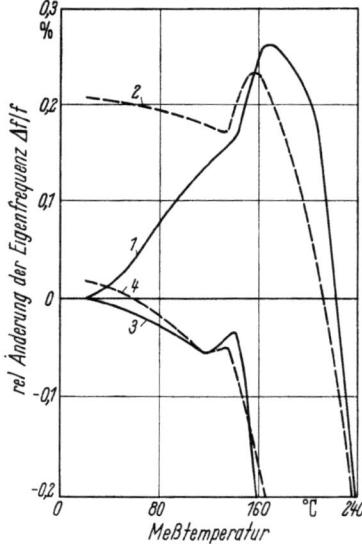

Abb. B 45. Temperaturabhängigkeit der Eigenfrequenz einer Probe aus einer Legierung vom Typ Nr. 8 in verschiedenen Zuständen [171].

Kurve 1: weichgeglüht, ohne Magnetfeld;
Kurve 2: weichgeglüht, im Feld von 800 Oe;
Kurve 3: kaltverformt (30%) und ausgehärtet, ohne Magnetfeld;
Kurve 4: kaltverformt (30%) und ausgehärtet, im Feld von 800 Oe.

für eine Legierung vom Typ Nr. 8 die Temperaturabhängigkeit der elastischen Eigenschaften nach verschiedener Vorbehandlung zeigt [171].

Bei dynamischen Messungen und Beanspruchungen spielt primär die Eigenfrequenz einer Probe und deren Temperaturabhängigkeit die wesentliche Rolle. Demgemäß ist in den Abb. B 44 und B 45 der Temperaturkoeffizient bzw. die temperaturabhängige Änderung der Eigenfrequenz dargestellt. Zur Umrechnung auf die Temperaturabhängigkeit des Elastizitätsmoduls braucht man den thermischen Ausdehnungskoeffizienten, der aber viel weniger vom Probenzustand abhängig ist und in den vorliegenden Fällen im allgemeinen als nahezu konstant angesehen werden kann.

Tabelle B 11. *Zusammensetzung einiger aushärtbarer Werkstoffe.*

lfd. Nr.	wichtige Bestandteile[a], Gew.-%							
	Ni	Cr	Ti	Al	Be	Mo	W	C	Sonstige
1	36	12	—	—	—	—	—	—	—
2	40	6	—	—	—	1,5	3	0,6	2 Mn
3	36	7,5	—	—	—	0,5	—	0,1	0,2 Cu
4	42	5,2	2,3	0,5	—	—	—	—	—
5	31	—	—	—	0,7	6	—	—	—
6	37	8	1	—	0,8	—	—	—	—
7	40	—	—	—	—	10	—	—	—
8	40	—	—	—	0,5	9	—	—	—

[a] Rest Fe und Desoxydationszusätze.

Aus Abb. B 45 gehen die wesentlichen Züge der Eigenschaftsänderungen noch einmal deutlich hervor. Oberhalb des Curiepunktes liegt der steile Abfall, wie er ohne magnetische Einflüsse im ganzen Temperaturbereich üblich wäre. Unterhalb des Curiepunktes wird der Verlauf der Kurve *1* durch ΔE- und ΔE_γ-Effekt bestimmt. Im Magnetfeld ist nur noch der ΔE_γ-Effekt wirksam, weshalb der Unterschied zwischen den Kurven *1* und *2* den ΔE-Effekt darstellt. Nach Kaltverformung und Aushärtung ist ebenfalls der ΔE-Effekt unterdrückt, weshalb der Verlauf der Kurve *3* dem der Kurve *2* ähnlich ist und durch ein Magnetfeld (Kurve *4*) kaum beeinflußt wird. Deutlich sichtbar ist auch die Verschiebung der Curietemperatur durch Kaltverformung und Aushärtung.

5 Magnetische Eigenschaften von Nickel und Nickellegierungen

5.1 Magnetische Kristalleigenschaften (Nickel und Nickel—Eisen)

Wegen der grundlegenden Bedeutung der magnetischen Kristalleigenschaften für das Verhalten der weichmagnetischen Metalle sollen die wesentlichsten dieser Größen zusammenfassend für das Ni–Fe-System betrachtet werden. Zu diesen Größen gehören: die Sättigungsmagnetisierung, der Curiepunkt, die magnetische Kristallanisotropie, die Magnetostriktionskonstanten und die uniaxiale Anisotropie, die mit der Richtungsanordnung verschiedener Atomarten im Gitter zusammenhängt.

Weichmagnetische Legierungen ergeben sich vor allem dann, wenn kleine Anisotropieenergien vorliegen, d. h. wenn Kristallenergie, uniaxiale Anisotropien und die durch die Magnetostriktion bedingte Spannungsenergie niedrige Werte annehmen. Als zusätzliche Forderung tritt hierzu noch die Voraussetzung eines möglichst störungsfreien Kristallgitters. (Eine Übersicht über die Grundlagen des ferromagnetischen Verhaltens von Nickel und Ni–Fe-Legierungen wird in [172] gegeben.)

5.11 Sättigungsmagnetisierung und Curiepunkt

Bei ferromagnetischen Stoffen sind die atomaren magnetischen Momente unterhalb der Curietemperatur weitgehend unter sich parallel ausgerichtet. Mit Überschreiten der Curietemperatur löst sich diese

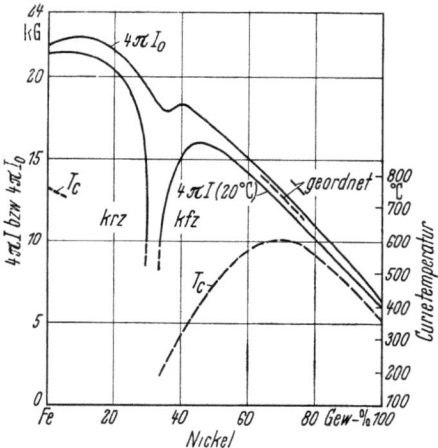

Abb. B 46. Verlauf der Sättigungsmagnetisierung und der Curietemperatur T_C im Ni–Fe-System [175] (krz. bedeutet kubisch-raumzentriert, kfz. bedeutet kubisch-flächenzentriert).

Ordnung auf, und das Material geht in den paramagnetischen Zustand über. Die hohen Curietemperaturen, die an ferromagnetischen Stoffen beobachtet werden, sind durch relativ starke Wechselwirkungen zwischen den Atomen bedingt (quantenmechanische Austauschenergien [173]).

Bei sehr tiefen Temperaturen ist die Ausrichtung der magnetischen Momente zumindest in den Mikrobereichen oder Weißschen Bezirken [174] weitgehend vollständig. Mit wachsenden Temperaturen nimmt die Sättigungsmagnetisierung I infolge thermisch bedingter Richtungsabweichungen der magnetischen Momente zuerst langsam, dann — mit der Annäherung an den Curiepunkt — schneller ab. Die Sättigungsmagnetisierung bei der Temperatur des absoluten Nullpunktes wird auch als absolute Sättigungsmagnetisierung I_0 bezeichnet.

Abb. B 46 zeigt den Verlauf der Curietemperatur T_C, der Sättigungsmagnetisierung I bei Zimmertemperatur und der absoluten Magnetisierung I_0 für das Ni–Fe-System in Abhängigkeit vom Nickelgehalt nach HEGG [175]. (Aufgetragen ist $4\pi I$ bzw. $4\pi I_0$, entsprechend der Beziehung

$$B = 4\pi I + \mu_0 H;$$

B ist die magnetische Induktion, H die magnetische Feldstärke, μ_0 die Induktionskonstante[1].

Bei ca. 75% Nickelgehalt kann die Sättigungsmagnetisierung durch Ordnungseffekte (Bildung von Ni_3Fe) etwas erhöht werden. Auf der nickelreichen Seite des Diagramms liegen die kubisch-flächenzentrierten, auf der eisenreichen Seite die kubisch-raumzentrierten Legierungen.

5.12 Magnetische Kristallanisotropie

In einem ferromagnetischen Kristall stellt sich die Magnetisierung vorzugsweise in bestimmte kristallographisch ausgezeichnete Richtungen ein. So beobachtet man z. B. an einem Nickel-Einkristall, daß die Raumdiagonalen Richtungen der leichten Magnetisierbarkeit sind (Vorzugslagen). Bei mittleren Nickelgehalten und den eisenreichen Legierungen sind umgekehrt die Würfelkanten Richtungen der leichten Magnetisierbarkeit.

Das Auftreten von schweren und leichten Richtungen bei den Einkristalluntersuchungen läßt sich mathematisch am einfachsten durch eine winkelabhängige Energieform beschreiben, wobei die sogenannte Kristallenergie von den Winkeln zwischen der Magnetisierung und bestimmten ausgezeichneten Kristallrichtungen abhängt. Für kubische Kristalle gilt unter Berücksichtigung der einfachsten Winkelfunktionen, die mit der kubischen Symmetrie vereinbar sind:

$$E_K = K_1(\alpha_1^2 \cdot \alpha_2^2 + \alpha_2^2 \cdot \alpha_3^2 + \alpha_1^2 \cdot \alpha_3^2) + K_2 \alpha_1^2 \cdot \alpha_2^2 \cdot \alpha_3^2.$$

α_1, α_2 und α_3 bezeichnen die Richtungskosinus der Magnetisierung in bezug auf die Würfelkanten, K_1 und K_2 sind die Kristallenergiekonstanten.

In vielen Fällen genügt bereits das Glied mit K_1 zur Beschreibung der experimentellen Befunde. Abb. B 47 zeigt den Verlauf der Kristallenergie K_1 von Ni-Fe-Legierungen in Abhängigkeit vom Nickelgehalt nach Messungen von BOZORTH und WALKER [176], HALL [177] und PUZEI [178] mit Berücksichtigung der Meßergebnisse für die reinen Metalle (vgl. [179]) nach anderen Verfassern und dem von TARASOV

---

[1] Entsprechend dem häufigsten Gebrauch in den bekannten Lehrbüchern des Magnetismus wird das Gaußsche Maßsystem benutzt: B in Gauß (G), H in Oersted (Oe) und $\mu_0 = 1$ G/Oe. Die Umrechnung kann mit 10^{-8} Vsec/cm² für 1 G, $10/4\pi$ A/cm für 1 Oe und $\mu_0 = 4\pi \cdot 10^{-9}$ Vsec/Acm erfolgen.

gefundenen linearen K_1-Abfall bei Ni–Fe-Legierungen mit niedrigem Nickelgehalt [180].

Im Gebiet zwischen etwa 50 und 85% Nickelgehalt ergibt sich eine erhebliche Abhängigkeit von der Abkühlungsgeschwindigkeit der Proben

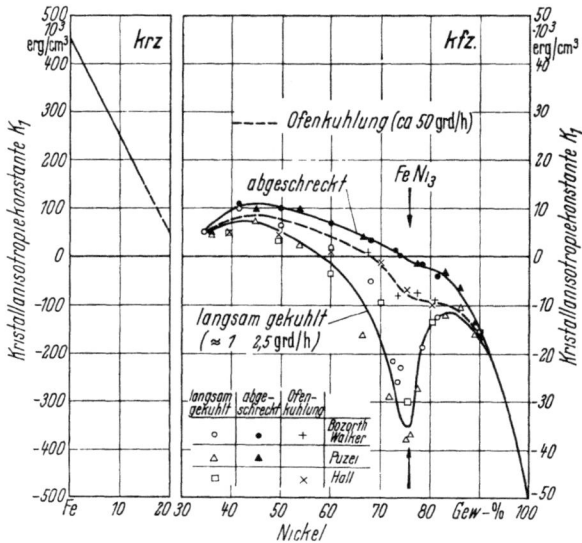

Abb. B 47. Die magnetische Kristallenergie K_1 von Ni–Fe-Legierungen für verschiedene Abkuhlgeschwindigkeiten, zusammengestellt nach mehreren Verfassern (vgl. Text). Für die krz.-Legierungen (links) wurde K_1 im zehnmal verkleinerten Maßstab dargestellt (krz. bedeutet kubisch-raumzentriert, kfz. bedeutet kubisch-flächenzentriert).

im Temperaturgebiet von 300···600°C. Besonders auffällig ist dieser Effekt in der näheren Umgebung der Zusammensetzung Ni_3Fe (ca. 75,9% Ni); das hängt mit Ordnungsvorgängen bzw. Überstrukturausbildung in diesem Gebiet zusammen. Der Nulldurchgang von K_1 läßt sich daher von ca. 75% Nickelgehalt bei abgeschrecktem Material durch langsameres Abkühlen zu niedrigeren Nickelgehalten hin verschieben.

Aus der Darstellung geht ferner hervor, daß die nickelarmen krz.-Legierungen[1] gegenüber den nickelreicheren kfz.-Legierungen[2] um Zehnerpotenzen höhere K_1-Werte aufweisen (vgl. Maßstabsänderung in Abb. B 47 links).

Die bisher in der Literatur angegebenen K_2-Werte dürften in vielen Fällen noch reichlich unsicher sein. Zuverlässig können sie nur an kugelförmigen Einkristallen oder an Einkristallronden gemessen werden,

---

[1] krz. bedeutet kubisch-raumzentriert. — [2] kfz. bedeutet kubisch-flächenzentriert.

deren Orientierung so gewählt wurde, daß der K_1-Beitrag möglichst klein gehalten werden kann. Außerdem müssen die Ergebnisse für den Grenzfall hoher Felder ermittelt werden.

So konnten die relativ hohen K_2-Werte ($K_2 = -180 \cdot 10^3$ erg/cm³ für 50% NiFe; $K_2 = -70 \cdot 10^3$ erg/cm³ für 65% NiFe), die KLEIS [181] an 50···65%igen Ni–Fe-Legierungen erhalten hatte, nicht bestätigt werden. Nach Untersuchungen von MAGER und RADELOFF [172] ergab sich für eine Ronde aus ca. 55% NiFe, die parallel einer (111)-Fläche orientiert war, ein K_2-Wert von nur $-6\cdots 10 \cdot 10^3$ erg/cm³.

Für Nickel werden K_2-Werte bei Zimmertemperatur zwischen ca. -6 und $+5 \cdot 10^4$ erg/cm³ angegeben (vgl. [179, 182]).

Der derzeit wahrscheinlichste Wert dürfte bei ca. $-2,4 \cdot 10^4$ erg/cm³ liegen [182], wobei jedoch noch gewisse Unklarheiten über die endgültige Festlegung des Vorzeichens bestehen (vgl. auch [183, 184]).

5.13 Magnetostriktionskonstanten, Spannungsenergie

Wird ein ferromagnetisches Material unter der Wirkung eines magnetischen Feldes z. B. bis zur Sättigung magnetisiert, so treten kleine Längenänderungen auf. Diese Erscheinung bezeichnet man als Magnetostriktion. An einem polykristallinen Material mit statistischer Orientierung der Kristallkörner mißt man so die mittlere Sättigungsmagnetostriktion λ_s als relative Längenänderung in Feldrichtung — unter der Voraussetzung, daß vor Anlegung des Feldes alle kristallographischen Vorzugslagen der Magnetisierung in den Mikrobereichen im Mittel gleich besetzt waren.

Im Gegensatz zum isotropen Verhalten[1] der Sättigungsmagnetostriktion eines polykristallinen Materials ergeben sich am Einkristall je nach Meßrichtung verschiedene Ergebnisse. In verschiedenen Richtungen des Kristalls werden nicht nur verschiedene Beträge der Magnetostriktionswerte festgestellt, es kann sogar ein Vorzeichenwechsel auftreten (wie z. B. beim Eisen).

Die genauen Richtungsbeziehungen für das Magnetostriktionsverhalten sind sehr kompliziert (vgl. [179, 185–187]), in vielen Fällen kommt man jedoch mit zwei Magnetostriktionskonstanten aus, um die wesentlichsten Effekte bei den kubischen Gittern zu beschreiben.

Die Messung in Würfelkantenrichtung ergibt die Magnetostriktionskonstante λ_{100}, in Richtung der Raumdiagonalen: λ_{111} (Sättigungswerte, bezogen auf den Ausgangszustand der Gleichverteilung der Magnetisierungsrichtungen auf alle kristallographischen Vorzugslagen).

---

[1] Isotrop bezüglich des Meßergebnisses für λ_s, wobei die Längenänderungen stets parallel zum Feld gemessen werden und unter den o. g. Voraussetzungen (Texturfreiheit, Gleichverteilung im Anfangszustand).

Nickel zeigt z. B. eine negative Magnetostriktion, d. h. bei einer Magnetisierung ergibt sich in Richtung des magnetisierenden Feldes eine Verkürzung. In den Richtungen quer zur Feldrichtung beobachtet man eine entsprechende Verlängerung von der Größenordnung des halben Wertes, so daß das Volumen angenähert konstant bleibt[1].

Steht ein Magnetmaterial unter der Einwirkung einer mechanischen Spannung, so ergeben sich durch die magnetostriktiven Längenänderungen Arbeitsleistungen. Die Magnetisierung wird sich dabei vorzugsweise so einstellen, daß den mechanischen Spannungen nachgegeben werden kann.

In einem Material mit positiven Magnetostriktionswerten, wie z. B. Ni-Fe mit 30···80% Ni, wird die Zugspannungsrichtung zur Vorzugsrichtung (für ausreichend hohe Zugspannung). Bei einer Nickelprobe mit negativer Magnetostriktion werden dagegen alle Richtungen senkrecht zur Zugspannungsrichtung zu Vorzugslagen; man erhält eine magnetische Vorzugsebene. Die Zugspannungsrichtung wird in diesem Fall zu einer Richtung schwerer Magnetisierbarkeit (vgl. Kap. B 5.24, Abb. B 54: „Nickel unter Zug").

Für den Fall eines im Mittel isotropen polykristallinen Materials und einer einfachen Zugspannung σ läßt sich die Spannungsanisotropie-Energie (oder Spannungsenergie) E_σ in folgender Weise darstellen:

$$E_\sigma = {}^3/_2 \lambda_\mathrm{s} \cdot \sigma \cdot \sin^2 \varphi,$$

wobei φ den Winkel zwischen der Magnetisierungsrichtung und der Spannungsrichtung bezeichnet.

Laufen Magnetisierungsänderungen nur durch Wandverschiebungen zwischen den durch die Kristallenergie bedingten Vorzugsrichtungen ab, so gilt beim Wirken einer reinen Zug- oder Druckspannung ebenfalls die vorstehende einfache Beziehung. Es muß lediglich anstelle von λ_s die entsprechende in Vorzugslage gemessene Magnetostriktionskonstante eingesetzt werden, d. h. also bei Nickel (K_1 negativ): λ_{111}, bei Fe-Ni-Legierungen mit positivem Wert der Kristallenergie: λ_{100}.

Abb. B 48 zeigt den Verlauf der Magnetostriktionswerte λ_s nach MASIYAMA [188] und von λ_{100} und λ_{111} nach BOZORTH und WALKER [176] für das Ni-Fe-System. (Weitere im wesentlichen damit übereinstimmende Werte s. HALL [177].) Von BOZORTH und HAMMING wurden an

---

[1] Die Volumeneffekte der Magnetostriktion sind meist relativ klein. Ein von der Sättigungsmagnetisierung abhängiger Anteil kann jedoch im allgemeinen bei höheren Feldern beobachtet werden. Er beruht auf einer geringen Erhöhung über die normale Sättigungsmagnetisierung hinaus, die durch starke Felder bewirkt werden kann. Die Volumenmagnetostriktion beeinflußt u. a. das Temperatur-Ausdehnungs-Verhalten, auf das an anderer Stelle ausführlich eingegangen wurde (vgl. Kap. B 3.2, ferner Kap. B 4).

einer 78%-Ni–Fe-Legierung und an Nickel alle fünf für eine genaue Beschreibung erforderlichen Magnetostriktionskonstanten bestimmt [189] (Zusammenstellung weiterer Werte s. [179]).

Der Nulldurchgang für die Sättigungsmagnetostriktion liegt bei ca. 81% Nickelgehalt, dicht benachbart liegen auch Nulldurchgänge

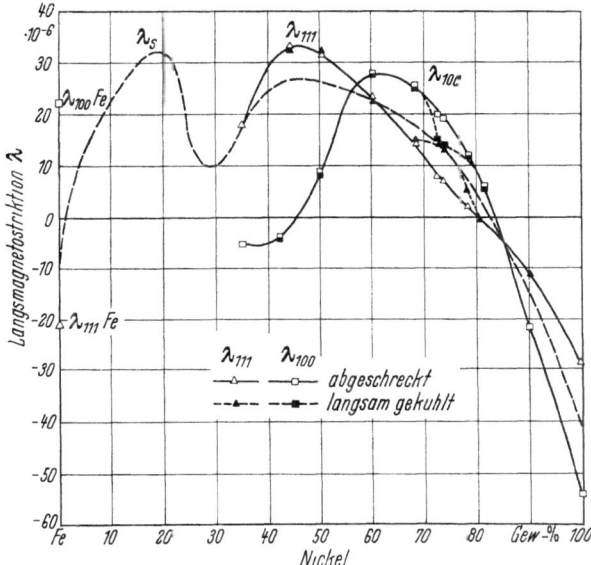

Abb. B 48. Magnetostriktionskonstanten λ_{100} und λ_{111} [176] und λ_s [188] für das Ni–Fe-System.

für λ_{100} und λ_{111}. Ein weiterer Nulldurchgang von λ_{100} ergibt sich bei ca. 45% Nickelgehalt. Die Lage der Nulldurchgänge wird im Gegensatz zur Kristallenergie durch Ordnungsvorgänge wenig beeinflußt.

Wie schon einleitend bemerkt, sind gute weichmagnetische Eigenschaften immer dann zu erreichen, wenn die Anisotropieenergien möglichst kleine Werte annehmen. Zur Verringerung der mit den Eigenspannungen verbundenen Spannungsenergie muß das Material nach Abschluß der mechanischen Bearbeitung einer sorgfältig durchgeführten Entspannungsglühung unterzogen werden (Schlußglühung, vgl. auch Kap. B 5.311).

Hohe Permeabilitäten wird man also immer dann erwarten, wenn sowohl die Magnetostriktion als auch die Kristallenergie zu Null wird oder zumindest kleine Werte annimmt. Dieser günstige Fall liegt annähernd bei den sogenannten Permalloy-Legierungen vor, das sind Ni–Fe-Legierungen mit Nickelgehalten von etwa 75%, binär oder mit weiteren verbessernden Zusätzen. Infolge der von Ordnungsvorgängen abhängigen

Größe der Kristallenergie ist die Temperaturbehandlung dieser Legierungen von großer Bedeutung für die erreichbaren magnetischen Eigenschaften. Die näheren Einzelheiten werden im Kap. B 5.31 behandelt.

5.14 Uniaxiale Anisotropie durch Richtungsordnung von Atomen im Kristallgitter

In einem Metall mit Fremdatomen oder in einer Legierung können sich durch Richtungsordnung von Atompaaren magnetische Vorzugslagen ausbilden.

Die Einstellung solcher Diffusionsanisotropien läßt sich durch eine Temperaturbehandlung im Magnetfeld beeinflussen (Magnetfeldtemperung unterhalb T_C, vgl. Kap. B 5.313). Auch durch den Walzprozeß können uniaxiale Atomanordnungen bewirkt werden (Verformungsanisotropie). Die in einer Legierung durch Ordnung von Atompaaren entstehende Diffusionsanisotropie bezeichnet man nach NÉEL [190—192] auch als Orientierungsüberstruktur. Die zur Diffusionsanisotropie zugehörige Energiefunktion läßt sich bei isotroper Verteilung der Kristallrichtungen — ähnlich wie bei der Spannungsenergie — durch eine einfache Winkelabhängigkeit beschreiben:

$$E_D = K_u \sin^2 \Phi,$$

wobei Φ der Winkel zwischen der Richtung des Magnetfeldes bei der Temperbehandlung und der Magnetisierungsrichtung beim Meßvorgang ist.

In Einkristallen sind die Beziehungen komplizierter. Theoretische Deutungen der Diffusionsanisotropie wurden von NÉEL, TANIGUCHI, YAMAMOTO und CHIKAZUMI gegeben [190—195].

Von FERGUSON [196] wurden die Werte für die Diffusionsanisotropie-Konstante K_u an verschiedenen Ni-Fe-Legierungen mit ca. 50···80% Nickelgehalt und nach langer Magnetfeldtemperung im Temperaturbereich von 450···600 °C gemessen (Messung bei Zimmertemperatur).

Entsprechende Effekte wie bei der Diffusionsanisotropie der Legierungsatome können auch durch Zwischengitteratome hervorgerufen werden. Nach SEEGER, SCHILLER und KRONMÜLLER [197, 198] nimmt ein z. B. durch plastische Verformung oder Neutronenbestrahlung von Nickel entstandenes Zwischengitteratom zusammen mit einem Nachbaratom die energetisch günstigere Hantellage ein (Modell von HUNTINGTON und SEITZ [199]). Eine ungleichmäßige Verteilung dieser Hanteln auf die drei verschiedenen $\langle 100 \rangle$-Achsen hat die gleiche magnetische Wirkung wie die oben erwähnte Diffusionsanisotropie der Legierungspartner.

Auch Paare von Fehlstellen oder Fehlstellen mit Fremdatomen bewirken Richtungsanisotropien [200].

Während im kubisch-raumzentrierten Gitter bereits einzelne Zwischengitteratome, wie C, N und H zu Anisotropieeffekten führen, sollten in kubisch-flächenzentrierten Gittern wegen der höheren Symmetrie der Zwischengitterplätze diese Effekte nicht auftreten. Das gilt für Metalle aus einer einheitlichen Komponente. In Legierungen dagegen ist diese Symmetrie durch die Besetzung der benachbarten Plätze mit verschiedenen Legierungselementen in den meisten Fällen aufgehoben. Diese Effekte wurden von ADLER u. Mitarb. an binären kubisch-flächenzentrierten Nickellegierungen gefunden [201—207].

Da die Platzwechselvorgänge für kleine Zwischengitteratome schon bei relativ niedrigen Temperaturen rasch einsetzen, kann die Anisotropie-Einstellung auch bei Zimmertemperatur so schnell vor sich gehen, daß die zeitlichen Anisotropie-Änderungen während des Meßvorgangs ablaufen. Es ergeben sich dann Relaxationserscheinungen oder magnetische Nachwirkungseffekte.

Die Richtungsordnung in Magnetlegierungen wird häufig ausgenutzt, um spezielle Magnetisierungseigenschaften zu erhalten. Durch eine Magnetfeldtemperung kann man eine rechteckförmige Schleifenform erzielen oder auch eine Erhöhung der Permeabilität [208—210]. Tempern unterhalb des Curiepunktes ohne Feld bewirkt eine eigenartige Form der Hystereseschleife, die sogenannte Perminvar-Schleife. (Nähere Einzelheiten zu diesen Effekten vgl. Kap. B 5.3).

5.2 Magnetische Eigenschaften von Nickel

5.21 Zusammenstellung der magnetischen Grundkonstanten

Tabelle B 12 gibt eine Übersicht über die Zahlenwerte der wichtigsten magnetischen Konstanten des Nickels.

Tabelle B 12. *Magnetische Konstanten des Nickels (falls nicht anders vermerkt, bei Zimmertemperatur)*.

Sättigungsmagnetisierung [211]	
bei Zimmertemperatur	$4\pi I_s = 6050$ G
bei 0 °K	$4\pi I_0 = 6400$ G
Zahl der Bohrschen Magnetonen[a]	$n_0 = 0,606$ G
(Magnetonenzahl)	
Curietemperatur	$T_C = 360$ °C
Kristallenergie (vgl. Kap. B 5.12)	$K_1 = -48000$ erg/cm³
	$K_2 = -24000$ erg/cm³
magnetische Vorzugsachsen	$\langle 111 \rangle$

[a] Bohrsches Magneton: $\mu_B = \dfrac{h}{4\pi} \cdot \dfrac{e}{mc} \approx 9{,}27 \cdot 10^{-21}$ G · cm.

Tabelle B 12. (Fortsetzung).

Magnetostriktionskonstanten (vgl. Kap. B. 5.13)	$\lambda_s = -34 \cdot 10^{-6}$ $\lambda_{111} = -31 \cdot 10^{-6}$ $\lambda_{100} = -51 \cdot 10^{-6}$
Volumenmagnetostriktionskoeffizient [b] [212, 213]	$1/V \cdot dV/dH \approx 1 \cdots 2 \cdot 10^{-10}$ Oe^{-1}
Blochwand (180° mit Normale in 112-Richtung [215]) Dicke Wandenergie	$\delta \approx 10^{-5}$ cm $\gamma \approx 0{,}3$ erg/cm²

[b] Angaben wegen der Kleinheit des Wertes unsicher; es wird auch ein negativer Meßwert angegeben ($-0{,}55 \cdot 10^{-10}$ Oe^{-1} nach [214]).

5.22 Temperaturgang der magnetischen Grundkonstanten

Der Temperaturverlauf der Sättigungsmagnetisierung I_s, der Kristallenergiekonstanten K_1 und K_2 sowie der Magnetostriktionskonstanten λ_s, λ_{111} und λ_{100} ist in den Abb. B 49 bis 51 dargestellt [216—221]. Nach

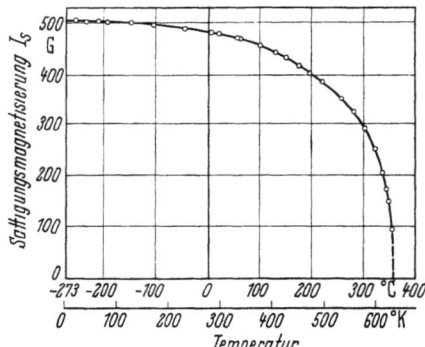

Abb. B 49. Der Temperaturverlauf der Sättigungsmagnetisierung von Nickel [211].

Untersuchungen von PUZEI [216] wechselt K_1 das Vorzeichen bei 217 °C (frühere Messungen von KIRENSKY [219] ergeben den Nulldurchgang schon bei ca. 130 °C, s. Zusammenstellung in [179], weitere Messungen s. [183, 184]).

Oberhalb des Curiepunktes zeigt Nickel ein einfaches paramagnetisches Verhalten. Für die reziproke Suszeptibilität ergibt sich über etwa 450 °C ein weitgehend linearer Temperaturverlauf entsprechend der Curie-Weißschen Beziehung: $\chi \approx 1/(T - T_C)$. Zwischen 420 und 600 °C z. B. fällt die Suszeptibilität von 10^{-3} auf ca. $2 \cdot 10^{-4}$ ab [222] — entsprechend μ-Werten ($\mu = 1 + 4\pi\chi$) von ca. 1,013 bzw. 1,0025.

5.23 Temperaturverhalten der Koerzitivfeldstärke und der Permeabilität

Von DIETRICH und KNELLER [223] wurde der Temperaturverlauf der Koerzitivfeldstärke an Nickel-Einkristallen und an polykristallinem Material gemessen (siehe Abb. B 52). Die zu tiefen Temperaturen hin wachsende

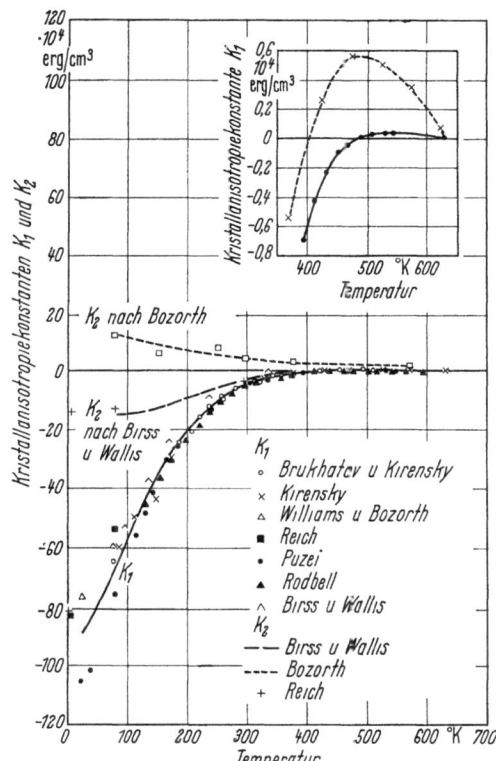

Abb. B 50. Der Temperaturverlauf der magn. Kristallenergie K_1 und K_2 von Nickel. K_1 nach einer Zusammenstellung von KNELLER [179] unter Berücksichtigung der Ergebnisse von PUZEI [216], REICH [217] und RODBELL [218]; K_2 nach BIRSS und WALLIS [182] und nach REICH [217]. (In früheren Ergebnissen von BOZORTH [186] hatte sich das umgekehrte Vorzeichen für K_2 ergeben, kurzgestrichelt eingezeichnet.)

Der genauere Verlauf von K_1 nach PUZEI [216] bzw. KIRENSKY [219] ist für hohe Temperaturen im Bildausschnitt mit vergrößertem Maßstab dargestellt.

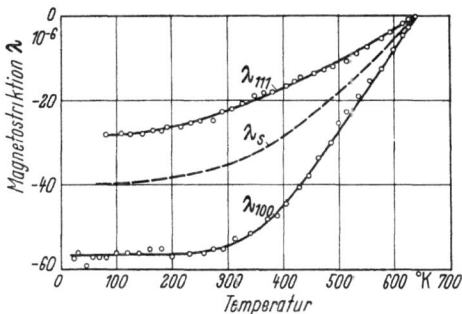

Abb. B 51. Der Temperaturverlauf der Magnetostriktionskonstanten λ_s, λ_{111} und λ_{100} von Nickel [220, 221]. Die λ_s-Werte wurden nach $1/_5 \cdot (2\lambda_{100} + 3\lambda_{111})$ berechnet [185].

Differenz zwischen den beiden Kurven kann auf den Korngrößenanteil der Koerzitivfeldstärke zurückgeführt werden [224], für den sich eine Proportionalität mit $\sqrt{|K_1|}$ ergibt $\left(\gamma \sim \sqrt{|K_1|}\right)$. Der Temperaturverlauf wird danach richtig wiedergegeben; der empirische Zahlenfaktor ist um etwa einen Faktor 5 höher [225]. Dies läßt sich unschwer verstehen, weil im polykristallinen Material Ummagnetisierungskeime in der Regel eine komplex zusammengesetzte Wandstruktur aufweisen mit erhöhtem Wandenergieanteil (hierbei: $\gamma_{\text{eff}} \approx 2 \cdots 5 \gamma$).

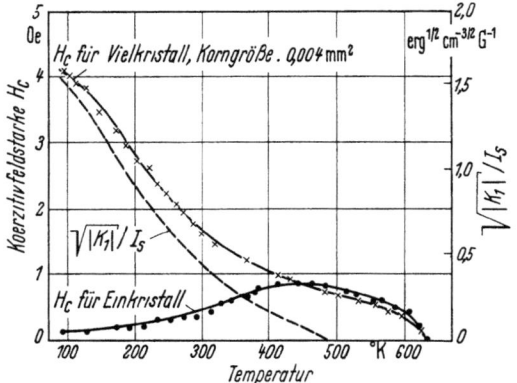
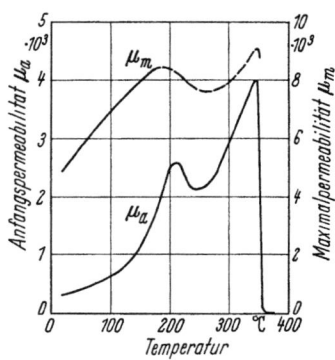

Abb. B 52. Temperaturabhängigkeit der Koerzitivfeldstärke von Nickel: Für Einkristall mit Stabachse parallel zur Raumdiagonalen; für polykristallines Material mit mittlerem Kornquerschnitt von 0,004 mm² [223]; Gestrichelt eingetragen wurde der Verlauf von $\sqrt{|K_1|}/I_s$ der im wesentlichen die Temperaturabhängigkeit des Korngrenzenanteils von H_c bestimmen sollte [224].

Abb. B 53. Die Temperaturabhängigkeit von Anfangs- und Maximalpermeabilität von Nickel [227].

Der Einkristallverlauf kann nach KNELLER [225] für die höheren Temperaturen auf Drehprozesse unter der Wirkung von Eigenspannungen und für die niedrigeren Temperaturen auf die hemmende Wirkung von Versetzungen auf Wandverschiebungen [226] zurückgeführt werden.

Abb. B 53 gibt den Temperaturverlauf der Anfangspermeabilität μ_a und der Maximalpermeabilität μ_{max} wieder [227]. Der Temperaturverlauf von μ_a unterhalb von ca. 200 °C kann nach KERSTEN [228] mit Hilfe des Wandwölbungsmodells gedeutet werden. Die Modellvorstellungen für den Korngrößenanteil von H_c und für die Anfangspermeabilität stehen in engem Zusammenhang miteinander, vor allem, wenn man im Kerstenschen Modell als Haftstellen für die gewölbten Wände anstelle von Versetzungslinien die Korngrenzenstruktur annimmt. Mit der weiteren Annahme, daß sowohl der Abstand der Haftstellen als auch der mittlere Abstand der aktiven Blochwände durch den mittleren Korndurchmesser gegeben sind, erhält man unter Verwendung von γ_{eff}

auch die richtige Größenordnung des Absolutwertes für die Anfangspermeabilität[1].

Der Einfluß von Temperaturänderungen zwischen 20 und 340 °C auf die Bereichsstruktur von Nickel-Einkristallen wurde von SCHAUER mit Hilfe der optischen Methode nach KERR untersucht [229]. Es ergab sich u. a., daß sich die Bereichsstruktur durch Erhöhung der Temperatur zunächst nicht ändert. Wenn jedoch bei der betreffenden Temperatur eine Wechselfeldentmagnetisierung vorgenommen wird, verringert sich der Abstand der Blochwände; darüber hinaus stellt sich eine spannungsbedingte Struktur ein, die man auch bei thermischer Entmagnetisierung erhält. Rückschlüsse von den an Einkristallen erhaltenen Ergebnissen auf polykristallines Material sind naturgemäß nicht ohne weiteres möglich.

Der Temperaturgang der Remanenz wurde u. a. von SCHWINK untersucht [230].

5.24 *Einfluß von mechanischen Spannungen auf die Magnetisierungskurve*

In der Reihe der ferromagnetischen Grundmetalle ist Nickel durch eine relativ kleine magnetische Kristallenergie und eine relativ große Magnetostriktion gekennzeichnet. Die Spannungsenergie hat also einen starken Einfluß auf seine magnetischen Eigenschaften. Außerdem zeigt das Nickel im Vergleich zum Eisen ein einfacheres Verhalten der Magnetostriktion (gleiches Vorzeichen von λ_{111} und λ_{100} bei Nickel). Untersuchungen des magnetischen Verhaltens von Nickel unter der Einwirkung äußerer Zugspannungen sind daher besonders geeignet, die Rolle der Spannungsenergie bei den Ummagnetisierungsvorgängen aufzuzeigen (siehe Arbeiten von BECKER und KERSTEN [231] sowie von KERSTEN [232], ferner [179, 185, 233]). Abb. B 54 zeigt den Einfluß einer äußeren Zugspannung auf die Magnetisierungskurve von Nickel.

Infolge des negativen Vorzeichens der Magnetostriktionskonstanten wird Nickel mit zunehmender Zugspannung in Zugrichtung immer schwerer magnetisierbar. Senkrecht zum Zug bildet sich dagegen eine Vorzugsebene aus.

Vorzugsrichtungen quer zur Drahtachse sind wegen des ungünstig hohen Entmagnetisierungsfaktors in dieser Richtung schwer nachweisbar. Wenn man einen Nickeldraht zunächst kreisförmig biegt und ihn

---

[1] Aus den Beziehungen nach KERSTEN [228] folgt unter den oben getroffenen Annahmen: $\mu_a = 2\pi/3\mu_0 \cdot I_s^2 d/\gamma_{\text{eff}}$. Mit $4\pi I_s = 6050$ G, $\gamma_{\text{eff}} = 5 \cdot 0{,}15 = 0{,}75$ erg/cm² (0,06, 0,16 u. 0,30 erg/cm² für 71-, 109- und 180°-Wände) und $d = 0{,}007$ cm wie in [223] erhält man für Zimmertemperatur $\mu_a = 600$ als plausiblen Wert für spannungsfreies Nickel. Die sich hieraus ergebende Korngrößenabhängigkeit von μ_a bedürfte allerdings noch einer näheren Nachprüfung; sie scheint sich aber auch bei anderen Legierungen zu bewähren (vgl. Kap. B 5.311).

dann durch Einschieben in ein Röhrchen wieder vorsichtig geraderichtet, erhält man in der einen Hälfte des Drahtes Druck-, in der anderen Zugspannungen. An einem so vorbehandelten Draht ergibt sich eine Hystereseschleife, wobei die Magnetisierung für einen bestimmten Feldstärkewert in einem einzigen sogenannten Barkhausen-Sprung

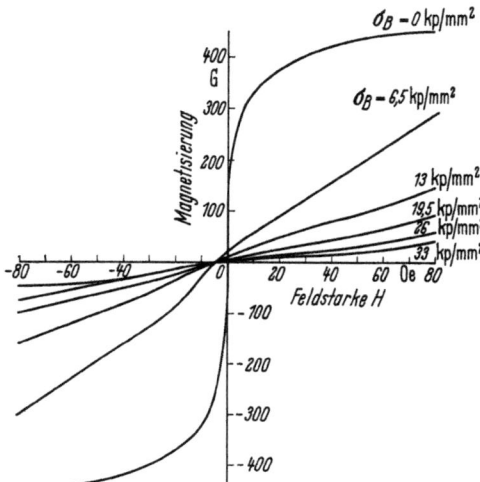

Abb. B 54. Magnetisierungskurven von Nickeldraht bei verschiedenen Zugspannungen [231]. Es ist jeweils nur die eine Hälfte der Hystereseschleife dargestellt. Aufgetragen ist $I = (B - \mu_0 H)/4\pi$.

[234] annähernd bis zum halben Sättigungswert springt. Danach folgt ein recht flacher Anstieg. Man versteht das aus der Überlagerung einer Rechteckschleife für das Gebiet der Druckspannungen[1] und einer Schleife nach Abb. B 54 für das Gebiet der Zugspannungen [232].

Zahlreiche Untersuchungen beschäftigen sich mit der Wirkung von äußeren und inneren Spannungen auf die verschiedenen magnetischen Kenngrößen, wie Permeabilität, Remanenz, Koerzitivfeldstärke, Einmündung in die Sättigung u. a. (s. auch BECKER und DÖRING [185], KERSTEN [238] sowie KNELLER [179], ferner KÖSTER u. Mitarb. [239]).

5.25 Einfluß von Glühbehandlung, Umformung und Reinheit

Weichgeglühtes Nickel zeigt einen sehr starken Einfluß der Kaltumformung auf die magnetischen Eigenschaften. Von WILLIAMS [240] wurde der Verlauf der Koerzitivfeldstärke in Abhängigkeit vom Umformungsgrad beim Kaltwalzen untersucht. Es ergab sich ein Anstieg

---

[1] Einfacher lassen sich spannungsinduzierte Rechteckschleifen bei einem Material mit positiver Magnetostriktion erhalten, z. B. Fe-Ni-Legierungen mit 50···75% unter Zug (s. auch Untersuchungen von PREISACH [235] sowie SIXTUS und TONKS [236, 237]).

bis auf etwa 40 Oe bei einem Umformungsgrad von etwas über 90% (vgl. Abb. B 55). Der sehr steile Anstieg schon bei kleinen Umformungsgraden ist in den Untersuchungen von WILLIAMS nicht zu erkennen, weil sein Versuchsmaterial bereits eine relativ hohe Ausgangs-Koerzitivfeldstärke aufwies (ca. 7 Oe). Von MALEK [241] wurden gründliche Untersuchungen über den Anstieg der Koerzitivfeldstärke an plastisch ge-

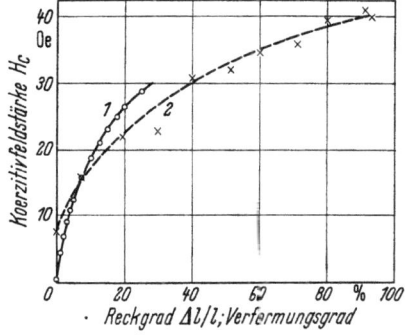

Abb. B 55. Der Einfluß der Umformung auf die Koerzitivfeldstärke von Nickel. Kurve 1: für plastisch gereckte Drähte [241] (Ausgangswert für H_c: 0,29 Oe); Kurve 2: für kaltgewalztes Material [240] (Ausgangswert für H_c: ca. 7 Oe).

Abb. B 56. Die Koerzitivfeldstärke von kaltbearbeitetem Nickel nach unterschiedlicher Wärmebehandlung [243] (Kaltbearbeitung: gezogen mit 77% Querschnittsverminderung).

reckten Drähten von Nickel und anderen Metallen der Ni–Fe-Reihe mit Reckgraden von 1···25 bzw. 35% durchgeführt. Der Verlauf für Nickel ist in Abb. B 55 dargestellt.

Die empirischen Ergebnisse von MALEK lassen sich für kleine Reckgrade von einigen Prozent in folgender Beziehung zusammenfassen:

$$\Delta H_c \approx 10^6 \cdot |\lambda_s| \cdot \sqrt{\Delta l/l}\,{}^1.$$

Der Anstieg der Koerzitivfeldstärke über den Anfangswert hinaus: ΔH_c ist also in erster Näherung eine quadratische Funktion des Reckgrades. Der hohe Kaltumformungseffekt bei Nickel ergibt sich danach aus dem hohen Wert des Betrages der Sättigungsmagnetostriktion λ_s.

---

[1] Auf Grund physikalischer Betrachtungen sollte man eine Proportionalität des Zahlenwertes mit E/I_s vermuten ($\Delta H_c \approx 2,5\cdots5 \cdot 10^{-4} \cdot \dfrac{E}{I_s} \cdot |\lambda_s| \cdot \sqrt{\Delta l/l}$ mit Elastizitätsmodul E und $I_s =$ Sättigungsmagnetisierung). Die o. a. zahlenmäßige Beziehung scheint den systematischen Gang mit der Legierungszusammensetzung nach Meßwerten von MALEK jedoch besser wiederzugeben. Von KNELLER und SCHMELZER [242] wurde gefunden, daß die differentielle Änderung von H_c in Abhängigkeit von der Fließspannung angenähert proportional zu λ_s/I_s verläuft. Auch bei plastischer Verformung von Einkristallen gilt die Proportionalität mit λ_s/I_s für den Bereich II der Verfestigungskurve.

Abb. B 56 zeigt den Einfluß der Glühtemperatur auf kaltgeformtes Nickel. Mit Einsetzen der Rekristallisation ergibt sich ein rasches Absinken der Koerzitivfeldstärke, was sowohl auf die Verminderung der inneren Spannungen als auch auf die Änderungen des Kristallgefüges zurückzuführen ist.

Die Koerzitivfeldstärke von sehr reinem zonengeschmolzenem Nickel wurde von DUBOIS u. Mitarb. untersucht [244, 245]. Der relativ niedrige Wert von 0,2 Oe für das zonengeschmolzene Material gegenüber 0,4 Oe für reines Elektrolytnickel wurde auf den verringerten Schwefelgehalt zurückgeführt.

5.26 Pulvermaterial, Sintereinfluß u. a.

Gemahlenes Carbonylnickelpulver hat nach Messungen von GERLACH u. a. [246] eine relativ hohe Koerzitivfeldstärke von rund 60···70 Oe (hergestellt bei Zersetzungstemperaturen von bis zu ca. 250°C, gesiebt durch ein 10000-Maschen-Sieb). Am geschütteten Material erhält man infolge der Scherungswirkung der Lufträume bzw. Trennschichten zwischen den Körnern stark gescherte Hystereseschleifen. Der innere Scherungsfaktor einer solchen Anordnung kann nach der Methode der „idealen Magnetisierung" von STEINHAUS und GUMLICH [247, 248] bestimmt werden[1].

Beim Sintern eines Pulverkörpers bilden die Nickelteilchen zunächst Brücken; bei weiter erhöhten Temperaturen wird das Material dichter, und das Porenvolumen verringert sich dementsprechend mehr und mehr. Auf diese Vorgänge reagiert nun sehr empfindlich die innere Entmagnetisierung. Ein steiler Abfall des Entmagnetisierungsfaktors tritt vor allem im Gebiet der Brückenbildung auf. Abb. B 57 gibt den Verlauf von N_{ia} über der Sintertemperatur an, wie er nach Meßwerten von GERLACH u. Mitarb. [246] bestimmt wurde. (Zur Definition von N_{ia} siehe Fußnote[1]) Die Abhängigkeit des inneren Entmagnetisitierungsfaktors vom Volumenanteil des Ferromagnetikums bei verschiedenen Teilchenformen und der Einfluß von Konzentrationsschwankungen bei Nickel-Legierungen wurden von KRANZ untersucht (an Ni–Cu- und Ni–Cr-Legierungen s. [249]).

---

[1] Zur Bestimmung der idealen Magnetisierungskurve legt man außer dem zu einem bestimmten Meßwert gehörigen Gleichfeld ein zusätzliches Wechselfeld an, dessen Amplitude von großen Werten stetig bis auf Null abnimmt. Für eine scherungsfreie Materialprobe sollte eine solche Magnetisierungskurve eine unendliche Steigung im Koordinatennullpunkt aufweisen — eine endliche Steigung wird auf die Wirkung einer inneren oder äußeren Scherung zurückgeführt: $N_{tot} = \mu_0 H_{id}/I_{id}$ mit $N_{tot} = N_{geom} + 1/\alpha \cdot N_{ia}$. Hierbei wurde nach KRANZ (in [249]) für ein Material mit dem Füllfaktor α die innere Scherung auf den magnetischen Materialanteil bezogen ($N_{ia} = \alpha \cdot N_i$).

Abb. B 58 zeigt den Verlauf von Koerzitivfeldstärke und relativer Remanenz mit wachsender Sintertemperatur. Der schon bei sehr niedrigen Temperaturen einsetzende Abfall der Koerzitivfeldstärke ist auf Erholungsvorgänge in den Carbonylnickelkörnern zurückzuführen. Gestrichelt eingezeichnet ist in Abb. B 58 der Verlauf für ein bei 280 °C im Drehofen vorbehandeltes Pulver (ohne erkennbare Sintereffekte).

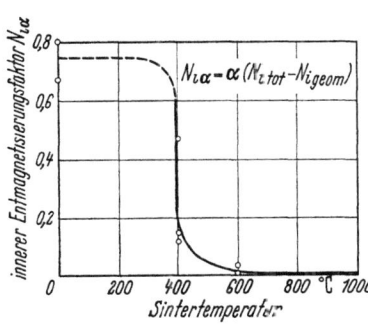

Abb. B 57. Der Verlauf des inneren Entmagnetisierungsfaktors $N_{i\alpha}$ von Carbonylnickel mit wachsender Sintertemperatur [246]. (Der gestrichelte Anfangsteil der Kurve zeigt den prinzipiell zu erwartenden Verlauf; er ist nach den Meßwerten nicht ausreichend gesichert.)

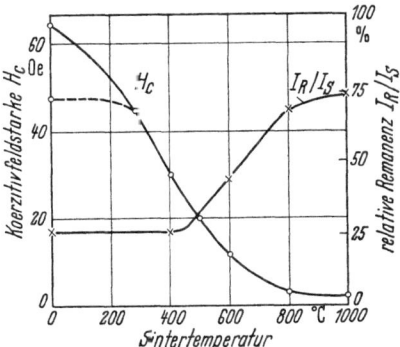

Abb. B 58. Verlauf von Koerzitivfeldstärke und relativer Remanenz in Abhängigkeit von der Sintertemperatur [246]. Gestrichelt eingezeichnet: H_c-Verlauf für getempertes Pulver (vgl. Text).

Die Remanenz steigt erwartungsgemäß mit dem einsetzenden Sinterprozeß und der damit verbundenen Abnahme des Entmagnetisierungsfaktors an. Wegen des gegenläufigen Verhaltens der Koerzitivfeldstärke ist hierbei der Effekt weniger deutlich als beim Verlauf des Entmagnetisierungsfaktors.

Bei Übergang zu Pulvermaterial mit kleineren Teilchen (Abmessungen im Bereich von ca. $10^{-6} \cdots 10^{-5}$ cm) steigt die Koerzitivfeldstärke weiter an; für noch kleinere Teilchen ergibt sich superparamagnetisches Verhalten (vgl. Kap. B 5 61).

5.27 Magnetostriktionseffekte, technische Bedeutung

Aus den magnetischen Untersuchungen an Nickel haben sich sehr viele wertvolle Beiträge zum Verständnis der Eigenschaften der Metalle ergeben; als reines Metall wird Nickel jedoch kaum für weich- oder hartmagnetische Anwendungen eingesetzt. Auf einem Gebiet allerdings haben die magnetischen Eigenschaften des reinen Nickels eine unmittelbare technische Bedeutung erlangt: bei der Anwendung für magnetostriktive Schwinger. Nickel ist hierfür besonders geeignet infolge des relativ hohen Betrages der Sättigungsmagnetostriktion (vgl. Kap. B

Tabelle B 13. *Eigenschaften von Schwinger-*

Material	Zustand	Vickershärte HV 5 kp/mm²	E-Modul E kp/mm²	Schall- geschw. m/sec	spez. Wider- stand $\frac{\Omega mm^2}{m}$
Reinnickel	weich	65	19000	4600	0,085
ca. 36%-Ni-Fe	weich	115	13700	4100	0,75
ca. 50%-Ni-Fe	halbhart	280	19500	4800	0,45

5.13, 5.21 u. 5.22) und seines günstigen Verhaltens gegenüber Korrosion (vgl. Kap. H).

Da magnetostriktive Schwinger im allgemeinen in der Eigenresonanz erregt werden, ist auch das elastische Verhalten sehr wesentlich für die Güte eines Schwingers. An ein Schwingermaterial sind also folgende Anforderungen zu stellen:

1. hohe effektive Magnetostriktion,
2. geringe magnetische und elektrische Verluste,
3. gute elastische Eigenschaften.

Diese Anforderungen sind zum Teil widersprüchlich (mechanisch hart — magnetisch weich) und daher nur in einem möglichst günstigen Kompromiß zu erfüllen. Magnetostriktive Materialien werden deshalb häufig im sogenannten „halbharten" Zustand eingesetzt.

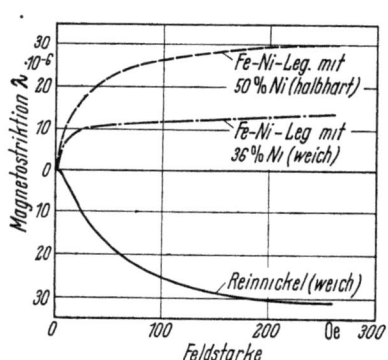

Abb. B 59. Magnetostriktion-Feldstärke-Kurven für weichgeglühtes Reinnickel mit Vergleichskurven für ca. 36%iges Ni-Fe (weich) und ca. 50%iges Ni-Fe (halbhart) [250].

Der Wert für die Sättigungsmagnetostriktion von $\lambda_s = -34 \cdot 10^{-6}$ gilt für Material mit regelloser Orientierung der Kristallite und statistischer Ausgangsverteilung der Magnetisierung. Vorzugslagen quer zur Magnetisierungsrichtung können den Magnetostriktionseffekt auf $3/2 \cdot \lambda_s$ erhöhen, Vorzugslagen in Magnetisierungsrichtung dagegen zu sehr kleiner effektiver Magnetostriktion führen.

So kann z. B. der Magnetostriktionshub von Nickel durch Anlegen einer homogenen Zugspannung in Magnetisierungsrichtung vergrößert *materialien auf Nickelbasis* [250].

Material	Sättigungs-magnetostrik-tion (bei ca. 3000 Oe)	Permeabilität bei 5 mOe μ_s	statische Koer-zitivfeldstärke H_C Oe	Sättigungs-induktion B_S G	Curietempe-ratur T_C °C
Reinnickel	$-35 \cdot 10^{-6}$	250	ca. 2	6000	360
ca. 36%-Ni-Fe	$+22 \cdot 10^{-6}$	2500	ca. 0,2	13000	230
ca. 50%-Ni-Fe	$+25 \cdot 10^{-6}$	400	ca. 6	16000	470

werden, während umgekehrt Druckspannung eine Verminderung bewirkt (siehe die Untersuchungen von KIRCHNER [251]).

Da die Magnetostriktionskurve für kleine Aussteuerungen nur sehr langsam ansteigt, legt man meist den Arbeitspunkt eines Schwingers mittels einer geeigneten Vormagnetisierung auf den steilen Teil der Kurve. Diese Vormagnetisierung bewirkt außerdem, daß der Schwinger in der Grundfrequenz erregt werden kann. Ohne Vormagnetisierung wird vom Schwinger wegen der Symmetrie der Magnetostriktionskurve für positive und negative Felder das Doppelte der Erregerfrequenz abgegeben.

Geringe elektrische Verluste (Wirbelströme) erhält man durch ausreichend feine Unterteilung in dünne Bleche. Niedrigere magnetische und elektrische Verluste lassen sich mit legiertem Material erzielen (z. B. mit 36- und 50%igem Ni-Fe). In Abb. B 59 ist die Magnetostriktion-Feldstärke-Kurve von weichem Reinnickel im Vergleich zu anderen Ni–Fe-Legierungen dargestellt. Tab. B 13 gibt eine Übersicht über die für Schwinger wichtigen Daten für die gleichen Metalle.

5.3 Technisch wichtige weichmagnetische Legierungen

5.31 Hochnickelhaltige Legierungen

Die hochnickelhaltigen Permalloylegierungen sind die magnetisch weichsten Legierungen, die heute bekannt sind. Es war seinerzeit ein großer Fortschritt für die Elektrotechnik, als ELMEN das binäre Permalloy entdeckte. Inzwischen konnten aber durch besondere Legierungswahl und Wärmebehandlung die damals erzielten Permeabilitätswerte wesentlich gesteigert werden. Die wichtigsten Stufen in dieser Entwicklung sind:

Binäres Permalloy[1] (ELMEN [252]) $\mu_a \approx 10000$,
Mumetall[2] (RANDALL [253]) $\mu_a \approx 20000$,
M 1040[3] (NEUMANN [254]) $\mu_a \approx 40000$,
Supermalloy[4] (BOOTHBY und BOZORTH [255]) $\mu_a \approx 100000$.

---

[1] Ni, Rest Fe.   [2] 76% Ni, 17% Fe, 5% Cu, 2% Cr.
[3] 72% Ni, 14% Cu, 3% Mo.   [4] 79% Ni, 16% Fe, 5% Mo + Zusätze.

Anfangspermeabilitätswerte von 70000⋯140000 und Permeabilitätswerte bei 5 mOe und 50 Hz von 100000⋯250000 an Bandkernen von 0,05⋯0,1 mm Dicke sind heute durchaus technisch realisierbar.

Es ist auch gelungen, noch andere interessante Eigenschaften zu entwickeln, z. B. eine rechteckförmige Hystereseschleife [256—258] oder einen kleinen relativen Hysteresebeiwert h/μ^2, der besonders für die Übertragertechnik erwünscht ist. Material mit rechteckförmiger Hystereseschleife wird für empfindliche Magnetverstärker und in Form kleiner Bauteile aus dünnen Bändern [259—261] von 0,006⋯0,003 mm für die Datenverarbeitung eingesetzt. Es handelt sich dabei um eine sogenannte spontane Rechteckschleife oder Pseudorechteckschleife, d. h. die relative Remanenz B_r/B_m ist von der Aussteuerung H_m abhängig. Bei $H_m = 3⋯7 \cdot H_c$ ist $B_r/B_m > 0,9$, während man bei Aussteuerung bis zur Sättigung für B_r/B_s ca. 0,75⋯0,80 erhält. Eine physikalisch echte Rechteckschleife, bei der $B_r/B_s > 0,9$ ist, wurde durch Einstellung einer Würfeltextur (s. Kap. B 5.322) bei Molybdän Permalloy erzielt [262]. Speziell für magnetische Speicherelemente wurden außerdem Legierungen entwickelt, die neben Nickel und Eisen Gold bzw. Niob und Silber enthalten, wo bei guter spontaner Rechteckschleife die Koerzitivfeldstärke bis zu einem Maß gesteigert wird, wie es für magnetische Speicherelemente wünschenswert ist [263, 264].

Die obengenannten, von der Struktur des Materials abhängigen magnetischen Eigenschaften werden bestimmt von den in einem realen Kristall stets vorhandenen inneren Störungen, die die Ummagnetisierung behindern [265—267], und von den kristallgitterabhängigen Größen, Kristallanisotropie (vgl. Kap. B 512) und Magnetostriktion (Kap. B 5.13). Der Störungsgehalt hängt von den Schmelz-, Verarbeitungs- und Glühprozessen bei der Herstellung weichmagnetischer Teile ab. Die Konstanten der Kristallanisotropie und der Magnetostriktion werden im wesentlichen durch die chemische Zusammensetzung der Legierung und durch eine spezielle Wärmebehandlung bei verhältnismäßig niedriger Temperatur (Anlaßbehandlung unterhalb 600 °C) festgelegt.

5.311 Legierungsherstellung und Schlußglühung

Die Legierungen werden bei Atmosphärendruck oder auch im Vakuum erschmolzen bzw. auf dem Sinterwege hergestellt. Die Schmelz- bzw. Sinterblöcke werden bis zu einer Dicke von einigen Millimetern heißgewalzt und je nach Verwendung auf Banddicken von ca. 1⋯0,003 mm kaltgewalzt. In die Kaltverarbeitung sind — abhängig von der Endbanddicke — Zwischenglühungen bei ca. 800⋯1000 °C eingeschoben. Gelegentlich werden dabei Oberflächenbearbeitungen, wie Hobeln, Beizen und Fräsen, durchgeführt. Die aus dem Material hergestellten Teile, wie z. B. Bandkerne, Kernbleche, Formteile oder magnetische Abschirmungen, werden zum Schluß einer Rekristallisations- und Reinigungsglühung bei 1000···1300 °C in reduzierender Atmosphäre, z. B. in reinem Wasserstoff, unterzogen. Nach dieser Schlußglühung wird u. U. die schon erwähnte Anlaßbehandlung bei niedriger Temperatur, auf deren Wirkung noch näher eingegangen wird, durchgeführt. Auf einige magnetisch wichtige Faktoren bei der Herstellung der weichmagnetischen Teile sei im folgenden noch besonders hingewiesen.

Legierungen, die im Vakuum erschmolzen und nur mit Mangan desoxydiert wurden, zeigen sehr hohe Permeabilitätswerte. Scharfe Desoxydationsmittel, wie Silicium und Magnesium, führen zu einer Verschlechterung der magnetischen Eigenschaften. So wurden z. B. bei einer Legierung mit 79% Ni, 5% Mo, Rest Fe nach Glühung bei 1300 °C und Anlaßbehandlung bei schwach desoxydierter Schmelze Anfangspermeabilitätswerte von 140000 gefunden, während sich bei Desoxydation mit 0,3% CaSi nur Werte von 50000 ergaben [268, 269].

Die Permeabilität wird aber nicht allein durch die Schmelze, sondern entscheidend durch die Schlußwärmebehandlung in reinem Wasserstoff bestimmt, wobei die Summe der oxydierenden Bestandteile im Wasserstoff ($H_2O + O_2$) unter einem Äquivalent von 300 ppm H_2O (Taupunkt $-33°C$) liegen sollte. Die Schlußglühung bewirkt Rekristallisation und Kornwachstum und eine Beseitigung von Verunreinigungen, wie z. B. Kohlenstoff, Stickstoff und Sauerstoff. Die Zunahme der Permeabilität bei Erhöhung der Schlußglühtemperatur wird wesentlich durch die Kornvergrößerung verursacht. Bei molybdänhaltigem Mumetall ist die Anfangspermeabilität proportional dem Korndurchmesser [270] (vgl. auch Kap. B 5.23).

Bei weichmagnetischen Blechen und Bändern ist eine Abnahme der Permeabilität mit der Banddicke seit langem als Banddickeneffekt bekannt. FELDTKELLER [271] sowie EPELBOIN und MARAIS [272] ermittelten die Verteilung der lokalen Anfangspermeabilität über den Blechquerschnitt. Sie fanden, daß die hohe Permeabilität der Blechmitte nach der Oberfläche hin steil abfällt. Mit Verringerung der Blechdicke wächst der Anteil der Oberflächenzone mit geringer Permeabilität immer mehr, und die gemessene effektive Gleichfeldpermeabilität nimmt mit der Blechdicke ab [269].

Nach der Schlußglühung dürfen hochpermeable Legierungen nicht elastisch verspannt oder gar plastisch verformt werden. Schon die Schrumpfung eines ungeeigneten Kunstharzes, mit dem z. B. die Teile verfestigt werden [273], und die dabei auftretenden elastischen Verspannungen setzen die Permeabilitätswerte erheblich herab. Auch Verbiegungen beim Einschachteln von Kernblechen erniedrigen die Permeabilität [274].

5.312 Abhängigkeit der magnetischen Eigenschaften von Legierungszusammensetzung und Anlaßbehandlung oberhalb der Curietemperatur

Die technisch interessanten Permalloylegierungen mit besonders hoher Anfangspermeabilität bzw. rechteckförmiger Hystereseschleife liegen im Legierungsdiagramm Ni–Cu–(Fe+Mo) bzw. Ni–Cu–(Fe+Cr)

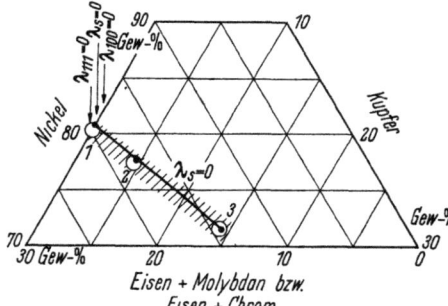

Abb. B 60. Legierungsdiagramm Ni–Cu–(Fe+Mo) bzw. Ni–Cu–(Fe+Cr) mit der Zone für hohe Permeabilität und Nulldurchgängen der Magnetostriktionskonstanten (vgl. Kap. B 5.314). Punkt *1*: Supermalloy, Punkt *2*: Mumetall, Punkt *3*: M 1040.

(Abb. B 60) in einer Zone, die von ca. 80% Ni, 0% Cu ausgeht und in das Diagramm bis ca. 72% Ni, 14% Cu hineinführt. Diese Zone wurde seinerzeit im Anschluß an die Entdeckung des Supermalloy gefunden [275]. Hier liegen auch die Handelslegierungen Supermalloy bei 0% Cu,

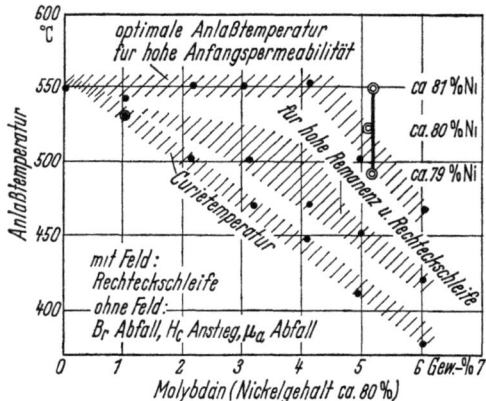

Abb. B 61. Einfluß des Molybdän- bzw. Nickelgehaltes auf das Anlaßverhalten von Ni–Fe–Mo-Legierungen). Über das Verhalten oberhalb Curietemperatur siehe Kap. B 5.312, unterhalb Curietemperatur Kap. B 5.314.)

Mumetall bei 4,5···5% Cu und M 1040 bei 14% Cu (in Abb. B 60 durch Kreise gekennzeichnet; auf die Magnetostriktionsangaben wird in Kap. B 5.313 eingegangen). Im folgenden wird der Einfluß einer Anlaßbehandlung auf die magnetischen Eigenschaften einiger Legierungen, die in oder nahe der angegebenen Zone liegen, gezeigt. Wir betrachten dazu die an zwei Legierungsreihen erhaltenen Ergebnisse [276].

Bei der ersten Reihe ist der Nickelgehalt von Supermalloy (ca. 80% Ni) konstant gehalten und der Molybdängehalt von 0···6% variiert, bei der zweiten ist der Molybdängehalt von Supermalloy (5% Mo) konstant gehalten und der Nickelgehalt von 79···83% variiert.

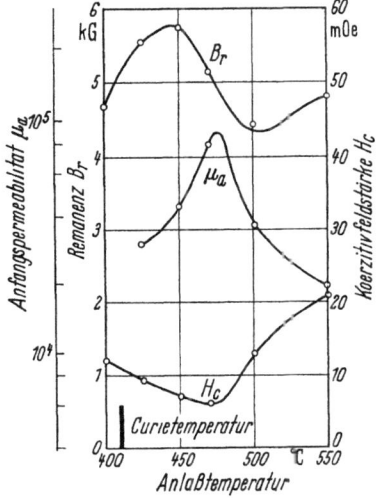
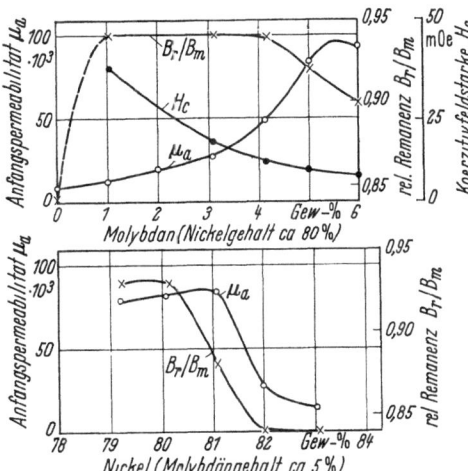

Abb. B 62. Anfangspermeabilität μ_a, Remanenz B_r und Koerzitivfeldstärke H_c in Abhängigkeit von der Anlaßtemperatur einer Legierung aus ca. 80% Ni, 5% Mo, Rest Fe, bei 1200°C geglüht, Anlaßzeit 4 h.

Abb. B 63. Anfangspermeabilität μ_a, relative Remanenz B_r/B_m und Koerzitivfeldstärke H_c nach optimaler Anlaßbehandlung in Abhängigkeit vom Molybdän- bzw. Nickelgehalt.

Das Anlaßverhalten dieser Legierungen läßt sich in Abb. B 61 anhand des Diagramms überblicken. Über dem Molybdängehalt der Legierungen sind die optimalen Anlaßtemperaturen zur Einstellung hoher Anfangspermeabilität bzw. hoher Remanenz und rechteckförmiger Hystereseschleife angegeben. Quer durch das kritische Temperaturgebiet verläuft die Zone der Curietemperaturen. Bei der Legierungsreihe mit 80% Ni und variiertem Molybdängehalt liegen die optimalen Anlaßtemperaturen für hohe Anfangspermeabilität zunächst bis 4% Mo bei ca. 550°C und sinken dann mit weiterem Molybdänzusatz ab. Bei 5% Mo und variiertem Nickelgehalt steigt die optimale Anlaßtemperatur mit dem Nickelgehalt.

Hohe Remanenz wird bei Anlaßbehandlung im Gebiet zwischen Curietemperatur und optimaler Anlaßtemperatur auf hohe Anfangspermeabilität erzielt.

Zur Verdeutlichung des Anlaßverhaltens oberhalb der Curietemperatur zeigt Abb. B 62 am Beispiel einer Legierung mit ca. 80% Ni, 5% Mo,

Rest Fe (ähnlich Supermalloy) die Abhängigkeit der Anfangspermeabilität μ_a sowie der Remanenz B_r und der Koerzitivfeldstärke H_c von der Anlaßtemperatur. Man erkennt, daß das Maximum der Anfangspermeabilität bei höherer Temperatur auftritt als das Maximum der Remanenz.

Die Eigenschaften für alle betrachteten Legierungen nach optimaler Anlaßbehandlung entsprechend Abb. B 61 sind in Abb. B 63 zusammen gestellt. Bei der Legierungsreihe mit konstantem Nickel- und variiertem

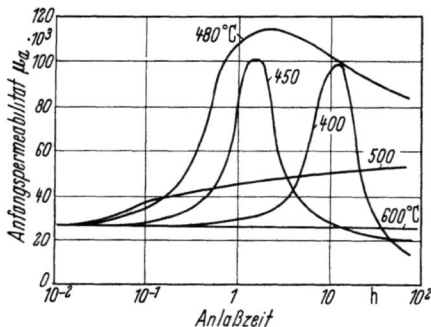

Abb. B 64.
Anfangspermeabilität μ_a in Abhängigkeit von der Anlaßzeit für verschiedene Anlaßtemperaturen einer Legierung aus ca. 80% Ni, 5% Mo, Rest Fe, bei 1300 °C geglüht [277].

Molybdängehalt steigt die Anfangspermeabilität mit dem Molybdängehalt stetig an und erreicht bei 5···6% Mo Werte über 80000; die relative Remanenz liegt bei 1···5% Mo über 0,9, und H_c nimmt mit steigendem Molybdängehalt ab. Bei der Legierungsreihe mit 5% Mo und variiertem Nickelgehalt ergibt sich eine hohe Anfangspermeabilität bei 79···81% Ni, eine hohe Remanenz jedoch nur bei 79···80% Ni.

Ähnliche Zusammenhänge, wie sie in den Abb. B 61 bis B 63 für kupferfreie Legierungen dargestellt wurden, treten auch bei kupferhaltigen Legierungen auf, die innerhalb der angegebenen Zone (Abb. B 60) liegen. Bei Kupferzusatz ist jedoch ein geringerer Molybdängehalt erforderlich, um z. B. hohe Anfangspermeabilität zu erzielen (etwa 3,5% Mo bei 76,5% Ni, 4,5% Cu) [276].

Diese Permeabilitätswerte der Legierungen, die bei einer bestimmten optimalen Anlaßtemperatur erreicht werden, sind in bestimmten Fällen auch bei anderen Temperaturen und anderen Anlaßzeiten einzustellen. Bei der optimalen Anlaßtemperatur liegt die Anlaßzeit ziemlich unkritisch bei ca. 2···10 h, bei anderen Temperaturen sind die Temperzeiten wesentlich genauer einzuhalten (Abb. B 64). Die isotherme Anlaßbehandlung kann auch durch eine Abkühlung mit bestimmter Geschwindigkeit im kritischen Temperaturgebiet von ca. 600···300 °C ersetzt werden. Wie später noch gezeigt wird, kommt es beim Anlassen darauf an, einen bestimmten Ordnungszustand der Atome einzustellen.

Eigenschaften handelsüblicher Permalloylegierungen sind in den Abb. B 65 und B 66 angegeben. Abb. B 65 enthält die Induktions-Feldstärke-Kurve bzw. die Permeabilitäts-Feldstärke-Kurve einer auf hohe Anfangs-

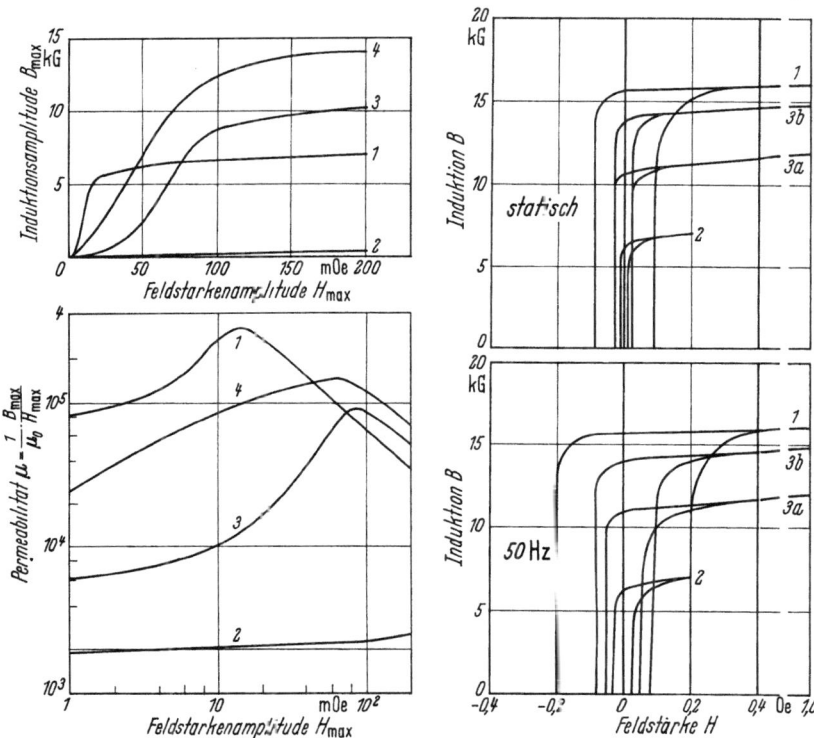

Abb. B 65. Induktion-Feldstärke-Kurven und Permeabilität-Feldstärke-Kurven handelsüblicher hochpermeabler Legierungen (Bandkerne 0,1 mm Banddicke, 50 Hz annähernd sinusformige Spannung).

Kurve 1: hochnickelhaltige Permalloylegierung (Kap. B 5.31);
Kurve 2: Legierung mit ca. 36% Ni, Rest Fe (Kap. B 5.321);
Kurve 3: Legierung mit ca. 50% Ni, Rest Fe, sekundär rekristallisiert (Kap. B 5.323);
Kurve 4: Legierung mit ca. 50% Ni, Rest Fe, magnetfeldgetempert (Kap. B 5.324).

Abb. B 66. Statische und dynamische (50 Hz-sinusformige Induktion) rechteckformige Hystereseschleifen verschiedener Legierungen (Bandkerne Banddicke 0,05 mm).

Kurve 1: 50%iges Ni–Fe mit Würfeltextur (Kap. B 5.322);
Kurve 2: Permalloylegierung mit spontaner Rechteckschleife (Kap. B 5.31);
Kurve 3a: molybdänhaltige Ni–Fe-Legierung;
Kurve 3b: binäre Ni–Fe-Legierung, beide mit magnetfeldinduzierter Rechteckschleife (Kap. B 5.324).

permeabilität eingestellten Legierung im Vergleich mit Kurven anderer Legierungen, die im Kap. B 5.321, B 5.323 und B 5.324 behandelt werden, Abb. B 66 die statische und dynamische Hystereseschleife einer Legierung, die auf hohe Remanenz eingestellt wurde, im Vergleich mit Rechteckschleifen anderer Legierungen, die in Kap. B 5.322 und B 5.324 besprochen werden.

5.313 Zusammenhang der magnetischen Eigenschaften mit den magnetischen Grundkonstanten

Um die Abhängigkeit der magnetischen Eigenschaften von Legierungszusammensetzung und Anlaßbehandlung zu verstehen, ist es notwendig, das entsprechende Verhalten der Grundkonstanten zu studieren und mit den Eigenschaften in Verbindung zu bringen.

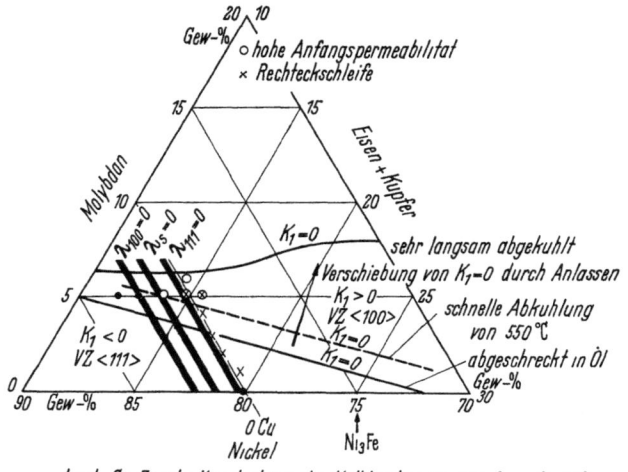

Abb. B 67. Legierungsdiagramm Ni–Mo–(Fe+Cu) Nulldurchgänge von λ_{111}, λ_s, λ_{100} und K_1 [278].

Abb. B 60 zeigt die Nulldurchgänge von λ_{111}, λ_s und λ_{100} der kupferfreien Legierungen nach PUZEI und MOLOTILOV [278] und die Linie $\lambda_s = 0$ für die kupferhaltigen Legierungen [276]. Die Angaben beziehen sich sowohl auf molybdänfreie als auch auf molybdänhaltige Legierungen; nach Untersuchungen an Ni–Fe–Mo-Legierungen [278] liegen im Legierungsdiagramm Ni–Fe–Mo die Linien $\lambda_{111} = 0$, $\lambda_s = 0$ und $\lambda_{100} = 0$ etwa entlang einem konstanten Nickelgehalt. Dieses Ergebnis ist in Abb. B 67 in ein Legierungsdiagramm Ni–Mo–(Fe+Cu) eingezeichnet. Bei Zusatz von Molybdän auf Kosten des Eisens treten in den untersuchten Grenzen gegenüber dem Nickelgehalt des molybdänfreien Materials keine wesentlichen Verschiebungen der Nulldurchgänge der Magnetostriktionskonstanten auf.

Im Gegensatz zu Molybdän verschiebt Kupfer (Abb. B 60) die Nulldurchgänge der Magnetostriktionskonstanten nach niedrigeren Nickelgehalten. Faßt man, wie in Abb. B 67, Eisen und Kupfer zusammen, so stellt sich dieser Sachverhalt annähernd als Parallelverschiebung der drei Linien $\lambda_{100} = 0$, $\lambda_s = 0$ und $\lambda_{111} = 0$ nach niedrigeren Nickelgehalten bei steigendem Kupfergehalt dar. Für jeden Kupfergehalt gibt es innerhalb des betrachteten Bereiches einen bestimmten Nickelgehalt, bei dem z. B. $\lambda_s = 0$ ist; $\lambda_{111} = 0$ liegt ca. 1% tiefer, $\lambda_{100} = 0$ ca. 1% höher im Nickelgehalt.

Die Abhängigkeit der Sättigungsmagnetostriktion λ_s vom Nickelgehalt zeigt Abb. B 68 an einer Legierungsreihe mit konstantem Molybdängehalt. Zum Vergleich sind die nach optimaler Anlaßbehandlung

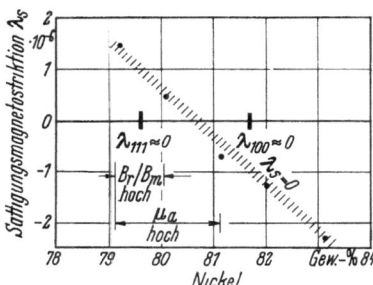

Abb. B 68. Sättigungsmagnetostriktion λ_s von Ni–Fe–Mo-Legierungen mit ca. 5% Mo in Abhängigkeit vom Nickelgehalt.

erzielten Eigenschaften entsprechend Abb. B 63 angedeutet. Man erkennt, daß hohe Werte von μ_a bzw. B_r/B_m nicht symmetrisch zu $\lambda_s = 0$ liegen, sondern mehr auf der Seite $\lambda_{111} = 0$. (Die ⟨111⟩-Richtungen sind, wie unten noch gezeigt wird, die magnetischen Vorzugsrichtungen.) Nach optimaler Anlaßbehandlung tritt eine hohe Anfangspermeabilität bei den Legierungen auf, bei denen die Werte von λ_s oder λ_{111} klein sind. Hohes B_r/B_m ist mehr auf $\lambda_{111} \approx 0$ beschränkt.

Bei den hier interessierenden Legierungen wird durch eine Anlaßbehandlung die Magnetostriktion nicht wesentlich beeinflußt [278]. Abschrecken von 600°C in Öl bzw. sehr langsames stufenweises Abkühlen von 600···300°C verschiebt den Nulldurchgang von λ_{111} und λ_s um weniger als $1/2$% Ni. Somit wird λ_s in erster Linie von der chemischen Zusammensetzung der Legierung bestimmt.

Die zweite magnetische Grundkonstante, die Kristallanisotropiekonstante K_1, ändert sich im Gegensatz zur Magnetostriktionskonstanten sowohl mit der Legierungszusammensetzung als auch mit der Anlaßbehandlung erheblich. Abb. B 67 zeigt im Legierungsdiagramm Ni–Mo–(Fe+Cu) den Verlauf von $K_1 = 0$ nach Abschrecken von 600°C und nach langsamen Abkühlen im kritischen Temperaturgebiet [279].

Bei molybdänfreiem Permalloy liegt der Nulldurchgang von K_1 nach dem Abschrecken bei ca. 72% Ni. Bei geringerem Nickelgehalt ist K_1 positiv, also ⟨100⟩ Vorzugsrichtung, bei höherem Nickelgehalt ist K_1 negativ, also ⟨111⟩ Vorzugsrichtung. Durch ein langsames Abkühlen wird der Nulldurchgang von K_1 nach niedrigerem Nickelgehalt verschoben, von ca. 72% nach ca. 55% Ni (in Abb. B 67 nicht mehr ersichtlich; vgl. Kap. B 5.12).

Molybdän verschiebt den Nulldurchgang von K_1 nach dem Abschrecken nach höheren Nickelgehalten, z. B. nach 77% Ni, bei 2,2% Mo und nach 82% Ni bei 4%. Durch langsames Abkühlen tritt aber auch hier wie beim binären Material eine Verschiebung von $K_1 = 0$ nach niedrigeren Nickelgehalten auf. Die Linie $K_1 = 0$ nach Abschrecken läuft somit durch Anlaßbehandlung in Richtung der Linie $K_1 = 0$ nach langsamer Abkühlung und erweitert dadurch das Legierungsgebiet mit $K_1 < 0$ (in Abb. B 67 durch Pfeil angedeutet).

Weichmagnetische Werkstoffe kann man nicht in Öl abschrecken, weil Abschreckspannungen die Eigenschaften verschlechtern würden. Schnelles Abkühlen wird im allgemeinen im Wasserstoff- oder Luftstrom durchgeführt. Dabei stellt sich besonders bei hochgeglühtem Material schon ein gewisser Ordnungszustand ein, der eine K_1-Änderung gegenüber dem in Öl abgeschreckten Material bewirkt. $K_1 \approx 0$ wird bei technischen Legierungen nach Abkühlung von 550 °C etwa entlang der gestrichelt eingezeichneten Linie liegen (vgl. Abb. B 67). Diese Linie stellt für hochgeglühte technische Legierungen den Zustand geringsten Ordnungsgrades (vgl. Kap. B 5.315) dar, der nach schneller Abkühlung von etwa 550 °C erhalten wird. Liegt nun die Legierungszusammensetzung unterhalb dieser Linie, dann ist nach Abkühlung von 550 °C $K_1 < 0$, die Vorzugsrichtung ⟨111⟩, liegt sie oberhalb dieser Linie, ist $K_1 > 0$, die Vorzugsrichtung ⟨100⟩. Je weiter die Legierungszusammensetzung von der Linie entfernt ist, desto größer ist der Betrag von K_1.

Liegt eine Legierung im Gebiet $K_1 < 0$, dann wird durch Anlaßbehandlung im Ordnungsgebiet unterhalb 550 °C der Betrag von K_1 weiter ansteigen. Liegt die Legierung dagegen im Gebiet $K_1 > 0$, dann wird K_1 zunächst bis 0 abnehmen und dann wieder ansteigen. Es tritt ein Wechsel der Vorzugsrichtung von ⟨100⟩ nach ⟨111⟩ auf.

Kupfer beeinflußt nach Untersuchungen von PUZEI [280] in gewissen Grenzen die Lage des Nulldurchgangs von K_1 nicht. Er bleibt nach dem Abschrecken auch bei Zusatz von Kupfer auf Kosten des Eisens bei ca. 72% Ni. Die Linie $K_1 = 0$ nach Abschrecken bzw. schnellem Abkühlen von 550 °C wird also auch annähernd für Legierungen gelten, bei denen Eisen teilweise durch Kupfer ersetzt wurde. Auch die Wirkung der Anlaßbehandlung wird grundsätzlich die gleiche sein wie bei kupferfreiem Material.

Zur Erzielung hoher Anfangspermeabilität ist ganz allgemein nach der Theorie [265] kleine Sättigungsmagnetostriktion λ_s oder kleine Magnetostriktion in der Vorzugsrichtung und kleine Kristallanisotropie K_1 erforderlich. Pseudorechteckschleife ergibt sich dann, wenn bei kleiner Magnetostriktion in der Vorzugsrichtung die Kristallanisotropie so groß ist, daß die Magnetisierungsvorgänge im wesentlichen durch sie bestimmt werden [257, 258, 266, 281].

Die Ergebnisse der Legierungsreihen mit variiertem Molybdän- bzw. Nickelgehalt (Kap. B 5.312) sind in Abb. B 67 eingezeichnet. Die Legierungen mit besonders hoher Anfangspermeabilität ($\mu_a > 80000$) sind durch Kreise, diejenigen mit guter Rechteckschleife ($B_r/B_m > 0{,}9$) durch Kreuze gekennzeichnet.

Die Legierungen mit variiertem Molybdängehalt liegen entlang der Linie $\lambda_{111} = 0$ und die Reihe mit variiertem Nickelgehalt quer zu den Nulldurchgängen von λ_{111}, λ_s und λ_{100}. Damit erfüllen die Legierungen mit 80% Ni bezüglich der Magnetostriktion grundsätzlich die Voraussetzung für hohe Anfangspermeabilität und Pseudorechteckschleife (λ_{111} klein). Die Legierung mit 81% Ni ist, wie schon gezeigt, nur für hohe Anfangspermeabilität geeignet (λ_s klein). Die Legierungen mit 82 und 83% Ni erfüllen keine der notwendigen Voraussetzungen; sie liegen bereits zu weit ab von $\lambda_s = 0$ oder $\lambda_{111} = 0$. Die weiteren Erörterungen können sich somit auf die Änderungen der Kristallanisotropiekonstanten K_1 mit Legierung und Anlaßbehandlung und die dadurch bedingten Änderungen der magnetischen Eigenschaften beschränken.

Hohe Anfangspermeabilität wird nach schneller Abkühlung von 550 °C erzielt, wenn die Legierung auf oder sehr nahe der in Abb. B 67 gestrichelten Linie $K_1 = 0$ liegt. Liegt sie im Gebiet $K_1 > 0$, so muß durch eine Anlaßbehandlung bei tieferer Temperatur gerade ein solcher Ordnungsgrad eingestellt werden, daß $K_1 \approx 0$ wird. Je weiter die Legierung von der gestrichelten Linie entfernt ist — also je höher der Molybdängehalt ist — desto tiefer muß die Anlaßtemperatur sein, um diesen Zustand einzustellen, weil durch Molybdänzusatz die Ordnungs-Unordnungs-Temperatur sinkt. Die Verschiebung der optimalen Anlaßtemperatur für hohe Anfangspermeabilität mit steigendem Molybdängehalt wird damit verständlich. Liegt die Legierung im Gebiet $K_1 < 0$, dann sind keine Spitzenwerte der Anfangspermeabilität erreichbar. Die Permeabilität nach schneller Abkühlung von 550 °C ist um so niedriger, je weiter die Zusammensetzung von der Linie $K_1 = 0$ entfernt ist. Eine Anlaßbehandlung zwischen 550 °C und Curietemperatur bringt in jedem Fall einen Anstieg des Betrages von K_1 und damit eine Permeabilitätsabnahme. Höchste Anfangspermeabilität wird also bei den Legierungen erzielt, die nahe der gestrichelten Linie $K_1 = 0$ oder im Gebiet $K_1 > 0$ liegen, unter der Voraussetzung, daß durch Legierungswahl $\lambda_{111} \approx 0$ oder $\lambda_s \approx 0$ ist.

Die Pseudorechteckschleife tritt bei Legierungen entlang $\lambda_{111} = 0$ auf. Besonders geeignet erscheinen zunächst die Legierungen mit 0···4% Mo, weil durch Anlaßbehandlung zwischen 550 °C und der Curietemperatur der Betrag von K_1 ansteigt. Je weiter die Legierung von $K_1 = 0$ entfernt ist, desto höher ist die Koerzitivfeldstärke. Das binäre Material zeigt aber besonders niedrige Remanenz, obwohl $|K_1|$ groß ist. Es stellt sich nämlich während der Abkühlung durch das Gebiet unterhalb der Curietemperatur eine Orientierungsüberstruktur ein (vgl. Kap. B 5.315), die die Remanenz vermindert. Man kann diesen Effekt durch Abkühlung unter Anwesenheit eines Magnetfeldes unterdrücken.

Im Gebiet $K_1 > 0$ (5 und 6% Mo) kann sowohl hohe Anfangspermeabilität als auch Rechteckschleife eingestellt werden. Zur Einstellung der hohen Permeabilität wird bei der Anlaßbehandlung ein definierter Ordnungszustand ausgebildet, bei dem $K_1 \approx 0$ oder leicht negativ ist. Weitere Ordnungseinstellung durch Anlaßbehandlung unterhalb der optimalen Anlaßtemperatur für hohe Anfangspermeabilität bringt einen Anstieg von $|K_1|$, die Anfangspermeabilität nimmt ab, Koerzitivfeldstärke und Remanenz steigen an. Liegt infolge hohen Molybdängehaltes die optimale Anlaßtemperatur für hohe Anfangspermeabilität verhältnismäßig niedrig, z. B. bei 450 °C, dann läßt sich $|K_1|$ nicht mehr ausreichend erhöhen. Die Abnahme der relativen Remanenz mit steigendem Molybdängehalt ist darauf zurückzuführen.

Die Überlegungen lassen sich ohne weiteres auf kupferhaltige Legierungen übertragen. Die Nulldurchgänge der Magnetostriktionskonstanten werden mit steigendem Kupferzusatz nach niedrigeren Nickelgehalten verschoben. Bei kupferhaltigen Legierungen ist also ein geringerer Nickelgehalt notwendig, um die Voraussetzung für hohe Anfangspermeabilität (λ_{111} oder $\lambda_s \approx 0$) bzw. Rechteckschleife ($\lambda_{111} \approx 0$) zu erfüllen. Da Kupfer auf die Linie $K_1 = 0$ nach schneller Abkühlung wenig Einfluß hat, wird die in Abb. B 67 zunächst für kupferfreie Ni–Fe–Mo-Legierungen gültige Linie auch für kupferhaltige gelten. Für die kupferhaltigen Legierungen ist bei geringerem Nickelgehalt auch ein geringerer Molybdängehalt erforderlich, um die Legierungszusammensetzung auf die Linie $K_1 = 0$ oder in das Gebiet $K_1 > 0$ zu bringen. Das erklärt, daß mit zunehmendem Kupfergehalt schon bei geringerem Molybdänzusatz hohe Anfangspermeabilität erzielt wird. Die hochpermeablen Legierungen mit 0% Cu haben z. B. 5···6% Mo (Supermalloy), die mit 4,5···5% Cu 3,5···4% Mo (Mumetall) und die mit 14% Cu 2,5···3% Mo (M 1040).

Zusammenfassend läßt sich über den Einfluß von Molybdän- und Kupferzusätzen bei den heutigen technischen Permalloylegierungen und über die Wirkung einer Anlaßbehandlung zwischen 600 °C und der Curietemperatur folgendes feststellen:

1. Bei binärem Ni–Fe liegt $\lambda_{111} = 0$ bzw. $\lambda_s = 0$ bei 80 bzw. 81% Ni, $K_1 = 0$ nach schneller Abkühlung von Temperaturen oberhalb des Ordnungsgebietes Ni$_3$Fe bei 72% Ni. Durch Molybdänzusatz auf Kosten des Eisens wird der Nulldurchgang von K_1 in die Nähe von λ_{111} bzw.

$\lambda_s = 0$ geschoben — also nach höherem Nickelgehalt — und außerdem die Curietemperatur erniedrigt.

2. Kupfer verschiebt die Nulldurchgänge der Magnetostriktionskonstanten nach niedrigeren Nickelgehalten (z. B. 4,5% Cu nach ca. 77% Ni). Molybdänzusatz bewirkt wiederum eine Verschiebung des Nulldurchgangs von K_1 nach höheren Nickelgehalten [252]. Es ist um so weniger Molybdänzusatz erforderlich, je höher der Kupferzusatz ist, um in der gleichen Legierung K_1 und λ annähernd Null werden zu lassen.

3. Liegt die Legierung im Legierungsdiagramm Ni–Mo–(Fe+Cu) nach schneller Abkühlung von 550 °C im Gebiet $K_1 > 0$, so kann man durch Anlassen unter 550 °C gewissermaßen K_1 korrigieren, um hohe Anfangspermeabilität oder Rechteckschleife zu erhalten. Liegt die Legierung

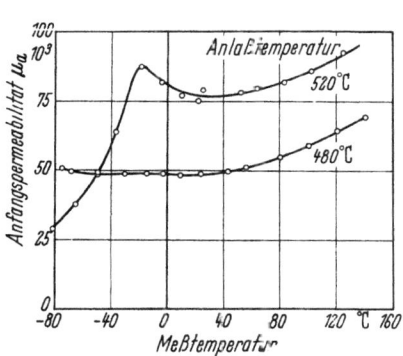

Abb. B 69. Anfangspermeabilität μ_a in Abhängigkeit von der Meßtemperatur nach verschiedener Anlaßbehandlung einer Legierung aus ca. 76,5% Ni, 4,5% Cu, 3,5% Mo, Rest Fe (Bandkern Banddicke 0,1 mm, bei 1150°C geglüht).

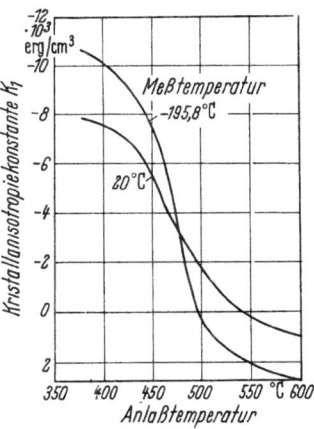

Abb. B 70. Kristallanisotropiekonstante K_1 in Abhängigkeit von der Anlaßtemperatur für eine Ni-Fe-Mo-Legierung, gemessen bei 20 und −195,8°C [282].

im Gebiet $K_1 < 0$, so ist sie nur für Rechteckschleife geeignet. Voraussetzung ist in beiden Fällen, daß durch die Legierungszusammensetzung die Forderungen nach 1. und 2. bezüglich Magnetostriktion (hohe Anfangspermeabilität λ_{111} oder $\lambda_s \approx 0$, Rechteckschleife $\lambda_{111} = 0$) erfüllt sind.

Diese Darstellungen beziehen sich auf die magnetischen Eigenschaften bei Raumtemperatur und ihre Abhängigkeit von Legierung und Anlaßbehandlung. Durch die Anlaßbehandlung wird aber nicht nur die Höhe der Permeabilität, sondern auch ihre Temperaturabhängigkeit beeinflußt (s. Abb. B 69). Man kann also durch Legierungswahl und Anlaßbehandlung einen positiven oder negativen Temperaturkoeffizienten bzw. konstante Permeabilität in einem gewissen Temperaturbereich einstellen [256].

Nach Puzei [282] ist diese Änderung des Temperaturkoeffizienten der Permeabilität im wesentlichen auf Änderungen der Temperaturabhängigkeit von K_1 mit der Anlaßbehandlung zurückzuführen. So zeigt Abb. B 70 für eine Ni–Fe–Mo-Legierung den Einfluß der Anlaßtemperatur auf die Kristallanisotropiekonstante K_1 bei Meßtemperaturen von 20 und $-195{,}8\,°C$. Wird die Legierung bei ca. 540 °C ($K_1 = 0$ bei 20 °C) angelassen, dann wird hohe Permeabilität bei Zimmertemperatur und eine Permeabilitätsabnahme nach tiefen Temperaturen auftreten. Nach Anlassen bei 490 °C ($K_1 = 0$ bei $-195{,}8\,°C$) wird der Permeabilitätsverlauf jedoch gerade umgekehrt sein. Der Einfluß der Anlaßbehandlung auf den Temperaturkoeffizienten der Permeabilität läßt sich damit grundsätzlich aus dem Temperaturgang von K_1 verstehen.

5.314 Eigenschaftsänderungen bei Anlaßbehandlung unterhalb der Curietemperatur

Beim Tempern unterhalb der Curietemperatur (vgl. Abb. B 61) stellt sich mit äußerem Magnetfeld eine höhere Remanenz und kleinere Koerzitivfeldstärke ein als ohne Feld [258]. Die bei Temperung ohne Feld eingestellten Schleifen mit niedriger Remanenz zeigen bei geringer Aussteuerung mehr oder weniger gut ausgeprägten Perminvarcharakter (vgl. Kap. B 5.324) [257]. Die Anfangspermeabilität nimmt mit der Temperzeit ab [283]. Bei Anlaßtemperaturen unterhalb ca. 450 °C hängen die Eigenschaftsänderungen von der Abkühlgeschwindigkeit von höherer Temperatur auf Anlaßtemperatur ab. Je schneller abgekühlt wird, desto größer ist z. B. der Anstieg der Koerzitivfeldstärke [258] bzw. der Abfall der Permeabilität [283] bei einer bestimmten Temperzeit. (Über die Ursache dieser Eigenschaftsänderungen s. Kap. B 5.315).

Durch Kombination einer Anlaßbehandlung oberhalb der Curietemperatur mit einer Magnetfeldtemperung quer zur späteren Magnetisierungsrichtung konnte ein Permalloywerkstoff mit hoher Anfangspermeabilität und besonders niedriger Remanenz entwickelt werden ($\mu_a \approx 40\,000$, $B_r/B_s \approx 0{,}1$, $B_s \approx 8000\,G$) [284].

5.315 Innere Zustandsänderungen beim Anlassen

Bei der Erklärung der inneren Zustandsänderungen beim Anlassen der Permalloylegierungen sind die im Folgenden unter 1., 2. und 3. genannten Vorgänge zu unterscheiden:

1. In binären Ni–Fe-Legierungen stellt sich beim Tempern unterhalb 600 °C Nahordnung oder Fernordnung Ni_3Fe [285, 286] ein. Bei den heutigen technischen Permalloylegierungen aus Nickel und Eisen mit Molybdän- oder Chromzusätzen besteht über die inneren Zustandsänderungen

bei dieser Temperung noch keine völlige Klarheit, obwohl schon eine Reihe Arbeiten in dieser Richtung bekannt sind, bei denen der Einfluß der Anlaßbehandlung auf verschiedene physikalische Größen untersucht worden ist. An molybdänhaltigem Permalloy nimmt beim Anlassen der elektrische Widerstand zu [287] im Gegensatz zu dem Verhalten der binären Ni–Fe-Legierungen, bei denen bei Ordnungseinstellung der Widerstand abfällt [288]. Dieser Widerstandseffekt des molybdän- oder chromhaltigen Permalloys ist den Anomalien anderer Legierungen (z. B. Ni–Cr), die mit „K-Zustand"[1] bezeichnet werden, sehr ähnlich [290].

Weitere Untersuchungen über den Einfluß der Verformung auf den elektrischen Widerstand sowie Messungen der mechanischen Härte und der thermischen Dehnung bei verschiedenem Molybdängehalt lassen vermuten, daß bei Molybdänzusatz ein besonderer Zustand auftritt. Nach [291, 292] soll mit dem „K-Zustand" eine Komplexbildung von Molybdän und gegebenenfalls Eisen in Ni–Fe–Mo-Legierungen verbunden sein. Nach Untersuchungen der inneren Reibung dieser Legierungen sollen bei der Einstellung des „K-Zustandes" Zonen entstehen, die mehr Molybdänatome enthalten und sich in ihrer Zusammensetzung vom ursprünglich homogenen Mischkristall unterscheiden [293].

Gegen diese Auffassung spricht, daß eine Nahordnung oder Fernordnung Ni_3Fe auch bei Molybdänzusatz besteht. Nach dilatometrischen und thermomagnetischen Messungen wird das Bestehen eines Gebietes geordneter Legierungen durch Zusatz von Kupfer, Chrom und Molybdän bis ca. 5% nicht wesentlich beeinflußt [294]. Anomalien in der Temperaturabhängigkeit der Sättigungsmagnetisierung und der Koerzitivfeldstärke von kaltgewalztem molybdänhaltigen Permalloy wurden darauf zurückgeführt, daß sich in der Ni–Fe–Mo-Matrix Ni_3Fe-Keime bilden [295]. Bei geglühtem und abgeschrecktem Permalloy werden ähnliche Anomalien mit der Entstehung einer Nahordnung in Verbindung gebracht, die durch antiferromagnetische Orientierung der magnetischen Momente charakterisiert sein soll [296]. Der Anstieg der Sättigungsmagnetisierung bei molybdänhaltigen Legierungen durch sehr langsames Abkühlen (510···400 °C mit 0,23 grd/h) deutet darauf hin, daß die Ordnungsbildung durch Molybdänzusatz nicht unterdrückt wird. Wegen der geringen Bildungsgeschwindigkeit der Ordnung ist es nicht wahrscheinlich, daß die hohe Permeabilität der technischen Legierungen bei der üblichen Wärmebehandlung durch Ordnung erhalten wird [297]. Die gegenteilige Anschauung, daß gerade die Entwicklung maximaler Anfangspermeabilität von der Bildung eines kritischen Grades von Fernordnung abhängt, bildete sich durch die Beobachtung eines

---

[1] Von DEHLINGER auch als „K-Effekt" bezeichnet [289].

"Knicks" in der Widerstands-Temperatur-Kurve von molybdänhaltigen Legierungen bei der kritischen Temperatur für Fernordnung [298].

Die verschiedenen Untersuchungen und Deutungen, von denen hier einige Beispiele angeführt sind, zeigen, wie schwierig es ist, aus den Eigenschaftsänderungen beim Tempern im kritischen Temperaturgebiet auf bestimmte innere Zustandsänderungen zu schließen.

Die Überstruktur Ni_3Fe ist röntgenographisch und neutronographisch bei binären Ni–Fe-Legierungen in einem verhältnismäßig weiten Konzentrationsbereich gesichert [297, 299]. Aber auch bei Ni–Fe–Cr-Legierungen wurde neutronographisch Fernordnung nachgewiesen [299]. Bei entsprechenden molybdänhaltigen Legierungen konnten elektronenoptisch Ni_3Fe-Bereiche festgestellt werden [300]. Einige physikalische Größen, wie z. B. die spezifische Wärme, die Curietemperatur und die magnetische Sättigung, verhalten sich so, wie es bei Einstellung von Ni_3Fe zu erwarten ist. Dagegen ist die Umkehr des ursprünglich mit der Ordnungsbildung verbundenen Widerstandsabfalls in einen Anstieg durch Zusatz von Molybdän oder Chrom nicht ohne Zusatzannahme zu verstehen. Ob dabei eine Segregation von Molybdän oder Chrom auf den Antiphasengrenzen der Ni_3Fe-Bereiche auftritt [301], ist zunächst nicht bewiesen.

2. Unterhalb der Curietemperatur werden die Platzwechselvorgänge der Atome durch die Magnetisierung beeinflußt. Nach NÉEL, TANIGUCHI, YAMAMOTO sowie CHIKAZUMI und OOMURA [302—307] bildet sich neben der obengenannten nicht vollständig ausgebildeten isotropen Ordnung eine anisotrope magnetisch induzierte Nahordnung aus, durch die eine einachsige magnetische Anisotropie K_u bedingt ist, deren Achse parallel zur Magnetisierungsrichtung liegt (vgl. Kap. B 5.14). Durch diesen Vorgang werden die lokalen Magnetisierungsrichtungen und damit auch die Blochwände energetisch stabilisiert. Da es sich um einen Diffusionsprozeß handelt, stellt sich der Gleichgewichtswert der Nahordnung nach Abmagnetisierung oder allgemein nach Neubildung irgendeiner Bezirksstruktur nicht sofort ein. Dies gibt Anlaß zu Nachwirkungserscheinungen. Man spricht von Diffusionsnachwirkung. Aus der dadurch bedingten Änderung der Anfangspermeabilität von Ni–Fe-Legierungen im Temperaturgebiet von 370···500 °C haben GERSTNER und KNELLER [283] die Aktivierungsenergie für die Platzwechselvorgänge, die die Nachwirkung verursachen, bestimmt: Es handelt sich um Platzwechsel von Eisenatomen innerhalb der Elementarzelle des Fe–Ni-Mischkristalls. Kühlt man die Legierung nach Einstellung der magnetisch induzierten Nahordnung auf eine Temperatur ab, bei der keine merkliche Diffusion mehr möglich ist, dann friert die Nahordnung ein und liefert eine permanente einachsige Anisotropie, die man wegen ihrer Entstehung mit Diffusionsanisotropie bezeichnet. Die gerichtete Nahordnung wurde von NÉEL

auch mit Orientierungsüberstruktur bezeichnet. Sie unterscheidet sich grundsätzlich von der schon genannten normalen Überstruktur. Während man sich die Orientierungsüberstruktur im Prinzip als bevorzugte Anordnung bestimmter Atombindungen, z. B. Fe–Fe-Bindungen, in Richtung der Magnetisierung vorstellen kann, besteht die normale Überstruktur in einer isotropen Konfiguration von A- und B-Atomen auf bestimmten Gitterplätzen. Die vorherige Einstellung von isotroper Ordnung kann die Ausbildung von anisotroper Ordnung behindern, oder anisotrope Ordnung kann durch weitere Ausbildung von isotroper Ordnung wieder abgebaut werden [308—310]. Die Einstellung von isotroper Ordnung ist dabei offenbar noch von Störungen im Kristallgitter abhängig. Nach Untersuchungen von Nesbitt u. Mitarb. [311] an Einkristallen aus 76% Ni, 24% Fe wird bei besonders geringem Sauerstoffgehalt (16 ppm O_2) der Legierung die anisotrope Nahordnungseinstellung durch isotrope Ordnung behindert. Nach oxydierender Glühung (393 ppm O_2) entsteht weniger isotrope und mehr anisotrope Ordnung. Die Legierung mit sehr geringem Sauerstoffgehalt zeigt daher nach Magnetfeldtemperung eine wesentlich geringere einachsige Anisotropie als die mit höherem Sauerstoffgehalt.

3. Das im vorhergehenden Kap. (B 5.314) beschriebene Verhalten der Legierungen nach schneller Abkühlung von höherer Temperatur auf Anlaßtemperaturen unterhalb ca. 450 °C läßt sich qualitativ verstehen, wenn man den Einfluß eines eingefrorenen Leerstellenüberschusses auf die Ordnungseinstellung berücksichtigt. Dies wird in Arbeiten von Seeger [312] sowie Gerstner und Kneller [283] eingehend behandelt. Ganz allgemein wird durch den Leerstellenüberschuß die Annäherung an den temperaturbedingten Gleichgewichtszustand der Ordnung beschleunigt. Das gilt nicht nur für Nahordnung, sondern auch für ferngeordnete Bereiche [300]. Eine Beschleunigung der Ordnungseinstellung durch Erhöhung der Leerstellenkonzentration wird auch durch Neutronen- und Elektronenbestrahlung hervorgerufen [313, 314].

5.32 *Legierungen mit mittlerem Nickelgehalt*

5.321 Legierungen mit flachem Anstieg der Permeabilität in kleinen Feldern

In der Übertragertechnik wird von den Werkstoffen oft ein kleiner relativer Hysteresebeiwert h/μ_a gefordert, d. h. bei einem bestimmten Permeabilitätsniveau soll ein geringer Anstieg der Permeabilität mit dem Feld vorhanden sein [315, 316]. Nach Néel [317] kann die Größe h/μ_a multipliziert mit der Sättigungsmagnetisierung M_s als monoton wachsende Funktion eines Störungsparameters $(1/\alpha)$ angegeben werden.

$1/\alpha$ ist dabei die Zahl der Minima der Wandenergie zwischen zwei benachbarten Blochwänden oder näherungsweise gleich dem Wandabstand L dividiert durch die vierfache Wanddicke d:

$$\frac{h \cdot M_s}{\mu_a} = f\left(\frac{L}{4d}\right).$$

Der Wert von h/μ_a ist klein, wenn die Sättigungsmagnetisierung groß ist, aber vor allem, wenn das Verhältnis Wandabstand zu Wanddicke klein ist. Eine Verringerung des Wandabstandes kann bei jedem Material dadurch erreicht werden, daß man Störungen, wie Fremdkörper oder innere Spannungen, in das Material einbringt. Je stärker der Störungsgehalt, um so kleiner wird der Blochwandabstand und damit der Wert von h/μ_a. Bei dieser Methode fällt jedoch gleichzeitig die Permeabilität ab. In der Technik hat man bei ca. 36···48%igen Ni–Fe-Legierungen (s. Abb. B 65) günstige Ergebnisse mit sehr feinkörnigem Material erzielt. Die Feinkörnigkeit erreicht man z. B. durch Schlußglühung bei niedriger Temperatur. Kleine h/μ_a-Werte bei hoher Permeabilität sind aber nach der Néelschen Theorie vor allem auch bei Legierungen mit $K_1 = 0$ zu erwarten, weil dann die Blochwanddicke groß ist. Niedrig geglühte Permalloylegierungen mit feinkörnigem Gefüge werden also ebenfalls geeignet sein, kleine h/μ_a-Werte zu erzielen.

5.322 Legierungen mit Rechteckschleife und Isopermschleife

Bei Ni–Fe-Legierungen unter 65% Ni ist nach Glühung und Ofenkühlung die Würfelkante des kubisch-flächenzentrierten Gitters eine Richtung leichter Magnetisierbarkeit (Kap. B 5.12; $K_1 > 0$). Man kann nun bei polykristallinem Material eine Textur [267, 318, 319] ausbilden, bei der die Kristalle mit großer Schärfe mit der Würfelebene parallel zur Walzebene und mit den Würfelkanten parallel und senkrecht zur Walzrichtung liegen. Ein Band mit dieser Würfeltextur hat deshalb längs und quer magnetische Vorzugsrichtungen. Bei Magnetisierung in dieser Richtung ergibt sich eine rechteckförmige Hystereseschleife. Abb. B 66 zeigt die Schleife von 50%igem Ni–Fe, wie es sich in der Technik eingeführt hat, zusammen mit Schleifen anderer Legierungen mit rechteckförmiger Hystereseschleife. Die Würfeltextur erhält man nach hoher Kaltumformung (über 95%) und Glühung bei mittlerer Temperatur von 1000···1100°C. Dabei spielt die Korngröße vor der letzten Verformung eine wichtige Rolle. Ein Ausgangskorn von 0,0004 mm² brachte gute Würfellage, während bei 0,0346 mm² unerwünschte Kristallorientierungen [320] auftraten. Untersuchungen über die Entstehung der Würfeltextur [321, 322] haben ergeben, daß nach einer Glühung bei etwa 500°C, bei der die Primärrekristallisation schon abgeschlossen ist, wohl schon sehr viele Würfellagekörner vorhanden sind, daß aber auch noch andere Orientierungen vorliegen. Durch Glühung bei höherer Temperatur muß erst eine Kornvergröberung stattfinden, um die Rekristallisationstextur zu verschärfen. Bei der Primärrekristallisation entstehen neben Orientierungen, die den in der Walztextur enthaltenen Kristallagen entsprechen, bevorzugt rekristallisierte Körner mit Würfellage [323]. Die Würfellage ist danach die Folge von zwei Ausleseprozessen bei der Primärrekristallisation und beim Kornwachstum.

Ein geringer Anteil einer Nebentextur bleibt bei Rekristallisation und Kornvergröberung trotzdem noch übrig. Glüht man nun das Material bei noch höherer Temperatur, dann setzt ein starkes Kornwachstum, eine Sekundärrekristallisation, ein, die die Würfellage zerstört. Möglicherweise haben bei diesem Vorgang Zwillingskristalle im Primärgefüge einen Einfluß [318]. Die entstehenden Körner können mehrere Quadratzentimeter groß sein. Es kommen Kristalle mit (102)-Ebene in Walzebene und ⟨100⟩-Richtung in Walzrichtung und ebenso Kristalle mit (111)-Ebene in Walzebene vor. Gelingt es, den geringen Anteil der Nebentextur zu unterdrücken, so kann man das Material bei höherer Temperatur glühen, ohne daß Sekundärrekristallisation auftritt [318]. Man erhält eine besonders gute Rechteckigkeit der Hystereseschleife. Auch die Koerzitivfeldstärke, vor allem der statische Wert, wird kleiner. Dagegen ist durch das Fehlen der Nebentextur die Wirbelstromanomalie [324, 325], d. h. der Unterschied zwischen statischer und dynamischer Koerzitivfeldstärke, beträchtlich.

Das normale, sekundärrekristallisierte 50%ige Ni–Fe enthält Körner verschiedener Orientierung, neben einer Reihe magnetisch ungünstiger Lagen auch magnetisch günstige Körner mit einer Orientierung (210) parallel Walzebene, ⟨100⟩ parallel Walzrichtung [326, 327]. Durch spezielle Walz- und Glühbehandlung gelingt es vor allem an dünnen Bändern, bei der Sekundärrekristallisation eine Auslese zu treffen, so daß im wesentlichen nur die genannten magnetisch günstigen Körner wachsen [327]. Orientiertes sekundärrekristallisiertes Ni–Fe hat gegenüber dem Material mit Würfeltextur eine kleinere Koerzitivfeldstärke und etwas geringere Rechteckigkeit der Hystereseschleife.

Es sei noch ein Werkstoff erwähnt, der zwar heute technisch kaum noch Bedeutung hat, bei dessen Herstellung jedoch von der Würfeltextur ausgegangen wird. Er wird durch Nachverformung der Würfeltextur gewonnen. Die Hystereseschleife geht dabei von der Rechteckform in eine sehr schräg liegende Schleife mit außerordentlich niedriger Remanenz über. Man nennt solche Schleifen Isopermschleifen und das durch Nachwalzen der Würfeltextur erhaltene Material Texturisoperm [320, 328, 329]. Bei einer nicht orientierten Kristallanordnung nimmt die

Remanenz mit steigendem Abwalzgrad nur leicht ab, dann jedoch stark zu; bei der Kaltverformung der Würfellage sinkt die Remanenz bis zu einem Abwalzgrad von ca. 50% zu außerordentlich niedrigen Werten ab ($B_r/B_s \approx 0{,}05$) und steigt erst dann wieder an. Das Verblüffende ist dabei, daß nach röntgenographischen Befunden die Würfellage bis zu hohen Verformungsgraden erhalten bleibt. Untersuchungen über die Richtungsabhängigkeit der magnetischen Eigenschaften ergaben, daß die nachgewalzte Würfeltextur eine Vorzugsrichtung senkrecht zur Walzrichtung zeigt. Dabei erreicht z. B. die Remanenz in der Walzrichtung 1000 G und senkrecht dazu fast den Wert der Sättigung.

Diese Verformungsanisotropie (vgl. Kap. B 5.14) wird auf eine durch die Gleitung hervorgerufene, gerichtete Ordnung zurückgeführt. Die Richtung der durch Kaltwalzen entstehenden magnetischen Vorzugslagen hängt bei Einkristallen und Werkstoffen mit Rekristallisationstextur des Ausgangsgefüges von der Ausgangsorientierung in bezug auf die Walzrichtung ab [330].

5.323 Legierungen mit hoher Anfangspermeabilität

Das oben erwähnte sekundärrekristallisierte 50%ige Ni–Fe ohne besondere Textur hat wegen seiner verhältnismäßig hohen Anfangspermeabilität technische Bedeutung erlangt. Nicht ganz so günstige Eigenschaften erhält man bei Material, das wegen geringerer Schlußverformung nicht sekundärrekristallisiert und ein feinkörniges Gefüge hat. Die Hystereseschleife dieser Werkstoffe zeigt bei hoher Aussteuerung keine Besonderheiten. Bei geringer Aussteuerung ergibt sich, ähnlich wie bei Rechteckpermalloy (Kap. B 5.312), ein Pseudorechteckschleife. Durch besondere Reinheit der Schmelzen und Glühung in reinem Wasserstoff bei hoher Temperatur werden bei diesen Legierungen Anfangspermeabilitätswerte von 5000···11000 erzielt [331]. Die Ursache für die verhältnismäßig hohe Permeabilität und die Pseudorechteckschleife ist wohl der Nulldurchgang der Magnetostriktion λ_{100} bei etwa 45% Ni (Kap. B 5.13) und die Tatsache, daß K_1 positiv, also ⟨100⟩-Vorzugsrichtung ist. Abb. B 65 zeigt die Induktion-Feldstärke- und die Permeabilität-Feldstärke-Kurve von sekundärrekristallisiertem 50%igem Ni–Fe mit hoher Permeabilität.

Auch bei Ni–Fe-Legierungen mit ca. 50% Ni treten Anlaßeffekte bei verhältnismäßig niedrigen Temperaturen (300···350 °C) auf, wenn die Legierungen schnell von hoher Temperatur (z. B. von 1200 °C) abgeschreckt werden [332]. Dabei ergibt sich ebenfalls ein Anstieg der Koerzitivfeldstärke. Durch vorheriges Tempern bei 480 °C läßt sich der Effekt vermindern, weil dann die Voraussetzungen für eine beschleunigte Ordnungseinstellung, nämlich Leerstellenüberschuß, nicht in ausreichendem Maße gegeben sind. Eine Erhöhung der Atombeweglichkeit durch

Neutronenbestrahlung unter Anwesenheit eines Magnetfeldes führte bei 50%igem Ni–Fe zur Einstellung einer Überstruktur Ni–Fe (333, 334] mit einer Ordnungs-Unordnungs-Temperatur von 320 °C. Das anwesende Feld ergab starke einachsige Anisotropie in Richtung des Feldes.

5.324 Legierungen mit Rechteckschleife bzw. hoher Anfangspermeabilität durch Magnetfeldtemperung

Bei der Legierung mit 65% Ni ist die Kristallanisotropie-Konstante K_1 nach langsamer Abkühlung im Gebiet von ca. 600···300 °C annähernd Null [335, 336] (Kap. B 5.12). Infolge der hohen Curietemperatur und

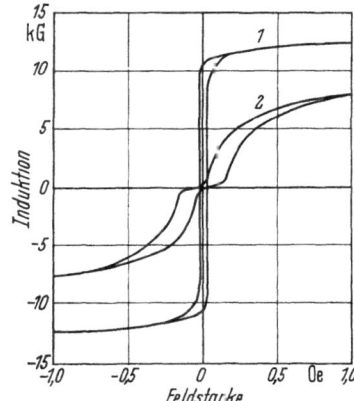

Abb. B 71.
Hystereseschleifen von 65%igem Ni–Fe [338].
Kurve 1: getempert mit Feld;
Kurve 2: getempert ohne Feld (Glühung bei 1400 °C in Wasserstoff).

der verhältnismäßig hohen Sättigungsinduktion stellt sich bei der Abkühlung eine große uniaxiale Anisotropiekonstante K_u ein (vgl. Kap. B 5.14) [337]. Große uniaxiale Anisotropie und kleine Kristallanisotropie führen dazu, daß diese Legierung nach Abkühlung im Magnetfeld eine sehr gute magnetfeldinduzierte Rechteckschleife und ohne Anwesenheit des Feldes eine ausgeprägte Perminvarschleife zeigt (siehe Abb. B 71 [338]).

Durch die Ausbildung der Orientierungsüberstruktur (Kap. B 5.315) wird im ersten Fall die Richtung des angelegten Feldes energetisch stabilisiert, so daß sich große Weißsche Bezirke mit nur wenigen 180°-Wänden bilden. Im zweiten Fall wird der pauschal unmagnetische Zustand stabilisiert, so daß die Blochwände in ziemlich einheitlichen Potentialmulden liegen. Beim Magnetisieren treten bis zur sogenannten Öffnungsfeldstärke nur reversible Wandverschiebungen auf, d. h. die Hysterese fehlt. Erreichen bei der Öffnungsfeldstärke alle Blochwände etwa gleichzeitig den Wendepunkt der Potentialmulden, so läuft ein Schwarm Barkhausensprünge ab, und es ergibt sich wegen der irreversiblen Magnetisierungsvorgänge eine Schleifenfläche. Diese Fläche ist anormal eingeschnürt, wenn die Stabilisierung des pauschal unmagnetischen Zustandes noch wirksam ist, nachdem zu höheren Feldstärken ausgesteuert wurde. Die Öffnungsfeldstärke wird um so größer sein, je ausgeprägter die Vorzugslagen, und die Einschnürung um so schärfer, je einheitlicher sie sind. Die Rechteckschleife von magnetfeldgetempertem 65%igem Ni–Fe hat in der Praxis keine große Bedeutung erlangt. Dynamisch ist infolge des geringen spezifischen Widerstandes und einer großen Wirbelstromanomalie [324, 325] die Koerzitivfeldstärke sehr hoch. Um die dynamischen Eigenschaften von 65%igem Ni–Fe zu verbessern, hat man Molybdän zur Erhöhung des spezifischen Widerstandes zugesetzt, mußte dabei jedoch eine Verringerung der Sättigungsinduktion in Kauf nehmen. Durch besondere metallurgische Verfahren wurde bei dem Material „Dynamax" [339] eine Stengelkristallisation der Schmelze erzeugt und schließlich am fertigen Band eine (210)⟨001⟩-Textur erhalten. Bandkerne aus diesem Material wurden nach der Schlußglühung bei 1100···1200 °C mit 150 grd/h von 650 bis ca. 300 °C in einem Magnetfeld abgekühlt. Diese Kombination einer kristallographischen Textur mit einer einachsigen magnetischen Anisotropie hat an einer Legierung mit 65% Ni, 2% Mo, Rest Fe zu einer rechteckförmigen Hystereseschleife mit günstigeren dynamischen Eigenschaften als bei dem binären Material geführt.

Nach RASSMANN und WICH [340] kann durch Magnetfeldtemperung eine Steigerung der Anfangspermeabilität erzielt werden. Bei binären Legierungen von 48···65% Ni wurden durch Tempern im Magnetfeld unterhalb der Curietemperatur statische Permeabilitätswerte von ca. 20000 bei 1 mOe erhalten. Bei 65%- und bei 50%igem Ni–Fe werden beim Übergang des Zustandes, der durch 450 °C-Temperung ohne Feld eingestellt wurde, in einen Zustand, der sich bei 450 °C mit Magnetfeld ausbildet, Zustände mit verhältnismäßig hoher Anfangspermeabilität erhalten. FAHLENBRACH [341, 342] hat μ_5-Werte von 50000, die bei isothermer Magnetfeldtemperung erzielt wurden, angegeben.

Bei Ni–Fe- und Ni–Fe–Mo-Legierungen mit 50···65% Ni hängen die magnetischen Eigenschaften bei Magnetfeldtemperung systematisch von der Legierungszusammensetzung und der Anlaßbehandlung ab [343]. Abb. B 72 zeigt als Beispiel an Legierungen mit 63 und 57% Ni den Einfluß der Anlaßtemperatur auf verschiedene strukturabhängige magnetische Eigenschaften. Die Eigenschaften wurden an Bandkernen der Banddicke 0,15 mm nach fünfstündiger Glühung bei 1200 °C in reinem Wasserstoff, schneller Abkühlung von 750 °C und anschließender 16-stündiger Temperung in einem Feld von 10 Oe erzielt. Vor jeder Anlaßbehandlung wurde wieder auf 750 °C hoch geheizt, um den vorausgegangenen Anlaßzustand auszulöschen. Die in Abb. B 72 aufgezeichneten Eigenschaften ergaben sich an Band mit isotropem feinkörnigem Gefüge (geringe Schlußverformung). Man erhält aber grundsätzlich ähnliche

Eigenschaftsänderungen bei sekundärrekristallisiertem Material (hohe Schlußverformung Kap. B 5.322), wobei im Durchschnitt die erzielten Anfangspermeabilitätswerte etwas höher sind.

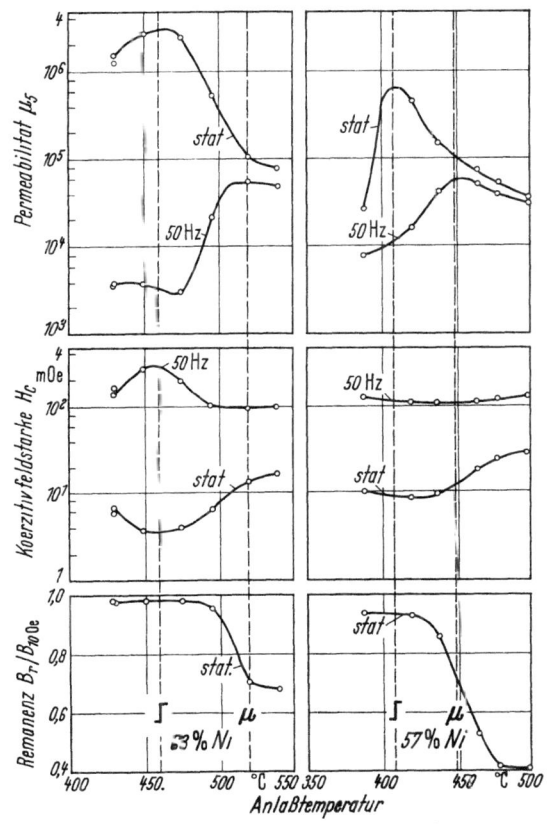

Abb. B 72. Permeabilität bei 5 mOe μ_5, Koerzitivfeldstärke H_c und relative Remanenz $B_r/B_{10\mathrm{Oe}}$ nach isothermer Magnetfeldtemperung für 63%iges Ni–Fe und 57%iges Ni–Fe (Bandkerne 0,15 mm Banddicke geglüht 5 h bei 1200 °C in Wasserstoff, vor Anlaßbehandlung (16 h) schnelle Abkühlung von 750 °C).

In Abb. B 72 lassen sich zwei charakteristische Zustände unterscheiden, die besonders hervorgehoben sind:

1. Zustand Rechteckschleife

Er besitzt folgende Eigenschaften: hohe relative Remanenz, kleine statische Koerzitivfeldstärke, hohe statische Permeabilität bei 5 mOe (nahezu Maximalpermeabilität), aber hohe dynamische Koerzitivfeldstärke und geringe dynamische Permeabilität. Es tritt eine Wirbelstromanomalie auf.

2. Zustand hoher Permeabilität bei 50 Hz

Er zeichnet sich aus durch geringere relative Remanenz, etwas höhere statische Koerzitivfeldstärke und geringere statische Permeabilität, aber höhere dynamische Permeabilität und geringere dynamische Koerzitivfeldstärke als bei Rechteckschleife. Die Permeabilitätserniedrigung durch Wirbelstromeffekte ist in diesem Zustand wesentlich geringer.

Man kann also je nach Anlaßtemperatur Rechteckschleife oder hohe Anfangspermeabilität einstellen, wobei die Anlaßtemperatur zur Einstellung dieser Zustände von der Legierungszusammensetzung abhängt. Zur Charakterisierung der beiden Zustände zeigt Abb. B 73 statische und dynamische Neukurven der Legierung mit 63% Ni.

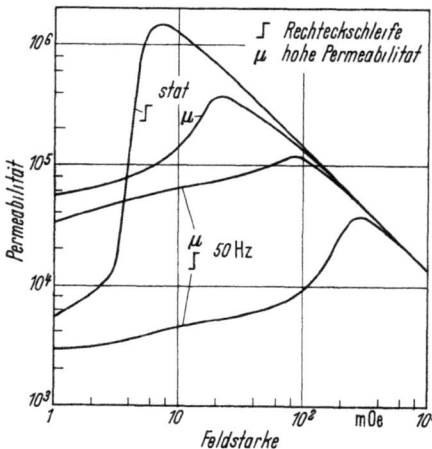

Abb. B 73. Statische und dynamische (50 Hz) Permeabilität-Feldstärke-Kurven von 63%igem Ni-Fe nach Magnetfeldtemperung (Bandkerne 0,15 mm Banddicke).

Von einer handelsüblichen Legierung, die auf hohe Anfangspermeabilität eingestellt wurde, zeigt Abb. B 65 Induktion-Feldstärke- bzw. Permeabilität-Feldstärke-Kurven im Vergleich mit Kurven anderer hochpermeabler technischer Legierungen.

Um im Zustand „Rechteckschleife" eine kleinere dynamische Koerzitivfeldstärke zu erreichen, liegt es nahe, eine geringere Banddicke, z. B. 0,05 mm, bzw. Legierungen mit Molybdänzusatz [339, 344] zur Erhöhung des spezifischen elektrischen Widerstandes zu verwenden. Durch die von der Legierungszusammensetzung abhängige definierte Magnetfeldtemperung kann man rechteckförmige Hystereseschleife bei verhältnismäßig niedriger Koerzitivfeldstärke einstellen. Abb. B 66 zeigt statische und dynamische (50 Hz) Hystereseschleifen von Bandkernen (Banddicke 0,05 mm) einer molybdänhaltigen Ni-Fe-Legierung und einer binären Ni-Fe-Legierung. Die beiden Schleifen liegen in

Remanenz und Koerzitivfeldstärke zwischen 50%igem Ni–Fe mit Würfeltextur und Permalloy mit Rechteckschleife.

Zur Ursache der durch isotherme Magnetfeldtemperung eingestellten Eigenschaften läßt sich folgendes bemerken: Die Eigenschaften ändern sich beim Anlassen mit den magnetischen Grundkonstanten K_1 bzw. K_u durch Einstellung von isotroper Ordnung (Nahordnung und Fernordnung Ni$_3$Fe) bzw. anisotroper Ordnung (Néelsche Orientierungsüberstruktur). Nach BOZORTH [335], PUZEI [279, 336] und FERGUSON [337] wurde in Abb. B 74 schematisch der Verlauf der Kristallanisotropie-Konstanten K_1 (Kap. B 5.12) sowie der uniaxialen Anisotropiekonstanten K_u (Kap. B 5.14), wie er etwa in Abhängigkeit von der Anlaßtemperatur für

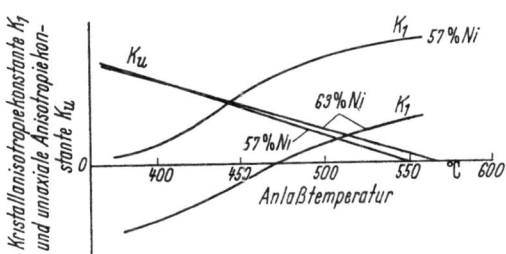

Abb. B 74. Kristallanisotropiekonstante K_1 und uniaxiale Anisotropiekonstante K_u in Abhängigkeit von der Anlaßtemperatur für 63- und 57%iges Ni–Fe (schematisch).

63% und 57% Ni zu erwarten ist, aufgezeichnet. Man erkennt, daß mit abnehmender Anlaßtemperatur bis zum Nulldurchgang K_1 niedriger wird und K_u zunimmt. Rechteckschleife erhält man dann, wenn $|K_1| \ll K_u$ und K_u für die Bezirksstruktur bestimmend ist. Hohe Permeabilität wird nach Abb. B 72 oberhalb der Anlaßtemperatur für Rechteckschleife erzielt. In diesem Anlaßzustand ist K_u kleiner und $|K_1|$ größer als bei Rechteckschleife. Hohe Permeabilität wird wohl dann erreicht, wenn $|K_1| \approx K_u$ ist. Dabei ist allerdings $|K_1|$ niedriger als nach der üblichen Abkühlung von höheren Temperaturen, wobei bekanntlich geringere Permeabilitätswerte erzielt werden.

Beim Vergleich der statischen und der dynamischen Eigenschaften zeigt das Material im Zustand „Rechteckschleife" eine große Wirbelstromanomalie. Diese ist darauf zurückzuführen, daß große Weißsche Bezirke und nur wenige 180°-Wände vorhanden sind. Im Zustand „hoher Permeabilität" ist die Wirbelstromanomalie geringer. Das Material muß mehr Blochwände besitzen. Zur Klärung der Frage, ob es sich in diesem Fall im wesentlichen um eine Erhöhung der Zahl der 180°-Wände handelt oder ob andere Wandkonfigurationen beteiligt sind, betrachten wir Abb. B 75, in der die relative Längenänderung $\Delta l/l$ in Abhängigkeit von der Aussteuerung aufgetragen ist. Man erkennt, daß $\Delta l/l$ bei Rechteckschleife bis zu hohen Induktionen Null ist. Bei der Ummagnetisierung treten praktisch nur 180°-Wandverschiebungen auf. Aber auch im Zustand „hoher Permeabilität" erfolgt die Ummagnetisierung bei kleinen und mittleren Aussteuerungen überwiegend durch 180°-Wandverschiebungen, wobei die festgestellte geringere Wirbelstromanomalie auf kleinere Bereiche mit mehr 180°-Wänden hindeutet. Die Überlagerung der Kristallanisotropie und der uniaxialen Anisotropie im Vergleich zum Rechteckzustand, wo $K_u \gg |K_1|$ ist, führt offenbar zu stärkeren örtlichen Anisotropieschwankungen. Dadurch wird der Gefügeanteil

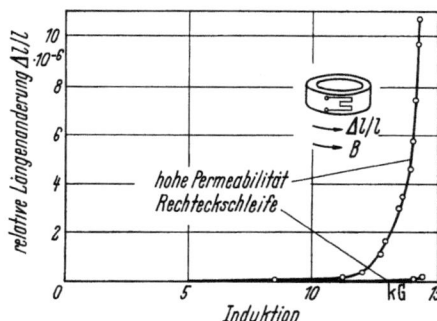

Abb. B 75.
Relative Längenänderung $\Delta l/l$ in Abhängigkeit von der Induktion für 63%iges Ni–Fe.

mit 180°-Wänden und der Abstand der Blochwände vermindert. Die größere Blochwandzahl erhöht die Anfangspermeabilität und vermindert die Wirbelstromanomalie. Trotz geringerer statischer Permeabilität bei mittlerer Aussteuerung und höherer statischer Koerzitivfeldstärke werden günstigere dynamische Eigenschaften als bei Anlaßbehandlung auf Rechteckschleife erzielt.

Zwischen 200 und 400 °C wurde bei ca. 50%igem Ni–Fe von FAHLENBRACH [345] eine Nachwirkung der Permeabilität gefunden, die mit zunehmender Behandlungszeit verschwindet. Daraus wird auf die Ausbildung einer stabilen Ni–Fe-Überstruktur geschlossen, wie sie von PAULEVÉ, DAUTREPPE, LAUGIER und NÉEL [333, 334] (Kap. B 5.315) durch Neutronenbestrahlung erzeugt wurde. Die Abnahme der Nachwirkung könnte aber auch verstanden werden, wenn man annimmt, daß zu Beginn der Behandlung ein Leerstellenüberschuß vorhanden ist, der mit der Behandlungszeit ausheilt, so daß die Zeitkonstante für die Einstellung des in diesem Temperaturgebiet energetisch stabilen Ordnungszustandes mit der Temperzeit ansteigt.

Nach Tempern in einem Magnetfeld quer zur späteren Magnetisierungsrichtung wurden bei Legierungen mit ca. 65% Ni und 2···3% Mo neben einer niedrigen Remanenz ($B_r/B_s \approx 0{,}1$, $B_s \approx 12\,500$ G) verhältnismäßig hohe Anfangspermeabilitätswerte gefunden ($\mu_a \approx 4000$) [284].

5.4 Weitere Legierungen mit Nickel

5.41 Nickel–Eisen–Kupfer (Ausscheidungsisoperm)

Das Ausscheidungsisoperm, vorwiegend von DAHL, PFAFFENBERGER und SPRING [346] entwickelt, besteht aus Ni–Fe mit Kupferzusätzen. Durch verschiedene Kombination von Walz- und Glühbehandlungen können an demselben Werkstoff verschiedene Eigenschaften eingestellt werden. Bei einer Legierung mit 34,8% Ni, 52,2% Fe und 13,0% Cu ergaben sich z. B. nach Abschrecken von 1000°C und 94% Verformung andere Eigenschaften als nach Ofenabkühlung und dem gleichen Verformen. Während die langsam abgekühlte Probe keine ungewöhnlichen Eigenschaften hat, zeigt die abgeschreckte außerordentlich niedrige Remanenzwerte, die in allen Richtungen der Blechebene vorhanden sind. Die Blechnormale dagegen ist eine magnetische Vorzugsrichtung [347] und zeigt dementsprechend hohe Remanenz.

Die Deutung der magnetischen Anisotropie des Ausscheidungsisoperms bereitet auch heute noch Schwierigkeiten. Der gewalzte Werkstoff zeigt zwar eine Walztextur, ein Zusammenhang zwischen ihr und der magnetischen Vorzugsrichtung kann jedoch nicht gefunden werden, denn die komplizierte Walztextur enthält senkrecht zur Blechebene keine kristallographische Textur, die die magnetische Vorzugsrichtung erklären könnte.

Eine andere Deutungsmöglichkeit wäre die, daß die Magnetisierungsvektoren durch eine senkrecht zur Blechebene wirkende Zugspannung in die Normalenrichtung gezwungen werden. KERSTEN [348] fand durch Zugspannung in Walzrichtung ein Aufrichten der Schleife, die offenbar durch ein Aufheben der im Werkstoff vorhandenen Spannungen bewirkt wird. Ein unmittelbarer Nachweis, daß durch die Aushärtung kupferreiche Zonen entstehen, die kristallographisch gesetzmäßig orientiert sind und die durch den Walzvorgang in eine Lage kommen, in der sie als Träger von Spannungen fungieren können, ist bisher nicht möglich gewesen.

5.42 Nickel–Eisen–Kobalt (Perminvar)

Ähnlich wie bei binärem 65%igem Ni–Fe (Kap. B 5.324) ergeben sich nach ELMEN [349] und MASUMOTO [350] bei Ni–Fe–Co-Legierungen in einem weiten Legierungsbereich bei Temperung unterhalb der Curietemperatur Perminvarschleifen und bei Temperung im gleichen Gebiet, aber unter Anwesenheit eines Magnetfeldes, rechteckförmige Hystereseschleifen [351]. Die bekannteste Perminvar-Legierung enthält 45% Ni, 25% Co, Rest Fe.

Nach heutiger Anschauung [302—307] ist sowohl die Perminvar- als auch die Rechteckschleife auf die Ausbildung einer Richtungsordnung oder Orientierungsüberstruktur zurückzuführen, die im ersten Fall eine einachsige Anisotropie in Richtung der spontanen Magnetisierung der Elementarbezirke hervorruft und im zweiten eine einachsige Anisotropie in Richtung des bei der Temperung angelegten Feldes. Die eingestellte einachsige Anisotropie wird aber noch von der kubischen

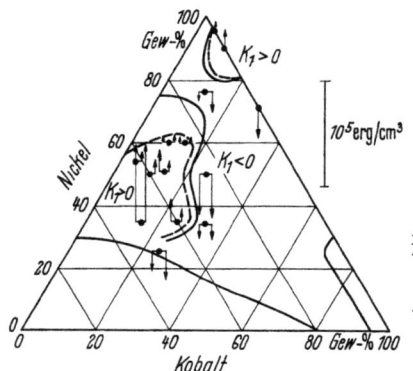

Abb. B 76. Legierungsdiagramm Ni–Co–Fe mit Messungen der Kristallanisotropiekonstanten K_1 [352].
Vollinie für Legierungen mit $K_1 \approx 0$ nach Abschrecken; Strichlinie für Legierungen mit $K_1 \approx 0$ nach Anlassen.

Kristallanisotropie überlagert, wobei die Kristallanisotropie-Konstante K_1 von der Legierungszusammensetzung und der Anlaßbehandlung abhängt. Unterhalb 600 °C bildet sich nämlich neben der Richtungsordnung mehr oder weniger isotrope Nah- oder Fernordnung Ni_3Fe aus, die zu einer Änderung von K_1 führt. Nach Untersuchungen von PUZEI [352] zeigt Abb. B 76 im Legierungsdiagramm Ni–Co–Fe für verschiedene Legierungen die Kristallanisotropiekonstante K_1 nach Abschrecken von 650 °C in Wasser (links) bzw. nach sehr langsamem Abkühlen (isotrope Ordnungseinstellung) von 650 auf 250 °C innerhalb von 500 h (rechts). Nach diesen Ergebnissen ist die Lage der Legierungen mit $K_1 = 0$ nach Abschrecken (ausgezogene Linie) und nach Anlassen (gestrichelte Linie) eingetragen. Man erkennt drei Legierungsbereiche, zwei mit $K_1 > 0$ und einen mit $K_1 < 0$. Durch Anlaßbehandlung erweitert sich das Gebiet mit $K_1 < 0$. Die K_1-Änderung ist am stärksten bei den binären Legierungen mit 55···75% Ni und wird mit Kobaltzusatz geringer. Die Legierungen in Abb. B 76, die zwischen der ausgezogenen und der gestrichelten Linie liegen, ermöglichen es, durch Anlaßbehandlung einen solchen Ordnungsgrad einzustellen, daß $K_1 = 0$ ist. Sie zeigen dann besondere ausgeprägte Perminvar- oder Rechteckschleifen.

5.5 Legierungen mit niedriger Sättigungsmagnetisierung

Die Legierungen mit niedriger Sättigungsmagnetisierung werden aufgeteilt in nichtmagnetisierbare Stähle [353, 354] und in sogenannte Kompensationswerkstoffe mit stark temperaturabhängiger Magnetisierung [355] bei Temperaturen um Raumtemperatur. Bei den nichtmagnetisierbaren Stählen wird neben einer ausreichenden mechanischen Festigkeit eine geringe Sättigungsmagnetisierung an sich oder eng damit zusammenhängend eine von 1 nur wenig abweichende relative Permeabilität (in G/Oe) gefordert. Bei den Kompensationswerkstoffen wird der allgemeine starke Abfall der Sättigungsmagnetisierung mit zunehmender Temperatur zum Curiepunkt hin ausgenutzt. Solche Werkstoffe müssen daher ihren Curiepunkt bei niedrigen Temperaturen (in der Regel bei 40···100 °C) besitzen. Eine niedrige Sättigungsmagnetisierung bei Raumtemperatur ergibt sich dabei mit den niedrigen Curietemperaturen.

Beide Werkstoffklassen basieren in der Regel auf der im Kap. B 5.11 am Beispiel des Zweistoffsystems Fe–Ni erörterten Tatsache, daß vom reinen Eisen ausgehend mit zunehmendem Nickelgehalt die Sättigungsmagnetisierung bei Raumtemperatur abnimmt und bei einem Gehalt von etwa 28% Null wird. Parallel dazu wandelt sich das kubisch-raumzentrierte ferromagnetische α-Gefüge unterhalb ca. 28% Ni in den kubisch-flächenzentrierten, unmagnetischen Austenit um. Bei den nichtmagnetisierbaren Stählen kommt hinzu, daß die heute eingesetzten Werkstoffe noch nennenswerte Gehalte anderer „austenitstabilisierender" Elemente, wie vor allem Mangan, Kohlenstoff und Chrom, besitzen, die den angegebenen Nickelgehalt stark herabsetzen. Mit diesen zusätzlichen Legierungselementen wird auch der Analysenbereich für das Verschwinden der Magnetisierbarkeit stark verbreitert. Der Kohlenstoffgehalt wird vor allem auch zur Festigkeitssteigerung der Werkstoffe benötigt.

Bei den Kompensationswerkstoffen ist besonders darauf zu achten, daß die Magnetisierung in Abhängigkeit von der Temperatur reversibel verläuft. Das ist bei Fe–Ni-Legierungen nur gewährleistet, wenn bei der Temperaturänderung keine Phasenumwandlungen auftreten. Die Fe–Ni-Legierungen für die Kompensation von Temperaturfehlern müssen aus diesem Grunde ein rein austenitisches Gefüge besitzen. Das Zweistoffsystem Fe–Ni (vgl Kap. B 5.11) zeigt, daß von etwa 28% Ni ausgehend der Curiepunkt und die Sättigungsmagnetisierung sowohl nach niedrigeren als auch nach höheren Nickelgehalten hin zunimmt. Nach niedrigeren Nickelgehalten bildet sich Ferrit (α-Gefüge). Damit ist eine Irreversibilität der Temperaturabhängigkeit beider Eigenschaften verbunden, weil die α-γ-Umwandlung nicht reversibel verläuft. Nach höheren Nickelgehalten wird der Austenit ferromagnetisch. Der Tempe-

Tabelle B 14. Chemische Zusammensetzung (Gew.-%), Festigkeitseigenschaften und magnetische Eigenschaften [353].
A. Nickelhaltige nichtmagnetisierbare Walz- und Schmiedestähle.

Kurzname nach DIN 17006	C	Mn	Cr	Ni	Sonstige	Behandlungs-zustand	Streck-grenze kp/mm²	Zugfestig-keit kp/mm²	Bruch-dehnung $L_0 = 5d_0$ %	Kerb-schlag-zähigkeit (DVM-Probe) kpm/cm² etwa	magne-tische Per-meabilität G/Oe höchstens
X 12 MnCr 18 12	≦0,15	18	12	2	0,6 Mo	abgeschreckt warm-kalt-geformt	>30 >40	65···80 70···90	>45 >35	20 15	1,01 1,02
X 8 CrMnNi 18 8	≦0,10	8,5	18	5,5	0,15 N	kaltgeformt abgeschreckt	>50 >30	80···100 60···80	>25 >50	10 15	1,03 1,01
X 15 CrNiMn 12 10	0,15	6	12	10	—	abgeschreckt warm-kalt-geformt	>22 >40	50···70 65···85	>45 >40	20 18	1,01 1,01
X 5 CrNi 18 11	<0,07	≦2	18	10	—	kaltgeformt kaltgezogen	>50 >120	65···85 140···165	>35 ≈1	15	1,03 1,08
X 8 CrNi 18 12	<0,12	≦2	17,5	12	—	abgeschreckt kaltgeformt kaltgezogen	>20 >20 >125	50···70 50···70 65···85 150···170	>50 >45 >25 ≈1	20 20 7	1,05 1,01 1,01 1,03
X 4 CrNi 18 13	<0,05	≦2	17,5	13	—	abgeschreckt	>20	50···70	>45	20	1,01
X 45 MnNiCrV 13 7 6	0,45	13	5,5	6,5	0,9 V	ausgehärtet	>75	100···120	>20	5	1,01
X 50 CrMnNi 22 9	0,50	9	22	4	0,4 N	abgeschreckt ausgehärtet	>55 >65	90···110 100···120	>40 >18	12 4	1,01 1,01
X 50 CrMnNiV 22 9	0,50	9	22	4	0,4 N; 1 V	abgeschreckt ausgehärtet	>55 >85	90···110 105···125	>40 >12	10 2	1,01 1,01
X 25 CrNiMnP 18 10	0,25	3,5	18	10	0,35 P	ausgehärtet	>55	75···95	>20	4	1,01

B. Nickelhaltige nichtmagnetisierbare Stahlguß-Legierungen und Sondergußeisen.

Kurzname nach DIN 17006	C	Mn	Cr	Ni	Sonstige	Behandlungs-zustand	Streck-grenze kp/mm²	Zugfestig-keit kp/mm²	Bruch-dehnung $r_0 - 5 d_0$ %	Kerb-schlag-zähigkeit (DVM-Probe) kpm/cm² etwa	magne-tische Per-meabilität G/Oe höchstens
G-X 25 MnCrNi 8 8 6	0,25	8	8	6	—	abgeschreckt	>22	>50	>30	10	1,02
G-X 12 CrNi 18 11	$\leq 0,15$	<2	17,5	11	—	abgeschreckt	>20	>45	20	15	1,01
G-X 10 CrNiNb 16 13	$\leq 0,12$	0,8	16,5	13	$Nb \geq 8 \times \%\,C)$	abgeschreckt	>20	>45	>20	10	1,02
G-X 45 MnNiCrV 8 8 5	0,45	8	5	8	1,3 V	abgeschreckt ausgehärtet	>35 >55	>50 >65	>10 >3	5 1	1,02 1,02
Sondergußeisen	2,5···3,0	0,5···10	5···6	5···24	1,5··· 3,0 Si 0···8 Cu	mit Lamellen-graphit mit Kugel-graphit	18···24	10···25 30···45	7···15		1,10···1,3 1,02···1,1

raturverlauf bei solchen Fe–Ni-Legierungen mit höheren Nickelgehalten ist daher reversibel. Kompensationswerkstoffe sind deshalb überwiegend Fe–Ni-Legierungen mit ca. 29···30% Ni. Auch bei ihnen sind geringe Kohlenstoffgehalte bis zu 0,2% zur Unterdrückung des α-Gefüges erwünscht. Im Gegensatz zu den nichtmagnetisierbaren Stählen erfordert die Einhaltung bestimmter eng begrenzter Curietemperaturen und Temperaturkoeffizienten der Magnetisierung bei den Kompensationswerkstoffen eine sehr genaue Einhaltung der vorgeschriebenen Analysen. Unterschiede von 0,1% im Nickelgehalt ziehen bereits deutliche Unterschiede im Verlauf der Temperatur-Magnetisierungs-Kurven nach sich.

Die Tabelle B 14 gibt für eine Reihe von handelsüblichen nickelhaltigen nichtmagnetisierbaren Stählen, Stahlguß-Legierungen und Sondergußeisen die chemische Zusammensetzung sowie die Festigkeitseigenschaften und die magnetischen Eigenschaften an. Zu den Werten der magnetischen Eigenschaften der Tab. B 14 ist zu sagen, daß die Angabe der Permeabilität, die meist bei Feldstärken von hundert Oersted gemessen wird, kein sicherer Hinweis für die fehlende Magnetisierbarkeit ist, selbst wenn sie noch so nahe bei 1 liegt. Wie vor allem nach den Ausführungen in Kap. B 5.61 (Dauermagnetwerkstoffe — Grundlagen) verständlich wird, sind kleine Ferrit- oder Martensiteinschlüsse, die bei den nichtmagnetisierbaren Stählen im Gehalt bis zu 0,5 Vol.-% stets vorhanden sind, Dauermagnete, die oftmals erst mit sehr starken Magnetfeldern in der Größenordnung von einigen tausend Oersted magnetisiert werden können.

Der unmagnetische Stahl wird überall dort eingesetzt, wo neben höheren mechanischen Festigkeiten (verglichen mit Kunststoffen und Buntmetallen) eine geringe Magnetisierbarkeit erforderlich ist. Das ist bei solchen Bauteilen von elektrischen Maschinen, wie z. B. Induktor-Kappenringen, Nuten-Verschlußkeilen oder Bandagendrähten, der Fall, die die magnetischen Kraftlinien unbeeinflußt lassen müssen. Dies gilt auch für Bauteile in der Nähe von geomagnetischen Meßgeräten, z. B. für Kompaßgehäuse und für Deckaufbauten von Vermessungsschiffen oder auch für Minenräumboote. Bei allen diesen Anwendungen darf der natürliche Verlauf des Magnetfeldes der Erde nicht beeinflußt werden. Zu den nichtmagnetisierbaren Stählen, vor allem zu denen mit instabilem austenitischem Gefüge, ist noch zu bemerken, daß eine Kaltumformung tunlichst vermieden werden sollte, weil damit die Gefahr auftretender ferromagnetischer Gefügebestandteile leicht gegeben ist (vgl. Kap. B 5.63).

Abb. B 77 zeigt für die zur Kompensation von magnetischen Temperaturfehlern geeigneten Fe–Ni-Legierungen mit einem Nickelgehalt von ca. 30% die Temperaturabhängigkeit der Magnetisierung bei verschiedenen Feldstärken zwischen 2 und 1000 Oe und bei Temperaturen zwischen 0 und ca. 100 °C. Die dargestellte Temperaturabhängigkeit läßt sich in gewissen Grenzen durch Wärmebehandlung ändern. Das betrifft sowohl die Größe des Curiepunktes, d. h. der Temperatur, bei der die Magnetisierung in der geradlinigen Verlängerung des starken Abfalls mit zunehmender Temperatur Null wird, als auch die Steilheit der Tempera-

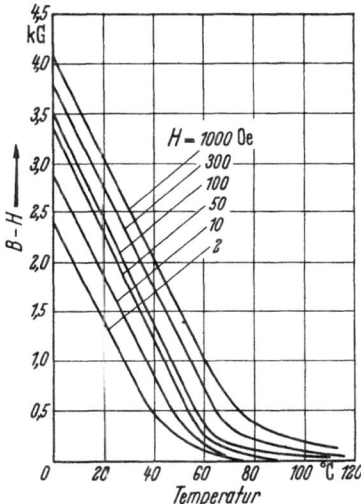

Abb. B 77.
Temperaturabhängigkeit der Magnetisierung von Thermoperm für verschiedene Feldstärken [356].

tur-Magnetisierungs-Kurve. Ein Teil dieser Änderung durch Wärmebehandlung kommt durch eine geringe Entkohlung, ein Teil durch eine Änderung des inneren Spannungszustandes zustande. Für die praktischen Anwendungen wird in einigen Fällen eine lineare Änderung der Magnetisierung mit der geänderten Temperatur gewünscht. Da die Temperatur-Magnetisierungs-Kurve bei homogenen Werkstoffen zum Curiepunkt hin S-förmig gekrümmt ist, kann man diese Linearität hin und wieder durch Werkstoffinhomogenitäten (Seigerungen, unvollständige Diffusion der Legierungskomponenten, z. B. beim Sintern) erzwingen.

Der Vollständigkeit halber sei noch erwähnt, daß nicht nur die binären 30%igen Fe–Ni-Legierungen den Ansprüchen an Kompensationswerkstoffe genügen; ähnliche Temperatur-Magnetisierungs-Kurven besitzen alle ferromagnetischen Werkstoffe mit Curiepunkten bei 60 bis 100 °C. Dazu gehören z. B. Fe–Ni-Legierungen mit Zusätzen an Chrom und Ni–Cu-Legierungen mit Kupfergehalten zwischen 50 und 60%, die hin und wieder auch praktisch eingesetzt werden. Auch in der Reihe der für andere Zwecke praktisch bedeutungsvollen weichmagnetischen Ni–Zn- und Mn–Zn-Ferrite sind solche Curiepunkte gegeben.

Die Kompensationswerkstoffe dienen dazu, Temperaturfehler in der Anzeige elektrischer Zähler und Meßgeräte zu verringern und finden demgemäß vor allem bei Elektrizitätszählern und bei Tachometern Anwen-

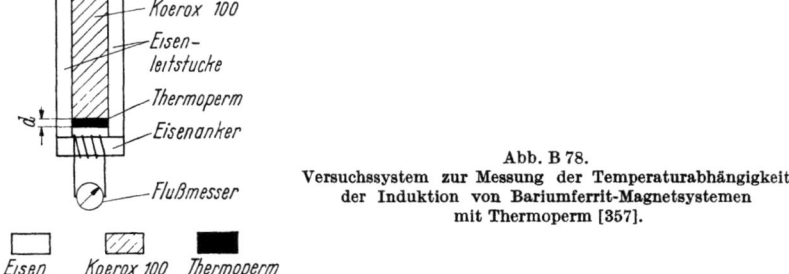

Abb. B 78.
Versuchssystem zur Messung der Temperaturabhängigkeit der Induktion von Bariumferrit-Magnetsystemen mit Thermoperm [357].

dung. Solche Geräte enthalten Dauermagnetkreise, in deren Luftspalt die Bewegung elektrisch gut leitender Teile aus Kupfer oder Reinaluminium durch Wirbelströme gebremst wird. Temperaturfehler treten bei diesen Geräten weniger durch die allgemeine Abnahme der Luftspalt-

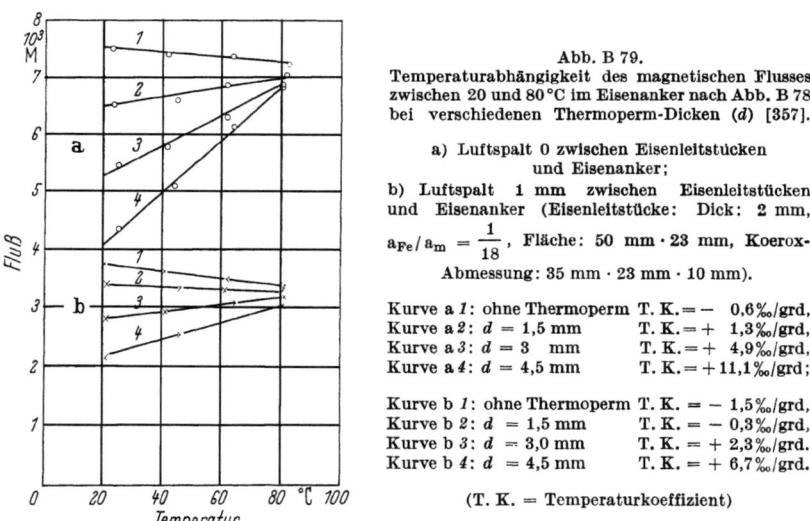

Abb. B 79.
Temperaturabhängigkeit des magnetischen Flusses zwischen 20 und 80 °C im Eisenanker nach Abb. B 78 bei verschiedenen Thermoperm-Dicken (d) [357].

a) Luftspalt 0 zwischen Eisenleitstücken und Eisenanker;
b) Luftspalt 1 mm zwischen Eisenleitstücken und Eisenanker (Eisenleitstücke: Dick: 2 mm, $a_{Fe}/a_m = \frac{1}{18}$, Fläche: 50 mm · 23 mm, Koerox-Abmessung: 35 mm · 23 mm · 10 mm).

Kurve a 1: ohne Thermoperm T. K. = − 0,6‰/grd,
Kurve a 2: d = 1,5 mm T. K. = + 1,3‰/grd,
Kurve a 3: d = 3 mm T. K. = + 4,9‰/grd,
Kurve a 4: d = 4,5 mm T. K. = +11,1‰/grd;

Kurve b 1: ohne Thermoperm T. K. = − 1,5‰/grd,
Kurve b 2: d = 1,5 mm T. K. = − 0,3‰/grd,
Kurve b 3: d = 3,0 mm T. K. = + 2,3‰/grd.
Kurve b 4: d = 4,5 mm T. K. = + 6,7‰/grd.

(T. K. = Temperaturkoeffizient)

induktion (bedingt durch die Magnetisierung der Dauermagnetlegierung) als im gleichen Sinne, aber in viel stärkerem Maße durch die starke Zunahme des elektrischen Widerstandes der Leiterteile mit zunehmender Temperatur auf. Die Wirkungsweise des Kompensationswerkstoffs veranschaulichen die Abb. B 78 und B 79 an Systemen mit Bariumferrit-Dauermagneten, deren magnetische Eigenschaften besonders stark von der Temperatur abhängen. Durch den Streifen des Kompensationswerkstoffs Thermoperm zwischen den beiden Eisenleitstücken (Abb. B 78) wird ein Teil des Dauermagnetflusses kurzgeschlossen und geht daher dem Nutzfluß verloren. Mit zunehmender Temperatur wird die Magnetisierung in diesem Streifen nach Abb. B 77 erniedrigt, der Nebenschluß wird unwirksamer. Die negative Temperaturabhängigkeit des Nutzflusses wird mit zunehmendem Querschnitt des Kompensationsstreifens mehr und mehr aufgehoben und in eine positive Temperaturabhängigkeit umgewandelt (Abb. B 79), die dann noch zur Kompensation der Temperaturabhängigkeit des elektrischen Widerstandes verwendet werden kann.

5.6 Nickelhaltige Dauermagnet-Legierungen

5.61 *Dauermagnetwerkstoffe — Grundlagen* [358, 359]

Dauermagnetwerkstoffe unterscheiden sich von den in Kap. B 5.3 behandelten weichmagnetischen Legierungen in ihren makroskopischen Eigenschaften dadurch, daß sie nach dem Abschalten des magnetisierenden Feldes H einen großen Betrag an Magnetisierung J oder Induktion B behalten[1]. Da die Dauermagnete beim praktischen Einsatz an

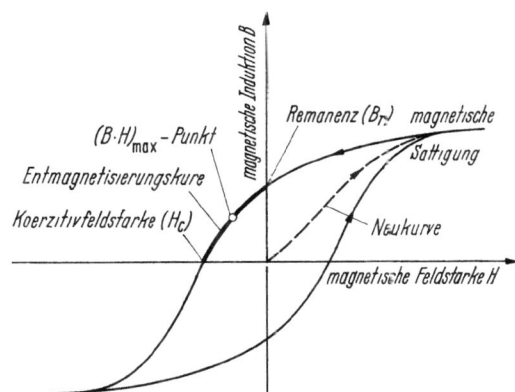

Abb. B 80. Schematische Darstellung der Hystereseschleife.

den Enden Nord- bzw. Südpole besitzen und von diesen Polflächen Feldlinien ausgehen, die im Dauermagneten dem Magnetfeld entgegengerichtet sind, das die Magnetisierung hervorgerufen hat, ist der Betrag der Magnetisierung oder Induktion nicht mit der in Abb. B 80 auf der Hystereseschleife veranschaulichten Remanenz B_r, sondern mit der Induk-

---

[1] Zwischen J, B und H besteht im Gaußschen cgs-System die allgemeine Beziehung: $4\pi J = B - H$.

tion eines Punktes (Arbeitspunkt) auf dem Abschnitt der Hystereseschleife im zweiten Quadranten, der sogenannten Entmagnetisierungskurve gleichzusetzen. Dieser Arbeitspunkt wird durch den Entmagnetisierungsfaktor (Formfaktor) N des Dauermagneten oder des aus Dauermagneten, Eisenleitstücken und Arbeitsluftspalten aufgebauten magnetischen Kreises bestimmt[1]. Verschiedene Dauermagnetformen oder verschieden aufgebaute magnetische Dauermagnetkreise besitzen verschiedene Arbeitspunkte auf der Entmagnetisierungskurve. Nach den Maxwellschen Gleichungen benötigt man für eine vorgeschriebene magnetische Feldstärke im Luftspalt eines solchen Dauermagnetkreises den geringsten Volumenaufwand an Dauermagnetmaterial, wenn man den Kreis so dimensioniert, d. h. N so wählt, daß auf der Entmagnetisierungskurve der Arbeitspunkt eingestellt wird, bei dem das Produkt $B \cdot H$ ein Maximum ist [360—363]. Man nennt einen solchen Arbeitspunkt den $(B \cdot H)_{max}$-Punkt. Da man für möglichst große $(B \cdot H)_{max}$-Werte nicht nur große B-, sondern auch große H-Werte, die durch die Koerzitivfeldstärke H_C begrenzt werden, benötigt, ist die Bedeutung der in Abb. B 80 gekennzeichneten Koerzitivfeldstärke H_C, bei der J oder B Null werden[2], verständlich. Dauermagnete sind die ferromagnetischen Werkstoffe mit sehr großen Werten der Koerzitivfeldstärke. Gegenüber den besten weichmagnetischen Werkstoffen mit sehr kleinen H_C-Werten besitzen einige Dauermagnetsorten heute um mehr als sechs Zehnerpotenzen höhere Werte.

Zum Verständnis der mikroskopischen oder besser submikroskopischen Unterschiede zwischen den modernen Dauermagneten und den anderen ferromagnetischen Stoffen ist ein erneutes Eingehen auf die Elementarprozesse der Magnetisierung und der Entmagnetisierung erforderlich (vgl. auch Kap. B 5.1). Es gehört zum gesicherten Stand unserer Erkenntnisse, daß jeder ferromagnetische Stoff aus gesättigt magnetisierten Elementarbereichen, den Weißschen Bezirken, besteht. Diese Parallelstellung der Atommomente in den magnetischen Elementarbereichen ist die Folge der Einwirkung der Austauschenergie zwischen den magnetischen Atommomenten. Die Richtung der Magnetisierung in den Elementarbereichen — man spricht auch von der spontanen Magnetisierung — ist dabei keineswegs wahllos, sondern durch ein Energieminimum von Richtkräften gegeben. Dieses Energieminimum wird durch ein Minimum der sogenannten Kristallanisotropie (bei Reinnickel z. B.

---

[1] Die Feldstärke des Arbeitspunktes ist dann $H = -NJ = -\dfrac{N}{4\pi}(B-H)$.
N ist z. B. um so größer, je größer der Luftspalt im magnetischen Kreis ist oder je kürzer und gedrungener der Dauermagnet ist.

[2] Man unterscheidet bei Dauermagneten $_BH_C$ und $_JH_C$, je nachdem, ob B oder J Null wird.

in der Raumdiagonalen des Elementarkubus gegeben) durch ein Minimum der Formanisotropie [364] (bei Abweichungen von der Kugelform der Elementarbereiche in der größten Abmessung), durch ein Minimum der Anisotropie innerer Spannungen (bei der stark negativen Magnetostriktion von Reinnickel, z. B. in der Druckspannungsrichtung) oder im allgemeinen Fall durch das Minimum der Summe der drei Anisotropie-Energien gegeben. Im nach außen hin unmagnetischen Zustand sind die Elementarbereiche nach Größe und Magnetisierungsrichtung so wahllos

Abb. B 81. Wandverschiebung und Drehprozesse in den ferromagnetischen Elementarbereichen.

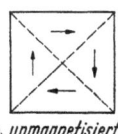
a unmagnetisiert

b nach Wandverschiebung
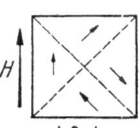
c nach Drehprozessen

verteilt, daß (ähnlich der Schematisierung von Abb. B 81a mit vier gleich großen Bereichen) die Gesamtmagnetisierung Null wird. Zwischen den Elementarbereichen befinden sich aus Energiegründen bei den meisten Stoffen Grenzgebiete, die Blochwände, in denen die Magnetisierungsrichtung von einem Bereich zu seinem Nachbarn hin stetig übergeht. Die Summe aller einwirkenden Energien, im wesentlichen also der Anisotropieenergie und der Austauschenergie, bestimmen die Dicke dieser Blochwände. Man kann berechnen [358, 359], daß mit abnehmender Größe der Elementarbereiche (und zwar je nach Größe der beiden Energien verschieden schnell) der Fall eintritt, daß eine Ausbildung von Blochwänden energetisch ungünstig ist. Das ist z. B. augenscheinlich dann der Fall, wenn die Elementarbereiche kleiner als die Blochwanddicke sind. Solche kleinen Elementarbereiche liegen bei Stoffen vor, die aus sehr kleinen Bestandteilen zusammengesetzt sind. Das können kleine Pulverkörner, aber auch kleine Phasenbestandteile — z. B. Ausscheidungen — bei heterogenen Legierungen sein. Jedes Korn oder jeder ferromagnetische Phasenbestandteil besteht dann aus nur einem Elementarbereich ohne Blochwand — man spricht von einem ferromagnetischen Stoff mit „Einbereichteilchen" oder mit „Einbereichverhalten" [365].

Ein solches Verhalten ist weitgehend ein Merkmal der modernen Dauermagnete. Ferromagnetische Stoffe, darunter auch Nickel [366], in Pulverform zeigen allgemein bei sehr kleinen Korngrößen, meistens bei 100···1000 Å, verglichen mit denen der kompakten Werkstoffe, große Werte der Koerzitivfeldstärke und sind damit Dauermagnete. Das Dauermagnetverhalten von Legierungen mit entsprechend feinen, ausgeschiedenen Phasenbestandteilen wird in den nächsten Abschnitten noch näher erörtert. Die größte Teilchenabmessung, bei der das Einbereichverhalten noch gerade erhalten bleibt, bezeichnet man auch als kritische Teilchengröße. Bei noch kleineren Teilchen verschwindet der

Ferromagnetismus. Er geht in den sogenannten Superparamagnetismus über [367, 368]. Die Zusammenballung der magnetischen Atommomente infolge der Austauschkräfte zu Elementarbereichen löst sich aufgrund der zur Wirkung kommenden thermischen Schwankungen mehr und mehr auf.

Zum Verständnis des Dauermagnetverhaltens kleiner ferromagnetischer Pulver- oder Phasenteilchen muß die Änderung der in Abb. B 81 veranschaulichten Elementarbereichanordnung beim Anlegen eines äußeren Magnetfeldes H, d. h. bei der Magnetisierung, betrachtet werden. Die Anordnung der Elementarbereiche im unmagnetischen Zustand nach Abb. B 81a wird bei der Magnetisierung auf zwei verschiedene Arten gestört, die in Abb. B 81b und c schematisch dargestellt sind. Es können Verschiebungen der Wände (vgl. Abb. B 81b) in der Weise auftreten, daß die zur Richtung des Feldes H mit kleinerem Winkel magnetisch ausgerichteten Elementarbereiche auf Kosten ihrer ungünstiger orientierten Nachbarn wachsen. Solche Wandverschiebungen erfordern einen relativ geringen Energieaufwand, d. h. sie sind schon mit kleinen Beträgen der Feldstärke H durchführbar und sind daher die überwiegenden Magnetisierungsprozesse bei den weichmagnetischen Werkstoffen. Ferner treten, besonders bei der Einmündung in die magnetische Sättigung bei großen Magnetfeldern, die sogenannten Drehprozesse bei der Magnetisierung ferromagnetischer Werkstoffe allgemein auf. Bei ihnen (vgl. Abb. B 81c) dreht sich die Magnetisierungsrichtung in den Elementarbereichen mit zunehmender Stärke des äußeren Magnetfeldes H aus dem durch die beschriebenen inneren Anisotropien gegebenen Energieminimum stetig in die Richtung dieses Feldes ein. Bei reinen Drehprozessen findet keine Volumenänderung der Elementarbereiche statt (vgl. Abb. B 81c). Da bei den modernen Dauermagneten überwiegend ein Einbereichverhalten ohne Blochwände vorliegt, sind die Magnetisierungsprozesse dort Drehprozesse. Da die Drehprozesse im allgemeinen einen größeren Feldstärkeaufwand als die Wandverschiebungen erfordern, ist damit andererseits auch verständlich, daß die Werkstoffe mit Einbereichteilchen Dauermagnete sind, da diese Werkstoffe wegen der großen Werte der Koerzitivfeldstärke erst mit starken Magnetfeldern magnetisiert bzw. abmagnetisiert werden können.

Dazu ist jedoch einschränkend zu sagen, daß das Einbereichverhalten und die damit zusammenhängenden Drehprozesse bei der Magnetisierung nur ein Merkmal für gute Dauermagnete sind. Es ist verständlich, daß solche Drehprozesse nur dann einen großen Energieaufwand durch das äußere Magnetfeld erfordern und damit zu Dauermagneteigenschaften führen, wenn das Energieminimum für die Richtung der spontanen Magnetisierung in den Elementarbereichen genügend tief ist, d. h. wenn starke innere Anisotropien im Werkstoff vorhanden sind. Ohne solche

Anisotropien würde auch der Drehprozeß zu idealen magnetisch weichen Werkstoffen führen. Solche energetisch leicht zu betätigenden Drehprozesse sind z. B. bei den weichmagnetischen Ferriten[1] [369] gegeben. Auf die drei Hauptarten der für Dauermagnete in großer Stärke notwendigen inneren Anisotropien ist schon zu Beginn dieses Abschnitts bei der Diskussion der Richtung der spontanen Magnetisierung hingewiesen worden. Auf der Basis eines solchen Modells, bei dem die Richtungen der spontanen Magnetisierung in den Elementarbereichen sich kohärent in die Richtung des äußeren Magnetfeldes gegen die Kräfte der inneren Anisotropie drehen, sind dann von NÉEL [370, 371] sowie von STONER und WOHLFARTH [372, 373], nach denen dieses Stoner-Wohlfarth-Modell den Namen erhalten hat, für die verschiedenen Arten von Anisotropien die Koerzitivfeldstärken berechnet worden [364, 374]. Speziell für Nickel [359, 374] sind die Maximalwerte der Koerzitivfeldstärke von Einbereichteilchen:

Bei Kristallanisotropie: 135 Oe,
bei Formanisotropie ($2\pi J_s$): 3150 Oe,
bei Spannungsanisotropie ($\sigma = 2 \cdot 10^{10}$ dyn/cm^2): 4000 Oe.

Der Vollständigkeit halber muß nach PAWLEK [361] auf die Austauschanisotropie hingewiesen werden, die zuerst von MEIKLEJOHN und BEAN [375] an oberflächlich oxydierten Kobaltpulvern nach Abkühlen im Magnetfeld auf tiefe Temperaturen (unterhalb des Néel-Punktes von CoO) gefunden wurde, die aber auch bei nickelhaltigen Stoffen beobachtet worden ist und die sich in unsymmetrisch zum B-H-Koordinatensystem verschobenen Hystereseschleifen mit Koerzitivfeldstärken von einigen Tausend Oersted bemerkbar macht (vgl. auch Kap. B 5.14). Sie kann u. U. einmal für Dauermagnetentwicklungen von erheblicher Bedeutung werden. Vorerst ist sie nur bei sehr tiefen Temperaturen verwirklicht worden.

Die z. B. für Nickel angegebenen Werte der Koerzitivfeldstärke sind im Idealfall nur zu erwarten, wenn einzelne Pulverkörner in großen Abständen voneinander vorliegen. Die magnetische Wechselwirkung der Pulverkörner oder der benachbarten Phasenbestandteile setzt die Koerzitivfeldstärke stark herab. Ohne eine z. Z. noch ausreichende theoretische Erklärung ist die Beziehung $H_C(p) = (1-p)\,H_C(0)$ für Dauermagnete mit überwiegender Formanisotropie experimentell bestätigt worden, wobei p der Anteil des Ferromagnetikums pro Raum-

---

[1] Weichmagnetische Ferrite sind Oxidverbindungen des Eisens mit der Zusammensetzung MO · Fe$_2$O$_3$, wobei M ein zweiwertiges Metall, z. B. Nickel, ist. Weitere Beispiele s. Kap. B 5.5. Weichmagnetische Ferrite sind Mischferrite. Neben Nickel- oder Manganferrit enthalten sie meist noch Zinkferrit, um auch hier die Anisotropien zu erniedrigen.

einheit (Packungsdichte), $H_C(p)$ die Koerzitivfeldstärke beim Raumanteil p und $H_C(0)$ die Koerzitivfeldstärke bei unendlicher Verdünnung ($p = 0$) ist. Andererseits gilt für die Remanenz B_r die Beziehung $B_r(p) = p B_r(1) \cdot B_r(1) = $ Remanenz bei dichter Packung. Für den $(B \cdot H)_{max}$-Wert kann man damit für Feinteilchen-Dauermagnete mit Formanisotropie zeigen, daß ein Optimum bei einer mittleren Packungsdichte

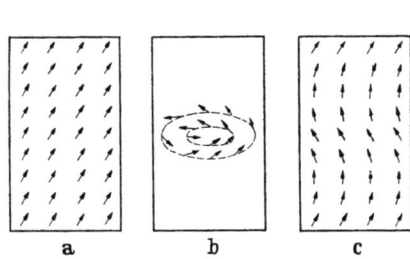

Abb. B 82. Die verschiedenen Arten von Drehprozessen der Magnetisierung für unendlich lange Zylinder.
a) Kohärente Drehung (Stoner-Wohlfarth).
b) Curling, c) Buckling.

Abb. B 83. Abhängigkeit der reduzierten Koerzitivkraft $h_C = H_C/2\pi J_s$ von der reduzierten Teilchengröße $S = R/R_s$.

[376] $p = 0{,}6$ erreicht wird. Man kann dabei mit geeigneter Packungsdichte nach dem erläuterten Stoner-Wohlfarth-Modell für solche Dauermagnete mit der höchsten Sättigungsmagnetisierung J_s (und zwar für Fe–Co mit 30···40% Co) im Idealfall einen $(B \cdot H)_{max}$-Wert von $50 \cdot 10^6$ GOe erwarten.

Angeregt durch experimentelle Untersuchungen an nadelförmigen Feinstpulvermagneten [376], die die Stoner-Wohlfarth-Theorie nicht bestätigten, wird die Auffassung vertreten, daß das einfache Stoner-Wohlfarth-Modell der kohärenten Drehung der Richtung der spontanen Magnetisierung in den Einbereichteilchen bei der Magnetisierung nicht unbedingt das energetisch günstigste ist. Diese Auffassung ist auch durch Untersuchungen von LUBORSKY und MORELOCK [377] an Eisenwhiskern, die eine idealere Nadelform besitzen, gestützt worden. Die verschiedenen möglichen Drehprozesse bei der Magnetisierung sind für sehr lange Zylinderproben in Abb. B 82 schematisch dargestellt worden [358, 378—380]. Abb. B 83 zeigt die Abhängigkeit der auf den h_C-Wert $= 2\pi J_s$ des Stoner-Wohlfarth-Modells reduzierten Koerzitivfeldstärke h_C in Abhängigkeit von S, dem Radius R der Teilchen, reduziert auf den kritischen Wert für das Einbereichverhalten R_s. Bei $S = 1$ (kritischer Einbereichwert) ist nach Abb. B 83 zwar auch der Buckling-Prozeß nach der Theorie noch energetisch günstiger; die Abweichung von der Koerzitivfeldstärke des Stoner-Wohlfarth-Modells ist dann aber sehr klein. Da die verschiedenen Drehprozeßtheorien die Remanenz ungeändert lassen, sind beim kritischen Einbereichverhalten auch die beim Buckling und beim kohärenten Drehprozeß nach Stoner-Wohlfarth zu erwartenden Dauermagnetgütewerte nur wenig voneinander verschieden.

Ausgehend von Elementarbereichstrukturen, die bei der Ummagnetisierung von Dauermagneten mit hohen Werten der Koerzitivfeldstärke zuerst von KUSSMANN und WOLLENBERGER [381, 382] beobachtet worden sind und die mit einem Einbereichverhalten ohne Blochwände nicht ohne weiteres verträglich erscheinen, ist neuerdings von CRAIK [383] auf die die Koerzitivfeldstärke erniedrigende Wirkung magnetostatischer Wechselwirkungen hingewiesen worden.

Aus diesen Grundlagenbetrachtungen läßt sich zusammenfassen, daß für gute Dauermagnete zwei Bedingungen gegeben sein müssen: Die Elementarbereiche (Phasenbestandteile heterogener Legierungen oder Körner von Pulver- oder Sintermagneten) müssen eine Größe in der Nähe der kritischen Einbereichgröße besitzen. Der Betrag der inneren Anisotropie muß sehr groß sein. Nickel allein kommt wegen der geringen Beträge der Kristallanisotropie und der Sättigungsmagnetisierung (wesentlich bei der Formanisotropie) für Pulverdauermagnete im Gegensatz zu Eisen und zu Fe–Co-Legierungen praktisch nicht in Frage. Von praktischer Bedeutung sind dagegen nickelhaltige Legierungen für Dauermagnete geworden. Bei ihnen ist das Einbereichverhalten, durch die Ausscheidung kleiner stäbchenförmiger ferromagnetischer Phasenbestandteile gegeben. Die innere Anisotropie ist also die Formanisotropie. Da bei ihr $H_C = NJ_s$ ist und Nickel im Gegensatz zu Kobalt allgemein die Sättigungsmagnetisierung eisenhaltiger Legierungen erniedrigt, liegt die Bedeutung von Nickel bei diesen Werkstoffen nicht in einer Erhöhung von J_s der ausgeschiedenen ferromagnetischen Phasenbestandteile. Wenn bei zwei Phasen 1 und 2 beide ferromagnetisch sind, so ist $H_C \approx N[J_s(1) - J_s(2)]^2$ [384]. Nickel dürfte dabei, wie vermutlich bei Alnico, stärker in die schwächer ferromagnetische Phase 2 gehen und durch Erniedrigung von $J_s(2)$ zu einer Erhöhung von H_C beitragen.

5.62 *Eisen-Nickel-Aluminium- und Eisen-Nickel-Aluminium-Kobalt-Legierungen*

Unter den nickelhaltigen Dauermagnetlegierungen nehmen die von MISHIMA [385] 1931 gefundenen obengenannten Werkstoffe, auch kurz Alni und Alnico genannt, mit Abstand den ersten Platz ein. DIN 17410 von Januar 1963 enthält die in Tab. B 15 mit Analysen und magnetischen Eigenschaften aufgeführten Werkstoffe. Noch vor wenigen Jahren standen die Alni- und Alnico-Dauermagnetlegierungen mit großem Abstand an der Spitze der Dauermagneterzeugung. Seit 1952 [386, 387] ist mit dem Bariumferrit (Zusammensetzung etwa $BaO \cdot 6Fe_2O_3$) und neuerdings mit dem Strontiumferrit [388] in steigendem Maße ein Konkurrent entstanden, mit dem das Alnico z. Z. etwa zu gleichen Teilen den Dauermagneteinsatz zu teilen hat. Wegen der geringeren magnetischen Gütewerte ($[B \cdot H]_{max}$-Werte) verlieren die kobaltfreien oder -armen Legierungen vom Typ des Alni 120 zugunsten des Alnico mit großen Kobaltgehalten immer stärker an praktischer Bedeutung. Das gleiche trifft für die Norm-Werkstoffe Alnico 160, 190 und 220 mit geringeren $(B \cdot H)_{max}$-Werten zu.

Tabelle B 15. *Chemische Zusammensetzung, magnetische Eigenschaften und Dichte der Alni- und Alnico-Dauermagnetwerkstoffe.*

Kurzname	Werkstoffnummer	chemische Zusammensetzung (Gew.-%)					
		Al	Co	Cu	Ni	Ti	Fe
Alni 120	1.3728	12,0···13,0	0 ··· 4,0	2,0···4,0	25,0···28,0	0 ···1,0	Rest
Alnico 160	1.3743	9,0···13,0	12,0···17,0	2,0···6,0	13,0···24,0	0 ···1,0	Rest
Alnico 190[a]	1.3745	9,0···12,0	12,0···17,0	2,0···4,0	19,0···24,0	0 ···1,0	Rest
Alnico 220	1.3756	6,0··· 8,0	24,0···30,0	3,0···6,0	13,0···19,0	5,0···9,0	Rest
Alnico 350[a]	1.3758	6,5··· 7,5	30,0···34,0	4,0···5,0	14,0···16,0	5,0···6,0	Rest
Alnico 400[a]	1.3760	8,0··· 9,0	23,0···25,0	3,0···4,0	14,0···16,0	0 ···1,0	Rest
Alnico 500[a]	1.3761	8,0··· 9,0	23,0···25,0	3,0···4,0	14,0···16,0	—	Rest

Kurzname	magnetische Eigenschaften (Mittelwerte)					Dichte g/cm³
	$(B \cdot H)_{max}$-Wert 10^6 GOe	Koerzitivfeldstärke $_BH_C$ Oe	Remanenz B_r G	Induktion B_a im $(B \cdot H)_{max}$-Punkt G	Feldstärke H_a im $(B \cdot H)_{max}$-Punkt Oe	
Alni 120	> 1,1	630	5800	3400	380	6,8
Alnico 160	> 1,5	700	6600	3900	420	7,1
Alnico 190[a]	> 1,8	760	7500	4500	440	7,1
Alnico 220	> 2,0	1000	6200	3600	570	7,2
Alnico 350[a]	> 3,3	1150	8400	5200	700	7,2
Alnico 400[a]	> 3,8	610	11200	9000	470	7,3
Alnico 500[a]	> 4,5	630	11200	9500	500	7,3

[a] Werkstoff mit magnetischer Vorzugsrichtung.

5.621 Metallkundliche Grundlagen

Die für Dauermagnete eingesetzten Alni- und Alnico-Legierungen (z. B. nach der Tab. B 15) erhalten ihre optimalen Dauermagneteigenschaften erst nach bestimmten Wärmebehandlungen. Diese Wärmebehandlungen bestehen in einer Homogenisierungsglühung bei Temperaturen oberhalb 1250 °C oder auch bei Temperaturen um 900 °C, in einer Abkühlung mit sehr begrenzter Abkühlungsgeschwindigkeit (bei Alnico 500 z. B. von 0,6···0,8 grd/sec im Temperaturbereich um 800 °C) und in einer

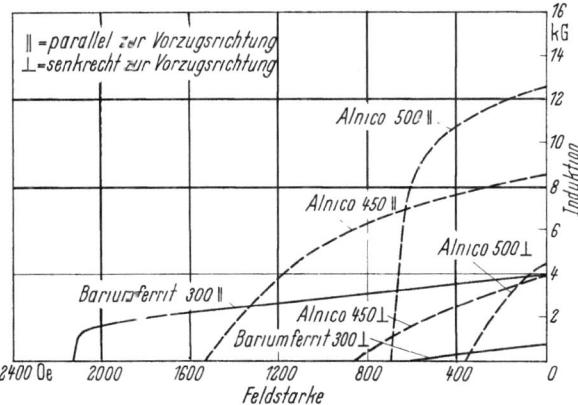

Abb. B 84. Entmagnetisierungskurven von Alnico 450, Alnico 500 und Bariumferrit 300.

mehrstündigen Anlaßbehandlung bei Temperaturen um 600 °C, die oftmals auch in zwei verschiedenen Stufen [389] erfolgt. Bei den verschiedenen Werkstoffen sind natürlich geringe Unterschiede zu beachten. Die Abkühlung von der Homogenisierungstemperatur erfolgt bei den Werkstoffen mit magnetischer Vorzugsrichtung (vgl. Tab. B 15) in einem Magnetfeld [390—392] von 1500 Oe und darüber. Dabei bildet sich in der Richtung dieses Magnetfeldes die magnetische Vorzugsrichtung mit gegenüber den anderen Raumrichtungen, vor allem der Querrichtung, stark erhöhten Remanenz- und Koerzitivkraftwerten aus. Für moderne Dauermagnetwerkstoffe ist eine solche makroskopische Anisotropie durch die Entmagnetisierungskurven in Abb. B 84 erläutert. Bei einigen Alnico-Legierungen wird die magnetische Vorzugsrichtung noch durch eine Vorzugskristallisation (durch Stengelkristallbildung) verbessert. Beim langsamen Erstarren der Schmelze bildet sich eine solche gerichtete Kristallisation mit Würfelkanten in der Richtung des Temperaturgradienten aus. Diese makroskopischen Anisotropien, die nur die Dauermagneteigenschaften in einer Richtung und nicht die mittleren

Eigenschaften verbessern, werden in Kap. B 5.622 und B 5.624 noch ausführlicher behandelt.

Die erwähnten Wärmebehandlungen verursachen im wesentlichen die Ausbildung von ferromagnetischen Phasenbestandteilen, die den Anforderungen der Theorie (Kap. B 5.61) an die Größe, die Gestalt (Formanisotropie) und die Packungsdichte p (mit unmagnetischen oder schwachmagnetischen anderen Phasenbestandteilen) mehr oder weniger gerecht werden. Man kann dabei heute sagen, daß zumindest

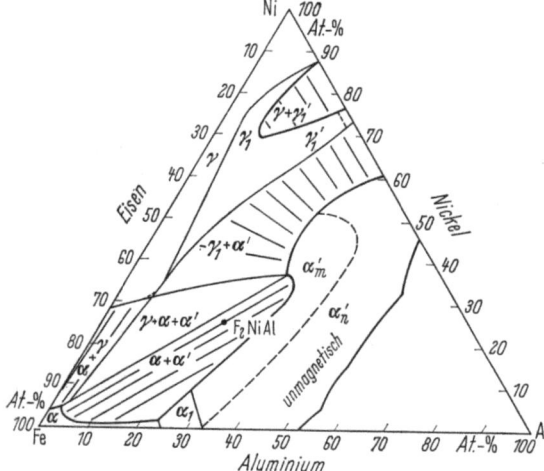

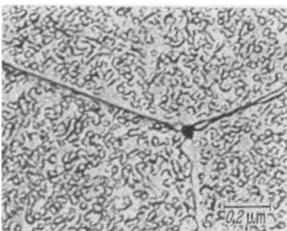

Abb. B 86. Elektronenmikroskopisch aufgenommenes Gefügebild von Alni 120 an der Ecke von drei Kornern [397] (Maßstab 70000:1).

Abb. B 85. Phasendiagramm des Dreistoffsystems Al–Fe–Ni (nach langsamer Abkühlung 10 grd/h von 900°C).

die neueren Alnico-Dauermagnetlegierungen die theoretischen Forderungen besser erfüllen als die bekanntgewordenen Magnete aus nadelförmigen Pulvern. Zuvor aber ist anhand des Phasendiagramms der einschlägigen Alni- und Alnico-Legierungen zu zeigen, welche Phasen bei den modernen Dauermagnetlegierungen zu berücksichtigen sind. Hierüber liegen schon ältere metallographische Untersuchungsergebnisse, z. B. von KÖSTER, vor, der noch vor MISHIMA die allgemeine Bedeutung ausscheidungsgehärteter ferromagnetischer Legierungen für Dauermagnetentwicklungen erkannt hatte [393]. In der Regel greift man auch heute noch bei derartigen Betrachtungen auf die Phasendiagramme von BRADLEY und TAYLOR [394] sowie von BRADLEY [395] zurück. Ein solches Phasendiagramm, das natürlich sehr stark von der Art der Wärmebehandlung abhängt, ist für das Dreistoffsystem Al–Ni–Fe nach sehr langsamer Abkühlung (10 grd/h von 900°C an) mit den heute üblichen Phasenbezeichnungen in Abb. B 85 dargestellt worden. Danach besteht der Werkstoff Alni, entsprechend der Zusammensetzung Fe_2NiAl (vgl.

den entsprechenden Punkt in Abb. B 85), aus den beiden kubisch-raumzentrierten Phasen α und α', von denen α' eine Atomordnung (Überstruktur vom CsCl-Typ) zeigt, α dagegen ungeordnet ist. α' ist dabei wahrscheinlich die ferromagnetische Phase mit der größeren Sättigungsmagnetisierung, außerdem ist α wahrscheinlich eisenreicher. α besitzt einen größeren Aluminiumgehalt, vielleicht auch einen größeren Nickelgehalt [396], und ist daher schwächer ferromagnetisch oder gar unmagnetisch. Abb. B 86 zeigt, daß die Legierung Alni 120 im optimalen Dauermagnetzustand aus einem sehr feinen Zweiphasengefüge besteht, wobei die Phasenanteile eine stabförmige Gestalt besitzen, die in Richtungen von Würfelkanten ausgerichtet sind. Die Dicke der ferromagnetischen Phasenanteile liegt in der Größenordnung von einigen Hundert Ångström [397] in Übereinstimmung mit älteren Ergebnissen von SKAKOV [398, sowie 358]. Damit werden die Anforderungen der Theorie an die ferromagnetischen Feinstteilchen und ihre Form erfüllt.

Ähnlich ist auch das Phasengefüge bei den Alnico-Dauermagnetlegierungen. Für den z. Z. am meisten eingesetzten Werkstoff Alnico 500[1] zeigt Tab. B 16 die Phasenausbildung im Gleichgewichtszustand bei verschiedenen Temperaturen.

Tabelle B 16. *Phasen von Alnico 500 im Gleichgewicht (nach [399])*.

Temperatur °C	>1200 bis 1250	1200—950	900—850	< 850	< 600
vorhandene Phasen	α	$\alpha + \gamma_1$	$\alpha(+\gamma_1)$	$\alpha + \alpha'$ $(+\gamma_1)$	$\alpha + \alpha'$ $(+\alpha_\gamma + \gamma_2)$

Bei genügend langen Homogenisierungszeiten bei Temperaturen oberhalb 1200 °C, oder sicherer oberhalb 1250 °C, ist Alnico 500 einphasig kubisch-raumzentriert. Das gleiche ist bei Temperaturen zwischen 900 und 850 °C der Fall, wenn nach der Homogenisierung bei Temperaturen oberhalb 1250 °C das Temperaturgebiet zwischen 1200 und 950 °C schnell durchschritten worden ist. Zwischen 1200 und 950 °C bildet sich zusätzlich die kubisch-flächenzentrierte γ_1-Phase aus. Bei Temperaturen unter 850 °C erfolgt der für den Dauermagnetcharakter entscheidendste Schritt der Aufspaltung der α-Phase in α und α' [400]. Wie beim Alni 120 [398] wurde auch für Alnico 500 [401—405] elektronenmikroskopisch ein Zweiphasengefüge im Sinne der Einbereichtheorie (Kap. B 5.61) für den optimalen Dauermagnetzustand gefunden. Dabei ergaben sich Phasenabmessungen von etwa $0{,}03 \cdots 0{,}04 \cdot 0{,}04 \cdot 0{,}1$ μm [404—406]. Diese elektronenmikroskopischen Untersuchungen zeigten auch starke

---

[1] Bezeichnungsweise in anderen Ländern: Alnico V (USA), Alcomax (England) und Ticonal G (Holland).

Vergröberungen dieser Ausscheidungen durch eine längere Glühzeit bei Temperaturen um 800 °C oder durch eine Verkleinerung der Abkühlungsgeschwindigkeit in diesem Temperaturbereich [397, 401, 402]. Mit dieser Vergröberung des Phasengefüges sind starke Abnahmen der Koerzitivfeldstärke und des $(B \cdot H)_{max}$-Wertes der Legierung Alnico 500 verbunden, so daß die richtige Wahl der Abkühlungsgeschwindigkeit nach der Wärmebehandlung bei Temperaturen oberhalb 1250 °C oder bei 900 °C und ihr Einfluß auf die Dauermagneteigenschaften im Lichte der modernen Dauermagnettheorien verständlich sind.

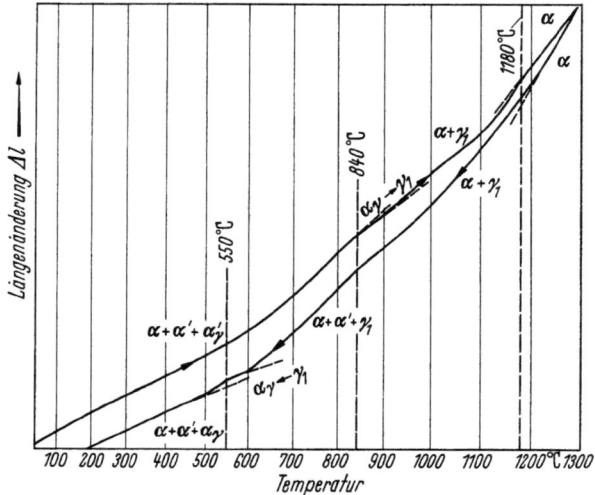

Abb. B 87. Dilatometerkurven von Alnico 500 mit der $\alpha_\gamma - \gamma_1$-Umwandlung bei 840 °C und der $\gamma_1 - \alpha_\gamma$-Umwandlung bei 550 °C (Ausgangszustand mit α_γ-Gehalten) [407].

Hinzu kommt bei einer zu langsamen Abkühlung im Temperaturbereich zwischen 1200 und 950 °C die Ausbildung der γ_1-Phase. Diese bleibt bis zu Temperaturen um 600 °C ungeändert und wandelt sich dann in eine weitere kubisch-raumzentrierte Phase um, die α_γ genannt worden ist [399] und die die gleiche Kristallstruktur wie die α-Phase besitzt. Die α_γ-Phase kommt in relativ kleinen Kristallen — verglichen mit den $\alpha + \alpha'$-Kristallen — vor und konnte trotz der gleichen Kristallstruktur röntgenographisch nachgewiesen werden [399]. Die Umwandlung $\gamma_1 \to \alpha_\gamma$ bei Temperaturen zwischen 550 und 580 °C und $\alpha_\gamma \to \gamma_1$ bei Temperaturen oberhalb 840 °C ist, wie Abb. B 87[1] zeigt, durch Unstetigkeiten in

---

[1] Ergänzend zu Abb. B 87 ist noch zu sagen, daß PLANCHARD u. Mitarb. diese Hysterese der $\alpha_\gamma \to \gamma_1$ bzw. $\gamma_1 \to \alpha_\gamma$ überzeugend an einer ganzen Reihe von Dilatometerkurven erhärtet haben.

Dilatometerkurven [407, 408] und ferner durch Temperatur-Magnetisierungs-Kurven [407, 409] zu verfolgen. Für den optimalen Dauermagnetzustand muß die Ausbildung der γ_1-Phase und der sich aus ihr bei Temperaturen unterhalb 500 °C bildenden α_γ-Phase unterdrückt werden. Das geschieht durch eine schnelle Abkühlung im Temperaturbereich zwischen 1200 und 950 °C. Die γ_1- bzw. die α_γ-Phase liegt zwar in kleinen Kristallen in Abmessungen von etwa 10 µm vor [409], die aber groß gegenüber den Abmessungen von Einbereichteilchen (0,01···0,1 µm) sind. Diese Abmessungen von 10 µm erlaubten eine Mikroanalyse mit dem „Cambridge Microanalyser", deren Ergebnis nach van der Steeg und de Vos [409] in Tab. B 17 wiedergegeben ist.

Tabelle B 17. *Analyse der α- und der $\gamma_1(\alpha_\gamma)$-Phase von Alnico 500 (Angaben in At.-%).*

	Fe	Co	Ni	Al	Cu
α-Phase	45,3	21,4	13,4	17,3	2,5
$\gamma_1(\alpha_\gamma)$-Phase	53,2	21,4	10,7	12,2	2,5

Aus dieser Analyse und auch aus den erwähnten Temperatur-Magnetisierungs-Kurven geht mit Sicherheit hervor, daß die α_γ-Phase stark ferromagnetisch ist. Wegen der gegenüber der kritischen Einbereichgröße großen Abmessungen dieser Phase [410] ist ferner anzunehmen, daß die α_γ-Körner weichmagnetischer sind und daher die spontane Magnetisierung in den α'-Einbereichteilchen kurzschließen und die Koerzitivfeldstärke stark erniedrigen.

Zu bemerken ist noch, daß die $\gamma_1(\alpha_\gamma)$-Phase allgemein die Festigkeit der Alni- und Alnico-Legierungen stark erhöht. Wie Abb. B 88 zeigt, bildet sich diese Phase (weiß) von den Korngrenzen aus und verbindet die Korngrenzen fester mit den Krystalliten. Sprödes Alnico (Abb. B 88a) bricht interkristallin an den Korngrenzen, weniger sprödes Alnico auch mit geringen $\gamma_1(\alpha_\gamma)$-Gehalten (Abb. B 88b und c) intrakristallin.

Gemäß Tab. B 16 kann sich schließlich nach langer Glühung bei 600 °C (70 Tage bei Alnico 500 [399]) noch die kubisch-flächenzentrierte Phase γ_2 ausbilden und bei Raumtemperatur vorhanden sein. Sie scheint für die magnetischen Betrachtungen von geringerer Bedeutung zu sein.

Bei der Wärmebehandlung der Alni- und Alnico-Dauermagnetlegierungen wurde bereits erwähnt, daß neben der Homogenisierungsglühung (Umwandlung von γ_1 in α) und der Einstellung der richtigen Abkühlgeschwindigkeit (Bildung der Einbereichteilchen, Vermeidung der Ausbildung von nennenswerten γ_1-Phasenanteilen) für gute Dauermagneteigenschaften bei den meisten Werkstoffen eine Anlaßbehandlung von einigen Stunden bei Temperaturen um 600 °C erforderlich ist. Bei

Alnico 500 führt die richtige Wärmebehandlung ohne Anlassen z. B. zu Werten der Koerzitivfeldstärke H_C von etwa 400 Oe bei $(B \cdot H)_{max}$ von etwa $3,5 \cdot 10^6$ GOe, die zusätzliche Anlaßbehandlung zu H_C-Werten von $650 \cdots 730$ Oe und $(B \cdot H)_{max}$ von $5 \cdots 5,8 \cdot 10^6$ GOe. Die Ursachen

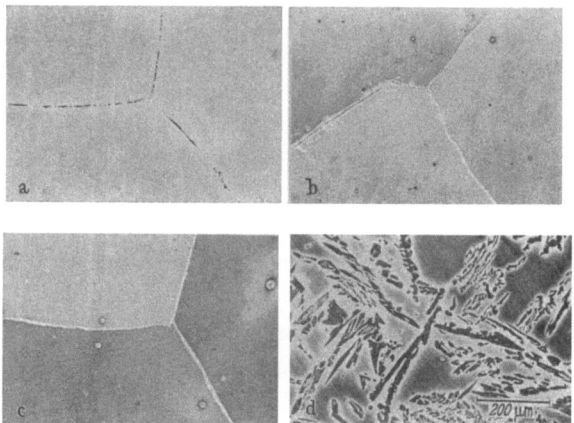

Abb. B 88. Schliffbilder von Alnico 500 mit verschiedenen $\alpha_\gamma (\gamma_1)$-Gehalten (Gefüge, Ätzung nach OBERHOFFER) [411] (Maßstab 100:1).

a) Spröde, interkristalliner Bruch, $(B \cdot H)_{max} = 4,85 \cdot 10^6$ GOe;
b) fest, intrakristalliner Bruch, $(B \cdot H)_{max} = 5,05 \cdot 10^6$ GOe;
c) fest, intrakristalliner Bruch. $(B \cdot H)_{max} = 5,0 \ \cdot 10^6$ GOe;
d) sehr fest, aber magnetisch sehr schlecht $(B \cdot H)_{max} = 1,6 \ \cdot 10^6$ GOe.

für diese Wertesteigerungen sind wahrscheinlich deswegen noch nicht geklärt, weil über die chemische Zusammensetzung der α- und α'-Phasen und damit über ihre Sättigungsmagnetisierungen nur widersprechende und keinerlei gesicherte Aussagen [396, 404, 405, 412] oder besser Annahmen gemacht wurden. Fest steht, daß die Anlaßbehandlung das $\alpha - \alpha'$-Feingefüge unverändert läßt [409, 413]. Auf der Grundlage der Einbereichtheorien mit Formanisotropie kann man daher die Wirkung der Anlaßbehandlung z. Z. nur durch eine Änderung der chemischen Zusammensetzungen der α- und der α'-Phase über Diffusionsvorgänge verstehen. Das Stoner-Wohlfarth-Modell erwartet für den Fall, daß beide Phasen mit den Sättigungsmagnetisierungen $J_s(\alpha)$ und $J_s(\alpha')$ ferromagnetisch sind, für lange Zylinder: $H_C = 2\pi [J_s(\alpha') - J_s(\alpha)]^2$ [384]. Die H_C-Erhöhung beim Anlassen könnte also durch eine Erhöhung von $J_s(\alpha')$ oder eine Erniedrigung von $J_s(\alpha)$ zwanglos verstanden werden. Diese Auffassung ist von YERMOLENKO und SHUR [414] kürzlich durch Temperatur-Magnetisierungs-Kurven und durch die Messung von Koerzitivfeldstärken und Anisotropien in Abhängigkeit von der Temperatur und der Wärmebehandlung bestätigt worden. Vor allem sind auch Untersuchungsergebnisse des Mösbauer-Effektes an ^{57}Fe-Atomkernen in Alnico 500-Proben verschiedener Wärmebehandlung mit diesen Vorstellungen verträglich [415]. Solche Untersuchungen geben wertvolle Aufschlüsse über die Magnetfelder der Atomumgebungen und damit über das magnetische Verhalten.

5.622 Einfluß von makroskopischen Anisotropien

Einige Alnico-Dauermagnetwerkstoffe erhalten ihre hohen magnetischen Gütewerte nur in einer Raumrichtung, der magnetischen Vorzugsrichtung (vgl. Tab. B 15 und Abb. B 84), die beim Abkühlen im Magnetfeld [390—392] durch diese Feldrichtung oder bei der Vorzugskristallisation durch die Würfelkanten der gerichteten Kristallite bestimmt ist.

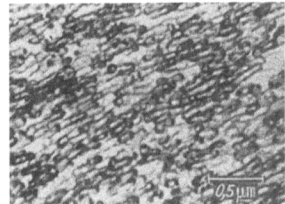

Abb. B 89. Elektronenmikroskopische Aufnahme des Zweiphasengefuges von Alnico 500 [404, 405].

Abb. B 89 zeigt für die Legierung Alnico 500 anhand einer elektronenmikroskopischen Aufnahme, daß die feinen Ausscheidungen durch das Magnetfeld mehr in einer Raumrichtung ausgerichtet worden sind, während beim isotropen Alni 120 (Abb. B 86) die Ausscheidungen in drei Raumrichtungen, und zwar in den Würfelkanten, erfolgen. Mit dieser Orientierung der ferromagnetischen α'-Einbereichteilchen in einer Raumrichtung beim Alnico 500 (Abb. B 89) ist eine Erhöhung der Anisotropie gegeben. Die Richtkräfte bei der Aufspaltung der α-Phase in α und α' bei Temperaturen um 800°C sind durch das Magnetfeld bei der Abkühlung und durch die Würfelkanten gegeben. Selbst beim Alnico 500 wirkt die der Richtung des Magnetfeldes bei der Wärmebehandlung benachbarte Würfelkante auf die Entmischung der α-Phase richtend ein. Die langen Achsen der Ausscheidungen verlaufen daher nicht genau in der Richtung des Magnetfeldes, sondern in einer Richtung zwischen der des Magnetfeldes und der nächstbenachbarten Würfelkante [401, 402], und zwar im Anfangsstadium der Ausscheidung mehr in der Richtung des Magnetfeldes und im Endzustand mehr in Richtung der nächstbenachbarten Würfelkante [416]. Die Folge davon ist, daß ohne Vorzugskristallisation die Vorzugsrichtungen in den verschieden orientierten Kristalliten Winkelabweichungen voneinander zeigen. Bei der Vorzugskristallisation [417—419] (vgl. auch Kap. B 6.24), bei der Würfelkanten in einer Richtung liegen, und beim Anlegen eines Magnetfeldes bei der Wärmebehandlung in dieser Richtung sind die Ausscheidungen daher besser ausgerichtet. Diese bessere Ausrichtung der Ausscheidungen durch Vorzugskristallisation zieht demnach eine weitere Vergrößerung der Anisotropie und damit eine weitere Vergrößerung der Koerzitivfeldstärke nach sich.

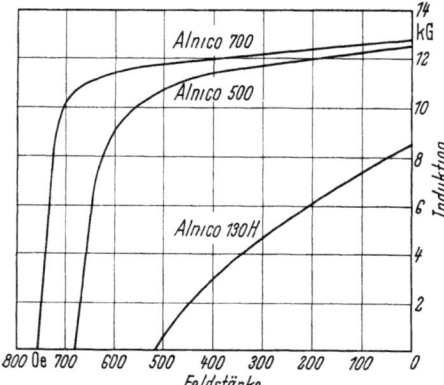

Abb. B 90. Entmagnetisierungskurven von Alnico 130 H, Alnico 500 und Alnico 700.

Diese bessere Ausrichtung wirkt ferner auch remanenzsteigernd, weil nach dem Abschalten des magnetisierenden äußeren Feldes bei idealer Ausrichtung der nadelförmigen α'-Teilchen in dieser Feldrichtung keinerlei magnetische Änderung zu erwarten ist. Die Remanenz ist in diesem Idealfall gleich der Sättigungsmagnetisierung. Daraus folgt auch, daß mit zunehmender Formanisotropie die Entmagnetisierungskurven rechteckförmiger werden und die $(B \cdot H)_{max}$-Werte entsprechend ansteigen. Das ist für die Legierungszusammensetzung von Alnico 500 (vgl. Tab. B 15) in Abb. B 90 gezeigt. Alnico 700 [420—422] ist der Werkstoff mit guter Vorzugskristallisation und Magnetfeldbehandlung und einem $(B \cdot H)_{max}$-Wert von etwa $8 \cdot 10^6$ GOe, Alnico 500 der gleiche Werkstoff ohne Vorzugskristallisation und mit Magnetfeldbehandlung und einem $(B \cdot H)_{max}$-Wert von etwa $5,5 \cdot 10^6$ GOe. Mit Alnico 130 H und einem $(B \cdot H)_{max}$-Wert von etwa $1,5 \cdot 10^6$ GOe ist der gleiche Werkstoff ohne Vorzugskristallisation und die gleiche Wärmebehandlung, aber ohne Magnetfeld, bezeichnet.

Die Ursachen der für die Dauermagneteigenschaften so bedeutungsvollen formanisotropen Aufspaltungen der α-Phase in α und α' bei Temperaturen um 800°C und der richtende Einfluß des Magnetfeldes und des Kristallgitters auf die Ausscheidungen dürfen heute nur als prinzipiell geklärt angesehen werden. Man hat zunächst versucht [423], mit den klassischen Gesetzen der Keimbildung und des Keimwachstums die Ausscheidung von ferromagnetischen α'-Keimen aus der schwächer magnetischen α-Matrix zu erfassen und das anisotrope Wachstum dieser Keime unter dem Einfluß der Magnetfeld- und Gitterenergie zu verstehen. Dieses Modell wurde von ZIJLSTRA [424] durch die Berücksichtigung der Zwischenflächenenergie der Phasenanteile, die bei einer Vergröberung kleiner wird, verfeinert. Aus Untersuchungen an Alnico 500-Einkristallen, die in verschiedenen Richtungen im Magnetfeld wärmebehandelt worden waren, ist von YERMOLENKO, MELKISHEVA und SHUR [416] geschlossen worden, daß für die Phasenausrichtung und damit für die Ausbildung der Formanisotropie auch noch die elastische Energie mitbestimmend ist. Daneben gewinnt jedoch z. Z. ein grundsätzlich anderer Ausscheidungsmechanismus, die „spinodale" Entmischung [425—427] mehr an Bedeutung. Die Theorie der Spinodalen, die aus einer alten Gibbsschen Betrachtung des Nulldurchgangs der zweiten Ableitung der freien Energie nach der Konzentration für den festen Zustand hergeleitet worden ist, sieht bei der spinodalen Entmischung ohne Keimbildungs- oder Keimwachstumsvorgänge Ausscheidungsstrukturen mit einer kristallographischen Orientierung und auch mit einer bestimmten Periodizität vor. Diese Periodizität dürfte beim Alni 120 [396] durch elektronenmikroskopische Untersuchungen experimentell bestätigt worden sein. Während sich Ausscheidungskeime nur an vereinzelten, wahllos verteilten Stellen bilden und von dort aus wachsen, erfolgt die spinodale Entmischung periodisch in der ganzen Probe gleichzeitig. Mit der Thermodynamik dieser Erscheinung ist auch der richtende Einfluß eines Magnetfeldes bei der spinodalen Ausscheidung beschrieben worden [428]. Dabei wurde allgemein gezeigt, daß das Magnetfeld bei der Ausscheidung stabförmiger Teilchen dort am wirkungsvollsten ist, wo der Eintritt einer spinodalen Instabilität mit der Curietemperatur zusammenfällt. In einem solchen Fall hat das Magnetfeld dicht unterhalb der Curietemperatur den größten Anisotropieeinfluß. Solche Verhältnisse könnten bei Alnico 500 gegeben sein. Der unzureichende Einfluß einer Magnetfeldbehandlung bei Alni 120 würde damit in verständlicher Weise der zu niedrigen Curietemperatur zugeschrieben werden müssen, ohne ältere unzureichende Argumente (wie z. B. eingebackene Magnetostriktionsspannungen) für den Einfluß der Curietemperatur zur Erklärung nötig zu haben. Neuerdings sind auch in verschiedenen Temperaturbereichen bei Alni- und Alnico-Legierungen Ausscheidungen über Keimbildungen und spinodale Entmischungen nebeneinander beobachtet worden [429], die die Cahnschen Vorstellungen etwas abwandeln. Es ist dort auch ein sekundärer spinodaler Zerfall beim Tempern der α-Phase festgestellt worden, so daß die Vorstellungen Cahns nur in erster Näherung richtig sind. Dafür sprechen auch Untersuchungen der Hystereseschleifen von Alnico 500 bei Temperaturen von 820···855°C, aus denen wichtige Schlüsse über die Ausbildung der formanisotropen Ausscheidungen gezogen werden. Danach wird vermutet, daß die Ausscheidungen zunächst kugelförmig erfolgen und dann gut nadelförmig werden und daß sich im Endzustand noch Brücken zwischen diesen Nadeln bilden [430].

5.623 Einfluß zusätzlicher Legierungselemente

Wie schon Tab. B 15 zeigte, verfügen wir heute über eine ganze Reihe von Alni- und Alnico-Dauermagnetlegierungen der verschiedenen Zusammensetzungen. Hinzu kommen noch Neuentwicklungen und Abwandlungen. Es wurde bereits bei der Diskussion der Phasendiagramme von Alni 120 und Alnico 500 auf die große Verwandtschaft hingewiesen. Für eine Reihe von Alnico-Legierungen mit Kobaltgehalten zwischen 23,5 und 34% und verschiedenen Kupfer- und Titangehalten hat KRONENBERG [431] darüber hinaus mit Durchstrahl-Elektronenbeugungsuntersuchungen gezeigt, daß sich bei der Wärmebehandlung kubisch-raumzentrierte Phasen gleicher Kohärenzbereiche von 2,88 ± 0,03 Å ausscheiden. Das gilt selbstverständlich nicht beim Vergleich von kobalthaltigen und kobaltfreien Werkstoffen. Der die magnetischen Gütewerte steigernde Einfluß von Kobalt beruht sicher auf der Tatsache, daß Kobalt bei Eisen und eisenhaltigen Werkstoffen die magnetische Sättigung und die Curietemperatur stark erhöht. Im Sinne der Theorie formanisotroper Einbereichteilchen ist die Koerzitivfeldstärke der Sättigungsmagnetisierung proportional. Das gleiche gilt für die Remanenz, so daß der $(B \cdot H)_{max}$-Wert etwa quadratisch mit der Sättigungsmagnetisierung der ferromagnetischen Phasenbestandteile ansteigen dürfte. Die höhere Curietemperatur kobalthaltiger Legierungen könnte nach der diskutierten Cahnschen Theorie [409] der spinodalen Entmischung darüber hinaus für die Wertesteigerung durch Magnetfeldbehandlung von Bedeutung sein. Mit zunehmenden Kobaltzusätzen zu Eisen nimmt ferner die magnetische Kristallanisotropie ab. Bei formanisotropen Einbereichteilchen kann ein Beitrag der Kristallanisotropie, die eine zweite, von der der Formanisotropie verschiedene Vorzugsrichtung in der ferromagnetischen Feinstphase hervorruft, die Dauermagnetgüte schädlich beeinflussen.

Den meisten Dauermagnetwerkstoffen wird Kupfer in Gehalten von 2···4% zugesetzt (Tab. B 15), da man seit langem weiß, daß Kupfer die Anlaßzeit bei Temperaturen um 600°C stark herabsetzt. Aus Untersuchungen der jüngsten Zeit [409] wird dieses Ergebnis durch Abb. B 91 belegt. Ein Zusatz von 2,5 At.-% Cu (Alnico 500) setzt gegenüber dem kupferfreien Werkstoff die Anlaßzeiten bei 585 und 550°C auf 1/40 herab. Die Reversibilität der Koerzitivkraftänderungen nach 550°C- und 585°C-Behandlungen nach Abb. B 91 könnte als Beweis für die

Analysenänderungen der Phasenanteile α und α' bei der Anlaßbehandlung angesehen werden. Der Einfluß des Kupfers auf das Phasendiagramm von Alnico 500 besteht außerdem in einer starken Erweiterung des Existenzbereiches der γ_1-Phase [409] zu höheren und zu niedrigen Temperaturen. Zu hohe Kupfergehalte oberhalb 4 At.-% ergeben daher schlechte Dauermagneteigenschaften, weil man die Bildung von α_γ-Phase

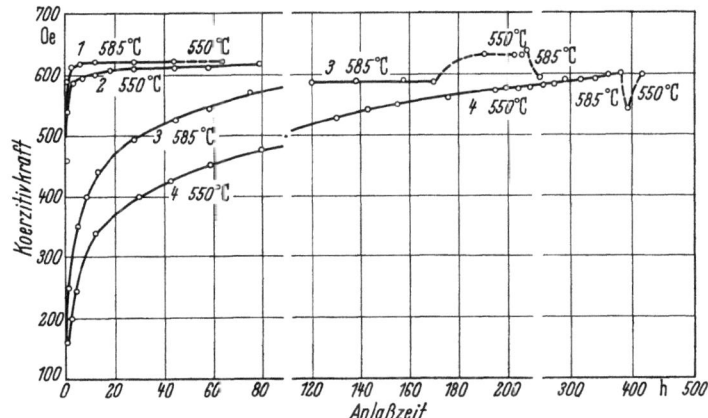

Abb. B 91. Verlauf der Koerzitivkraft durch Anlassen bei 585 °C und bei 550 °C. Die Kurven *1* und *2* beziehen sich auf Alnico 500, die Kurven *3* und *4* auf die kupferfreie Legierung.

und bei sehr hohen Kupfergehalten auch von γ_2-Phase nicht vermeiden kann. Umstritten ist die Frage, ob Kupfergehalte die magnetisch günstigste Abkühlgeschwindigkeit von der Homogenisierungstemperatur verkleinern. Man ist geneigt, einen solchen Einfluß bei Alni 120 [432] als gesichert und bei Alnico 500 [409] als nicht gegeben anzunehmen.

Andere Zusatzelemente werden den Alnico-Dauermagnetlegierungen oftmals zugesetzt, um den Existenzbereich der magnetisch schädlichen γ_1-Phase zu verkleinern. Eine zu langsame Abkühlung führt zur Bildung von γ_1 und α_γ. Größere Dauermagnetstücke erfordern, schon aus Gründen der Bruchgefahr, eine geringe Abkühlgeschwindigkeit. Die Folge davon ist, daß man dann — vor allem im Innern solcher Stücke — leicht α_γ-Phasenanteile vorfindet, die den $(B \cdot H)_{max}$-Wert erniedrigen. Abhilfe schafft man z. B. durch geringe Siliciumzusätze (bis zu 0,5%) [433, 434]. Die Verzögerung der Ausbildung der γ_1-Phase von Alnico 500 durch Siliciumzusätze im Temperaturbereich zwischen 900 und 1200 °C [435] wird nach neueren Untersuchungsergebnissen [490] in Abb. B 92 gezeigt. Durch diesen Einfluß des Siliciums ist auch eine meistens langsamere Abkühlung bei der Herstellung (Kap. B 5.624) im Temperaturbereich um 1100 °C ohne nennenswerte γ_1-Bildung möglich. Die Folge davon ist, daß mit solchen siliciumhaltigen Werkstoffen eine Wärmebehandlung bei Temperaturen um 900 °C statt oberhalb 1250°C leichter möglich ist.

Bei den Alni- und besonders bei den Alnico-Dauermagnetlegierungen verschlechtert Kohlenstoff in besonders starkem Maße die Dauermagnetgütewerte. Schon Gehalte von wenigen Hundertstel Prozent machen sich bei einigen Werkstoffen deutlich verschlechternd bemerkbar. Das hängt — wenigstens zum Teil — mit der starken Nei-

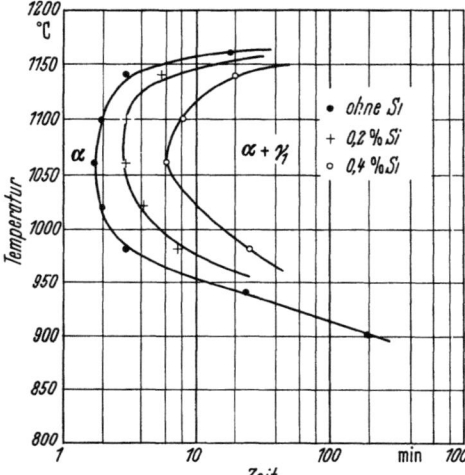

Abb. B 92. Zeit-Temperatur-Umwandlungsdiagramm von Alnico 500 mit verschiedenen Siliciumgehalten.

gung zur Austenitbildung zusammen. Bei Proben mit zu hohen Kohlenstoffgehalten sieht man demgemäß in den meisten Fällen auch α_γ- oder γ_2-Gefügeanteile im Schliffbild. Man hat in diesem Zusammenhang schon vorgeschlagen, diese stärkere γ_1-Bildung durch Kohlenstoffgehalte bei Temperaturen um 1100 °C für eine Einkristallbildung durch eine gezielte Umwandlung des $\alpha + \gamma_1$-Gefüges in das α-Gefüge [436] auszunutzen (über die Einkristallbildung bei Sintermagneten siehe [437—439]). Geringe Titan- [440] und Niobgehalte [441], die die Koerzitivfeldstärke von Alnico 500 deutlich erhöhen, dürften in diesem Zusammenhang wenigstens zum Teil durch Carbidbildungen die starke Empfindlichkeit gegenüber Kohlenstoffgehalten verringern. Daneben scheint aber durch geringe Titan- und Niobzusätze auch die Morphologie des Alnico 500-Phasengefüges deutlich geändert zu werden [399].

Sicherlich ist die Verbesserung der Struktur des Gefüges der entscheidende Grund für die höheren Koerzitivkraftwerte neuerer Alnico-Werkstoffe mit Titangehalten von 5% und mehr und mit höheren Kobaltgehalten. Diese Richtung ist zuerst von KOCH u. Mitarb. [399] mit der

Entwicklung des Werkstoffs Ticonal X eingeschlagen worden, dessen Zusammensetzung mit der Zusammensetzung des Alnico 350 (vgl. Tab. B 15) übereinstimmt. An Einkristallen dieser Zusammensetzung und nach isothermer Wärmebehandlung im Magnetfeld (ähnlich wie beim Alnico 450), die höhere $(B \cdot H)_{max}$-Werte als nach der bei Alnico 500 üblichen Magnetfeldabkühlung bringt, wurden von KOCH und Mitarbeitern Spitzenwerte von $(B \cdot H)_{max} = 11{,}0 \cdot 10^6$ GOe bei $H_C \approx 1400$ Oe und

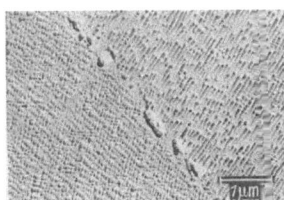

Abb. B 93. Elektronenmikroskopische Gefügeaufnahme von Alnico 450 (Maßstab 20000:1). Man sieht deutlich die verschiedene Ausrichtung des Gefüges in den beiden Körnern

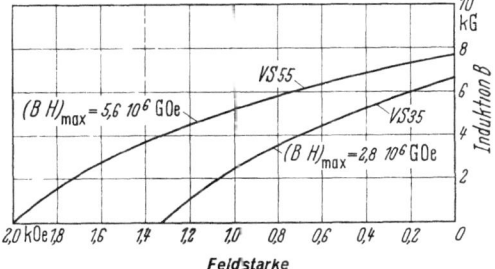

Abb. B 94. Entmagnetisierungskurven von VS 35 und VS 55.

$B_r = 12500$ G erreicht. Abb. B 93 zeigt an einer elektronenmikroskopischen Aufnahme von Alnico 450, daß vor allem die höheren Werte der Koerzitivfeldstärke im Vergleich zu Alnico 500 (Abb. B 89) und zu Alni 120 (Abb. B 86) durch eine wesentlich bessere Ausrichtung des Phasengefüges und damit auch durch höhere Beträge der Formanisotropie zustande kommen. Die Ausscheidungen bei Alnico 450 sind auch feiner als die von Alnico 500. Alnico 450 könnte daher auch ein besseres Einbereichverhalten als Alnico 500 zeigen. Vor allem gleicht die unvollständige Nadelform der ferromagnetischen Ausscheidungen von Alnico 500 (Abb. B 89) im Gegensatz zu der von Alnico 450 (Abb. B 93) wie bei den Feinstnadelpulvern [376] mehr Kugelkettenanordnungen, bei denen die Einbereichtheorie durch „Buckling"-Prozesse starke Abstriche der Koerzitivfeldstärke und des $(B \cdot H)_{max}$-Wertes erwarten läßt [380]. Die Entwicklungsrichtung zu höheren Koerzitivfeldstärken hin ist durch weitere Erhöhungen des Kobaltgehaltes über 40% und des Titangehaltes über 7% in den letzten Jahren weiter fortgesetzt worden [442]. Inzwischen ist [443, 444], wie Abb. B 94 mit der Entmagnetisierungskurve des Kruppschen Versuchswerkstoffs VS 55 zeigt, eine Koerzitivfeldstärke von 2000 Oe erreicht worden [445]. Von Interesse ist auch der in derselben Abbildung gezeigte isotrope Werkstoff VS 35. Diese Neuentwicklungen auf dem Gebiete der Alnico-Dauermagnetlegierungen haben mit den gesteigerten Werten der Koerzitivfeldstärke bei wesentlich höheren

$(B \cdot H)_{max}$-Werten die Bariumferrite in den Werten der Koerzitivfeldstärke eingeholt.

Zu erwähnen ist noch der neuerdings bekanntgewordene günstige Einfluß von S- oder Se-Gehalten (etwa 0,2%) [446, 447] und von Cer, Blei, Cadmium und Wismut (0,01···0,1%) [448] auf die Vorzugskristallisation von Werkstoffen nach Art des Alnico 450.

5.624 Herstellungsverfahren

In Deutschland werden Alni- und Alnico-Dauermagnetlegierungen nebeneinander in vergleichbaren Mengen gegossen und gesintert [449 bis 451]. In anderen Ländern wird die Gußerzeugung stark bevorzugt. In Hochfrequenzöfen werden die Legierungsbestandteile aufgeschmolzen und in Sand- oder Croningformen abgegossen. Eine besondere Erwähnung (vgl. auch Kap. B 5.622) verdienen die verschiedenen Verfahren zur Erzeugung von vorzugskristallisierten Gußproben. Allen Verfahren gemeinsam ist dabei die Tatsache, daß bei der langsamen Erstarrung der Schmelze in der Richtung der Vorzugskristallisation ein Temperaturgradient vorzusehen ist. Neben die teilweise Vorzugskristallisation durch Abgießen in Formen mit einer Metallplatte sind in den vergangenen Jahren neue Verfahren getreten, die eine vollständigere Kristallisation gewährleisten. Es wird in Mehrfachformen mit möglichst dünnen Zwischenwänden abgegossen [452], wobei die Formen auf Temperaturen von ca. 1000 °C erwärmt werden. Vorzugskristallisationen sind auch durch vertikales [453, 454] und horizontales [455] Zonenschmelzen mit Erfolg realisiert worden. Und ferner ist auch für den gleichen Zweck ein weitgehend automatisiertes, kontinuierlich arbeitendes Stranggußverfahren beschrieben worden [456]. Eine Vorzugskristallisation mit guten Dauermagnetwerten wurde auch durch Umschmelzen unter Elektroschlacken bei geeigneten Wärmebedingungen erreicht [457].

Beim Sinterverfahren werden die Bestandteile als Pulver, das Aluminium in Form von Vorlegierungen mit Eisen, Kobalt oder Nickel eingesetzt. Die Pulvergemische werden zu Formkörpern verpreßt und bei Temperaturen oberhalb 1300 °C im Vakuum oder im sauberen Wasserstoff gesintert. Eine spanlose oder spanabhebende Umformung ist bei Alni und Alnico nicht möglich. Bei den Guß- und Sintermagneten erfolgt die Bearbeitung auf Fertigmaß durch Schleifen. Um diesen mühsamen Arbeitsgang einzusparen, wird in geringem Umfang wärmebehandelter Magnetguß zu Pulver zerkleinert, mit Kunststoff vermischt und zu Formkörpern großer Maßgenauigkeit verpreßt. Durch den Kunststoffgehalt sinkt bei solchen Preßmagneten gegenüber den Guß- und Sintermagneten bei ungeänderter Koerzitivfeldstärke die Remanenz und damit der $(B \cdot H)_{max}$-Wert erheblich.

Sintermagnete (wirtschaftlich bei kleinen Stückgewichten unter 10···20 g) haben gegenüber den Gußmagneten (wirtschaftlich bei größeren Stückgewichten über 20···30 g) den Vorteil größerer mechanischer Festigkeiten wegen der größeren Feinkörnigkeit. Gußmagnete besitzen häufig gegenüber den Sintermagneten gleicher chemischer Zusammensetzung etwas überlegenere $(B \cdot H)_{max}$-Werte. Das ist dann besonders ausgeprägt der Fall, wenn die Vorzugskristallisation bei der Erstarrung der Schmelze magnetisch ausgenutzt werden kann.

5.63 Sonstige nickelhaltige Dauermagnet-Legierungen

Die Alni- und Alnico-Legierungen sind nicht die einzigen nickelhaltigen Dauermagnet-Werkstoffe. Dauermagneteigenschaften finden sich auch bei einigen Legierungen in den Dreistoffsystemen Cu-Ni-Fe, Cu-Ni-Co und Fe-Ni-Cr. Die meisten in Frage kommenden Werkstoffe der drei Systeme sind auch im optimalen Dauermagnetzustand mechanisch weich und daher spanlos und spanabhebend umformbar. Trotz dieser Vorteile gegenüber den Alnico- und den Bariumferrit-Dauermagnetwerkstoffen ist die wirtschaftliche Bedeutung dieser Werkstoffe gering geblieben, da kobalt- und vanadinhaltige umformbare, unter dem Namen Vicalloy und Koerflex bekannte Legierungen wesentlich höhere magnetische Gütewerte besitzen [458].

Aus der Gruppe der Cu–Ni–Fe-Dauermagnetlegierungen [459–461] kommen Legierungen aus etwa 60% Cu, 20% Ni und 20% Fe, aus der Gruppe der Cu–Ni–Co-Legierungen solche aus etwa 50% Cu, 20% Ni und 30% Co [462, 463] hin und wieder zum praktischen Einsatz, wobei die $(B \cdot H)_{max}$-Werte an $1 \cdot 10^6$ GOe heranreichen. Die Legierungen werden nach Homogenisierung bei Temperaturen oberhalb 1000°C schnell abgekühlt, danach mit oder ohne vorherige Kaltumformung bei Temperaturen um 600°C angelassen. Beim Cu–Ni–Fe bilden sich dabei wahrscheinlich wieder durch den spinodalen Zerfall [427] feindisperse, stark kupferhaltige balkenförmige Phasenbestandteile mit großer Formanisotropie, wie auch elektronenmikroskopisch nachgewiesen werden konnte [464], so daß auch bei diesen Werkstoffen die Voraussetzungen der Einbereichstheorien erfüllt zu sein scheinen.

In den Systemen Fe–Ni–Cr und Fe–Mn–Cr sind Dauermagneteigenschaften bei instabil austenitischen Legierungen erzeugt [465] und für die magnetische Sprach- und Tonbandaufzeichnung praktisch verwendet worden. Solche Legierungen werden durch starke Kaltumformungen in den nahezu rein ferromagnetischen Zustand mit kubisch-raumzentriertem Gefüge gebracht[1]. Durch anschließende Wärmebehandlungen bei Tempe-

---

[1] Solche Kaltumformungen sind daher bei vielen nichtmagnetisierbaren Stählen (vgl. Kap. B 5.5) äußerst unerwünscht.

raturen um 500 °C scheidet sich der unmagnetische kubisch-flächenzentrierte Austenit zunächst feindispers und unvollständig aus und erzeugt damit wieder ein feines Zweiphasengefüge, wahrscheinlich mit Einbereichsteilchen und, dadurch bedingt, Dauermagneteigenschaften. An nichtrostenden Stählen mit einem Chromgehalt von 18%, einem Nickelgehalt von 8···10%, Rest Eisen, wurden $(B \cdot H)_{max}$-Werte von $0{,}5 \cdot 10^6$ GOe bei Remanenzen von 3000 G und Koerzitivfeldstärken von 400 Oe durch einfaches Kaltziehen und Anlassen erreicht. Durch mehrmaliges geeignetes Kaltwalzen und Anlassen hintereinander konnten (offenbar über eine stark verbesserte Formanisotropie und über ein besseres Einbereichverhalten) die $(B \cdot H)_{max}$-Werte bis auf $2{,}5 \cdot 10^6$ GOe erhöht werden [466, 467].

Die Zunahme der Koerzitivfeldstärke mit abnehmender Teilchengröße ist auch beim Zerfall von Nickelverbindungen, z. B. vom Nickelhydrid, das durch kathodische Beladung mit Wasserstoff hergestellt worden ist [468—470], bei Raumtemperatur beobachtet worden und eignet sich daher vorzüglich für eine Untersuchung solcher Reaktionen. Auch bei der Bildung der ferromagnetischen Ni_3Mn-Überstruktur aus der ungeordneten, unmagnetischen Legierung [471] treten ähnliche Erscheinungen mit höheren Werten der Koerzitivfeldstärke und auch mit Superparamagnetismus auf.

6 Elektrische Eigenschaften

6.1 Der elektrische Widerstand von Nickel

Der spezifische elektrische Widerstand des Nickels bei 0 °C beträgt nach WISE $6{,}14 \cdot 10^{-6}\,\Omega \cdot$ cm [472] und nach BITTEL $6{,}22 \cdot 10^{-6}\,\Omega \cdot$ cm [473]. Der Widerstand des Nickels ist damit rund vierfach größer als der des im Periodensystem der Elemente benachbarten Kupfers, aber annähernd gleich groß wie der des im System vorangehenden Kobalts. Bei Nickel ist die Besetzung der 3d-Elektronenschale noch unvollständig, die 4s-Schale ist aber schon teilweise besetzt. Bei Kupfer hingegen ist die 3d-Schale mit 10 Elektronen voll besetzt. Das letzte Elektron kommt der 4s-Schale zu. Ähnliche Unterschiede finden sich auch bei den Metallpaaren Pd–Ag und Pt–Au. Die Metalle, deren Elektronenschalen bis auf die des Valenzelektrons voll besetzt sind, leiten besser als die Metalle mit zwei unvollständig besetzten Schalen. Die Kurve der atomaren Leitfähigkeiten $\left(\varkappa_A = \text{Leitfähigkeit} \cdot \sqrt[3]{\text{Atomvolumen}}\right)$ als Funktion der Ordnungszahl enthält mehrere Spitzen, die von den Alkalimetallen und von Kupfer, Silber und Gold besetzt sind [474].

Durch den ferromagnetischen Charakter des Nickels ist bei Raumtemperatur und bis zum Curiepunkt die Temperaturabhängigkeit des Widerstandes wesentlich größer als die anderer reiner Metalle. Zwischen 0 und +100 °C beträgt der Temperaturkoeffizient rd. $6,9 \cdot 10^{-3}$/grd [472, 473]. Übereinstimmend mit Eisen durchläuft er am Curiepunkt ein

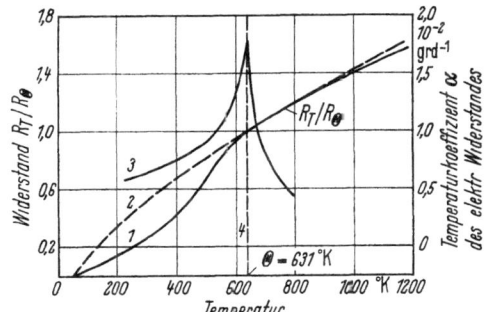

Abb. B 95.
Der Verlauf des Widerstandes und des Temperaturkoeffizienten des Widerstandes von Nickel in der Nähe des Curiepunktes [475].

Kurve 1: Spezifischer elektrischer Widerstand von Nickel;
Kurve 2: Spezifischer elektrischer Widerstand von Palladium;
Kurve 3: Temperaturkoeffizient des spezifischen elektrischen Widerstandes von Nickel.

Maximum [vgl. Abb. B 95). Nach tiefen Temperaturen liegen Messungen bis 1,34 °K vor [476]; der Widerstand beträgt noch die Hälfte des für 0 °C gültigen Wertes. Supraleitfähigkeit tritt nicht auf[1]. Oberhalb des Curiepunktes steigt der spezifische Widerstand ungefähr linear mit der Temperatur [478]; bei 600 °C ist der Widerstand ungefähr gleich dem Sechsfachen des Widerstandes bei 0 °C [479]; d. h. er beträgt $37,4 \cdot 10^{-6}\,\Omega \cdot$ cm.

Der Einfluß eines allseitigen Druckes auf den spezifischen Widerstand des Nickels ist bei 24,7 °C von BRIDGMAN bestimmt worden [480]. Der Druckkoeffizient a_1 (erste Näherung) ist durch folgende Gleichung definiert:

$$\frac{R_{p,T} - R_{0,T}}{R_{0,T}} = -a_1 \cdot p.$$

Im Bereich bis zu 30 000 kp/cm² wurden nahezu konstante Koeffizienten im Betrage von rd. $1,8 \cdot 10^{-6}$ cm²/kp gemessen.

Als Einfluß einer Zugspannung auf den spezifischen Widerstand wird eine Abnahme proportional zur elastischen Dehnung im sieben- bis zehnfachen Betrage angegeben [481].

---

[1] In einigen Nickellegierungen mit As, Bi oder Zr ist Supraleitfähigkeit bekannt [477]:

As (mit 0,25 At.-% Ni und 0,75 At.-% Pd)	Sprungtemperatur	1,6 °K,
Bi Ni	Sprungtemperatur	4,25 °K,
NiZr (mit 10 At.-% Ni)	Sprungtemperatur	1,5 °K,
NiZr₂	Sprungtemperatur	1,52 °K.

In der thermoelektrischen Spannungsreihe steht Nickel dem Kobalt nahe. Die Thermokraft gegen Platin zwischen 0 und +100 °C beträgt ca. $1,5 \cdot 10^{-5}$ V/grd [482]. Als Thermoelementkomponente wird Nickel besonders in der Kombination Ni–Cr/Ni benutzt; die Ni–Cr-Komponente enthält 10% Cr. Die Thermokraft des Ni–Cr/Ni-Elements ist in dem Anwendungsbereich zwischen 0 und 900 °C nahezu konstant und beträgt rd. $41 \cdot 10^{-6}$ V/grd [483]. Konstantan (55% Cu, 44% Ni, 1% Mn) wird in der Kombination Cu/Konstantan zwischen -200 und $+400$ °C gebraucht; die Thermokraft dieses Paares steigt mit der Temperatur von $21,4 \cdot 10^{-6}$ V/grd zwischen -200 und -100 °C auf $58 \cdot 10^{-6}$ V/grd zwischen $+300$ und $+400$ °C.

6.2 Der Einfluß von Legierungszusätzen auf den elektrischen Widerstand

Der spezifische Widerstand zeigt große Unterschiede in der Wirkung der dem Nickel zugefügten Elemente. An den drei Legierungssystemen Ni–Cr, Ni–Cu und Ni–Fe sind umfangreiche Messungen angestellt worden; das Interesse hierfür war gegeben durch die Verwendung der Legierungen als Heizleiter- oder Widerstandswerkstoff, als Werkstoff mit hoher Permeabilität oder mit besonderen Eigenschaften bezüglich Elastizitätsmodul oder Wärmeausdehnung. Soweit technische Anwendungen bestehen, werden die elektrischen Eigenschaften in den einschlägigen Kap. B 3.2, 4, 5.3, 6.41 und 6.42 angegeben. Für die übrigen Legierungssysteme des Nickels ist das Beobachtungsmaterial zum elektrischen Widerstand wesentlich dürftiger.

Weitgehende Mischbarkeit im festen Zustand besteht in den Legierungssystemen des Nickels mit den Metallen der Eisengruppe einschließlich Mangan, mit den leichten und den schweren Platinmetallen, den einwertigen flächenzentrierten Metallen Kupfer und Gold sowie mit Aluminium. Die Mischbarkeit im festen Zustand mit Titan, Vanadium, Niob und Tantal, Chrom, Molybdän und Wolfram, Mangan und schließlich Zink ist durch die Nichtübereinstimmung der Kristallgitter dieser Elemente mit Nickel ohnehin beschränkt. Silber ist, obwohl kubischflächenzentriert, bei allen Temperaturen in Nickel nahezu unlöslich.

Die im Grundmetall Nickel im festen Zustand löslichen Metalle beeinflussen den spezifischen Widerstand um so stärker, je weiter die Vertikalreihe des periodischen Systems, die das Zusatzelement enthält, von der Vertikalreihe des Nickels entfernt ist. Um einen Vergleich zu ermöglichen, rechnet man aus den bei 0° oder 20°C gemessenen spezifischen Widerständen in den binären Legierungsreihen Ni–X den Unterschied $\Delta \varrho$ zwischen reinem Nickel und einer binären Legierung, die 1 At.-% des Elements X enthält, aus. Für die Interpolation auf 1 At.-% X benutzt man jedoch nur die Legierungen mit kleinen Anteilen des Zusatzmetalls, bei denen die Wirkung des Zusatzes noch annähernd einfach proportional dem Massenanteil des Zusatzes ist. Die Widerstands-

Tabelle B 18. *Widerstandserhöhung durch Legierungszusätze zum Nickel im Betrage von 1 At.-% bei 0°C*[1].

Stellung des zugesetzten Elements im Periodensystem		$\Delta\varrho$/At.-% $\mu\Omega \cdot$ cm/At.-%	ϱ für 10 At.-% $\mu\Omega \cdot$ cm	Bemerkungen
Vertikalspalte	Element			
II	Be	keine Angaben		maximale Löslichkeit 14,5 At.-% Be
III	Al	ca. 2,9		maximale Löslichkeit 21 At.-% Al
IV	Ti	3,3	41	maximale Löslichkeit 11,6 At.-% Ti
V	Nb	5,4	62	maximale Löslichkeit 14 At.-% Nb
VI	Cr	5,46	62,2	maximale Löslichkeit ca. 45 At.-% Cr
VI	Mo	6,9		maximale Löslichkeit 27 At.-% Mo
VII	Mn	2,01	27,7	Mischkristallreihe bei ca. 15 At.-% Mn begrenzt durch Ausbildung von N_3Mn
VIII a	Fe	0,5	12,4	Mischkristalle bis ca. 75% Fe
VIII b	Co	0,5	10	Mischkristalle bei 0°C bis 68% Co
VIII c	Pd			
VIII c	Pt	0,58		lückenlose Mischkristallreihe
I b	Cu	1,1	16,96	durchgehende Mischbarkeit
I b	Au	0,9		lückenlose Mischkristallreihe nur oberhalb 812°C

[1] $\Delta\varrho = \dfrac{\varrho_{\text{Leg}0°} - \varrho_{\text{Ni}0°}}{C}$; ($C$ = Konzentration im Mischkristall in At.-%).

erhöhungen je At.-% Zusatz betragen in der Gruppe der Eisen- und der Platinmetalle etwa $0,5 \cdot 10^{-6}\ \Omega \cdot$ cm je At.-% (s. Tab. B 18). Die Wirkung der einwertigen Schwermetalle Kupfer und Gold ist bereits merklich größer. In der Gruppe VII (Mangan) ist die Wirkung wieder etwas größer ($2,0 \cdot 10^{-6}\ \Omega \cdot$ cm je At.-%); erheblich größer sind die Wirkungen

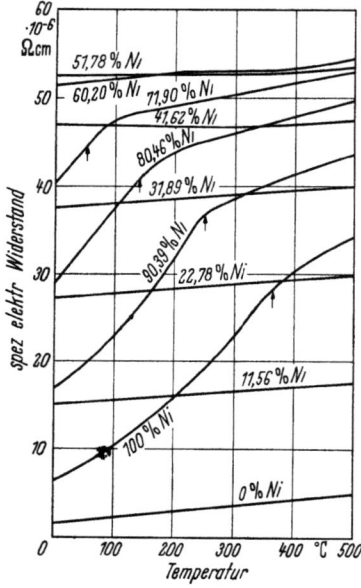

Abb. B 96.
Spezifischer elektrischer Widerstand von Legierungen aus Kupfer und Nickel in Abhängigkeit von der Temperatur [484].
Die Pfeile kennzeichnen die Curietemperaturen.

der Elemente der Gruppe VI, Chrom und Molybdän, mit $5,5 \cdot 10^{-6}\ \Omega \cdot$ cm bzw. $6 \cdot 9 \cdot 10^{-6}\ \Omega \cdot$ cm je At.-%. Bei den Elementen der Vertikalreihen V, IV und III (in den Messungen vertreten durch Vanadium, Titan und Aluminium) scheint die Wirkung wieder kleiner zu werden; leider fehlt es hier an weiterem Beobachtungsmaterial. Für tiefe Temperaturen liegen entsprechende vergleichbare Zahlen nicht vor.

Die Curietemperatur nimmt mit Ausnahme der Systeme Ni–Fe und Ni–Co mit steigendem Anteil des Legierungsmetalls ab. Oberhalb des Curiepunktes ist der Temperatureinfluß auf den Widerstand kleiner als unterhalb. Mit zunehmender Größe des Legierungszusatzes wird daher der Temperatureinfluß auf den Widerstand kleiner. Wie aus den Abb. B 96 und B 97 ersichtlich, verlaufen die Kurven $\varrho = F(T)$ in den Zweistoffsystemen Ni–Cu [484] und Ni–Mo [485] mit steigendem Anteil des Kupfers oder des Molybdäns immer mehr im nichtferromagnetischen Temperaturbereich; die Widerstände als solche werden größer, die Temperaturabhängigkeiten kleiner; die relativen Widerstandsänderungen sinken bis auf die Größenordnung $3 \cdot 10^{-4}$/grd oder noch kleinere Werte.

Oben wurde über den Widerstand von Mischkristallen des Nickels mit anderen Elementen berichtet, ohne etwas über die Stabilität der Mischkristalle zu sagen. Technisch ist anzustreben, daß innerhalb des Temperaturbereichs der Anwendung und innerhalb der verlangten Lebensdauer die Gefüge und damit auch die physikalischen Eigenschaften

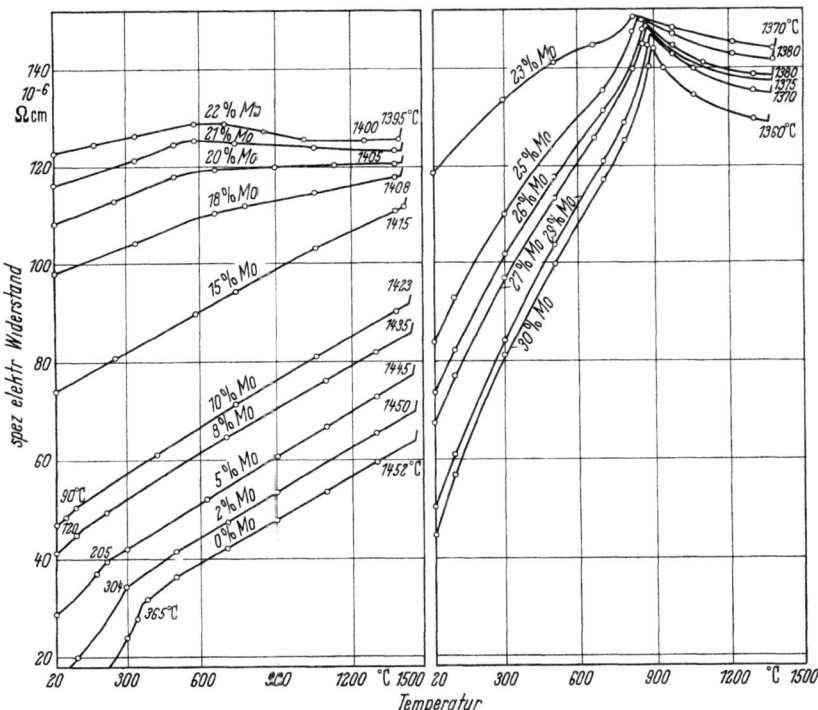

Abb. B 97. Spezifischer elektrischer Widerstand von Ni–Mo-Legierungen in Abhängigkeit von der Temperatur [485].
Die Zahlen links an den Kurven geben die Curiepunkte, die anderen (rechts) die Schmelzpunkte an.

stabil sind oder doch nur geringe Veränderungen erfahren. Diese Forderung wird nicht immer ganz erfüllt. Beispielsweise findet sich in der ausgedehnten Reihe der flächenzentrierten Mischkristalle von Nickel und Chrom ein Bereich, in dem zwischen etwa 450 und 600 °C eine geordnete Mischphase (Ni_2Cr) entsteht und auch bei höheren Temperaturen wieder verschwindet. Die Bildung dieser Phase ist mit einem Abfall des spezifischen Widerstandes verknüpft [486]. Andererseits treten in diesem System Anomalien auf, die im Gegensatz zur Entstehung der Überstrukturphase mit einer Widerstandserhöhung durch Wärmebehandlung verbunden sind. Die Entstehung dieses sogenannten K-Zustandes ist im Kap. B 6.414 näher besprochen. Die von dieser Umwandlung betroffenen Werkstoffe zeigen daher in der Temperaturfunktion des Widerstandes eine kleinere oder größere Hysterese.

Ein anderes Beispiel für Widerstandsveränderungen durch Umwandlung im festen Zustand finden sich bei den Ni–Fe-Legierungen mit 25···34% Ni, die nach normaler Abkühlung bis Raumtemperatur als instabile, aber homogene kubisch-flächenzentrierte Mischkristalle vorliegen; sie können durch Tiefkühlung weitgehend in die raumzentrierte Form überführt werden, wobei aber der spezifische Widerstand für $+20\,°C$ von rd. 85 auf 31 $\mu\Omega$ cm sinkt. Bei der Ausbildung der Überstruktur Ni_3Mn aus dem ungeordneten Ni–Mn-Mischkristall sinkt der spezifische Widerstand von 80 auf 24 $\mu\Omega$ cm.

Auch durch Kaltumformung ergeben sich Widerstandsänderungen, meist Zunahmen, und irreversible Abnahmen beim Anlassen. Überlagerung der Kristallerholung (Entfestigung) beim Anlassen mit dem Vorgang der Ausscheidungshärtung kann je nach Übersättigung, Umformungsgrad, Anlaßtemperatur und Anlaßzeit zu recht ungleichen und nicht leicht übersehbaren Widerstandsänderungen führen; vgl. Kap. B 6.41 und 6.42.

In der Gruppe der hochwarmfesten Ni–Cr-Legierungen (vgl. Kap. D 1.21) werden sehr langsam ablaufende Gefügeänderungen planmäßig herbeigeführt, um ein schnelles Fließen des belasteten Werkstoffs zu verhindern oder zu verzögern; die zeitlichen Veränderungen der physikalischen Eigenschaften, z. B. des Widerstandes, werden damit unvermeidliche Begleiterscheinungen des langzeitigen Gebrauchs [487].

6.3 Der Hall-Effekt von Nickel und Nickellegierungen

Mit Hilfe des Hall-Effektes lassen sich Ausscheidungs- und Entmischungsvorgänge verfolgen. In Verbindung mit Widerstandsmessungen können Aussagen über die Änderung der Beweglichkeit der Ladungsträger und der Trägerdichte gewonnen werden.

Wahrscheinlich ist es auch möglich, das Verhalten der homogenen, einphasigen Legierungen aus den Eigenschaften des Grundmetalls und denen der Zusätze abzuleiten, wobei die atomare Konzentration des Zusatzelements und seine Stellung im Periodensystem der Elemente bzw. seine Ordnungszahl und seine Valenzelektronen-Konzentration beachtet werden.

Beim Hall-Effekt wird ein elektrischer Strom durch einen Leiter geschickt, der von einem senkrecht zur Stromrichtung verlaufenden magnetischen Feld durchsetzt wird. Es entsteht ein sowohl zum Strom als auch zum Magnetfeld senkrecht gerichtetes elektrisches Feld; dieses ist der

Stromdichte und der magnetischen Kraftliniendichte direkt proportional; der Proportionalitätsfaktor ist die Hall-Konstante R. Die Konstante der paramagnetischen und diamagnetischen Stoffe ist in dem einfachen Fall der ausschließlich durch Bewegung von Elektronen bewirkten Stromleitung umgekehrt proportional der Ladungsträgerdichte N.

$$R = -\frac{1}{eN}. \qquad (1)$$

Im Falle einer gemischten Leitung durch Elektronen und positive Ladungsträger tritt an die Stelle des Kehrwerts der Elektronendichte die Differenz der Beweglichkeiten von Elektronen v_- und von Löchern v_+ geteilt durch die elektrische Leitfähigkeit $\varkappa$.

$$R = \frac{v_- - v_+}{\varkappa}. \qquad (2)$$

Der Hall-Effekt der ferromagnetischen Stoffe ist ebenfalls der Stromdichte j proportional; aber es tritt zu der ordentlichen Hall-Konstante noch ein dem Magnetisierungsbetrag proportionales Glied hinzu.

$$E_H = j \left(R_0 \cdot B + [R_1 - R_0] \cdot 4\pi I \right). \qquad (3)$$

(Die Hall-Konstante wird von vielen Autoren in $cm^3 \cdot A^{-1} \cdot sec^{-1}$, von anderen in $V \cdot cm \cdot A^{-1} \cdot G^{-1}$ oder $\Omega \cdot cm \cdot G^{-1}$ angegeben; $1\, cm^3 \cdot A^{-1} \cdot sec^{-1}$ entspricht $10^8\, V \cdot cm \cdot A^{-1} \cdot G^{-1}$ oder $10^8\, \Omega \cdot cm \cdot G^{-1}$). Abb. B 98 zeigt schematisch für Nickel den Verlauf des Hall-Feldes als Funktion der Kraftliniendichte. Der erste Anstieg stellt den magnetisierungsabhängigen sog. außerordentlichen Hall-Effekt dar; oberhalb der Sättigung ändert sich die Neigung der Kurve. Im Falle des reinen Nickels haben R_0 und R_1 übereinstimmend ein negatives Vorzeichen.

Der ordentliche Hall-Effekt von Stoffen, die den Strom nur durch Elektronenbewegung leiten, sollte unabhängig von der Temperatur sein; im Falle gemischter Leitung durch Elektronen und Löcher trifft dies nicht mehr ganz zu.

Der magnetisierungsabhängige Teil ist nach den Ergebnissen zahlreicher Messungen mit dem spezifischen elektrischen Widerstand verknüpft; $R_1 = c \cdot \varrho^n$, wobei der Exponent n zwischen 1 und 2 liegt [489]. Infolgedessen ist dieser Teil des Hall-Effekts stark temperaturabhängig. Abb. B 99 zeigt im oberen Teil drei Hallfeld-Kurven von Carbonylnickel, bei 20, 77 und 290 °K gemessen, In den Kurven von 20 und 77 °K ist vom magnetisierungsabhängigen Teil des Hall-Effekts noch wenig zu sehen, weil der Widerstand klein ist. Der untere Bildabschnitt zeigt den Hall-Feldverlauf einer Ni–Fe–Cu-Legierung bei 20 und bei 290 °K. Durch die Mischkristallbildung ist der Widerstand auch bei 20°K schon beträchtlich groß; dementsprechend tritt ein magnetisierungsabhängiger Hall-Effekt auf, der bei 290°K noch sehr viel größer wird. Die ordentliche Hall-Konstante dieser Legierung ist bei höherer Temperatur kleiner. Rückt die Meßtemperatur in die Nähe des Curiepunktes, so wird der außerordentliche Hall-Effekt verkleinert. Der

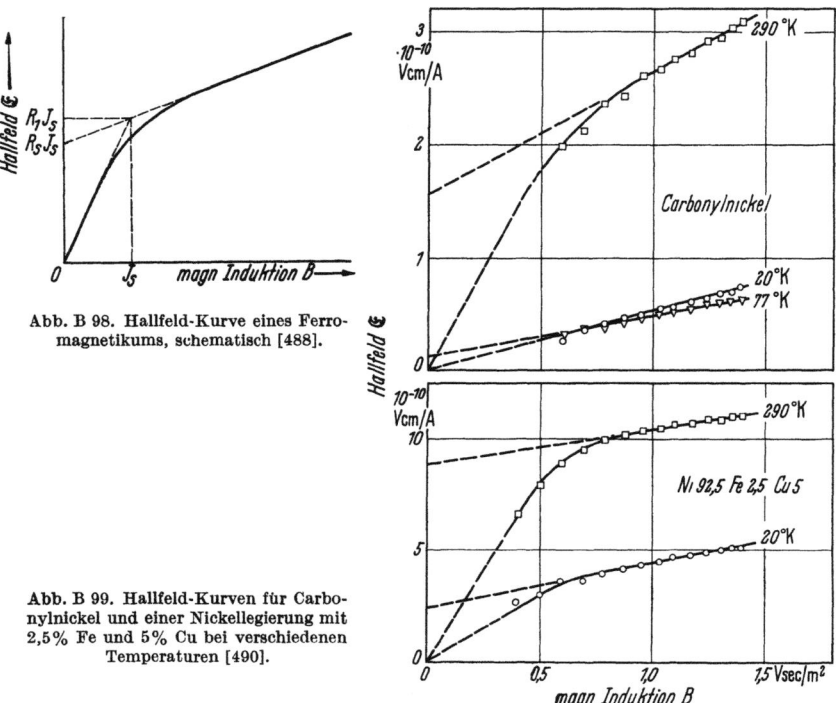

Abb. B 98. Hallfeld-Kurve eines Ferromagnetikums, schematisch [488].

Abb. B 99. Hallfeld-Kurven für Carbonylnickel und einer Nickellegierung mit 2,5% Fe und 5% Cu bei verschiedenen Temperaturen [490].

Hall-Effekt als Ganzes durchläuft ein Maximum. Oberhalb des Curiepunktes nähert sich die Hall-Feld-Kurve wieder den für tiefe Temperaturen gültigen kleinen Werten; als Beispiel sind in Abb. B 100 die Hall-Feld-Kurven des Nickels nach SMITH [491] aufgezeichnet.

Die Legierungsreihen Ni–Cu und Ni–Co sind Beispiele für durchgehende bzw. sehr weitgehende Mischbarkeit im festen Zustand. In beiden Reihen geht die ordentliche Hall-Konstante durch ein Maximum (NiCu siehe SCHINDLER und PUGH [493]; NiCo siehe FONER und PUGH [494]). Die nach der einfachen Formel (1) berechnete sog. effektive Trägerdichte N^* geht durch ein Minimum. Man versucht, diese Befunde durch Zweibänder-Modelle zu deuten [495].

Nach einer Reihe von Messungen in binären Legierungsreihen des Nickels hat man versucht, die Wirkungen der Zusatzelemente auf den

Hall-Effekt des Nickels untereinander zu vergleichen. Man berechnet die Differenz zwischen den Konstanten des Mischkristalls und denen des reinen Nickels und teilt durch die Atomprozente des Zusatzes. In einigen Systemen ist dieser Quotient, die atomare Änderung, über einen großen Konzentrationsbereich konstant. Vielfach verändern sich aber die

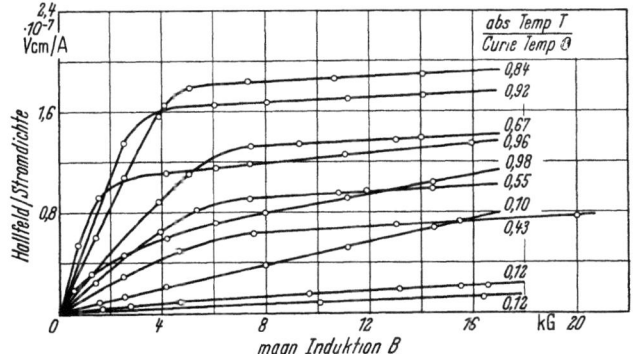

Abb. B 100. Hallfeld-Kurven bei verschiedenen auf den Curiepunkt bezogenen Temperaturen [491, 492].

Quotienten, und man kann für den Vergleich nur die Zahlen vom Anfang der Reihen benutzen. KÖSTER und ROMER [496] haben aus zahlreichen eigenen und fremden Messungen, darunter denen der Schule von PUGH und denen von KÖSTER und GMÖHLING [497], die atomare Erhöhung der ordentlichen Hall-Konstante des Nickels und die der außerordentlichen Hall-Konstante berechnet und über der Differenz der Ordnungszahlen des Periodensystems aufgetragen (vgl. Abb. B 101 und B 102). In der ersten großen Periode geht es um die Nachbarn des Nickels vom Titan bis zum Kupfer. In das gleiche Bild sind auch die atomaren Änderungen durch Elemente aus der zweiten großen Periode eingetragen; es sind dies die Elemente vom Niob bis zu dem Homologen des Nickels, dem Palladium. Auch für Gold sind die Änderungen angegeben. Bei der ordentlichen Hall-Konstante sieht man, wie mit zunehmendem Abstand der Ordnungszahlen oder der Vertikalreihen des Systems, denen die Zusatzelemente angehören, die atomare Erhöhung größer wird. Diese Ordnung ist jedoch begrenzt: In der ersten großen Periode findet sich ein Maximum bei Vanadin, d. h. bei einer Differenz der Ordnungszahlen von 5. In der Reihe mit Elementen der zweiten großen Periode hat man anscheinend schon bei einem Zusatz aus der VII. Gruppe das Maximum der atomaren Änderung zu erwarten. Es ist bemerkenswert, daß ebenso wie bei kleinerer Ordnungszahl des Zusatzelements auch bei vergrößerter Ordnungszahl die Hall-Konstante im gleichen Sinne geändert wird.

Bei den außerordentlichen Hall-Konstanten R_1 sieht man ebenfalls die atomare Änderung um so größer werden, je größer der Unterschied der Ordnungszahlen wird; aber die Unterschiede gegen Reinnickel werden ganz erheblich vergrößert, wenn man den Zusatz zwar aus der gleichen Vertikalreihe, jedoch nicht aus der ersten großen Periode,

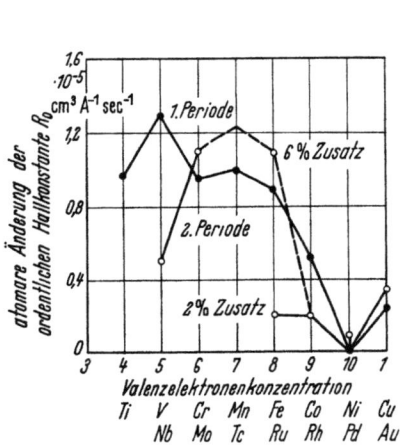 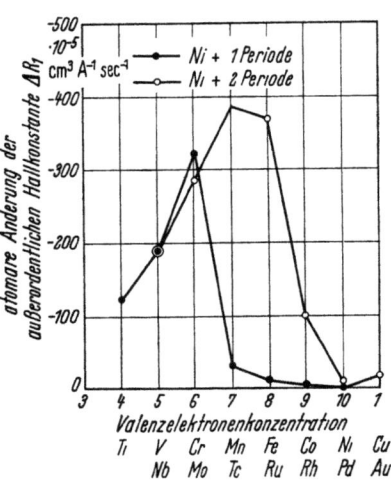

Abb. B 101. Atomare Änderungen der ordentlichen Hall-Konstante R_0 in Mischkristallreihen des Nickels [497].

Abb. B 102. Atomare Änderung der außerordentlichen Hall-Konstante R_1 [497].

sondern aus der zweiten großen Periode entnimmt; vgl. z. B. die Wirkung von Kobalt mit der von Rhodium oder die von Eisen mit Ruthenium. Bei den Paaren Vanadium und Niob sowie Chrom und Molybdän hingegen sind die Wirkungen auf die Konstante R_1 ungefähr gleich. KÖSTER und ROMER schreiben diese Übereinstimmung der Gleichheit der Valenzelektronen-Konzentration zu [496].

Als Beispiel für die Anwendung des Hall-Effekts zur Untersuchung von Ausscheidungsvorgängen sei die Ausbildung des K-Zustandes in Ni–Cr-Legierungen mit 10,7···36,9% Cr genannt [498]. Der elektrische Widerstand sinkt durch langzeitiges Anlassen einer Probe mit 31,8% Cr bei 425 °C von 88,0 auf 83,4 $\mu\Omega \cdot$ cm, also nur um wenige Prozent. Die Hall-Konstante hingegen sinkt von $0{,}72 \cdot 10^{-5}$ auf $0{,}28 \cdot 10^{-5}$ cm$^3 \cdot$ A$^{-1} \cdot$ sec^{-1}; entsprechend steigt die effektive Trägerdichte von $8{,}70 \cdot 10^{23}$ cm^{-3} auf $25{,}0 \cdot 10^{23}$ cm^{-3}, und die effektive Beweglichkeit sinkt von 0,062 auf 0,021 cm$^2 \cdot$ V$^{-1} \cdot$ sec^{-1}.

6.4 Legierungen mit besonderen elektrischen Eigenschaften

In der Technik werden die besonderen elektrischen Eigenschaften einiger Nickelwerkstoffe praktisch genutzt, nämlich bei den Widerstandslegierungen der definierte, möglichst auch im Betriebstemperaturbereich konstante elektrische Widerstand, bei den Thermoelementwerkstoffen die definierte Temperaturabhängigkeit der „Thermokraft", bei den Heizleiterlegierungen die günstige Größe und — im Vergleich zu manchen anderen Werkstoffen — geringe Temperaturabhängigkeit des elektrischen Widerstandes bei gleichzeitig guter Hitzebeständigkeit und Korrosionsfestigkeit.

6.41 *Heizleiterlegierungen auf Nickel-Chrom- und Nickel-Chrom-Eisen-Basis*

Als Heizleiter bezeichnet man einen draht- oder bandförmigen Körper zur Umwandlung elektrischer Energie in Wärme nach dem Jouleschen Gesetz. Aus der Verwendung zur Erzeugung hoher Temperaturen über lange Zeiten ergeben sich hohe Anforderungen an die Hitzebeständigkeit und Korrosionsbeständigkeit unter den jeweiligen atmosphärischen Bedingungen. Die gleichzeitige Forderung nach einer hohen Warmfestigkeit, wie sie z. B. bei freitragenden Wendeln in Industrie- oder Haushaltsheizgeräten gegeben ist, grenzt die Anzahl der in Frage kommenden Werkstoffe noch weiter ein: Neben der Gruppe der Fe–Cr-Legierungen mit Aluminiumzusätzen, die bei sehr hohen Temperaturen oder unter relativ stark schwefelhaltiger Atmosphäre Vorteile bieten, haben die Ni–Cr- und Ni–Cr–Fe-Legierungen auf Grund überlegener Warmfestigkeit und besserer Duktilität auch im Dauergebrauch für den Temperaturbereich von etwa 500···1200 °C einen maßgeblichen Anteil an der Nutzung der Stromwärme.

Schon das Nickel selbst hat ausgezeichnete Hochtemperatureigenschaften (vgl. Kap. G 2), die durch Chromzusätze von mehr als etwa 10% noch verbessert werden. Es bedurfte jedoch jahrzehntelanger Entwicklungsarbeit seit den grundlegenden Patenten von A. L. MARSH im Jahre 1906 über chromhaltige Nickellegierungen, um eine größere Lebensdauer bei hohen Temperaturen zu erreichen, die eine technische Nutzung dann immer interessanter machte. Eine wichtige Rolle spielte dabei die Entdeckung von HESSENBRUCH [499] in den Jahren 1930/31, daß kleine Zusätze von Erdalkalimetallen die Zunderfestigkeit entscheidend beeinflussen. Denn es genügt bei den hier in Rede stehenden Temperaturen und Korrosionsbedingungen nicht (wie auch im Kap. G 1 noch auszuführen sein wird), daß Warmfestigkeit und elektrische Eigenschaften der Legierung dem Verwendungszweck angepaßt sind; der

Werkstoff muß vor dem Angriff der ihn umgebenden Atmosphäre auch wirksam geschützt werden. Dies geschieht an Luft sozusagen selbsttätig durch Ausbildung einer für eine weitere Reaktion von Gasen mit dem Grundwerkstoff weitgehend undurchlässigen Zunderschicht. Die Neigung zur Ausbildung einer solchen Schicht läßt sich quantitativ messen und in Form eines Zundergesetzes mit als Maßstab geeigneten Zunderkonstanten erfassen (vgl. Kap. G 1).

Für den praktischen Betrieb ist jedoch die unter statischen Bedingungen gewonnene Zunderkonstante allein als charakteristische Größe ungeeignet. Da nämlich der Heizleiter im Wechselbetrieb arbeitet und deshalb auch abwechselnd eine thermische Dilatation und Kontraktion zu ertragen hat, muß die Oxidschicht am metallischen Grundwerkstoff so gut haften, daß trotz des Unterschiedes in den Ausdehnungskoeffizienten beider Komponenten kein Aufplatzen oder gar Abplatzen eintritt. Dies würde dazu führen, daß neue Oberflächenbereiche dem Luftsauerstoff ausgesetzt würden, so daß mehr und mehr Metall verzundern und der Querschnitt des Heizleiters rasch unter den zulässigen Mindestwert sinken würde. Als Maß für die Zunderhaftfestigkeit kann der Gewichtsverlust durch Abplatzen von Zunder, bezogen auf die Zahl der Temperaturwechsel, benutzt werden.

Was den Ofenbauer interessiert, sind jedoch weder die Zunderkonstante noch die Zunderhaftfestigkeit, sondern die aus solchen Eigenschaften resultierende Lebensdauer, die in einem Temperaturwechseltest z. B. als die Zahl der Wechsel bis zum Durchbrennen des Heizleiters oder bis zu einem starken Widerstandsanstieg bestimmt wird.

Er möchte ferner wissen, wie stark er einen Heizleiter gegebener Abmessungen belasten, d. h. welche elektrische Leistung er ihm zumuten darf. Hier hat sich der Begriff der Oberflächenbelastung, gemessen in Watt pro Quadratzentimeter Oberfläche, als zweckmäßig erwiesen. Auch diese Größe hängt mit der Hitzebeständigkeit des Heizleiters, außerdem aber mit seinem spezifischen elektrischen Widerstand und mit den Betriebsbedingungen zusammen. Der spezifische Widerstand ist, wie noch zu zeigen sein wird, bei einigen Heizleiterwerkstoffen nicht nur temperatur-, sondern in bestimmten Temperaturbereichen auch zustandsabhängig. Die thermische und die mechanische Vorbehandlung werden daher in den Prüfvorschriften festgelegt und bei der Berechnung des Heizelementes berücksichtigt.

6.411 Die technischen Heizleiterlegierungen

Die Verwendung der zur Auswahl stehenden gebräuchlichen technischen Heizleiterlegierungen ist abhängig von der maximalen Gebrauchstemperatur und der Gasatmosphäre. Die Werkstoffe müssen sich außerdem genügend gut zu Draht oder Band verarbeiten lassen.

Der günstige Einfluß eines Chromzusatzes zum Nickel auf die Zundereigenschaften ist im Kap. G 2 näher erklärt. Wie Abb. B 103 zeigt, ist auch die Lebensdauer-Kennziffer (bestimmt nach dem weiter unten erläuterten VIW-Verfahren) stark vom Chromgehalt abhängig: Während bis etwa 6 Gew.-% Cr der Einfluß des Chroms auf die Ionenleitfähigkeit des NiO-

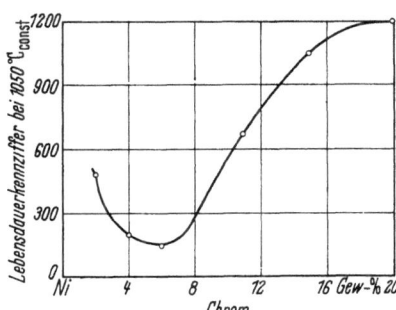

Abb. B 103. Lebensdauer von Ni–Cr-Legierungen bei 1050 °C in Abhängigkeit vom Chromgehalt [500].

Gitters eine Abnahme der Lebensdauer im Vergleich zum reinen Nickel bewirkt, macht sich bei höheren Gehalten der Einbau von Cr_2O_3 oder Chromspinell günstig bemerkbar. Aus Verarbeitungsgründen und wegen der geringeren Wirkung noch höherer Zusätze liegt die praktische Grenze bei etwa 30% Cr. In Tab. B 19 sind die in DIN 17470 aufgenommenen

Tabelle B 19. *Chemische Zusammensetzung der Heizleiterlegierungen.*

Kurzzeichen	Werkstoffnummer nach DIN 17007	ungefahre Zusammensetzung Gew.-%			lebensdauerverbessernde Zusätze
		Cr	Ni	Fe	
NiCr 80 20	2.4869	20	Rest	1	Ce[a], Ca
NiCr 60 15	2.4867	15	Rest	20	Si, Ce, Ca
NiCr 30 20	1.4860	20	30	Rest	Si, Ce, Ca
CrNi 25 20	1.4843	25	20	Rest	Si, Ce, Ca

[a] Cer-Mischmetall. Daher sind auch Lanthan und andere seltene Erden in geringen Mengen vorhanden.

Legierungen aufgeführt. Den geringsten Eisengehalt hat die Legierung NiCr 80 20. Abgestufte Eisengehalte sind bei geringerer thermischer Beanspruchung unter Umständen zulässig, im Sonderfall einer stark schwefel- oder kohlenstoffhaltigen Atmosphäre sogar geboten, so daß sich die übrigen Werkstoffe der Tab. B 19 ergeben. Es sei erwähnt, daß in letzter Zeit auch eine höher chromhaltige Legierung mit 30% Cr und 70% Ni Anwendung findet.

6.412 Physikalische Eigenschaften und Festigkeitseigenschaften der Heizleiterlegierungen

In den Tab. B 20 bis B 22 sind einige für den praktischen Gebrauch der Heizleiterwerkstoffe interessierende Werte der mechanischen und physikalischen Eigenschaften gemäß DIN 17470 (Juli 1963) zusammengestellt. Man beachte vor allem die Verringerung der Schmelztemperatur und der Verwendbarkeitsgrenze mit zunehmendem Eisengehalt. Die zulässige Höchsttemperatur ist stark von der Drahtdicke abhängig. Die Tabellenwerte gelten für Drähte von mehr als 2 mm Dicke. Für 0,5 mm Drahtdicke muß mit etwa um 100 grd niedrigeren Werten gerechnet werden. Noch stärker wirken sich die Einbau- und Betriebsbedingungen aus. Die in Tab. B 20 aufgeführten Widerstandswerte gelten für eine Glühung von 15 min bei 600 °C mit nachfolgender langsamer Abkühlung (nicht schneller als 10 grd/min). Wie aus der Tabelle ersichtlich, genügen alle diese Werkstoffe der Forderung nach verhältnismäßig geringer Widerstandsänderung mit der Temperatur. Im System Ni-Cr-Fe ist sie bei NiCr 80 20 nach GUETTEL am kleinsten [501].

Tabelle B 20. *Spezifischer elektrischer Widerstand der austenitischen Heizleiterlegierungen.*

Kurzzeichen	Werkstoff-Nr.	spezifischer elektrischer Widerstand $\Omega \cdot mm^2 \cdot m^{-1}$ bei °C:						
		20	100	300	500	700	900	1 100
NiCr 80 20	2.4869	1,12	1,13	1,14	1,16	1,14	1,14	1,16
NiCr 60 15	2.4867	1,13	1,14	1,18	1,22	1,21	1,23	1,26
NiCr 30 20	1.4860	1,04	1,07	1,14	1,20	1,24	1,28	1,32
CrNi 25 20	1.4843	0,95	0,99	1,07	1,15	1,20	1,24	1,28

Tabelle B 21. *Weitere physikalische Eigenschaften der austenitischen Heizleiterlegierungen.*

Kurzzeichen	Dichte g/cm³	Schmelzbereich ab °C	zulassige Höchsttemp. an Luft °C	spez. Warme 0…1000°C cal g⁻¹·grd⁻¹	Wärmeleitfähigkeit bei 20°C cal·cm⁻¹·sec⁻¹·grd⁻¹	mittlerer Ausdehnungsbeiwert 10⁶ grd⁻¹ von 20 bis		
						400°C	800°C	1 000°C
NiCr 80 20	8,3	1400	1200	0.12	0,035	15	16	17
NiCr 60 15	8,2	1390	1150	0,12	0,032	15	16	17
NiCr 30 20	7,9	1390	1100	0,13	0,031	16	18	19
CrNi 25 20	7,8	1380	1050	0,13	0,031	17	18	19

Tabelle B 22. *Festigkeitseigenschaften der austenitischen Heizleiterlegierungen.*

Kurzzeichen	Zugfestigkeit kp/mm²	Bruchdehnung $l_0 = 100$ mm (Mindestwerte) %	Zeitdehngrenze $\sigma_{1/1000}$ (kp/mm²) bei			
			600°C	800°C	1 000°C	1 200°C
NiCr 80 20	75…90	20	8	1,5	0,4	0,05
NiCr 60 15	75…90	30	8	1,5	0,4	0,05
NiCr 30 20	68…83	30	10	2	0,4	0,05
CrNi 25 20	60…75	30	10	2	0,4	0,05

Ergänzend zu den in Tab. B 22 angegebenen Werten ist über die Temperaturabhängigkeit der Kurzzeitwerte zu bemerken: Bei dicken Drähten der vier Legierungen fällt die Zugfestigkeit zwischen Raumtemperatur und 500 °C nur wenig (von ca. 70 kp/mm² auf ca. 55 kp/mm²), dann aber steil auf ca. 20 kp/mm² bei 750 °C und auf Werte unter 10 kp/mm² bei 1 000 °C ab.

Die Streckgrenze fällt nahezu linear von ca. 30 kp/mm² bei Raumtemperatur auf etwa den Wert der Zugfestigkeit bei 800 °C ab. Die Dehnung hat bei Raumtemperatur und bis ca. 450 °C Werte zwischen ca. 50% bei den hochnickellegierten und ca. 35···40% bei den niedriglegierten Werkstoffen, erreicht ein Minimum bei ca. 600 °C und steigt im Temperaturbereich bis 1 000 °C wieder auf den Raumtemperaturwert.

Als Variante der Legierung NiCr 80 20 ist ein Werkstoff in angelsächsischen Ländern handelsüblich, in dem ein Zusatz von 3,5% Al bei ca. 20% Cr, Rest Ni, den elektrischen Kaltwiderstand um 0,13 Ω · mm²/m erhöht. In den mechanischen und physikalischen Eigenschaften unterscheidet sich dieser Werkstoff wenig von NiCr 80 20. Die Dichte ist aufgrund des Aluminiumzusatzes etwas geringer als bei NiCr 80 20. Die Verwendbarkeitsgrenze wird mit 1 250 °C angegeben und liegt damit in der gleichen Größe wie bei Sonderchargen von NiCr 80 20. Die Betriebstemperatur muß oberhalb 1 150 °C liegen, weil sonst durch Ausscheidungen eine Versprödung eintritt.

6.413 Lebensdauer von Heizleitern

Die Funktionsfähigkeit von Heizleiterlegierungen unter praktischen Betriebsbedingungen wird durch eine Prüfung unter verschärften Bedingungen, die sogenannte Lebensdauerprüfung, bestimmt:

Man verfährt in Deutschland nach dem 1939 von den Vereinigten Instituten für Wärmetechnik in Essen vorgeschlagenen Verfahren (VIW-Verfahren) [502, 503]. Danach werden kleine Prüfwendeln aus 0,4 mm dickem Draht durch direkten Stromdurchgang an Luft erhitzt. Die Stromzufuhr wird in ständigem Wechsel für 2 min ein- und wiederum 2 min ausgeschaltet. Die Prüftemperatur wird nach optischer Messung (Pyrometer) während der ganzen Prüfdauer konstant gehalten.

Als Lebensdauerkennzahl gilt die Anzahl der Temperaturwechsel bis zum Durchbrennen der Prüfwendel, das gewöhnlich infolge örtlicher Überhitzung erfolgt (dadurch stärkeres Zundern und weitere Temperatursteigerung wegen weiterer Querschnittsminderung). Gelegentlich wird auch die Zeit bis zum Durchbrennen in Stunden angegeben. Für die Umrechnung ist zu beachten, daß pro Stunde 15 Perioden der alternierenden Glühung vorgeschrieben sind. Im allgemeinen ist die in der Praxis zu erwartende Lebensdauer im Ofen wegen der viel günstigeren Bedingungen wesentlich höher. Sie hängt u. a. von der Belastung des Heizelementes und von der umgebenden Atmosphäre ab. Auch ist, wie aus Abb. B 104 ersichtlich, die Lebensdauer dickerer Drähte erheblich höher als bei 0,4 mm (zur Drahtdickenabhängigkeit s. z. B. auch [505]).

Die Anzahl der Temperaturwechsel wird gewöhnlich nur für die Prüftemperatur 1 050 °C angegeben. Mit praktisch ausreichender Genauigkeit kann angenommen werden, daß zwischen 800°C und der für den Heizleiter zulässigen Höchsttemperatur eine Temperatursenkung um 50 grd eine Steigerung der Lebensdauerkennzahl und der Lebensdauer im praktischen Betrieb bei sonst völlig gleichen Bedingungen um das Zwei- bis Zweieinhalbfache zur Folge hat.

Über eine verbesserte Lebensdauerprüfeinrichtung berichtet BENDER [506]. Während bei dem üblichen Prüfverfahren mit Schwankungen der Kennzahl um etwa ±15% gerechnet werden muß, gelang es ihm,

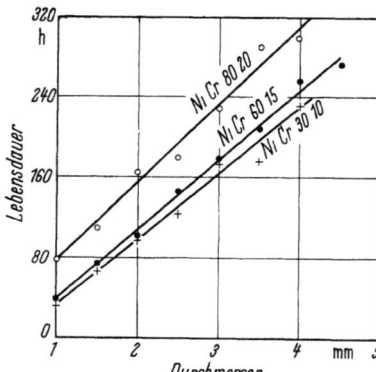

Abb. B 104. Lebensdauer von NiCr 80 20, NiCr 60 15 und NiCr 30 10 in Abhängigkeit vom Drahtdurchmesser bei Erhitzen auf 1250°C im 6-min-Zyklus [504].

auch die Widerstandsänderungen während einer Lebensdauerprüfung genau festzuhalten. Der Warmwiderstand von NiCr 80 20 stieg im Verlauf der Lebensdauer einer Wendel bei Prüftemperaturen von 1100 und 1200°C um nicht mehr als etwa 3% an [502, 503].

In den angelsächsischen Ländern wird die Lebensdauer nach der ASTM-Vorschrift B 76—59 geprüft, die aus der Methode von BASH und HARSH [507] entwickelt wurde. Ein gerader, durch ein Gewicht von 10 g gespannter Draht von 0,65 mm Durchmesser und 300 mm Länge wird (durch Stromdurchgang) auf die Prüftemperatur erhitzt und in den gleichen Zeitintervallen wie bei der deutschen Prüfung auf Raumtemperatur abgekühlt und wieder aufgeheizt. Hier wird allerdings nicht die Temperatur, sondern nach einer festgelegten Anlaufzeit von 24 h, während der ständig nachreguliert wird, die sich bei der Prüftemperatur ergebende Spannung konstant gehalten. Eine Widerstandserhöhung hat damit eine Temperaturerniedrigung zur Folge. Die Prüftemperatur ist die eigentliche Kenngröße, denn sie wird so gewählt, daß sich bei normaler Qualität des Heizleiters eine Lebensdauer von 100 h ergibt. Die Lebensdauerkennzahlen aus mehreren Messungen an der gleichen Charge schwanken praktisch um etwa ±8···10%. Die ASTM-Prüfmethode wurde kürzlich von STARR kritisch auf ihre Beziehung zu den Bedingungen im praktischen Betrieb untersucht [508].

6.414 Der elektrische Widerstand von Heizleiterlegierungen

Für die Berechnung von Heizleiterelementen muß der spezifische Widerstand bei Betriebstemperatur genau bekannt sein. Er wird aus dem Wert bei Raumtemperatur nach Tabellen ermittelt. Hier zeigt sich jedoch eine wesentliche Schwierigkeit: Der Kaltwiderstand einiger Heizleiterlegierungen ist nämlich von der vorhergegangenen Behandlung abhängig und es bedarf daher einer exakten Festlegung nicht nur der

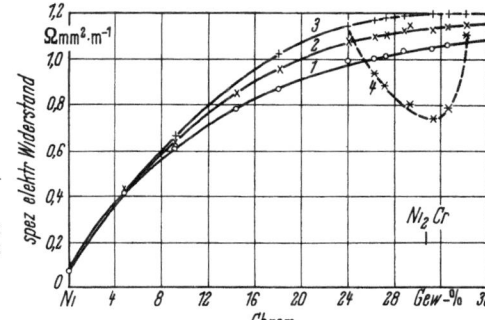

Abb. B 105. Kaltwiderstand der Ni–Cr-Legierungen (20 °C):
Kurve 1: nach Kaltverformung (75%);
Kurve 2: nach Abschrecken von 800 °C;
Kurve 3: nach 87 h 500 °C;
Kurve 4: nach 2000 h 500 °C [515].

Meßbedingungen sondern auch des Werkstoffzustandes zu Beginn der Messung. Im folgenden wird über die zugrundeliegenden Umwandlungsvorgänge und die normmäßige Festlegung der Meßverfahren berichtet, bevor die festgesetzten elektrischen Eigenschaften selbst behandelt werden.

Die Ni–Cr- und Ni–Cr–Fe-Legierungen unterliegen in bestimmten Zusammensetzungs- und Temperaturbereichen der Bildung einer Überstruktur und des sogenannten K-Zustandes, die sich deutlich in Widerstandsänderungen äußern [509—514].

Abb. B 105 zeigt die spezifischen Widerstände der Ni–Cr-Legierungen bis 36% Cr in Abhängigkeit von Wärmebehandlung und Kaltumformung. Im Bereich der Zusammensetzung Ni_2Cr bildet sich nach langzeitigem Glühen bei etwa 500 °C eine Überstruktur, die in normaler Weise durch eine Widerstandserniedrigung erkennbar ist (Kurve 4). Durch eine Kaltumformung wird diese Überstruktur und damit die Widerstandserniedrigung beseitigt.

Anomalien treten durch Bildung des K-Zustandes auf, der einem Nahordnungszustand zugeschrieben wird. Der K-Zustand wird unterhalb etwa 600 °C gebildet und läßt sich auch durch Abschrecken nicht völlig unterdrücken. Schon bei einem kurzen Durchgang durch den Temperaturbereich des K-Zustandes (Abschrecken von 800 °C, vgl. Kurve 2) wird daher eine deutliche Widerstandserhöhung gegenüber dem kaltverformten Zustand, der mit einer völligen Zerstörung des Nahordnungszustandes verbunden ist (Kurve 1), beobachtet.

Abb. B 106 gibt für einen Chromgehalt von 20% bei variierten Nickelgehalten den Temperaturverlauf des spezifischen elektrischen Widerstandes an. Mit abnehmendem Nickelgehalt (zunehmendem Eisenanteil) verliert sich die Neigung zur Ausbildung des K-Zustandes, der

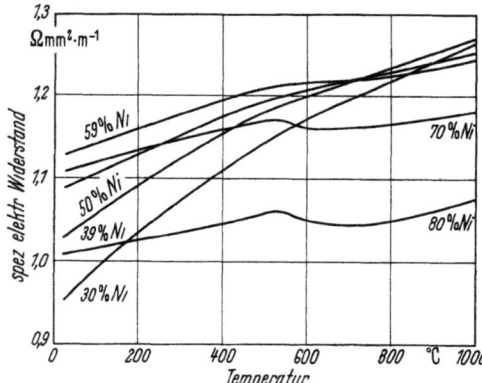

Abb. B 106. Spezifischer elektrischer Widerstand von Ni-Cr- und Ni-Cr-Fe-Legierungen mit 20% Cr in Abhängigkeit von der Temperatur [516].

bei niedrigen und mittleren Temperaturen die zu Nickelgehalten von 50···80% gehörenden Kurven beträchtlich anhebt.

Um den Einfluß des K-Zustandes einzugrenzen und einen definierten Prüfzustand zu erhalten, schreiben die Normen die voraufgehende Wärmebehandlung genau vor, wobei sie allerdings erheblich voneinander abweichen.

So strebt die in DIN 17470 vorgeschriebene Glühbehandlung von 15 min oberhalb 600 °C mit anschließender langsamer (weniger als 10 grd/min) Abkühlung eine möglichst vollständige Ausbildung des K-Zustandes an, so daß der Kaltwiderstand dann verhältnismäßig hoch liegt. Der sogenannte „Temperaturfaktor", d. h. das Verhältnis ϱ_T/ϱ_{20} (ϱ_T = spezifischer Widerstand bei der Temperatur T, ϱ_{20} = spezifischer Widerstand bei 20 °C) wird mit steigender Meßtemperatur entsprechend geringe Schwankungen zeigen, weil der im Nenner stehende Kaltwiderstand groß ist.

Dagegen beziehen sich die in ASTM B 344—60 angegebenen Widerstandswerte auf den nach schneller Abkühlung vorliegenden Ausgangszustand, wie er z. B. bei einer Durchlaufglühung von Draht erzielt wird. Der Werkstoff muß vor der Widerstandsprüfung von mindestens 788 °C abgeschreckt werden. Da dann der K-Zustand nur teilweise ausgebildet ist, liegt der Kaltwiderstand nach dieser Behandlung tiefer, und die Kurve des Temperaturfaktors würde entsprechend stärkere Schwankungen aufweisen.

Abb. B 107 zeigt für NiCr 80 20 eine Aufheiz- und Abkühlungskurve im Widerstand-Temperatur-Diagramm. Der Ausgangswert von ca.

1,08 Ω · mm²/m wurde durch rasche Abkühlung entsprechend ASTM B 344—60 erzielt. Bei der Abkühlung wurde nach DIN 17470 verfahren, so daß sich als Endwert der in dieser Vorschrift angegebene spezifische Widerstand von 1,12 Ω · mm²/m ergibt. Mit zunehmender Abkühlungs-

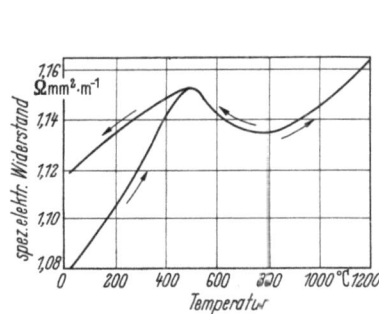

Abb. B 107. Verlauf des spezifischen elektrischen Widerstandes von NiCr 80 20 beim Aufheizen und Abkühlen [517].

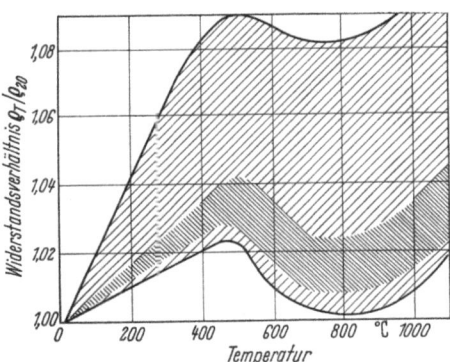

Abb. B 108. „Temperaturfaktor"-Bereich von NiCr 80 20 in Abhängigkeit von der Temperatur. (Eng schraffierter Bereich: Vorbehandlung gemäß DIN 17470) [518].

geschwindigkeit und noch mehr bei einer Kaltverformung verschiebt sich der Ausgangspunkt am linken Rand des Diagramms nach unten. Die Höhe des Widerstandes ist ein indirektes Maß für den vom K-Zustand betroffenen Gefügeanteil.

Selbstverständlich sind die nach der amerikanischen Vorschrift gewonnenen Werte nicht unmittelbar mit den nach der deutschen erzielten vergleichbar. Bei Temperaturen um 600°C sind bei gleichen Werkstoffen auch angenähert die gleichen Absolutwerte des spezifischen Widerstandes — unabhängig von der Vorbehandlung — zu erwarten, weil hier der K-Zustand nicht mehr wirksam ist.

Nur der als Temperaturfaktor bezeichnete Relativwert kann je nach den Abkühlungs- und Verformungsbedingungen beträchtlich schwanken. Abb. B 108 läßt dies in dem großen, weit schraffierten Bereich für NiCr 80 20 erkennen, dessen oberer Teil durch rasches Abschrecken oder starke Kaltverformung, dessen unterer Teil durch langsame Abkühlung erreicht wird. Der eng schraffierte, viel schmalere Bereich ergibt sich durch Befolgung von DIN 17470 in den Abkühlungsbedingungen. Eine ähnliche Wirkung wie schnellere Abkühlung hat nach Abb. B 109 ein teilweiser Ersatz des Nickels in NiCr 80 20 durch Eisen oder Mangan. Umgekehrt scheint Silicium stabilisierend auf den K-Zustand zu wirken, so daß die Kurve des Temperaturfaktors bei hohen Temperaturen noch unter den Wert 1 gedrückt wird.

In Abb. B 110 ist die relative Widerstandsänderung mit zunehmender Temperatur dargestellt, wie sie an NiCr 80 20 nach der amerikanischen Vorschrift ASTM B 70—56 gemessen wird. Im Gegensatz zu Abb. B 108 ist hier nicht der Temperaturfaktor, sondern die prozentuale Wider-

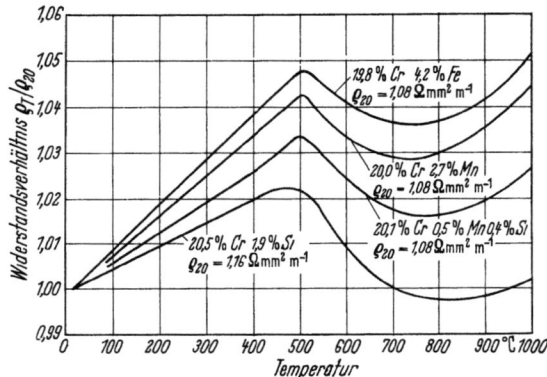

Abb. B 109. Verlauf des Temperaturfaktors bei verschiedenartigen Zusätzen zu NiCr 80 20 nach langsamer Abkühlung [519].

standsdifferenz gegen den Kaltwiderstand nach oben aufgetragen, bezogen auf den Kaltwiderstand, der einen anderen Wert hat als nach der deutschen Vorschrift, weil ein anderer Zustand zugrundegelegt wird.

Außer dem K-Zustand gibt es selbstverständlich noch einen sehr beachtlichen Einfluß auf den elektrischen Widerstand von der Geometrie des Heizleiters her. Querschnittsverengungen spielen im praktischen Gebrauch eine wichtige Rolle, weil dort der Widerstand nach $R = \varrho \cdot \dfrac{l}{q}$ (R = Widerstand des Heizleiters der Länge l mit dem Querschnitt q und dem spezifischen Widerstand ϱ) größer und damit auch die in Wärme

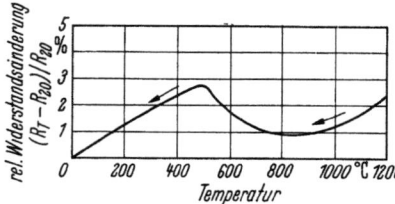

Abb. B 110. Relative Widerstandsänderung von NiCr 80 20 gemessen gemäß ASTM B 70—56.

umgesetzte elektrische Leistung $L = i^2 \cdot R$ erhöht ist. Hinzu kommt dort infolge der höheren Temperatur eine stärkere Oxydation, die eine weitere Querschnittseinengung bewirkt, so daß an solchen Stellen bevorzugt die Gefahr des Durchbrennens besteht.

Während einer Glühung bei konstant gehaltener Temperatur ist ferner eine Widerstandsänderung wegen bevorzugter Chromoxidbildung in der Zunderschicht und dadurch bedingter Chromverarmung im Grundmetall bei Gefügeänderungen möglich. Auch der Temperaturkoeffizient ändert sich im allgemeinen. Die Widerstandsänderung während der Glühung wurde von SCHULZE und BENDER [505, 506] an NiCr 80 20 und NiCr 60 15 verfolgt. Bei NiCr 80 20 erfolgt im letzten Drittel der Lebensdauer ein Absinken des Kalt- und ein Ansteigen des Warmwiderstandes. Der Chromverlust, der durch bevorzugtes Herausdiffundieren dieses Legierungselementes eintritt, bewirkt einen Anstieg des Temperaturkoeffizienten des elektrischen Widerstandes während des Gebrauchs bei hohen Temperaturen.

6.415 Lebensdauerverbessernde Zusätze

Die Grundzusammensetzung der Heizleiterwerkstoffe nach Tabelle B 19 unterscheidet sich kaum von derjenigen bekannter hitzebeständiger Legierungen. Wesentlich sind aber die kleinen, in der letzten

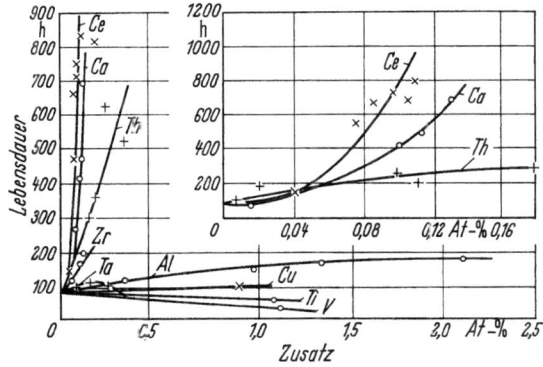

Abb. B 111. Einfluß verschiedener Gehalte an Zusatzelementen auf die Lebensdauer von NiCr 80 20 bei 1050°C [499].

Spalte angegebenen Zusätze. Der folgende kurze Überblick möge ihre Bedeutung anhand der Forschungsarbeiten zeigen, die zur Aufklärung des Wirkungsmechanismus und mit dem Ziel unternommen worden sind, den Gebrauchswert dieser Werkstoffe zu steigern.

Halb empirisch wurde gefunden, daß von allen Zusätzen mit großer Sauerstoffaffinität Cer, Calcium und Thorium den günstigsten Einfluß auf die Zunderbeständigkeit unter den spezifischen Arbeitsbedingungen des Heizleiters haben. In den Abb. B 111 und B 112 ist nach HESSENBRUCH [499] die Lebensdauer gegen den Gehalt an Zusatzelementen aufgetragen. Am linken Rand jedes Bildes gehen alle Kurven von dem Punkt aus, welcher der zusatzfreien Ausgangslegierung NiCr 80 20 bzw.

NiCr 60 15 entspricht. Man erkennt die sehr starke Wirkung der drei oben genannten Elemente. Es läßt sich aber auch durch Zusätze von Aluminium und von Zirkonium noch mindestens eine Verdopplung der Lebensdauer erreichen, während Titan und Vanadin eine geringe Abnahme der Lebensdauer bewirken, wenn sie in Mengen von mehr als 0,5 Atom-% zugesetzt werden. Für die wirksamsten Zusätze ist jeweils die Abhängigkeit noch einmal in einem anderen Maßstab und über einen größeren Bereich im rechten oberen Teil der Bilder gesondert gezeichnet.

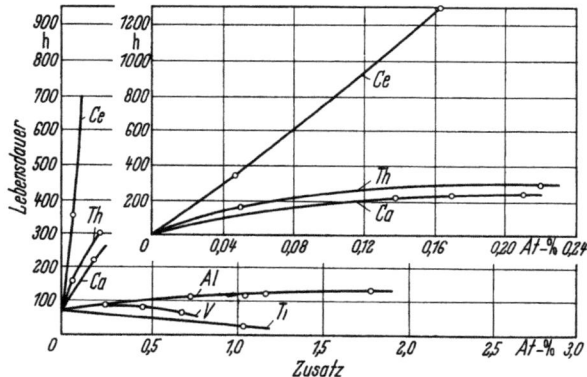

Abb. B 112. Beeinflussung der Lebensdauer von NiCr 60 15 bei 1050 °C durch verschiedene Zusatzelemente [499].

Als ein wichtiger weiterer Zusatz ist Silicium zu nennen, dessen günstiger Einfluß deutlich in Tab. B 23 zum Ausdruck kommt. Mangan hat dagegen, wie der Vergleich von Charge 1 und 2 der Tabelle zeigt, in den üblicherweise in den Legierungen vorliegenden Mengen praktisch keinen Einfluß auf die Lebensdauer.

Mit der Ursache für die günstige Wirkung, insbesondere von Cer und Calcium, haben sich zahlreiche Arbeiten beschäftigt (vgl. hierzu die ausführliche Darstellung bei PFEIFFER und THOMAS [521]). Eine Hypothese von HESSENBRUCH [499], der erstmalig die Verwendung dieser Zusätze mit so günstigem Erfolg erprobte, erwies sich als unhaltbar: Wegen ihres großen Ionenradius glaubte er in Anlehnung an die im Kap. G 1.4 behandelten Fehlordnungstheorien, daß diese Elemente die Kationendiffusion durch das Oxidgitter blockieren. Nach PFEIFFER und THOMAS [521] ist dieser Mechanismus aber schon deshalb auszuschließen, weil auch Beryllium, das einen besonders kleinen Ionenradius hat, eine geringe Verbesserung der Lebensdauer bewirkt, und weil die Zusätze auch bei Legierungen wirksam sind, in deren Oxiden die Diffusion über Zwischengitterplätze abläuft, so daß der ganze Zwischengitterraum zur Verfügung steht und eine Blockierung mit so geringen Zusätzen kaum denkbar ist.

Tabelle B 23. *Zusammensetzung und Lebensdauer von Legierungen auf Nickel-Chrom-Basis nach dem ASTM-Test* [520].

Charge	Zusammensetzung in Gew. %											nützliche Lebensdauer 0,7 mm starker Drähte h	Temperatur °C
	C	Mn	Si	Cr	Ni	Fe	Zr	Ca	Al	Mg			
1	0,06	0,05	1,03	20,0	Rest	0,25	—	0,020	0,13	—		105	1175
2	0,06	2,30	1,01	20,0	Rest	0,25	—	0,035	0,15	—		106	1175
3	0,06	0,04	0,23	20,0	Rest	0,25	—	0,028	0,20	—		63	1175
4	0,06	0,02	0,82	20,0	Rest	0,25	—	0,040	0,17	—		124	1175
5	0,06	0,02	2,09	20,0	Rest	0,25	—	0,039	0,15	—		178	1175
6	0,08	0,01	1,39	19,91	Rest	0,34	0,10	0,024	0,07	—		157	1175
7	0,08	0,01	0,30	19,98	Rest	0,32	0,05	0,029	0,08	—		86	1175
8	0,12	1,70	0,30	19,98	Rest	0,20	—	—	—	0,006		25	1175
9	0,06	0,10	1,24	16,57	61,47	Rest	0,06	0,029	0,07	—		245	1125
10	0,06	0,06	0,35	16,47	61,17	Rest	0,04	0,029	0,04	—		66	1125
11	0,04	1,69	0,31	16,22	61,39	Rest	—	—	—	—		21	1125

HORN [522] hat darauf hingewiesen, daß die Diffusionsgeschwindigkeit des für eine gute Zunderschicht wichtigen Chroms durch die Zusatzelemente in günstiger Weise beeinflußt werden könne. GULBRANSEN und McMILLAN [520] beziehen dagegen in eine grundsätzliche Betrachtung der Möglichkeiten nur die Zunderschicht unter Einschluß der angrenzenden Metalloberfläche ein und unterscheiden folgende Zonen:

A die äußere Grenzschicht des Oxids,
B das Innere der Oxidschicht,
C die innere Grenzschicht des Oxids,
D die angrenzende äußere Grenzschicht des Metalls.

Es ist experimentell sehr schwierig, eine allgemeine Entscheidung darüber zu treffen, ob

1. reine Oxide in Zone A oder C,
2. Mischoxide in Zone B,
3. Anreicherungen der Zusatzelemente in Zone D

gebildet werden.

Auszuschließen ist eine vierte Möglichkeit: Eine günstige Beeinflussung des Zunderverhaltens über den Fehlordnungsmechanismus kann bei einem Defekthalbleiter nur durch niederwertige Ionen erfolgen.

Nach GULBRANSEN und McMILLAN [520] soll die Bildung einer dünnen, diffusionshemmenden Schicht aus den Oxiden der Zusatzmetalle den günstigen Einfluß ergeben. Dem steht allerdings entgegen, daß schon sehr geringe Zusätze, die bei Berücksichtigung der Diffusionswege kaum zur Bildung einer dichten, durchgehenden Schicht ausreichen können, von Anfang an die Lebensdauer beträchtlich erhöhen.

Ein Versuch von LUSTMAN [523] führt hier weiter: An drei Standardlegierungen, die sich stark in der Lebensdauer, also im Verhalten unter Temperaturwechselbeanspruchung, unterschieden, wurden praktisch die gleichen Zeit-Zunder-Kurven bei konstantgehaltener Temperatur gefunden. In der Praxis wird demnach das Augenmerk auf die mechanische Festigkeit der thermisch beanspruchten Deckschicht zu richten sein, die außerdem selbstverständlich eine geringe Zunderkonstante haben soll. In diesem Zusammenhang ist ein Versuch an vorgezunderten Drähten interessant, die einer schwachen Kaltverformung unterworfen und dann nochmals geglüht wurden [524]. Im weiteren Oxydationsverlauf zeigte bei zusatzfreiem Draht eine anfängliche starke Zunahme der Zundergeschwindigkeit eine Unterbrechung der Schutzwirkung durch die Kaltverformung an, während sich an einer Probe mit einem größeren Siliciumgehalt (2%) die Kaltreckung praktisch in der Zeit-Zunder-Kurve kaum auswirkte. Entsprechend waren auch die Lebensdauerkennwerte der beiden Proben sehr unterschiedlich. Der Phasengrenze Metall/Oxid kommt damit erhöhte Bedeutung zu. Eine gute Zunderhaftfestigkeit wird nach LUSTMAN [523] dann erreicht werden, wenn die Metalloberfläche stark zerklüftet ist. Daß dies bei zusatzhaltigen Proben wesentlich stärker der Fall ist, wie Abb. B 113 zeigt, führt dieser Verfasser auf eine Beeinflussung der Diffusion durch die Oxidschicht zurück: Die Einwärtsdiffusion des Sauerstoffs werde gegenüber der Kationenwanderung

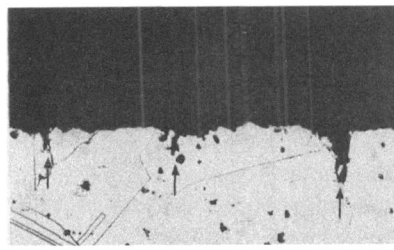 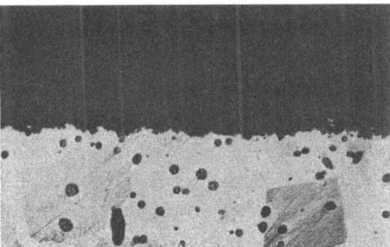

Abb. B 113. Gefüge von NiCr 80 20 nach dem Glühen 96 h bei 1200 °C (Vergrößerung 210:1).
a) mit Zusatzen, b) ohne Zusatze [525].

nach außen durch eine diaphragmaartig wirkende Grenzschicht stark begünstigt, so daß es zu bevorzugter Oxidbildung an der inneren Phasengrenze, zu innerer Oxydation und zur Ausbildung einer das Haftvermögen verbessernden Oberflächenstruktur komme. Unklar bleibt dabei, wie aus den geringen Zusätzen eine wirksame Grenzschicht genügender Dicke entstehen kann.

In ähnlicher Richtung deuten auch die Ergebnisse alternierender Glühungen zwischen einer festen oberen und einer von Versuch zu Versuch variierten unteren Grenztemperatur, die an drei NiCr 80 20-Chargen mit sehr unterschiedlichen Gehalten an Zusatzelementen und Lebensdauerkennwerten durchgeführt wurden [526]. Auch hier war zunächst bei Dauerglühung ohne Variation der Temperatur kaum ein Unterschied zwischen den Proben erkennbar. Temperaturschwankungen um 50 bis 100 grd wirkten sich nicht ungünstig aus. Erst mit wachsender Schwankungsbreite kam der Unterschied in der Zunderhaftfestigkeit, der sich auch in den Lebensdauerkennwerten ausdrückte, zum Vorschein.

Während im oben aufgeführten Schrifttum stets angenommen wird, daß diese Zusätze im Gitter gelöst vorliegen und wegen ihrer hohen Oxidbildungsenthalpien während einer Glühung an Luft an die Heizleiteroberfläche diffundieren, ist WENDEROTT [527] der Ansicht, daß Cerzusätze teilweise oder ausschließlich in oxidischer Form vorliegen und wirksam sind.

Ausgehend von dem Grundgedanken, daß die Diffusion von Cer-Ionen an die Heizleiteroberfläche zu einer Verarmung an Cer im Metall in der Nähe der Grenzfläche Metall/Oxid besonders dann führen müsse, wenn das Oxid zwischen aufeinanderfolgenden Glühungen entfernt, seine Neubildung und damit nach bisheriger Anschauung auch der Einbau von Cer im Bereich der Deckschicht erzwungen wird, wurden sogenannte „Vielzahlzunderversuche" durchgeführt: Bei dem für Heizleiter üblichen Schmelzverfahren wurde reines, im Neutronenfluß aktiviertes Cer zugesetzt. Zwei Chargen mit unterschiedlichen Cerkonzentrationen wurden zu Blechstücken verarbeitet. Bei 1200 °C wurden diese Proben jeweils zwei Tage an Luft geglüht, durch Beizen entzundert, und zwar auf stets die gleiche Weise, auf ihre Oberflächenaktivität geprüft und wieder in den Ofen eingesetzt. Das bemerkenswerte Ergebnis dieses ersten Versuches war, daß auch nach einer größeren Zahl von Glühzyklen keine wesentliche Veränderung der Oberflächenaktivität gefunden werden konnte. Dies wird darauf zurückgeführt, daß kein im Metall gelöstes und diffusionsfähiges Cer vorliege, sondern gleichmäßig über die Probe verteilte Ceroxidpartikeln, die auch autoradiographisch nachgewiesen wurden, einen in jedem Querschnitt angenähert gleichen Aktivitätspegel erzeugen.

PFEIFFER und SOMMER [504] machen darauf aufmerksam, daß die diffusionsbedingte Randverarmung an Cer-Ionen wegen des geringen Diffusionskoeffizienten auf eine oberflächennahe Schicht so geringer Dicke begrenzt sei, daß das Experiment ihre Eigenschaften nicht mehr erfaßt habe.

Dieselben Verfasser kommen aufgrund von Versuchen an Fe-Cr-Al-Heizleiterlegierungen, an denen man nach übereinstimmender Ansicht aller Autoren den gleichen Wirkungsmechanismus der lebensdauerverbessernden Zusätze anzunehmen hat wie bei den austenitischen Heizleiterlegierungen, zu der Schlußfolgerung, daß die Lebensdauer durch einen Diffusionsvorgang der wirksamen Elemente in randnahen Zonen maßgeblich beeinflußt wird: Sie bestimmen die Dimensionsabhängigkeit der Lebensdauer von Heizleiterwerkstoffen. Dabei zeigt sich bei den besonders untersuchten Fe–Cr–Al-Legierungen bei geringeren Dimensionen eine lineare Abhängigkeit und oberhalb einer Drahtdicke von etwa 3 mm eine von der Dicke unabhängige, „anomale" Lebensdauer. Wenn man nun die Randschicht dickerer Drähte rechtzeitig vor Erreichen der Lebensdauer mechanisch entfernt und dann den Glühprozeß fortsetzt, so wird eine Gesamtlebensdauer erreicht, die sich dem linearen Anstieg anpaßt. Daraus schließen die Verfasser, daß nach einer bestimmten Glühzeit in oberflächennahen Bereichen die notwendige Konzentration an Zusatzelementen unterschritten wird und im Kern noch eine ausreichende Reserve vorhanden ist. Und ferner sehen sie in der Verminderung der Konzentration in der Randzone die Bestätigung für die Diffusionsfähigkeit jener Elemente. Ein analoges Ergebnis wurde erzielt durch eine nach entsprechender Glühzeit zwischengeschaltete Glühung in Wasserstoff, die den Konzentrationsausgleich durch Diffusion erzwingen sollte.

Die oben angeführte Arbeit von WENDEROTT berichtet ferner über eine modifizierte Lebensdauerprüfung im Anschluß an die jeweiligen Glüh- und Beizzyklen: Die geglühte und gebeizte Probe wurde über längere Zeiten in zweistündigen Glühungen mit dazwischenliegenden Gewichtsbestimmungen bei Raumtemperatur auf Zundergeschwindigkeit und Haftfestigkeit des Zunders geprüft. Dabei ergaben sich anfangs angenähert parabolisch ansteigende, später mehr oder weniger steil abfallende Kurven des auf die Oberflächeneinheit bezogenen Oxidgewichtes als Funktion der Zeit (Abb. B 114). Die Lage des Maximums und die Steigung des Kurvenabfalls wurden als Maß der Zunderhaftfestigkeit gewertet. Der Autor weist darauf hin, daß mit zunehmender Zahl von Glüh- und Beizzyklen keine Verschlechterung der Zunderhaftfestigkeit und auch keine wesentliche Veränderung der Zunderkonstanten eintrete, wie sie z. B. nach der Lustmannschen Hypothese einer cerhaltigen Schicht mit Diaphragmaeigenschaften zu erwarten sei, weil nach allmählicher Cerverarmung mit einer Abnahme der günstigen Wirkung einer solchen Grenzschicht auf die Haftfestigkeit des Zunders zu rechnen sei. Im Gegenteil wird hier (zumindest bis zur fünften Glühperiode) sogar eine Verbesserung der Zunderhaftfestigkeit mit zunehmender Zahl von Glüh- und Beizzyklen gefunden.

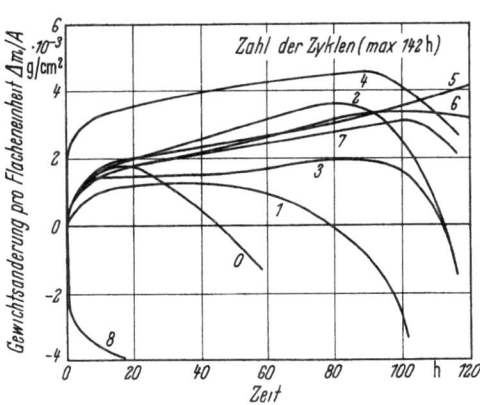

Abb. B 114. Zeit-Zunder-Kurven von im Zyklus geglühten und gebeizten Proben aus NiCr 80 20 mit Zusatzen von Cer und Calcium [528].

Kurve 0: nicht vorgezundert;
Kurve 1: 72 h vorgezundert, dann gebeizt;
Kurve 2: zweimal gemäß 1 behandelt;
Kurve 3 bis 8: drei- bis achtmal gemäß 1 behandelt.

PFEIFFER und SOMMER [504] weisen darauf hin, daß auf Grund ihrer Theorie auch der sonst unerklärliche rasche Kurvenabfall bei der achten Glühperiode als Hinweis auf die Unterschreitung einer kritischen Konzentration der wirksamen Zusatzelemente gedeutet werden könne. Nach WENDEROTT [528] ist in diesem Zusammenhang anzumerken, daß Kurve 8 der Abb. B 114 nach anfänglichem Abfall später über ein Maximum läuft (im Bild nicht dargestellt).

Besonders interessant sind die Ergebnisse von Sinterversuchen, die WENDEROTT beschreibt: Über Cernitrat wurden wachsende Anteile Ceroxid in pulvermetallurgisch hergestellten Proben der Legierung NiCr 80 20 gleichmäßig verteilt. Entsprechend dem Ceroxidgehalt stieg die Lebensdauer nach VIW von aus diesen Proben hergestellten Drähten. Das gleiche zeigte sich bei Sinterproben mit CaO-Zusätzen. Der Autor glaubt, bei diesem Herstellungsverfahren das Vorhandensein von Cer- bzw. Calcium-Ionen in metallischer Lösung mit Sicherheit ausschließen zu können, so daß die Lebensdauerverbesserung hier allein durch Zusätze in oxidischer Form bewirkt wird.

Im Gegensatz hierzu weisen PFEIFFER und SOMMER [504] darauf hin, daß bei der Sintertemperatur im Gleichgewicht mit dem stets vorhandenen Kohlenstoff in gewissem, für den Effekt ausreichendem Umfang eine Reduktion der Oxide der Zusatzelemente eintritt. Eine Stütze ihrer Auffassung, daß die Lebensdauerverbesserung allein auf die Metallionen zurückgeführt werden müsse, sehen sie darin, daß an den Sinterproben geringere Lebensdauer-Kennwerte gefunden wurden, als man sie an handelsüblichen Drähten beobachtet.

WENDEROTT fand ferner bei Versuchen mit radioaktivem Cer an einer cerhaltigen Probe eine sehr starke Zunahme der Diffusionsgeschwindigkeit des Chroms im Vergleich zu einer zusatzfreien. Da sich ein nur bei der cerhaltigen Probe auftretender Gefügeanteil (wahrscheinlich Ceroxid) im emissionselektronenmikroskopischen Bild vorwiegend auf den Korngrenzen findet, wird auf eine Bevorzugung der Korngrenzendiffusion mit deren wesentlich größeren Diffusionsgeschwindigkeiten selbst bei der relativ hohen Temperatur der Versuchsglühungen geschlossen, die durch Aufweitung der Korngrenzen und eine dadurch bedingte Erhöhung ihres Anteils an der Gesamtdiffusion zustande kommt [529] (ähnlich wie sie bei SAP-Werkstoffen gefunden wurde).

Ähnlich wie LUSTMAN [523] findet auch WENDEROTT [528] bei der zusatzhaltigen Probe an der Grenze Oxid/Metall trichterartig erweiterte Korngrenzen (Abb. B 113) und dies um so mehr, je öfter im Wechsel geglüht und gebeizt wurde. Er sieht diese mit Oxid gefüllten Trichter als die Haftstellen der Deckschicht an, die ihr Halt und genügend häufige Unterstützung bei der thermisch bedingten Biegebeanspruchung geben, und kann damit den oben erwähnten Befund erklären, daß mit zunehmender Zahl von Glüh- und Beizzyklen die Haftfestigkeit (und damit die Lebensdauer der Proben) zunimmt.

Man nimmt an, daß aufgrund des unterschiedlichen Ausdehnungsverhaltens bei der thermisch bedingten dynamischen Beanspruchung eine „Gitteraufweitung", d. h. eine diffusionsfördernde Erhöhung der Beweglichkeit von Gitterfehlern in der Umgebung der in den Korngrenzen eingelagerten Oxidpartikeln, bewirkt wird. Sowohl das aus angrenzenden Bereichen kommende Chrom, das dort Leerstellen hinterläßt, die zu einer späteren Ausweitung des Korngrenzenbereichs Anlaß geben, als auch der durch das Oxidgitter hereindiffundierende Sauerstoff fänden daher in Oberflächennähe in den Korngrenzen günstige Diffusions- und Keimbildungsbedingungen vor. Da die Unterschiede im Ausdehnungsverhalten somit die eigentliche Ursache für die Korngrenzenaufweitung wären, würde eine Erhöhung der Zusätze oder der Zahl der Glühzyklen eine Verbesserung der Haftfestigkeit bewirken. Besonders günstig müssen sich, in Übereinstimmung mit dem Experiment, Zwischenbeizungen auswirken, weil sie den interkristallinen Bereich in Oberflächennähe vergrößern und die Ausbildung breiter Haftstellen beschleunigen.

Auch nach der von PFEIFFER und SOMMER [504] vertretenen Metallionen-Theorie müßte sich eine Aufrauhung der Grenzschicht durch Beiz- und Glühzyklen lebensdauerverbessernd auswirken, besonders dann, wenn die Haftfestigkeit der Oxidschicht auf dem Metall, die durch Aufrauhung der Grenzfläche aus rein mechanischen Gründen sicher verbessert wird, die bestimmende Größe ist. Bei einer genaueren Untersuchung des Zunderverhaltens in Abhängigkeit von der Zahl der vorausgegangenen Glüh- und Beizzyklen kommt WENDEROTT [528] zu dem Schluß, daß die Chromdiffusion in komplizierter Weise einerseits von der Zusammensetzung (parallel röntgenographisch bestimmt) der Deckschicht aus Spinell, Nickeloxid und Chromoxid abhängt, die sich anscheinend in gesetzmäßiger Weise ändert, daß sie umgekehrt aber das Zunderverhalten und die Ausbildung der Deckschichten stark zu beeinflussen scheint.

Ähnliche Vielzahlzunderversuche wie an NiCr 80 20 führte der Autor auch an NiCr 25 20 durch und kam auch hier zu dem Ergebnis, daß sich durch mehrfaches Glühen und Beizen im Wechsel eine Verbesserung der Zunderhaftfestigkeit und der Lebensdauer erreichen läßt, wenn der Werkstoff die üblichen lebensdauerverbessernden Zusätze enthält. Er weist darauf hin, daß sich dies auch praktisch zur Verminderung des Absprühens von Zunder oder zur Erhöhung der Lebensdauer ausnutzen läßt.

Dieser Hinweis zeigt, daß die rege (und darum hier so ausführlich dargestellte) Diskussion auf diesem Gebiet zu praktischen Ergebnissen zu führen scheint. Die Verbesserung der Zunderhaftfestigkeit bei hohen Temperaturen würde den hochnickelhaltigen Heizleiterlegierungen wegen ihrer überlegenen Warmfestigkeit ein neues Anwendungsgebiet erschließen.

6.416 Korrosionsbeständigkeit von Heizleitern

Bisher wurde angenommen, daß der Heizleiter an Luft oder unter reinem Sauerstoff, ggf. unter vermindertem Druck, betrieben wird. Er schützt sich dann durch eine oxidische Deckschicht. In der Praxis kommen gelegentlich Sonderbedingungen vor, die hier kurz behandelt werden sollen. Eine ausführliche Darstellung findet sich im Kap. G dieses Buches und — über das Gebiet der schwefelhaltigen Atmosphären — bei WENDEROTT [530]. Eine sehr rasche Oxydation, die zur alsbaldigen Zerstörung des Heizleiters führt, kann im Kontakt mit Molybdän oder Vanadin eintreten, die z. B. mit Chromoxid niedrigschmelzende Eutektika bilden. Sobald an der Grenzfläche zwischen den Reaktionspartnern die eutektische Zusammensetzung erreicht und die eutektische Temperatur überschritten ist, läuft die Diffusion über die flüssige Phase mit hoher Geschwindigkeit weiter. Gefahren für die Oxidschicht drohen ferner durch Alkalimetalle und durch Eisenoxid. Keramische Massen, die für die Halterung von Heizleitern verwendet werden, sollen frei von solchen schädlichen Beimengungen sein. In reinen Al_2O_3-, MgO- und SiO_2-Massen tritt keine Beeinträchtigung der Lebensdauer ein.

Der Kontakt eines Heizleiters mit einer Metallschmelze führt bei den üblichen Betriebstemperaturen in der Regel zu rascher Zerstörung.

Flüssige Metallschichten greifen die Oxidschichten an, erniedrigen den Schmelzpunkt der Oberflächenschicht und vermindern die Zunderbeständigkeit. Auch in Salzschmelzen können durch Reaktionen mit den metallischen Elementen die Heizleiter zerstört werden; selbst Spritzer von Metall- und Salzschmelzen können sich bereits nachteilig auswirken.

Die niedriger schmelzenden Metalle werden in elektrischen Widerstandsöfen erschmolzen, in denen die Heizwicklung vor der Zerstörung durch Spritzer oder Metalldämpfe auf geeignete Weise geschützt wird. Auch beim Bau von Salzbad-, Emaillier- und Glasschmelzöfen haben sich gute konstruktive Lösungen gefunden.

Für die Verwendung von Heizleiterwerkstoffen in gasförmigen Angriffsmitteln (außer Inertgasen und Wasserstoff) ist die Grundvoraussetzung das Vorhandensein einer schützenden Oxidschicht, die durch vorhergehende Oxydation an Luft erzeugt wird. Auf die Korrosionserscheinungen in Gasen wird in Kap. G näher eingegangen.

Erwähnt sei, daß sich gelegentlich im Temperaturbereich von 800···950 °C der für eine selektive Oxydation des Chroms, die sogenannte „Grünfäule" (s. Kap. G), erforderliche Partialdruckbereich des Sauerstoffs einstellt. Bei dieser Oxydationsart wird die Leitfähigkeit der an Chrom verarmten Restlegierung in etwa dem gleichen Maße besser, wie der Querschnitt abnimmt, so daß der Widerstand gleich bleibt und am Strommeßgerät die gefährliche Korrosion nicht rechtzeitig erkannt wird. Da die befallene Stelle ferromagnetisch wird, läßt sich die Grünfäule bei den unmagnetischen Heizleiterwerkstoffen leicht identifizieren.

Für die Verwendung von Heizleiterwerkstoffen unter Vakuum ist zu bedenken, daß die Oberflächenbelastung (vgl. Kap. B 6.417) zur Erzielung der gleichen Temperatur etwas kleiner ist, weil die Konvektion fortfällt. Bei hohen Temperaturen erfolgt eine starke Chromverdampfung, und zwar wahrscheinlich über ein Oxid [531]. Wie weit sie sich bei dem verhältnismäßig hohen Chromgehalt auf die Lebensdauer auswirkt, das hängt von der Arbeitsweise, der Glühtemperatur und dem Restsauerstoffgehalt ab. Eine Voroxydation dürfte sich empfehlen.

6.417 Die Oberflächenbelastung

Für die Berechnung und Beurteilung eines Heizelementes ist die zulässige spezifische Oberflächenbelastung wichtig. Man versteht darunter diejenige in den Heizleiter eingespeiste elektrische Leistung, die unter Betriebsbedingungen etwa zur zulässigen Maximaltemperatur des Heizleiters führt. Diese Größe ist also nicht nur vom Heizleiterwerkstoff, sondern auch von der Wärmeabfuhr unter Betriebsbedingungen abhängig. Am kleinsten wird die spezifische Oberflächenbelastung dann sein, wenn der Heizleiter von einer schlecht wärmeleitenden Masse unmittelbar umgeben ist, am größten, wenn seine Umgebung durch Ventilation auf einer wesentlich tieferen Temperatur ist. Die in Tab. B 24 angegebenen Werte der zulässigen Oberflächenbelastung bei verschiedenen Temperaturen gelten für den Fall dicker Heizleiter für Industrieöfen, in

Tabelle B 24. *Oberflächenbelastung*[a].

Werkstoff	W/cm²			
	600 °C	800 °C	1 000 °C	1 200 °C
NiCr 80 20	5,0	2,2	1,1	0,55
NiCr 60 15	4,6	2,0	1,0	—
NiCr 30 20	4,6	2,0	1,0	—
CrNi 25 20	4,6	2,0	1,0	—

[a] Sonderqualitäten der Hersteller haben gewöhnlich um 10% höhere Werte der zulässigen Oberflächenbelastung bei den angegebenen Temperaturen.

denen zwischen Heizleiteroberfläche und Umgebung eine nur geringe Temperaturdifferenz ist. In Haushaltsgeräten ist im allgemeinen eine wesentlich höhere Oberflächenbelastung zulässig.

Die zulässige Oberflächenbelastung (n) ist die Grundgröße für die Berechnung von Heizelementen. Weitere Bestimmungsgrößen sind die Leistung N (Watt) des Heizelementes bei Arbeitstemperatur, die Dicke d (mm) des Heizdrahtes, die Spannung U (Volt) am Heizelement, der spezifische Widerstand ϱ_T ($\Omega \cdot$ mm²/m) des Heizleiters bei Arbeitstemperatur und die Länge (l) des Heizleiters. Dicke und Länge lassen sich aus den übrigen Bestimmungsstücken nach folgenden Formeln errechnen:

$$d = \sqrt[3]{\frac{0{,}4}{\pi^2} \left(\frac{N}{U}\right)^2 \frac{\varrho_T}{n}},$$

$$l = 0{,}785 \frac{U^2 \cdot d^2}{N \cdot \varrho_T}$$

6.42 Widerstandslegierungen auf Nickel-Kupfer- und Nickel-Kupfer-Mangan-Basis

Die in dieser Gruppe zusammengefaßten Werkstoffe dienen zur Herstellung von Regel-, Meß- und Schaltwiderständen aller Art. Die Werkstoffe für Heizwiderstände, die bei hohen Temperaturen arbeiten sollen, wurden bereits im Kap B 6.41 behandelt.

Bekanntlich kann ein Widerstand in einem elektrischen Schaltkreis, da er das Verhältnis der anliegenden Spannung zum hindurchfließenden Strom bestimmt, zur Erzeugung eines bestimmten Spannungsabfalls bei vorgegebener Stromstärke oder auch zur Stromregelung bei vorgegebener

Spannung verwendet werden. Widerstandsnormale dienen dem Abgleich anderer Widerstände oder der Erzeugung eines definierten Spannungsabfalls, wenn der hindurchfließende Strom genau bekannt ist. Aus der Vielfalt der Anwendungen in der Meßtechnik und für Schaltungen der verschiedensten Art ergeben sich eine Reihe von Anforderungen an die Widerstandswerkstoffe:

1. Der spezifische Widerstand soll auf den speziellen Verwendungszweck abgestimmt sein. In der Mehrzahl der Fälle wünscht man einen möglichst hohen Widerstand.
2. Häufig wird verlangt, daß sich der Wert des Widerstandes im Laufe der Zeit möglichst wenig ändert. Instabilitäten aufgrund von inneren Spannungen, Korrosionserscheinungen oder Gefügeumwandlungen sind unerwünscht.
3. Der Temperaturbeiwert des elektrischen Widerstandes soll je nach Verwendung entweder möglichst gering oder möglichst groß sein.
4. Das thermoelektrische Potential gegen Kupfer soll bei Gleichstromanwendungen möglichst klein sein, andernfalls würden Temperaturunterschiede im Schaltkreis Spannungen erzeugen, die sich wie ein zusätzlicher Spannungsabfall am Widerstand auswirken würden.
5. Häufig wird eine gewisse Korrosionsbeständigkeit gefordert.
6. Die Legierungen sollen möglichst gut weich- u. hartlötbar sein[1].

In Tab. B 25 sind die hauptsächlich in Frage kommenden nickelhaltigen Widerstandswerkstoffe in Gruppen geordnet. Die angegebenen Zahlen sind im allgemeinen als Richtwerte anzusehen. Näheres findet man z. B. in den Vorschriften DIN 17470, 17471 und 43760 oder in ASTM B 267-60 T.

Obwohl die Werkstoffe sehr verschiedenen Legierungssystemen angehören, haben sie doch einige gemeinsame Merkmale: Sie haben in allen Fällen kubisch-flächenzentrierte Kristalle und liegen in homogener Phase vor. Wo der Temperaturkoeffizient des elektrischen Widerstandes einen niedrigen Wert annimmt, sind jedoch durch K-Zustand oder ähnliche Veränderungen im Kristallgitter hervorgerufene Kohärenzspannungen zu vermuten, die der normalen Widerstandszunahme mit der Temperatur entgegenwirken. Eine weitere gemeinsame Eigenschaft der aufgeführten Legierungen ist eine gewisse Korrosionsbeständigkeit, wozu der Nickelanteil wesentlich beiträgt [511, 534].

Die in Tab. B 25 aufgeführten Werkstoffe sind mehr oder weniger empirisch durch gründliche Messungen (s. z. B. [535—539]) in Legierungsbereichen gefunden worden, in denen man geeignete Eigenschaften entdeckt hatte. Abb. B 115 zeigt z. B. im System Cu–Ni–Mn in Schrägschraffur einen ringförmigen und einen in der oberen Ecke der Zeichnung liegenden Bereich sehr geringer Temperaturabhängigkeit des elektrischen

---

[1] Nach einer Vorschrift der Physikalisch-Technischen Bundesanstalt müssen eichfähige Präzisionswiderstände hartgelötet sein.

Tabelle B 25. *Nickelhaltige Widerstandswerkstoffe* [532].

Nr.	Kurzname (DIN 17470, 17471)	Werkstoff-Nr. nach DIN 17007	ungefähre Zusammensetzung Gew.-%	spez. Widerstand $\Omega \cdot mm^2 \cdot m^{-1}$	Widerst.-Temp.-Beiwert $10^6\ grd^{-1}$	Widerst.-Temp.-Beiwert für °C	Thermospannung gegen Cu $10^{-6}\ V grd^{-1}$	Thermospannung gegen Cu für °C	höchste Arbeits-Temp. °C	Verwendungsgebiet	Quelle
1	(Ni, DIN 43760)		99,9 Ni	0,07	6100	0···100	−14	0···75	300 (180)	Stromstabilisation (Widerstandsthermometer)	[533] (DIN 43760)
2			30 Fe, Rest Ni	0,20	4500	·20···100	−40	bei 20	590		ASTM B 267
3	CuMn 12 Ni	2.1362	12 Mn, 2 Ni, Rest Cu	0,43	0 ± 10	20··· 50	−0,6	bei 20	140	Präzisionswiderstände (Schwachstromtechnik)	DIN 17471
4	CuNi 20 Mn 10	2.0879	20 Ni, 10 Mn, Rest Cu	0,49	0 ± 20	20··· 50	−10	bei 20	300		DIN 17471
5			13 Mn, 4 Ni, Rest Cu	0,48	0 ± 10	20··· 35	−1	0··· 50	140		[533]
6			10 Mn, 4 Ni, Rest Cu	0,38	0 ± 10	20··· 45	−1,5	0··· 50	140		[533]
7			27 Mn, 5 Ni, Rest Cu	1,00	20	20··· 50	+2	0··· 50	140	hochohmige Präzisionswiderstände	nach Herstellerangaben
8			20 Cr, 3 Al, 3 Cu oder Fe, Rest Ni	1,33	20	−50···100	+2,5	0···100	300		[533]
9			17 Cr, 4 Si, 3 Mn, Rest Ni	1,33	0 ± 20	−55···100	−1	0···100	250		[533]
10			19 Cr, 2,5 Ti, 1 Al, 1 Co, Rest Ni	1,36	+3···−6	20···200	+3,3	0···100	200	(Versuchsstadium)	[534]
11	Cu Ni 44	2.0842	44 Ni, 1 Mn, Rest Cu	0,49	0 ± 40 +80	20··· 50	−40	bei 20	600	Präzisionswechselstromwiderstände	DIN 17471
12	Cu Ni 30 Mn	2.0890	30 Ni, 3 Mn, Rest Cu	0,40	+140	bei 20	−2,5	bei 20	500	techn. Widerstände geringerer Präzision für geringere Präzisionsanforderungen, Starkstromtechnik	DIN 17471
13	CuMn 12 NiAl	2.1365	12 Mn, 5 Ni, 1,2 Al, Rest Cu	0,49	0 ± 20	bei 20	−2	bei 20	500		DIN 17471
14			2 Ni, Rest Cu	0,05	1400	−65···150	−14	0··· 75	300	niederohmige Hochstromwiderst.	ASTM B 267
15			6 Ni, Rest Cu	0,10	700	−65···150	−12	0··· 75	300		ASTM B 267
16			10 Ni, Rest Cu	0,15	450	−65···150	−24	0··· 75	400		ASTM B 267
17			23 Ni, Rest Cu	0,30	180	−65···150	−37	0··· 75	500		ASTM B 267

Widerstandes. Dort liegen die bekannten Werkstoffe aus diesem System für Widerstände hoher Temperaturkonstanz.

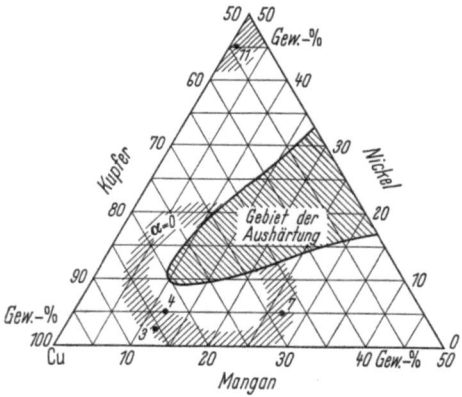

Abb. B 115. Lage verschiedener Widerstandslegierungen im Dreistoffsystem Cu–Mn–Ni [540]. Die Zahlen *3*, *4*, *7* und *11* kennzeichnen Legierungen, die unter der gleichen Nummer in Tab. B 25 aufgeführt sind.

6.421 Werkstoffe für Widerstände zur angenäherten Konstanthaltung des Stromes

Bei Werkstoffen für Widerstände zum Konstanthalten des Stromes soll der Temperaturkoeffizient des elektrischen Widerstandes hoch sein, damit der Strom, der gleich dem Verhältnis aus Spannung und Widerstand ist, bei steigender Spannung und dadurch steigender in Wärme umgesetzter Leistung wegen proportionaler Widerstandszunahme konstant bleibt. Die gute Hitze- und Korrosionsbeständigkeit des Nickels und die verhältnismäßig hohen Widerstandstemperaturbeiwerte [541] machen die Werkstoffe in der ersten Gruppe der Tab. B 25 für diesen Zweck besonders geeignet. (Für noch höhere Anforderungen werden die bekannten Eisen-Wasserstoff-Widerstände, gekapselte Stromstabilisatoren, verwendet.)

6.422 Werkstoffe für Widerstandsthermometer

Bei Werkstoffen für Widerstandsthermometer soll der Temperaturkoeffizient des elektrischen Widerstandes möglichst groß sein; denn es soll aus dem Wert des Widerstandes auf die Temperatur geschlossen werden. Selbstverständlich muß der Temperaturverlauf des elektrischen Widerstandes sehr genau und reproduzierbar festliegen. Die Werte sind in DIN 43760 vorgeschrieben. Für diese Anwendung ist häufig die gute Korrosionsbeständigkeit des Nickels wichtig. Gegenüber Platin, das für den gleichen Zweck Verwendung findet, hat Nickel einen um etwa 60% höheren Widerstandstemperaturbeiwert. Nickel-Widerstandsthermometer arbeiten im Bereich von $-60\cdots 150\,°\mathrm{C}$. Die nach der DIN-Vorschrift maximal zulässige Widerstandsabweichung entspricht einer Temperaturfehlmessung bei Raumtemperatur von $\pm 0{,}2$ grd.

6.423 Werkstoffe für Präzisionswiderstände

Hohe und höchste Anforderungen bezüglich der Genauigkeit werden an Widerstände gestellt, die für Meßinstrumente und Widerstandsnormale Verwendung finden sollen. Bei Gleichstromanwendungen müssen alle auf S. 162 aufgeführten Forderungen erfüllt sein, während für Wechselstromanwendungen die Forderung 4 entbehrlich ist.

Die Abb. B 115 zeigt die Kupferecke des hier besonders in Frage kommenden Systems Cu–Mn–Ni [540]. Das Aushärtungsgebiet im Bereich der Phase NiMn [542, 543], das zur Veranschaulichung der Verhältnisse eingetragen wurde, scheidet für die Herstellung von Widerstandswerkstoffen wegen der starken Zustandsabhängigkeit des elektrischen Widerstandes aus. Die übrigen schraffierten Bereiche sind dagegen wegen geringer Werte des Temperaturkoeffizienten des elektrischen Widerstandes hierfür besonders geeignet. Die Zahlen in Abb. B 115 weisen auf die in Tab. B 25 durch lfd. Nummern gekennzeichneten Werkstoffe hin.

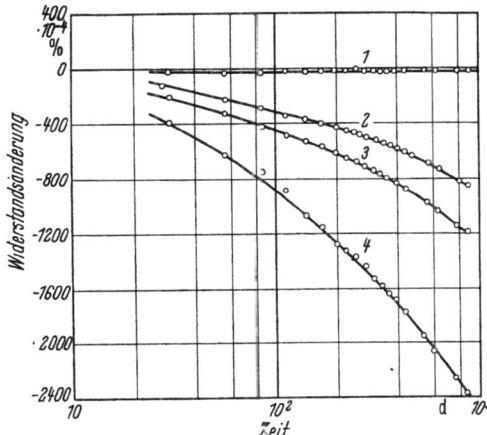

Abb. B 116. Zeitliche Änderung des elektrischen Widerstandes von CuMn 12 Ni nach verschiedenartigen Vorbehandlungen [533].

Kurve 1: Entspannungsglühung nach 48 h bei 140 °C;
Kurve 2: normale Wickelspannung;
Kurve 3: 2,4% Kaltverformung;
Kurve 4: 20% Kaltverformung.

Der Stabilitätsforderung genügt man, indem durch eine Auslagerung bei erhöhten Temperaturen die im Werkstoff vorhandenen Spannungen ausgeglichen werden. Mit Rücksicht auf eine Emaillierung oder Umspinnung des Widerstandsdrahtes kann die Temperatur für eine Langzeitauslagerung vielfach nicht höher als etwa 140 °C gewählt werden. Abb. B 116 zeigt die für Präzisionszwecke nicht zulässige Widerstandsabnahme bei einer Auslagerung bei Raumtemperatur nach vorhergehender Kaltumformung. Schon die gewöhnlichen Wickelspannungen führen zu einer erheblichen Widerstandsabnahme. Gute Stabilität erhält man nach einer Auslagerung bei 140 °C.

Bei hohen Präzisionsforderungen ist als Alterungstemperatur 400 °C zu wählen. Nach einer solchen Glühung sind selbstverständlich erneute Verformungen, wie z. B. durch Wickeln, zu vermeiden. Während nach 48stündiger Auslagerung bei 140 °C im Laufe der Zeit noch Widerstandsänderungen bis etwa $20 \cdot 10^{-6} \Omega \cdot \Omega^{-1}$ beobachtet werden, zeigen bei 400 °C unter Schutzgas geglühte Widerstände gemäß der Forderung für Widerstandsnormale nur noch Widerstandsänderungen von maximal $1 \cdot 10^{-6} \Omega \cdot \Omega^{-1}$ je Jahr. Unter Schutzgas muß bei höheren Temperaturen geglüht werden, weil sonst in der Mantelzone auf Grund selektiver Oxydation eine Manganverarmung eintritt. Mit CuMn 12 Ni liegen jahrzehntelange Erfahrungen vor.

Die stabilisierende Auslagerung bei erhöhten Temperaturen hat bei diesem Werkstoff auch eine Senkung des Widerstandstemperaturbeiwertes im interessierenden Bereich zwischen 20 und 30 °C zur Folge, wenn die Glühtemperatur hoch genug gewählt wird. Der Verlauf des Widerstandes mit der Temperatur ist bei Werkstoffen vom Typ CuMn 12 Ni parabelförmig. Das Maximum liegt im Gebiet der Raumtemperatur. Oberhalb 50 °C und unterhalb 0 °C ist die hohe Präzision nicht mehr gegeben. Für Shunts (Parallelwiderstände für Meßinstrumente, die u. U. viel Strom aufnehmen und daher bis ca. 45 °C warm werden dürfen) wird in den USA der Werkstoff Nr. 6 der Tab. B 25 mit einem etwas kleineren spezifischen Widerstand benutzt, für den das Maximum der Widerstandstemperaturkurve bei etwa 30···35 °C liegt.

Über einen viel größeren Temperaturbereich ist der Widerstand bei CuNi 44 (Handelsname: Konstantan) konstant. Zwischen -50 und $+100$ °C läßt sich ein sehr geringer mittlerer Temperaturbeiwert durch geeignete Wahl der Bedingungen einstellen, so daß die relative Widerstandszunahme oder -abnahme in diesem Bereich im Mittel einen Wert von $\pm 5 \cdot 10^{-5} \Omega \cdot \Omega^{-1} \cdot \text{grd}^{-1}$ nicht überschreitet.

Über einen recht großen Temperaturbereich lassen sich auch die Legierungen 8, 9 und 10 vom Typ NiCr 80 20 mit Zusätzen anwenden, die den Widerstandstemperaturbeiwert herabsetzen. Sie haben außerdem mit Legierung 7 zusammen den Vorteil eines hohen spezifischen Widerstandes, lassen sich jedoch außerdem auf sehr dünne Abmessungen herabziehen, so daß hochohmige Widerstände von geringem Gewicht hergestellt werden können, wie sie z. B. in der Raumfahrt erforderlich sind.

Abb. B 117 zeigt als Beispiel den Einfluß einer Wärmebehandlung — die für diesen Werkstofftyp etwas höhere Temperaturen erfordert als für CuMn 12 Ni zulässig — auf den Widerstandstemperaturkoeffizienten einer Versuchslegierung entsprechend Nr. 8 der Tab. B 25 [544]. Ein ganz ähnlicher Verlauf wurde an der Legierung 10 durch Auslagerung bei 550 °C erzielt [534] mit angenähert der gleichen Auslagerungszeit

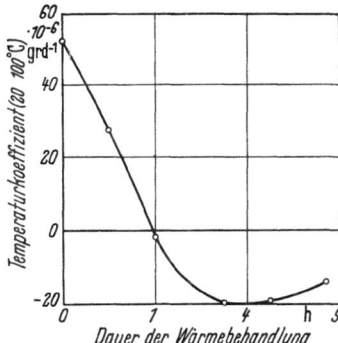

Abb. B 117. Temperaturkoeffizient des elektrischen Widerstandes einer Legierung 20% Cr, 3% Al, 3% Cu, 1% Mn, Rest Ni nach Auslagerung bei 500 °C [544].

bis zum Erreichen des Minimums, das in diesem Fall bei $-15 \cdot 10^{-6}$ grd^{-1} liegt. Nach geeigneter Wärmebehandlung sind solche Legierungen übrigens auch für den Gebrauch bei tiefen Temperaturen gut geeignet [545].

Das thermoelektrische Potential gegenüber Kupfer soll in der Regel unter $2 \cdot 10^{-3}$ V · grd^{-1} liegen. Bei sehr großen Widerständen und bei Wechselstromanwendungen spielt der Wert jedoch keine Rolle.

6.424 Werkstoffe für hochbelastbare Widerstände

Für Widerstände, die bei hohen Strömen benutzt werden sollen, ist gelegentlich ein niedriger spezifischer Widerstand erwünscht. Trotz des pro Ohm gerechnet hohen Preises werden für solche Zwecke die in der letzten Gruppe der Tabelle aufgeführten CuNi-Legierungen im Ausland verwendet. Die Anforderungen an die Genauigkeit sind nicht sehr hoch, so daß die verhältnismäßig hohen Widerstandstemperaturbeiwerte toleriert werden können. Es muß für eine gute Wärmeabfuhr gesorgt werden.

6.425 Sonstige Widerstände

Bei geringen Anforderungen an die Präzision werden — je nach Verwendungszweck — die verschiedenen Werkstoffe mit einem spezifischen Widerstand von mehr als 0,35 Ω · mm² · m^{-1} ohne besondere Vorbehandlung nach ihren sonstigen Eigenschaften, z. B. auch nach der Hitzebeständigkeit, ausgewählt. Für die Praxis sehr wichtig ist die Möglichkeit, aus den Werkstoffen lfd. Nr. 14···17 und aus den übrigen Werkstoffen der Tab. B 25 ein Sortiment mit abgestuften spezifischen Widerständen zusammenzustellen.

6.43 *Legierungen mit besonderen thermoelektrischen Eigenschaften auf Nickel-Kupfer- und Nickel-Chrom-Basis*

In weitem Maße wird in der Regel- und Meßtechnik die Tatsache ausgenutzt, daß zwischen den Lötstellen, durch die verschiedenartige Werkstoffe miteinander zu einem Stromkreis verbunden sind, eine dem Temperaturunterschied zwischen den Lötstellen entsprechende elektrische Spannung zustande kommt, die man zur Temperaturmessung benutzen kann. Die einfachste hierzu geeignete Anordnung besteht aus der Hauptlötstelle, die auf die zu messende Temperatur gebracht wird, einer aus den Thermoelementschenkeln bestehenden Doppelleitung als Verbindung zu den beiden Nebenlötstellen, die sich im allgemeinen auf 0 °C (bei geringen Genauigkeitsanforderungen auf Raumtemperatur) als Vergleichstemperatur befinden, einer Doppelleitung aus Kupfer und einem Spannungsmeßgerät. Bei genauen Messungen wird der Spannungsabfall in den Leitungen durch eine Kompensationsschaltung eliminiert.

Durch entsprechende Auswahl der Werkstoffpaare läßt sich bekanntlich eine thermoelektrische Spannungsreihe festlegen, in der man willkürlich dem Platin das Potential Null gibt und dann bei einer Temperaturdifferenz von 100 grd z. B. mit Nickel verschiedener Reinheitsgrade als zweitem Schenkel Potentialwerte zwischen $-1,9$ und $-1,2$ mV, mit Kupfer Werte zwischen $+0,72$ und $+0,77$ mV und mit Eisen etwa $+1,88$ mV findet.

Besonders große und daher meßtechnisch leicht zu erfassende Spannungswerte werden bei vorgegebener Temperaturdifferenz z. B. im System Cu–Ni gefunden. Abb. B 118 zeigt die thermoelektrische Potentialdifferenz zwischen je einem Draht aus einer Legierung dieses Systems gegen einen Reineisendraht bei 816 °C (Kaltlötstelle: 0 °C), gegen den Nickelgehalt aufgetragen [547]. Der Werkstoff mit maximaler Thermokraft ist die unter dem Namen Konstantan bekannte Legierung mit ca. 45% Ni, Rest Kupfer.

Kleine Eisen- und Mangangehalte des Konstantans vermindern die Thermokraft gegen Eisen stark. Eine genaue Einhaltung der optimalen Zusammensetzung ist daher erforderlich. Einen starken Einfluß auf die Thermokraft können auch Korrosion und Oxydation haben. Während das Konstantan wegen seines Nickelgehaltes recht beständig ist, kann es zusammen mit Kupfer als Partner nur bis 400 °C und mit Eisen auch nur bis 700 °C für Dauermessungen benutzt werden.

Bei höheren Temperaturen wird wegen der guten Zunderbeständigkeit eine Nickellegierung mit ca. 10% Cr zusammen mit Konstantan oder bei noch höheren Temperaturen in Kombination mit Nickel gebraucht, das im allgemeinen kleine Mangan-, Aluminium- und Siliciumzusätze enthält.

Wie Abb. B 119 zeigt, liegt das Maximum der Thermospannung der Ni–Cr-Legierungen gegen Nickel — bei 1000°C und einer Vergleichstemperatur von 0°C — bei einem Chromgehalt von 10%. Für Dauerverwendung gibt DIN 43710 eine Maximaltemperatur von 1000°C an.

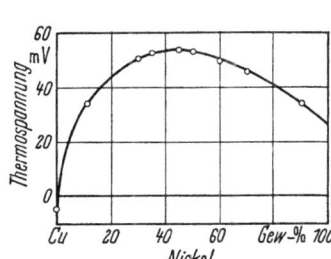

Abb. B 118. Thermospannungen von Cu–Ni-Legierungen gegen Eisen bei 816°C [546].

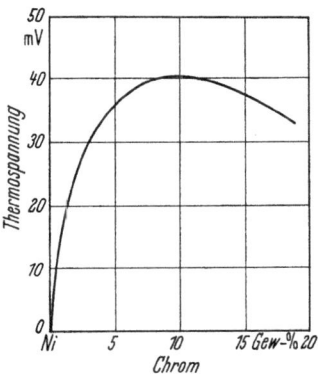

Abb. B 119. Thermospannungen von Ni–Cr-Legierungen gegen Nickel bei 1000°C; Vergleichsstellentemperatur 0°C [548].

Nach Abb. B 120 nimmt z. B. mit wachsenden Auslagerungszeiten bei 1200°C die anschließend bei 1000°C gemessene Thermospannung des Elementes Ni–Cr/Ni[1] allmählich ab. Die Ursache liegt in einer Chromverarmung der äußeren Schichten durch selektive Oxydation. Wenn man diese Schichten entfernt, steigt die Thermospannung wieder auf die in Abb. B 120 rechts oben angegebenen Werte für den Drahtkern [549]. THOMAS wies für den Nickelschenkel ebenfalls Änderungen der Thermokraft bei einer Auslagerung bei 1200°C nach, die außerdem bei verschiedenen Meßtemperaturen verschieden stark von den vorher gemessenen Thermospannungen abwichen. In der Praxis sind die Effekte allerdings nicht so groß, weil das Thermoelement in einem Schutzrohr liegt und weil nur ein kleiner Teil des Elementes der hohen Temperatur ausgesetzt ist.

Eine andere störende Erscheinung zeigt Abb. B 121. Die Thermoelementschenkel unterschieden sich hier nicht durch die Zusammensetzung, sondern lediglich durch die Vorbehandlung. Die zwischen ihnen gemessene Thermospannung entspricht der Fehlmessung, mit der man unter ungünstigen Umständen bei Verwendung der Ni–Cr-Legierung rechnen muß, weil sich der K-Zustand (s. Kap. B 6.41) auf die Thermokraft auswirkt. Er ist nach einer Wärmebehandlung bei 400°C stärker ausgebildet als nach dem Abschrecken von 800°C. Die Fehlmessung bleibt bei den höheren Temperaturen konstant, weil dann die Ver-

---

[1] Zusammensetzung s. Tab. B 27.

schiedenheit der Schenkel wegen der Rückbildung des K-Zustandes bei den hohen Temperaturen im heißen Teil aufgehoben ist und sich nur noch in dem Teil des Thermoelementes auswirken kann, der im Temperaturbereich des K-Zustandes liegt.

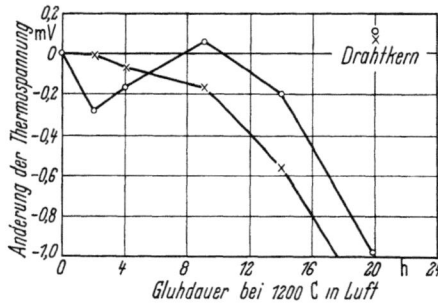

Abb. B 120. Änderung der Thermospannung durch Hochtemperaturglühungen bei 1200 °C, gemessen bei 1000 °C am positiven Schenkel des Thermopaares Ni–Cr/Ni (zwei Proben verschiedener Herkunft) [549].

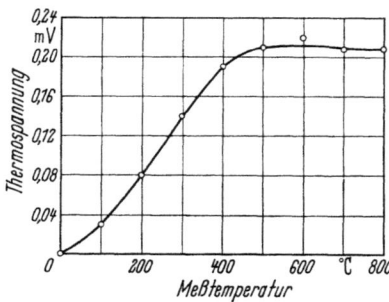

Abb. B 121. Thermospannung zwischen verschieden behandelten Ni–Cr-Drähten [549].

Ganz ähnliche Thermokräfte wie durch Zusatz von 10 Gew.-% Cr kann man auch durch gleich hohe Vanadin- und Molybdänzusätze oder mit 25 Gew.-% W erreichen [550].

Besonders hohe Thermokräfte würde man mit dem Paar 84% Ni, 15% Mo/45% Ni, 55% Cu erhalten. Ein solches Element wäre jedoch weniger stabil unter hohen Temperaturen als Ni–Cr/Ni. Wegen ihrer

Tabelle B 26. *Thermospannung von verschiedenen Thermopaaren Nickel–Chrom-Legierung/Nickel bei 1000 °C* [549].

Thermopaar	Thermospannung bei 1000 °C mV
NiCr 90 10/Ni	41,31 (DIN 43710)
NiCr 80 20/Ni	≈ 32
NiCr 60 15/Ni	≈ 29
NiCr 30 20/Ni	≈ 24

hohen Hitzebeständigkeit kann man dagegen die Heizleiterwerkstoffe (DIN 17470) zusammen mit Nickel gut benutzen. Die Thermospannung liegt allerdings, wie die Tab. B 26 (nach THOMAS [549]) zeigt, etwas niedriger als bei Ni–Cr/Ni.

Im Ausland wird ein Thermopaar 89% Ni, 10% Cr, 1% Fe/94% Ni, 2% Al, 1,5% Si, 2,5% Mn unter dem Namen „Chromel/Alumel" hergestellt. Es hat genau die gleiche Thermokraft wie das Paar Ni–Cr/Ni.

In den Tab. B 27 und B 28 sind die wichtigsten Eigenschaften der in der Hauptsache benutzten Thermopaare und ihrer Komponenten zusammengestellt (nach (DIN 43 710). Der jeweils in der Bezeichnung des Thermopaars zuerst stehende Werkstoff ist dem positiven Schenkel zuzuordnen. Die in Tab. B 28 aufgeführten Werte der Thermokraft sollen bei den links in der Tabelle angegebenen Temperaturdifferenzen gegenüber der auf 0 °C befindlichen Kaltlötstelle eingestellt werden. Für eine Dauerbenutzung kommen Temperaturen, die jeweils unter dem Querstrich stehen, nicht in Frage.

Tabelle B 27. *Thermoelementwerkstoffe*[a].

Werkstoff	ungef. Zusammensetzung Gew.-%	spez. el. Widerstand bei 20 °C $\Omega \cdot mm^2 \cdot m^{-1}$	mittl. Temperaturbeiwert des Widerstandes		Wärmeleitfähigkeit	
			10^{-6} grd^{-1}	für °C	cal·sec^{-1}·grd^{-1}	für °C
Kupfer	Cu mind. 99,90 (E Cu)	0,017	4300	20···600	0,9	0···500
Konstantan	Ni 45, Cu Rest	0,49	50	20···600	0,1	0···300
Eisen	Fe (techn. rein)	0,12	9500	20···600	0,13	0···800
Nickel-Chrom	Cr 10, Ni Rest	0,72	270	20···1000	0,03	0···300
Nickel	Mn 3, Al-Zusatz, Ni-Rest	0,3	1200	20···1000	0,14	0···700

[a] nach DIN 43710.

Auch tiefe Temperaturen können mit Thermoelementen gemessen werden. Hierfür werden neben dem Thermopaar Cu/Konstantan auch Elemente gebraucht, die statt des Kupfers den Widerstandswerkstoff CuMn 12 Ni enthalten, weil er eine geringe Thermokraft gegen Kupfer hat, so daß die Temperatur der Anschlußstelle CuMn 12 Ni/Cu nicht entscheidend ist, und weil seine geringe Wärmeleitfähigkeit die Gefahr übermäßiger Wärmezufuhr über das Thermoelement an die Meßstelle ausschließt. Nickelhaltige Werkstoffe werden auch für Ausgleichsleitungen benutzt, die vielfach zur Verlängerung des eigentlichen Thermoelementes bis hin zur Vergleichsstelle dienen. Zwischen ihnen und dem Thermoelement darf keine die Messung störende Thermospannung auftreten, auch wenn die Anschlußstelle der Ausgleichsleitung an das Thermoelement auf einer Temperatur bis zu max. 200 °C liegt.

In Tab. B 29 sind die in Frage kommenden nickelhaltigen Werkstoffpaare und zugehörigen Eigenschaften angegeben.

Tabelle B 28. *Grundwerte der Thermospannung einiger Thermopaare.*

Plusschenkel	Kupfer[a]	Eisen[a]	Nickel-Chrom[b]	Nickel-Chrom[a]
Minusschenkel	Konstantan[a]	Konstantan[a]	Konstantan[b]	Nickel[a]
Meßtemperatur °C	Grundwerte der Thermospannung mV			
−200	−5,70	−8,15		
−100	−3,40	−4,75		
0	0	0	0	0
100	4,25	5,37	6,32	4,10
200	9,20	10,95	13,42	8,13
300	14,90	16,56	21,04	12,21
400	21,00	22,16	28,95	16,40
500	27,41 [c]	27,85	37,01	20,65
600	34,31	33,67	45,10	24,91
700		39,72 [c]	53,14 [c]	29,14
800		46,22	61,08	33,30
1000				41,31 [c]
1200				48,89

[a] Nach DIN 43710.
[b] Nach [551].
[c] Die Querlinie begrenzt den Temperaturbereich für Dauerbenutzung in reiner Luft.

Tabelle B 29. *Zusammensetzung und elektrischer Widerstand der Werkstoffe für Thermoelement-Ausgleichsleitungen.*

geeignet für das Thermopaar	Ausgleichsleitungen; ungefähre Zusammensetzung Gew.-%			spez. Widerstand bei 20 °C
	Cu	Fe	Ni	$\Omega \cdot mm^2 \, m^{-1}$
Ni–Cr/Ni	—	rein	—	0,11
	Rest	—	19	0,25
Ni–Cr/Ni	—	rein	—	0,11
	Rest	< 3	> 40	0,50
Fe/Konstantan	—	rein	—	0,11
	Rest	—	44	0,49
Cu/Konstantan	rein	—	—	0,017
	Rest	—	44	0,49
Pt–Rh/Pt	Kupfer und Kupferlegierungen mit geringen Nickelzusätzen			s. Angaben der Hersteller

7 Kerntechnische Eigenschaften von Nickel und Nickellegierungen

7.1 Kernreaktionen

7.11 *Reaktionen der Nickelisotope mit Neutronen*

Von den vielen möglichen Reaktionen, die beim Beschuß von Nickelkernen mit Protonen, Deuteronen, α-Teilchen und Photonen stattfinden können, sollen hier nur die für die technische Anwendung im Reaktorbau besonders wichtigen Reaktionen mit thermischen (0,025 eV), epithermischen und schnellen (> 1 MeV) Neutronen aufgeführt werden.

Wie bereits in Kap. B 1 näher ausgeführt, setzt sich natürliches Nickel aus folgenden Isotopen zusammen: ^{58}Ni, ^{60}Ni, ^{61}Ni, ^{62}Ni und ^{64}Ni.

Aus diesen stabilen Isotopen können durch Beschuß mit Neutronen radioaktive Isotope entstehen. In Tab. B 30 sind in der fünften Spalte die hierfür maßgeblichen Reaktionsquerschnitte angegeben, während die sechste Spalte das entstehende Radioisotop und die siebte Spalte dessen Halbwertszeit enthält.

Tabelle B 30. *Isotope des Nickels und die aus ihnen durch Neutronenbeschuß entstehenden Isotope.*

Isotop	Häufigkeit	Reaktion	Spektrum	Reaktionsquerschnitt [552—555]	entstandenes Isotop	Halbwertszeit
^{58}Ni	67,76	(n, γ)	thermisch	4,4 b[a]	^{59}Ni	75 000 Jahre
^{58}Ni	67,76	(n, α)	Spaltsp.	0,17 mb[a]	^{55}Fe	2,6 Jahre
^{58}Ni	67,76	(n, p)	Spaltsp.	100 mb	^{58}Co	71 Tage
^{58}Ni	67,76	(n, p)	Spaltsp.	13 mb	^{58}Co m[b]	9 Stunden
^{58}Ni	67,76	(n, 2n)	Spaltsp.	0,004 mb	^{57}Ni	36 Stunden
^{60}Ni	26,16	(n, γ)	thermisch	2,6 b	^{61}Ni	stabil
^{60}Ni	26,16	(n, p)	Spaltsp.	5 mb	^{60}Co	5,2 Jahre
^{61}Ni	1,25	(n, γ)	thermisch	2 b	^{62}Ni	stabil
^{62}Ni	3,66	(n, γ)	thermisch	15 b	^{63}Ni	125 Jahre
^{62}Ni	3,66	(n, α)	Spaltsp.	0,14 mb	^{59}Fe	45 Tage
^{64}Ni	1,16	(n, γ)	thermisch	1,52 b	^{65}Ni	2,6 Stunden

[a] 1 barn (1 b) = 10^{-24} cm^2; 1 mb = 10^{-27} cm^2.   [b] m = metastabil.

Die Reaktion ^{58}Ni (n, p) ^{58}Co[1] wird zur Messung des schnellen Neutronenflusses in Kernreaktoren verwendet. Zu diesem Zweck wird eine dünne Nickelfolie eine gewisse Zeit lang im Reaktor bestrahlt, und an-

---
[1] Für Kernreaktionen, z. B. ^{58}Ni $\xrightarrow{n, p}$ ^{58}Co, wird in diesem Buch die vereinfachte Schreibweise, z. B. ^{58}Ni (n, p) ^{58}Co, benutzt.

schließend wird ihre Radioaktivität mit einem Zählrohr gemessen. Für diese gilt dann folgende Gleichung:

$$A = \frac{G}{M} \sigma \Phi \frac{6{,}023 \cdot 10^{23}}{3{,}7 \cdot 10^{10}} (1 - e^{-\lambda t}) e^{-\lambda \tau}$$

Dabei bedeutet:

A Aktivität des entstehenden Isotops in Ci (Curie);
σ Aktivierungsquerschnitt in cm^2;
Φ Neutronenfluß in n · cm^{-2} · sec^{-1};
G Gewichtsanteil des Ausgangsisotops in g;
M Atomgewicht des Ausgangsisotops;
λ Zerfallskonstante des entstehenden Isotops in sec^{-1} (= 0,693/Halbwertszeit);
t Bestrahlungsdauer in sec;
τ Abklingzeit (= Zeit zwischen Beendigung der Bestrahlung und Durchführung der Aktivitätsmessung) in sec.

Da alle anderen Größen in der Gleichung bekannt bzw. gemessen worden sind, kann aus ihr der Neutronenfluß Φ berechnet werden. Wegen der starken Abhängigkeit des Reaktionsquerschnittes σ_{np} von der Energie der einfallenden Neutronen kann man auch Aussagen über deren Spektrum erhalten. So steigt z. B. der Reaktionsquerschnitt für die ^{58}Ni (n, p) ^{58}Co-Reaktion zwischen 2 und 3 MeV stark an, so daß man nach BEAUGÉ [553] mit einer Schwellenenergie von 2,79 MeV und einem effektiven Reaktionsquerschnitt von 493 mb rechnen kann. Auch die Reaktion ^{58}Ni (n, 2n) ^{57}Ni dient zur Flußmessung, und die entsprechenden Werte für Schwellenenergie und Reaktionsquerschnitt lauten 13,7 MeV und 45,5 mb [553].

Für die Verwendung von Nickel als Legierungsbestandteil in Konstruktions- und in Hüllwerkstoffen für Brennelemente ist noch dessen elementarer Absorptionsquerschnitt für thermische Neutronen von entscheidender Bedeutung. Dieser liegt mit 4,6 b, verglichen mit den sonst für diese Zwecke viel verwendeten Elementen Aluminium (210 mb), Magnesium (63 mb) und Zirkonium (180 mb), relativ hoch, wird aber wegen der besseren Festigkeitseigenschaften der Nickellegierungen, besonders bei hohen Temperaturen, in Kauf genommen. Allerdings muß die erhöhte Neutronenabsorption durch Anreicherung des ^{235}U-Isotops im Brennstoff kompensiert werden.

7.12 Aktivierung von Nickel und Nickellegierungen durch Neutronenbestrahlung

Bei der Bestrahlung von Nickelfolien zum Zweck der Flußmessung ist die entstehende Radioaktivität erwünscht und erforderlich, während die bei der Bestrahlung von Konstruktionswerkstoffen notwendigerweise ebenfalls auftretende Radioaktivität eine meist unangenehme Begleiterscheinung ist, weil sie das Auswechseln oder Reparieren von Teilen erschwert[1]. Zur Berechnung der zu erwartenden Radioaktivität ist die

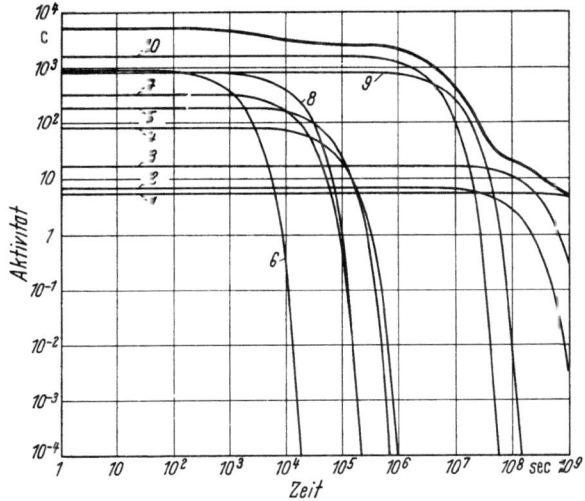

Abb. B 122. Abklingkurven von 1 kg NiCr 15 Fe nach 1 Monat Bestrahlung in den Flüssen:
$\Phi_{th} = 10^{14}$ cm$^{-2} \cdot$ sec^{-1}; $\Phi_{epi} = 10^{13}$ cm$^{-2} \cdot$ sec^{-1}; $\Phi_{spalt} = 10^{14}$ cm$^{-2} \cdot$ sec^{-1}.
Zusammensetzung (Gew.-%): 73% Ni, 7,2% Fe, 15,8% Cr, 0,1% Cu, 0,2% Mn, 0,2% Co, 0,2% Si, 0,04% C, 0,007% S.

Kurve 1: ^{63}Ni (Ni);	Kurve 3: ^{60}Co (Co);	Kurve 6: ^{60}Co m(Co);	Kurve 9: ^{58}Co (Ni);
Kurve 2: ^{55}Fe (Fe);	Kurve 4: ^{64}Cu (Cu);	Kurve 7: ^{65}Ni (Ni);	Kurve 10: ^{51}Cr (Cr).
	Kurve 5: ^{58}Co m(Ni);	Kurve 8: ^{56}Mn (Mn);	

Kenntnis der Reaktionsquerschnitte sämtlicher in der Legierung als Legierungsbestandteil oder Verunreinigung enthaltenen Isotope erforderlich. In verschiedenen Nuklidkarten und Tabellenwerken werden jeweils die neuesten Werte veröffentlicht [552—555]. Die Berechnung

---

[1] Zur Berechnung der durch eine bestimmte Menge Material in einem bestimmten Abstand erzeugten Bestrahlungsintensität, die für die gesundheitliche Schädigung von Menschen verantwortlich ist und in der Einheit Millirem pro Stunde gemessen wird, ist die Kenntnis des Zerfallsspektrums jedes einzelnen Radioisotops erforderlich. Nimmt man aber stark vereinfachend und etwas pessimistisch an, daß bei jedem Zerfall im Mittel ein Gammaquant von 1 MeV emittiert wird, so kann man die Dosisleistung im Abstand R (cm) von einer punktförmigen Strahlungsquelle der Aktivität A (Ci) nach der Formel

$$D = \frac{1{,}785 \cdot 10^{-3} \cdot 3{,}7 \cdot 10^{10}}{4} \cdot \frac{A}{R^2} \text{ (mrem/h)}$$

leicht abschätzen.

erfolgt dann für jedes Isotop getrennt nach der in Kap. B 7.11 angegebenen Formel. Für die Nickellegierung NiCr 15 Fe und den nichtrostenden Stahl Werkstoff-Nr. 1.4550 sind in den Abb. B 122 und B 123 die Abklingkurven in doppeltlogarithmischem Maßstab aufgetragen, wobei als

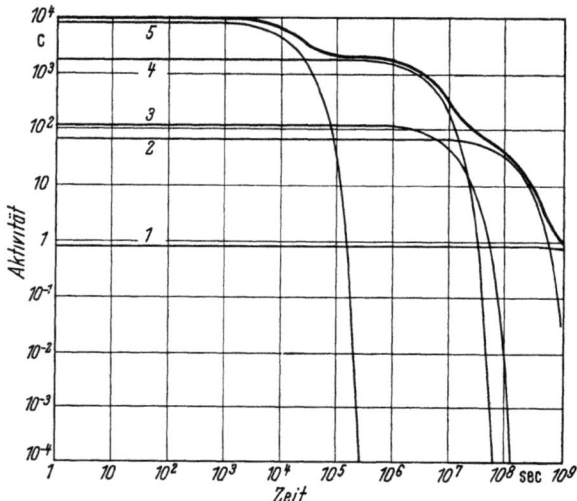

Abb. B 123. Abklingkurven von 1 kg nichtrostendem Stahl Typ 1.4550 (X 10 CrNiNb 18 9) nach 1 Monat Bestrahlung in den Flüssen:

$\Phi_{th} = 10^{14}$ cm^{-2} · sec^{-1}; $\Phi_{epi} = 10^{13}$ cm^{-2} · sec^{-1}; $\Phi_{spalt} = 10^{14}$ cm^{-2} · sec^{-1}.

Zusammensetzung (Gew.-%): 10,5% Ni, 67,5% Fe, 18,1% Cr, 0,3% Cu, 1,79% Mn, 0,3% Mo, 0,71% Nb, 0,04% Ta, 0,73% Si, 0,051% C, 0,023% P, 0,013% S.

Kurve 1: ⁶³Ni (Ni); Kurve 3: ⁶⁰Co (Fe); Kurve 5: ⁵⁶Mn (Mn).
Kurve 2: ⁵⁵Fe (Fe); Kurve 4: ⁵¹Cr (Cr);

Bestrahlungsdauer 1 Monat und für die Neutronenflüsse die Werte $\Phi_{thermisch} = 10^{14}$ n · cm^{-2} · sec^{-1}, $\Phi_{epithermisch} = 10^{13}$ n · cm^{-2} · sec^{-1} und $\Phi_{spalt} = 10^{14}$ n · cm^{-2} zugrundegelegt wurden. Da die Aktivitäten den Flüssen proportional sind, ist eine Umrechnung auf andere Flüsse leicht möglich.

7.2 Strahlenschäden

7.21 *Theoretische Einleitung*

Bei der Bestrahlung von festen Metallen mit energiereichen Partikeln finden zwei Arten von Veränderungen statt: Einerseits können Kernreaktionen stattfinden; durch diese wird die chemische Zusammensetzung des Metalls geändert. Andererseits können durch elastische Zusammenstöße Atome von ihrem Gitterplatz entfernt werden; die dabei entstehenden Konfigurationen aus einer Leerstelle und einem Zwischengitteratom werden als Frenkel-Paare bezeichnet. Während diese letzten Veränderungen durch eine Wärmebehandlung (Erholung) rückgängig gemacht werden können oder bei Bestrahlung bei hohen Temperaturen gar nicht erst auftreten, ist die erstere jedoch grundsätzlich keiner Erholung fähig.

Voraussetzung für die Entstehung eines solchen Frenkel-Defekts ist, daß die bei einem elastischen Stoß zwischen dem stoßenden Teilchen mit der Masse m und der kinetischen Energie E und dem gestoßenen Atom der Masse M maximal übertragbare Energie

$$E_{max} = \frac{4mM}{(m+M)^2} E$$

eine gewisse Schwellenenergie E_d (d = displacement) übersteigt. Im Fall von Nickel beträgt E_d etwa 24 eV [556]. Für Neutronenbestrahlung von Nickel ergibt sich nach obiger Gleichung $E_{max} = 0{,}068\,E$, d. h. die von hochenergetischen Neutronen (2 MeV) auf das primär gestoßene Atom übertragene Energie ist so groß, daß dieses in der Lage ist, weitere Gitteratome von ihren Plätzen zu stoßen. Auf diese Weise können sog. Kaskaden von Frenkel-Defekten entstehen, die so eng benachbart sind, daß im Gitter Zonen entstehen, in denen der normale Gitteraufbau weitgehend zerstört ist. Bei Beschuß mit den viel leichteren Elektronen reicht die auf das Primäratom übertragene Energie meist nicht aus, um noch viele weitere, sekundär gestoßene Atome von ihren Plätzen zu entfernen, so daß man in diesem Fall eine mehr homogene Verteilung von einzelnen Frenkel-Paaren erhält. Die so entstandenen Gitterfehler bewirken gewisse makroskopische Eigenschaftsänderungen des bestrahlten Stoffes, die sowohl für das allgemeine Verständnis der atomaren Vorgänge als auch für die technische Anwendung von Festkörpern in Strahlenfeldern von großem Interesse sind.

7.22 Eigenschaftsänderungen

7.221 Elektrischer Widerstand

Bei den reinen Metallen ist der elektrische Widerstand die am gründlichsten untersuchte Eigenschaftsänderung, denn seine Messung macht, auch während der Bestrahlung, keine großen experimentellen Schwierigkeiten. Da Abweichungen von der idealen Gitterstruktur im allgemeinen mit einer Zunahme des elektrischen Widerstandes verbunden sind, erhält man bei der Bestrahlung von Metallen zumeist einen Widerstandsanstieg. Die Erzeugung von 1% Frenkel-Paaren in Nickel bewirkt z. B. einen Anstieg des spezifischen Widerstandes um etwa 0,32 μΩ cm [556], d. h. um etwa 5% des Wertes bei Zimmertemperatur (vgl. Kap. B 6.1).

Zur Erforschung der Natur der Strahlenschäden ist es am zweckmäßigsten, die Metalle bei niedrigsten Temperaturen, z. B. bei 4,6°K, mit Neutronen oder Elektronen zu bestrahlen, was bei nicht zu hohen Strahlungsdosen mit einem linearen Anstieg des Widerstandes verbunden ist. Nach Beendigung der Bestrahlung gewinnt man die isochronen Aus-

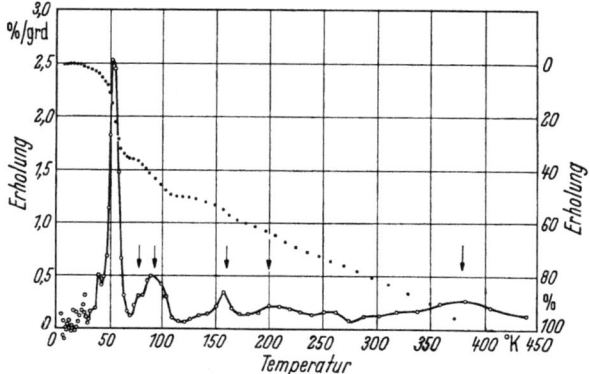

Abb. B 124. Erholung des elektrischen Widerstandes von Nickel nach Bestrahlung bei 4,6°K im Forschungsreaktor München (obere Kurve: 10-min-Isochrone; untere Kurve: Differentialquotienten der Ausheilkurve) [557].

heilkurven durch rasches Hochheizen der Probe auf eine höhere Temperatur, auf der sie eine bestimmte Zeit, z. B. 10 min lang, gehalten und von der sie dann zur Messung wieder auf die niedrigere Bestrahlungs- und Meßtemperatur abgeschreckt wird. Für neutronenbestrahltes Nickel ergibt sich die Ausheilkurve der Abb. B 124 [557]. Die einzelnen Stufen, die mit dem Beweglichwerden und Verschwinden von verschiedenen Fehlstellenkonfigurationen erklärt werden, treten noch deutlicher hervor, wenn man den Differentialquotienten der Ausheilkurve aufträgt (untere Kurve in Abb. B 124).

7.222 Verhalten im Zugversuch

Wegen der Anwendung von Nickel und Nickellegierungen im Reaktorbau ist der Einfluß von Reaktorbestrahlung auf die mechanischen Eigenschaften dieser Materialien von besonders großem Interesse. Im Rahmen einer Vielzahl von Forschungsprojekten, die vor allem in den USA durchgeführt werden, erscheinen in regelmäßigen Abständen „Progress Reports", die die neuesten Forschungsergebnisse auf diesem Gebiet enthalten. Die jeweils neuesten Ausgaben der Reports von einigen dieser Forschungsprojekte sind im Literaturverzeichnis aufgeführt [558—569].

Eine Übersicht über die Mechanismen, die eine Änderung der mechanischen Eigenschaften bei Bestrahlung bewirken, gibt BARNES [570]. Dabei werden im wesentlichen zwei Effekte unterschieden, nämlich die Wechselwirkung der Versetzungen mit den durch Bestrahlung mit schnellen Neutronen entstandenen Defektkaskaden und die Wirkung der durch Einfang von thermischen Neutronen entstandenen Fremdatome. Daß es sich bei dem ersten Effekt, der sich z. B. in einer Erhöhung der kritischen Schubspannung σ_0 auswirkt, um die Wirkung von Defektkaskaden und nicht von Einzelpunktdefekten oder zu Clustern zusammengewanderter Einzelpunktdefekte handelt, kann man aus der Art der Erholung von tieftemperaturbestrahlten Kupfereinkristallen bei schrittweiser Temperaturerhöhung folgern [571]. Auch die Dosisabhängigkeit

$$\sigma_0 = \text{const} \cdot \sqrt{\Phi \cdot t}$$

stimmt mit der von SEEGER [572] für diesen Mechanismus theoretisch hergeleiteten Abhängigkeit überein. Allerdings macht sich schon nach kleinen Dosen (10^{17} n/cm²) ein Sättigungseffekt bemerkbar, der auf spontaner, athermischer Rekombination von Zwischengitteratomen und Leerstellen beruht und eine Abflachung der Kurve bewirkt. Bei Nickel, das nicht so eingehend untersucht worden ist wie Kupfer, liegen die Verhältnisse ähnlich; und Messungen von MAKIN und MINTER [573] lassen ebenfalls die $\sqrt{\Phi \cdot t}$-Abhängigkeit der kritischen Schubspannung erkennen.

Im Oak Ridge National Laboratory führte man Messungen der Spannungs-Dehnungs-Kurven von Nickel (Typ 330 mit 0,03% C) vor und nach der Bestrahlung durch [574], um die Eignung von Nickel als Kontrollstabmaterial zu untersuchen. Die Kurven für Nickel 330 im unbestrahlten und im bestrahlten Zustand ($9 \cdot 10^{20}$ n/cm² > 1 MeV bei 50···100 °C) sind in Abb. B 125 wiedergegeben. Man findet eine Verdoppelung der Dehngrenze und das Auftreten einer oberen Streckgrenze, verbunden mit einer Abnahme der Bruchdehnung von 36 auf 11%. Das Auftreten einer oberen Streckgrenze läßt sich auf eine Behinderung der Versetzungsquellen durch Fehlstellen zurückführen und ist bei vielen kubisch-flächenzentrierten Metallen zu finden. Ein einfacher Zusammenhang zwischen den interessierenden mechanischen Größen, wie der 0,2-Grenze, der Zugfestigkeit und der Bruchdehnung einerseits und der Bestrahlungsdosis andererseits besteht nicht, weil zu viele Einflüsse, wie z. B. Korngröße, Reinheit, Wärmevorbehandlung, Bestrahlungstemperatur, Neutronenspektrum usw., die Ergebnisse beeinflussen können. Dadurch erklärt sich auch die weite Streuung der Meßergebnisse, die, vor allem bei den älteren Messungen, erhebliche Abweichungen voneinander zeigen. Einige charakteristische Grundzüge lassen sich jedoch bei den meisten nichtrostenden Stählen und Nickellegierungen feststellen, wobei man allerdings zwischen aushärtenden und nichtaushärtenden Legierungen zu unterscheiden hat. In Tab. B 31 sind einige neuere Ergebnisse von Bestrahlungsversuchen wiedergegeben, die am Reaktor

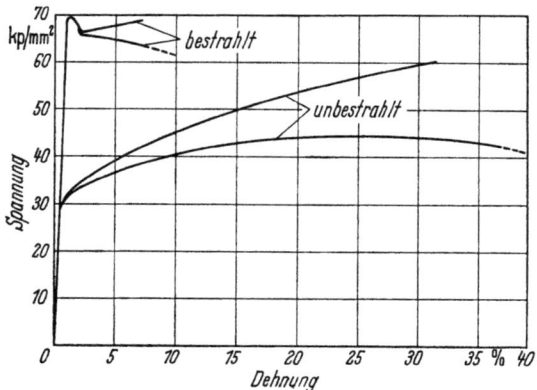

Abb. B 125. Typische Spannungs-Dehnungs-Diagramme (untere Kurven) und wahre Spannungs-Dehnungs-Diagramme (obere Kurven) für unbestrahltes und bestrahltes Nickel (Typ 330) [574].

BR 2 in Mol im Rahmen einer Untersuchung über den Einsatz von hochwarmfesten Legierungen als Hüllwerkstoffe für Brennelemente eines Hochtemperatur-Reaktors durchgeführt wurden [575].

Die Legierungen X 5 NiCrTi 26 15 und NiCr 15 Fe 7 TiAl[1] lagen im ausgehärteten, die übrigen im weichgeglühten Zustand vor. Man erkennt den sehr viel stärkeren Anstieg der 0,2-Grenze nach Bestrahlung bei den nichtaushärtbaren Legierungen (115···160%) gegenüber den ausgehärteten Legierungen (30···90%). Die Zugfestigkeit fällt bei letzteren sogar bei den niedrigen Bestrahlungsdosen um 5···10% ab, während sie bei den nichtaushärtbaren Legierungen um 20···35% ansteigt. Die Abnahme der Bruchdehnung ist mit 60···70% bei den ausgehärteten Legierungen stärker als bei den nichtaushärtbaren, wo sie nur 30···55% beträgt. Weiterhin bemerkt man, daß sich die Eigenschaften der austenitischen Stähle nach Bestrahlung mit $4,8 \cdot 10^{20}$ und $11 \cdot 10^{20}$ n/cm² nicht wesentlich voneinander unterschieden, daß also eine Art Sättigung nach $3 \cdots 5 \cdot 10^{20}$ n/cm² eintritt, während die Nickellegierungen auch oberhalb dieser Dosis noch eine deutliche Eigenschaftsänderung zeigen.

Von großem Interesse für das Verständnis der Mechanismen ist die Erholung der Eigenschaftsänderungen durch Tempern der Proben nach der Bestrahlung. In Abb. B 126 [575] sind z. B. die Raumtemperatur-

---

[1]) In Deutschland nicht genormt.

Tabelle B 31. *Festigkeitseigenschaften von unbestrahlten und bestrahlten austenitischen Stählen und Nickellegierungen.*
Bestrahlungstemperatur: $\approx 70°C$, *Prüftemperatur: 20°C, Mittelwerte aus mehreren Messungen* [575].

Belastung	mittl. integrierter Fluß nvt. 10^{20} ($E > 0{,}1$ MeV)	Werkstoff Bezeichnung	Zustand	0,2-Grenze kp/mm² unbestrahlt	0,2-Grenze kp/mm² bestrahlt	Zugfestigkeit kp/mm² unbestrahlt	Zugfestigkeit kp/mm² bestrahlt	Bruchdehnung % unbestrahlt	Bruchdehnung % bestrahlt
A	2,7	X 8 CrNiNb 16 13	weich	25,8	59,7	55,6	69,2	42,5	22,5
		20/25-Cr-Ni-Stahl	weich	21,8	51,1	52,7	62,7	38,7	26,8
		NiCr 15 Fe	weich	39,1	82,2	71,6	87,1	27,5	14,6
		NiCr 15 Fe 7 TiAl[1]	ausgehärtet	59,7	86,1	115,2	105,0	21,0	7,9
B	4,8	X 8 CrNiNb 16 13	weich	25,7	65,9	58,7	73,5	37,8	19,4
		X 5 NiCrTi 26 15	ausgehärtet	53,4	85,3	100,1	90,8	19,7	8,6
		NiCr 15 Fe 7 TiAl[1]	ausgehärtet	70,4	103,7	117,0	109,7	15,0	4,3
C	11,0	X 8 CrNiNb 16 13	weich	25,8	67,0	55,6	70,7	42,5	22,9
		20/25-Cr-Ni-Stahl	weich	21,8	51,1	52,7	62,7	38,7	26,8
		NiCr 15 Fe	weich	39,1	94,5	71,6	95,8	27,5	11,4
		NiCr 15 Fe 7 TiAl[1]	ausgehärtet	59,7	113,1	115,2	117,3	21,0	6,6

[1] In Deutschland nicht genormt.

Werte der 0,2-Dehngrenze, der Zugfestigkeit und der Bruchdehnung des 20/25-Chrom-Nickel-Stahles, der zuvor mit $11 \cdot 10^{20}$ n/cm² bestrahlt wurde, gegen die Glühdauer bei 550 °C aufgetragen. Wie man sieht, haben die Werte auch nach 8 h noch nicht die Ausgangswerte vor der Bestrah-

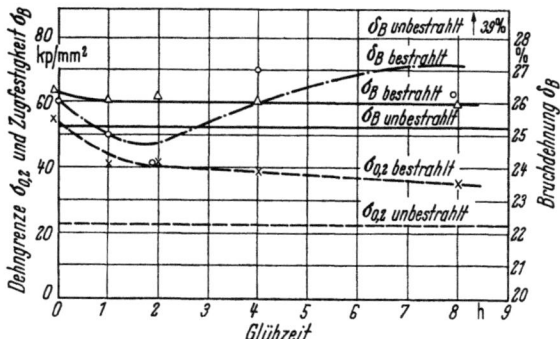

Abb. B 126. Erholung der mechanischen Eigenschaften von bestrahltem 20/25-Chrom-Nickel-Stahl durch Glühung bei 550 °C [575].

lung erreicht. Erst durch eine Glühung bei 700 °C, bei der auch die größten und stabilsten Defektkaskaden zurückgebildet werden, lassen sich die Raumtemperatureigenschaften wieder auf ihren Ausgangswert bringen.

Ein anderer Effekt, nämlich die Hochtemperaturversprödung, die sich unter anderem in einer Abnahme der Bruchdehnung der bestrahlten

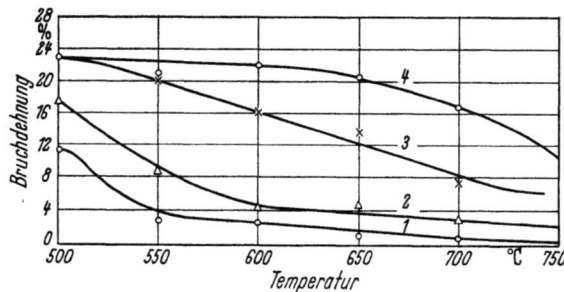

Abb. B 127. Bruchdehnung nach Bestrahlung bei verschiedenen Prüftemperaturen [575].
Kurve 1: NiCr 15 Fe 7 Ti Al;   Kurve 3: 20/25-Chrom-Nickel-Stahl;
Kurve 2: NiCr 15 Fe;   Kurve 4: 16/13-Chrom-Nickel-Stahl.

Legierungen bei hohen Temperaturen bemerkbar macht, ist auf die Wirkung der thermischen Neutronen zurückzuführen. Diese werden von den im Material vorhandenen Boratomen eingefangen, wodurch sich diese unter Aussendung eines Alphateilchens bzw. eines Heliumkerns in ^{7}Li verwandeln. Das durch diese ^{10}B (n, α)^{7}Li-Reaktion entstandene

Helium kann sich in Form von kleinen Gasblasen in den Korngrenzen ansammeln, wodurch in Abhängigkeit von der Verformungsgeschwindigkeit, eine Verschiebung des Übergangs vom transkristallinen zum interkristallinen Bruch zu tieferen Temperaturen bewirkt wird [575].

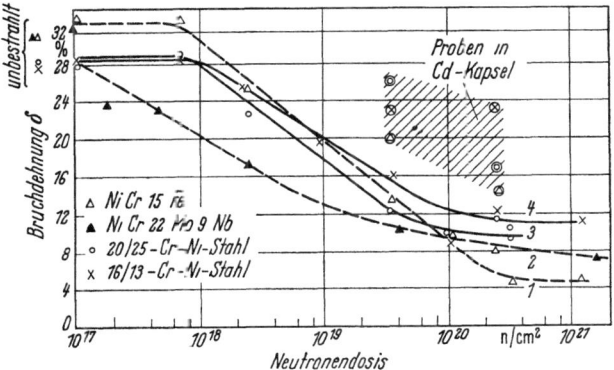

Abb. B 128. Bruchdehnung bei 750°C in Abhängigkeit von der thermischen Neutronendosis [576].

Abb. B 127 zeigt die Abnahme der Bruchdehnung von vier verschiedenen Legierungen nach Bestrahlung mit $11 \cdot 10^{22}$ n/cm² im Temperaturbereich 500···750 °C. Man erkennt, daß die Versprödung bei den Nickelbasislegierungen schon bei 500 °C, bei den nichtrostenden Stählen hingegen erst oberhalb 600 °C deutlich wird. Dieser durch Kernumwandlung hervorgerufene Effekt ist natürlich im Gegensatz zu den durch Atomverlagerungen hervorgerufenen Effekten durch Wärmebehandlungen nicht ausheilbar. Daß er wirklich durch thermische und nicht durch schnelle Neutronen hervorgerufen wird, wurde durch Bestrahlungen in überwiegend thermischen Neutronenflüssen geprüft [576—579]. In Abb. B 128 ist der Verlauf der Bruchdehnung bei 750 °C für die nichtaushärtenden Werkstoffe NiCr 15 Fe, NiCr 22 Mo 9 Nb sowie für die 20/25- und 16/13-Chrom-Nickel-Stähle in Abhängigkeit von der thermischen Neutronendosis aufgetragen [576]. Der Abfall beginnt bei Dosen zwischen $5 \cdot 10^{16}$ n/cm² im Falle von NiCr 22 Mo 9 Nb und bei $1 \cdot 10^{18}$ n/cm² im Falle des 16/13-Chrom-Nickel-Stahles und erreicht eine Sättigung bei etwa $3 \cdot 10^{20}$ n/cm², wenn der größte Teil (70%) der ^{10}B-Atome abgebrannt ist. Auch ein anderer Mechanismus, nämliche die Wirkung der Fremdatome als Keime für die Carbidausscheidung, ist denkbar. Licht- und elektronenmikroskopische Untersuchungen eines niobstabilisierten 20/25-Chrom-Nickel-Stahles mit 0,025% C haben nämlich ergeben, daß die Dichte und Verteilung der NbC-Ausscheidungen in bestrahlten Proben, die nach der Bestrahlung bei 850 °C auf einer Zerreißmaschine getestet wurden, deutliche Unterschiede gegenüber einer unbestrahlten Probe zeigten [580]. Während bei der unbestrahlten Probe die Ausscheidungen im Korninnern unregelmäßig verteilt waren und sich in Korngrenzennähe eine ausscheidungsfreie Zone abzeichnete, traten bei der bestrahlten Probe die Ausscheidungen in geordneten Reihen längs von Versetzungslinien auf und erstreckten sich bis zu den Korngrenzen. Damit verbunden war eine Zunahme der Zugfestigkeit und Abnahme der Bruchdehnung, gemessen bei 850 °C. Nimmt man im Anschluß an die Bestrahlung eine halbstündige Glühung bei 1150 °C vor, so zeigen bestrahlte und unbestrahlte Proben etwa gleichartige Anordnungen der Ausscheidungen, jetzt hauptsächlich in den Korngrenzen, und auch die Zugfestigkeiten sind bei beiden gleich. Unverändert hingegen bleibt die geringe Bruchdehnung der bestrahlten Proben, so daß man wohl die Zunahme der Festigkeit, nicht aber die Hochtemperaturversprödung mit den Carbidausscheidungen in Zusammenhang bringen kann. Diese scheint also nach wie vor auf der Ansammlung von Helium in den Korngrenzen zu beruhen.

Dieser für die technische Anwendung der untersuchten Legierungen als Strukturmaterialien in Reaktoren sehr nachteilige Effekt ließe sich nur durch eine Senkung des Borgehaltes unter 0,01 ppm beheben, was jedoch mit vertretbarem Aufwand nicht zu erreichen ist. Außerdem können auch durch andere (n, α)-Reaktionen, vor allem mit schnellen Neutronen, Heliumatome entstehen, wenn auch nicht in gleichem Maße [581].

Sehr empfindlich von der Korngröße abhängig ist die strahlungsinduzierte Hochtemperaturversprödung. Bei einem 18/8-Chrom-Nickel-Stahl (AISI-Typ 304) zeigte eine Probe mit einem mittleren Korndurchmesser von $0,012 \cdots 0,024$ mm nach Bestrahlung mit $7 \cdot 10^{20}$ n/cm² (thermisch) bei Prüftemperaturen von 700 und 840 °C und Verformungsgeschwindigkeiten von 0,2%/min eine mindestens doppelt so hohe Bruchdehnung wie eine sonst gleich behandelte Probe mit einem mittleren Korndurchmesser von 0,123 mm [582]. Außer durch Verringerung der Korngröße und des Borgehaltes läßt sich die Hochtemperaturversprödung auch durch den Kohlenstoff- und Titangehalt beeinflussen [583]. 18/8-Chrom-Nickel-Stähle mit 0,06% C, die zwischen 700 und 900 °C mit $3,5 \cdot 10^{20}$ n/cm² ($E > 1$ MeV) und $4,5 \cdot 10^{20}$ n/cm² (thermisch) bestrahlt wurden, zeigten im ganzen untersuchten Temperaturbereich von 650 bis 824 °C eine größere Duktilität als ein entsprechender Stahl mit nur 0,02% C. Durch Zugabe von 0,2% Ti konnte die Bruchdehnung bei 824 °C von 20 auf 45% erhöht werden, während sie bei höheren Titangehalten wieder abnahm. Der Einfluß der Bestrahlungstemperatur auf die Hochtemperaturversprödung ist, wie zu erwarten, im untersuchten Temperaturbereich von $150 \cdots 750$ °C gering, weil es sich um einen nicht ausheilbaren Effekt handelt [584].

7.223 Zeitstandverhalten

Um die untersuchten Materialien möglichst den gleichen Beanspruchungen auszusetzen, denen sie auch bei Verwendung als Struktur- und Hüllwerkstoff in einem Reaktor ausgesetzt sind, will man ihr mechanisches Verhalten auch während der Bestrahlung im Reaktor bei verschiedenen Temperaturen und Belastungen prüfen. Zu diesem Zweck werden dünnwandige Testrohre durch einen inneren Gasdruck belastet, und es wird die Zeit bis zum Auftreten eines Risses ermittelt. Auch hierbei stellte sich heraus, daß bei hohen Bestrahlungs- und Testtemperaturen der thermische Neutronenfluß von ausschlaggebender Bedeutung ist. Bei Bestrahlungen eines aushärtbaren 15/26-Chrom-Nickel-Stahles (amerikanische Bezeichnung A-286) bei 650 °C mit gemischtem Neutronenfluß wurde eine 16%ige Abnahme der 50-Stunden-Zeitstandfestigkeit gegenüber einer unbestrahlten Vergleichsprobe gefunden [585]. Demgegenüber betrug die Abnahme bei einer sonst gleich behandelten Probe, die aber bei der Bestrahlung durch ein Cadmiumblech gegenüber den thermischen Neutronen vollkommen abgeschirmt war, nur 6%. Dies läßt darauf schließen, daß wieder die Bildung von Helium durch die $^{10}B(n, \alpha)^7Li$-Reaktion für den Effekt verantwortlich ist. Allerdings zeigten Versuche an NiCr 15 Fe mit verschiedenem Borgehalt (1···190 ppm ^{10}B) keinen eindeutigen Zusammenhang zwischen Borgehalt und prozentualer Abnahme der 100-Stunden-Zeitstandfestigkeit [586]. Dies wird mit einer Überdeckung des Effektes durch unterschiedliche Korngröße, Ausscheidungsphasen und Einschlüsse erklärt, so daß weitere Versuche mit besser vergleichbaren Proben notwendig sind. Auch die Ergebnisse an einem 18/8-Chrom-Nickel-Stahl (AISI-Typ 304) waren nicht eindeutig. Während in einem Fall (Charge A) eine Abnahme der Zeitstandfestigkeit um 10···15% festgestellt wurde, war im anderen Falle (Charge B) unter sonst gleichen Bedingungen kein Effekt zu bemerken. Allerdings wurde in allen Fällen festgestellt, daß die maximale Durchmesservergrößerung der Teströhrchen bei den Versuchen im Reaktor wesentlich geringer war als bei den Vergleichsmessungen außerhalb des Reaktors, daß also eine Abnahme der Duktilität auf jeden Fall auftritt.

Neuere Untersuchungen an einem niobstabilisierten 20/25-Chrom-Nickel-Stahl, der als Strukturmaterial in englischen gasgekühlten Hochtemperatur-Reaktoren vorgesehen ist, ergaben im Temperaturbereich 550···850 °C ebenfalls nur eine unwesentliche Änderung der Zeitstandfestigkeit, während die Duktilität eine deutliche Abnahme zeigte [587].

Am gleichen Material wurde auch der Einfluß von vorhergehenden Glühbehandlungen ($^1/_2$ h, bei 1050 °C und 60 h bei 800 °C) untersucht [588]. Man fand, daß die 60stündige Glühung bei 800 °C die 100-Stunden-Zeitstandfestigkeit bei 650 °C von 17,5 kp/mm² auf 12,5 kp/mm² erniedrigte, daß aber nach wie vor kein Unterschied zwischen den im Reaktor gemessenen Werten und den Vergleichswerten auftrat. Allerdings nahm die Bruchdehnung der geglühten Probe durch die Bestrahlung von 20,4 auf 4,4% ab, während die entsprechenden Werte bei der ungeglühten Probe 4 und 2% betrugen.

Eine sehr starke Abnahme der Zeitstandfestigkeit wurde bei der ausscheidungsgehärteten Nickelbasislegierung NiCr 15 Fe 7 TiAl gefunden [585], die bei Bestrahlung etwa die gleichen niedrigen Werte wie die unbestrahlte nicht aushärtende Legierung NiCr 15 Fe erreicht.

7.224 Kerbschlagverhalten

Nickel und austenitische nichtrostende Stähle zeigen wegen ihrer kubisch-flächenzentrierten Struktur auch bei tiefen Temperaturen keinen Übergang von duktilem zu sprödem Bruch. Daran ändert, wie verschiedene Untersuchungen [589—592] gezeigt haben, auch eine Bestrahlung mit schnellen Neutronen grundsätzlich nichts.

7.225 Magnetische Eigenschaften

Die Beeinflussung der magnetischen Eigenschaften durch Reaktorbestrahlung ist ebenfalls an einer Reihe von Nickelbasislegierungen untersucht worden [593]. Die Bestrahlung erfolgte bei 90 °K bis zu einer Dosis von $5 \cdot 10^{17}$ n/cm². Nach der Bestrahlung wurden die Proben bei Zimmertemperatur gemessen; sie zeigten praktisch keinen Unterschied in den magnetischen Werten. Anschließend wurden die Proben in Stufen von 25 grd isochron jeweils eine Stunde aufgeheizt. Die größten Änderungen ergaben sich stets erst nach einer Aufheizung auf 200···350 °C,

Tabelle B 32. *Beeinflussung der magnetischen Eigenschaften durch Reaktorbestrahlung bei 90 °K.*

Legierung	Zusammensetzung (Gew.-%)				Koerzitivkraft Oe			Remanenz kG		
	Ni	Fe	Mo	Sonstige	vor der Bestrahlung	nach der Bestrahlung	nach Ausheil. bei 300 °C	vor der Bestrahlung	nach der Bestrahlung	nach Ausheil. bei 300 °C
Permalloy	78	17	5	—	0,062	0,066		4,8	4,8	
Supermalloy	79	16	5	—	0,068	0,098	0,190	4,4	3,8	2,8
Mumetal	77	16	—	5 Cu 2 Cr	0,10	0,12	0,22	4,6	4,7	4,0
Allegheny 4750	52	48	—	—	0,37	0,37	0,48	11,4	11,6	5,0
Sinimax	43	54	—	3 Si	0,23	0,26	0,28	9,0	9,0	7,2
Monimax	47	50	3	—	0,27	0,30	0,33	11,1	11,4	8,4

was darauf hindeutet, daß die Effekte durch Diffusion von Fehlstellen hervorgerufen werden, die erst oberhalb der Zimmertemperatur beweglich werden. Es handelt sich hierbei wahrscheinlich um die Einstellung einer Nahordnung, die mit einem Anstieg der Koerzitivkraft und einer Abnahme der Remanenz verbunden ist. Eine völlige Ausheilung und Wiederherstellung des Ausgangszustandes ist durch Aufheizen der Proben auf 350···450 °C möglich. Die Ergebnisse sind in Tab. B 32 zusammengestellt.

7.3 Anwendung von Nickellegierungen in der Reaktortechnik

Das Ziel der Reaktortechnik — die Produktion von konkurrenzfähigem, billigem Atomstrom — hat dazu geführt, daß die Reaktoren bei immer höheren Temperaturen betrieben werden, weil nur auf diese Weise die erforderlichen hohen Wirkungsgrade bei der Umwandlung der Wärme in elektrische Energie erreicht werden können. Die in den älteren Leistungsreaktoren als Hüllwerkstoffe eingesetzten Magnesium- und Aluminiumlegierungen erlauben wegen ihrer geringen Neutronenabsorption die Verwendung von nicht angereichertem Uran als Kernbrennstoff, sind aber bei Temperaturen oberhalb 400 °C nicht mehr verwendbar. In den heute am stärksten verbreiteten Druck- und Siedewasserreaktoren haben sich die Zirkonlegierungen durchgesetzt, da Zirkon mit 0,18 b einen sehr niedrigen Absorptionskoeffizienten für thermische Neutronen aufweist und eine ausreichende mechanische Festigkeit und Korrosionsbeständigkeit besitzt. Noch wesentlich höheren Beanspruchungen werden die Hüllwerkstoffe in den projektierten schnellen Brutreaktoren ausgesetzt werden. Als Mindestanforderung wird eine Zeitstandfestigkeit von 10···15 kp/mm² bei 650 °C und 20000 h verlangt [594]. In diesem Fall ist man auf die Verwendung von austenitischen Stählen oder Nickelbasislegierungen angewiesen. Im Fall des natriumgekühlten schnellen Brüters werden voraussichtlich Stähle mit 15% Cr und 13% Ni eingesetzt werden (Werkstoff — Nr. 1.4961 oder 1.4988), da diese mit einem Absorptionsquerschnitt für schnelle Neutronen von etwa 8 mb den Nickelbasislegierungen mit 10···17 mb vorzuziehen sind. Dies wird nicht mehr möglich sein, wenn — was ebenfalls erwogen wird — statt der Natriumkühlung eine Dampfkühlung angewandt wird. In diesem Fall tritt das Problem der Spannungsrißkorrosion auf, die durch Erhöhung des Nickelgehaltes unterdrückt werden muß. Als Hüllwerkstoffe für den dampfgekühlten schnellen Brüter sind deshalb die mischkristallhärtenden Legierungen NiCr 15 Fe und Hastelloy X vorgesehen, die gegenüber den aushärtbaren Legierungen vom Typ NiCr 15 Fe 7 TiAl den Vorteil der geringen Versprödung unter Bestrahlung zeigen.

In diesem Zusammenhang soll auch auf das Projekt des Salzschmelzenbrüters hingewiesen werden, bei dem der Brennstoff (Uran) und der Brutstoff (Thorium) in Form von Fluoriden im Innern der Hüllrohre enthalten ist. Die Kühlung erfolgt durch Natrium oder Natrium-Kalium von 650 °C. In Vorversuchen wurde ermittelt, daß die Legierung INOR 8 (Hastelloy N) sowohl gegenüber der Salzschmelze als auch gegenüber dem Natrium sehr beständig ist und somit als Hüllrohrwerkstoff für einen Salzschmelzenbrüter geeignet erscheint.

Literatur zu Kapitel B

1. Bild der Wissensch. 1 (1964) 69.
2. WHITE, J. R., u. A. E. CAMERON: Phys. Rev. 74 (1948) 991.
3. BROSI, A. R.: Ind. Engng. Chem. 44 (1952) 955—956.
4. KEIM, C. P.: Nucleonics 9 (1951) 5.
5. KOFOED-HANSEN, O.: Phys. Rev. 92 (1953) 1075.
6. BATCHELDER, F. W. v., u. R. F. RAEUCHLE: Acta Cryst. 7 (1954) 464.
7. HAZLETT, T. H., u. E. R. PARKER: Trans. Amer. Soc. Metals 46 (1954) 701.
8. LE CLERC, G., u. A. MICHEL: C. R. hebd. Séances Acad. Sci. 208 (1939) 1538.
9. THOMPSON, G. P.: Nature 123 (1929) 912.
10. BREDIG, G., u. E. v. BERGKAMPF: Z. phys. Chem., Bodenstein-Festb., 1931, S. 172.
11. TRILLAT, J.-J., L. TERTIAN, u. N. TERAO: C. R. hebd. Séances Acad. Sci. 243 (1956) 666—668.
12. Nickel Bull. 24 (1951) 2.
13. Nickel and its Alloys. Circ. nat. Bur. Stand. 592. Washington/D. C. 1958.
14. LUND, H., u. L. WARD: Proc. phys. Soc., Teil B, 65 (1952) 535.
15. Handbook of Chemistry and Physics. Hrsg. v. C. D. Hodgman u. a. 44. Ausg. Cleveland/Ohio 1963, S. 2887, 2967—2970.
16. STIMSON, H. F.: J. Res. nat. Bur. Stand. 42 (1949) 209.
17. HONIG, R. E.: RCA Rev. 18 (1957) 195—209.
18. WISE, E. M.: In: Metals Handbook. Hrsg. von Amer. Soc. Metals. Cleveland/Ohio 1948, S. 1046.
19. SYKES, C., u. H. WILKINSON: Proc. phys. Soc. 50 (1938) 834.
20. BUSEY, R., u. W. F. GIAUQUE: J. Amer. chem. Soc. 74 (1952) 3157.
21. KRAUSS, F., u. H. WARNCKE: Z. Metallkde. 46 (1955) 61.
22. BRAUN, M., u. R. KOHLHAAS: Phys. status solidi 12 (1965).
23. VOLLMER, O., R. KOHLHAAS u. M. BRAUN: Z. Naturforsch. 21a (1966) 181 bis 182.
24. HULTGREN, R., R. L. ORR, P. D. ANDERSON u. K. K. KELLEY: Selected Values of Thermodynamic Properties of Metals and Alloys. New York 1963.
25. GEOFFRAY, H., A. FERRIER u. M. OLETTE: C. R. hebd. Séances Acad. Sci. 256 (1963) 139.
26. KUBASCHEWSKI, O.: Z. Elektrochem. 54 (1950) 275—288.
27. HOFFMAN, R. E., F. W. PIKUS u. R. A. WARD: AIME 206 (1956) 483.
28. SWALIN, R. A., u. A. MARTIN: Trans. AIME 206 (1956) 567.

29. MATANO, C.: Mem. Coll. Sci., Kyoto 15 (1932) 351.
30. RUDER, R. C., u. C. E. BIRCHENALL: Trans. AIME 191 (1951) 142.
31. NEIMAN, M. B., u. A. Y. SHINYAER: Doklady Akademii Nauk SSSR 4 (1953) 49.
32. SWALIN, R. A., A. MARTIN u. R. OLSEN: Trans. AIME 209 (1957) 936.
33. HILL, M. L., u. E. W. JOHNSON: Acta Metallurg. 3 (1955) 566.
34. MOUMA, K., H. SUTO, u. H. OIKAWA: Nippon Kinzoku Gakkai-Shi 28 (1964) 192—196.
35. WELLS, C., u. R. F. MEHL: Metals Technol. 8 (1941) 1, T. P. 1281.
36. KUBASCHEWSKI, O., u. H. EBERT: Z. Elektrochem. 50 (1944) 138.
37. KEMP, W. R. G., P. G. CLEMENS u. K. G. WHITE: Australian J. Phys. 9 (1956) 180.
38. VAN DUSEN, M. S., u. S. M. SHELTON: J. Res. nat. Bur. Stand. 12 (1934) 429.
39. POWELL, R. L., u. W. A. BLANPIED: Circ. nat. Bur. Stand. 556. Washington/D. C. 1954.
40. Nickel, Hrsg. v. Vereinigte Deutsche Nickelwerke AG. Schwerte 1958.
41. NIX, F. C., u. D. MACNAIR: Phys. Rev. 60 (1941) 597.
42. HIDNERT, P.: J. Res. nat. Bur. Stand. 5 (1930) 1305.
43. JORDAN, L., u. W. E. SWANGER: J. Res. nat. Bur. Stand. 5 (1930) 1291.
44. HIDNERT, P.: J. Res. nat. Bur. Stand. 58 (1957) 89—92.
45. KAUFMANN, L., u. M. COHEN: In: CHALMERS, B., u. R. KING: Progr. in Metal Phys. 7 (1958) 165ff.
46. KLOSTERMANN, J. A., u. W. G. BURGERS: Acta metallurg. 12 (1964) 355.
47. HANSEN, M.: Constitution of Binary Alloys. New York, Toronto, London 1958, S. 677ff.
48. CHEVENARD, P.: Recherches expérimentales sur les alliages de fer, de nickel et de chrome, in: Trav. Mém. Bur. Int. Poids et Mesures 17 (1927) 1—142.
49. GUILLAUME, C. E.: C. R. hebd. Séances Acad. Sci. 124 (1897) 176, 752, 1515; 125 (1897/98) 235, 738; 129 (1899) 155; 132 (1901) 1105; 152 (1911) 189, 1450; 153 (1911) 156; 162/163 (1916) 654.
50. GUILLAUME, C. E.: Recherches métrologique sur les acrevs au nickel, in: Trav. Mém. Bur. Int. Poids et Mesures 17 (1927) 1—234.
51. BECKER, R., u. W. DÖRING: Ferromagnetismus. Berlin 1939, S. 305ff.
52. BOZORTH, R. M.: Ferromagnetism. Toronto, New York, London 1951, S. 641ff.
53. KNELLER, E.: Ferromagnetismus. Berlin, Göttingen, Heidelberg 1962, S. 223ff.
54. OWEN, E. A., E. L. YATES u. A. H. SULLY: Proc. phys. Soc. 49 (1937) 323.
55. MASUMOTO, H.: Sci. Rep. Tôhoku Imp. Univ. 20 (1931) 101.
56. MASIYAMA, Y.: Sci. Rep. Tôhoku Imp. Univ. 20 (1931) 574.
57. KUSSMANN, A., M. AUWARTER u. G. V. RITTBERG: Ann. Phys. 4 (1948) 174.
58. KUSSMANN, A.: Physik. Z. 38 (1937) 41.
59. MASUMOTO, H., u. T. KOBAYASHI: Sci. Rep. Res. Inst. Tôhoku Univ., Ser. A, 2 (1950) 856.
60. HANSEN, M.: Constitution of Binary Alloys. New York, Toronto, London 1958, S. 698.
61. KUSSMANN, A., u. K. JESSEN: Z. Metallkde. 54 (1963) 504.
62. MASUMOTO, H.: Sci. Rep. Imp. Tôhoku Univ. 23 (1934) 265.
63. KÖSTER, W.: Arch. Eisenhüttenwes. 6 (1932/33) 113.
64. KÖSTER, W., u. G. HOFMANN: Arch. Eisenhüttenwes. 30 (1959) 249.
65. BENEDICKS, C.: Arkiv Mat. Astron. Fysik A 28 (1942) Nr. 14.
66. TINO, Y.: J. Sci. Res. Inst. 46 (1952) 141.

67. HONDA, K.: Sci. Rep. Res. Inst. Tôhoku Univ. 1 (1949) 1.
68. TINO, Y., u. T. MAEDA: J. phys. Soc. Japan 24 (1968) 729.
69. KONDORSKI, E. I., u. V. L. SEDOW: J. appl. Phys. Suppl. 31 (1960) 331.
70. ANANTHANARAYANAN, N. I., u. R. J. PEAVLER: Nature 192 (1961) 962.
71. WEISS, R. J.: Proc. phys. Soc. 82 (1963) 281.
72. ASSMUS, F.: In: 40 Jahre Vacuumschmelze AG. Hrsg. von Vacuumschmelze AG. Hanau 1963, S. 47ff.
73. ZENER, C.: J. Metals, Trans., 7 (1955) 619—630.
74. HIEMENZ, H.: In: Festschrift zum 70. Geburtstag von Dr. phil., Dr.-Ing. e. h. WILHELM HERAEUS. Hanau 1930, S. 69ff.
75. HERRMANN, H., u. H. THOMAS: In: Werkstoff-Handbuch Nichteisenmetalle, Teil III, Ni 2.2. Hrsg. v. Dt. Ges. f. Metallkde. u. VDI, 2. Aufl. Düsseldorf 1960, S. 1—5.
76. SIZOO, G. J., u. C. ZWIKKER: Z. Metallkde. 21 (1929) 125.
77. IIDA, S.: J. phys. Soc. Japan 7 (1952) 373; 9 (1954) 34b; 10 (1955) 9.
78. LEECH, P., u. C. SYKES: Phil. Mag. 27 (1939) 742.
79. WAKELIN, R. J., u. E. L. YATES: Proc. phys. Soc., Ausg. B, 66 (1953) 221—240.
80. PFEIFER, F., u. I. PFEIFFER: Z. Metallkde. 55 (1964) 398.
81. JOSSO, E.: C. R. hebd. Séances Acad. Sci. 229 (1949) 594.
82. JOSSO, E.: Rev. Métallurg. 47 (1950) 769.
83. RIBBECK, F.: Z. Phys. 38 (1926) 772, 887; 39 (1926) 787.
84. HUNTER, M. A.: In: Metals Handbook. Hrsg. v. Amer. Soc. Metals. 8. Aufl., Bd. 1. Metals Park, Novelty/Ohio 1961, S. 816ff.
85. ESPE, W.: Werkstoffkunde der Hochvakuumtechnik, Bd. 1. Berlin 1959, S. 353.
86. KUSSMANN, A., u. K. JESSEN: Arch. Eisenhüttenwes. 29 (1958) 585.
87. PAULEVÉ, J., D. DAUTREPPE, J. LAUGIER u. L. NÉEL: C. R. hebd. Séances Acad. Sci. 254 (1962) 965.
88. OWEN, E. A., u. Y. H. LIU: J. Iron Steel Inst. 163 (1949) 132.
89. MARSH, J. S.: The Alloys of Iron and Nickel, Bd. 1. New York, London 1938, S. 155ff.
90. HOFFROGGE, C.: Z. Phys. 126 (1949) 671.
91. LEMENT, B. S., B. L. AVERBACH u. M. COHEN: Trans. Amer. Soc. Metals 43 (1951) 1072.
92. KAŠPAR, F.: Thermobimetalle in der Elektrotechnik. Berlin 1960.
93. SPENGLER, H.: Elektrotechn. Ausg. B, 13 (1961) 596.
94. ENGSTLER, D., u. A. HÖNIG: Z. Metallkde. 58 (1967) 757.
95. AUWERS, O. VON: Phys. Z. 34 (1933) 824.
96. KASE, T.: Sci. Rep. Tôhoku Imp. Univ. 16 (1927) 491.
97. SCOTT, H.: Trans. AIME 89 (1930) 506.
98. SCOTT, H.: J. Franklin Inst. 220 (1935) 733.
99. HESSENBRUCH, W.: Z. Metallkde. 29 (1937) 193.
100. HERRMANN, H., u. H. THOMAS: Z. Metallkde. 48 (1957) 582.
101. KRAMER, I. R., u. F. M. WALTER: Metals Technol. 8 (1941) 1.
102. SCHICHTEL, K., u. U. WILKE-DÒRFURT: Z. Metallkde. 36 (1944) 147.
103. ENGEL, F.: Glastechn. Ber. 29 (1956) 5.
104. ESPE, W.: Werkstoffkunde der Hochvakuumtechnik, Berlin 1959, Bd. 1. S. 354ff.
105. HERRMANN, H.: Glas- u. Hochvakuumtechn. 2 (1953) 189.
106. HERRMANN, H.: Metall 9 (1955) 407.
107. HERRMANN, H.: Glastechn. Ber. 33 (1960) 252.

108. PATRIDGE, J. H.: Glass-to-Metal Seals. Sheffield 1949.
109. CHEVENARD, P.: Rev. Métallurg. 25 (1928) 14.
110. JACKSON, L. R., u. H. W. RUSSELL, Instruments 11 (1938) 280.
111. KINGSTON, W. E.: Trans. Amer. Soc. Metals 30 (1942) 47.
112. WEISS, W.: Glastechn. Ber. 29 (1956) 386.
113. DÜSING, W.: Glastechn. Ber. 33 (1960) 257.
114. MASUMOTO, H., H. SAITÔ u. T. KÔNO: Sci. Rep. Res. Tôhoku Univ., Ser. A, 6 (1954) 529.
115. MASUMOTO, H., H. SAITÔ u. Y. SUGAI: Sci. Rep. Res. Inst. Tôhoku Univ., Ser. A, 7 (1955) 533.
116. MASUMOTO, H., H. SAITÔ, T. KÔNO u. Y. SUGAI: Sci. Rep. Res. Inst. Tôhoku Univ., Ser. A, 8 (1956) 471.
117. KROLL, W.: Z. Metallkde. 31 (1939) 20.
118. DEAN, R. S.: Electrolytic Manganese and its Alloys. New York 1952, S. 134ff.
119. ZWICKER, U.: Z. Metallkde. 42 (1951) 331.
120. KÖSTER, W.: Z. Metallkde. 35 (1943) 194.
121. BECKER, R., u. W. DÖRING: Ferromagnetismus. Berlin 1939, S. 336ff.
122. BOZORTH, R. M.: Ferromagnetism. Toronto, New York, London 1951, S. 684ff.
123. KNELLER, E.: Ferromagnetismus. Berlin, Göttingen, Heidelberg 1962, S. 702ff.
124. KÖSTER, W.: Z. Metallkde. 39 (1948) 1.
125. LOSINSKI, M. G.: Izvestija Akademii Nauk SSSR, OTN, 1956, Nr. 3, 59.
126. NEIGHBOURS, J. R., F. W. BRATTEN u. C. S. SMITH: J. appl. Phys. 23 (1952) 389.
127. SIEGEL, S., u. S. L. QUIMBY: Phys. Rev. 49 (1936) 663.
128. KÖSTER, W.: Z. Metallkde. 35 (1943) 57.
129. KIRENSKY, L. V.: Doklady Akademii Nauk SSSR 64 (1949) 53.
130. KERSTEN, M.: Z. angew. Phys. 8 (1956) 313.
131. BUNGARDT, K., H. PREISENDANZ u. P. SCHÜLER: DEW-Techn. Ber. 5 (1965) 157.
132. BUEREN, H. G. VAN: Imperfections in Crystals. Amsterdam 1960, S. 399ff.
133. KÖSTER, W.: Z. Metallkde. 53 (1962) 17.
134. LÜCKE, K.: Z. Metallkde. 53 (1962) 57.
135. NOWICK, A. S.: In: CHALMERS, B.: Progress in Metal Physics 4 (1953) 1ff.
136. SCHILLER, P.: Z. Metallkde. 53 (1962) 9.
137. KÖSTER, W.: Z. Metallkde. 35 (1943) 246.
138. KORNETZKI, M.: Z. Phys. 146 (1956) 107.
139. FRANZ, H.: Z. Metallkde. 53 (1962) 27.
140. KNELLER, E.: Ferromagnetismus. Berlin, Göttingen, Heidelberg 1962, S. 719ff.
141. SCHMID, E., u. H. THOMAS: Z. Metallkde. 41 (1950) 45.
142. DRUYVESTIJN, M. J.: Physica 8 (1941) 439.
143. ENGLER, O.: Ann. Phys. 31 (1938) 145.
144. YAMAMOTO, M.: Sci. Rep. Res. Inst. Tôhoku Univ., Ser. A, 11 (1959) 102.
145. OCHSENFELD, R.: Z. Phys. 143 (1955) 375.
146. KÖSTER, W.: Z. Metallkde. 32 (1940) 145.
147. OCHSENFELD, R.: Z. Phys. 143 (1955) 357.
148. BENIEWA, T. JA., u. J. G. POLOZKIJ: Fizika Metallov i Metallovedenie 12 (1961) 584.
149. PAWLOW, V. A., N. F. KRIUTSCHKOW u. I. D. FEDOROW: Fizika Metallov i Metallovedenie 5 (1957) 374.
150. KÖSTER, W., u. W. RAUSCHER: Z. Metallkde. 39 (1948) 111.
151. FUKUROI, T., u. Y. SHIBUYA: Sci. Rep. Res. Inst. Tôhoku Univ., Ser. A, 2 (1950) 748.

152. UMEKAWA, S.: Nippon Kinzoku Gakkai-Shi 18 (1954) 387.
153. YAMAMOTO, M.: Sci. Rep. Res. Inst. Tôhoku Univ., Ser. A, 6 (1954) 446.
154. YAMAMOTO, M., u. S. TANIGUCHI: Sci. Rep. Res. Inst. Tôhoku Univ., Ser. A, 7 (1955) 35.
155. FURUKOI, T., u. Y. SHIBUYA, Sci. Rep. Res. Inst. Tôhoku Univ. Ser. A, 2 (1950) 829.
156. ILINA, W. A., W. K. KRIZKAJA, G. W. KURDJUMOW u. J. A. OSIPJAN: Sbornik Trudow centraln. nautschno-issled. Inst. tschernoj Metallurgii, 7. Sammelband. Moskau 1962, S. 34—63.
157. FINE, M. E., u. W. C. ELLIS: Trans. AIME 188 (1950) 1120.
158. CHEVENARD, P.: Trav. Mém. Bur. Int. Poids et Mesures 17 (1927) 142.
159. GUILLAUME, C. E.: Rev. Métallurg. 25 (1928) 35.
160. IDE, J. M.: Proc. IRE 22 (1934) 177.
161. MASUMOTO, H., H. SAITÔ, T. KÔNO u. Y. SUGAI: Sci. Rep. Res. Inst. Tôhoku Univ., Ser. A, 8 (1956) 471.
162. DOROSCHEK, S. I.: Fizika Metallov i Metallovedenie 17 (1964) 243.
163. FINE, M. E., u. W. C. ELLIS: Trans. AIME 191 (1951) 761.
164. FINE, M. E.: Bell Labor. Record 30 (1952) 345.
165. CHEVENARD, P., X. VACHÉ u. A. VILLACHON: Ann. Franç. Chronométrie 7 (1937) 259.
166. CLARK, C. A.: Proc. Instn. electr. Eng. Part B, Suppl., 109 (1962) 389.
167. KRÜGER, G.: Schweiz. Arch. angew. Wiss. Techn. 25 (1959) 299.
168. ROHN, W.: VDI-Z. 79 (1935) 22.
169. STRAUMANN, R.: In: Die Heraeus-Vacuumschmelze, Hanau a. M. 1923—1933. Hanau 1933, S. 408 ff.
170. KRÜGER, G.: Metals Rev. 8 (1963) 427.
171. BÖHME, D., u. L. JUNG: In: 40 Jahre Vacuumschmelze AG 1923—1963. Hrsg. von Vacuumschmelze AG, Hanau 1963, S. 64 ff.
172. MAGER, A.: Nickel-Ber. 24 (1966) 65—78.
173. HEISENBERG, W.: Z. Phys. 49 (1928) 619.
174. WEISS, P.: J. Phys. H., Ser. 4, 6 (1907) 661—690.
175. HEGG, F.: Arch. sci. phys. nat. 29 (1910) 592; 30 (1910) 15.
176. BOZORTH, R. M., u. J. G. WALKER: Phys. Rev. 89 (1953) 624.
177. HALL, R. C.: J. appl. Phys. 30 (1959) 816.
178. PUZEI, I. M.: Fizika Metallov i Metallovedenie 11 (1961) 686.
179. KNELLER, E.: Ferromagnetismus. Berlin, Göttingen, Heidelberg 1962.
180. TARASOV, L. P.: Phys. Rev. 56 (1939) 1245.
181. KLEIS, J. D.: Phys. Rev. 50 (1936) 1178.
182. BIRSS, R. R., u. P. M. WALLIS: In: Proc. internat. Conf. Magn. Nottingham 1964, S. 744.
183. HOFMANN, U.: Phys. status solidi 7 (1964) K 145.
184. KRAUSE, D., u. U. PATZ: In: Berichte der Arbeitsgemeinschaft Ferromagnetismus 1965. Hrsg. von Arbeitsgemeinschaft Ferromagnetismus. Düsseldorf 1967, S. 342—345.
185. BECKER, R., u. W. DÖRING: Ferromagnetismus. Berlin 1939.
186. BOZORTH, R. M.: Ferromagnetism. Toronto, New York, London: 1951.
187. BJELOW, K. P.: Erscheinungen in ferromagnetischen Metallen. Moskau, Leningrad 1951 (Original); Berlin 1953 (deutsche Übersetzung).
188. MASIYAMA, Y.: Sci. Rep. Tôhoku Imp. Univ. 20 (1931) 574.
189. BOZORTH, R. M., u. R. W. HAMMING: Phys. Rev. 89 (1953) 865.
190. NÉEL, L.: C. R. hebd. Séances Acad. Sci. 237 (1953) 1613.
191. NÉEL, L.: J. Phys. Radium 15 (1954) 525.

192. NÉEL, L.: C. R. hebd. Séances Acad. Sci. 257 (1963) 2917.
193. TANIGUCHI, S., u. Y. YAMAMOTO: Sci. Rep. Res. Inst. Tôhoku Univ., Ser. A, 6 (1954) 330.
194. TANIGUCHI, S.: Sci. Rep. Res. Inst. Tôhoku Univ., Ser. A, 7 (1955) 269 u. 8 (1956) 173.
195. CHIKAZUMI, S.: J. phys. Soc. Japan 10 (1955) 842.
196. FERGUSON, E. T.: J. appl. Phys. 29 (1958) 252.
197. SEEGER, A., P. SCHILLER u. H. KRONMÜLLER: Phil. Mag. 5 (1960) 853.
198. KRONMÜLLER, H., A. SEEGER u. P. SCHILLER: Z. Naturforsch. 15a (1960) 740.
199. HUNTINGTON, H. B., u. F. SEITZ: Phys. Rev. 61 (1942) 315.
200. MOSER, P., D. DAUTREPPE u. P. BRISSONNEAU: C. R. hebd. Séances Acad. Sci. 250 (1960) 3963 (Transmis. de Néel).
201. ADLER, E.: Z. angew. Phys. 15 (1963) 250.
202. MAGER, A.: In: 40 Jahre Vacuumschmelze AG 1923—1963. Hrsg. von Vacuumschmelze AG. Hanau 1963.
203. ADLER, E., u. C. RADELOFF: Z. angew. Phys. 18 (1965) 482.
204. ADLER, E.: Z. Metallkde. 56 (1965) 249, 294, 361 u. 470.
205. ADLER, E., u. C. RADELOFF: Z. angew. Phys. 20 (1966) 46.
206. RADELOFF, C., u. E. ADLER: In: Berichte der Arbeitsgemeinschaft Ferromagnetismus 1965. Hrsg. von Arbeitsgemeinschaft Ferromagnetismus. Düsseldorf 1967, S. 374—377.
207. ADLER, E., u. C. RADELOFF: Z. angew. Phys. 20 (1966) 346.
208. RASSMANN, G., u. H. WICH: Berichte der Arbeitsgemeinschaft Ferromagnetismus 1959. Hrsg. von Arbeitsgemeinschaft Ferromagnetismus. Düsseldorf 1960.
209. FAHLENBRACH, H.: Z. angew. Phys. 17 (1964) 104.
210. PFEIFER, F.: Z. Metallkde. 57 (1966) 240.
211. WEISS, P., u. R. FORRER: Ann. Phys., Sér. 10, 5 (1926) 153.
212. KORNETZKI, M.: Z. Phys. 97 (1935) 662.
213. SNOEK, J. L.: Physica. 's-Gravenhage 4 (1937) 853.
214. AZUMI, K., u. J. E. GOLDMAN: Phys. Rev. 93 (1954) 630.
215. LILLEY, B. A.: Phil. Mag. 41 (1950) 792.
216. PUZEI, I. M.: Bull. Acad. Sci. UdSSR, Phys. Ser., 21 (1957) 1077.
217. REICH, K. H.: Phys. Rev. 101 (1956) 1647.
218. RODBELL, D. S.: In: Proc. Internat. Conf. Magn. Nottingham 1964, S. 420.
219. KIRENSKY, L. V.: Doklady Akademii Nauk SSSR 64 (1949) 53.
220. CORNER, W. D., u. G. H. HUNT: Proc. phys. Soc., Ser. A, 68 (1955) 133.
221. CORNER, W. D., u. F. HUTCHINSON: Proc. phys. Soc. 72 (1958) 1049.
222. SUCKSMITH, W., u. R. R. PEARCE: Proc. roy. Soc. London, Ser. A, 167 (1938) 189.
223. DIETRICH, H., u. E. KNELLER: Z. Metallkde. 47 (1956) 716.
224. MAGER, A.: Ann. Phys. 11 (1952) 15.
225. KNELLER, E.: Berichte der Arbeitsgemeinschaft Ferromagnetismus 1958. Hrsg. von Arbeitsgemeinschaft Ferromagnetismus. Düsseldorf 1959, S. 33.
226. VICENA, F.: Czechoslovak. J. Phys. 5 (1955) 480.
227. KIRKHAM, D.: Phys. Rev. 52 (1937) 1162.
228. KERSTEN, M.: Z. angew. Phys. 8 (1956) 382 u. 496.
229. SCHAUER, A.: Z. angew. Phys. 16 (1936) 90.
230. SCHWINK, C.: Z. Phys. 174 (1963) 358.
231. BECKER, R., u. M. KERSTEN: Z. Phys. 64 (1930) 660.
232. KERSTEN, M.: Z. Phys. 71 (1931) 553; 76 (1932) 505; 82 (1933) 723.

233. KERSTEN, M.: In: Probleme der Technischen Magnetisierungskurve. Hrsg. von R. Becker. Berlin 1938, S. 42.
234. BARKHAUSEN, H.: Phys. Z. 20 (1919) 401.
235. PREISACH, F.: Ann. Phys., 5. F., 3 (1929) 737.
236. SIXTUS, K. J., u. L. TONKS: Phys. Rev. 37 (1931) 930; 42 (1932) 419.
237. TONKS, L., u. K. J. SIXTUS: Phys. Rev. 43 (1933) 70 u. 931.
238. KERSTEN, M.: Z. techn. Phys. 12 (1931) 665.
239. KÖSTER, W.: Beiträge zur Theorie des Ferromagnetismus und der Magnetisierungskurve. Berlin, Göttingen, Heidelberg 1956.
240. WILLIAMS, S. R.: Trans. Amer. Soc. Steel Treat. 11 (1927) 885.
241. MALEK, Z.: Czechoslovak. J. Phys. 7 (1957) 152.
242. KNELLER, E., u. G. SCHMELZER: Z. Metallkde. 51 (1960) 342.
243. BITTEL, H.: Ann. Phys., 5. F., 32 (1938) 608.
244. DUBOIS, B., u. O. DIMITROV: C. R. hebd. Séances Acad. Sci. 259 (1964) 3764.
245. DUBOIS, B., u. F. DABOSI: C. R. hebd. Séances Acad. Sci. 256 (1963) 1522.
246. GERLACH, W., J. v. RENNENKAMPFF u. A. BRILL: Z. Metallkde. 39 (1948) 130.
247. STEINHAUS, W., u. E. GUMLICH: Verh. dtsch. phys. Ges. 17 (1915) 369.
248. STEINHAUS, W.: Ergebn. exakt. Naturwiss. 6 (1927) 57.
249. KRANZ, I.: In: Köster, W.: Beiträge zur Theorie des Ferromagnetismus und der Magnetisierungskurven. Berlin, Göttingen, Heidelberg 1956. S. 180—187.
250. Handbuch weichmagnetische Werkstoffe. Hrsg. von Vacuumschmelze AG, Hanau 1957.
251. KIRCHNER, H.: Ann. Phys., 5. F., 27 (1936 49.
252. ELMEN, G. W.: J. Franklin Inst. 207 (1929) 602.
253. RANDALL, W. F.: Instn. electr. Eng. 1936, S. 1.
254. NEUMANN, H.: Arch. techn. Messen, Lfg. Z 913—5, 1934.
255. BOOTHBY, O. L., u. R. M. BOZORTH: J. appl. Phys. 18 (1947) 173.
256. PFEIFER, F. Elektrotechn. Z., Ausg. A, 81 (1960) 945.
257. PFEIFER, F.: Z. angew. Phys. 13 (1961) 177.
258. PFEIFER, F.: In: 40 Jahre Vacuumschmelze AG 1923—1963. Hrsg. v. Vacuumschmelze AG. Hanau 1963, S. 110.
259. LITTMANN, M. F.: Electr. Engng. 71 (1952) 792.
260. LITTMANN, M. F., u. C. E. WARD: J. appl. Phys., Suppl., 30 (1959) 213 S.
261. DELLER, R.: In: 40 Jahre Vacuumschmelze AG. 1923—1963. Hrsg. v. Vacuumschmelze AG. Hanau 1963, S. 147.
262. ODANI, Y.: J. appl. Phys. 35 (1964) 867.
263. NESBITT, E. A., u. E. M. GYORGY: J. appl. Phys. 32 (1961) 1305.
264. TOLMAN, E. M.: J. appl. Phys. 36 (1965) 1233.
265. KNELLER, E.: Ferromagnetismus. Berlin, Göttingen, Heidelberg 1962.
266. MAGER, A.: Nickel-Ber. 24 (1966) 65—78.
267. MAGER, A.: Z. angew. Phys. 14 (1962) 230.
268. BOZORTH, R. M.: Ferromagnetism. Toronto, New York, London 1951, S. 139.
269. RICHARDS, C. E. u. Mitarbeiter: Proc. Inst. electr. Eng. (IEE), Part 8, 104 (1957) 343.
270. WALTERS, R. E. S.: Acta metallurg. 3 (1955) 293.
271. FELDTKELLER, R.: Fernmeldetechn. Z. 2 (1949) 9.
272. EPELBOIN, I., u. A. MARAIS: C. R. hebd. Séances Acad. Sci. 229 (1949) 1131.
273. BOLL, R.: Elektrotechn. Z., Ausg. A, 77 (1956) 483.
274. ASSMUS, F.: Frequenz 4 (1950) 193.
275. ASSMUS, F., u. F. PFEIFER: Metall 7 (1953) 189.
276. PFEIFER, F.: Z. Metallkde. 57 (1966) 295—300.
277. BOZORTH, R. M.: Ferromagnetism. Toronto, New York, London 1951, S. 140.

278. Puzei, I. M., u. B. V. Molotilov: Izvestija Akademii Nauk SSSR, Ser. Fiz., 22 (1958) 1244.
279. Puzei, I. M.: Fizika Metallov i Metallovedenie 14 (1962) 374.
280. Puzei, I. M.: Fizika Mezallov i Metallovedenie 12 (1961) 453.
281. Wijn, H. P. J. u. Mitarbeiter: Philips techn. Rdsch. 16 (1954/55) 124.
282. Puzei, I. M.: Izvestija Akademii Nauk SSSR, Ser. Fiz., 21 (1957) 1094.
283. Gerstner, D., u. E. Kneller: Z. Metallkde. 52 (1961) 426.
284. Pfeifer, F., u. R. Deller: Elektrotechn. Z., Ausg. A, 89 (1968) 601.
285. Leech, P., u. C. Syees: Phil. Mag. 27 (1939) 742.
286. Iida, S.: J. phys. Soc., Japan, 7 (1952) 373; 9 (1954) 346; 10 (1955) 9.
287. Assmus, F., u. F. Pfeifer: Z. Metallkde. 42 (1951) 294.
288. Kussmann, J. A.: Z. Metallkde. 31 (1939) 212.
289. Dehlinger, U.: Z. Metallkde. 53 (1962) 577.
290. Thomas, H.: Z. Phys. 129 (1951) 219.
291. Lifshits, B. G., u. M. P. Ravdel: Doklady Akademii Nauk SSSR 93 (1953) 1033.
292. Lifshits, B. G.: Izvestija Akademii Nauk SSSR, Ser. Fiz., 21 (1957) 1225.
293. Avreamov, J. S., B. G. Lifshits u. W. B. Osvenskij: Izvestija Akademii Nauk SSSR, Ser. Fiz., 22 (1958) 1263.
294. Josso, E.: Rev. Métallurg. 49 (1952) 10.
295. Dechtjar, M. W.: Fizika Metallov i Metallovedenie 3 (1956) 55.
296. Dechtjar, M. W., u N. M. Kasanzewa: Fizika Metallov i Metallovedenie 7 (1959) 453.
297. Wakelin, R. J., u. E. L. Yates: Proc. phys. Soc., Ser. B, 66 (1953) 221—240.
298. Walters, R. E. S.: Conf. Magnetism and Magnetic Materials, Boston (Mass.). Amer. Inst. Electr. Eng. 1956, S. 259.
299. Lyashenko, B. G., D. F. Litvin, I. M. Puzei u. I. G. Abov: Kristallografija 2 (1957) 64.
300. Pfeifer, F., u. I. Pfeiffer: Z. Metallkde. 55 (1964) 398.
301. Lifshits, B. G., u. G. A. Rymashewskii: Fisika Metallov i Metallovedenie 13 (1962) 190.
302. Néel, L.: C. R. hebd. Séances Acad. Sci. 237 (1953) 1613.
303. Néel, L.: J. Phys. Radium 15 (1954) 525.
304. Taniguchi, S., u. Y. Yamamoto: Sci. Rep. Res. Inst. Tôhoku Univ., Ser. A, 6 (1954) 330.
305. Taniguchi, S.: Sci. Rep. Res. Inst. Tôhoku Univ., Ser. A, 7 (1955) 269.
306. Taniguchi, S.: Sci. Rep. Res. Inst. Tôhoku Univ., Ser. A, 8 (1956) 173.
307. Chikazumi, S., u. F. Oomura: J. phys. Soc., Japan, 10 (1955) 842.
308. Glaser, A. A., u. Ya. S. Shur: Izvestija Akademii Nauk SSSR, Ser. Fiz., 22 (1958) 1205.
309. Shur, Ya. S., u. A. A. Glaser: Ukrain. fiz. Ž., Kiew, 8 (1963) 302.
310. Néel, L.: J. Phys. Radium 15 (1954) 92.
311. Nesbitt, E. A., B. W. Battermann, L. D. Fullerton u. A. J. Williams: J. appl. Phys. 36 (1965) 1235.
312. Seeger, A.: In: Handbuch der Physik. Band 7, Teil 1. Berlin, Göttingen, Heidelberg 1955.
313. Schindler, A. J., R. H. Kernehan u. J. Wertmann: J. appl. Phys. 35 (1964) 2640.
314. Sery, R. S., u. D. J. Gordon: J. appl. Phys. 36 (1965) 1221.
315. Becker, R., u. W. Döring: Ferromagnetismus. Berlin 1939.
316. Reinboth, H.: Technologie und Anwendung magnetischer Werkstoffe. Berlin 1958.

317. Néel, L.: Cah. Phys. 12 (1942) 1; 13 (1949) 18.
318. Wassermann, G., u. J. Grewen: Texturen metallischer Werkstoffe. Berlin, Göttingen, Heidelberg 1962.
319. Assmus, F.: Schweiz. Arch. angew. Wiss. Techn. 25 (1959) Nr. 8, S. 290.
320. Pawlek, F.: Magnetische Werkstoffe. Berlin, Göttingen, Heidelberg 1952.
321. Pawlek, F.: Z. Metallkde. 27 (1935) 160.
322. Schmid, E., u. H. Thomas: Z. Metallkde. 41 (1950) 262.
323. Detert, K., P. Dorsch u. H. Migge: Z. Metallkde. 54 (1963) 263.
324. Pry, R. H., u. C. H. Bean: J. appl. Phys. 29 (1958) 532.
325. Brenner, R.: Z. angew. Phys. 12 (1960) 107.
326. Rathenau, G. W., u. J. F. H. Custers: Philips Res. Rep. 4 (1949) 241.
327. Adler, E., u. H.-G. Baer: In: Berichte der Arbeitsgemeinschaft Ferromagnetismus 1959. Hrsg. v. Arbeitsgemeinschaft Ferromagnetismus. Düsseldorf 1960, S. 190.
328. Six, Q., J. L. Snoek u. W. G. Burgers: de Ing. 49 (1934) 195.
329. Dahl, G., u. J. Pfaffenberger: Metallwirtsch. 14 (1935) 25.
330. Chikazumi, S.: In: Physics of Magnetism. New York 1964, S. 373.
331. Bozorth, R. M.: Ferromagnetism. Toronto, New York, London 1951, S. 123.
332. Dechtjar, M. W., u. N. M. Kasanzewa: Fizika Metallov i Metallovedenie 8 (1959) 412.
333. Paulevé, J., D. Dautreppe, J. Laugier u. L. Néel: C. R. hebd. Séances Acad. Sci. 254 (1962) 965.
334. Paulevé, J., P. Dautreppe, J. Laugier u. L. Néel: J. Phys. Radium 23 (1962) 841.
335. Bozorth, R. M.: Rev. mod. Phys. 25 (1953) 42.
336. Puzei, I. M.: Fizika Metallov i Metallovedenie 11 (1961) 686.
337. Ferguson, E. T.: J. appl. Phys. 29 (1958) 252.
338. Dillinger, J. F., u. R. M. Bozorth: Physics 6 (1935) 279.
339. Howe, G. H.: Electr. Eng. 75 (1956) 702.
340. Rassmann, G., u. H. Wich: In: Berichte der Arbeitsgemeinschaft Ferromagnetismus 1959. Hrsg. v. Arbeitsgemeinschaft Ferromagnetismus. Düsseldorf 1960, S. 187.
341. Fahlenbrach, H.: Metall 16 (1962) 1185.
342. Fahlenbrach, H.: Techn. Mitt. Krupp 19 (1961) 219.
343. Pfeifer, F.: Z. Metallkde. 57 (1966) 240–244.
344. Hart, A.: Brit. J. appl. Phys. 11 (1960) 58.
345. Fahlenbrach, H.: Z. angew. Phys. 17 (1964) 104.
346. Dahl, O., J. Pfaffenberger u. H. Spring: Elektr. Nachrichtentechn. 10 (1933) 317.
347. Dahl, O., u. F. Pawlek: Z. Metallkde. 28 (1936) 230.
348. Kersten, M.: Wiss. Veröff. Siemens-Konzern 13 (1934) 1.
349. Elmen, G. W.: J. Franklin Inst. 207 (1929) 583.
350. Masumoto, H.: Sci. Rep. Tôhoku Imp. Univ. 18 (1929) 195.
351. Williams, H. J., u. M. Goertz: J. appl. Phys. 23 (1952) 316.
352. Puzei, I. M.: Phys. Metals Metallogr. 16 (1963) 19.
353. Treppschuh, H., u. H. Jesper: In: Werkstoff-Handbuch Stahl und Eisen. Hrsg. v. Ver. Dt. Eisenhüttenleute. 4. Aufl. Düsseldorf 1965, Blatt 051.
354. Dietrich, H.: DEW Techn. Ber. 4 (1964) 111–133.
355. Assmus, F., u. H. M. Meyer: In: Werkstoff-Handbuch Stahl und Eisen. Hrsg. v. Ver. Dt. Eisenhüttenleute. 4. Aufl. Düsseldorf 1965, Blatt 041.
356. Stäblein, F.: Techn. Mitt. Krupp 2 (1934) 127–128.
357. Fahlenbrach, H.: Techn. Mitt. Krupp, Forschungsber. 21 (1963) 113–119.

358. WOHLFARTH, E. P.: Advances in Phys. 8 (1959) 87—224.
359. KITTEL, C., u. J. K. GALT: Solid State Phys. 3 (1956) 437—564.
360. BOZORTH, R. M.: Ferromagnetism. Toronto, New York, London 1951, S. 348 ff.
361. PAWLEK, F.: Magnetische Werkstoffe. Berlin, Göttingen, Heidelberg 1952.
362. HENNIG, G.: Dauermagnettechnik. München 1952.
363. FAHLENBRACH, H., u. W. BARAN: Dauermagnete und ihre Anwendung in Betrieben. München 1965, S. 7 ff.
364. KONDORSKY, E.: J. Phys. UdSSR 2 (1940) 161—181.
365. FRENKEL, J., u. J. DORFMANN: Nature 126 (1930) 274—275.
366. WEIL, L., u. S. MARFOURE: J. Phys. Radium 8 (1947) 358—361.
367. HAHN, A.: Ann. Phys. 11 (1963) 277—309.
368. KNELLER, E.: Ferromagnetismus. Berlin, Göttingen, Heidelberg 1962.
369. SMIT, J., u. H. P. J. WIJN: Ferrites. Eindhoven 1959.
370. NÉEL, L.: Ann. Univ. Grenoble 22 (1946) 299—343.
371. NÉEL, L.: C. R. hebd. Séances Acad. Sci. 224 (1947) 1488—1490, 1550—1551; 225 (1947) 109—111.
372. STONER, E. C., u. E. P. WOHLFARTH: Nature 160 (1947) 650—651.
373. STONER, E. C., u. E. P. WOHLFARTH: Phil. Trans. roy. Soc. London 240 (1948) 5599—5642.
374. KITTEL, C.: Rev. mod. Phys. 21 (1949) 541—583.
375. MEIKLEJOHN, W. H., u. C. P. BEAN: Phys. Rev. 102 (1956) 1413; 105 (1957) 904.
376. MENDELSSOHN, L. D., F. E. LUBORSKY u. T. O. PAINE: J. appl. Phys. 25 (1955) 1271.
377. LUBORSKY, F. E., u. C. R. MORELOCK: J. appl. Phys. 35 (1964) 2055.
378. FREI, E. H., S. SHTRIKMAN u. D. TREVES: Phys. Rev. 106 (1957) 446—455.
379. BROWN, W. F.: Phys. Rev. 105 (1957) 1479—1482.
380. BEAN, C. P., u. J. J. JACOBS: J. appl. Phys. 27 (1956) 1448—1452.
381. KUSSMANN, A., u. I. H. WOLLENBERGER: Z. angew. Phys. 8 (1956) 213.
382. ANDRÄ, W.: Ann. Phys. 19 (1956) 10.
383. CRAIK, D. J.: Z. angew. Phys. 21 (1966) 27—32.
384. BARAN, W.: Techn. Mitt. Krupp 17 (1959) 150—152.
385. MISHIMA, T.: Ohm 19 (1932) 353.
386. WENT, J. J., G. W. RATHENAU, E. W. GORTER u. G. W. VAN OSTERHOUT: Philips techn. Rev. 15 (1952) 194—208.
387. FAHLENBRACH, H., u. W. HEISTER: Arch. Eisenhüttenwes. 24 (1953) 523—528.
388. COCHARDT, A.: J. appl. Phys. 37 (1966) 1112—1115.
389. ZUMBUSCH, W.: Z. Metallkde. 49 (1958) 1.
390. OLIVER, O. A., u. J. W. SHEDDEN: Nature 142 (1938) 209.
391. JONAS, B., u. H. J. MEERKAMP VAN EMBDEN: Philips techn. Rev. 6 (1941) 8—11.
392. JELLINGHAUS, W.: Techn. Mitt. Krupp, Forschungsber. 3 (1940) 143—145.
393. KÖSTER, W.: Arch. Eisenhüttenwes. 6 (1932) 17—23.
394. BRADLEY, A. J., u. A. TAYLOR: Proc. roy. Soc. London, Ser. 1 A, 166 (1938) 353—375.
395. BRADLEY, A. J.: J. Iron Steel Inst. 163 (1949) 19—30; 168 (1951) 233—244.
396. DE VOS, K. J.: Z. angew. Phys. 17 (1964) 168—174.
397. FAHLENBRACH, H.: Techn. Mitt. Krupp 14 (1956) 12—15.
398. SKAKOV, Y.: Doklady Akademii Nauk SSSR 79 (1951) 77—80.
399. KOCH, A. J. J., M. G. VAN DER STEEG u. K. J. DE VOS: In: Proc. 2nd Conference on Magnetism and Magnetic Materials, 1956. J. appl. Phys. suppl. 28 (1957) 173—183.

400. GEISLER, A. H.: Phys. Rev. 81 (1951) 478—479.
401. NESBITT, E. A., u. R. D. HEIDENREICH: J. appl. Phys. 23 (1952) 352—371.
402. NESBITT, E. A., u. R. D. HEIDENREICH: Electr. Engng. 71 (1952) 530—534.
403. KRONENBERG, K. J.: Z. Metallkde. 45 (1954) 440—447.
404. FAHLENBRACH, H.: Techn. Mitt. Krupp 12 (1954) 177—184.
405. FAHLENBRACH, H.: Naturwiss. 42 (1955) 64—65.
406. SCHULZE, D.: Exp. techn. Phys. 4 (1956) 193—204.
407. PLANCHARD, E., R. MEYER u. C. BRONNER: Z. angew. Phys. 17 (1964) 174 bis 178; in: Berichte der Arbeitsgemeinschaft Ferromagnetismus 1963. Hrsg. v. Arbeitsgemeinschaft Ferromagnetismus. Düsseldorf 1964, S. 174—178.
408. CRISCUOLI, R.: Z. angew. Phys. 18 (1965) 496—499; in: Berichte der Arbeitsgemeinschaft Ferromagnetismus 1964. Hrsg. v. Arbeitsgemeinschaft Ferromagnetismus. Düsseldorf 1965, S. 496—499.
409. VAN DER STEEG, M. G., u. K. J. DE VOS: Z. angew. Phys. 17 (1964) 98—104.
410. RITZOW, G.: Neue Hütte 8 (1963) 282—290.
411. BLASZIK, T., u. H. FAHLENBRACH: Essen, Fried. Krupp GmbH, Zentralinst. f. Forsch. u. Entwicklung: Unveröffentl. Mitteilung.
412. TENZER, R. K., u. K. J. KRONENBERG: J. appl. Phys. 28 (1958) 302—303.
413. CAMPBELL, R. B., u. C. A. JULIEN: J. appl. Phys. 32 (1961) 192s—194s.
414. YERMOLENKO, A. S., u. YA. S. SHUR: Fizika Metallov i Metallovedenie 17 (1964) 31—38.
415. VAN WIERINGEN, I. S., u. I. S. RENSEN: Z. angew. Phys. 21 (1966) 69—70.
416. YERMOLENKO, A. S., E. N. MELKISHEVA u. YA. S. SHUR: Fizika Metallov i Metallovedenie 18 (1964) 540—552.
417. EBELING, D. G.: US Pat. 2578407.
418. DEAN, W. T.: Brit. Pat. 660580.
419. HOSELITZ, K., u. M. MCCAIG: Proc. phys. Soc., Ser. B, 64 (1951) 549—559.
420. HOFFMANN, A., Essen, Fried. Krupp GmbH, Zentralinst. f. Forsch. u. Entwicklung: Unveröffentlichte Mitteilung.
421. SWIFT, LEVICK and SONS, Sheffield: Brit. Pat. 652022.
422. MAKINO, N.: Kobalt Nr. 17, Dez. 1962, S. 3—9.
423. KITTEL, C., E. A. NESBITT u. W. SHOCKLEY: Phys. Rev. 77 (1960) 839.
424. ZIJLSTRA, H.: J. appl. Phys. 32 (1961) 194s—196s.
425. HILLERT, M.: Acta metallurg. 9 (1961) 525.
426. CAHN, J. W.: Acta metallurg. 9 (1961) 795.
427. NICHOLSON, R. B., u. P. J. TUFTON: Z. angew. Phys. 21 (1966) 59—62.
428. CAHN, J. W.: J. appl. Phys. 34 (1963) 3581—3586.
429. DE VOS, K. J.: Z. angew. Phys. 21 (1966) 381—385.
430. HEIMKE, G., H. VAN KEMPEN u. R. KOHLHAAS: I. E. E. E. Trans. on Magnetics MAG-2 (1966) 411—415.
431. KRONENBERG, K. J.: J. appl. Phys. 32 (1961) 196 s.
432. RITZOW, G., u. W. EBERT: Dt. Elektrotechn. 11 (1957) 527—530.
433. HANSEN, J. R.: Conference on Magnetism and Magnetic Materials 1955. J. appl. Phys. suppl. 27 (1956) 198—199.
434. US Pat. 2499860 u. 2499861 v. 7. 3. 1950.
435. HEIMKE, G., u. R. KOHLHAAS: Z. angew. Phys. 21 (1966) 73—77.
436. STEINORT, E.: In: Arbeitsgemeinschaft Ferromagnetismus. Tagung über Grundlagen und Werkstoffe von Dauermagneten, 11. u. 12. 4. 1962 in Karlsruhe. Hrsg. v. d. Dt. Ges. f. Metallkde., Köln-Marienburg.
437. STÄBLEIN, H.: In: Arbeitsgemeinschaft Ferromagnetismus. Tagung über Grundlagen und Werkstoffe von Dauermagneten, 11. u. 12. 4. 1962 in Karlsruhe. Hrsg. v. d. Dt. Ges. f. Metallkde., Köln-Marienburg.

438. STÄBLEIN, H.: Techn. Mitt. Krupp, Forschungsber. 20 (1962) 44—49.
439. HEIMKE, G., u. E. STEINGRÖVER: Z. angew. Phys. 15 (1963) 265—268.
440. ZUMBUSCH, W.: Arch. Eisenhüttenwes. 16 (1942) 101—112.
441. GOULD, E., u. M. McCAIG: Proc. phys. Soc., Ser. B, 67 (1954) 584—586.
442. WYRWICH, H.: Z. angew. Phys. 15 (1963) 263—265.
443. STÄBLEIN, H.: In: FAHLENBRACH, H.: In: Proc. Intern. Conf. on Magnetism, Nottingham. 1964, S. 767 ff.
444. PLANCHARD, E., C. BRONNER u. I. SAUZE: Z. angew. Phys. 21 (1966) 63—65.
445. FAHLENBRACH, H.: Arch. techn. Messen (1964) Z 912—7.
446. HARRISON, J.: In: GOULD, J. E.: Kobalt Nr. 23, Juni 1964, S. 69—73.
447. HARRISON, J.: Z. angew. Phys. 21 (1966) 101—104.
448. WITTIG, R.: Z. angew. Phys. 21 (1966) 98—101.
449. HOTOP, W.: Metall 7 (1953) 1—9.
450. FAHLENBRACH, H.: Dt. Elektrotechn. 11 (1957) 518—524.
451. FAHLENBRACH, H., u. H. RINGMANN: Elektrotechn. Z., Ausg. B, 7 (1955) 373 bis 376.
452. MADONO, O.: Jap. Pat. Publ. 14682.
453. KOMAKA, S.: Franz. Pat. 1275991.
454. SHUIN, T., u. T. SADA: Jap. Pat. Publ. 8160.
455. HOFFMANN, A., u. H. STÄBLEIN: Z. angew. Phys. 21 (1966) 88—90.
456. MARKS, C. P.: Z. angew. Phys. 21 (1966) 83—85.
457. HRUŠKA, A.: Z. angew. Phys. 21 (1966) 85—87.
458. FAHLENBRACH, H.: Kobalt Nr. 25, Dez. 1964.
459. DAHL, J. O., J. PFAFFENBERGER u. N. SCHWARZ: Metall 14 (1935) 665 bis 670.
460. NEUMANN, H.: Metall 14 (1935) 778—779.
461. NEUMANN, H., A. BUCHNER u. H. REINBOTH: Z. Metallkde. 29 (1937) 173—185.
462. VOLK, K. E., W. DANNÖHL u. G. MASING: Z. Metallkde. 30 (1938) 113—120.
463. DANNÖHL, W., u. H. NEUMANN: Z. Metallkde. 30 (1938) 217—231.
464. BIEDERMANN, E., u. E. KNELLER: Z. Metallkde. 47 (1956) 289—301; 760—774.
465. FAHLENBRACH, H.: In: HOUDREMONT, E.: Techn. Mitt. Krupp, Forschungsber. 5 (1942) 308, Bild 23.
466. RASSMANN, G., u. O. HENKEL: In: Berichte der Arbeitsgemeinschaft Ferromagnetismus 1958. Hrsg. v. Arbeitsgemeinschaft Ferromagnetismus. Stuttgart 1959, S. 120—126.
467. RASSMANN, G., u. O. HENKEL: Phys. status solidi 1 (1961) 517—522.
468. BAUER, H. J., u. E. SCHMIDBAUER: Naturwiss. 11 (1961) 425.
469. BAUER, H. J., u. E. SCHMIDBAUER: Z. Phys. 164 (1961) 367.
470. AUFSCHNAITER, S. V., u. H. J. BAUER: Z. angew. Phys. 17 (1964) 209.
471. KNELLER, E.: In: Proc. internat. Conf. on Magnetism, Nottingham 1964, S. 174.
472. WISE, E. M.: Proc. Inst. Radio Eng. 25 (1937) 714.
473. BITTEL, H.: Ann. Phys. 31 (1938) 219.
474. JUSTI, E.: Leitfähigkeit und Leitungsmechanismus fester Stoffe. Göttingen 1948, S. 61, Abb. 43.
475. KOCH, K. M., u. R. REINBACH: Einführung in die Physik der Leiterwerkstoffe. Wien 1960, S. 28.
476. MEISSNER, W., u. R. VOIGT: Ann. Phys. 7 (1930) 761—797; 892—936.
477. LANDOLT-BÖRNSTEIN: Zahlenwerte und Funktionen aus Physik, Chemie, Astronomie, Geophysik, Technik. 6. Aufl., Bd. 2, T. 6. Berlin, Göttingen, Heidelberg, New York 1959, S. 126.
478. HOLBORN, L.: Z. Phys. 8 (1921) 58.

479. BITTEL, H., u W. GERLACH: Ann. Phys. 33 (1938) 661.
480. BRIDGMAN, P. W.: Proc. Amer. Acad. Arts & Sci. 81 (1952) 165—221.
481. KUCZYNSKI, G. C.: Phys. Rev. 94 (1954) 61.
482. KOCH, K. M., u. R. REINBACH: Einführung in die Physik der Leiterwerkstoffe. Wien 1960, S. 85.
483. EBERT, H.: Physikalisches Taschenbuch. 3. Aufl., Braunschweig 1962, S. 436, Tab. 3.
484. SVENSSON, B.: Ann. Phys. 25 (1937) 263—271.
485. GRUBE, G., u. H. SCHLECHT: Z. Elektrochem. 44 (1938) 413—422.
486. BAER, H.-G.: Z. Metallkde. 49 (1958) 614—622.
487. JELLINGHAUS, W., A. KRISCH, W. KOCH u. M. HEMPEL: Arch. Eisenhüttenwes. 35 (1964) 781—801.
488. JAN, J. P.: Solid State Phys. 5 (1957) S. 74, Abb. 28.
489. JAN, J. P.: Solid State Phys. 5 (1957) 76.
490. JAN, J. P.: Solid State Phys. 5 (1957) S. 80, Abb. 30.
491. SMITH, A. W.: Phys. Rev. 30 (1910) 1.
492. ROSTOKER, N., u. E. M. PUGH: Phys. Rev. 82 (1951) 125—126.
493. SCHINDLER, J., u. E. M. PUGH: Phys. Rev. 89 (1953) 295—298.
494. FONER, S., u. E. M. PUGH: Phys. Rev. 91 (1953) 20—27.
495. SCHMIDT, H. E.: Z. Metallkde. 49 (1958) 113—123.
496. KÖSTER, W., u. O. ROMER: Z. Metallkde. 55 (1964) 805—810
497. KÖSTER, W., u. W. GMÖHLING: Z. Metallkde. 52 (1961) 713—720.
498. KÖSTER, W., u. P. ROCHOLL: Z. Metallkde. 48 (1957) 485—495.
499. HESSENBRUCH, W.: Metalle und Legierungen. Teil 1. Berlin 1940, S. 108ff.
500. PFEIFFER, H., u. H. THOMAS: Zunderfeste Legierungen. 2. Aufl., Berlin 1963, S. 240.
501. GUETTEL, C. L.: Trans. metallurg. Soc. AIME 227 (1963) 586.
502. FISCHER, W.: VDE-Fachber. 11 (1939) 92.
503. FISCHER, W.: Elektrowärme 10 (1940) 89.
504. PFEIFFER, H., u. G. SOMMER: Z. Metallkde. 57 (1966) 326—331.
505. SCHULZE, A., u. D. BENDER: Metall 9 (1955) 878.
506. BENDER, D.: Elektrotechn. 8 (1954) 301.
507. BASH, F. E., u. J. W. HARSH: Proc. Amer. Soc. Test. Mater. 29 (1929) 506.
508. STARR, C. D.: Proc. Amer. Soc. Test. Mater. 64 (1964) 1094.
509. THOMAS, H.: Metall 10 (1956) 95.
510. THOMAS, H.: Z. Metallkde. 52 (1961) 813.
511. THOMAS, H.: Z. Phys. 129 (1951) 219.
512. BAER, H.-G.: Z. Metallkde. 56 (1965) 79.
513. BAER, H.-G.: Z. Metallkde. 49 (1958) 614—622.
514. HENTSCH, A.: Neue Hütte 8 (1963) 569.
515. PFEIFFER, H., u. H. THOMAS: Zunderfeste Legierungen. 2. Aufl., Berlin 1963, S. 174.
516. PFEIFFER, H., u. H. THOMAS: Zunderfeste Legierungen. 2. Aufl., Berlin 1963, S. 187.
517. Heizleiterwerkstoffe. Hrsg. v. Vereinigte Deutsche Metallwerke AG, Altena 1964.
518. PFEIFFER, H., u. H. THOMAS: Zunderfeste Legierungen. 2. Aufl., Berlin 1963, S. 228.
519. PFEIFFER, H., u. H. THOMAS: Zunderfeste Legierungen. 2. Aufl., Berlin 1963, S. 230.
520. GULBRANSEN, E. A., u. W. R. MCMILLAN: Ind. Engng. Chem. 45 (1953) 1734.

521. PFEIFFER, H., u. H. THOMAS: Zunderfeste Legierungen. 2. Aufl., Berlin 1963, S. 263.
522. HORN, L.: Z. Metallkde. 40 (1949) 73.
523. LUSTMAN, B.: Trans. AIME 188 (1950) 995.
524. PFEIFFER, H., u. H. THOMAS: Zunderfeste Legierungen. 2. Aufl., Berlin 1963, S. 278.
525. Vereinigte Deutsche Metallwerke AG, Frankfurt/Main: Unveröff. Mitteilung.
526. BETTERIDGE, W.: In: 4. Congrès International du Chauffage Industriel. Ber. 18, Gr. 1, Abschn. 16. Paris 1952; Brit. J. appl. Phys. 6 (1955) 301.
527. WENDEROTT, B.: Z. Metallkde. 56 (1965) Nr. 2, S. 63—74.
528. WENDEROTT, B., Altena: Private Mitteilung.
529. WEBER, R., U. ZWICKER u. H. W. SCHLEICHER: In: Fuel Elements Fabrication Symposium. Wien, May 1960. Hrsg. v. Internat. Atomic Energy Adm. London, New York 1961, S. 127—145.
530. WENDEROTT, B.: Elektrowärme 16 (1958) 170.
531. BRASUNAS, A. S. DE Metal Progr. 62 (1952) 88.
532. EBINGER, A.: Elektro-Welt 1 (1956) 163.
533. Metals Handbook. Hrsg. v. Amer. Soc. Metals. 8. Aufl., Bd. 1. Metals Park, Novelty/Ohio 1961, S. 798.
534. SPYRA, W.: DEW Techn. Ber. 1 (1961) 63.
535. SCHULZE, A.: Metallische Werkstoffe der Elektrotechnik. Berlin 1950.
536. FEUSSNER, K., u. S. LINDECK: Z. Instrumentenkde. 9 (1889) 253; 15 (1895) 394.
537. FEUSSNER, K., u. S. LINDECK: Wiss. Abh. d. Phys. Techn. Reichsanstalt 2 (1895) 501.
538. FEUSSNER, K.: Verhandl. d. Dt. Phys. Ges. 10 (1891) 109.
539. FEUSSNER, K.: Elektrotechn. Z. 13 (1892) 99.
540. HEUSLER, O.: Elektro-Anz. 7 (1954) Nr. 36.
541. PALLISTER, P. R.: Metallurgia 71 (1965) 165.
542. DAHL, O.: Metall 6 (1952) 753.
543. DAHL, O., u. K. L. DREYER: Z. Metallkde. 45 (1954) 342.
544. PFEIFFER, H., u. H. THOMAS: Zunderfeste Legierungen. 2. Aufl., Berlin 1963, S. 239.
545. FURUKAWA, G. T. u. Mitarb.: Rev. sci. Instrum. 35 (1964) 113.
546. NOTHING, F. W.: In: Werkstoffhandbuch Nichteisenmetalle, Teil III Ni, 2. Aufl., Düsseldorf 1960.
547. BASH, F. E.: Trans. AIME 64 (1921) 131.
548. PFEIFFER, H., u. H. THOMAS: Zunderfeste Legierungen. 2. Aufl., Berlin 1963, S. 178.
549. THOMAS, H.: Härterei-Techn. u. Wärmebeh. 3 (1957) Nr. 2, Beiblatt zu Industriebl. 57 (1957) Nr. 2.
550. ROHN, W.: Z. Metallkde. 16 (1924) 297.
551. DITTERICH, K.: In: Werkstoffhandbuch Nichteisenmetalle. Hrsg. v. Dt. Ges. Metallkde. u. VDI. 2. Aufl., Düsseldorf 1960, Abschn. IV B 2.
552. Nuklidkarte, 3. Aufl. 1968, bearbeitet v. W. SEELMANN-EGGEBERT, G. PFENNIG u. H. MÜNZEL (Kernforschungszentrum Karlsruhe).
553. BEAUGÉ, R.: Sections efficaces pour les detecteurs de neutrons par activation, recommandées par le groupe de dosimetrie d'Euratom. Juli 1962.
554. ROCHLIN, R. S.: Nucleonics 17 (1959) 54.
555. MACKLIN, R. L., u. H. S. POMMERANCE: In: Proc. of the United Nations internat. Conf. on the Peaceful Uses of Atomic Energy 5 (1955) 96.
556. LUCASSON, P. G., u. R. M. WALKER: Phys. Rev. 127 (1962) 485.

557. BURGER, C.: Tieftemperaturerholungsspektren des elektrischen Widerstands reiner Metalle nach Reaktorbestrahlung. Dissertation TH München, 1965.
558. Metallurg. Div. annu. Progr. Rep. for 1965, ANL-7155. Hrsg. v. Argonne Nat. Labor. Lemont/Ill.
559. Reactor Dev. Program Progr. Rep. for Dec. 1967, ANL-7403. Hrsg. v. Argonne Nat. Labor. Lemont/Ill.
560. Progr. Relating to Civilian Application, July—Sept. 1967, BMI-1819. Hrsg. v. Battelle Memorial Institute. Columbus/Ohio.
561. Res. to Determine the Long-Term Mechanical Properties of Metals Subjected to Mechanical Stress at Elevated Temperatures and Neutron Irradiation. 17th Quarterly Rep., Jan.-March 1967, EUREAC-1881 (EUR-3377). Hrsg. v. Battelle Memorial Institute. Columbus/Ohio.
562. Battelle-Northwest, Irradiation Effects on Reactor Materials, Quarterly Progr. Rep., Febr.—April 1967, BNWL-455. Hrsg. v. Battelle Memorial Institute. Columbus/Ohio.
563. Irradiation Effects on Reactor Structural Materials, Quarterly Progr. Rep., Nov. 1964—Jan. 1965, HW-84618. Hrsg. v. General Electric, Richland/Wash.
564. High-Temperature Materials Programs, Part A, Annu. Rep. No. 6, 31. 1. 66 bis 31. 1. 67, GEMP-475 A. Hrsg. v. General Electric, Cincinatti/Ohio.
565. Molten Salt Reactor Program. Semiannu. Progr. Rep. for Period ending 31st Aug. 1967, ORNL-4181. Hrsg. v. Oak Ridge Nat. Labor. Oak Ridge/Tenn.
566. Gas Cooled Reactor Project, Semiannu. Progr. Rep. for Period ending 31st March 1968, ORNL-4266. Hrsg. v. Oak Ridge Nat. Labor. Oak Ridge/Tenn.
567. Radiation Metallurgy Section, Solid State Div. Progr. Rep. for Period ending July 1967, ORNL-4195. Hrsg. v. Oak Ridge Nat. Labor. Oak Ridge/Tenn.
568. Solid State Div. Annu. Progr. Rep. for Period ending 31st Dec. 1967, ORNL-4250. Hrsg. v. Oak Ridge Nat. Labor. Oak Ridge/Tenn.
569. Metals and Ceramics Div. Annu. Progr. Rep. for Period ending 30th June 1967, ORNL-4170. Hrsg. v. Oak Ridge Nat. Labor. Oak Ridge/Tenn.
570. BARNES, R. S.: In: ASTM Spec. Techn. Publn. No. 380. Philadelphia/Pa. 1965, S. 40.
571. DIEHL, J., u. W. SCHILLING: Hardening of Face-Centred Cubic Metals Due to Reactor Irradiation. 3rd Geneva Conf., A/CONF 28/P/471, 1964.
572. SEEGER, A.: On the Theory of Radiation Damage and Radiation Hardening. 2nd Geneva Conf., P/988.
573. MAKIN, M. J., u. F. J. MINTER: Acta metallurg. 8 (1960) 691.
574. Solid State Div. Annu. Progr. Rep. for Period ending 31st May 1963, ORNL-3480. Hrsg. v. Oak Ridge Nat. Labor. Oak Ridge/Tenn., S. 119.
575. BÖHM, H., W. DIENST, H. HAUCK, u. H. J. LAUE: J. Nucl. Mater. 18 (1966) 337.
576. BÖHM, H., W. DIENST u. H. HAUCK: J. Nucl. Mater. 19 (1966) 59.
577. PFEIL, P. C. L., u. D. R. HARRIES: In: ASTM Spec. Techn. Publ. No. 380. Philadelphia/Pa. 1965, S. 202.
578. HARRIES, D. R., K. Q. BAGLEY, I. P. BELL, W. S. GIBSON, J. GILLIES, P. C. L. PFEIL u. S. B. WRIGHT: Irradiation Behaviour of Steels as Structural and Cladding Material. 3rd Geneva Conf., A/CONF 28/P/162, 1964
579. BROOMFIELD, G. H., D. R. HARRIES u. A. C. ROBERTS: Neutron Irradiation Effects in Austenitic Stainless Steels and a Nimonic Alloy. AERE-R-4745, 1965.
580. HIGGINS, P. R. B., u. A. C. ROBERTS: J. Iron. Steel Inst. 204 (1966) 489.
581. ALTER, H., u. C. E. WEBER: J. Nucl. Mater. 16 (1965) 68.
582. MARTIN, W. R., u. J. R. WEIR: J. Nucl. Mater. 18 (1966) 108.
583. Metals and Ceramics Div. Annu. Progr. Rep. for Period ending 30th June 1965, ORNL-3870. Hrsg. v. Oak Ridge Nat. Labor. Oak Ridge/Tenn.

584. MARTIN, W. R., u. J. R. WEIR: In: ASTM Spec. Techn. Publn. No. 380. Philadelphia/Pa. 1965, S. 251.
585. TOBIN, J. C., A. D. ROSSIN u. M. S. WECHSLER: Radiation-Induced Changes in the Properties of Non-Fuel Reactor Materials. 3rd Geneva Conf., A/CONF 28/P/242, 1964.
586. HINKLE, N. E.: In: ASTM Spec. Techn. Publn. No. 341. Philadelphia/Pa. 1963, S. 344.
587. VENARD, J. T., u. J. R. WEIR: In: ASTM Spec. Techn. Publn. No. 380. Philadelphia/Pa. 1965, S. 269.
588. Gas-Cooled Reactor Project, Semiannu. Progr. Rep. for Period ending 31th March, 1965, ORNL-3807. Hrsg. v. Oak Ridge Nat. Labor. Oak Ridge/Tenn.
589. MURR, W. E., F. R. SHOBER, R. LIEBERMAN u. R. F. DICKERSON: Effects of Large Neutron Doses and Elevated Temperature on Type 347 Stainless. BMI-1609. 21. 1. 1963.
590. BUSH, S. H., u. J. C. TOBIN: The Effects of Neutron Flux and Reactor Environments on Stainless Steels. HW-SA-3000, April 1963.
591. HOWE, L. M.: Radiation Damage in Zirconium, Zircalloy 2 and 410 Stainless Steel. AECL-1484, April 1962.
592. WATANABE, H. T.: Radiation Damage Studies Program. IDO-16475. Sept. 58. Zitiert in: PRESSL, H. J.: Evaluation of Iron- and Nickel-Base Alloys for Medium and High Temperature Reactor Applications HW-67715, Febr. 1961.
593. BILLINGTON, D. S., R. H. KERNOHAN, W. L. HAEMAN u. P. G. HURAY: In: Solid State Div. Annu. Progr. Rep. for Period ending 31st Aug., 1961. ORNL-3213, S. 137.
594. BEISSWENGER, H., H. BLANK, H. VAN DEN BOORN, D. GEITHOFF, W. HÖFELE, H. KÄMPF, G. KARSTEN, K. KUMMERER, H. J. LANE u. S. LEISTIKOW: Die Entwicklung von Brennelementen schneller Brutreaktoren, KFK 700, EUR 3713d, Dez. 1967.

C. Verfestigung, Festigkeitseigenschaften und Vorgänge beim Weichglühen

H.-P. Stüwe

1 Verformung

1.1 Einkristall

Die Schubspannungs-Abgleitungs-Kurven von Nickel-Einkristallen ähneln den an anderen kubisch-flächenzentrierten Metallen gemessenen [1] (Abb. C 1). Bei mittleren Orientierungen verformt sich der Kristall nach Überschreiten der kritischen Schubspannung τ_0 zunächst ohne starke Verfestigung durch Einfachgleitung (Bereich I der Kurve in Abb. C 1).

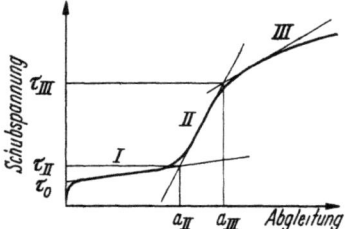

Abb. C 1. Schubspannungs-Abgleitungs-Kurve eines Nickel-Einkristalls, schematisch.

Nach Überschreiten der Spannung τ_{II} schließt sich ein Bereich II an, in dem die Wechselwirkung mehrerer Gleitsysteme eine starke, etwa lineare Verfestigung bewirkt. Oberhalb der Spannung τ_{III} nimmt die Verfestigung laufend ab (Bereich III der Kurve). Bei diesen Spannungen setzt ein zusätzlicher Verformungsmechanismus ein, nämlich das Quergleiten von Schraubenversetzungen. Zur Theorie der Einkristall-Verfestigungskurve siehe [2]. Aus der Temperatur- und Geschwindigkeitsabhängigkeit des τ_{III}-Punktes läßt sich die Stapelfehlerenergie berechnen. Sie liegt bei reinem Nickel relativ hoch[1] (410 erg/cm² [3], 300 erg/cm² [4]), wird aber durch Zusätze, z. B. von Kupfer oder Kobalt, stark erniedrigt [5]. Unter hohen hydrostatischen Drücken nimmt die Fließspannung von Nickel-Einkristallen nicht wie bei anderen Metallen zu, sondern geringfügig ab [6].

---

[1] Damit hängt wohl die Schwierigkeit zusammen, in Nickel Verformungszwillinge zu erzeugen [1].

1.2 Vielkristall

Auch die Vielkristallfließkurven von Nickel ähneln denen anderer kubisch-flächenzentrierter Metalle (Abb. C 2). Ähnlich wie die Einkristallkurven lassen sie sich in verschiedene Abschnitte einteilen.

Als Streckgrenze σ_S bezeichnet man gewöhnlich die Spannung, bei der das Metall in mäßiger Zeit eine bestimmte bleibende Verformung erleidet (z. B. 0,05%). Abb. C 3 zeigt die Temperaturabhängigkeit der Streckgrenze [7]. Sie hat den theoretisch vorausgesagten Verlauf in drei Abschnitten [2]. Danach entspricht der Tieftemperaturbereich der Spannung, unter der die Stufenversetzungen den Versetzungswald schneiden.

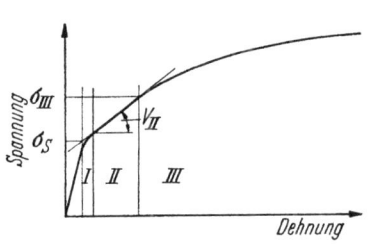
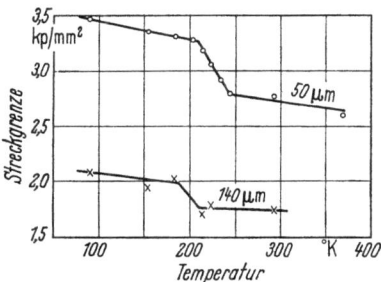

Abb. C 2. Verfestigungskurve von polykristallinem Nickel, schematisch [7].

Abb. C 3. Temperaturabhängigkeit der Streckgrenze von 99,98%igem Ni (Korngrößen 50 und 140 μm).

Im zweiten Abschnitt wird die Spannung durch die Bildung von Punktfehlern bestimmt und im dritten durch das Schneiden von Stufendurch Schraubenversetzungen. Abb. C 3 läßt ferner erkennen, daß die Streckgrenze von der Korngröße d abhängt. Eine solche Abhängigkeit wird bei vielen Metallen beobachtet und läßt sich meist durch eine Gleichung vom Typ

$$\sigma_S = \sigma_0 + k_y d^{-1/2}$$

beschreiben (σ_0 und k_y sind Konstanten) [8—10]. Setzt man Werte aus Abb. C 3 in die Gleichung ein, so erhält man $k_y \approx 5{,}6$ kp/mm$^{3/2}$. Die Korngrößenabhängigkeit der Streckgrenze von Nickel wäre demnach rund doppelt so stark wie die von Eisen [11]. Ausführlichere Messungen hierzu liegen jedoch noch nicht vor. In der Umgebung der Streckgrenze ist die Fließkurve stark gekrümmt (Abb. C 2). In dem Übergangsbereich I (bis zu etwa 1% Verformung) beginnen die einzelnen Körner nacheinander zu fließen. Die Versetzungen können dabei noch etwa das ganze Korn durchlaufen [12].

Teil II der Vielkristallkurven entspricht dem Teil II der Einkristallkurve. Allerdings ist die Verfestigung (d. h. der Kurvenanstieg) um einen

Faktor 14···20 größer als beim Einkristall [1, 7, 13]. Das hängt damit zusammen, daß die aktive Gleitlinienlänge im Vielkristall [12] viel geringer ist als im Einkristall.

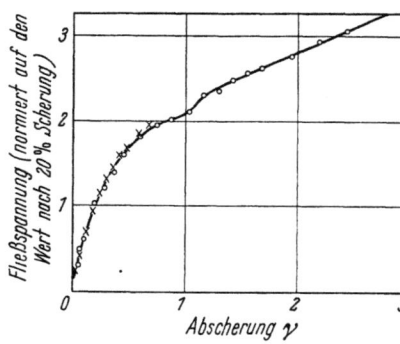

Abb. C 4. Schubspannungs-Scherungs-Kurve von hochreinem Nickel (99,999%) bei Raumtemperatur (× im Zugversuch gemessen, ○ im Torsionsversuch gemessen) [14].

Bei der Spannung σ_{III} biegt die Fließkurve von der Geraden ab. Die Spannung wird, wie beim Einkristall, durch das Quergleiten der Schraubenversetzungen bestimmt.

Bei Raumtemperatur zeigt die Fließkurve von Nickel für hohe Verformungsgrade einen Wendepunkt; die Kurve steigt zu etwas höheren Spannungen an [14, 15] (Abb. C 4). Dieser Wendepunkt, der auch bei

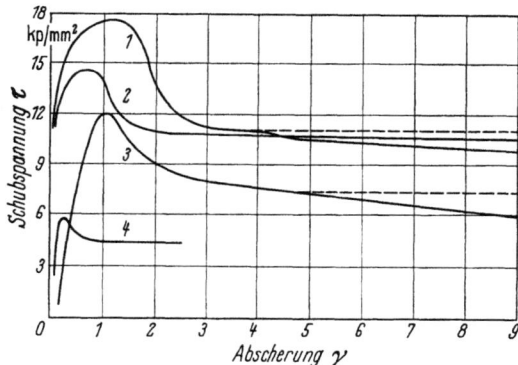

Abb. C 5. Schubspannungs-Scherungskurve von hochreinem Nickel [18].

Kurve 1: $T = 458°$,   Schergeschwindigkeit $\dot\gamma = 0{,}312/\text{sec}$;
Kurve 2: $T = 458°$,   Schergeschwindigkeit $\dot\gamma = 3{,}56 \cdot 10^{-3}/\text{sec}$;
Kurve 3: $T = 710°$,   Schergeschwindigkeit $\dot\gamma = 2{,}87/\text{sec}$;
Kurve 4: $T = 710°$,   Schergeschwindigkeit $\dot\gamma = 3{,}54 \cdot 10^{-3}/\text{sec}$.

anderen kubisch-flächenzentrierten Metallen im Torsionsversuch beobachtet wird [16], hängt mit einem Umschlag der Verformungstextur zusammen [17].

Bei hohen Temperaturen und hohen Verformungsgraden durchläuft die Fließkurve ein Maximum und fällt dann auf einen stationären Wert ab (Abb. C 5). Das bedeutet, daß nach einiger Zeit im Metall Entfestigungsvorgänge einsetzen, die einen Teil der anfänglichen Verfestigung wieder abbauen und schließlich mit der weiteren Verfestigung ein stationäres Gleichgewicht einstellen. Welche Entfestigungsvorgänge hierbei die wichtigste Rolle spielen, hängt von den Verformungsbedingungen im einzelnen ab. Bei hohen Verformungsgeschwindigkeiten, wie sie der technischen Warmverformung entsprechen, dürfte im wesentlichen das Klettern von Stufenversetzungen (also eine dynamische Erholung) die Fließspannung bestimmen [18, 19]. Bei niedrigen Verformungsgeschwindigkeiten (also z. B. beim Kriechen, s. u.) ist dagegen eine Rekristallisation während der Verformung beobachtet worden [20].

Superplastizität nennt man die Fähigkeit gewisser Legierungen, sich im Zugversuch ohne Einschnürung bis zu sehr hohen Verformungsgraden zu dehnen. Auch reines Nickel kann dieses Verhalten zeigen, wenn es sehr feinkörnig ist (d = einige μm). Bei 820 °C ließen sich damit Dehnungen über 200% erreichen [21].

1.3 Einfluß gelöster Fremdatome

Kleine Mengen interstitiär gelöster Fremdatome (z. B. 0,04 Gew.-% C) erzeugen in Nickel wie in Stählen die Erscheinung einer ausgeprägten Streckgrenze [22], offenbar weil auch hier die Fremdatome die bewegungsfähigen Versetzungen verankern [23, 24].

Die Streckgrenze wird dadurch erhöht und ihre Temperaturabhängigkeit verändert (vgl. Abb. C 6 mit Abb. C 3). Bereits vor Erreichen der Streckgrenze kann man mehrere Stadien einer Mikrodehnung (von einigen 10^{-5}) unterscheiden, bei denen die ersten bewegten Versetzungen eine Zellstruktur vorbilden, die sich dann bei weiterer Verformung stärker ausprägt [25].

Ein deutlicher Abfall von einer oberen zu einer unteren Streckgrenze wird häufig nicht beobachtet (Abb. C 7), dafür aber der typische horizontale Fließbereich, in dem sich bei konstanter Spannung ein Lüdersband über die ganze Probe ausbreitet [7]. Hat die Verformungszone die ganze Probe überstrichen, so verformt sich die Probe anschließend im wesentlichen so weiter wie das reine Metall. Bei genauerer Auflösung zeigt sich allerdings, daß die Fließkurve bei und oberhalb Raumtemperatur nicht glatt, sondern in sägezahnförmigen Zacken verläuft, die auch jeweils kleinen örtlichen Inhomogenitäten der Dehnung entsprechen [7]. Dieser „Portevin-Le-Chatelier-Effekt" [26] ist auch von anderen Metallen bekannt; er entsteht durch ein Wechselspiel von Verformung und Reckalterung.

Fremdatome, die durch Substitution im Nickel gelöst sind (z. B. Kobalt), erhöhen ebenfalls die Streckgrenze (Lösungshärtung). Viel wichtiger ist jedoch wohl die Tatsache, daß solche Elemente die hohe Stapelfehlerenergie des Nickels gewöhnlich herabsetzen und dadurch den Punkt σ_{III}, also das Ende des Bereiches starker linearer Verfestigung, zu höheren Spannungen verschieben. Besonders ausführlich wurde dieser Effekt im System Ni–Co untersucht [27—30]. Dort nimmt die Stapelfehlerenergie etwa linear mit dem Kobaltgehalt ab und wird fast gleich Null bei 70 At.-% Co, also in der Nähe der Phasengrenze [31].

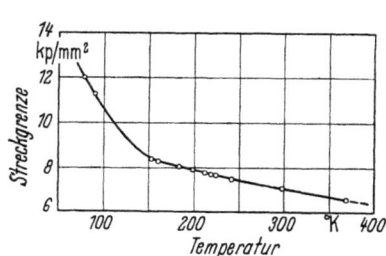

Abb. C 6. Temperaturabhängigkeit der Streckgrenze [7], Korngröße 50 µm. Zusammensetzung der Probe: Ni 99,8%, 0,048% C, 0,0024% S, 0,04% Fe, 0,015% Co.

Abb. C 7: Fließkurve von Nickel mit 0,04% C, schematisch [7].

Bildet der Substitutionsmischkristall eine Überstruktur, so wird die Fließspannung dadurch weiter erhöht. Bei der Verformung wird die Ordnung nämlich zerstört; die Erhöhung der inneren Energie muß dabei durch die äußere Spannung aufgebracht werden. Die Temperaturabhängigkeit dieses Effektes ist kompliziert: Mit steigender Temperatur sollte die Streckgrenze geordneter Legierungen ein Maximum durchlaufen. Der theoretisch vorhergesagte Effekt wurde an Ni_3Al experimentell nachgewiesen [32]. (Die α'-Phase zwischen 73 und 77 At.-% Ni ist so geordnet wie Cu_3Au [33].)

Die Härtung des Nickels durch Ausscheidungen wird im Kap. D 1 dieses Buches behandelt.

1.4 Kriechen

Als Kriechen bezeichnet man die plastische Formänderung unter konstanter Spannung[1]. Dabei spricht man von Übergangskriechen, stationärem oder beschleunigtem Kriechen, wenn die Kriechgeschwindigkeit $\dot{\varepsilon}$ mit der Zeit t abnimmt, konstant bleibt oder zunimmt. Die Kriechgeschwindigkeit beim Übergangskriechen läßt sich durch eine Funktion

---
[1] Oder, wie vielfach in der Werkstoffprüfung üblich, unter konstanter Last.

$\dot\varepsilon \approx t^{-m}$ darstellen. Man nennt das Kriechen hyperbolisch, wenn $m > 1$, logarithmisch, wenn $m = 1$ und parabolisch, wenn $m < 1$.

1.41 Übergangskriechen

Das Übergangskriechen bei Raumtemperatur und etwas darüber wurde an Einkristallen aus Nickel und Nickel mit 20 At.-% Co untersucht [34]. Die Spannungen waren so gewählt, daß die spontane Anfangsverformung in den verschiedenen Bereichen der Kurve in Abb. C 1 zum Stillstand kam. Das (langsame) weitere Kriechen war in Teil I logarithmisch, in Teil II hyperbolisch und in Teil III parabolisch. Messungen der Aktivierungsenergie und des Aktivierungsvolumens zeigten, daß die Kriechgeschwindigkeit in den verschiedenen Spannungsbereichen von verschiedenen Versetzungsmechanismen bestimmt wurde. In Bereich I liefen Schneidprozesse als der langsamste, also geschwindigkeitsbestimmende, Vorgang ab; in Bereich III das Quergleiten von Schraubenversetzungen. (In Bereich II wurde kein Mechanismus identifiziert.) Auch bei diesen Experimenten wurde ein „Portevin-Le-Chatelier-Effekt" (s. o.) beobachtet. Bei konstanter Last äußert er sich in kleinen plötzlichen Dehnungszunahmen („ruckweises Fließen").

1.42 Stationäres Kriechen

Stationäres Kriechen wurde bei höheren Temperaturen an reinem Nickel [35, 36] und an Ni–Au-Legierungen [36] beobachtet. Im reinen Metall bestimmte das Klettern von Stufenversetzungen die Kriechgeschwindigkeit [37], in den Legierungen das Mitdiffundieren von Fremdatomwolken mit den Gleitversetzungen [36].

Gelegentlich wird während des Kriechens Rekristallisation festgestellt zusammen mit einem beschleunigten Kriechen. Während eines Kriechversuchs an Nickel im Stauchversuch wurde bis zu viermal in einem Versuch Rekristallisation mit gleichzeitigem Anstieg der Kriechgeschwindigkeit beobachtet [20]. Der Effekt wird durch Verunreinigungen stark verlangsamt [38].

Wegen der Verbesserung der Zeitstandeigenschaften von warmfesten Nickellegierungen durch geringe Zusätze von Bor und Zirkon s. [39 und 40].

1.5 Verformungstexturen

1.51 Walztextur

Die Walztexturen der kubisch-flächenzentrierten Metalle lassen sich als Kupfer- oder als Messingtyp einordnen. Reines Nickel zeigt den Kupfertyp [41–43] (Abb. C 8). Legiert man Kobalt zu, so geht die Textur über Mischtypen schließlich in die reine Messinglage über [44].

1.52 Ziehtextur

Als Ziehtextur von Drähten wird in Übereinstimmung mit anderen kubisch-flächenzentrierten Metallen eine doppelte Fasertextur ⟨100⟩ und ⟨111⟩ angegeben [42].

1.53 Schertextur

Die Schertextur des bei Raumtemperatur verformten Nickels ist in Abb. C 9 wiedergegeben[1]. Sie läßt sich — in Übereinstimmung mit anderen kubisch-flächenzentrierten Metallen [45] — als Mischtextur aus (100)[011]- und (111)[1$\bar{1}$0]-Lage beschreiben. Mit zunehmender Verformungstemperatur verstärkt sich der Anteil der (111)[1$\bar{1}$0]-Lage.

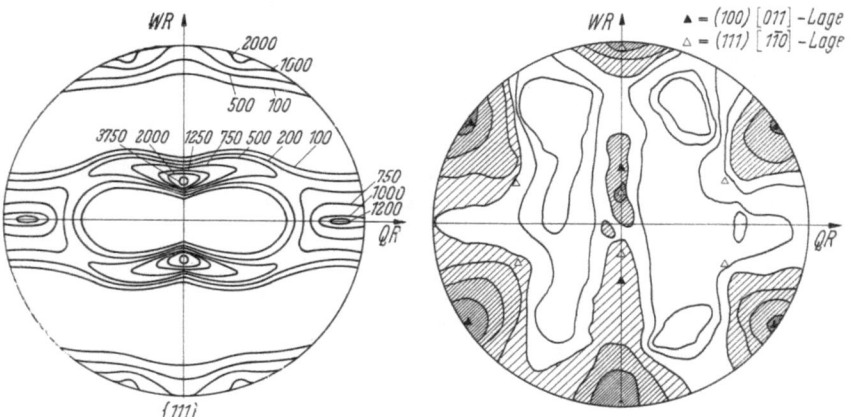

Abb. C 8. (111)-Polfigur eines kaltgewalzten Bleches aus reinem Nickel [41].

Abb. C 9. (111)-Polfigur der Schertextur von reinem Nickel.

2 Festigkeitseigenschaften von Nickel

2.1 Technologische Daten

Die Tab. C 1 bis 5 geben technische Daten über Nickel und eine Auswahl der wichtigsten Legierungen [46]. Die aushärtbaren Ni–Cr- und Ni–Cu-Legierungen sind in dieser Zusammenstellung nicht mit aufgeführt, da sie in Kap. D 1.2 ausführlich behandelt werden. Dazu ist folgendes zu bemerken: Die Zusammensetzung der Legierungen schwankt in der Praxis oft erheblich. Auch die Angabe des Zustandes in den Tabellen ist sehr summarisch. Deshalb stellen die Zahlenangaben der technischen Daten nur Richtwerte dar, von denen im einzelnen erhebliche Abweichungen auftreten können.

---

[1] Für die Durchführung der Messung danke ich Herrn F. WACHHOLZ.

Tabelle C 1. *Festigkeitseigenschaften von Nickel und Nickellegierungen bei Raumtemperatur* [46].

Werkstoff	Legierungszusatz (Richtwert) Gew.-%	Zustand	0,2—(0,1-) Dehngrenze kp/mm²	Zugfestigkeit kp/mm²	Bruchdehnung %	Brinell-Härte kp/mm²	Kerbschlagzähigkeit kpm
Reinstnickel	Ni 99,99 (Reinheitsgrad)	geglüht	6,3	32,3	28	85	
Nickel (Knetwerkst.)	Ni 99,4 (Reinheitsgrad)	geglüht	14,2	48,8	40	100	16,6
		warmgewalzt	17,3	52,7	40	110	16,6
		kaltgezogen	48,8	66,9	25	170	16,6
		kaltgewalzt u. gehärtet	66,9	74,0	5	210	
Nickel (Gußwerkst.)	Si 1,5	in Sand gegossen	17,3	35,4	25	100	
NiCu 30 Fe	Cu 30 Fe 1,4 Mn 1,0	geglüht	24,4	52,7	40	125	12,4···16,6
		warmgewalzt	35,4	63,0	35	150	13,8···16,6
		kaltgezogen	55,9	70,1	25	190	10,4···15,9
		kaltgewalzt u. gehärtet	70,0	77,1	5	240	
NiCr 15 Fe	Cr 15,0 Fe 6,5	geglüht	24,4	59,8	45	150	16,6
		warmgewalzt	41,7	70,1	35	180	13,8···16,6
		kaltgezogen	63,0	80,3	20	200	9,7···13,8
		kaltgewalzt u. gehärtet	77,1	95,3	5	260	
		federhart	105···123	116···129	10···2		
NiMo 30	Mo 28 Fe 5	gegossen	39,4	55,1	8	210	1,5···2,2
NiMo 16 Cr	Mo 16 Cr 15 Fe 6 W 4	gegossen	32,3	53,5	12	195	1,25···1,95
		gewalzt	41,7	85,8	35	185	4,7···15,5
NiCr 80 20	Cr 20	kaltgezogen u. geglüht	(41,7)	44,0	35		

Tabelle C 2. *Festigkeitseigenschaften von Nickel und Nickellegierungen bei höheren Temperaturen (Kurzzeitversuche)* [46].

Werkstoff	Legierungszusatz (Richtwert) Gew.-%	Zustand	Temperatur °C	0,2-(0,1-) Dehngrenze kp/mm²	Zugfestigkeit kp/mm²	Bruchdehnung %
Nickel[a]	Ni 99,4 (Reinheitsgrad)	warmgewalzt	Raumtemp.	17,5	51,0	49
			200	16,5	55,0	49
			400	15,0	55,0	51
			600	11,0	26,0	56
			800		17,5	64
			1000		4,5	92
NiCu 30 Fe[a]	Cu 30 Fe 1,4 Mn 1,0	warmgewalzt	Raumtemp.	22,8	56,5	46
			200	19,5	54,5	49
			400	21,5	47,0	52
			600	13,5	27,0	30
			800	7,0	12,5	54
			1000		5,5	45
NiCr 15 Fe[a]	Cr 15,0 Fe 6,5	warmgewalzt	Raumtemp.	25,0	60,0	50
			200	20,5	56,0	50
			400	19,5	56,5	50
			600	16,0	52,5	9
			800		25,0	21
			1000		10,0	51
NiMo 30	Mo 28 Fe 5	warmgewalzt	500		80,5	
			700		60,0	
			900		34,5	
			1000		17,5	
NiMo 16 Cr	Mo 16 Cr 15 Fe 6 W 4	warmgewalzt	500		66,0	
			700		53,0	
			900		29,0	
			1000		16,0	

[a] Das Material wurde 30 min auf Temperatur gehalten, Querhauptgeschwindigkeit 0,41 mm/min bis zur 0,2-Grenze, danach 0,66 mm/min bis zum Bruch.

2.11 Streckgrenze

Die Praxis bedient sich der 0,2-Dehngrenze oder gelegentlich der 0,1-Dehngrenze, weil die Bestimmung der exakten Streckgrenze sehr aufwendig ist.

2.12 Zugfestigkeit

Die Zugfestigkeit ist definiert als die Höchstlast im Zugversuch, dividiert durch den Ausgangsquerschnitt der Probe.

Tabelle C 3. *Festigkeitseigenschaften von Nickel und Nickellegierungen bei tiefen Temperaturen* [46].

Werkstoff	Legierungszusatz (Richtwert) Gew.-%	Zustand	Temperatur °C	0,2-Dehngrenze kp/mm²	Zugfestigkeit kp/mm²	Bruchdehnung %
Nickel	Ni 99,4 (Reinheitsgrad)	warmgewalzt	+21	17,3	46,1	
			−80	19,4	53,6	
			−162	19,7	69,0	
			−191		72,4	51
		kaltgezogen	Raumtemp.	68,5	72,8	16,3
			−79	71,6	85,4	21,5
NiCu 30 Fe	Cu 30 Fe 1,4 Mn 1,0	geschmiedet	+21	47,1	64,7	31,0
			−183	64,4	90,4	44,5
			−253	67,7	99,9	38,5
		geglüht	+21	22,0	55,3	51,5
			−183	34,8	81,0	49,5
		kaltgezogen	Raumtemp.	65,9	72,9	19,0
			−79	70,9	82,5	21,8
NiCr 15 Fe	Cr 15,0 Fe 6,5	warmgewalzt	+21		61,1	42,0
			−193		82,0	51,0
		kaltgezogen	+21		101,9	10,0
			−193		128,0	10,0
		geglüht	Raumtemp.	26,0	66,0	37,3
			−79	29,8	74,7	39,8

2.13 Dehnung

Ist l_0 die Ausgangslänge der Probe und l ihre Länge beim Bruch, so ist die Dehnung definiert als $(l - l_0)/l_0$. Die Dehnung wird als Maß für die Duktilität aufgefaßt. Normalerweise ist Nickel ein sehr duktiles Metall, d. h. es erträgt hohe Formänderungen ohne Bruch. Kleine Mengen von Verunreinigungen können jedoch bewirken, daß die Duktilität bei höheren Temperaturen auffällig abnimmt (Warmsprödigkeit) [45, 46].

2.14 Kerbschlagzähigkeit

Die Kerbschlagzähigkeit in den Tabellen ist nach der Izod-Prüfung gemessen, stellt also die Energie dar, die man braucht, um eine einseitig eingespannte gekerbte Normalprobe durch einen Pendelschlag zu zerbrechen. (Einzelheiten der Prüfung s. [49].)

Tabelle C 4. *Ermüdungseigenschaften von Nickel und Nickellegierungen bei Raumtemperatur und bei höheren Temperaturen* [46].

Werkstoff	Legierungszusatz (Richtwert) Gew.-%	Zustand	Temperatur °C	Zugfestigkeit kp/mm²	Biegewechselfestigkeit bei 10^8 Lastwechseln kp/mm²
Nickel[a]	Ni 99,4 (Reinheitsgrad)	geglüht warmgewalzt kaltgezogen	Raumtemp. Raumtemp. Raumtemp.	52,0···52,8 50,4 55,9	16,5···17,5 22,0 22,0
NiCu 30 Fe[a]	Cu 30 Fe 1,4 Mn 1,0	geglüht warmgewalzt kaltgezogen warmgewalzt kaltgezogen	Raumtemp. Raumtemp. Raumtemp. 538 538	54,4 62,2···70,9 69,3···81,1	21,5 27,5···37,0 28,5···34 17,5 19,5
NiCr 15 Fe	Cr 15,0 Fe 6,5	geglüht warmgewalzt kaltgezogen kaltgezogen u. ausgehärtet kaltgezogen	Raumtemp. Raumtemp. Raumtemp. 538 760 871	61,4···68,5 65,3···69,3 88,2···108	21,0···25,0 27,0···33,0 29,0···39,5 23,0 10,0 4,5

[a] Umlaufbiegeversuche bei Raumtemperatur mit 10000 U/min, Versuche bei hoher Temperatur mit 3550 U/min.

Tabelle C 5. *Kriechverhalten von Nickel und Nickellegierungen* [46].

Werkstoff	Legierungszusatz (Richtwert) Gew.-%	Zustand	Temperatur °C	Zugspannung (kp/mm²) zur Erzielung einer Dehnung von	
				0,1% in 10000 h	1% in 10000 h
Nickel	Ni 99,4	warmgewalzt u. kaltgezogen	343 399 427	10,2	22,8 16,5
NiCu 30 Fe	Cu 30 Fe 1,4 Mn 1,0	warmgewalzt	399 427 482	14,4 10,2	22,0 16,5 9,5
NiCr 15 Fe	Cr 15,0 Fe 6,5	warmgewalzt	427 482 538 593	33,9 19,7 9,5 3,9	27,5 15,8 7,9

2.2 Elastische Größen[1]

Tab. C 6 enthält die elastischen Konstanten von Nickel. Die Poissonsche Querkontraktionszahl für Vielkristalle ist 0,31 [46]. Aus den Kon-

Tabelle C 6. *Elastische Konstanten von reinem Nickel.*

Art	Wert
Young's Modul E[a]	$21{,}1 \cdot 10^3$ kp/mm²
Schubmodul G[a]	$8{,}1 \cdot 10^3$ kp/mm²
Kompressionsmodul K[a]	$17{,}6 \cdot 10^3$ kp/mm²
Elastizitätskonstante s_{11} [50][b]	$7{,}79 \cdot 10^{-5}$ mm²/kp
Elastizitätskonstante s_{12} [50][b]	$-2{,}92 \cdot 10^{-5}$ mm²/kp
Elastizitätskonstante s_{44} [50][b]	$7{,}91 \cdot 10^{-5}$ mm²/kp

[a] Werte gelten für Vielkristall. [b] Werte gelten für Einkristall.

stanten s_{11}, s_{12} und s_{44} lassen sich die elastischen Moduln in verschiedenen Richtungen im Kristallgitter bestimmen. Sind γ_1, γ_2 und γ_3 die Richtungskosinus einer Zugrichtung bzw. einer Scherebenen-Normalen im Kristall, so gilt

$$\frac{1}{E} = s_{11} - 2(s_{11} - s_{12} - {}^1\!/_2 s_{44})(\gamma_1^2\gamma_2^2 + \gamma_2^2\gamma_3^2 + \gamma_3^2\gamma_1^2),$$

$$\frac{1}{G} = s_{44} + 4(s_{11} - s_{12} - {}^1\!/_2 s_{44})(\gamma_1^2\gamma_2^2 + \gamma_2^2\gamma_3^2 + \gamma_3^2\gamma_1^2).$$

Die E-Moduln einiger Nickellegierungen sind in Tab. C 7 zusammengestellt. Die Temperaturabhängigkeit des E-Moduls von reinem Nickel zeigt Abb. C 10.

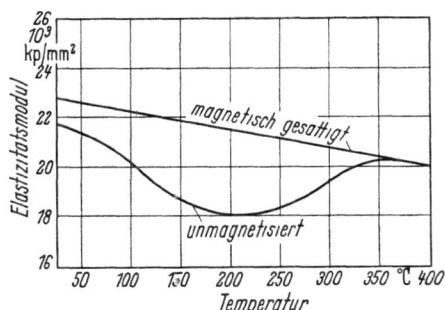

Abb. C 10. Temperaturabhängigkeit des E-Moduls von Nickel [51] bei magnetischer Sättigung und unmagnetisiert.

Die Dämpfung elastischer Schwingungen kann man durch das Verhältnis $\Delta E/E$ kennzeichnen[2]. E ist dabei die maximale elastische Ener-

---

[1] Näheres s. Kap. B 4.
[2] In der neueren Literatur wird statt dessen das logarithmische Dekrement $\lambda = \Delta E/2E$ angegeben.

Tabelle C 7. *E-Moduln von Nickel und Nickellegierungen* [51].

Material	Legierungszusatz Gew.-%	Lieferform	E-Modul $10^{-3} \cdot$ kp/mm²
Nickel	Ni 99,4 (Reinheitsgrad)	Sandguß geglüht	15,1 21,1
Nickel (Gußwerkstoff)	Si 1,5		15,1
NiCu 30 Fe	Cu 30 Fe 1,4 Mn 1,0	Stangen bei verschiedenen Vorbehandlungen	18,3
NiCr 15 Fe	Cr 15 Fe 6,5	geglüht	21,8
NiMo 30	Mo 28 Fe 5	Blech Sandguß Feinguß	18,5 ⎫ 18,6 ⎬ Raumtemp. 20,0 ⎭
NiMo 16 Cr	Mo 16 Cr 15 Fe 6 W 4	Blech Sandguß Feinguß	21,0 ⎫ 18,3 ⎬ Raumtemp. 17,2 ⎭

gie, ΔE der Energieverlust bei einem Umlauf. Über die Theorie dieser Erscheinungen s. [52].

An weichgeglühtem Nickel wurden gemessen $\Delta E/E = 1{,}442 \cdot 10^{-2}$ bei Transversalschwingungen von 2 kHz [53] sowie $4{,}2 \cdot 10^{-4} \ldots 6{,}3 \cdot 10^{-4}$ bei Longitudinalschwingungen und am Torsionspendel im Bereich von 10^{-1} Hz bis 10 kHz [54, 55].

3 Vorgänge beim Weichglühen

3.1 Definitionen

Die durch eine plastische Verformung bewirkten Eigenschaftsänderungen (z. B. die Verfestigung) können durch eine Anlaßglühung wieder abgebaut werden. Manchmal kann man dabei beobachten, daß neue Körner im Metall entstehen, die auf Kosten des verformten Gefüges wachsen, bis sie die alte Matrix ganz aufgezehrt haben. Diesen Vorgang nennt man Primärrekristallisation. Er führt meist zunächst zu einer feinkörnigen Matrix, die durch Kornwachstum oder Sekundärrekristallisation in eine grobkörnige Matrix übergehen kann. Bei der Sekundärrekristallisation wachsen einzelne große Körner in der Primärmatrix, die im wesentlichen feinkörnig bleibt; beim Kornwachstum vergrößert sich der mittlere Korndurchmesser allmählich. Alle drei Vorgänge bestehen in der Wanderung von Großwinkelkorngrenzen und werden unter dem Namen „Rekristallisation" zusammengefaßt. Entfestigt sich das Gefüge ohne Rekristallisation, so spricht man von „Erholung" [56].

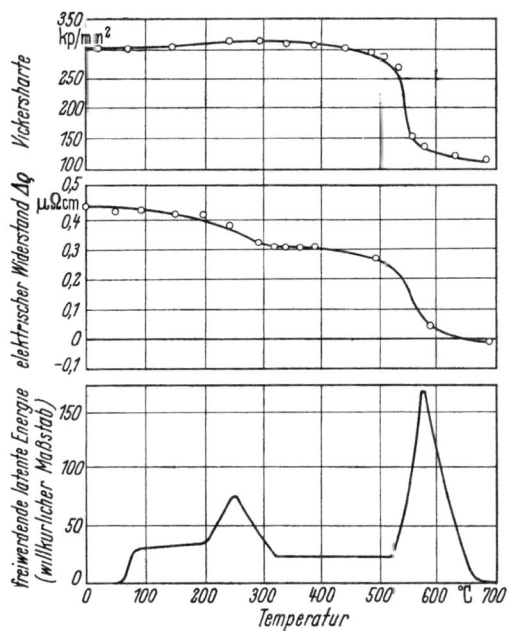

Abb. C 11. Isochrone Erholungskurve der Härte, des elektrischen Widerstandes und der latenten Energie von kaltverformtem Nickel [57].

Die Anlaßerscheinungen werden häufig anhand von „Isochronen" studiert. Dazu läßt man die verfestigten Proben für jeweils die gleiche Zeit bei verschiedenen Temperaturen an (beginnend bei tiefen Temperaturen), kühlt dann jedesmal wieder ab und verfolgt, wie sich dabei ihre Eigenschaften ändern. Ein Beispiel zeigt Abb. C 11. Die obere Kurve zeigt, wie die Härte mit steigender Glühtemperatur abnimmt, die mittlere Kurve, wie gleichzeitig der durch die Verformung eingebrachte zusätzliche elektrische Widerstand auf Null zurückgeht. Die untere Kurve gibt die gleichzeitig freiwerdende (latente) Energie an. Man sieht besonders starke Änderungen bei etwa 600 °C; dort rekristallisiert das Material. Aber auch davor, vor allem um 250 °C, finden Eigenschaftsänderungen statt. Sie gehören dem Bereich der Erholung an.

3.2 Erholung

Unterhalb der Rekristallisationstemperatur zeigt die untere Kurve in Abb. C 11 im wesentlichen ein Plateau, von dem sich nur ein Maximum um 250 °C deutlich abhebt. Bei verfeinerter Betrachtung löst sich das

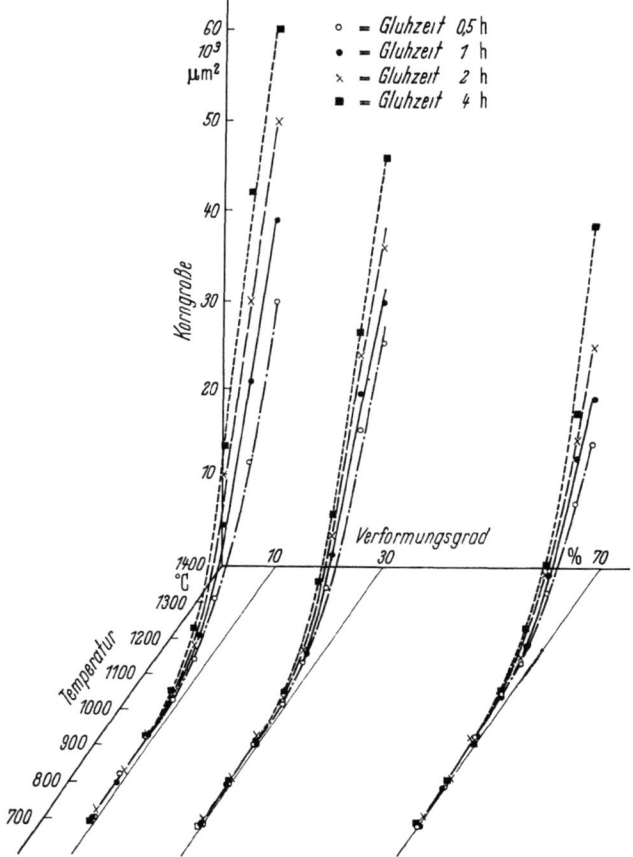

Abb. C 12. Rekristallisationsdiagramm von Nickel [61]. Die Korngröße ist als mittlere Kornfläche zu verstehen.

Plateau jedoch in eine Folge von Maxima auf, die man mit römischen Ziffern bezeichnet und von denen jedes einem anderen atomaren Mechanismus entspricht. Die unterschiedlichen Temperaturen für jeden Vorgang entsprechen unterschiedlichen Aktivierungsenergien, die sich aus dem Vergleich von isochronen mit isothermen Erholungskurven ermitteln lassen [58].

Eine Literaturzusammenstellung über die Erholung von plastisch verformtem polykristallinem Nickel findet sich in [59]. Erholungsstufen wurden beobachtet bei etwa

120°C (II),	gedeutet als Ausheilen von Zwischengitteratomen [57],
250°C (III),	gedeutet als Ausheilen von Leerstellen [57, 60],
400°C (IV),	gedeutet durch Auflockerung von Versetzungsgruppen [59],
> 500°C (V),	gedeutet durch Vernichtung von Versetzungen und Polygonisation [20]. An Einkristallen aus Ni-50% Co waren für Stufe V Temperaturen über 800°C erforderlich [31].

Die Stufen IV und V wurden an mäßig verformten Einkristallen beobachtet, da Vielkristalle bei diesen Temperaturen bereits rekristallisieren.

3.3 Rekristallisation

Abb. C 12 zeigt das Rekristallisationsdiagramm von Nickel. Obgleich Einzelheiten nicht deutlich werden, erkennt man doch den üblichen Zusammenhang, wonach hohe Kaltverformung, tiefe Glühtemperatur

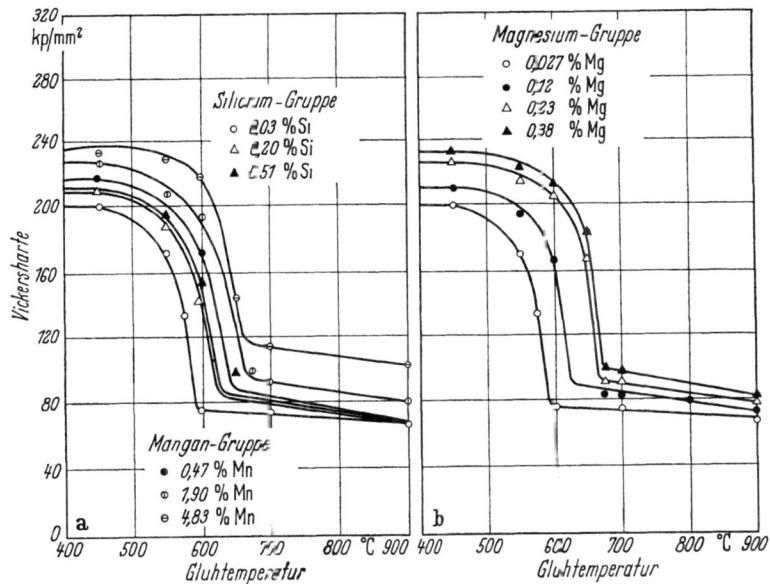

Abb. C 13. Rekristallisation von Nickel mit verschiedenen Zusätzen an Si und Mn (a) bzw. Mg (b) [62].

und kurze Glühzeiten ein feines Endkorn begünstigen. Die Rekristallisationstemperatur hängt stark vom Reinheitsgrad des Metalls ab (Abb. C 13a u. b), weil sowohl Keimbildung als auch Korngrenzenwanderung von gelösten Fremdatomen stark behindert werden [62].

Der starke Anstieg der Korngrößen bei hohen Glühtemperaturen (Abb. C 12) liegt an der dann bereits einsetzenden Kornvergrößerung. Während bei der Primärrekristallisation als treibende Kraft die gesamte latente Verformungsenergie zur Verfügung steht (einige cal/g-Atom [60]), entstammt die treibende Kraft bei der Kornvergrößerung der Korngren-

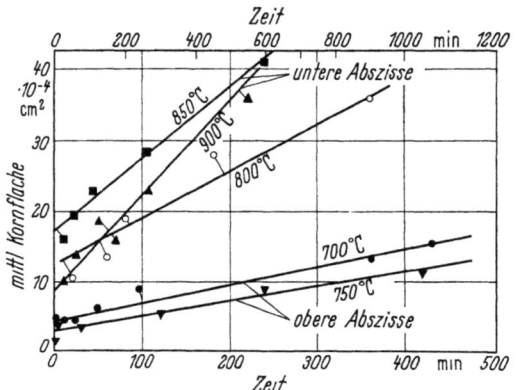

Abb. C 14. Mittlere Kornfläche als Funktion der Glühzeit [68].

zenenergie. Sie ist bei einem mittleren Korndurchmesser d etwa $3\gamma/d$ [63])[1] und nimmt also mit wachsender Korngröße ab. Hieraus ergibt sich für die Zunahme der Korngröße mit der Zeit die Gleichung [65—67]

$$d^2 = d_0^2 + Kt,$$

die an hochreinem Nickel experimentell bestätigt wurde [68] (Abb. C 14). In Gegenwart von Ausscheidungen gilt sie nicht, weil diese das Kornwachstum zum Stillstand bringen, sobald eine bestimmte Korngröße erreicht ist [69—71][2]. Das Kornwachstum kommt ebenfalls zum Stillstand, wenn die Korngröße etwa gleich der Blechdicke wird (Probendickeneffekt [65, 74]) oder wenn sich eine scharfe Einkomponententextur ausbildet, in der keine wanderungsfähigen Großwinkelkorngrenzen auftreten. In einer Matrix, in der aus einem dieser Gründe das normale Kornwachstum unterbunden ist, kann dann Sekundärrekristallisation stattfinden.

---

[1] Die Korngrenzenenergie γ beträgt in Nickel etwa 690 erg/cm² [64]. (Die freie Energie einer sauberen Nickeloberfläche ist 1700 ± 50 erg/cm² [64].)

[2] Wandernde Korngrenzen bleiben an bereits vorhandenen Ausscheidungen hängen, weil in dem von der Ausscheidung ausgefüllten Querschnitt die Korngrenzenenergie gespart wird. Die Korngrenze ist aber auch ein Ort, an dem sich Ausscheidungen bevorzugt bilden. Die dadurch entstehende Konzentrationsverteilung [72] ermöglicht es, nach der Rekristallisation frühere Lagen der Korngrenzen sichtbar anzuätzen [73].

Ist ein Sekundärkorn erst einmal wesentlich größer geworden, als es die Primärkörner sind, so kann es wegen der Krümmung seiner Korngrenzen bevorzugt weiterwachsen. (Aus geometrischen Gründen sind die Korngrenzen sehr großer Körner gewöhnlich so gewölbt, daß die Hauptkrümmungsradien nach außen zeigen [75].) Welche Primärkörner einen solchen Größenvorsprung erreichen, daß sie als Sekundärkeime wirken, hängt davon ab, aus welchem Grund das normale Kornwachstum zum Stillstand gekommen ist. Bei ausscheidungsbehindertem Kornwachstum sind das vermutlich Körner, deren Korngrenzen zufällig zuerst freigegeben werden, weil sich dort bei der Glühtemperatur die Ausscheidungen auflösen oder koagulieren [70, 76]. Bei dickenbehindertem Kornwachstum sind Körner begünstigt, die eine besonders niedrige Energie ihrer freien Oberfläche aufweisen [74, 77]. Bei texturbehindertem Kornwachstum sind es Körner, deren Orientierung von der Ideallage abweicht und die deshalb von beweglichen Großwinkelkorngrenzen umgeben sind [69]. Diese Sekundärkeime können in der Primärmatrix bereits vorhanden sein; man kann sie aber auch durch lokale Erwärmung [78] oder durch lokale Verformung (Beschneiden [78]) künstlich erzeugen.

3.4 Rekristallisationstextur

Die typische Rekristallisationstextur des Nickels und seiner Legierungen mit Eisen bis zu etwa 50 Gew.-% ist die Würfellage (100) [001]. (Eine Literaturübersicht enthält [42]). Während in reinem Nickel die $\langle 111 \rangle$-Achsen die Richtungen leichtester Magnetisierbarkeit sind, sind es in Legierungen mit mehr als 25% Fe die $\langle 100 \rangle$-Achsen. Deshalb ist in Magnetblechen aus Nickel–Eisen die Würfellage sehr erwünscht [79]. Trotz vieler Untersuchungen ist die Entstehung der Würfellage theoretisch noch nicht völlig geklärt. (Einen Überblick enthält [80].) Die entscheidende Rolle spielt offenbar die Wachstumsauslese bei der Primärrekristallisation und dem anschließenden Kornwachstum. Dabei wird es verständlich, daß sehr dünne Bleche (Blechdicke 20 µm und weniger) aus Eisen mit 50% Ni, in denen das Kornwachstum behindert ist, normalerweise keine deutliche Würfellage zeigen [81, 82][1]. Auch Verunreinigungen wie z. B. Phosphor verhindern die Ausbildung der Würfellage [81]. Gelegentlich werden in der Rekristallisationstextur Nebenkomponenten beobachtet, die dem Auftreten von Rekristallisationszwillingen entsprechen (z. B. [66]). Die sekundären Texturen des Nickels entstehen zumeist aus einer primären Würfellage und weichen also davon stark ab. Beobachtet wurden vor allem Lagen vom Typ (012) [100] [42].

---

[1] Es ist allerdings gelungen, auch in sehr dünnen Folien (ca. 6 µm) die Würfellage zu erzeugen. Einzelheiten des Verfahrens werden nicht angegeben [83].

Literatur zu Kapitel C

1. HAASEN, P.: Phil. Mag. 3 (1958) 384.
2. SEEGER, A.: In: Handbuch der Physik. Hrsg. v. S. FLÜGGE. Bd. 7, Teil 2. Berlin, Göttingen, Heidelberg 1958.
3. SEEGER, A., R. BERNER u. H. WOLF: Z. Phys. 155 (1959) 247.
4. BERNER, R.: Z. Naturforsch. 15a (1960) 689.
5. NOSKOWA, N. I., u. V. A. PAWLOW: Fizika Metallov i Metallovedenie 14 (1962) 86.
6. HAASEN, P., u. A. W. LAWSON JR.: Z. Metallkde. 49 (1958) 280.
7. MACHERAUCH, E., u. O. VÖHRINGER: Phys. status solidi 6 (1964) 491.
8. LOW, J. R.: In: Symposium on Relation of Properties to Microstructure. Hrsg. v. Amer. Soc. Metals. Cleveland/Ohio 1954, S. 163.
9. HALL, E. O.: Proc. Phys. Soc., Ser. B, 64 (1951) 747.
10. PETCH, H. J.: J. Iron Steel Inst. 174 (1953) 25.
11. CONRAD, H., u. G. SCHÖCK: Acta metallurg. 8 (1960) 791.
12. ZANKL, G.: Z. Naturforsch. 18a (1963) 795.
13. MADER, S., A. SEEGER u. C. LEITZ: J. appl. Phys. 34 (1963) 3368.
14. KOVACS, J., u. P. FELTHAM: Phys. status solidi 3 (1963) 2379.
15. STÜWE, H.-P.: Z. Metallkde. 56 (1965) 633.
16. STÜWE, H.-P., u. H. TURCK: Z. Metallkde. 55 (1964) 699.
17. DRUBE, B., G. RICHARDSON u. H.-P. STÜWE: Unveröffentlicht.
18. STÜWE, H.-P.: Acta metallurg. 13 (1965) 1337.
19. STÜWE, H.-P.: In: Publication 108. Hrsg. v. Iron Steel Inst. London 1968, S. 1—6.
20. HARDWICK, D., C. M. SELLARS u. W. J. McG. TEGART: J. Inst. Metals 90 (1961/62) 21.
21. FLOREEN, S.: Scripta Met. 1 (1967) 19.
22. MACHERAUCH, E., K. KOLB u. H. CHRISTIAN: Z. Naturforsch. 16a (1961) 1113.
23. COTTRELL, A. H., u. B. A. BILBY: Proc. Roy. Soc. London, Ser. A, 62 (1949) 49.
24. SUZUKI, H.: Sci. Rep. Res. Inst. Tôhoku Univ. Ser. A, 4 (1952) 455.
25. CARNAHAN, R. D., u. J. E. WHITE: Phil. Mag. 10 (1964) 513.
26. PORTEVIN, A., u. F. LE CHATELIER: Trans. Amer. Soc. Steel Treat. 5 (1924) 457.
27. KRONMÜLLER, H.: Z. Phys. 154 (1959) 574.
28. MEISSNER, J.: Z. Metallkde. 50 (1959) 207.
29. SEEGER, A., H. KRONMÜLLER, S. MADER u. H. TRÄUBLE: Phil. Mag. 65 (1961) 639.
30. PFAFF, F.: Z. Metallkde. 53 (1962) 411.
31. PFAFF, F.: Z. Metallkde. 53 (1962) 467.
32. FLINN, P. A.: In: Strengthening Mechanisms in Solids. Hrsg. v. Amer. Soc. Metals. Metals Park, Novelty/Ohio 1962, S. 17.
33. VEGARD, L.: Structure Rep. II (1947/48) 27.
34. MICHELITSCH, M.: Z. Metallkde. 50 (1959) 548.
35. WEERTMAN, J., u. P. SHAHINIAN: J. Metals 8 (1956) 1223.
36. SELLARS, C. M., u. A. G. QUARREL: J. Inst. Metals 90 (1961/62) 329.
37. WEERTMAN, J.: J. appl. Phys. 26 (1955) 1213.
38. RICHARDSON, G. J., C. M. SELLARS u. W. G. McG. TEGART: Acta metallurg. 14 (1966) 1225.
39. VOLK, K. E., u. A. W. FRANKLIN: Z. Metallkde. 51 (1960) 172—179.
40. DECKER, R. F., u. J. W. FREEMAN: N.A.C.A. Tech. Note 4286, 1958.
41. SMALLMAN, R. E.: J. Inst. Metals 84 (1955/56) 10.
42. WASSERMANN, G., u. J. GREWEN: Texturen metallischer Werkstoffe. Berlin, Göttingen, Heidelberg 1962.

43. Clark, C. A., u. P. B. Mee: Z. Metallkde. 53 (1962) 756.
44. Haessner, F.: Z. Metallkde. 53 (1962) 403.
45. Regenet, P.-J., u. H.-P. Stüwe: Z. Metallkde. 54 (1963) 273.
46. Smithells, C. J.: Metals Reference Book. London 1967.
47. Rhines, F. N., u. P. J. Wray: Trans. Amer. Soc. Metals 54 (1961) 117.
48. Kraai, D. A., u. S. Floreen: Trans. metallurg. Soc. AIME 230 (1964) 833.
49. ASTM Designation E 23—64. In: 1964 Book of ASTM Standards, Teil 30. Hrsg. v. Amer. Soc. Test. Mater., Philadelphia/Pa. 1964.
50. Landolt-Börnstein: Zahlenwerte und Funktionen aus Physik, Chemie, Astronomie, Geophysik und Technik. 6. Aufl. Bd. 4, Teil 2b. Berlin, Göttingen, Heidelberg, New York 1964, S. 318.
51. Metals Handbook. Hrsg. v. Amer. Soc. Metals. 8. Aufl. Metals Park, Novelty/Ohio 1961.
52. Zener, C.: Elasticity and Anelasticity of Metals. Hrsg. v. University of Chicago Press 1948.
53. Forster, F., u. W. Koster: J. Inst. electr. Eng. 84 (1939) 558.
54. Wegel, R. L., u. H. Walther: Physics 6 (1935) 141.
55. Jokibe, K., u. S. Sakai: Sci. Rep. Tôhoku Imp. Univ. 10 (1921) 1.
56. Masing, G.: Lehrbuch der allgemeinen Metallkunde. Berlin, Göttingen, Heidelberg 1950.
57. Clarebrough, L. M., M. E. Hargreaves, M. H. Loretto u. G. W. West: Acta metallurg. 8 (1930) 797.
58. Meechan, C. J., u. J. A. Brinkman: Phys. Rev. 103 (1956) 1193.
59. Rieger, H., H. Kronmüller u. A. Seeger: Z. Metallkde. 54 (1963) 553.
60. Bell, F., u. O. Krisement: Z. Metallkde. 53 (1962) 115.
61. Bartuška, P., u. A. Kufudakis: J. Inst. Metals 93 (1964/65) 406.
62. Wise, E. M., u. R. H. Schaefer: Metals & Alloys 16 (1942) 1067.
63. Lücke, K., u. H.-P. Stüwe: In: Recovery and Recrystallization of Metals. Hrsg. v. L. Himmel. New York, London 1963, S. 171.
64. Inman, M. C., u. H. R. Tipler: Metallurg. Rev. 8 (1963) 105.
65. Beck, P. A., J. C. Kremer, L. J. Demer u. M. L. Holzworth: Trans. AIME 175 (1948) 372.
66. Cole, D. G., P. Feltham u. E. Gillam: Proc. phys. Soc., Ser. B, 67 (1954) 131.
67. Feltham, P.: Acta metallurg. 5 (1957) 97.
68. Feltham, P.: J. Inst. Metals 86 (1957/58) 95.
69. Beck, P. A.: Phil. Mag., Suppl., 3 (1954) 245 s.
70. Beck, P. A., M. L. Holzworth u. P. R. Sperry: Trans. AIME 180 (1949) 163.
71. Burke, J. E.: Trans. AIME 180 (1949) 73.
72. Dils, R. R., u. C. P. Sullivan: J. Inst. Metals 92 (1963/64) 186—187.
73. Phillips, W. L. jr.: J. Inst. Metals 92 (1963/64) 94.
74. Mullins, W. W.: Acta metallurg. 6 (1958) 414.
75. Smith, C. S.: In: Metal Interfaces. Hrsg. v. Amer. Soc. Metals. Metals Park, Novelty/Ohio 1952, S. 65.
76. Burke, J. E., u. D. Turnbull: Progress in Metal Physics 3 (1952).
77. Walter, J. L., u. C. G. Dunn: Trans. metallurg. Soc. AIME 215 (1959) 465.
78. Rathenau, G. W., u. J. F. H. Custers: Philips Res. Rep. 4 (1949) 241.
79. Spring, W. S.: Iron Age 163 (1949) 31. März, S. 70.
80. Stüwe, H.-P.: Z. Metallkde. 52 (1961) 34.
81. Custers, J. F. H., u. G. W. Rathenau: Physica 8 (1941) 759.
82. Spachner, S., u. W. Rostocker: Trans. AIME 203 (1955) 921.
83. Littmann, M. F.: J. Metals 8 (1956) 593.

D. Aushärtungsverhalten

Von

A. W. Franklin, R. A. Smith und D. W. Wakeman[1]

1 Ausscheidungshärtung

1.1 Theorie der Ausscheidungshärtung

In eine metallische Matrix kleine Teilchen einer anderen Phase einzubetten, ist eine wirkungsvolle Methode zur Erhöhung der Festigkeit und Härte von Metallen. Die Teilchen können in ihrer endgültigen Form durch pulvermetallurgische Prozesse der metallischen Matrix zugesetzt werden (vgl. Kap. D 2) oder durch Phasenumwandlung aus einer festen Lösung entstehen. Hierzu werden zwei wesentliche Phasenumwandlungen benutzt: eutektische Umwandlung und Ausscheidung aus übersättigter fester Lösung. Das letztere wird hier besprochen.

1.11 *Keimbildung und -wachstum*

Eine notwendige Bedingung für die Ausscheidungshärtbarkeit einer Legierung ist die abnehmende Löslichkeit einer Phase mit sinkender Temperatur, wie Abb. D 1 zeigt. Eine Legierung der Zusammensetzung x befindet sich bei hoher Temperatur im Zustand der homogenen α-Phase, während bei niedrigerer Temperatur die beiden Phasen α und β nebeneinander im Gleichgewicht bestehen. Zur Ausscheidungshärtung wird normalerweise die Legierung von einer Temperatur des homogenen α-Feldes so schnell in das Zweiphasengebiet abgekühlt, daß die β-Phase nicht ausgeschieden werden kann, die Legierung sich also in einem unstabilen übersättigten Zustand bei niedriger Temperatur befindet. Läßt man der Legierung genügend lange Zeit zur „Alterung", so wird die zweite Phase durch Keimbildung und Wachstum ausgeschieden.

Treibende Kraft für diesen Vorgang der Keimbildung und des Wachstums ist die Differenz der freien Energien der übersättigten Lösung und des heterogenen Gefüges aus α- und β-Phase [1, 2]. Wenn sich ein Teil-

---

[1] Die Abschnitte 1.1—1.17 wurden von D. W. WAKEMAN, 1.21—1.212.1 von R. A. SMITH, 1.212.2 von A. W. FRANKLIN und 1.22—1.23 von D. W. WAKEMAN verfaßt.

chen der zweiten Phase bildet, wird freie Energie gewonnen, die dem Volumen der Ausscheidung und damit der dritten Potenz seines Radius proportional ist; dagegen muß freie Energie aufgebracht werden für die Bildung der Grenzfläche zwischen Matrix und Teilchen; sie ist daher der Oberfläche des Teilchens und damit dem Quadrat des Durchmessers proportional. Möglicherweise muß noch freie Energie aufgebracht werden

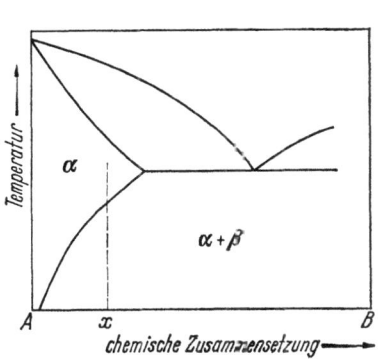

Abb. D 1. Phasendiagramm (schematisch).

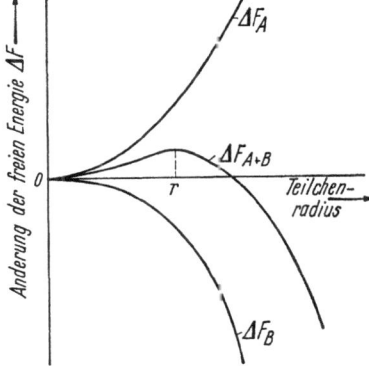

Abb. D 2. Zusammenhang zwischen freier Energie und Teilchengröße.

für elastische Dehnungen, die in der Umgebung des Teilchens in der Matrix entstehen können. Schematisch wird das in der Abb. D 2 verdeutlicht. Die freie Oberflächenenergie ΔF_A und die freie Volumenenergie ΔF_B und die Summe von beiden ΔF_{A+B} sind als Funktionen des Teilchenradius aufgetragen. Erst wenn der Radius größer als r ist, nimmt die freie Energie des Systems mit wachsender Teilchengröße ab. Daher ist r die kritische Größe für einen stabilen wachstumsfähigen Keim.

Auf dieser Grundlage lassen sich schon einige allgemeine Aussagen machen. Betrachten wir zuerst die freie Volumenenergie: Bei kleiner Übersättigung, d. h. wenn Zusammensetzung und Temperatur nahe an der Phasengrenze liegen (vgl. Abb. D 1), ist der Gewinn an freier Volumenenergie durch die Entstehung einer Ausscheidung gering; der kritische Keimradius ist daher groß. Dagegen ist der kritische Radius klein, wenn die Übersättigung bei bestimmter Zusammensetzung und Temperatur groß ist, d. h. wenn der Abstand von der Phasengrenze groß ist. Man kann also bei kleiner Übersättigung größere Ausscheidungen erwarten als bei großen Übersättigungen.

Die Oberflächenenergie hängt von mehreren Einflußgrößen ab. An der Grenzfläche zwischen Ausscheidung und Matrix kann der Übergang von dem einen Gitter in das andere relativ zwanglos sein, wenn Matrix und Ausscheidung passende Gitterebenen mit ähnlicher Atomanordnung und ähnlichem Atomabstand haben. Dann hätte man eine niedrige Oberflächenenergie. Dies ist der Fall bei vielen Nickelbasislegierungen, wo Ausscheidungen auf der Basis Ni_3Al auftreten, die eine geordnete kubisch-flächenzentrierte Struktur haben mit einem Gitterparameter, der sich nur sehr wenig von dem der kubisch-flächenzentrierten Matrix unterscheidet. Weil Struktur und Gitterparameter bei Matrix und Ausscheidung so ähnlich sind, nimmt man an, daß die freie Oberflächenenergie in diesen Legierungen sehr klein ist. Der kritische Keimradius sollte daher klein sein. Die Ausscheidung nennt man „kohärent".

Wenn Gitterparameter oder Atomanordnung nicht so übereinstimmen, entstehen entweder elastische Dehnungen in der Umgebung der Grenzfläche, oder es bilden sich Versetzungen, die das schlechte Zusammenpassen ausgleichen. In einem solchen Fall wird die freie Oberflächenenergie etwas höher sein. Man nennt diese Form der Ausscheidung „halbkohärent".

Wenn die Gitterebenen von Matrix und Ausscheidung keine Ähnlichkeiten zeigen, wird die freie Oberflächenenergie relativ hoch sein, entsprechend einer normalen Korngrenze. Die Ausscheidung nennt man dann „inkohärent".

Eine weitere Einflußgröße für die Keimbildung und das Wachstum ist der Unterschied im Volumen zwischen Ausscheidung und dem Anteil der Matrix, der durch die Ausscheidung ersetzt wird. Hierdurch entstehen elastische Dehnungen, die in der Bilanz der freien Energien berücksichtigt werden müssen.

1.12 Homogene und heterogene Ausscheidungen

Durch Schwankungen der Zusammensetzung in begrenzten Bereichen können sich spontan Ausscheidungen bilden (homogene Keimbildung); oder sie entstehen an bestimmten günstigen Stellen im Gitter (heterogene Keimbildung). Da Fluktuationen der Zusammensetzung in den meisten Fällen nur wenige Atome in einem eng begrenzten Raum betreffen, ist homogene Keimbildung wahrscheinlicher, wenn die kritische Keimgröße niedrig ist. Der kritische Keimradius ist klein, wenn die Übersättigung hoch ist und wenn die Ausscheidungen eine kleine Oberflächenenergie haben, vor allem also, wenn die Ausscheidungen kohärent oder halbkohärent sind. Die homogene Keimbildung kann überall im Gitter einsetzen; die Verteilung der Ausscheidungen ist dann gleichmäßig.

Für inkohärente oder halbkohärente Ausscheidungen, die Gitterspannungen erzeugen, ist die Keimbildung häufig heterogen. Bevorzugte Stellen für die Ausscheidungen können Korngrenzen oder Fremdteilchen im Gitter sein, da sich an diesen Stellen neue Phasen ohne wesentlichen

Zuwachs der Oberflächenenergie bilden können. Häufig sind auch Versetzungen bevorzugte Plätze für heterogene Ausscheidungen innerhalb der Körner [3]. Da die Versetzung ein Spannungsfeld hat, kann sich eine Ausscheidung, die auch Spannungen erzeugt, unter passenden Bedingungen an der Versetzung leichter bilden.

Eine andere Ursache für die Bildung von Ausscheidungen an Versetzungen ist dadurch gegeben, daß Versetzungen Kanäle für schnelle Diffusion sein können. Die Ausscheidungen an den Versetzungen können dann schneller wachsen als solche im ungestörten Gitter. In Metallen mit kubisch-flächenzentrierter Struktur, wie Nickel, kann eine Versetzung in zwei Halbversetzungen aufspalten. Das entspricht einer Reihe von Stapelfehlern mit dicht gepackter hexagonaler Struktur in einer Dicke von fünf Atomebenen. Gelöste Atome in einer Legierung können sich an diesen Stapelfehlern sammeln und den Keim für eine Ausscheidung bilden, besonders dann, wenn Ausscheidungen und Stapelfehler ähnliche Struktur haben. Die Ausscheidung von $n(Ni_3Ti)$ in Ni–Ti-Legierungen scheint von diesem Typ zu sein [4].

Als besondere Art einer heterogenen Ausscheidung beobachtet man häufig eine diskontinuierliche Ausscheidung an Korngrenzen [5], wo sich ein Bereich mit lamellaren Ausscheidungen bildet, der äußerlich an den Perlit von Stählen erinnert. Diese Art der Ausscheidung besteht aus abwechselnden Plättchen der Ausscheidung und der festen Lösung.

Das Wachstum dieser Art Ausscheidungen läßt sich möglicherweise so erklären, daß hierbei nur kurze und konstante Diffusionswege von der Größe des Abstandes der Plättchen nötig sind, wodurch die Wachstumsgeschwindigkeit groß wird.

Wie später noch besprochen werden soll, verläuft die Ausscheidung in ausscheidungshärtbaren Legierungen meist in mehreren Stufen. Dabei bilden sich metastabile Formen der Ausscheidungen nach kurzen Zeiten und bei niedrigen Temperaturen, während sich das Gleichgewicht mit stabilen Ausscheidungen nach längeren Zeiten und bei höheren Temperaturen einstellt. In den Zwischenstufen können sich auch mehrere Typen von metastabilen Ausscheidungen bilden.

Oft ist in solchen Legierungen die stabile Ausscheidung inkohärent, die metastabilen Zwischenstufen sind kohärent. Die stabilen Ausscheidungen entstehen nach heterogener Keimbildung an den Korngrenzen, die metastabilen Ausscheidungen durch homogene Keimbildung in den Körnern. Häufig ist in der Nachbarschaft der Korngrenzenausscheidungen eine Zone, die von Ausscheidungen frei ist [6].

Diese freie Zone läßt sich so erklären, daß sich die stabilen Korngrenzenausscheidungen zuerst bilden, wobei ihre Umgebung in den Körnern an gelösten Atomen entsprechend verarmt, oder daß diese Zone nur wenige Gitterfehlstellen enthält, weil diese zur Korngrenze gewandert sind; dadurch wird die für das Wachstum metastabiler Ausscheidungen nötige Diffusion erschwert.

Die ausscheidungsfreie Zone in den durch Titan und Aluminium aushärtbaren Ni–Cr-Legierungen hat andere komplexe Ursachen [6, 7].

1.13 Kristallorientierung der Ausscheidungen

Verständlicherweise erzielt man dann eine kleine Oberflächenenergie, wenn bestimmte Gitterebenen der Ausscheidungen parallel zu den Gitterebenen der Matrix angeordnet sind, die in Struktur und Atomabständen ähnlich sind.

Dieses Prinzip scheint die Orientierung von kohärenten und auch von inkohärenten Ausscheidungen in Legierungen zu beherrschen.

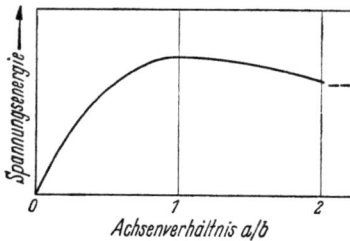

Abb. D 3. Spannungsenergie eines rotationsellipsoidischen Teilchens.
a polare Achse, b äquatorialer Durchmesser.
a/b < 1 bedeutet Plattenform,
a/b = 1 bedeutet Kugelform,
a/b > 1 bedeutet Nadelform.

Ausscheidungen wachsen nicht immer in allen drei Raumrichtungen gleich, sie können sich vielmehr auch nadel- oder plattenförmig ausbilden. Der Habitus dieser Ausscheidungen, d. h. die Hauptachse ihrer geometrischen Form, hat oft bestimmte Richtungen zum Gitter der Matrix. Dadurch entstehen z. B. die bekannten Widmannstättenschen Strukturen.

Die platten- oder nadelförmige Ausbildung der Ausscheidungen kann zwei Gründe haben: Der eine liegt in den Gitterspannungen, die sich bei der Bildung von Ausscheidungen dann bilden, wenn das spezifische Volumen der Ausscheidung anders ist als das der Matrix. NABARRO [8, 9] hat an dem Beispiel einer elliptischen Ausscheidung gezeigt, wie die Spannungsenergie vom Verhältnis der Hauptachsen des Ellipsoids abhängt. Ein hoher Wert für dieses Verhältnis a/b bedeutet Nadelform; ein niedrigerer Wert als 1 bedeutet Plattenform. Wie Abb. D 3 zeigt, ist die Spannungsenergie für plattenförmige Teilchen und möglicherweise auch für nadelförmige klein. Dagegen haben solche Teilchen im Vergleich zu kugelförmigen eine größere Oberfläche im Verhältnis zum Volumen und damit eine höhere freie Oberflächenenergie im Verhältnis zur Volumenenergie. Dieses Mehr an freier Oberflächenenergie muß durch die Einsparung an Spannungsenergie bei den nichtkugelförmigen Ausscheidungen wettgemacht werden.

Eine zweite Ursache für die Ausbildung platten- oder nadelförmiger Ausscheidungen liegt in äußeren Bedingungen für ihr Wachstum: Ein nichtkugelförmiges Teilchen kann gelöste Atome aus einem größeren Volumen an sich ziehen als ein gleich großes kugelförmiges Teilchen.

Diese Überlegungen machen verständlich, warum eine Ausscheidung nichtkugelförmig sein kann. Die Matrixebene, auf der sich z. B. plattenförmige Ausscheidungen bilden, wird durch zwei mögliche Einflüsse bestimmt. Erstens erreicht die Oberflächenenergie nur für bestimmte Gitterebenen (bei nadelförmigen Ausscheidungen nur für bestimmte Gitterrichtungen) ein Minimum, nämlich bei entsprechenden Atomanordnungen und ähnlichen -abständen. Zum andern kann das elastische Verhalten der Matrix in verschiedenen Richtungen unterschiedlich sein; dann ist die Spannungsenergie am kleinsten in der Richtung der größten Dehnung, d. h. in der Richtung des niedrigsten E-Moduls. Dies zeigt sich darin, daß viele nichtkugelförmige Ausscheidungen in kubischflächenzentrierten Metallen, auch in Nickel, plattenförmig auf (100)-Ebenen entstehen.

In anderen Nickelbasislegierungen bilden sich die Ausscheidungen würfelförmig mit den Würfelflächen parallel zu (100)-Ebenen. Man kann sie als Kugeln ansehen, die durch die elastische Anisotropie der Matrix geringfügig verändert sind.

1.14 *Die einzelnen Stufen der Ausscheidungen*

Es wurde schon erwähnt, daß sich in vielen Legierungen mehrere Formen der Ausscheidung nacheinander bilden können. Im allgemeinen sind die metastabilen Ausscheidungen kohärent zur Matrix, und die späteren stabilen Ausscheidungen sind inkohärent. Wenn die endgültige Ausscheidung im Gleichgewicht wegen ihrer Struktur kohärent ausgeschieden werden kann, kommen metastabile Ausscheidungen normalerweise nicht vor. Das ist verständlich, denn eine metastabile Ausscheidung kann sich trotz ihrer höheren Volumenenergie gegenüber der stabilen Ausscheidung zunächst nur bilden, wenn sie, da sie kohärent ist, eine niedrigere Oberflächenenergie hat.

Da die freie Volumenenergie der metastabilen Ausscheidungsform größer ist als die der stabilen Ausscheidung, ist die Löslichkeit der metastabilen Ausscheidung höher, wie das Diagramm in Abb. D 4 zeigt [10]. In dem doppelt schraffierten Gebiet, d. h. bei kleinen Übersättigungen, können sich nur stabile Ausscheidungen bilden, wenn auch nur langsam wegen der langsamen Keimbildung. Bei höheren Übersättigungen (im Diagramm einfach schraffiertes Gebiet) kann zuerst die metastabile Form ausgeschieden werden.

Aus diesem Diagramm wird auch der Vorgang der Rückbildung, nämlich die Auflösung einer metastabilen Ausscheidung, die sich zuerst bei niedriger Temperatur gebildet hatte, verständlich. Früher hatte man das auf die Teilchengröße zurückgeführt und angenommen, daß bei der Rückbildungstemperatur die kritische Teilchengröße höher lag

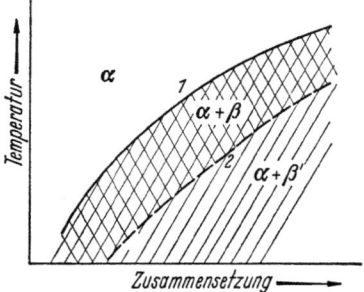

Abb. D 4. Phasendiagramm (schematisch).
Kurve *1*: Phasengrenze feste Lösung / stabile Ausscheidung;
Kurve *2*: Phasengrenze feste Lösung / metastabile Ausscheidung.

als die Größe der bei niedriger Temperatur entstandenen Ausscheidungen [11]; aber die Rückbildungstemperatur hängt nicht von einer Mindestteilchengröße ab. Wahrscheinlicher ist die Erklärung, daß man sich beim Aufheizen aus dem im Diagramm einfach schraffierten Bereich in den schraffierten bewegt, wo die metastabile Ausscheidung nicht bestehen kann.

1.15 *Wachstum der Ausscheidungen*

Nach der Keimbildung wachsen die ausgeschiedenen Teilchen durch Diffusion der gelösten Atome aus der umgebenden Matrix; diese Umgebung verarmt dabei an gelösten Atomen. Geschwindigkeitsbestimmend für das Wachstum ist daher die Diffusionsgeschwindigkeit der gelösten Atome in der Matrix. Wenn jedoch die Teilchen wachsen, müssen die gelösten Atome aus immer größerer Entfernung herandiffundieren, bis sich der Einzugsbereich eines Teilchens mit dem eines Nachbarteilchens überschneidet [12, 13]. Durch diese Überschneidung wird das weitere Wachsen des Teilchens verzögert. Am Anfang wächst der Radius des Einzugsbereichs mit $Dt^{1/2}$, wobei t die Zeit ist und D der Diffusionskoeffizient. Da das wachsende Teilchen einen konstanten Anteil der gelösten Atome aus diesem Bereich aufnimmt, wächst auch sein Radius mit $Dt^{1/2}$; sein Volumen nimmt daher mit der dritten Potenz dieses Faktors zu, also mit $t^{3/2}$.

Wie schon erwähnt, können nadel- oder plattenförmige Teilchen schneller wachsen als kugelförmige, weil ihre Oberfläche im Verhältnis zum Volumen größer ist. Wie eine analoge Rechnung ergibt, nehmen Nadeln mit t^2 und Plättchen mit $t^{5/2}$ im Volumen zu.

Das Wachstum lamellarer Strukturen durch diskontinuierliche Ausscheidung ist proportional zu t^5, wenn der Abstand der aufeinanderfolgenden Lamellen konstant bleibt, weil dann auch die Diffusionswege gleich bleiben. Auch der Einzugsbereich in der Matrix vor den Lamellen ist konstant und in der Größenordnung des Lamellenabstandes.

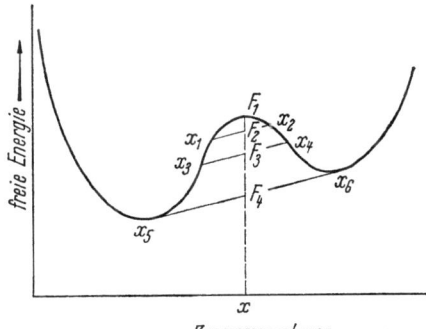

Abb. D 5.
Freie Energie als Funktion der Zusammensetzung bei spinoidaler Mischungslucke.

Es gibt eine andere Art der Ausscheidung, die fast ohne Keimbildung abläuft. Einige Legierungen haben bei hoher Temperatur ein breites Feld homogener Mischkristalle, aber bei niedriger Temperatur entsteht eine Mischungslücke, so daß zwei Legierungen verschiedener Zusammensetzung, jedoch gleicher Struktur, nebeneinander stabil sind. Bei einer Temperatur im Gebiet der Mischungslücke hat die freie Energie in Abhängigkeit von der Zusammensetzung einen Verlauf, wie er schematisch in Abb. D 5 wiedergegeben ist. In einem solchen Fall kann eine einphasige Legierung der Zusammensetzung x unter Verringerung der freien Energie in zwei Phasen mit den Zusammensetzungen x_1, x_2 oder x_3, x_4 usw. zerfallen [14]. Diese Art der Entmischung, spinoidale Entmischung genannt, kann zu Lamellen mit abwechselnd unterschiedlicher Zusammensetzung führen, wobei der Unterschied in der Zusammensetzung der Lamellen mit der Haltezeit wächst. Diese Art diskontinuierlicher Ausscheidung gibt es in den Systemen Cu–Ni–Fe [15] und Cu–Ni–Co [16].

1.16 Vergröberung der Ausscheidungen

Wenn im Laufe der Ausscheidung in der Matrix die Gleichgewichtskonzentration erreicht ist, kann die Gesamtmenge der Ausscheidungen nicht mehr zunehmen. Doch können immer noch die größeren Partikeln auf Kosten der kleineren wachsen, weil größere Partikeln einen geringeren Anteil an freier Oberflächenenergie haben als kleinere [4, 17]. Dieser Vorgang ist von der Diffusionsgeschwindigkeit und von der Oberflächenenergie abhängig und daher bei kohärenten Ausscheidungen langsamer als bei inkohärenten.

Diesen Vorgang nutzt man bei Hochtemperatur-Legierungen aus, bei denen man von den Ausscheidungen erwartet, daß ihre Größe bei hohen Temperaturen lange Zeit einigermaßen stabil bleibt. In den Nickelbasislegierungen mit Chrom, Titan und Aluminium bilden sich Ausscheidungen mit einer Struktur, die eine Art Überstruktur des Matrixgitters ist und die sich im Gitterparameter um weniger als 0,5% unterscheidet. Die freie Oberflächenenergie ist daher niedrig, die Wachstumsgeschwindigkeit nach Einstellung des Gleichgewichtes ist entsprechend klein [6].

1.17 *Ausscheidungen in Nickelbasislegierungen*

Viele ausscheidungshärtbare Nickelbasislegierungen sind bekannt, aber nur wenige hat man bisher eingehend untersucht. Die bekannten Legierungen haben zum großen Teil sehr ähnliche Ausscheidungen. So haben Legierungen der Systeme Ni–Al [4], Ni–Ti–Al [4], Ni–Cr–Ti–Al [18], Ni–Cr–Al [19], Ni–Cu–Al [19] und Ni–Si [19] alle kohärente oder halbkohärente Ausscheidungen mit geordnet kubisch-flächenzentrierter Struktur der Zusammensetzung A_3B, wo A Nickel oder Nickel + Kupfer oder Nickel + Chrom bedeutet und B Aluminium, Silicium oder Aluminium + Titan ist. Da Matrix und Ausscheidungen kubisch-flächenzentrierte Struktur haben — letztere mit Überstruktur —, ist ein kontinuierlicher Übergang an den Grenzflächen möglich, und es bilden sich kohärente oder halbkohärente Ausscheidungen, deren (100)-Ebenen parallel zu den (100)-Ebenen der Matrix sind. Der Habitus der Ausscheidungen scheint von dem Maß der Übereinstimmung in den Gitterparametern abzuhängen. Wo der Unterschied kleiner als 5% ist, wie in den Systemen Ni–Cr–Ti–Al, Ni–Al, Ni–Cr–Al, Ni–Ti–Al (bei nicht zu großem Verhältnis Ti/Al) und Ni–Si sind die Ausscheidungen würfelförmig oder gelegentlich kugelig mit der Würfelfläche parallel zur (100)-Ebene der Matrix. Die Würfelform erklärt man mit der elastischen Anisotropie des Nickels; es hat einen niedrigen Elastizitätsmodul in [100]-Richtung.

In den Legierungen mit diesen kohärenten oder halbkohärenten Ausscheidungen im Gleichgewicht gibt es keine metastabilen Zwischenstufen der Ausscheidungen. Das gilt nicht für Nickel-Titan [4, 20], wo sich zuerst eine geordnete kubisch-flächenzentrierte Ausscheidung vom Ni_3Al-Typ bildet, dann aber nach längerer Haltezeit eine hexagonale Ausscheidung des Typs NiSi. Diese Ausscheidungen bilden sich in Widmannstättenscher Anordnung, und die (001)-Ebenen der Ausscheidungen sind parallel zu den (111)-Ebenen der Matrix. Es scheint, daß sich diese Phase auch direkt an Korngrenzen bildet, doch sie kann auch in den Körnern aus den kubisch-flächenzentrierten Übergangsstufen oder an Stapelfehlern in der Matrix entstehen.

Tatsächlich erlangen die meisten der handelsüblichen ausscheidungshärtbaren Nickelbasislegierungen ihre Warmfestigkeit durch Ausscheidungen vom kubisch-flächenzentrierten Ni_3Al-Typ. Das gilt auch für die meisten Hochtemperatur-Legierungen auf der Basis Ni–Cr, die in Kap. D 1.21 beschrieben werden.

In diesen Legierungen gibt es auch andere Ausscheidungsmechanismen, wie z. B. die Carbidausscheidung. In einigen wird die Aushärtung durch Ausscheidung der Ni_3Ti-Phase erzielt.

Die ausscheidungshärtbaren Legierungen mit speziellen physikalischen Eigenschaften, z. B. Legierungen mit temperaturunabhängigem E-Modul, haben Ausscheidungen vom Ni_3Al-Typ. Gleiches gilt für einige ausscheidungshärtbare Legierungen auf der Basis Ni–Cu. Nur Permanickel, ein Nickel mit geringen Zusätzen von Kohlenstoff und Magnesium, härtet nicht durch diese Art der Ausscheidung. Man weiß nur wenig über den Aushärtungsmechanismus in dieser Legierung.

1.2 Aushärtbare Legierungen

1.21 Hochwarmfeste Nickel–Chrom-Legierungen

Die vielen möglichen Legierungselemente, von denen einige Speziallegierungen bis zu zehn enthalten, kann man in drei Gruppen einteilen: in Elemente, die in fester Lösung die Matrix härten, Elemente, die durch Ausscheidungen härten, und solche, die die Korngrenzen beeinflussen.

Es ist sicher zweckmäßig, die Gleichgewichtsphasen von Nickel mit einigen wichtigen Legierungselementen zu betrachten. Nickel ist als Ausgangselement für Hochtemperatur-Legierungen besonders günstig, weil es einen relativ hohen Schmelzpunkt (bei 1453 °C) und kubisch-flächenzentrierte Kristallstruktur hat. Auch liegt der Atomradius günstig, weil sich eine große Zahl möglicher Legierungselemente im Atomradius um weniger als 14% hiervon unterscheidet und es daher nach HUME-ROTHERY verhältnismäßig gut löslich sein müßte. Die für diese Betrachtung besonders interessanten Elemente sind mit ihren Schmelzpunkten in Tab. D 1 in drei Gruppen aufgeführt. Es versteht sich, daß die meisten von ihnen auch hohe Schmelzpunkte haben. Interessant ist die Veränderung des Schmelzpunktes von Nickel in binären Legierungen mit diesen Elementen; die entsprechenden Werte sind daher auch in die Tab. D 1 eingetragen [21]. Man kann sagen, daß Elemente, deren ΔT-Wert kleiner als 6 grd ist, matrixhärtend sind, daß Elemente mit ΔT-Werten zwischen 6 und 18 grd Ausscheidungen intermetallischer Phasen bilden, während Elemente mit ΔT-Werten über 28 grd die wichtige Rolle der kleinen Zusätze zur Desoxydation oder Verbesserung der Warmumformung spielen [22].

Tabelle D 1. *Einige Legierungselemente für Nickelbasis-Hochtemperatur-Legierungen.*

Element		Schmelzpunkt °C	ΔT^a grd
Gruppe I:	Wolfram	3380	+ 2
	Kobalt	1492	+ 1
	Eisen	1537	− 1
	Chrom	1850	− 3
	Tantal	2980	− 3
	Vanadin	1860	− 3
	Molybdän	2620	− 4
Gruppe II:	Aluminium	660	− 6
	Niob	2468	− 9
	Mangan	1244	−10
	Titan	ca. 1670	−14
Gruppe III:	Silicium	1412	−33
	Zirkon	1860	> −180
	Kohlenstoff	—	−250
	Bor	2300	> −300
	Schwefel	113	> −600

[a] Schmelzpunktänderung pro 1 Gew.-% Legierungselement-Zusatz zum Nickel.

1.211 Die Zwei- und Dreistoffsysteme

Im Zweistoffsystem Cr–Ni (vgl. Abb. D 6) reicht der Existenzbereich des kubisch-flächenzentrierten nickelreichen Mischkristalls bei Raumtemperatur bis zu etwa 30 Gew.-% Cr. Die Löslichkeit von Chrom in Nickel nimmt zu mit steigender Temperatur bis zu 46% bei der eutektischen Temperatur 1345°C. Bei höheren Chromgehalten ist bei allen Temperaturen unterhalb der eutektischen Temperatur die γ-Phase im Gleichgewicht mit der α-Phase, einer festen Lösung von Nickel in Chrom.

Meist wird den Ni–Cr-Legierungen für Hochtemperatur-Anwendungen Aluminium zugesetzt. Abb. D 7 zeigt das Zustandsdiagramm für Al–Ni für Aluminiumgehalte bis 15% [24]. Die maximale Löslichkeit von Aluminium in Nickel beträgt bei der eutektischen Temperatur 1385°C mehr als 10%. Sie fällt dann stark und ist bei 500°C geringer als 5%. Höhere Gehalte führen zur Bildung einer zweiten Phase (γ') auf der Basis der intermetallischen Verbindung Ni_3Al. Auch diese Phase ist kubisch-flächenzentriert — sie hat die gleiche geordnete Struktur wie Cu_3Au — und in einem großen Bereich des binären Systems homogen. In komplexen Legierungen mit Chrom und/oder Titan wird sie noch stabiler. Bei noch höheren Aluminiumgehalten in Nickel tritt die raumzentrierte β-Phase auf, eine sehr stabile intermetallische Verbindung NiAl mit einem Schmelzpunkt über 1600 °C, die auch in einem weiten Bereich beiderseits der stöchiometrischen Zusammensetzung homogen ist.

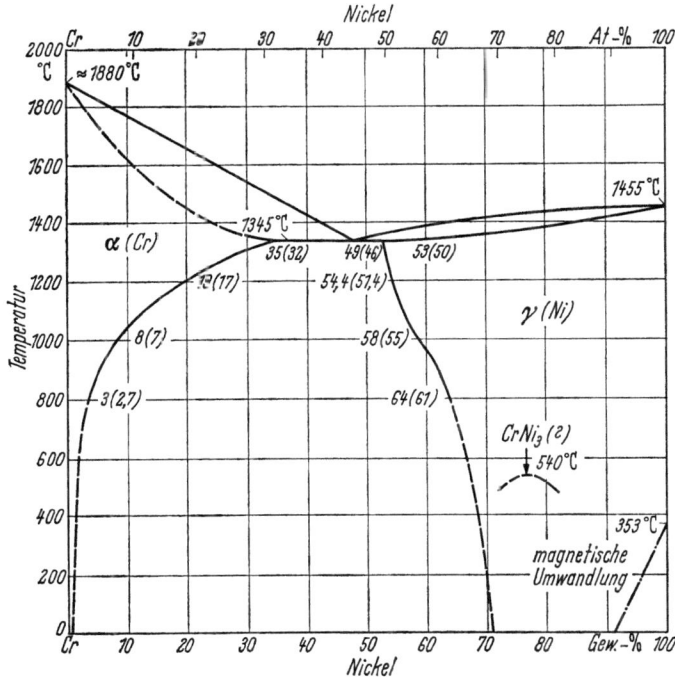

Abb. D 6. Zustandsdiagramm Cr–Ni [23].

Titan ist bis zu etwa 12 Gew.-% bei der eutektischen Temperatur in Nickel löslich; bei 750 °C beträgt die Löslichkeit weniger als 8%. Bei Übersättigung bildet sich die intermetallische Verbindung Ni_3Ti (η-Phase) (Abb. D 8).

Die Gleichgewichte zwischen den soeben besprochenen Phasen bestimmen die Struktur der meisten bis heute entwickelten warmfesten Nickelbasislegierungen. Das in diesem Zusammenhang besonders wichtige Vierstoffsystem Al–Cr–Ni–Ti (nach TAYLOR [26]) ist in Abb. D 9 wiedergegeben. Die handelsüblichen Legierungen enthalten merkliche Zusätze weiterer Elemente, vor allem Kobalt, Eisen, Molybdän oder Wolfram und Niob sowie Tantal. Wenn auch nur wenig über die genauen Einflüsse dieser Elemente auf die Gitterstrukturen bekannt ist, so ist doch sicher, daß keines von ihnen andere neue Phasen als die in Abb. D 9 eingezeichneten hervorruft.

Hochtemperatur-Legierungen enthalten häufig bis zu 20% Chrom. Wie sich gezeigt hat, verringern solche hohe Chromgehalte die Löslichkeit von Titan und Aluminium in Nickelbasis- [27] oder Ni–Cr-Legierungen [28, 29]. Nach Untersuchungen von TAYLOR [30] hat der Zusatz von Eisen nur geringen Einfluß.

Niob und Tantal können mit Nickel intermetallische Verbindungen bilden (Ni_3Nb, Ni_3Ta). Sie sind bei den üblichen Niob- und Tantalgehalten genauso wie Ni_3Ti in der γ'-Phase gelöst ($Ni_3(Al,Ti,Nb,Ta)$).

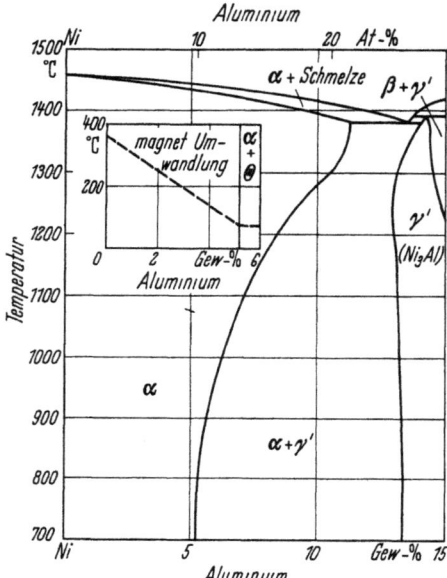

Abb. D 7. Zustandsdiagramm Al-Ni [24].

Erwähnt seien jedoch Legierungen mit relativ großen Zusätzen an Niob. In solchen Ni–Cr-Legierungen bilden Niobide die Hauptausscheidung. Der Vorteil gegenüber titan- oder aluminiumhaltigen Legierungen liegt bei den Gußwerkstoffen in den besseren Gießeigenschaften an Luft [31].

Mit Ausnahme einiger neuerdings entwickelter Gußlegierungen sind Molybdän und Wolfram bis zu 5% zulegiert; beide lösen sich sowohl in der Matrix als auch in den Ni-Al-Phasen. Nach GUARD und WESTBROOK [32] ist nur sehr wenig Molybdän in der γ'-Phase enthalten, während Molybdän nach Angabe anderer Autoren sowohl in der γ- als auch γ'-Phase enthalten sein kann (Tab. D 2), wobei die Ausscheidung gegenüber der Matrix etwas ärmer an Molybdän sein soll. Man nimmt an [33], daß Wolfram und Molybdän analogen Einfluß auf die Struktur der Nickelbasislegierungen haben; vor allem verringern sie die Löslichkeit der

Tabelle D 2. *Gitterparameter in Ni–Cr-Legierungen in Abhängigkeit vom Molybdängehalt.*

Zusammensetzung Gew.-%			Gitterparameter Å			Mo-Gehalt in d. γ'-Phase
Al	Ti	Mo	γ-Phase	γ'-Phase	Abweichung	Gew.-%
1,33	2,32	< 0,5	3,5875	3,5679	0,0196	0
1,26	2,51	2,65	3,5882	3,5735	0,0147	≈ 1,9
1,21	2,38	7,07	3,5906	3,5902	0,0004	≈ 4,2

Härtebildner Titan und Aluminium in der Matrix und vergrößern damit die Menge der Ausscheidungen.

Anders als die vorher besprochenen Elemente nehmen Kohlenstoffatome Zwischengitterplätze in den Substitutionsmischkristallen von Nickel mit Chrom, Titan, Aluminium usw. ein. In Nickel sind bis zu

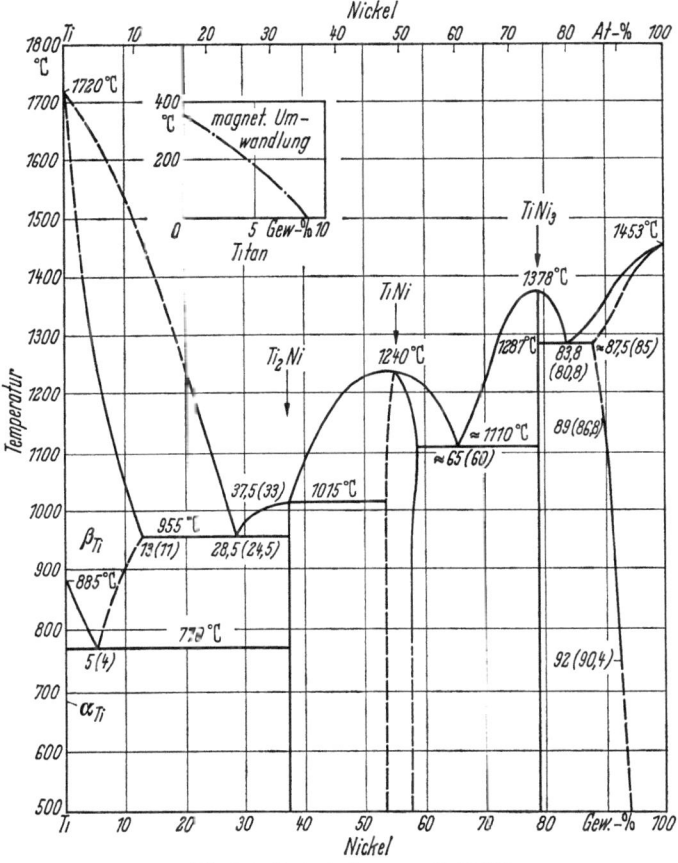

Abb. D 8. Zustandsdiagramm Ni-Ti [25].

0,55% C bei der eutektischen Temperatur (1318 °C) löslich, aber Chrom vermindert die Löslichkeit merklich, und starke Carbidbildner, wie Titan oder Niob, verringern sie noch weiter.

Der Haupteinfluß des Kohlenstoffs in diesen Legierungen liegt in der Carbidbildung. Nickel bildet keine Carbide, aber es gibt mehrere Chromcarbide, von denen besonders zwei, Cr_7C_3 und $Cr_{23}C_6$, von Interesse sind. Letzteres, allgemein als $M_{23}C_6$ bezeichnet, kann relativ viel

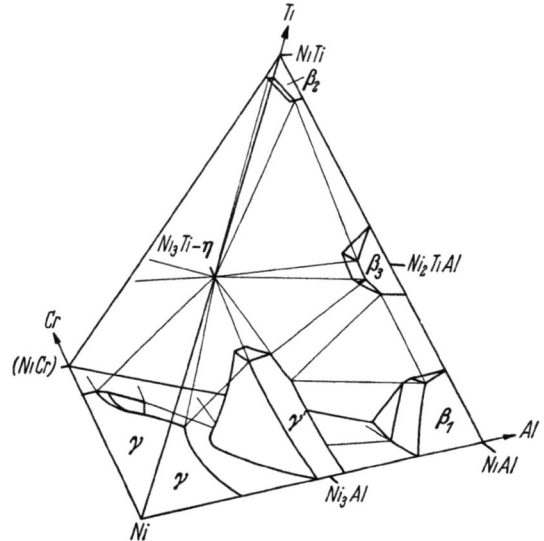

Abb. D 9. Zustandsdiagramm für das System Al–Cr–Ni–Ti für 750 °C [26].

Eisen und auch Molybdän oder Wolfram lösen, ehe es instabil wird und dafür ein Carbid M_6C mit anderer Struktur entsteht. Die allgemeinen strukturellen Beziehungen zwischen diesen Carbidphasen sind von HUME-ROTHERY und RAYNOR [34] zusammenfassend beschrieben worden und brauchen nicht weiter erläutert zu werden.

Wie in Kap. D 1.212.2 besprochen wird, spielen die chromreichen Carbide eine wesentliche Rolle bei der Wärmebehandlung der Legierungen. Viele der Hochtemperatur-Legierungen enthalten Titan und Niob. Beide Elemente bilden stabile definierte Carbide oder Carbonitride (z. B. TiC,N), die im mikroskopischen Schliffbild als kubische oder spitzwinklige Teilchen in Hellorange bis Graublau erscheinen, je nachdem, ob sie stickstoff- oder kohlenstoffreich sind. Diese Carbide werden durch die üblichen Wärmebehandlungen praktisch nicht beeinflußt und scheinen keine wesentliche Bedeutung für die Temperatureigenschaften zu haben, wenn man davon absieht, daß sie das Kornwachstum behindern.

1.212 Festigkeitseigenschaften der Legierungen

1.212.1 Einfluß der Legierungselemente. Chrom wird dem Nickel in erster Linie zugesetzt, weil es den Widerstand gegen Hochtemperaturkorrosion verbessert; es wirkt aber auch in fester Lösung matrixhärtend, wie man an den Festigkeitswerten bei Raumtemperatur und an dem Kriechverhalten bei erhöhten Temperaturen erkennt (Tab. D 3). Ähnlich wirken kleine Zusätze der gebräuchlichen Legierungselemente Aluminium, Titan, Niob usw., wenn sie in der Ni–Cr-Matrix gelöst sind. Wenn jedoch die Löslichkeitsgrenzen überschritten werden und sich intermetallische Verbindungen, wie $Ni_3(Ti,Al)$, bilden, nutzt man in den

Tabelle D 3. *Einfluß von Chromzusätzen auf Härte und Zeitstandfestigkeit von Nickel.*

Temperatur	Härte[a]				Spannung	Zeitstandfestigkeit[a]		
	Vickershärte (kp/mm^2) bei einem Cr-Gehalt (At.-%) von					Zeit (in h) für eine vorgegebene Spannung bei einem Cr-Gehalt (At.-%) von		
°C	1	5	10	14	kp/mm^2	4	6	10
20		100	124					
800	25	43	58	72	4	20	120	200
1000	17	22	24	26	2	15	20	20

[a] gegossene Proben, geglüht 6 h 1200 °C/Ofen.

Legierungen den Vorteil der Ausscheidungshärtung. Wie bereits geschildert, nimmt die Löslichkeit für die meisten gelösten Atome mit fallender Temperatur ab. Man kann daher durch passende Kombination einer Lösungsglühung und Anlaßbehandlung die Ausscheidung einer oder mehrerer sekundärer Phasen erzielen. Da diese Ausscheidungen normalerweise die mechanische Festigkeit bestimmen, hat man ihren Bildungsmechanismus und ihre Wechselwirkungen mit der Matrix so eingehend untersucht.

Durch die Lösungsglühung werden die ausscheidungsfähigen Elemente vollständig gelöst. Wird nach dieser Behandlung sehr schnell abgekühlt, so bleibt — außer in einigen der erst in letzter Zeit entwickelten hochlegierten Werkstoffe — die übersättigte feste Lösung bei Raumtemperatur erhalten. In der Praxis wird meist an Luft abgekühlt, und das kann zu einer geringen Entmischung der festen Lösung und zur Bildung sichtbarer Ausscheidungen oder zur Keimbildung führen, wie sie z. B. MANENC [35] beschrieben hat. Damit wird ein Teil des Ausscheidungsmechanismus bei der Anlaßbehandlung vorweggenommen.

In Legierungen mit genügend hohem Aluminiumgehalt bilden sich Ausscheidungen auf der Basis der γ'-Phase (Ni_3Al) des Zweistoffsystems

Al–Ni, wobei durch Zusatz von Chrom, Kobalt, Titan, Niob usw. Abweichungen von der stöchiometrischen Zusammensetzung des binären Systems möglich sind [36]; infolgedessen ändert sich auch der Gitterparameter mit der Zusammensetzung. So wird er z. B. durch Titan [37], Kobalt [38] und Molybdän erhöht (vgl. Tab. D 2). Es ist aber entscheidend, daß er nicht zu weit von dem der Matrix abweicht, damit genügend Kohärenz an der Phasengrenze erhalten bleibt. So fanden WILD und GRANT [39], daß der Gitterparameter der γ'-Phase bei den drei typischen Nickelbasiswerkstoffen 73 Ni–16 Cr–2 Ti–1 Al–1 Nb +Ta, 45 Ni–29 Co–15 Cr–4 Mo–3 Al–2 Ti und 59 Ni–20 Cr–14 Co–4 Mo–3 Ti–1 Al nur jeweils 0,5, 0,3 und 0,28% höher war als der der γ-Matrix. Es sei hier darauf hingewiesen, daß nach den Angaben in Tab. D 2 der Unterschied im Gitterparameter zwischen γ- und γ'-Phase mit steigendem Molybdänzusatz verringert wird.

Die so gebildeten Ausscheidungen sind typisch kugelig (vgl. Abb. D 20a, S. 253), und die Teilchen in demselben Korn der Matrix haben eine gemeinsame kristallografische Orientierung; der Orientierungszusammenhang mit der Matrix ist oft klar an der Mikrostruktur zu erkennen (vgl. Abb. D 20b, S. 253). Anzahl und Größe der Ausscheidungen hängen natürlich von Anlaßzeit und -temperatur ab; selbstverständlich werden sie auch vom Aluminium- (und Titan-) Gehalt der Legierung bestimmt [40].

Wenn das Verhältnis Ti/Al groß ist, so ist die anfänglich gebildete γ'-Phase metastabil und muß schließlich der plattenförmigen η-Phase (Basis Ni_3Ti) weichen. Bei genauer Abstimmung der Zusammensetzung und Anlaßbehandlung können, wie Abb. D 10 zeigt, beide Phasen nebeneinander in einer Legierung bestehen.

Das Ergebnis der Aushärtung läßt sich einfach durch die Festigkeitswerte und die Härte ausdrücken, und hier zeigt sich, daß diese Eigenschaften systematisch vom Gehalt der ausscheidungsfähigen Elemente abhängen, sofern man Anlaßbehandlungen betrachtet, die bis in den stetigen Teil der Alterungskurve geführt werden. Tab. D 4 zeigt

Tabelle D 4. *Festigkeitseigenschaften bei Raumtemperatur einiger handelsüblicher mit Titan und Aluminium gehärteter Ni–Cr-Legierungen.*

Legierung	Zusammensetzung Gew.-%				Festigkeitseigenschaften		
	Cr	Co	(Ti + Al)	Ni	0,1-Dehngrenze kp/mm²	Zugfestigkeit kp/mm²	Dehnung %
A	20	—	0,5	Rest	35	82	44
B	20	—	4,0	Rest	61	109	39
C	20	16	4,0	Rest	79	126	33
D	20	16	5,0	Rest	82	129	25

dies für eine Reihe von Legierungen, die sich nur in den Titan- und Aluminiumgehalten wesentlich unterscheiden: die stetige Zunahme der Dehngrenze und Festigkeit ist mit einer Abnahme der Zähigkeitsparameter verbunden. Auch in Legierungen auf der Basis Ni–Cr–Fe von

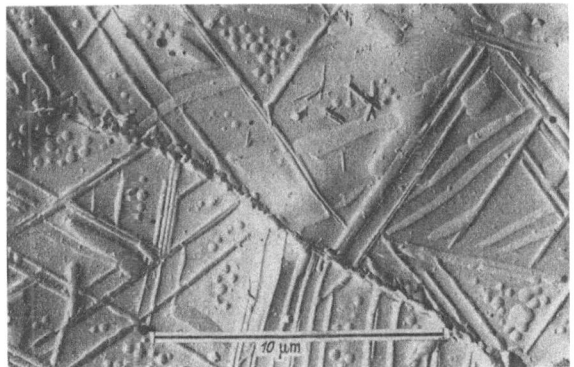

Abb. D 10. γ'- und η-Phase in einer Ni-Cr-Legierung mit 4,0% Ti (warmebehandelt 1 000 h bei 850 °C).

grundsätzlich gleicher Art nimmt die Härte bei konstantem Aluminiumgehalt von 1% mit zunehmendem Titangehalt sowohl im lösungsgeglühten Zustand als auch nach der Anlaßbehandlung zu. So lagen die Höchstwerte der Brinellhärte nach dem Anlassen bei 750···800 °C innerhalb der

Tabelle D 5. *Festigkeitseigenschaften der Ni–15Cr–40Fe–3W–1Al-Legierung nach $2^1/_2$ h/1200 °C Luft + 16 h/750 °C.*

Titangehalt Gew.-%	Dehngrenze kp/mm²	Zugfestigkeit kp/mm²	Dehnung %	Brucheinschnürung %	Kerbschlagzahigkeit kpm/cm²
1,2	44,1	81,3	19,8	24,5	7,5
1,9	43,5	86,1	34,2	36,0	8,4
2,2	64,1	82,7	5,5	11,7	2,0
3,2	79,9	106,1	8,5	11,6	2,4

Versuchszeiten bei 290 kp/mm² für 2% Ti und bei 360 kp/mm² für 4% Ti [41]. In Tab. D 5 sind die entsprechenden Festigkeitswerte aufgeführt. Diese Ergebnisse gelten für Raumtemperatur. Ein weiterer Einfluß der Menge an ausscheidungsfähigen Elementen besteht darin, daß damit die Temperatur angehoben wird, bei der ein rascher Abfall der Festigkeitswerte gegenüber den Werten bei Raumtemperatur eintritt. Entsprechend erhöhen sich auch die Proportionalitätsgrenze, Dehngrenze und Bruchfestigkeit im Torsionsversuch mit zunehmendem Titan- und Aluminiumgehalt, während der Verdrehungswinkel bis zum Bruch abnimmt.

Obwohl diese soeben erwähnten Eigenschaften in Sonderfällen eine gewisse Rolle spielen, sind es natürlich in erster Linie die Kriech- und Zeitstandeigenschaften, die bei diesen Legierungen von größtem Interesse sind.

Da die Werkstoffe während der Bestimmung solcher Werte, die sich über einen längeren Zeitraum bei erhöhten Temperaturen erstreckt, altern, nimmt man im allgemeinen eine „stabilisierende" Anlaßbehandlung vor, um Zufallseffekte zu vermeiden, die in den Anfangsstadien bei der Prüfung einer abgeschreckten lösungsgeglühten Legierung eintreten könnten. Als Maß für die Kriechfestigkeit gilt im allgemeinen die Dehngeschwindigkeit in der zweiten Stufe der Kriechkurve. Diese Stufe bestimmt normalerweise die Standzeit eines Bauteils; sie entspricht dem geradlinigen Teil der Dehn-Zeit-Kurve bei konstanter Last.

Anders ausgedrückt: Die Kriechfestigkeit ist die Spannung, die nötig ist, um in einer vorgegebenen Zeit eine bestimmte plastische Dehnung (z. B. 0,1 oder 0,5%) zu erzielen. Die Kriechfestigkeit nimmt zu mit dem Gehalt an ausscheidungsfähigen Elementen (z. B. Gesamtgehalt Ti + Al), und zwar um so stärker, je mehr die Löslichkeitsgrenze bei der Versuchstemperatur überschritten wird.

Tabelle D 6. *Zeitstandwerte von Ni–Cr–Co–Mo-Legierungen bei 28 kp/mm² und 750°C.*

Zusammensetzung Gew.-%		Standzeit	Bruchdehnung
C	(Ti + Al)	h	%
0.043	1,99	78	13
0,045	2,97	209	9
0,038	2,54	203	14
0,030	3,12	335	24
0,035	3,34	173	7
0,038	3,54	152	21
0,038	4,26	60	7

Gleichlaufend mit dem Kriechwiderstand nimmt auch die Zeitstandfestigkeit der Hochtemperatur-Legierungen stetig zu bis zu einer Grenzkonzentration der ausscheidungsfähigen Elemente; wird diese überschritten, so sinkt die Zeitstandfestigkeit, und meist nimmt dann auch die Zähigkeit ab, d. h. die Bruchdehnung wird geringer (Tab. D 6). Die

Wirkung von Titan- oder Aluminiumzusatz ist gleichartig. Abb. D 11 zeigt den Einfluß auf die Standzeit von Legierungen mit 1% Al, wenn der Titangehalt von 1 auf 4% erhöht wird. Die Abnahme der Standzeit bei hohen Aluminium- oder Titangehalten fällt mit dem Auftreten großer Anteile überschüssiger γ'-Phase im Gefüge zusammen, oder allgemeiner ausgedrückt, mit einer überhöhten Härtung der Körner, die zu so hohen Spannungen in der Umgebung der Korngrenzen führt, daß sich die Festigkeitseigenschaften wieder verschlechtern.

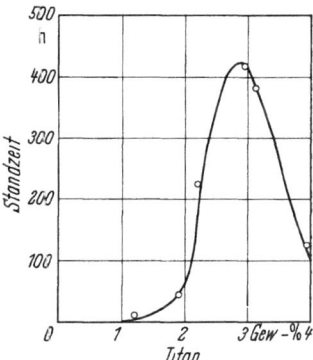

Abb. D 11. Einfluß von Titan auf die Standzeit einer Legierung
mit 35% Ni, 15% Cr, 3% W, 1% Al, Rest Fe; Belastung 30 kp/mm²; Temperatur 750 °C.

Für das Zeitstandverhalten ist der Gesamtgehalt von Titan und Aluminium wichtig, wenn man davon absieht, daß vollständige oder fast vollständige Abwesenheit von Titan zu schlechter Zeitstandfestigkeit führt. Titan kann auch durch Niob im gleichen Atomgewichtsverhältnis ersetzt werden, ohne daß normalerweise die Mikrostruktur oder die Zeitstandwerte der betreffenden Legierung verändert werden. Diese allgemeine Aussage gilt nicht für einige in letzter Zeit entwickelte Gußlegierungen mit einem sehr hohen Gehalt an ausscheidungsfähigen Elementen und entsprechend komplexer Struktur. Hier scheinen Niob und Tantal Eigenschaften zu bewirken, die man mit Titan nicht erzielen kann [42, 43]. Die Gründe hierfür sind noch nicht klar. Der Gewinn, den man dadurch erzielt, daß man beispielsweise Niob durch Tantal ersetzt, fällt normalerweise wenig ins Gewicht; er ist lediglich entscheidend, wenn es in einigen wenigen, aber wirtschaftlich wichtigen Fällen gilt, die Standzeit bei höchstmöglichen Temperaturen zu verbessern.

Wie bereits erwähnt, wird die Gleichgewichtsphase γ' (Ni$_3$Al) durch die η-Phase (Ni$_3$Ti) abgelöst, wenn das Verhältnis (Ti,Nb)/Al groß wird. Nach neueren Untersuchungen hat anscheinend die metastabile γ'-Phase, die sich bei solchen Legierungen in einem mittleren Stadium bildet, die günstigste Beziehung zur Matrix und bewirkt die besten Dehngrenzen und den höchsten Kriechwiderstand. Dieses Zwischenstadium der Ausscheidung ist besonders wichtig bei niedrigen und mittleren Temperaturen, weil der Übergang zur stabilen Ausscheidung dann sehr langsam ist und in praktischen Fällen möglicherweise ganz unterdrückt werden kann. Ersetzt man weitgehend Aluminium durch Titan, so wird der Unterschied im Gitterparameter zwischen Ausscheidung und Matrix ziemlich groß, was den hohen Kriechwiderstand dieser Art Legierungen nach entsprechend abgestimmter Anlaßbehandlung erklären dürfte [44].

Es wurde schon festgestellt, daß Kohlenstoff die Festigkeitseigenschaften beeinflußt. Jedoch ist sein Einfluß auf die Härte bei einer Legierung mit Ausscheidungen der γ'-Phase verhältnismäßig klein, verglichen

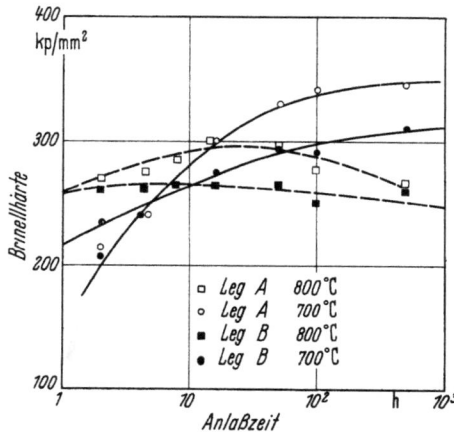

Abb. D 12. Einfluß des Kohlenstoffgehaltes auf die Härte einer Ni-Cr-Legierung.

Legierung	C	Si	Mn	Cr	Al	Ti
A	0,04	0,52	0,04	19,3	1,19	2,33
B	0,01	0,58	0,04	20,7	1,23	2,47

mit dem der ausscheidungsfähigen Elemente Titan, Aluminium usw. (Abb. D 12). Kohlenstoffausscheidungen in den Körnern erhöhen die Härte, aber seinen Haupteinfluß übt der Kohlenstoff an den Korngrenzen aus. Er steigert dort die Härte in entsprechendem Maße, wie dies durch γ'- und Carbidausscheidungen in den Körnern der Fall ist. Diese Wirkung ist in Zusammenhang mit der Wärmebehandlung zu betrachten. Abgesehen davon muß der Kohlenstoffgehalt einer Legierung jedoch genau abgestimmt sein, wenn optimale Festigkeitseigenschaften erzielt werden sollen; oder anders ausgedrückt: Die Lage des Maximums der Kurve in Abb. D 11 hängt in bezug auf die Titanachse vom Kohlenstoffgehalt ab. Wenn genügend Korngrenzencarbid vorhanden ist, erlaubt die Zähigkeit der Legierung höhere Aluminium- und Titangehalte

— und damit höhere Kriechfestigkeit — als bei niedrigerem Kohlenstoffgehalt. Tab. D 7 zeigt Meßergebnisse von Legierungen, die sich nur im Kohlenstoffgehalt voneinander unterscheiden. Man erkennt die Verminderung der Kriechgeschwindigkeit und die Zunahme der Standzeit bei Kohlenstoffgehalten über 0,04%.

Tabelle D 7. *Standzeit und Kriechgeschwindigkeit einer Ni–20Cr–15Co–2,3Ti–1,8Al-Legierung mit unterschiedlichem Kohlenstoffgehalt bei 31 kp/mm² und 750°C.*

C-Gehalt	Standzeit	Kriech-geschwindigkeit
Gew.-%	h	%/h
0,03	30	0,0023
0,04	61	0,0040
0,07	201	0,0012
0,09	102	0,0012
0,11	199	0,0008

Wärmebehandlung 3 h/1250°C, abgekühlt auf 950°C, 24 h/Luft + 16 h/700°C.

Den günstigen Einfluß des Kohlenstoffs auf die Zähigkeit zeigt Abb. D 13; die Brucheinschnürung bei 780°C nimmt in der Ni–Cr–Mo-Legierung, die über die γ'-Phase aushärtet, mit Erhöhung des Kohlenstoffgehaltes zu.

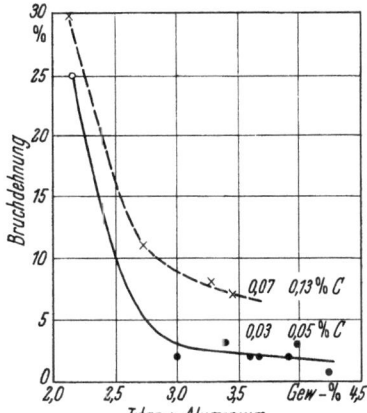

Abb. D 13. Einfluß von Titan, Aluminium und Kohlenstoff auf die Bruchdehnung von Ni-Legierungen mit 20% Cr und 5% Mo bei 780°C. (Proben: Geschweißt und angelassen).

Die Einflüsse der matrixhärtenden Elemente, hauptsächlich Molybdän, Wolfram und Kobalt, sollen als nächstes betrachtet werden. Kobalt bewirkt eine meßbare Härtesteigerung im System Al–Ni mit und ohne Titan [45]. Zum Teil wird dies indirekt geschehen, weil mehr von den primären Legierungselementen Aluminium und Titan für die Ausscheidungshärtung frei werden [28, 29], doch haben BEATTIE und HAGEL [38] gezeigt, daß Kobalt auch den Unterschied im Gitterparameter zwischen γ- und γ'-Phase erhöht. Ein Vergleich der Festigkeitseigenschaften zweier Legierungen, die sich hauptsächlich im Kobaltgehalt unterscheiden, zeigt, daß eine Erhöhung des Kobaltgehaltes im Bereich $0\cdots 16\%$ auf die Festigkeitseigenschaften günstig wirkt [46]. Die möglichen Mechanismen, durch die Kobalt die Festigkeit einer Ni–Cr-Legierung verbessern kann, hat HESLOP [47] betrachtet und geschlossen, daß durch Kobalt in erster Linie die Löslichkeit der γ'-Phase sowie Art und

Tabelle D 8. *Einfluß von Molybdän auf die Standzeit von Nickellegierungen mit 20% Cr bei 28 kp/mm² und 750°C.*

Zusammensetzung Gew.-%			Standzeit	Bruchdehnung
C	(Ti + Al)	Mo	h	%
0,1	4,80	—	381	0,9
0,1	5,21	—	394	1,5
0,1	5,71	—	181	0,7
0,1	5,94	—	158	0,8
0,06	4,06	5	>550	5,5
0,06	4,89	5	737	7,0
0,06	5,40	5	554	3,7
0,06	5,98	5	295	4,4

Menge der Carbidausscheidung beeinflußt werden. Ein direkter Einfluß wäre die Verminderung der Stapelfehlerenergie der Matrix durch Kobalt, wodurch das Klettern der Versetzungen und Quergleiten behindert würde.

Molybdän und Wolfram kann man in bezug auf das Atomgitter als weitgehend austauschbar ansehen. Ihr Einfluß auf die Eigenschaften der Hochtemperatur-Legierungen ist daher gleichartig [33]. Normalerweise bevorzugt man für die handelsüblichen kriechfesten Legierungen Molybdän, weil es die Dichte des Werkstoffs weniger erhöht als Wolfram. In Fällen, in denen hauptsächlich Zentrifugalkräfte auf das Werkstück einwirken, haben daher molybdänhaltige Legierungen eine höhere Belastbarkeit als entsprechende wolframhaltige mit den gleichen im Zeitstandversuch ermittelten Eigenschaften.

Molybdän und Wolfram haben einen bemerkenswerten Einfluß auf die mechanischen Eigenschaften. Einige Prozent Molybdän verbessern die Zeitbruchdehnung beträchtlich. Normalerweise ist die Zähigkeitsverbesserung mit einer erhöhten Standzeit verbunden, wenn die Zusammensetzung der Legierung sonst unverändert bleibt, wie Tab. D 8 für eine Reihe von Ni–Cr-Legierungen zeigt. Viel häufiger nutzt man in handelsüblichen Legierungen jedoch die durch Molybdän verbesserte Zähigkeit dadurch, daß man auch den Gehalt an Härtebildnern entsprechend erhöht und somit die Zeitstandfestigkeit beträchtlich vergrößert. Typisch dafür ist die Entwicklung der molybdänhaltigen Legierung NiCo 20 Cr 15 MoAlTi aus der molybdänfreien Legierung Ni–20 Cr–18 Co–5 Fe–4 Ti–2 Al. Die Erhöhung der Zeitstandfestigkeit und der Zähigkeit — und damit die bessere Beständigkeit gegenüber thermischer Ermüdung — erklärt sich aus der Eigenschaft des Molybdäns, die Kohärenz zwischen Ni_3(Ti,Al)-Ausscheidung und Matrix zu verbessern.

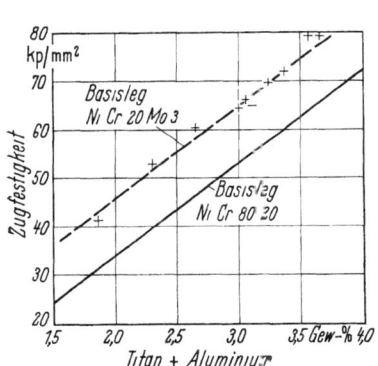

Abb. D 14. Zugfestigkeit von hochwarmfesten Ni-Cr- und Ni-Cr-Mo-Legierungen in Abhängigkeit vom Gesamtgehalt Ti + Al (Proben: plane Bleche).

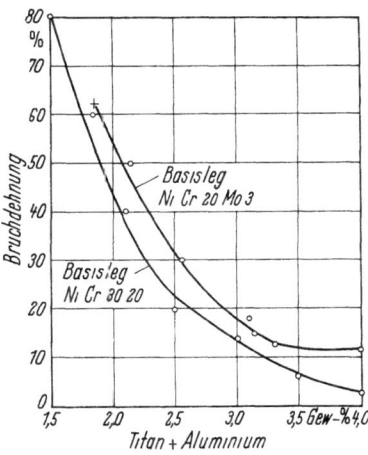

Abb. D 15. Bruchdehnung von warmfesten Ni-Cr- und Ni-Cr-Mo-Legierungen in Abhängigkeit vom Gesamtgehalt Ti + Al.

In Abb. D 14 u. 15 werden einige Versuchslegierungen mit unterschiedlichen Titan- und Aluminiumgehalten ohne und mit 3% Molybdänzusatz verglichen. Ganz deutlich haben die molybdänhaltigen Legierungen höhere Bruchdehnungen und Zugfestigkeiten, wenn auch der Einfluß von Titan und Aluminium offensichtlich im Verhältnis dazu viel stärker ist.

Zum Schluß soll noch die Rolle der normalerweise metallurgisch wirksamen Elemente Bor und Zirkon betrachtet werden. Obwohl man die Bedeutung dieser Elemente für Hochtemperatur-Legierungen schon seit 1946 kennt [48], ist ihr Einfluß immer noch nicht ganz geklärt. In den letzten Jahren wurden Bor und Zirkon immer häufiger als Zusatz für Hochtemperatur-Legierungen verwendet. Da die beiden Elemente in sehr kleinen Gehalten wirksam sind, kam man schon sehr bald auf die Vermutung, daß sie hauptsächlich die Korngrenzen beeinflussen, was auch durch die Beobachtung unterstützt wurde, daß Bor die Bildung interkristalliner Mikrorisse verzögerte [49]. Auch wurde mikroanalytisch eine Anreicherung von Bor und Zirkon in den Korngrenzenausscheidungen festgestellt [50]. Trotzdem steht noch bis heute eine Erklärung dafür aus, wie man sich die Wirkung dieser Elemente in den Korngrenzen vorstellen soll [51].

CRUSSARD u. Mitarb. [52] haben einen Überblick über den Einfluß von Bor in Nickellegierungen und in austenitischen Stählen gegeben. Knetlegierungen haben meist nur sehr kleine Gehalte, z. B. 0,003% B und 0,05% Zr, dagegen findet man in Guß- oder Sinterlegierungen häufig wesentlich höhere Gehalte. Die meisten Autoren berichten, daß die ersten kleinen Zusätze beider Elemente den Hauptteil der Verbesserungen bringen, während weitere Zusätze im Vergleich dazu nur noch wenig Einfluß haben. Typisch für den Einfluß auf das Zeitstandverhalten sind in Tab. D 9 die Werte für eine Ni–Cr–Co-Legierung mit

Tabelle D 9. *Zeitstandwerte von Ni–Cr–Co-Legierungen mit unterschiedlichen Bor- und Zirkongehalten.*

Zusatz %	100-h-Zugfestigkeit (kp/mm^2) bei	
	650°C	700°C
0	51	20
0,05 Zr	57	28
0,003 B	61	32
0,05% Zr + 0,003 B	61	37

Titan und Aluminium. Diese Ergebnisse bestätigen die allgemeine Beobachtung, daß Bor stärker wirkt als Zirkon, daß aber beide Elemente zusammen vorteilhafter sind als eines allein. Außerdem verringern diese Elemente die Kriechgeschwindigkeit und verbessern im allgemeinen die Bruchdehnung. In Übereinstimmung mit dem letztgenannten Effekt ist bekannt, daß Bor die Kerbempfindlichkeit in aluminiumaushärtbaren Legierungen verringert.

Über die Eigenschaften im Zugversuch ist weniger bekannt, doch hat man beobachtet, daß ein Zusatz von Bor bis zu 0,01% und von Zirkon bis zu 0,1% die Bruchdehnung verbessert. Damit wird auch der günstige Einfluß auf den Widerstand gegen thermische Ermüdung von Nickellegierungen mit 20% Cr verständlich (Tab. D 10) [53].

Einige Autoren haben Cer mit Bor und Zirkon verglichen. Kleine Cergehalte (etwa 0,1%) sollen die Festigkeitseigenschaften bei Raumtemperatur verbessern, aber höhere Gehalte wirken ungünstig. Der Einfluß auf das Zeitstandverhalten ist nicht eindeutig; Gehalte von 0,1 und 1% führen zu höherer Festigkeit als Werte, die dazwischen liegen. Cer scheint aber

D.1 Ausscheidungshärtung

Tabelle D 10. *Einfluß von Bor und Zirkon auf Festigkeit und thermische Ermüdung von Nickellegierungen mit 20% Cr* [53].

Zusammensetzung Gew.-%					Festigkeitswerte bei									thermische Ermüdung[a]		
					700 °C		800 °C		900 °C		1000 °C					
Ti	Al	B	Zr	C	Dehn-grenze kp/mm²	Deh-nung %	Dehn-grenze kp/mm²	Deh-nung %	Dehn-grenze kp/mm²	Deh-nung %	Dehn-grenze kp/mm²	Deh-nung %	800 °C	900 °C	1000 °C
2,42	1,40	0,001	0,02	0,03	54	10	44	5	33	8,7	9	70	345	15, 20	4, 5
2,42	1,53	0,004	0,03	0,04	52	20	41	12	32	15	9	75	430	30, 36	7, 9
2,36	1,49	0,001	0,02	0,07	61	8,1	55	6,8	39	15	8	100		35	6
2,38	1,49	0,004	0,04	0,09	63	15	55	16	41	28	9	75		55, 65	11...13

[a] Zahl der Temperaturzyklen bei der angegebenen Maximaltemperatur bis zum Bruch.

in einem weiten Temperaturbereich die Bruchdehnung und die Kerbzähigkeit zu verschlechtern [54]; daher dürften die Festigkeitseigenschaften insgesamt nur sehr wenig durch Cer verbessert werden.

1.212.2 Einfluß der Wärmebehandlung. 1.212.21 *Wärmebehandlung bei Knetlegierungen.* Ein wichtiger Schritt für den praktischen Einsatz der Nickelbasis-Hochtemperatur-Knetlegierungen, die durch Ausscheidung der γ'-Phase $Ni_3(Ti,Al)$ aushärten, war die Erkenntnis der Bedeutung der Lösungsglühung und der Anlaßbehandlungen für die Zeitstandeigenschaften [55].

Eine gebräuchliche Wärmebehandlung, die zuerst für die Nickelbasislegierungen NiCr 20 TiAl und NiCr 20 Co 18 Ti angegeben wurde [56], ist ein 8stündiges Lösungsglühen bei 1080 °C und anschließende Luftabkühlung, gefolgt von einem 16stündigen Anlassen bei 700 °C. Das Lösungsglühen des warmumgeformten Werkstoffs hat eine zweifache Wirkung: Einmal wird die intermetallische Phase in der Matrix der Legierung gelöst, so daß sie für die Ausscheidungshärtung verfügbar wird, und zweitens wird das Korn vergröbert.

Der erste Effekt wird immer erreicht, wenn die Lösungstemperatur überschritten wird, während die Korngröße um so mehr zunimmt, je höher die Temperatur ist. Die Kriechfestigkeit der meisten Metalle und Legierungen nimmt mit der Korngröße zu; Nickelbasislegierungen machen hier keine Ausnahme. Der typische Einfluß einer erhöhten

Lösungstemperatur auf Korngröße und Zeitstandfestigkeit ist von BETTERIDGE und FRANKLIN [57] beschrieben worden. Wie Abb. D 16 und 17 zeigen, erhält man bei niedrigen Lösungsglühtemperaturen ein

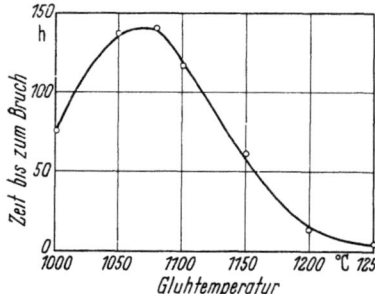

Abb. D 16. Einfluß der Lösungsglühtemperatur auf die Zeit bis zum Bruch bei einer Belastung von 29,9 kp/mm² bei 750 °C von NiCr 20 Co 18 Ti.

feines Korn und damit eine hohe Kriechgeschwindigkeit und kurze Standzeit. Mit höherer Lösungsglühtemperatur und zunehmender Korngröße nimmt die Kriechgeschwindigkeit ab, und die Standzeit wird

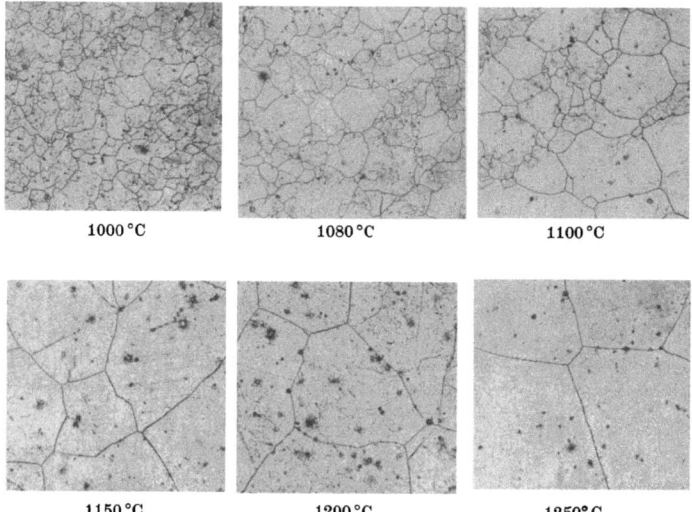

Abb. D 17. Relative Korngröße von NiCr 20 Co 18 Ti-Proben nach Lösungsglühbehandlungen gem. Abb. D 16.

besser. Wenn die Korngröße aber noch weiter zunimmt, wird die Zeitdehngrenze beträchtlich kleiner, und die Standzeit wird kürzer. Die Gründe hierfür sind nicht geklärt; möglicherweise sind sowohl Strukturänderungen als auch das Kornwachstum von Einfluß. Aus den Untersuchungen von BETTERIDGE und FRANKLIN ergab sich eine optimale Lösungsglühtemperatur von 1050···1080°C (vgl. Abb. D 16) in guter Übereinstimmung mit dem Erfahrungswert von 1080°C. Selbstverständlich ist auch die Behandlungszeit wichtig, weil sie vor allem die Korngröße beeinflußt.

Die Wirkung der Ausscheidungsvorgänge, die während der Abkühlung nach dem Lösungsglühen und der anschließenden Anlaßbehandlung ablaufen, sind besonders wichtig. BETTERIDGE und FRANKLIN [58] haben zuerst beobachtet, daß in der Nickelbasislegierung NiCr 20 TiAl als Begleiterscheinung der Ausscheidung der flächenzentrierten γ'-Phase eine Carbidphase an den Korngrenzen ausgeschieden wird. Man fand, daß in dieser Legierung ein Chromcarbid an den Korngrenzen ausgeschieden wird, dessen genaue Zusammensetzung von den speziellen Wärmebehandlungsbedingungen abhing. Seine Verteilung im Gefüge beeinflußte die Bruchdehnung und damit die Zeitstandfestigkeit. Bei diesen Nickelbasislegierungen muß die Abkühlung von der Lösungsglühtemperatur langsam genug sein, damit sich ausreichend Carbidkeime bilden und an den Korngrenzen wachsen. Beispielsweise ist Luftabkühlung bei Querschnitten von 2 cm Dicke die optimale Abkühlungsgeschwindigkeit.

Die Ausscheidung der γ'-Phase verläuft bei wesentlich niedrigeren Temperaturen und langsamer als die der Carbidphase. Es ist schwierig, den Einfluß der γ'-Ausscheidungen für sich allein auf die mechanischen Eigenschaften zu erfassen, weil auch bei den niedrigeren Temperaturen noch Carbid ausgeschieden wird. Weiterhin ist zu beachten, daß sich auch noch bei Versuchs- oder Betriebstemperaturen aushärtende Phasen ausscheiden können.

Spätere Untersuchungen haben ergeben, daß die Einzelheiten der Korngrenzenstruktur verwickelter sind als man zuerst angenommen hatte. An den Korngrenzen der Legierung NiCr 20 TiAl wurden neben den Carbidpartikeln auch massive Teilchen der γ'-Phase entdeckt [59]. Es wurde auch gezeigt, daß durch die Wärmebehandlungsbedingungen und die Betriebstemperaturen die Carbidphase Cr_7C_3 in die Form $Cr_{23}C_6$ übergeht. Diese Umwandlung ist von Zeit und Temperatur abhängig [60]. Auch ist zu berücksichtigen, daß die thermische Vorgeschichte die Morphologie der Korngrenzencarbide entscheidend beeinflußt (vgl. z. B. Abb. D 18 und 19).

Man ist der Ansicht, daß die Korngrenzenausscheidungen sowohl hinsichtlich ihrer Konstitution als auch ihrer Morphologie das Dehnverhalten der Legierung bis zum Bruch bestimmen. Zwei Theorien sind zur Erklärung dieser Wirkung aufgestellt worden. Wie für eine große Reihe von Nickelbasislegierungen gezeigt wurde [61, 62], entstehen infolge der Ausscheidungen unmittelbar an den Korngrenzen schmale Bereiche, die an Legierungselementen verarmt sind — im Falle von

NiCr 20 TiAl an Chrom. Diese an Chrom verarmten Zonen haben eine größere Löslichkeit für die γ'-Phase und sind daher weniger verfestigt als das Korninnere. Experimentell wurde das schon vor längerem bei der Beobachtung der relativen Bewegung der Körner während des Kriechens von Metallen festgestellt [63]. Diese Erscheinung kann zu örtlichen Spannungskonzentrationen führen, vor allem an Stellen, wo drei Körner zusammenstoßen. Den Nachweis solcher Spannungskonzentrationen

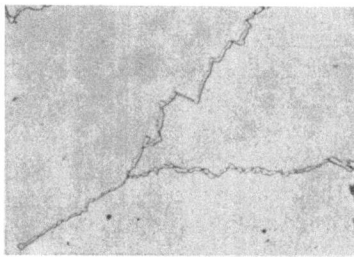

Abb. D 18. Verteilung der Carbide in einer experimentellen Nickelbasislegierung mit 0,17% C, auf 1275°C erhitzt und im Ofen abgekühlt.

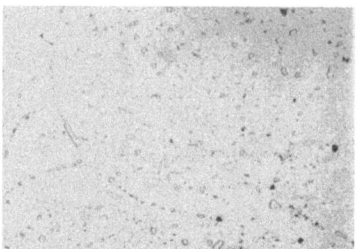

Abb. D 19. Gleiche Legierung wie in Abb. D 18 auf 1275°C erhitzt, in Wasser abgeschreckt und auf 1050°C 16 h wiedererhitzt.

haben BETTERIDGE und FRANKLIN [64] für Zinn-Antimon-Legierungen erbracht. In einer relativ weichen, an Ausscheidungskeimen verarmten Zone an der Korngrenze kann es dann zum Abbau von Spannungskonzentrationen kommen, wodurch die Rißbildung und damit auch der endgültige Bruch verzögert wird.

HESLOP hat jedoch gezeigt [65], daß in einem bestimmten Spannungs- und Temperaturbereich Leerstellen an den Korngrenzen entstehen können. Man kann annehmen, daß der Bruch dann durch Wachsen dieser Leerstellen im Gefüge und durch ihre Vereinigung schließlich eintritt. Daher hat man vorgeschlagen, die Rolle der Korngrenzenausscheidungen darin zu sehen, daß sie die seitliche Ausbreitung der Gitterlücken behindern [66]. Auf diese Weise wird der Anteil des Korngrenzengleitens und damit der Dehnung vor dem Bruch erhöht. Eine allgemeingültige Theorie, die sich mit diesen beiden sehr verschiedenen Mechanismen verträgt, konnte bisher nicht gefunden werden [67].

Das Gefüge einer großen Zahl von handelsüblichen Hochtemperaturlegierungen ist inzwischen sehr genau untersucht worden, besonders von solchen mit Zusätzen von 10···20% Cr und etwa 5% Mo. Bei letzteren hat man gefunden, daß der Einfluß der Carbidreaktion an den Korngrenzen nicht so groß ist wie bei den einfacheren aushärtbaren Nickelbasislegierungen mit Titan und Aluminium. Überdies schienen Carbidphasen der Struktur M_6C zu überwiegen, wobei M üblicherweise Cr, Ti oder Mo bedeutet [68—70]. In diesen Legierungen sind chromverarmte Zonen weniger ausgeprägt. Andererseits kann die Verarmung der Umgebung einer Korngrenze an Molybdän oder Titan ähnlich wirken wie eine Chromverarmung.

Die Bedingungen der Wärmebehandlung einer bestimmten Legierung sind so festzulegen, daß sich optimale Zeitstandeigenschaften im Betrieb erzielen lassen. Die angegebene Wärmebehandlung stellt dabei meist

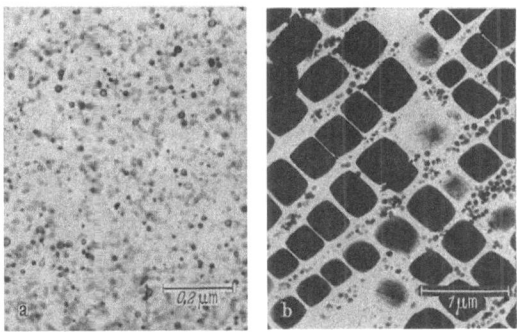

Abb. D 20. Der Vergleich der Gefügebilder von Legierungen verschiedener Festigkeit läßt die Unterschiede im Verhältnis der ausgeschiedenen Phasen erkennen.
a) NiCr 20 Co 18 Ti, b) NiCo 15 CrMoAlTi.

einen Kompromiß dar zwischen der Forderung nach höchster Zeitstandfestigkeit einerseits und maximaler Bruchdehnung andererseits. Jede wesentliche Abweichung von den Betriebsbedingungen (z. B. der Betriebstemperatur), für die die Legierung ursprünglich entwickelt worden war, kann daher auch eine andere Wärmebehandlung erfordern, wenn man optimale Eigenschaften im Betrieb erreichen will.

Für die Wärmebehandlung der besonders hochwarmfesten, schmiedbaren Nickelbasislegierungen vom Typ Ni–15 Co–15 Cr–5 Al–4 Mo–4 Ti und Ni–19 Co–15 Cr–5 Mo–4 Ti–4 Al benötigt man zum Lösungsglühen etwas höhere Temperaturen von 1150···1200 °C, um eine ausreichende Auflösung der ausscheidungsfähigen Elemente zu erreichen. Die größere Menge an ungelösten Phasen verhindert bei diesen Legierungen anscheinend ein zu schnelles Kornwachstum während der Wärmebehandlung. Nach der Lösungsglühung kann schon bei der Luftabkühlung eine merkliche Menge feiner Ausscheidungen entstehen. Bei diesen Legierungen ist es üblich, eine Folge von weiteren abgestuften Anlaßbehandlungen durchzuführen, um eine günstige Verteilung von Gefügebestandteilen an den Korngrenzen zu erhalten [71].

Die genaue Wärmebehandlung zur Erzielung des gewünschten optimalen Gefügezustandes muß empirisch ermittelt werden. In Abb. D 20 wird das Gefüge der Legierung NiCr 20 Co 18 Ti mit geringerer Warmfestigkeit dem der Legierung NiCo 15 CrMoAlTi mit höherer Warmfestigkeit nach den empfohlenen Wärmebehandlungen gegenübergestellt; dabei zeigt sich deutlich die größere Menge von Ausscheidungen in der warmfesteren Legierung.

Von Bedeutung ist noch die Abkühlungsgeschwindigkeit nach der Lösungsglühung der Nickelbasislegierungen. Für NiCr 20 TiAl zeigen die Ergebnisse in Tab. D 11 [55] einen auffallenden Unterschied in den

Tabelle D 11. *Einfluß der Abkühlungsgeschwindigkeit nach dem Lösungsglühen auf die Kriechfestigkeit einer Hochtemperatur-Nickelbasis-Legierung* [55].

Abkühlbedingungen	Kriechverhalten bei 650 °C und einer Belastung von 22 kp/mm²		
	Kriechverhalten im sekundären Kriechbereich	Zeit bis zum Beginn des tertiären Kriechens	Zeit bis zum Bruch
	%/h	h	h
in Wasser abgeschreckt	0,0060	70	111
in Öl abgeschreckt	0,0052	110	143
in Luft abgekühlt	0,0023	90	222

Zusammensetzung (Gew.-%): 21,4 Cr, 2,34 Ti, 0,38 Al, 3,08 Fe, Rest Ni.
Wärmebehandlung: 8 h/1080 °C; nach der Abkühlung 16 h bei 700 °C angelassen.
Probe (Knetlegierung): Stange mit 15 mm² Durchmesser.

Eigenschaften, wenn die Ausscheidungsvorgänge gegenüber der Luftabkühlung durch Abschrecken in Wasser anders ablaufen. Dieser Einfluß der Abkühlungsgeschwindigkeit ist bei der Wärmebehandlung von Material mit dünnem Querschnitt, wie von Draht oder Blech, besonders zu beachten.

1.212.22 *Wärmebehandlung bei Gußlegierungen.* Hochtemperaturwerkstoffe für höchste Ansprüche sind normalerweise Knetlegierungen, wenn auch für weniger beanspruchte Teile, wie Statorbleche in Gasturbinen, häufig Gußteile verwendet werden. In den letzten Jahren sind handelsübliche Nickelbasis-Gußlegierungen entwickelt worden, die ausreichende Festigkeiten sogar bis zu 1100 °C haben. In Tab. D 12 sind einige typische Legierungen aufgeführt. Diese müssen jedoch gewöhnlich im Vakuum geschmolzen und auch abgegossen werden, damit die entsprechenden Festigkeitseigenschaften erreicht werden können und auch die Gießbarkeit zufriedenstellend ist. Vor allem werden aus diesen Legierungen Präzisionsgußteile hergestellt. Bei dieser Technik wird das Metall in vorgewärmte Gießformen gegossen und kühlt dadurch ganz langsam

D.1 Ausscheidungshärtung

ab. Hierdurch erfolgt die Ausscheidung der intermetallischen Phasen relativ massiv, weil die Keimbildung bei Temperaturen in der Nähe des Schmelzpunktes stattfindet. Man kann daher durch spätere Wärmebehandlungen keine wesentlichen Gefügeveränderungen erreichen, die das Verhalten bei hohen Temperaturen verbessern könnten; deshalb werden für solche Gußteile auch keine weiteren Wärmebehandlungen empfohlen, außer einer Entspannungsglühung in Fällen, wo dies nötig erscheint.

BIEBER und DECKER [72] haben eine Reihe von Wärmebehandlungen an der aushärtbaren Nickelbasis-Gußlegierung 713C untersucht und gefunden, daß die Zeitstandfestigkeit im Mittel um den Faktor 1,6 verbessert werden könnte. Diese Verbesserung mag für einige Spezialfälle von Bedeutung sein; sie ist jedoch gegenüber dem bei Knetlegierungen durch Wärmebehandlungen erzielbaren Anstieg der Zeitstandfestigkeit vergleichsweise gering.

Da viele der Werkstoffe mit höchster Warmfestigkeit für Temperaturen von etwa 1000°C vorgesehen sind, ist häufig zusätzlicher Korrosionsschutz erforder-

Tabelle D 12. *Nickelbasis-Gußlegierungen mit besonderer Festigkeit bei hohen Temperaturen.*

Legierungs-bezeichnung	Zusammensetzung Gew.-%												ungefähre Temperatur für die 100-h-Zeitstandfestigkeit bei einer Belastung von 14,2 kp/mm² °C
	C	Cr	Ni	Co	Mo	W	Nb	Fe	Ti	Al	B	Zr	sonstige	
GMR 235D	0,15	15,5	Rest	—	5,0	—	—	4,5	2,5	3,5	0,05	0,05	—	927
Udimet 500	0,08	18,0	Rest	18,5	4,0	—	—	—	2,9	2,9	0,006	0,10	—	932
Alloy 713LC	0,05	12,0	Rest	—	4,5	—	2,0	—	0,6	5,9	0,010	0,05	—	990
Nicrotung	0,10	12,0	Rest	10,0	—	8,0	—	—	4,0	4,0	0,050	—	—	993
B 1900	0,10	8,0	Rest	10,0	6,0	—	—	—	1,0	6,0	0,015	0,10	4,0 Ta	1004
IN 100	0,18	10,0	Rest	15,0	3,0	—	—	—	4,7	5,5	0,014	0,06	1,0 V	1004
PDRL 162	0,12	10,0	Rest	—	4,0	2,0	1,0	—	1,0	6,5	0,020	0,10	2,0 Ta	1007
TRW 1900	0,11	10,3	Rest	10,0	—	9,0	1,5	—	1,0	6,3	0,030	0,10	—	1007
MAR—M200	0,15	9,0	Rest	10,0	—	12,5	1,0	—	2,0	5,0	0,015	0,05	—	1015
MAR—M246	0,15	9,0	Rest	10,0	2,5	10,0	—	—	1,5	5,5	0,015	0,05	1,5 Ta	1030
M22	0,13	5,7	Rest	—	2,0	11,0	—	—	—	6,3	—	0,60	3,0 Ta	1040

lich. Diesen erreicht man durch eine Oberflächenbeschichtung, wie z. B. durch Aluminieren, der sich noch eine Wärmebehandlung anschließen kann. Wegen der relativen Unempfindlichkeit der Eigenschaften dieser Gußlegierungen gegenüber vielfältigen Wärmebehandlungen dürfte die Anwendung einer Oberflächenbeschichtung gerade bei dieser Legierung von Vorteil sein.

1.212.23 *Einfluß der Wärmebehandlung auf einige besondere mechanische Eigenschaften.* a) Wechselfestigkeit. Gute Wechselfestigkeit bei hohen Temperaturen ist von größter Bedeutung in periodisch beanspruchten Konstruktionsteilen wie Gasturbinenschaufeln. Wie in früheren Untersuchungen festgestellt wurde, ergibt sich mit verbesserter Zeitstandfestigkeit auch eine bessere Wechselfestigkeit. Die allgemeine Gültigkeit dieses Zusammenhangs wurde inzwischen bestätigt [73] und auch für eine Reihe von Nickelbasislegierungen mit sehr unterschiedlichen Festigkeiten in einem großen Temperaturbereich festgestellt, wobei man eine einheitliche Prüftechnik anwenden muß, z. B. Prüfung der Wechselfestigkeit in Umlauf-Biegeversuchen [74]. Diese allgemeine Beziehung wurde auch für eine Legierung festgestellt, die durch unterschiedliche Wärmebehandlungen sehr verschiedene Zeitstandfestigkeiten hatte.

b) Thermische Ermüdung. Unter thermischer Ermüdung oder Thermoschock versteht man eine Beanspruchung, die durch Spannungsschwankungen infolge periodischer Temperaturveränderungen, z. B. periodischer Dampftemperaturveränderungen in Kesselrohren, oder Beschleunigung und Verlangsamung von Gasturbinen, auftritt. In manchen Fällen wird hierdurch die Lebensdauer von Bauteilen aus Hochtemperatur-Legierungen bestimmt. Es konnte gezeigt werden, daß die Zeitstandfestigkeit und die Zähigkeit der Legierungen für den Widerstand gegen thermische Ermüdung von Bedeutung ist [75—77]. Die Beständigkeit gegen Thermoschock hängt bei Nickellegierungen auch von der Dehngrenze bei einer Temperatur 100 grd unter der Maximaltemperatur des Temperaturzyklus ab. Strukturveränderungen und damit auch die entsprechenden Wärmebehandlungen beeinflussen den Widerstand gegen thermische Ermüdung in erheblichem Maße.

c) Zähigkeit bei hohen Temperaturen. Da es keine Prüfmethode gibt, mit der man Änderungen der Zähigkeit des Werkstoffs während des Kriechvorgangs verfolgen kann, weiß man nicht, an welcher Stelle der Kriechkurve der Bruch eintreten wird. Besonders für das Langzeitverhalten der Werkstoffe in stationären Gasturbinen, für die man Standzeiten in der Größenordnung von 50000 h erwartet, ist die Bruchzähigkeit von ganz wesentlicher Bedeutung, dies um so mehr, als man weiß, daß die Zähigkeit oft mit zunehmender Prüfzeit abnimmt.

Durch besondere Wärmebehandlungen kann man das Zähigkeitsverhalten der Nickelbasislegierung günstig beeinflussen. So wird für die Legierung NiCr 20 TiAl eine langsame Abkühlung von der Lösungsglühtemperatur 1080 °C bis auf 850 °C und 24 h Halten bei dieser Temperatur empfohlen [78]. Anschließend wird auf Raumtemperatur abgekühlt und wie üblich bei 700 °C angelassen. Die Bruchdehnung bei 650 °C konnte durch diese Behandlung auch nach langzeitigem Glühen erheblich verbessert werden. Es muß aber beachtet werden, daß andererseits auch diese Wärmebehandlungen bei zu großer Erhöhung der Zähigkeit zu einer Verschlechterung der Zeitstandfestigkeit führen können [79].

1.212.24 *Festigkeit bei relativ niedrigen Temperaturen.* Es gibt Fälle, wo die Festigkeit bei verhältnismäßig niedrigen Temperaturen, z. B. unterhalb 500 °C, genauso wichtig ist wie das Kriechverhalten bei höheren Temperaturen. Dies muß z. B. bei der Verwendung dieser Legierungen für die Ventile von Verbrennungsmaschinen in Betracht gezogen werden. Hier ist hohe Härte im Ventilschaft für ausreichende Verschleißfestigkeit nötig, und es ist ratsam, das ganze Ventil auf höchste Härte wärmezubehandeln, wenn auch diese Wärmebehandlung für den Kriechwiderstand bei höheren Beanspruchungstemperaturen nicht optimal ist.

Die höchste Härte erhält man durch Anlassen bei niedrigeren Temperaturen, aber die Aushärtungszeit verlängert sich bekanntlich progressiv mit fallender Temperatur, und sie wird als untragbar lang angesehen, wenn sie mehr als 16···24 h beträgt. Für die titan- oder aluminiumaushärtbaren Nickelbasis-Hochtemperatur-Legierungen wählt man daher nach der Lösungsglühung eine Anlaßtemperatur von 700 °C und erhält für diese Anlaßzeiten Vickershärten in der Größenordnung von 300 kp/mm². Bei 650 °C konnte man die maximale Härte noch wesentlich steigern, aber dazu bräuchte man einige Hundert Stunden.

Wird eine hohe Härte verlangt und ist kein optimales Hochtemperaturverhalten erforderlich, so kann man die Aushärtung durch Kaltumformen des Halbzeugs oder der Schmiedestücke vor dem Anlassen beschleunigen. Vickershärten von 400 kp/mm² kann man auf diese Weise bei einer Aushärtungstemperatur von 700 °C erreichen.

1.212.25 *Kristallerholung — Federn.* Da der Widerstand gegen Erholung bei erhöhten Temperaturen mit dem Kriechwiderstand zusammenhängt, ist es wichtig, Bolzen oder Federn entsprechend wärmezubehandeln, wenn im Betrieb bei erhöhten Temperaturen optimale Leistung verlangt wird. Alle Einflüsse einer Kaltumformung, z. B. bei kaltgezogenem Draht, sollen ausgeschaltet werden; daher ist für höhere Betriebstemperaturen eine Lösungsglühung nötig. Diese muß nicht die gleiche sein wie für bestes Zeitstandverhalten, da das Bruchverhalten, z. B. bei Kompressionsfedern, unberücksichtigt bleiben kann. Normalerweise reicht eine Wärmebehandlung von 2···8 h bei 1100°C. Natürlich wird die Wärmebehandlung bei Schraubenfedern am besten nach dem Formen der Federn — meist einer Kaltumformung — angewandt. Der Lösungsglühung folgt die Aushärtung mit etwa 16 h bei 700°C, die die Härte steigert und die Streckgrenze erhöht.

Die Grenze der praktischen Anwendung von Federn aus Nickelbasislegierungen liegt bei etwa 500···550°C. Bei höheren Temperaturen verursacht die äußere Spannung vor allem in der äußeren Faser von Spiralfedern eine zu starke Relaxation auch dann, wenn die Kriechgeschwindigkeit noch sehr klein ist. Unterhalb 300°C stellt das Kriechen kein Problem dar. Die besten Federeigenschaften erhält man mit Federn aus kaltgezogenem Draht, die anschließend ausgehärtet werden, wie es oben beschrieben wurde.

1.212.26 *Beseitigung der Kaltverfestigung von Oberflächenschichten.* Die Bearbeitung von Metallen und Legierungen durch spangebende Umformung oder durch Schleifen erzeugt bekanntlich eine elastisch und plastisch verformte Oberflächenschicht auf dem Werkstück. Dadurch erzeugte Druckspannungen können sich auf die Wechselfestigkeit bei Raumtemperatur günstig auswirken. Bei höheren Temperaturen jedoch können sich die elastischen Spannungen auflösen, während das plastisch verformte Material rekristallisieren, überaltern und die Oberfläche an Legierungselementen verarmen kann. Die Oberflächenstruktur, die sich im einzelnen ergibt, hängt daher von der genauen Vorgeschichte und der Stärke der Bearbeitung ab. In Querschliffen kann man sie deutlich als sogenannte weiße Schicht erkennen. Sie kann schlechtere Hochtemperatureigenschaften haben als der darunterliegende Werkstoff und daher eine Gefahr bei Wechselbeanspruchungen bei hoher Temperatur bedeuten.

Diese möglichen Nachteile lassen sich selbstverständlich vermeiden, wenn man die verformten Oberflächenschichten durch Elektropolieren oder elektrochemische Bearbeitung entfernt. Zum andern kann man bearbeitete Teile einer Kurzzeit-Wärmebehandlung im Salzbad, Vakuum oder genügend reinem Wasserstoff bei 1050°C unterziehen.

Bei dieser Behandlung rekristallisiert die plastisch verformte Oberflächenschicht, und die anschließende Abkühlung und Aushärtung bringen die Hochtemperatureigenschaften zumindest wieder auf Werte in der Größenordnung derjenigen des darunterliegenden Werkstoffs.

1.212.27 *Die Wärmebehandlung von Blechen und Schweißnähten.* Probleme können dann entstehen, wenn die Wärmebehandlung einerseits beste Bedingungen für Umformung und Schweißung schaffen und auf der anderen Seite zu guten Hochtemperatureigenschaften führen soll. Die praktischen Empfehlungen stellen oft einen Kompromiß dar. Im allgemeinen werden für Bleche meist Nickelbasislegierungen niedriger oder mittlerer Festigkeit gebraucht; Legierungen höherer Festigkeit, wie sie z. B. für Turbinenschaufeln nötig sind, lassen sich schwer umformen und auch schwierig schweißen. Mit Rücksicht auf leichte Umformung und gute Schweißbarkeit werden die Bleche gewöhnlich vom Hersteller „lösungsgeglüht" verlangt, ein Zustand, der durch eine Glühung erreicht wird, die hoch genug ist, um die intermetallischen Phasen im wesentlichen aufzulösen (z. B. 0,5 h/1150°C). Danach werden die Bleche meist in Wasser abgeschreckt, obwohl sie sich durch diese Behandlung verwerfen können. Man schickt die Bleche daher oft anschließend durch Rollenrichtmaschinen. Diese leichte Kaltumformung ist im allgemeinen zulässig. Solche Lösungsglühbehandlungen können zusammen mit einer späteren Erwärmung bis in die Nähe des Schmelzpunktes in der wärmebeeinflußten Zone der Schweißnaht weniger günstige Strukturen für das Zeitstandverhalten hervorrufen.

Die Eigenschaften von Schweißverbindungen lassen sich beträchtlich verbessern, wenn man die Schweißkonstruktion anschließend wärmebehandelt [80]. Die Glühtemperatur muß so gewählt werden, daß Carbide und intermetallische Phasen in geeigneter Verteilung ausgeschieden werden.

Die Wärmebehandlungen für festere Legierungen erfordern häufig eine Kombination von mehreren Behandlungen bei verschiedenen Temperaturen. Es soll möglichst hohe Festigkeit, verbunden mit genügend guter Schweißbarkeit, erzielt werden.

Für den Betrieb einiger Bauteile, wie Turbinenscheiben, ist die Fließgrenze bei hoher Temperatur eher die ausschlaggebende Größe für die Konstruktion als die Kriechfestigkeit. In den letzten Jahren sind gerade für solche Anwendungen einige Legierungen mit einem bestimmten Niobgehalt entwickelt worden [81]. Die Aushärtungszeit scheint bei solchen Legierungen im allgemeinen etwas länger zu sein als bei den durch Titan und Aluminium aushärtbaren, und daher liegt die Anlaßtemperatur für die endgültige Aushärtung bei diesen Legierungen eher bei 800 als bei 700°C. Auch werden diese Legierungen im allgemeinen bei niedrigeren Temperaturen lösungsgeglüht als titan- oder aluminiumaushärtbare Legierungen, da das Gefüge mit Rücksicht auf eine hohe Dehngrenze so fein wie möglich sein soll.

1.212.28 *Der Einfluß der Schmelzbedingungen auf die Hochtemperatureigenschaften.* Schon seit langem hat man vermutet, daß Verunreinigungen einen ganz wesentlichen Einfluß auf das Zeitstandverhalten von Metallen haben, aber man hat eigentlich erst in den letzten zehn Jahren spezielle schädliche oder vorteilhafte Elemente herausgefunden. Da diese

Elemente in sehr engen Grenzen gehalten werden müssen, hat man sich besonders mit dem Vakuumschmelzen befaßt, wodurch Elemente, wie Blei, Wismuth und Tellur, bis auf Gehalte von einigen ppm vermindert werden können [82, 83]. Die Entfernung dieser Elemente scheint hauptsächlich die Hochtemperaturzähigkeit der Legierungen zu verbessern und damit die Standzeit wesentlich zu erhöhen. Der Mechanismus für diese Verbesserung ist noch unklar, da auch noch, wie schon weiter oben erwähnt wurde, eine befriedigende Theorie des Kriechvorgangs aussteht.

Sicher hat die verbesserte Zähigkeit vakuumerschmolzener Werkstoffe die höheren Legierungsgehalte in den hochfesten Superlegierungen der letzten Jahre ermöglicht. Nur die Vakuumschmelzverfahren, die ausreichend niedrige Drücke halten, damit die unerwünschten Begleitelemente verdampfen können, führen zu Verbesserungen der beschriebenen Art.

Über den möglichen Einfluß von Desoxydationsmitteln auf die Hochtemperatureigenschaften ist noch wenig bekannt. Bor und Zirkon können von der Schmelze aus der Ofenauskleidung aufgenommen werden [67], und die Oxide dieser Metalle und auch andere Oxide, die Bestandteile der Ausmauerung sind, werden dann ziemlich leicht durch das in der Schmelze befindliche Titan reduziert.

Im allgemeinen wird Calcium für die Enddesoxydation verwendet. Da Rückstände dieses Elementes von mehr als 0,015% in Nickelbasislegierungen einen merklich verschlechternden Einfluß auf die Duktilität haben können [84], sollten überschüssige Zugaben am Ende der Schmelzperiode so weit wie möglich herausgebrannt werden.

1.22 *Ausscheidungshärtbare Nickel-Kupfer-Legierungen*

Wie in Kap. H ausgeführt wird, werden Legierungen von Nickel mit Kupfer wegen ihrer Korrosionsbeständigkeit gegen viele Angriffsmittel in Verbindung mit guten mechanischen Eigenschaften verwendet. Mitunter wird diese Korrosionsbeständigkeit jedoch zusammen mit einer größeren Härte und Festigkeit gefordert, als sie in Legierungen, die im wesentlichen aus einer einfachen festen Lösung bestehen, erreicht werden können. Unter diesen Bedingungen werden aushärtbare Legierungen benötigt. Die meistverwendete aushärtbare Ni–Cu-Knetlegierung enthält als härtende Elemente Aluminium und Titan. Im Gußwerkstoff bewirkt Silicium die Aushärtung.

1.221 *Die Zwei- und Dreistoffsysteme*

Das Zweistoffsystem Cu–Ni in Abb. D 21 geht hauptsächlich auf ältere Zusammenstellungen zurück [85]. Die beiden Elemente haben sehr ähnliche Gitterparameter; sie haben beide kubisch-flächenzentrierte Kristallstruktur und sind Nachbarelemente im periodischen System. So überrascht es nicht, daß sie eine ununterbrochene Reihe kubisch-flächenzentrierter Mischkristalle bilden. Die Kurve Gitterparameter gegen Zusammensetzung verläuft fast linear zwischen den Endpunkten für die reinen Metalle; die maximale Abweichung von der Geraden liegt bei 33 Gew.-% Ni und entspricht einer Gitterkontraktion von etwa 0,11%.

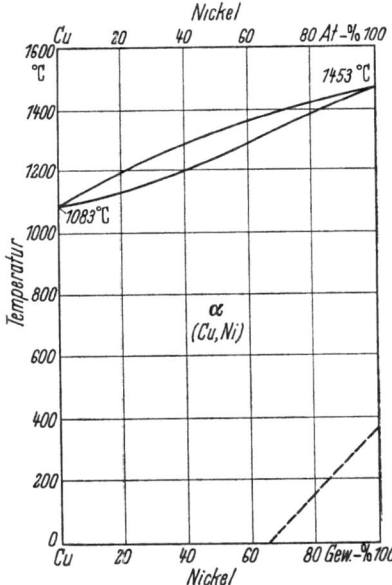

Abb. D 21. Das Zweistoffsystem Cu–Ni [85].

Kupfer erniedrigt die Temperatur der magnetischen Umwandlung in Nickel von 368 °C bei reinem Nickel auf 0 °C bei 31,5 Gew.-% Cu und auf ca. −270 °C bei 58,5 Gew.-% Cu. Daher ist die meistverwendete aushärtbare Legierung mit 30% Cu praktisch unmagnetisch, zumal die ausscheidungsfähigen Zusätze und viele der üblichen Verunreinigungen die Temperatur der magnetischen Umwandlung gegenüber der binären Legierung erniedrigen.

1.221.1 Aluminium-Kupfer-Nickel. Zum Verständnis des ternären Systems ist das Zweistoffsystem Al–Cu bis zu 15 Gew.-% Al in Abb. D 22 wiedergegeben [86]. Das Zweistoffsystem Al–Ni wurde bereits im Kapitel D 1.211 (Abb. D 7) besprochen. Die Diagramme der Abb. D 23—25 basieren weitgehend auf den Untersuchungen von ALEXANDER [87] sowie von BRADLEY und LIPSON [88]. Von den vielen möglichen Schnitten sind hier drei wiedergegeben. Abb. D 23 zeigt eine Projektion der Liquidusfläche auf die Basisebene des ternären Systems und gibt einen Anhalt für die Schmelztemperaturen. Abb. D 24 gibt einen isothermen Schnitt bei 900 °C wieder als einen Anhalt für Anlaßbehandlungen. Abb. D 25

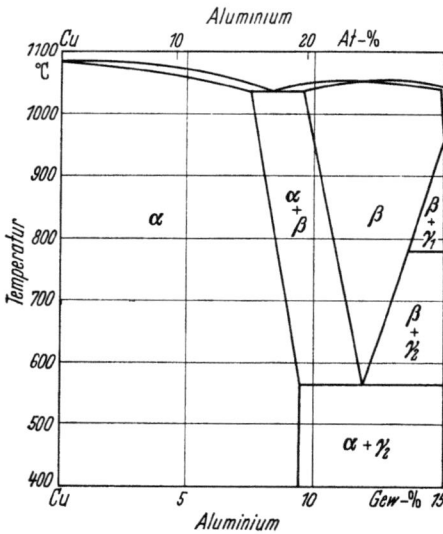

Abb. D 22. Das Zweistoffsystem Al–Cu [86].

zeigt einen isothermen Schnitt bei 500 °C als Überblick über die Phasen bei der Aushärtungstemperatur.

Einige Grundzüge können festgestellt werden: Die β-Phase des Systems Al–Cu und die γ-Phase (NiAl) des Systems Al–Ni sind beide kubisch-raumzentriert und bilden eine vollständige Reihe fester Lösun-

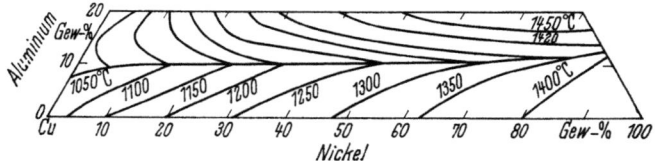

Abb. D 23. Das Dreistoffsystem Al–Cu–Ni; Liquidusisothermen.

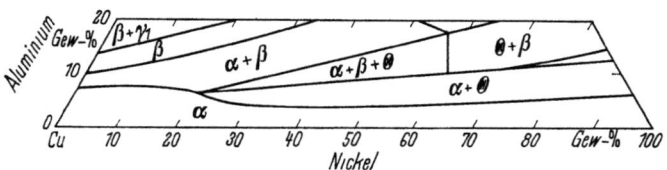

Abb. D 24. Das Dreistoffsystem Al–Cu–Ni; isothermer Schnitt bei 900 °C.

gen oberhalb etwa 700°C über das ganze System. Mit Ausnahme der sehr kupferreichen Legierungen ist die lückenlose Mischkristallreihe von Kupfer und Nickel im Gleichgewicht mit der Θ-Phase (Ni_3Al), die

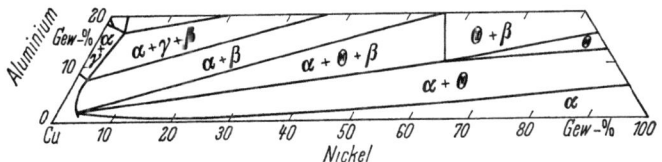

Abb. D 25. Das Dreistoffsystem Al–Cu–Ni; isothermer Schnitt bei 500°C.

selbst auch Kupfer lösen kann. Da auch Titan in Ni_3Al weitgehend löslich ist, werden Vierstofflegierungen mit kleinen Titangehalten die allgemeine Form des Diagramms in diesem Bereich kaum beeinflussen.

1.221.2 Kupfer–Nickel–Silicium. Zum Verständnis des Dreistoffsystems sind das Zweistoffsystem Ni–Si bis 15 Gew.-% nach GRAY und

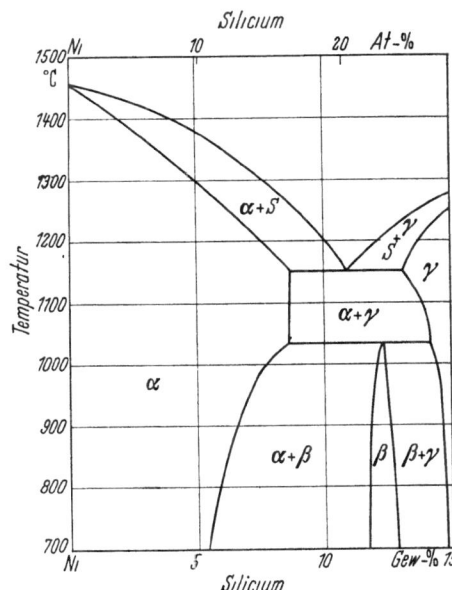

Abb. D 26. Das Zweistoffsystem Ni–Si [89].

MILLER [89] in Abb. D 26 und das Zweistoffsystem Cu–Si bis zu 10 Gew.-% Si [90, 91] in Abb. D 27 wiedergegeben.

Die Kupferecke des Dreistoffsystems Cu–Ni–Si ist schon untersucht worden [92], Einzelheiten der Nickelecke jedoch noch nicht. Es scheint aber klar zu sein, daß im Gleichgewicht mit der festen Lösung von

Nickel und Kupfer bei mehr als 2% Ni eine Phase auf der Basis Ni_3Si besteht, in der ein Teil des Nickels durch Kupfer ersetzt sein kann [92—94]. Die Kupferecke ist genauso kompliziert wie die Kupferseite

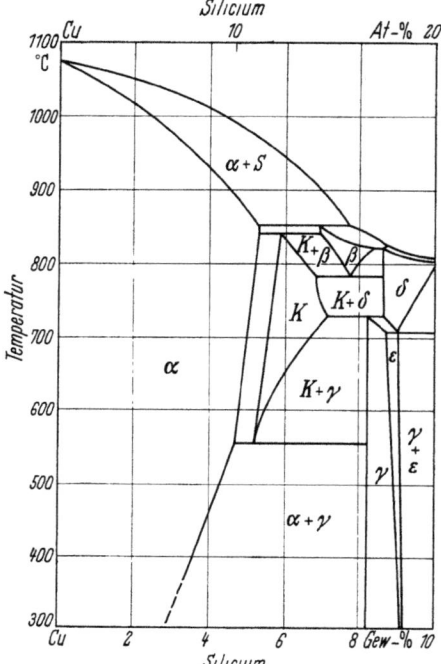

Abb. D 27. Das Zweistoffsystem Cu-Si [90, 91].

des binären Systems Cu–Si. Deshalb zeigt die Abb. D 28 nur die Grenze der festen Lösung von Ni_3Si in der Cu–Ni-Matrix bei 500 und 900 °C auf der Grundlage von zwei früheren Untersuchungen [92, 93]. Die Löslichkeit verändert sich sehr stark mit der Temperatur.

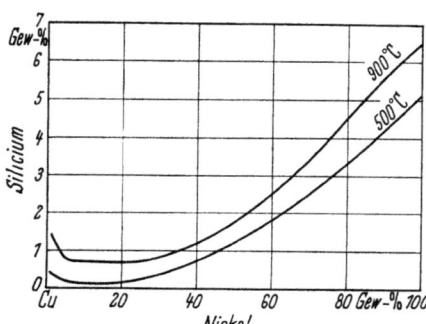

Abb. D 28. Das Dreistoffsystem Cu-Ni-Si. Grenzen der Löslichkeit von Ni_3Si im Cu–Ni–Si-Mischkristall bei 900 und 500 °C [92, 93].

1.222 Physikalische und mechanische Eigenschaften aushärtbarer Nickel-Kupfer-Legierungen

Kupfer und Nickel bilden zusammen mit anderen Elementen etliche ausscheidungshärtbare Legierungen. Bei den Ni–Cu-Legierungen wird die Zusammensetzung 70% Ni und 30% Cu bevorzugt. Sie wurde gewählt, weil dieser Werkstoff unter reduzierenden Bedingungen korrosionsbeständiger ist als Nickel und unter oxydierenden Bedingungen beständiger als Kupfer und weil er edler ist als Kupfer oder Nickel allein. Die meistbenutzten ausscheidungsfähigen Zusätze Aluminium, Titan oder Silicium haben nur geringen Einfluß auf die Korrosionsbeständigkeit.

1.222.1 Nickel-Kupfer-Aluminium-Legierungen. Einige Untersuchungen, zeigen, daß man bei der Zusammensetzung 70% Ni und 30% Cu die höchsten Zugfestigkeitswerte in der Reihe handelsüblicher nickelreicher Legierungen erhält [95]. Im Jahre 1919 wurde gefunden, daß Aluminium die Ni–Cu-Legierungen aushärtbar macht [96], und die meisten wichtigen Patente darüber wurden in den darauffolgenden Jahren veröffentlicht [97]. Damit gehören diese Legierungen zu den schon früh entdeckten und praktisch verwendeten aushärtbaren Werkstoffen.

Sie sind zunächst unter den Markennamen Monel-K und -KR bekannt geworden. Diese Knetlegierungen enthalten neben Nickel und Kupfer Mangan, Eisen, Silicium und Kohlenstoff sowie für die Aushärtung Titan und Aluminium. In der Legierung NiCu 30 Al (Monel-K) ist der Kohlenstoffgehalt niedriger (max. 0,25% C) als in der Legierung im allgemeinen NiCu 30 C (Monel-KR) (0,2···0,3% C), in der er durch Wärmebehandlung als Graphit ausgeschieden wird, um eine gute Bearbeitbarkeit zu erzielen. Ihre typische Zusammensetzung (Gew.-%) ist 63···70% Ni, 2,0···4,0% Al, max. 2,0% Fe, max. 1,5% Mn, max. 1,0% Si, 0,25···1,0% Ti, max. 0,01% S, Rest Cu.

Wahrscheinlich bildet sich bei der Aushärtung mit Titan und Aluminium die Phase Ni_3Al mit geordnet kubisch-flächenzentrierter Struktur, wobei ein Teil des Nickels durch Kupfer und ein Teil des Aluminiums durch Titan ersetzt ist, in gleichmäßig feiner Verteilung. Eine Arbeit von MANENC über eine Ni-20Cu-6Al-Legierung zeigte die Ausscheidungen der Ni_3Al-Phase als kleine gleichmäßig verteilte Würfel mit um nur 0,25% von der Matrix abweichendem Gitterparameter [98]. Wenn auch hierüber bei der handelsüblichen Legierung nichts veröffentlicht wurde, so muß der Ausscheidungsmechanismus doch ähnlich sein, wie MANENC ihn fand. Der Kohlenstoff ist entweder in Lösung oder als Graphit ausgeschieden. Nach früheren Arbeiten könnte der Kohlenstoff an der Ausscheidungshärtung beteiligt sein [99], aber das ist später nicht bestätigt worden.

Einige physikalische Eigenschaften der Legierung NiCu 30 Al zeigt die folgende Aufstellung:

Dichte:	8,46 g/cm³;
Wärmeleitfähigkeit (0···100°C):	0,045 cal · cm⁻¹ sec⁻¹ · grd⁻¹;
mittlere spezifische Wärme (20···400°C):	0,127 cal · g⁻¹ · grd⁻¹;
Wärmeausdehnungskoeffizient (0···100°C):	14 · 10⁻⁶ · grd⁻¹;
elektrischer Widerstand (23°C):	0,58 · 10⁻⁴ · Ω · cm;
Temperatur-Koeffizient des elektrischen Widerstandes (20···100°C):	0,00018 Ω · grd⁻¹;
Schmelzbereich:	1315···1350°C;
Curietemperatur, lösungsgeglüht:	−135°C,
ausgehärtet:	−100°C;
Elastizitätsmodul:	16···18 · 10³ kp/mm²;
Poissonsche Konstante:	0,32.

Derartige Legierungen können nach einer Lösungsglühung oder nach Kaltumformung ausgehärtet werden. Unterschiede in der Anlaßbehandlung oder im Kaltumformungsgrad erlauben einen großen Bereich von Kombinationen der Festigkeit und der Zähigkeit, Kombinationen, die den Festigkeitseigenschaften von vergüteten Stählen vergleichbar sind; hinzu kommt jedoch die bessere Korrosionsbeständigkeit.

Für die Wärmebehandlung der Legierung NiCu 30 Al ist kennzeichnend, daß sie durch kontrollierte Abkühlung von einer Anlaßtemperatur ausgehärtet werden kann. Wenn ein Weichglühen nach der Kaltumformung nötig ist, wird die Legierung eine kurze Zeit auf 870···1100°C gebracht, in der Praxis 2···10 min, dann wird in Wasser abgeschreckt. Für die Aushärtung des kaltgeformten Werkstoffs oder nach einem Weichglühen wird bis zu 16 h im Temperaturbereich 530···600°C angelassen und dann mit 8···14 grd/h auf 480°C heruntergeregelt und an Luft oder im Ofen abgekühlt. Die günstigste Anlaßtemperatur hängt vom Kaltumformungsgrad ab: je höher der Kaltumformungsgrad desto niedriger die Anlaßtemperatur. Die angegebene Wärmebehandlung ergibt die größte Härte. Kürzere Glühzeiten mit Luftabkühlung führen zu geringerer Härte und niedrigerer Festigkeit, aber größerer Zähigkeit. Manchmal wird auch, wie z. B. bei der Legierung NiCu 30 C, 2···4 h bei 815···845°C geglüht und abgeschreckt, um eine bessere Bearbeitbarkeit durch Graphitausscheidung zu erzielen. Um innere Spannungen in Federn z. B. zu entfernen oder zu stabilisieren, wird 3 h bei der relativ niedrigen Temperatur 275°C angelassen.

Den Eigenschaftsbereich, den man durch Kaltumformung und Aushärtung erzielen kann, zeigt Abb. D 29 mit Mittelwerten der Zugfestigkeit vor und nach der Aushärtung als Funktion der Kaltumformung. Weitere Werte der Festigkeitseigenschaften bei Raumtemperatur sind in Tab. D 13 aufgeführt.

Zugfestigkeit und Streckgrenze nehmen bei niedrigen Temperaturen etwas zu, während Dehnung und Brucheinschnürung im Zugversuch ziemlich konstant bleiben. Bei mäßig erhöhten Temperaturen nehmen Zugfestigkeit und Streckgrenze ab, aber auch hierbei ändern sich Dehnung und Brucheinschnürung nur wenig.

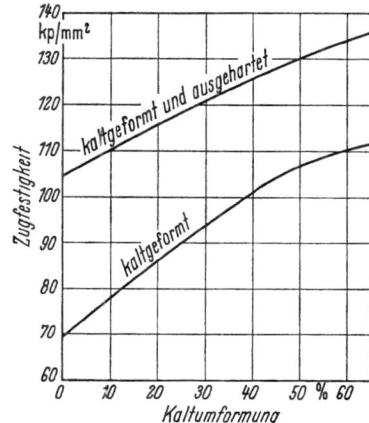

Abb. D 29. Zugfestigkeit von NiCu 30 Al in Abhängigkeit von der Kaltformgebung und Aushärtung.

Beispielsweise hatte ein kaltgezogenes ausgehärtetes Material bei Raumtemperatur eine Zugfestigkeit von 112 kp/mm² und eine 0,2-Dehngrenze von 84 kp/mm², während bei —184°C die Zugfestigkeit 142 kp/mm² und die 0,2-Dehngrenze 112 kp/mm² betrug. Eine angelassene und ausgehärtete Legierung mit einer Zugfestigkeit und Dehngrenze von 110 bzw. 73 kp/mm² bei Raumtemperatur hatte bei 200°C die Werte 103 bzw. 68 kp/mm² und bei 370°C die Werte 97 bzw. 67 kp/mm².

Die Legierung NiCu 30 Al wird verwendet, wenn gute Korrosionsbeständigkeit und große Festigkeit gefordert werden, z. B. für Propeller-

Tabelle D 13. *Festigkeitseigenschaften von NiCu 30Al.*

Zustand	Zugfestigkeit kp/mm²	0,2-Dehngrenze kp/mm²	Dehnung %	Brinellhärte HB 30 kp/mm²
warmgewalzt	63···95	28···77	45···20	140···260
lösungsgeglüht	63···77	28···42	45···25	140···185
lösungsgeglüht und ausgehärtet	91···112	63···77	30···20	250···300
kaltgezogen	70···95	50···70	35···13	175···260
kaltgezogen und ausgehärtet	95···126	67···91	30···15	255···325

wellen für Motorboote, für viele Arten von Federn, für Leitbleche und Schaber in der chemischen Industrie, für elektrische Kontaktfedern und in vielen Instrumenten, für die unmagnetische Werkstoffe gefordert werden.

1.222.2 Nickel-Kupfer-Silicium. Aus den gleichen Gründen wie die aluminiumhaltigen Legierungen haben die Ni–Cu–Si-Legierungen als Basis die Zusammensetzung 70% Ni und 30% Cu. Sie werden als Gußlegierungen verwendet. Ihr Siliciumgehalt beträgt bis zu 4%. Lediglich die Legierung mit 4% Si läßt sich aushärten. Wie man aus Untersuchungen von MANENC [98] an Nickellegierungen mit 30% Cu und 5% Si schließen kann, scheidet sich beim Anlassen die geordnete kubisch-flächenzentrierte Phase Ni_3Si aus. Der Gitterparameter der Ausscheidung unterschied sich von dem der Matrix um 1%, also um mehr als bei den Ni–Cu–Al-Legierungen. Die Ausscheidung ist daher nicht kubisch, sondern in Form von Platten parallel zur (100)-Ebene der Matrix.

Eine typische Zusammensetzung der Legierung G–NiCu 30 Si 4 ist: mind. 60% Ni, 27$\cdots$31% Cu, max. 2,5% Fe, max. 1,5% Mn, max. 0,25% C, max. 0,5% Al, 3,5$\cdots$4,5% Si. Sie hat die folgenden physikalischen Eigenschaften:

Dichte:	8,36 g/cm³;
Wärmeleitfähigkeit:	0,047 cal · cm⁻¹ · sec⁻¹ · grd⁻¹;
mittlere spezifische Wärme (20$\cdots$400°C):	0,13 cal · g⁻¹ · grd⁻¹;
Wärmeausdehnungskoeffizient (20$\cdots$100°C):	$13,7 \cdot 10^{-6}$ · grd⁻¹;
elektrischer Widerstand (20°C):	$0,63 \cdot 10^{-4}$ · Ω · cm;
Schmelzbereich:	1260$\cdots$1290°C;
Curietemperatur (ausgehärtet):	−70°C;
Elastizitätsmodul:	$16 \cdot 10^3$ kp/mm².

Die Legierung G–NiCu 30 Si 4 wird in drei verschiedenen Zuständen verwendet, (1) im Gußzustand, (2) nach einer Lösungsglühung 870°C/Wasser oder bei komplizierten Formen — und Gefahr von Verzug und Rissen durch Abschrecken — 870°C/Ofenabkühlung bis 650°C/Öl, (3) nach der Lösungsglühung ausgehärtet durch 4 h 580$\cdots$595°C/Ofenabkühlung. Durch das Aushärten verändern sich Zugfestigkeit, 0,2-Dehngrenze und Dehnung gegenüber dem Gußzustand praktisch nicht; lediglich die Härte läßt sich etwas erhöhen (Tab. D 14).

Tabelle D 14. *Festigkeitseigenschaften von G-NiCu 30 Si 4.*

Zustand	Zugfestigkeit kp/mm²	0,2-Dehngrenze kp/mm²	Dehnung %	Brinellhärte HB 30 kp/mm²
Gußzustand	83$\cdots$102	60$\cdots$90	4$\cdots$1	275$\cdots$350
lösungsgeglüht	71$\cdots$88	40$\cdots$63	15$\cdots$5	180$\cdots$260
lösungsgeglüht und ausgehärtet	83$\cdots$102	60$\cdots$90	4$\cdots$1	300$\cdots$380

D.1 Ausscheidungshärtung

Die Legierung zeigt außer ihrer Korrosionsbeständigkeit gute Beständigkeit gegen Erosion und gute Gleiteigenschaften. Ein großer Teil ihrer Aushärtung bleibt bis zu 550°C erhalten. Man verwendet sie daher für Hochtemperatur-Dampfventile, Lager, Düsen usw.

1.23 Andere ausscheidungshärtbare Nickellegierungen

Außer den ausscheidungshärtbaren Ni–Cr- und Ni–Cu-Legierungen gibt es nur noch wenige Typen, die praktisch verwendet werden. Zwei dieser Sorten sind wohl unter der Bezeichnung Permanickel und Duranickel (NiAl 4 Ti) am besten bekannt geworden. Die erste härtet durch Magnesium, Kohlenstoff und Titan aus. Die ausgeschiedene Phase ist nicht genau bekannt; es dürfte ein komplexes Nickel-Magnesium- oder Nickel-Magnesium-Titan-Carbid sein. Die zweite Legierung härtet durch Aluminium und Titan aus. Hier werden die geordnete kubischflächenzentrierte Ni_3Al-Phase und vermutlich ein Korngrenzencarbid ausgeschieden [100]. Die Differenz im Gitterparameter zwischen Matrix und Ausscheidung ist etwa 0,75%; die feinen Ausscheidungen der Ni_3Al-Phase sind würfelförmig. Die handelsüblichen Legierungen haben die in Tab. D15 angegebene Zusammensetzung.

Tabelle D 15. *Zusammensetzung von Permanickel und Duranickel.*

	Zusammensetzung (Gew.-%)								
	Ni	Cu	Fe	Mn	C	Mg	Si	S	Ti	Al
Permanickel	mind. 97,0	max. 0,25	max. 0,60	max. 0,50	max. 0,40	0,20 ... 0,50	max. 0,35	max. 0,01	0,20 ... 0,60	—
Duranickel	mind. 93,0	max. 0,25	max. 0,60	max. 0,50	max. 0,30	—	max. 1,00	max. 0,01	0,25 ... 1,00	4,00 ... 4,75

Die physikalischen Eigenschaften zeigt die Tabelle D16.

Die Hauptunterschiede in den physikalischen Eigenschaften sind die höhere thermische und elektrische Leitfähigkeit und die höhere Curietemperatur der höher nickelhaltigen Legierung Permanickel.

Die Wärmebehandlung der titan- und aluminiumaushärtbaren Legierung Duranickel (NiAl 4 Ti) ist erwartungsgemäß ähnlich der entsprechenden Ni–Cu-Legierung NiCu 30 Al. Temperaturen und Zeiten für Lösungsglühung, Aushärtung und Entspannung sind für beide Legierungen praktisch gleich.

Die magnesium- und kohlenstoffhaltige Legierung Permanickel wird bei ähnlichen Temperaturen nach der Kaltumformung weichgeglüht, aber für die Lösungsglühung vor der Aushärtung ist eine höhere Temperatur, nämlich 3 min bei 1095°C/Wasser, erforderlich. Wegen der Ge-

Tabelle D 16. *Physikalische Eigenschaften von Permanickel und Duranickel.*

		Permanickel	Duranickel
Dichte	g/cm³	8,74	8,24
Wärmeleitfähigkeit (0···100°C) cal·cm⁻¹·sec·grd⁻¹		0,14	0,044
Wärmeausdehnungskoeffizient	grd⁻¹	$13 \cdot 10^{-6}$	$13 \cdot 10^{-6}$
elektrischer Widerstand	Ω·cm	$0,17 \cdot 10^{-4}$	$0,47 \cdot 10^{-4}$
Curietemperatur, lösungsgeglüht	°C	315	27
ausgehärtet	°C	295	94
Elastizitätsmodul	kp/mm²	$21 \cdot 10^3$	$21 \cdot 10^3$
spezifische Wärme (20···100°C) cal·g⁻¹·grd⁻¹		0,106	0,104

fahr einer Entkohlung muß die Ofenatmosphäre reduzierend sein. Die Ausscheidung geschieht in 6···16 h bei 475···500°C; dabei gelten die höheren Temperaturen und längeren Zeiten für lösungsgeglühtes Material, die niedrigeren Temperaturen und kürzeren Zeiten für lösungsgeglühtes und kaltumgeformtes Material.

Die Festigkeitseigenschaften beider Werkstoffe sind in der Tab. D 17 angegeben. Die Eigenschaften sind einander so ähnlich, daß die Bereiche praktisch für beide Legierungen gelten.

Wie man sieht, haben diese Legierungen nach dem Aushärten deutlich höhere Zugfestigkeiten als die Ni–Cu-Legierung NiCu 30 Al. Sie werden daher besonders für Federn verwendet, wobei die magnesium- und kohlenstoffaushärtbare Legierung dann genommen wird, wenn die bessere thermische oder elektrische Leitfähigkeit oder das magnetische Verhalten gefordert wird. In anderen Fällen wird man die Legierung mit Aluminium und Titan vorziehen, weil ihre Wärmebehandlung einfacher ist. Verwendung findet die letztgenannte Legierung auch als Werkstoff für Strangpreßmatrizen für Kunststoffe, vor allem für PVC.

Tabelle D 17. *Festigkeitseigenschaften von Permanickel und Duranickel.*

Zustand	Zugfestigkeit kp/mm²	0,2-Dehngrenze kp/mm²	Dehnung %	Brinellhärte HB 30 kp/mm²
lösungsgeglüht	63···84	25···42	50···25	180
lösungsgeglüht und ausgehärtet	105···134		20···10	280···360
kaltumgeformt	110···134		10···2	280···360
kaltumgeformt und ausgehärtet	127···162		15···5	330···425

2 Dispersionshärtung

2.1 Allgemeines

Die wesentliche Methode, Metalle zu verfestigen und zu härten, besteht darin, heterogene Teilchen im Gefüge zu verteilen. Dies kann man durch geeignete Legierungselemente und Wärmebehandlungen erzielen, so daß es zu einer Ausscheidungshärtung kommt, wie das in Kap. D 1 beschrieben wurde. Man kann das gleiche Ziel erreichen, wenn man z. B. auf mechanische Weise unlösliche Teilchen wie Oxide in der Matrix fein verteilt. Man hofft, hierdurch auch bei solchen Temperaturen eine Warmfestigkeit zu erhalten, bei denen die bisher betrachteten ausscheidungshärtenden Partikeln infolge von Diffusionsvorgängen weiterwachsen.

2.2 Herstellung von dispersionshärtenden Legierungen

Verschiedene Wege wurden beschritten, um Dispersionen unlöslicher Teilchen in einer metallischen Matrix herzustellen. Das Verteilen eines feinen Pulvers in einer Metallschmelze ergab keinen Erfolg, weil sich keine gleichmäßige Dispersion erreichen ließ. Dagegen waren Verfahren erfolgreich, bei denen man von nur festen Phasen ausging.

Eine Technik beruht auf der inneren Oxydation einer Legierung, in der ein gelöstes Element wesentlich stabilere Oxide bildet als das Basismetall. Die Diffusionsgeschwindigkeit des Sauerstoffs in dem Basismetall muß höher sein als die des gelösten Elements. Dann bildet sich das Oxid im Innern der Legierung und nicht als Zunder an der Oberfläche. Da es bei großen Querschnitten sehr lange dauern würde, bis die Reaktion auch im Innern abgelaufen ist, geht man im allgemeinen nicht von kompakten Werkstücken aus, sondern man läßt die innere Oxydation an einem Pulver ablaufen, das dann gesintert und gepreßt wird. In Nickellegierungen mit Aluminium, Titan, Chrom und Silicium hat man diese Methode benutzt und Dispersionen der Oxide dieser Metalle in Nickel erhalten [101]. Ähnliche Verfahren sind auch angewandt worden, um durch Reaktion in einer stickstoffhaltigen Atmosphäre Nitride zu bilden.

Eine Methode, die schon vorgeschlagen, jedoch noch nicht sehr genau untersucht worden ist, beruht auf dem Einbau von in einem Elektrolyten gelösten Partikeln in die Matrix während der galvanischen Abscheidung [102].

Die Mehrzahl der Untersuchungen befaßte sich mit pulvermetallurgischen Verfahren. Bei einem häufig benutzten Verfahren geht man von sehr feinen Pulvern der Metalle und Oxide aus, die man mechanisch miteinander mischt.

Nach einer anderen Methode werden in einer Lösung suspendierte Metalloxide gleichzeitig mit einer Metallverbindung abgeschieden, die dann durch Erhitzen ebenfalls in ein Oxid übergeführt wird. Zum Schluß wird das Gemisch der Oxide selektiv reduziert, beispielsweise in Wasserstoff, wodurch man ein sehr feines Gemisch von Metall- und Oxidteilchen erhält.

Die weitere Behandlung ist weitgehend die in der Pulvermetallurgie übliche: Pressen, Sintern, Umformen und Wärmebehandeln. Häufig wird beobachtet, daß sich dispersionsgehärtetes Material schlechter sintern und verdichten läßt als homogene Sinterlinge [103].

Das meistbenutzte Umformverfahren zur weiteren Verdichtung ist das Strangpressen; hierdurch werden fast die theoretischen Dichten erreicht. Man arbeitet oft mit hohen Querschnittsabnahmen, so daß der Werkstoff sehr stark umgeformt wird. Das führt im allgemeinen zu einer starken Textur des Werkstoffs, die durch die nachfolgende Wärmebehandlung nicht wieder entfernt werden kann. Dem Strangpressen können dann weitere Umformungen und Wärmebehandlungen folgen.

2.3 Gefüge und Festigkeitseigenschaften von dispersionsgehärteten Legierungen

2.31 *Erholung und Rekristallisation*

Ein Kennzeichen der meisten dispersionsgehärteten Legierungen einschließlich derjenigen auf Nickelbasis ist der beträchtliche Widerstand gegen Rekristallisation bei Wärmebehandlung nach dem Kaltumformen. Nach TRACEY und WORN [104] nimmt die Duktilität von 83% kaltgezogenem Nickel mit 2,5 Vol.-% Thoriumoxid bei Wärmebehandlungen im Bereich 400···600°C zu und die Härte mit höheren Temperaturen stetig ab; aber selbst nach einer Glühung von 1 h bei 1200°C ist der Einfluß der Kaltumformung noch nicht vollständig beseitigt. Reines Nickel war im Gegensatz dazu nach einer einstündigen Glühung bei 400°C vollständig rekristallisiert. Elektronenmikroskopische Durchstrahlaufnahmen an einem ähnlichen Werkstoff [105] zeigen, daß sich die durch Kaltumformen entstandenen Versetzungsanhäufungen erst bei höheren Temperaturen wieder auflösen; die Rekristallisation führt zu einem feineren Korn, weil die Oxidteilchen auch die Bewegung der Korngrenzen behindern. Bemerkenswert ist die Bildung einer großen Zahl von Zwillingen bei der Glühung. Der Widerstand gegen Erholung und Rekristallisation ist ein wichtiges Kennzeichen dieser Werkstoffe.

2.32 *Festigkeitseigenschaften bei Raumtemperatur*

Die Festigkeitseigenschaften hängen so stark von der Menge und der Größe der dispergierten Teilchen sowie der Gleichmäßigkeit der Dispersion und dem Kaltumformungsgrad ab, daß es kaum Sinn hat, die hierbei erzielten Eigenschaften im einzelnen aufzuführen. Die Festigkeit einer dispersionsgehärteten Legierung ist bei Raumtemperatur selbstverständlich höher als die des reinen Basismetalls. GRANT [106] gibt einen Faktor 6,5 an für das Verhältnis der Festigkeiten von Nickel-Aluminiumoxid gegenüber reinem Nickel. Der Unterschied in den Zugfestigkeiten ist kleiner, wenn man kaltgewalzte Werkstoffe vergleicht, und GRANT schließt daraus, daß die Hauptursache für die Verfestigung der Legierungen Verformungsspannungen sind.

2.33 Festigkeitseigenschaften bei erhöhten Temperaturen

Der Widerstand dieser Legierungen gegen Erholung und Rekristallisation äußert sich in ihrer guten Warmfestigkeit. Dies zeigt sich besonders in Langzeitversuchen bei hohen Temperaturen. Wie bei Raumtemperatur, so ist die Festigkeit auch bei erhöhter Temperatur sehr von der Art der Herstellung der Legierung abhängig, doch ergeben sich zwei typische Unterschiede im Vergleich zu herkömmlichen aushärtbaren Hochtemperatur-Legierungen: 1. Die Zeitstandfestigkeit nimmt bei mittleren Temperaturen mit der Zeit langsamer ab, d. h. die Legierungen halten für sehr lange Zeiten höhere Belastungen aus als die konventionellen Legierungen. 2. Die Zeitstandfestigkeiten nehmen bei Temperaturerhöhung langsamer ab, d. h. bei sehr hohen Temperaturen können die Legierungen höhere Belastungen ertragen als konventionelle Legierungen. So fällt die 100-Stunden-Zugfestigkeit von Nickel-2,5% Thoriumoxid von 14 kp/mm^2 bei 800 °C auf 7 kp/mm^2 bei 1200 °C ab [107]; diese Legierung ist daher warmfester als es die Legierungen NiCr 20 Co 18 Ti oberhalb 850 °C, NiCo 20 Cr 15 MoAlTi oberhalb 940 °C und Ni-15Co-15Cr-5Al-4Mo-4Ti oberhalb 1010 °C sind. In Abb. D 30 ist die Zeitstandfestigkeit dieser Werkstoffe und zweier Gußlegierungen wiedergegeben.

Trotz der Hochtemperatureigenschaften sind die dispersionsgehärteten Nickellegierungen bisher kaum in der Praxis verwendet worden, weil das Nickel bei erhöhten Temperaturen nicht ausreichend oxydationsbeständig ist. Versuche, oxydationsbeständige Legierungen durch Dispersion zu verfestigen, stoßen auf Schwierigkeiten erstens bei der Herstellung und zweitens durch das Wachsen der Oxidpartikeln, worüber später berichtet wird.

2.34 Kristallorientierung

Da diese Legierungen bei der Herstellung stark kaltgeformt werden, erhält man oft eine Kristallorientierung, die sich von der Textur, die man an dem entsprechenden reinen Metall erzielt, unterscheiden kann. So hatten stranggepreßte Legierungen von Nickel mit einem Thoriumoxidgehalt kleiner als 2,5% eine (100)-Fasertextur, während bei höherem

Thoriumoxidgehalt ein Gemisch aus ⟨100⟩- und ⟨110⟩-Textur auftrat [108]. Auf ähnliche Weise stranggepreßtes reines Nickel zeigte keine Vorzugsrichtung der Kristalle, während kaltgezogenes reines Nickel eine (111)-Textur hat. Wurde das Nickel-Thoriumoxid durch Drahtziehen

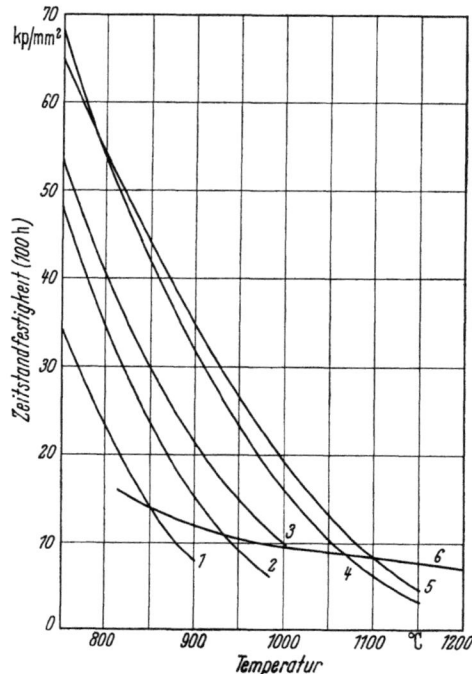

Abb. D 30. 100-h-Zeitstandsfestigkeit von warmfesten Nickelwerkstoffen.

	Zusammensetzung (Gew.-%)								
	Ni	Cr	Co	Mo	W	Ta	Al	Nb	Ti	C
Kurve 1	60	20	16	—	—	—	1,2	—	2,4	0,1
Kurve 2	54	15	20	5,0	—	—	4,5	—	1,3	0,2
Kurve 3	57	15	15	3,5	—	—	5,0	—	4,0	0,15
Kurve 4[a]	73	6	—	2,0	11	—	6,0	1,5	—	0,1
Kurve 5[a]	71	6	—	2,0	11	3,0	6,0	—	—	0,1
Kurve 6	Ni mit 2,5 Vol.-% ThO₂									

[a] Gußwerkstoff.

weiter kaltgeformt, so blieb die ⟨100⟩-Fasertextur bis zu 93% Querschnittsabnahme bestehen; stärkere Reduktionen führten zu einem Anteil von (111)-Textur [109]. Die Ursache für diese Unterschiede in der Textur ist noch nicht klar. Man kann sie durch eine größere Zahl von

Gleitsystemen in der Legierung gegenüber dem reinen Metall erklären, da die Oxidteilchen in der Dispersion die Bewegung der Versetzungen behindern und dadurch das Quergleiten begünstigen.

2.35 Dämpfungsvermögen

Interessant ist die hohe mechanische Dämpfung in einigen dispersionsgehärteten Nickellegierungen. Einen Dämpfungswert von 10,9% je Periode hat man an einem hartgezogenen Nickel-2,5%Thoriumoxid gemessen [107]. Im Vergleich dazu hat reines Nickel einen Dämpfungswert von 5% und Gußeisen mit Lamellengraphit einen von 8% bei Raumtemperatur und der gleichen maximalen Oberflächenbelastung. Die Ursache für diese hohe Dämpfung ist noch nicht klar; sie kann mit magnetischen Vorgängen zusammenhängen und mit einer reversiblen Versetzungsbewegung, die eine wichtige Quelle für Energieverluste in Werkstoffen mit sehr hohen Versetzungsdichten sein kann.

2.36 Gefügestabilität

Einer der Gründe für das Interesse an dispersionsgehärteten Werkstoffen beruhte auf der Vorstellung, daß unlösliche Teilchen in einer Matrix in langen Zeiten bei hohen Temperaturen nicht wachsen können, im Gegensatz zu den konventionellen ausscheidungshärtbaren Werkstoffen, bei denen sich kleinere Teilchen zugunsten des Wachstums von größeren auflösen.

Drei Faktoren bestimmen das Wachstum der Teilchen: 1. Die Oberflächenenergie zwischen Teilchen und Matrix, die bei dispersionsgehärteten Werkstoffen wahrscheinlich groß ist, 2. die Diffusionsgeschwindigkeit der Elemente des Teilchens in der Matrix und 3. die Konzentration dieser Elemente in der Matrix, die den gesamten Stoffluß von einem Teilchen zum nächsten bestimmt. Aus diesem Grunde wählt man für die Dispersion meist Teilchen aus Verbindungen, die sehr stabil sind und hohe Bildungsenergie besitzen und deren Elemente in der Matrix nur eine sehr kleine Löslichkeit haben. Hierdurch unterscheiden sich dispersionshärtbare von ausscheidungshärtbaren Werkstoffen.

Im Falle des Nickels, das in Luft verwendet werden soll und eine mittlere Löslichkeit für Sauerstoff besitzt, ist etwas Sauerstoff in der Matrix in Lösung. Die niedrige Wachstumsgeschwindigkeit muß daher durch eine außerordentlich kleine Löslichkeit der anderen Komponente des dispergierten Oxids erreicht werden. Verunreinigungen — vor allem metallische —, die im Oxid löslich sind und seine Stöchiometrie ändern, können den Anteil der metallischen Komponente des Oxids in der Matrix vergrößern, wodurch die Wachstumsgeschwindigkeit der Oxidteilchen ansteigt. So haben WORN und MARTON [108] gefunden, daß Spuren von Eisen und Chrom die Wachstumsgeschwindigkeit der Thoriumoxidteilchen in Nickel beträchtlich erhöhen. Es gibt zwar keine Angaben über die Löslichkeit von Chrom- und Eisenoxiden in Thoriumoxid, doch haben beide Elemente andere Valenzen als Thorium; es ist daher anzunehmen, daß sie die Stöchiometrie des Thoriumoxids verändern. Dies erschwert die Herstellung oxydationsbeständiger dispersionsgehärteter Legierungen, weil man Oxydationsbeständigkeit normalerweise durch Zusätze von Elementen erzielt, die stabile Oxide bilden. Diese Oxide können sich dann in den dispergierten Oxiden lösen und ein Wachstum bei hohen Temperaturen bewirken.

Literatur zu Kapitel D

1. VOLLMER, M., u. A. WEBER: Z. phys. Chem. 119 (1925) 277.
2. BECKER, R., u. W. DÖRING: Ann. Phys. 24 (1935) 719.
3. CAHN, J. W.: Acta metallurg. 5 (1957) 169.
4. MIHALISIN, J. R., u. R. F. DECKER: Trans. metallurg. Soc. AIME 218 (1960) 507.
5. KELLY, A., u. R. B. NICHOLSON: Progr. in Mater. Sci. 10 (1963) 243.
6. FELL, E. A., W. I. MITCHELL u. D. W. WAKEMAN: In: Iron Steel Inst., spec. Rep. Nr. 70. London 1961, S. 136.
7. FLEETWOOD, M. J.: J. Inst. Metals 90 (1961/62) 429.
8. NABARRO, F. R. N.: Proc. phys. Soc. 52 (1940) 90.
9. NABARRO, F. R. N.: Proc. roy. Soc. London, Ser. A, 175 (1940) 519.
10. DEHLINGER, U., u. H. KNAPP: Z. Metallkde. 43 (1952) 223.
11. KONOBEEVSKI, S. T.: J. Inst. Metals 69 (1943) 397.
12. ZENER, C.: J. appl. Phys. 20 (1949) 950.
13. WEST, C., u. C. ZENER: J. appl. Phys. 21 (1950) 5.
14. CAHN, J. W., u. J. E. HILLIARD: J. chem. Phys. 28 (1958) 258; 31 (1959) S. 688.
15. HILLERT, M., M. COHEN u. B. L. AVERBACH: Acta metallurg. 9 (1961) 536.
16. GEISLER, A. H., u. J. B. NEWKIRK: Trans. AIME 180 (1944) 101.
17. ORIANI, R. A.: Acta metallurg. 12 (1964) 1399.
18. MANENC, J.: Rev. Métallurg. 54 (1957) 161.
19. MANENC, J.: Acta metallurg. 7 (1959) 124.
20. BÜCKLE, C., B. GENTY u. J. MANENC: Rev. Métallurg. 56 (1959) 247.
21. SHARP, W. H.: High Temperature Materials. Bd. 18, Teil 2, New York 1963, S. 189.
22. BIEBER, C. G., u. R. F. DECKER: Trans. metallurg. Soc. AIME 221 (1961) 629.
23. HANSEN, M.: Constitution of Binary Alloys. New York 1958, S. 542.
24. PHILLIPS, H. W. L.: Annotated Equilibrium Diagram No. 4. Hrsg. v. The Institute of Metals. London 1944.
25. HANSEN, M.: Constitution of Binary Alloys. New York 1958, S. 1050.
26. TAYLOR, A.: Trans. AIME 206 (1956) 1356−1362.
27. SCHRAMM, J.: Z. Metallkde. 33 (1941) 403.
28. BETTERIDGE, W., u. A. W. FRANKLIN: Metal Treatm. Drop Forg. 23 (1956) 343−348.

29. BETTERIDGE, W., u. A. W. FRANKLIN: Development of Nickel–Chromium Base Alloys for High-temperature Service. Hrsg. v. Henry Wiggin & Co., Ltd. Birmingham 1957.
30. TAYLOR, A.: Trans. AIME 209 (1957) 72—75.
31. HAYNES, F. G.: J. Inst. Metals 90 (1961/1962) 311.
32. GUARD, R. W., u. J. H. WESTBROOK: Trans. metallurg. Soc. AIME 215 (1959) 807.
33. PRIDANTSEV, M. V.: In: Symp. on Heat Resisting Metallic Materials 1964, Vortr. Nr. 19. Hrsg. v. Czech Sci. and Tech. Soc. Praha 1964.
34. HUME-ROTHERY, W., u. G. V. RAYNOR: The Structure of Metals and Alloys. Hrsg. v. Institute of Metals. London 1962.
35. MANENC, J.: Rev. Nickel 29 (1963) 96.
36. BIGELOW, W. C. u. Mitarbeiter: In: ASTM Spec. Tech. Publn. No. 245. Philadelphia/Pa. 1959, S. 73.
37. DECKER, R. F., u. J. R. MIHALISIN: Trans. metallurg. Soc. AIME 218 (1960) 507.
38. HAGEL, W. C., u. H. J. BEATTIE JR.: Trans. metallurg. Soc. AIME 215 (1959) 967.
39. WILDE, R. F., u. N. J. GRANT: Trans. AIME 209 (1957) 865.
40. BETTERIDGE, W., u. R. A. SMITH: In: ASTM Spec. Tech. Publn. No. 174. Philadelphia/Pa. 1956.
41. PRIDANTSEV, M. V., E. I. BELIKOVA u. E. G. NAZAROV: Spetsialnye Stali 27 (1962) 93.
42. FRECHE, J. C., u. W. J. WATERS: Foundry 92 (1964) 44—47.
43. FRECHE, J. C., u. W. J. WATERS: Mater. in Design Engng. 57 (1963) 85 bis 87.
44. SCHWAAB, P., u. K. HAGEN: Z. Metallkde. 54 (1963) 23.
45. DETERT, K., u. H. POHL: Z. Metallkde. 55 (1964) 36—46.
46. Nimonic Alloys. Physical and Mechanical Properties. Hrsg. v. Henry Wiggin & Co., Ltd. Hereford 1966.
47. HESLOP, J.: Kobalt Nr. 24, Sept. 1964, S. 109—115.
48. BIEBER, C. G.: US Pat. Nr. 2 570 194, Apr. 1946.
49. DECKER, R. F., J. P. ROWE u. J. W. FREEMAN: Trans. metallurg. Soc. AIME 212 (1958) 686.
50. VOLK, K. E., u. A. W. FRANKLIN: Z. Metallkde. 51 (1960) 172—179.
51. TWIGG, P. L., u. E. G. RICHARDS: The Effect of Boron on the Creep Properties of a Precipitation-hardened Austenitic Nickel-Chromium Alloy. Vortrag Nr. 28, gehalten auf der Conference on Creep, C. E. A. Saclay, 22.—23. Juni 1967.
52. CRUSSARD, C., J. PLATEAU u. G. HENRY: Joint Internat. Conf. on Creep, London 1963. Buch 1, Vortrag Nr. 64, S. 91. Hrsg. v. Instn. of Mech. Engn.
53. FRANKLIN, A. W., J. HESLOP u. R. A. SMITH: J. Inst. Metals 92 (1963/64) 313—322.
54. KRUMPOS, J., u. K. CIHA: In: Symp. on Heat Resisting Metallic Materials 1964. Vortrag Nr. 17. Hrsg. v. Czech. Sci. and Tech. Soc. Praha 1964.
55. PFEIL, L. B., N. P. ALLEN u. C. G. CONWAY: Iron Steel Inst. Spec. Rep. No. 43 London 1952, 37—45.
56. Brit. Pat. 583 845, 1947.
57. BETTERIDGE, W., u. A. W. FRANKLIN: Metal Treatm. Drop Forg. 23 (1956) 343—348; 385—389.
58. BETTERIDGE, W., u. A. W. FRANKLIN: J. Inst. Metals 85 (1956—57) 473—479.
59. WEAVER, C. W.: J. Inst. Metals 88 (1960) 462—467.
60. FELL, E. A.: Metallurgia 63 (1961) 157—166.

61. FELL, E. A., W. I. MITCHELL u. D. W. WAKEMAN: Iron Steel Inst. Spec. Rep. No. 70. London 1961, S. 136.
62. FLEETWOOD, M. J.: J. Inst. Metals 90 (1961—62) 429.
63. HANSON, D., u. M. A. WHEELER: J. Inst. Metals 45 (1931) 229.
64. BETTERIDGE, W., u. A. W. FRANKLIN: J. Inst. Metals 80 (1951) 147—150.
65. HESLOP, J.: J. Inst. Metals 91 (1962) 28—33.
66. WEAVER, C. W.: J. Inst. Metals 88 (1960) 296—300.
67. DECKER, R. F., J. P. ROWE u. J. W. FREEMAN: N. A. C. A. Rep. 1392. Washington/D.C. 1958.
68. KAUFMAN, M.: Trans. metallurg. Soc. AIME 227 (1963) 405—422.
69. IMAI, Y., u. T. MASUMOTO: J. Iron Steel Inst. 200 (1962) 877.
70. ROWE, J. P., u. J. W. FREEMAN: Joint International Conference on Creep, London 1963. Hrsg. v. Instn. Mech. Eng. Buch 1, Vortrag Nr. 46, S. 65—72.
71. DILS, R. R., u. C. P. SULLIVAN: J. Inst. Metals 92 (1963/64) 186—187.
72. BIEBER, C. G., u. R. F. DECKER: J. Metals 13 (1961) 231—233.
73. ALLEN, N. P., u. P. G. FORREST: International Conference on Fatigue of Metals. Institution of Mechanical Engineers, London 1956.
74. FRANKLIN, A. W., u. E. D. WARD: Rev. Métallurg. 55 (1958) 927.
75. COFFIN, L. F.: Symposium on Internal Stresses and Fatigue in Metals, 1958. Hrsg. v. General Motors (USA). New York, Amsterdam 1959, S. 363.
76. GLENNY, E., u. T. A. TAYLOR: J. Inst. Metals 88 (1959—60) 449.
77. FORREST, P. G., u. K. B. ARMSTRONG: J. Inst. Metals 94 (1966) 204—213.
78. BETTERIDGE, W.: The Nimonic Alloys. London 1959, S. 194.
79. FRANKLIN, A. W., J. THEXTON u. D. R. WOOD: Joint International Conference on Creep London 1963. Hrsg. v. Instn. Mech. Eng.
80. TOWERS, J. A.: Brit. Weld. J. 11 (1964) 276—278.
81. KAUFMAN, M., u. A. E. PALTY: Trans. metallurg. Soc. AIME 221 (1961) 1253.
82. DARMARA, F. N.: A. S. M. E. Reprint 55-A-198. Amer. Soc. Mech. Eng. 1955.
83. WOOD, D. R., u. R. M. COOK: Metallurgia 67 (1963) 109—117.
84. IODKOVSKII, S. A., V. P. KUDEL'KIN u. A. S. LOBODA: Issled Stalei i Sphavov, Akademii Nauk SSSR, Inst. Met. Baikova 1964, S. 209—215.
85. HANSEN, M.: Constitution of Binary Alloys. New York 1958, S. 601.
86. RAYNOR, G. V.: Annotated Equilibrium Diagram No. 4. Hrsg. v. The Institute of Metals. London 1944.
87. ALEXANDER, W. O.: J. Inst. Metals 61 (1937) 83; 63 (1938) 163; 65 (1939) 217.
88. BRADLEY, A. J., u. H. LIPSON: Proc. roy. Soc. London Ser. A, 167 (1938) 421.
89. GRAY, I., u. G. P. MILLER: J. Inst. Metals 93 (1965) 315.
90. HANSEN, M.: Constitution of Binary Alloys. New York 1958, S. 629.
91. SMITH, C. S.: Trans. AIME 137 (1940) 321.
92. OKAMOTO, M.: Nippon Kinzoku Gakkai-Shi 1938, S. 211.
93. JONES, D. G., L. B. PFEIL u. W. T. GRIFFITHS: J. Inst. Metals 46 (1931) 423.
94. ROBERTSON, W. D., E. G. GRENIER u. V. F. NOLE: Trans. metallurg. Soc. AIME 221 (1961) 503.
95. MUDGE, W. A., u. P. D. MERICA: Trans. AIME 117 (1935) 265.
96. MERICA, P. D.: US Pat. 1 572 744, 1925.
97. US Pat. 1 755 554; 1 755 555; 1 755 556; 1 755 557, 1930; US Pat. 1 439 865; 1922; 1 675 264, 1928.
98. MANENC, J.: Acta metallurg. 7 (1959) 124.
99. FULLER, T. S.: Trans. AIME 117 (1935) 276.

100. MIHALISIN, J. R., u. R. F. DECKER: Trans. metallurg. Soc. AIME 218 (1960) 507.
101. BONIS, L. J., u. N. J. GRANT: Trans. metallurg. Soc. AIME 224 (1962) 308.
102. SMITH, C. R.: J. Metals 15 (1963) 740.
103. SMITH, G. C.: Powder Metallurg. 11 (1963) 102.
104. TRACEY, V. A., u. D. K. WORN: Powder Metallurg. 10 (1962) 34.
105. MEE, P. B., u. R. A. SINCLAIR: J. Inst. Metals 94 (1966) 319—326.
106. GRANT, N. J.: In: The Strengthening of Metals. New York 1963, S. 163.
107. BRADBURY, E. J.: In: Metallurgical Achievements. Oxford 1965, S. 153.
108. WORN, D. K., u. S. F. MARTON: Powder Metallurg. 9 (1961) 309.
109. CLARKE, C. A., u. P. B. MEE: Z. Metallkde. 53 (1962) 756.

E. Katalytisches Verhalten

Von H. Kober

1 Mikrostruktur und katalytische Eigenschaften

Das Studium der Metallkatalyse [1] befaßt sich mit den Vorgängen in der Phasengrenze zwischen Metall und Reaktionskomponenten und ist aufs engste verknüpft mit Adsorption und Desorption. Die genauere Kenntnis der Chemisorption [2] ist daher Voraussetzung für ein tieferes Verständnis katalytischer Reaktionen und ihrer Ursachen.

1.1 Chemisorption

Die Übergangsmetalle zeichnen sich durch eine charakteristische Verteilung der äußeren Elektronen auf Leitfähigkeits- und Grundband aus. Nickel enthält im Leitfähigkeits-(4s)-Band 0,6, im Grund-(3d-)Band 9,4 Elektronen (Abb. E 1). Die Lücke von 0,6 Elektronen im 3d-Band verleiht der Nickeloberfläche die Eigenschaft als Elektronenakzeptor und auch als -donator. Das Wasserstoffmolekül besitzt ein vollbesetztes Orbital mit zwei σ-Elektronen (Kästchen a in Abb. E 1) und ist nur unter Elektronenabgabe zur chemischen Bindung befähigt. Ein solches Fließen von Elektronen vom Wasserstoffmolekül zum Nickel verursacht eine positive Überschußladung beim Wasserstoff [3] und eine Erhöhung des Ferminiveaus F. Ähnlich wie Wasserstoffmoleküle verhalten sich z. B. Ammoniak, Chlorwasserstoff und Olefine. Im Gegensatz hierzu besitzt das Wasserstoffatom ein halbbesetztes s-Orbital (Kästchen b in Abb. E 1). Ihm gegenüber wirkt die Nickeloberfläche als Elektronendonator. Die Überschußladung ist negativ, das Ferminiveau sinkt. Ähnlich liegen die Verhältnisse bei Sauerstoff. Zwischen Nickelatom und Substratkomponente besteht eine polarisierte Atombindung.

Die beschriebenen Verschiebungen des Ferminiveaus sind jedoch nicht auf den Ort der Chemisorptionsbindung beschränkt, sondern auf den gesamten Kristallverband verteilt. Bei geringer Oberflächenbedeckung wird jedes Teilchen praktisch von einer Vielzahl von Nickelatomen gebunden. Die Bindung ist deshalb relativ stark. Wird die bedeckte Oberfläche größer, so müssen sich die Teilchen auf einen stets kleineren Raum beschränken, gleichbedeutend mit einer Abnahme der Bindungsstärke. Hinzu kommt eine mit steigender Bedeckung wachsende Abstoßung der gleichpolarisierten Teilchen, die ebenfalls die Bindung lockert. Insgesamt ergibt sich eine mit zunehmendem Bedeckungsgrad abnehmende molare Adsorptionswärme ΔH (Abb. E 2).

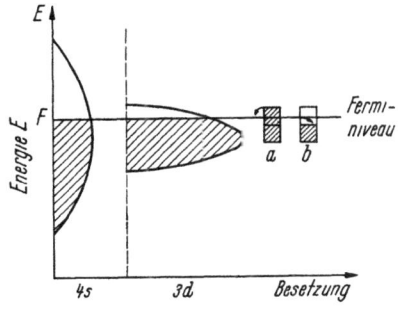

Abb. E 1. Bändermodell des Nickels zur Darstellung der Chemisorption.

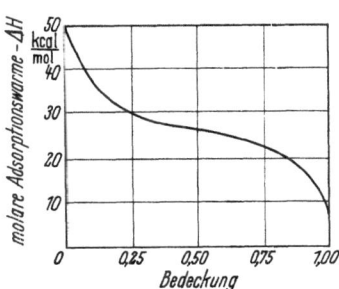

Abb. E 2. Abhängigkeit der mol. Adsorptionswärme vom Bedeckungsgrad für Wasserstoffatome an Nickel [4].

In den meisten Fällen ist die Nickeloberfläche energetisch inhomogen [5], d. h. durch Ecken, Kanten, Versetzungen und Fremdstoffeinlagerungen entstehen Stellen erhöhter Energiedichte. An solchen „aktiven Zentren" sind die Teilchen schwächer adsorbiert [5]. Jedoch ist es im Einzelfall äußerst schwer zu entscheiden, in welchem Maße solche Zentren vorhanden sind.

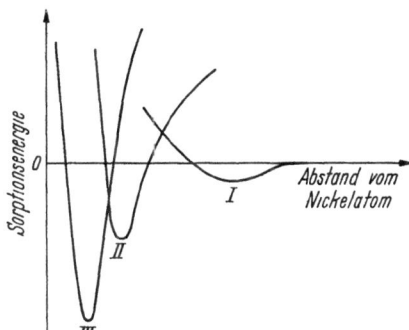

Abb. E 3. Energieprofil des Chemisorptionsvorgangs.

Abb. E 3 zeigt ein schematisches Energieprofil des Chemisorptionsvorgangs. Der chemischen Adsorption (Potentialmulde II) ist stets eine schwache physikalische Adsorption (Potentialmulde I) vorgelagert (freiwerdende Energie bei I Größenordnung 100 cal/mol, bei II und III Größenordnung 10 kcal/mol). Der Schnittpunkt zwischen I und II ergibt einen positiven Energiewert und bewirkt eine Aktivierungsenergie der Chemisorption. Bei Wasserstoff liegt dieser Schnittpunkt jedoch auf

282 E. Katalytisches Verhalten [Lit. S. 285

oder unter der Nullinie, die H_2-Chemisorption ist nicht aktiviert [6]. Bei Sauerstoff ist die Aktivierung gering, bei Stickstoff sehr hoch. Bei letzterem ist eine Chemisorption erst bei hohen Temperaturen möglich (siehe Ammoniaksynthese).

Wichtig für katalytische Reaktionen ist ferner das Verhalten mehrerer gleichzeitig chemisorbierter Komponenten. Jeder Stoff besitzt gegenüber ein und demselben Metall ein anderes Adsorptionsbestreben. Für Nickel gilt etwa folgende Abstufung: $NH_3 > O_2 > HCl > H_2$. Daraus folgt: 1. Die Komponente mit der stärkeren Adsorptionsfähigkeit besetzt den größeren Oberflächenanteil; z. B. nimmt Sauerstoff eine größere Fläche als Wasserstoff ein. 2. Die schwächer adsorbierte Komponente findet veränderte elektronische Verhältnisse vor. Sauerstoff verursacht eine Senkung des Ferminiveaus. Für ein Wasserstoffmolekül bedeutet dies Verstärkung, für ein Wasserstoffatom Abschwächung der Polarisation [3, 7]. Da die Polarisation die Bindungsstärke beeinflußt, besitzt diese Tatsache eine wichtige Bedeutung für die Katalyse.

Die Chemisorption ist der erste Schritt einer jeden katalytischen Reaktion. Der erfolgte Eingriff in das Elektronengerüst der Ausgangsstoffe schafft eine Elektronenkonstellation, die den Endprodukten ähnlicher ist als die ursprüngliche. Die Reaktion verläuft über einen günstigeren Übergangszustand, die Aktivierungsenergie ist geringer. Von dieser Stufe aus gibt es grundsätzlich zwei Methoden der Weiterreaktion.

1.2 Reaktion innerhalb der Schicht (Langmuir-Hinshelwood-Mechanismus)

Bei dem zuerst zu behandelnden Langmuir-Hinshelwood-Mechanismus folgt der zweite Schritt innerhalb der Oberflächenschicht. Als einfachstes Beispiel sei die Dissoziation von Wasserstoffmolekülen genannt. Dem Chemisorptionszustand des H-Atoms entspricht etwa Potential-

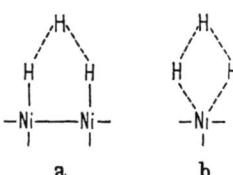

Abb. E 4.
Übergangskomplexe zur Spaltung von Wasserstoffmolekülen.

mulde III (Abb. E 3). Eine Aktivierungsenergie zu dieser Dissoziation existiert nicht, d. h. es stellt sich auf der Nickeloberfläche augenblicklich ein Gleichgewicht zwischen beiden Wasserstoffarten ein [7], das von der gegenseitigen Abstoßung der positiven Wasserstoffkerne unter dem Einfluß der Polarisation abhängt. Trotz dieses Gleichgewichtes findet stets ein Atomaustausch zwischen beiden Wasserstoffarten statt, der mit einer Aktivierungsenergie von 4 kcal/mol über den Übergangszustand in Abb. E 4ε verläuft. Eine derartige Beweglichkeit von H-Atomen läßt sich mit Hilfe der Parawasserstoffumwandlung und des Deuteriumaustausches [8] prüfen. Andere Reaktionen, wie etwa der Zerfall von Äthan zu Äthylen und Wasserstoff, bedürfen ebenfalls einer Aktivierungsenergie. Die Potentialmulden II und III schneiden sich dann weit oberhalb der Nullinie. Ähnliches gilt für bimolekulare Reaktionen wie Hydrierungen [9].

1.3 Desorption der Endprodukte

Der dritte Schritt einer katalytischen Reaktion besteht in der Desorption der Endprodukte. Der hierzu nötige Energieaufwand ist gleich der Summe aus Adsorptionswärme und evtl. vorhandener Aktivierungsenergie der Adsorption. Daraus ergibt sich, daß die katalytische Aktivität um so größer ist, je lockerer die Teilchen gebunden sind. Jedoch darf die Grenze zur physikalischen Adsorption nicht überschritten werden. Nach Abb. E 2 liegt ein Optimum bei vollbesetzter Oberfläche vor. Ferner läßt sich die katalytische Aktivität durch Erzeugung von Gitterfehlstellen und Versetzungen sowie durch Fremdstoffeinlagerungen erhöhen [5]; z. B. bedarf die Desorption von H-Atomen (auf dem Umweg über die Rekombination auf der Oberfläche) eines Energieaufwandes von 10···15 kcal/mol [4]. Zur homogenen Spaltung von Wasserstoff sind 103 kcal/mol nötig.

1.4 Reaktion zwischen Schicht und Gasphase (Eley-Rideal-Mechanismus)

Die zweite Möglichkeit der Weiterreaktion nach der Chemisorption der Ausgangsmaterialien besteht in einem Zusammentreffen mit einem Molekül aus der Substratphase (Eley-Rideal-Mechanismus) [8]. Hier ist die Bindungsfestigkeit des getroffenen Teilchens von geringerer Bedeutung. Die Wasserstoffspaltung erfolgt hier mit einer Aktivierungsenergie von 10 kcal/mol über den Vierzentrenkomplex in Abb. E4b [7]. Für die Hydrierung von Äthylen wird sowohl die Möglichkeit eines Auftreffens von Wasserstoff auf adsorbiertes Äthylen als auch umgekehrt die eines Auftreffens von Äthylen auf adsorbierten Wasserstoff angenommen [9].

Welche der beiden beschriebenen Reaktionsweisen im Einzelfall zutrifft, ist in vielen Fällen ungeklärt. Oft treten beide Mechanismen bei ein und derselben Reaktion unter verschiedenen Bedingungen auf, manchmal sogar gleichzeitig.

1.5 Einfluß von Fremdstoffen an der Oberfläche

Bisher haben wir uns auf reine Nickeloberflächen beschränkt. Der aktivierende Einfluß geringer (wenige Prozente) Fremdstoffzusätze wurde bereits erwähnt. Darüber hinaus bewirkt ein links von Nickel im Periodensystem stehender Legierungspartner eine Erniedrigung, ein rechts stehender eine Erhöhung des Ferminiveaus [10]. Die Lücke im 3d-Band wird demnach entweder vergrößert oder verkleinert. Die Affinität zu den Reaktionskomponenten ändert sich in charakteristischer Weise. Interessant ist vor allem der Fall, wo bei bestimmtem Legierungsverhältnis die Lücke im 3d-Band verschwindet (z. B. System Cu–Ni [11]). Auf Grund der großen Stabilität vollbesetzter Orbitale ist dann die Ausbildung einer chemischen Bindung und damit desgleichen eine Katalyse unmöglich.

1.6 Absorption und „Vergiftung"

Nickel ist ebenso wie andere Metalle der VIII. Gruppe zur Absorption von Wasserstoff befähigt [12]. Dieses Eindringen des Gases in das Innere des Kristallgitters ist jedoch aktiviert und findet daher erst bei höheren Temperaturen statt [7]. Je geordneter und reiner die Oberfläche ist, desto niedriger liegt die Temperatur, bei der die Absorption einsetzt. Diese Temperatur schwankt zwischen 100 und 300 °C. Der absorbierte Wasserstoff sättigt von innen die Oberflächenatome ab, so daß eine normale Chemisorption und Katalyse verhindert werden. Eine Regenerierung dieser „Vergiftung" ist nur im Vakuum bei wesentlich höheren Temperaturen möglich. Gleichzeitig sei jedoch erwähnt, daß die Nickeloberfläche durch Behandlung bei hohen Temperaturen zunehmend dem Zustand höherer Ordnung zustrebt, was ebenfalls desaktivierend wirkt.

1.7 Kinetik katalytischer Reaktionen

Ein Wort zur Kinetik katalytischer Reaktionen: Zunächst beschränken wir uns darauf, daß nur Ausgangsstoffe auf der Oberfläche adsorbiert sind, die Endprodukte also kein Adsorptionsbestreben an Nickel (wie z. B. Wasser) besitzen. Im Falle des Langmuir-Hinshelwood-Mechanismus ist die Reaktionsgeschwindigkeit proportional den Bedeckungsgraden der Reaktionspartner (darstellbar durch Adsorptionsisothermen). Bei vollbesetzter Oberfläche ist sie von den Verhältnissen in der Substratphase unabhängig (nullte Reaktionsordnung). Bei sehr geringer Bedeckung wird der Ordnungsgrad nur durch die Anzahl der Reaktionspartner bestimmt. Im Falle des Eley-Rideal-Mechanismus ist die Reaktionsgeschwindigkeit zusätzlich der Konzentration des mit der Oberflächenchemisorptionsschicht reagierenden Partners proportional. Da jedoch unter diesen Umständen die Oberfläche meist voll bedeckt ist, herrscht fast immer erste Ordnung.

Sobald auch die Reaktionsprodukte merklich an der Adsorption teilnehmen und die Oberfläche teilweise vergiften (Produkthemmung), werden die Verhältnisse komplizierter. Die Reaktionsordnung besitzt verschiedene Werte, je nachdem, ob man sie aus der Zeit-Umsatz-Funktion bei konstanter Anfangskonzentration der Reaktionspartner oder aus der Anfangskonzentration-Umsatz-Funktion bei konstanter Reaktionsdauer bestimmt [7, 13].

2 Makrostruktur und katalytische Eigenschaften

Bisher wurden nur die katalytischen Eigenschaften behandelt, die sich aus der Mikrostruktur der Metalloberfläche herleiten. Der Einfluß der Makrostruktur sei kurz gestreift. Um der Katalysatormasse eine möglichst große Oberfläche zu geben, werden oft feindisperse Teilchen zu einer Pille oder Tablette zusammengepreßt, die dann von einer Vielzahl von Poren durchzogen sind. Eine andere Art der Präparierung ist die nach RANEY: Aus einer Ni-Al-Legierung wird nachträglich das Aluminium mit Salzsäure herausgelöst. Ja nach Herstellung oder Anordnung des Katalysators im Reaktionsraum können durch Diffusionserscheinungen Störungen im Reaktionsablauf entstehen, die nach außen hin das oben beschriebene kinetische Bild im Sinne einer Umsatzminderung verzerren [14]. Als solche Diffusionserscheinungen sind zu nennen:

1. Porendiffusion [15]. In die engen Poren gelangt das Substrat nur durch Diffusion, was Verarmungseffekte hervorruft.

2. Eine zu langsame Querdiffusion [16]. Ist der Zwischenraum zwischen den Katalysatorteilchen zu groß, so daß durch Diffusion (bei Strömungssystemen radial zur Strömungsrichtung) keine genügende Durchmischung stattfindet, so staut sich das Reaktionsprodukt an der Oberfläche und führt zur Reaktionshemmung.

3. Längsdiffusion [13, 17] (nur bei Strömungssystemen). Durch die Konzentrationsunterschiede längs der Strömungsrichtung entsteht eine gleichgerichtete Diffusionsbewegung, die ebenfalls reaktionshemmend wirkt.

Literatur zu Kapitel E

1. BOND, G. C.: Catalysis by Metals. London 1962.
2. TRAPNELL, B. M. W.: Chemisorption. London 1955.
3. BROEDER, J. J., L. L. VAN REIJEN, W. M. H. SACHTLER u. G. C. A. SCHUIT: Z. Elektrochem. 60 (1956) 838.

4. KAVTARADZE, N. N.: Z. phys. Chem. N. F., 28 (1961) 376.
5. UHARA, I., T. HIKINO, Y. NUMATA, H. HAMADA u. Y. KAGEYAMA: J. phys. Chem. 66 (1962) 1374.
6. MATSUDA, A.: J. Res. Inst. Catalys. Hokkaido Univ. 5 (1957) 71.
7. KOBER, H., u. H. NOLLER: Z. Elektrochem. 69 (1965) 703.
8. ELEY, D. D., u. E. K. RIDEAL: Proc. roy. Soc. London, Ser. A, 178 (1941) 429.
9. SCHWAB, G.-M., H. NOLLER u. J. BLOCK: Handbuch der Katalyse, Bd. 5. Hrsg. v. G.-M. SCHWAB. Berlin 1957, S. 246.
10. SCHWAB, G.-M.: Z. Elektrochem. 53 (1949) 274.
11. COLES, B. R.: J. Inst. Metals 84 (1956) 346.
12. GUNDRY, P. M., u. F. C. TOMKINS: Trans Faraday Soc. 52 (1956) 1609; 53 (1957) 218.
13. NOLLER, H., P. ANDREU u. G.-M. SCHWAB: Z. phys. Chem. 36 (1963) 179.
14. DAMKÖHLER, G.: Chem.-Ing. III/1 (1937) 414.
15. NOLLER, H., u. G.-M. SCHWAB: Z. phys. Chem. 37 (1963) 63.
16. FETTING, F.: Habilitationsschrift, TH Hannover 1962.
17. NOLLER, H., H. KOBER u. P. ANDREU: Z. Elektrochem. 68 (1964) 209.

F. Elektrochemisches Verhalten

Von

K. E. Volk

1 Das elektrochemische Potential von Nickel

1.1 Gleichgewichtsdiagramm Nickel–Wasser

Auf Grund chemisch-thermodynamischer Daten haben POURBAIX, DE ZOUBOV und DELTOMBE für das System Ni–H$_2$O ein Gleichgewichtsdiagramm in Abhängigkeit von den Potential- und pH-Werten auf-

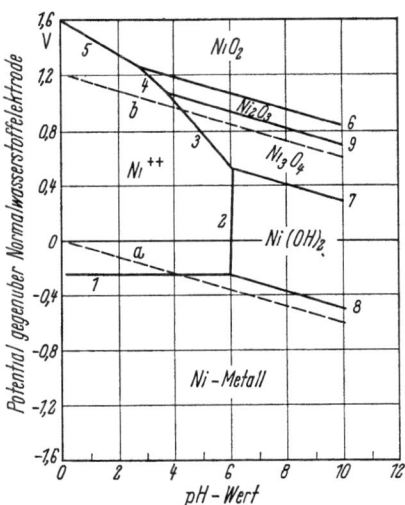

Abb. F 1. Potential-pH-Diagramm des Systems Ni–H$_2$O bei 25 °C in chloridhaltigen Lösungen [1].

gestellt (Abb. F 1) [1]. Die einzelnen Flächen des Diagramms entsprechen den Beständigkeitsbereichen der möglichen Phasen, die gemeinsame Grenzlinie zweier Flächen den jeweiligen Gleichgewichten. So ist bei einem Potential von −0,24 V[1] metallisches Nickel im Gleichgewicht

---

[1] Das Normalpotential von Ni/Ni^{2+} gegenüber der Normalwasserstoffelektrode wird mit −0,23 V angegeben [2].

mit einer 1n Lösung von Nickelionen (Kurve *1*). Diese Linie entspricht daher der Gleichgewichtsreaktion

$$Ni \rightleftarrows Ni^{++} + 2e^-.$$

Oberhalb dieser Linie bilden sich bis zum pH-Wert 6 Nickelionen, bei höheren pH-Werten entsteht Nickelhydroxid entsprechend der Reaktion

$$Ni + 2H_2O = Ni(OH)_2 + 2H^+ + 2e^-.$$

Kurve *3* ist die Gleichgewichtsgerade für die Reaktion

$$3Ni^{++} + 4H_2O \rightleftarrows Ni_3O_4 + 8H^+ + 2e^-,$$

während die Kurven *4* und *5* den folgenden Reaktionen entsprechen:

$$2Ni^{++} + 3H_2O \rightleftarrows Ni_2O_3 + 6H^+ + 2e^-$$

und

$$Ni^{++} + 2H_2O \rightleftarrows NiO_2 + 4H^+ + 2e^-.$$

Die Gleichgewichte zwischen den verschiedenen festen Phasen werden durch die Kurven *6, 7, 8* und *9* angegeben.

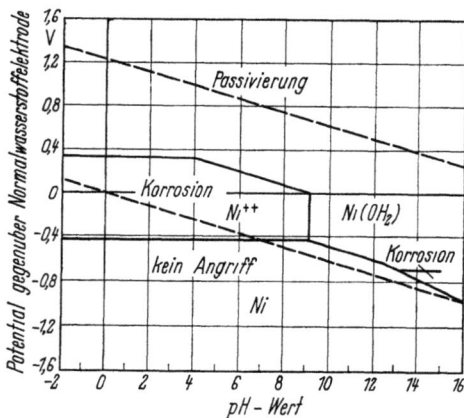

Abb. F 2. Vereinfachtes Potential-pH-Diagramm in chloridfreien Lösungen [1].

Eine Nickelelektrode in wäßriger Lösung von Nickelionen in 1n Konzentration wird so lange Nickelionen in die Lösung abgeben, wie ihr Potential und der pH-Wert in dem mit Ni^{++} bezeichneten Feld liegt. Dagegen werden Nickelionen auf ihr entladen und metallisches Nickel wird auf ihr niedergeschlagen, solange sie an irgendeiner Stelle des Feldes des metallischen Nickels liegt (unterhalb der Kurven *1* und *8*).

Die Gerade a in Abb. F 1 entspricht dem Potential der Wasserstoffelektrode von 1 atm H_2 in Abhängigkeit vom pH-Wert, während die Gerade b das Potential einer reversiblen Sauerstoffelektrode von 1 atm darstellt. Solange Nickel bei einem Potential unter der Geraden a oder über der Geraden b gehalten wird, kommt es zur Wasserzersetzung, und die Wirksamkeit (Stromausbeute) der Nickelabscheidung wird verringert durch die gleichzeitige Abscheidung von Wasserstoff unterhalb a, bzw. die Wirksamkeit der anodischen Auflösung von Nickel wird herabgesetzt durch Abscheidung von Sauerstoff oberhalb von b.

POURBAIX wies jedoch bereits darauf hin, daß dieses Gleichgewichtsdiagramm den experimentellen Erfahrungen nicht ganz gerecht wird, da es sich auf die Löslichkeit von Nickelhydroxid in chloridhaltigen Lösungen bezieht. Für chloridfreie Lösungen hat POURBAIX ein vereinfachtes Diagramm vorgeschlagen, das auf den experimentellen Ergebnissen aufgebaut ist und einen wesentlich ausgedehnteren passiven Bereich für Nickel angibt (Abb. F 2).

1.2 Passivität von Nickel

Bei Metallen, die passiv werden können, hat die Aufnahme der Stromdichte-Spannungs-Kurven nach der potentiostatischen Methode wesentlich zum Verständnis der Passivitätserscheinungen beigetragen. Beginnt man mit dem aktiven Bereich und bewegt sich in Richtung des edleren Potentials, so beobachtet man, daß die anodische Stromdichte ansteigt bis zu einem Wert (i_{P_1}), den man die kritische Stromdichte der Passivität nennt (vgl. Abb. F 3). Mit weiter zunehmendem Potential nimmt die Stromdichte wieder ab und erreicht ein Minimum (i_{P_2}): das Metall ist passiv. Eine weitere Änderung des Potentials hat dann auf die Stromdichte kaum noch Einfluß, die anodische Auflösungsgeschwindigkeit der Elektrode ist um Größenordnungen niedriger als im aktiven Bereich. Bei weiterer Änderung zu edleren Potentialwerten kommt man in dem transpassiven Bereich wieder zum Ansteigen der Stromdichte und damit zu einer höheren Auflösungsgeschwindigkeit der Elektrode. Am Ende des transpassiven Anstiegs ist bei P_4 (vgl. Abb. F 3) eine sekundäre Passivierung angedeutet. Bei Überschreiten von P_4 beginnt die Sauerstoffentwicklung.

Metalle, die nicht zu der Gruppe der Übergangsmetalle gehören, wie z. B. Kupfer, zeigen auf ihren Stromdichte-Potential-Kurven keinen passiven Bereich.

Nach OSTERWALD und UHLIG [3] entspricht das kritische Potential P_1 dem Flade-Potential [4]. Die Potentialwerte P_1, wie sie von diesen beiden Autoren an Stromdichte-Potential-Kurven in entlüfteten schwefelsauren Elektrolyten gefunden wurden, zeigen eine lineare Abhängigkeit vom pH-Wert der Lösung, und zwar folgen die Werte der Beziehung

$$(U_H)_{P_1} = +0{,}125 - 0{,}059 \cdot pH.$$

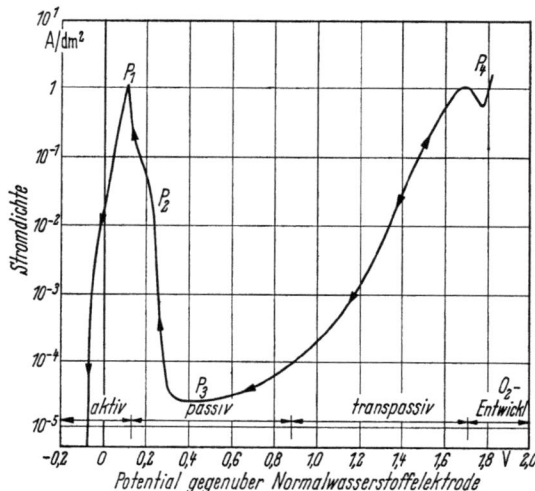

Abb. F 3. Polarisationskurve (potentiostatisch gemessen) von spektroskopisch reinem Nickel in entlüfteter 1n Schwefelsäure von 25 °C (die Pfeile an den Kurven geben die Meßrichtung an) [3].

Demgegenüber wurde von VETTER und ARNOLD folgende Beziehung gefunden [5]:

$$(U_H)_{P_1} = +0{,}355 - 0{,}059 \cdot pH.$$

Aus Abb. F 4 ist zu erkennen, daß die bisher vorliegenden experimentellen Bestimmungen der Werte für P_1 bzw. der Flade-Bezugsspannung wenig Übereinstimmung zeigen.

Über den Charakter der sich bei P_1 bildenden Passivschicht gibt es noch unterschiedliche Auffassungen. Während VETTER und ARNOLD annehmen, daß sich entsprechend der Reaktion

$$Ni + H_2O \to NiO + 2H^+ + 2e^-$$

NiO bildet [5], neigen OSTERWALD und UHLIG eher der Ansicht zu, daß es sich bei der Bildung der Passivschicht um einen adsorbierten monomolekularen Sauerstoff-Film handelt [3]:

$$Ni + 2H_2O \to O_2 \text{ (ads. auf Ni)} + 4H^+ + 4e^-.$$

Sie weisen jedoch darauf hin, daß die vorliegenden Untersuchungsergebnisse noch nicht ausreichen, um diese Frage endgültig zu klären.

Aus Stromdichte-Potential-Messungen an geschliffenen und ungeschliffenen Elektroden kommen KUNZE und SCHWABE [7] zu dem Schluß, daß die Bildung einer NiO-Phase für die Passivierung nicht verantwortlich ist, auch nicht die Bildung einer aus NiO + Ni_3O_4 bestehen-

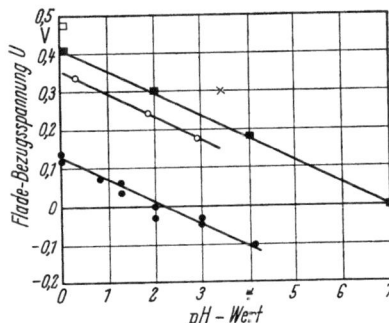

Abb. F 4. Abhängigkeit der Flade-Bezugsspannung des Nickels vom pH-Wert [6].
• OSTERWALD u. UHLIG; ○ ARNOLD u. VETTER; □ OKAMOTO, TAKAISHI u. SATO; ■ MARKOVIC; × KATZ.

den Oxidschicht, wie sie OKAMOTO und SATO annehmen [8, 9]. Vielmehr wird nach ihren Untersuchungen die primäre und sekundäre Passivierung durch Chemisorptionsvorgänge ausgelöst, jedoch wird für den stationären passiven Zustand angenommen, daß auf dem dichten Chemisorptionsfilm noch eine NiO-Phase aufwächst.

Von MARKOVIĆ und AHMEDBAŠIĆ [6] wurde das elektrochemische Verhalten des Nickels bei der Passivierung im pH-Bereich 0···14 auf Grund chemisch-thermodynamischer Daten und der Elektrodenreaktionen am System Nickel/wäßrige Lösung untersucht und der Auflösungsmechanismus und die Bildung der Passivschicht in halogenidfreien sauren Elektrolyten durch die Bruttoreaktion

$$Ni_3O_4 + H^+ \rightleftarrows Ni_2O_3 + Ni^{++} + OH^-$$

erklärt, deren Grund-Bezugsspannung $U_H = +0{,}38$ V ist.

Es wurde bereits von ARNOLD und VETTER und später von OSTERWALD und UHLIG darauf hingewiesen, daß unterschiedliche Reinheitsgrade des bei den Untersuchungen benutzten Nickels zu diesen Unterschieden im elektrochemischen Verhalten geführt haben. Neuere Untersuchungen von DI BARI und PETROCELLI haben diese Annahme bestätigt [10]. Sie fanden, daß geringe Mengen von Verunreinigungen das elektrochemische Verhalten von Nickel, insbesondere die Werte der primären Passivierungsstromdichte (i_{P_1}), wesentlich stärker beeinflussen als Unterschiede im Gefüge, und zwar ergibt sich hinsichtlich der Wirkung auf die Passivität folgende Reihenfolge der untersuchten Elemente S > Se > Te > P > C > Si. Die gleiche Reihenfolge dieser Elemente

1.3 Passivierung von Nickellegierungen

Wie bereits oben angedeutet, wird das elektrochemische Verhalten des Nickels durch Begleitelemente verändert. Im folgenden soll kurz auf das Verhalten von Nickel bei Zulegieren von Kupfer, Chrom, Molybdän, Silicium, Titan, Tantal und Zinn eingegangen werden.

1.31 Nickel-Kupfer-Legierungen

Legiert man Kupfer zu Nickel, so steigt die Stromdichte im passiven Bereich (i_{P_s}) erheblich an, die kritische Stromdichte (i_{P_1}) nimmt ebenfalls zu, wenn auch nicht im gleichen Maße, und P_1 verschiebt sich zu edleren Potentialen. Abb. F 5 zeigt die Polarisationskurven von reinem Nickel

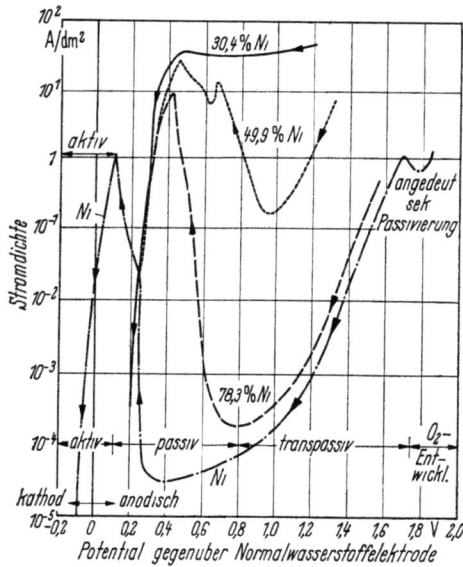

Abb. F 5. Anodische Polarisationskurven (potentiostatisch gemessen) von Nickel und drei Ni–Cu-Legierungen in 1n Schwefelsäure bei 25 °C (die Pfeile an den Kurven geben die Meßrichtung an) [3].

und von Cu–Ni-Legierungen mit 78,3, 49,9 und 30,4% Ni in 1n Schwefelsäure. Wie man erkennt, ist bei Legierungen mit 30% Ni der passive Bereich verschwunden; mit weiter abnehmenden Nickelgehalten ändern sich die Polarisationskurven praktisch nicht mehr, sie entsprechen bereits der von reinem Kupfer. Zur Verdeutlichung dieses Befundes sind in Abb. F 6 die Werte der kritischen Stromdichte (i_{P_1}) und die für den passiven Bereich (i_{P_3}) für eine Reihe von Ni–Cu-Legierungen eingetragen. Diese Ergebnisse stimmen mit Untersuchungen der Korro-

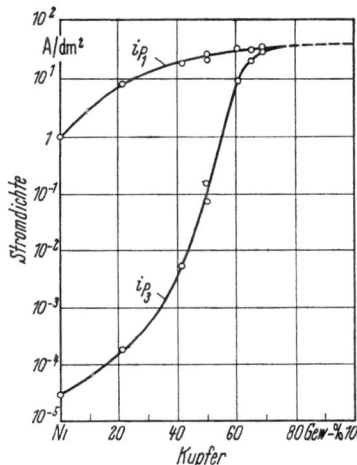

Abb. F 6. Kritische Stromdichte i_{P_1} und Stromdichte im passiven Bereich i_{P_3} für Cu–Ni-Legierungen in 1n Schwefelsäure bei 25°C [3].

sionsgeschwindigkeit an Ni–Cu-Legierungen in 3%iger Natriumchloridlösung bei 80°C von UHLIG überein [11], bei denen man ebenfalls ein Absinken der Korrosionswerte fand, sobald der Nickelgehalt 30% überschritt.

1.32 Nickel-Chrom-Legierungen

Erwartungsgemäß wird durch das Zulegieren von Chrom das elektrochemische Verhalten von Nickel sehr stark beeinflußt. Abb. F 7 zeigt die anodische Polarisation von Nickel in 10%iger Schwefelsäure im Vergleich zu Legierungen mit 20 und 35% Cr. Die Werte der Stromdichte im passiven Bereich (i_{P_3}) sowie die der kritischen Stromdichte (i_{P_1}) nehmen ab und werden zu niedrigeren Potentialen verschoben, wenn der Chromgehalt ansteigt. Wie man außerdem erkennt, dehnt sich der passive Bereich mit steigendem Chromgehalt weiter aus, jedoch ist der Anstieg der Stromdichte im transpassiven Bereich bei der chromhaltigen Legierung wesentlich steiler als beim Nickel.

Wie die Stromdichte-Potential-Kurven erkennen lassen, ist mit zunehmendem Chromgehalt mit einer Erhöhung des Korrosionswiderstandes in oxydierend wirkenden Lösungen zu rechnen (vgl. Kap. H).

1.33 Nickel-Molybdän-Legierungen

Abb. F 8 zeigt den Einfluß von Molybdän auf den Verlauf der Stromdichte-Potential-Kurve von Nickel. Wie man sieht, ist der Korrosionsstrom bei niedrigen Spannungen bis hin zur kritischen Stromdichte (i_{P_1}) des Nickels bei der molybdänhaltigen Nickellegierung NiMo 30

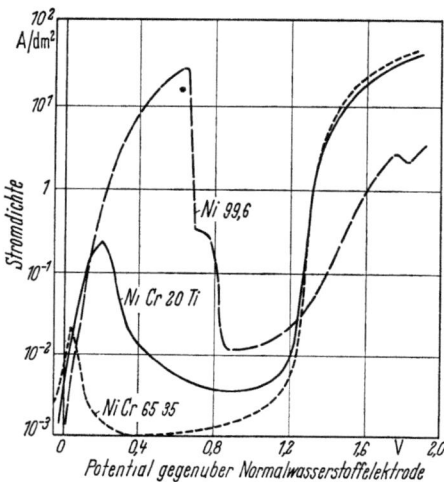

Abb. F 7. Anodische Polarisationskurven (potentiostatisch gemessen) von Nickel und Ni-Cr-Legierungen in 10%iger Schwefelsäure bei 20°C, ohne Rührung [12].

erheblich geringer, was den edleren Charakter dieses Legierungstyps unter reduzierenden Bedingungen erkennen läßt. Andererseits weisen die molybdänhaltigen Legierungen keinen passiven Bereich auf und sind daher unter oxydierenden Bedingungen dem Nickel unterlegen.

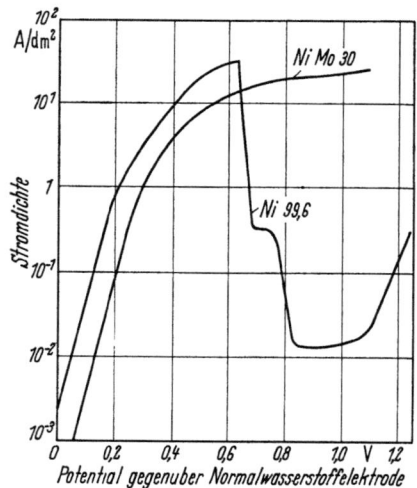

Abb. F 8. Anodische Polarisationskurven (potentiostatisch gemessen) von Nickel und der Ni-Mo-Legierung NiMo 30 in 10%iger Schwefelsäure bei 20°C, ohne Rührung [12].

1.34 Sonstige Nickellegierungen

Da die Ni–Cr-Legierungen in oxydierenden Lösungen und die Ni–Mo-Legierungen unter reduzierenden Bedingungen gute Korrosionsbeständigkeit aufweisen, war die Vermutung naheliegend, daß Nickellegierungen mit hohen Chrom- und Molybdängehalten besonders widerstandsfähig sind.

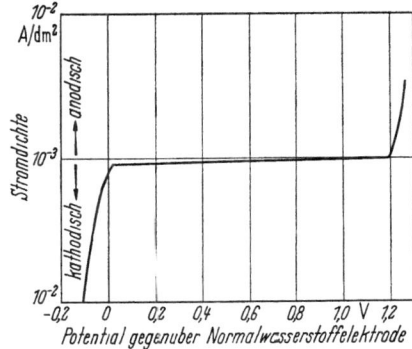

Abb. F 9. Polarisationskurve (potentiostatisch gemessen) einer Ni–Mo–Cr-Legierung (mit 17% Mo, 17% Cr, 5% Fe, 4% W), Rest Ni in 50%iger Schwefelsäure bei 20°C, ohne Rührung [12].

Wie die anodische Polarisationskurve einer Nickellegierung, mit 17% Cr und 17% Mo erkennen läßt (Abb. F 9), ist diese Legierung in 50%iger Schwefelsäure bei Raumtemperatur über einen weiten Spannungsbereich inaktiv. Allerdings verhält sie sich bei heißen und konzentrierten Säuren weniger günstig.

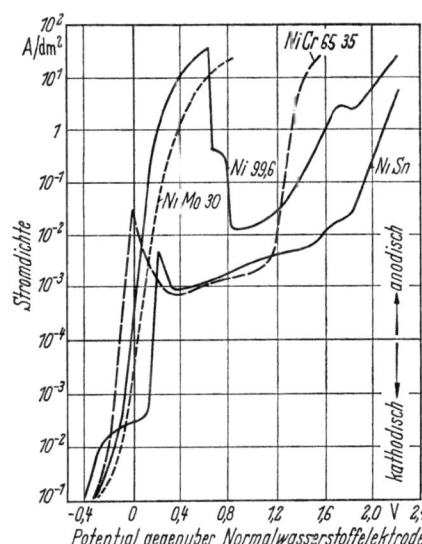

Abb. F 10. Polarisationskurve (potentiostatisch gemessen) von NiSn im Vergleich zu einer Ni–Cr-Legierung (mit 35% Cr), einer Ni–Mo-Legierung (mit 30% Mo) und reinem Nickel in 10%iger Schwefelsäure bei 20°C, ohne Rührung [12].

Von weiteren Legierungselementen, deren Einfluß auf das elektrochemische Verhalten von Nickel geprüft wurde, seien noch Silicium, Titan und Tantal erwähnt. Während durch Silicium die Korrosionsbeständigkeit von Nickel erhöht wird — dies beruht auf der Bildung eines Schutzfilms aus SiO_2 —, lassen Ni–Ti- und Ni–Ta-Legierungen keine Vorteile erkennen, da ihre Eigenschaften zwischen denen der reinen Metalle liegen.

In Abb. F 10 wird die Stromdichte-Potential-Kurve der intermetallischen Legierung NiSn mit denen von Nickel, NiMo 30 und NiCr 65 35 in 10%iger Schwefelsäure verglichen. Wie man sieht, ist NiSn in diesem Medium sogar edler als die Ni–Mo-Legierung. Im Vergleich zu der Ni–Cr-Legierung wird NiSn zwar erst bei einer höheren Spannung passiv, jedoch ist die kritische Stromdichte deutlich geringer. Auch reicht der passive Bereich von NiSn zu wesentlich höheren Spannungen als der der übrigen Vergleichswerkstoffe.

Da NiSn jedoch sehr spröde ist, konnte es bisher nur durch elektrolytische Abscheidung hergestellt werden.

2 Galvanische Abscheidung von Nickel

2.1 Der Abscheidungsvorgang an der Kathode

Die Abscheidung von metallischem Nickel an der Kathode entspricht dem Vorgang $Ni^{++} + 2e^- \rightarrow Ni$, während bei der Auflösung von Nickel an der Anode im Prinzip der umgekehrte Vorgang $Ni \rightarrow Ni^{++} + 2e^-$ abläuft.

Wie aus den anodischen und kathodischen Polarisationskurven eines Nickelelektrolyten (Abb. F 11) hervorgeht, verlaufen die Anoden- und Kathodenvorgänge mit erheblichen Überspannungen. Bei der Elektrolyse „normaler" Metalle, wie Zinn, Cadmium und Blei, sind die Unterschiede zwischen den Kurven für die anodische und die kathodische Polarisation erheblich geringer.

Für die Abscheidung eines Metalls an der Kathode (Elektrokristallisation) sind nach der Elektronentheorie zwei Vorgänge geschwindigkeitsbestimmend: 1. Durchtritt des Metallions durch die Helmholtzsche Doppelschicht, Neutralisation und Adsorption an der Kathodenoberfläche (ad-Atom) und 2. Wanderung des Ions über die Kristalloberfläche zu der Stelle, bei der es in die Gitterstruktur eingebaut wird. Der Mechanismus der kathodischen Abscheidung ist aus Abb. F 12 ersichtlich [14].

WESLEY nimmt an, daß bei Nickel der Vorgang 1 geschwindigkeitsbestimmend ist [13]. Er schließt aus der hohen Polarisation bei der Nickelelektrolyse — sie beträgt für die anodische und kathodische

Überspannung zusammen etwas 0,7···1,0 V —, daß die Aktivierungsenergie für die Abscheidung der Ionen besonders hoch sein muß. Wie schon erwähnt, umfaßt diese Energie den Durchtritt durch die Helmholtzsche Doppelschicht und die Neutralisation des Nickelions. Beim

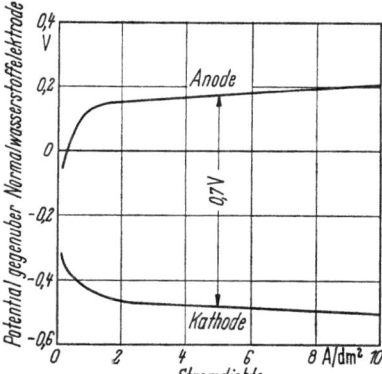

Abb. F 11. Kathodische und anodische Polarisation von Nickel im Wattsbad bei 55°C [13].

Nickel und seiner nur teilweise gefüllten 3d-Schale (vgl. Kap. B 1) ist der Übergang vom Ion zum Nickelmetall mit einem Wechsel der Elektronenkonfiguration verbunden. Im metallischen Nickel kommen nebeneinander Atome vor, die sich in ihrer Elektronenanordnung wie folgt unterscheiden:

a) [Ni] mit aufgefüllter 3d-Schale (10 Elektronen),
b) [Ni^0] mit 1 Leerstelle in der 3d-Schale (9 Elektronen) + 1 Elektron in der 4s-Schale,
c) [Ni^{00}] mit 2 Leerstellen in der 3d-Schale (8 Elektronen) + 2 Elektronen in der 4s-Schale.

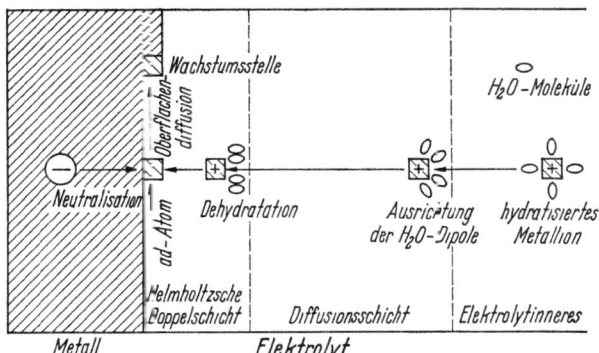

Abb. F 12. Schematische Darstellung des Mechanismus der kathodischen Metallabscheidung (nach GERISCHER aus [14]).

Hierbei überwiegt die Form [Ni], während die leicht ionisierbare Form [Ni^{00}] nur einen kleinen Anteil ausmacht.

Von LYONS wurde bereits darauf hingewiesen, daß eine erhebliche strukturelle Umordnung der Elektronen vom hydratisierten Komplex (Ni^{00} · H$_2$O)$^{++}$ bis zur metallischen Nickelform [Ni] erforderlich ist und daß diese Umstrukturierung der Grund für die starke Polarisation sowohl bei der Abscheidung als auch bei der Auflösung des Nickels ist [15].

Auch UHLIG äußerte die Ansicht, daß die Passivitätserscheinungen der Übergangsmetalle mit den Leerstellen der d-Schalen zusammenhängt und daß daher der Übergang des Ions zur metallischen Phase bei den Übergangsmetallen langsamer verläuft als bei den „normalen" Metallen, die vollbesetzte d-Schalen haben, wie z. B. Zink [16].

2.2 Nickelanoden

Nickelanoden haben die Aufgabe, so viel Metall in Form von zweiwertigen Nickelionen an den Elektrolyten abzugeben, wie an der Kathode abgeschieden wird. Zur Erfüllung dieser Funktion ist es notwendig, daß sich die Anoden, ohne passiv zu werden, gleichmäßig und ohne wesentliche Schlammbildung auflösen.

Während für die gute Korrosionsbeständigkeit des Nickels seine Neigung zum Passivieren von Vorteil ist, behindert sie andererseits die glatte Auflösung der Nickelanoden. Daraus folgt, daß man bei der Verwendung von Anoden alle Faktoren berücksichtigen soll, die zu einer Verminderung der Passivität bzw. der Überspannung führen und bei niedrigen Anodenpotentialen eine gute Auflösung geben.

Die Löslichkeit einer Nickelanode hängt hauptsächlich von folgenden Faktoren ab: ihrer chemischen Zusammensetzung (vor allem dem Gehalt an entpassivierenden Begleitelementen), ihrer Gefügestruktur, der Zusammensetzung des Elektrolyten und der zur Anwendung kommenden anodischen Stromdichte.

Wie schon in Kap. F 1.2 erwähnt, läßt sich beim Nickel durch gewisse Begleitelemente die Passivität vermindern [10]. Sie müssen elektronegativ, also in der Lage sein, Elektronen aufzunehmen, um die Umwandlung der Elektronenstruktur des in Lösung gehenden Nickelatoms zu beschleunigen.

2.21 Chemische Zusammensetzung

In der BRD sind die Reinheitsforderungen für vier verschiedene Anodentypen in DIN 1702 zusammengefaßt (Tab. F 1). Wie man sieht, werden zwei Typen mit Zusätzen in der Norm genannt, und zwar die sog. depolarisierte Anode mit NiO und die carbonisierte Anode mit Kohlenstoff und Silicium. An sich ist es etwas irreführend, daß die Norm-

Tabelle F 1. *Reinheitsforderungen für Nickelanoden nach DIN 1702.*

Benennung	Kurzzeichen	Werkstoff-nummer	Zusammensetzung in Gew.-%	
			Legierungs-bestandteile[a]	zulässige Beimengungen
Reinanode	Ni 99,7	2,4036	Ni mind. 99,7	C 0,10 Cu 0,06 Fe 0,10 Mn 0,05 Pb 0,01 Si 0,08 Zn 0,01
depolarisierte Anode	Ni 99,4 NiO	2,4038	Ni mind. 99,4 NiO 0,25 ⋯ 1,0	C 0,01 Cu 0,1 Fe 0,15 Mn 0,05 Pb 0,01 Si 0,08 Zn 0,01
carbonisierte Anode	Ni 99 CSi	2,4042	Ni mind. 99,0 C 0,25 ⋯ 0,35 Si 0,25 ⋯ 0,35	Cu 0,1 Fe 0,2 Mn 0,1 Pb 0,01 Zn 0,01
Normalanode	Ni 99,0	2,4040	Ni mind. 99,0	C 0,20 Cu 0,20 Fe 0,20 Mn 0,2 Pb 0,05 Si 0,10 Zn 0,02

[a] Der Nickelgehalt schließt bis 1,0 Gew.-% Co ein.

bezeichnung ,,depolarisierte Anode" nur auf die Anode mit NiO angewendet wird, da es sich sowohl bei der ,,carbonisierten Anode" als auch bei einem weiteren Typ einer schwefelhaltigen Anode, die in der Norm noch nicht aufgeführt ist, um depolarisierte Anoden handelt.

Der Einbau von Begleitelementen in die Nickelanoden zur Löslichkeitserhöhung darf nur in so geringen Mengen erfolgen, daß ein Mindestgehalt von 99% Ni nicht unterschritten wird. Die Begleitelemente müssen sich mit dem Nickel im Elektrolyten lösen, dürfen jedoch nicht durch Anreicherung in der Lösung und Abscheidung an der Kathode die Niederschlagseigenschaften negativ beeinflussen bzw. zur Schlammbildung führen.

Daß sich durch kleine Mengen Nickeloxid die Passivierung von Nickel beseitigen läßt, wurde von HOGABOOM berichtet [17]. Nickeloxid soll gleichmäßig im Nickel verteilt sein; es bildet mit dem metallischen Nickel Lokalelemente und fördert auf diese Weise die Anodenkorrosion.

Wie von WESLEY vermutet wurde, sollen besonders die mehrwertigen Elemente, wie Eisen, Mangan, Kupfer, Cer, Chrom, Arsen, Antimon,

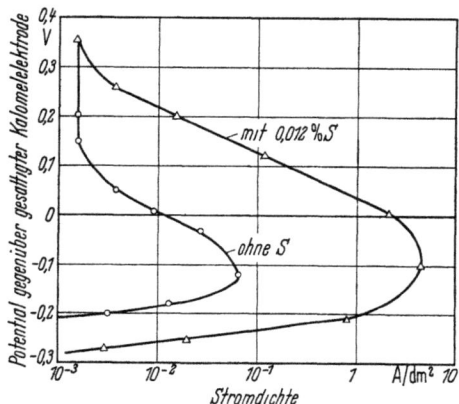

Abb. F 13. Anodische Polarisation von Elektrolytnickel mit und ohne Schwefel in einer 1 m Nickelsulfatlösung, pH 2,0; 25°C [10].

Zinn, Schwefel, Phosphor, Selen, Tellur, Wismut, Kohlenstoff, Silicium und Sauerstoff, die Umwandlung der Elektronenstruktur beschleunigen [13].

In der Praxis wurden bisher nur Kohlenstoff, Silicium, Sauerstoff, Eisen und Schwefel verwendet. Hiervon erwies sich Schwefel als besonders wirkungsvoll, wobei ein Anteil von 0,01 Gew.-% genügt, sofern er ausreichend fein im Gefüge verteilt ist. Im übrigen muß Schwefel in Form des Sulfids vorliegen, um voll wirksam zu sein. Wie Abb. F 13 zeigt, wird durch einen derartigen Schwefelzusatz die kritische Stromdichte (i_{P_1}) um ein Vielfaches erhöht.

2.22 Einfluß des Gefüges

Von DI BARI und PETROCELLI wurde neben dem Einfluß verschiedener Begleitelemente auch der des Gefüges auf das elektrochemische Verhalten von Nickel untersucht [10]. Dabei stellte man fest, daß selbst große Unterschiede in der Korngröße das elektrochemische Verhalten nur wenig beeinflussen.

Der Effekt einer Kaltverformung auf das anodische Lösungsvermögen wird von den verschiedenen Forschern nicht einheitlich beurteilt. MADSEN berichtet, daß sich kalt- und warmgewalzte Anoden unterschiedlich lösen und daß durch Ausglühen das Auflösungsvermögen erheblich verbessert wird [18]. Demgegenüber findet FRANKENSCHWERT, daß ein nachträgliches Hämmern der Guß- und Walzanoden zu besseren Lösungseigenschaften führt [19]. Auch HOAR beobachtet eine deutliche Erhöhung des Auflösungsvermögens beim Übergang von geglühtem zum

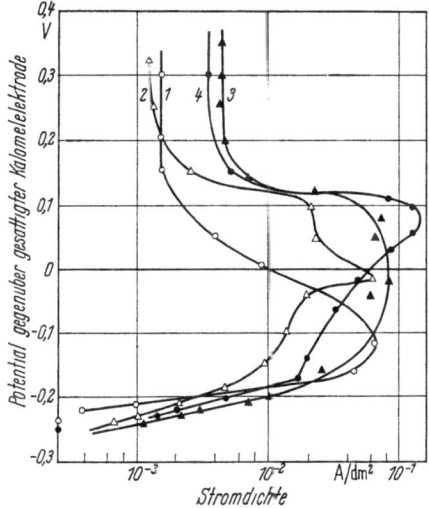

Abb. F 14. Einfluß von Kaltverformung und Wärmebehandlung auf die anodische Polarisation von handelsüblichem Elektrolytnickel in einer 1 m Nickelsulfatlösung, pH 2,0; 25 °C [10].

Kurve 1: Ausgangszustand;
Kurve 2: 50% kaltverformt;
Kurve 3: 50% kaltverformt und bei 425 °C geglüht;
Kurve 4: 50% kaltverformt und bei 175 °C angelassen.

kaltverformten Material [20]. Abb. F 14 zeigt den Einfluß auf das Polarisationsverhalten von handelsüblichem Elektrolytnickel im Ausgangszustand, nach einer 50%igen Kaltverformung sowie nach anschließendem Spannungsarmglühen bei 175 °C bzw. Anlassen bei 425 °C. Durch die Kaltverformung wird gegenüber dem Ausgangszustand der aktive Bereich ausgeweitet und zu höheren Potentialen verschoben. Sowohl nach dem Spannungsarmglühen als auch nach der Anlaßbehandlung ergeben sich noch höhere Stromdichten (i_{P_1} und i_{P_2}).

2.23 Elektrolyt und Stromdichte

Eine weitere Möglichkeit zur Erhöhung der Anodenlöslichkeit bietet der Zusatz von Chloriden zur Badlösung. Schon 1901 fanden PFANHAUSER [21] und BANCROFT [22], daß Chlorionen außerordentlich löslichkeitssteigernd wirken.

Abb. F 15 zeigt einige typische Polarisationskurven von handelsüblichem reinen bzw. aktiven Nickel im Wattsbad bei 55 °C mit steigenden Chloridgehalten. Es fällt auf, daß die Kurven für reines Nickel in einem 0,25···0,8n chloridhaltigen Elektrolyten mit einem Potential von über +0,4 V wesentlich über der Polarisationskurve für aktives Nickel liegen. Erst in einem 3n Chloridelektrolyten ergibt sich bei reinem

Tabelle F 2. *Zusammensetzung und Betriebsbedingungen verschiedener Badtypen.*

Badtyp	Zusammensetzung g/l		Betriebsbedingungen	Quelle
Watts	Nickelsulfat ($NiSO_4 \cdot 7 H_2O$) Nickelchlorid ($NiCl_2 \cdot 6 H_2O$) Borsäure (H_3BO_3)	300 37,5 20	pH 5,6···5,8 Temperatur 35°C Stromdichte 2···4 A/dm²	WATTS [24]
Chloridbad (sulfatfrei)	Nickelchlorid ($NiCl_2 \cdot 6 H_2O$) Borsäure (H_3BO_3)	300 30	pH 2,0 Temperatur 60°C Stromdichte 3···10 A/dm²	OLLARD u. SMITH [25]
Sulfatbad (chloridfrei)	Nickelsulfat ($NiSO_4 \cdot 7 H_2O$) Natriumsulfat (Na_2SO_4) Borsäure (H_3BO_3)	240 20 30	pH 2,5 Temperatur 35°C Stromdichte 2···3 A/dm²	HOTHERSALL u. GARDAM [26]
Nickel-Kobalt-Glanzbad	Nickelsulfat ($NiSO_4 \cdot 7 H_2O$) Nickelchlorid ($NiCl_2 \cdot 6 H_2O$) Kobaltsulfat ($CoSO_4 \cdot 7 H_2O$) Borsäure (H_3BO_3) Nickelformiat ($Ni(HCO_2)_2$) Ammoniumsulfat (($NH_4)_2SO_4$) Formaldehyd (CH_2O)	240 30 2,6 30 45 0,75 2,5	pH 3,7···4,2 Temperatur 65°C Stromdichte 5 A/dm²	BRENNER, ZENTNER u. JENNINGS [27]
organisches Glanzbad	Nickelsulfat ($NiSO_4 \cdot 7 H_2O$) Nickelchlorid ($NiSO_4 \cdot 6 H_2O$) Borsäure (H_3BO_3) organische Zusätze	210 60 30 0,005···0,01	pH 3,5 Temperatur 55°C Stromdichte 5 A/dm²	BRENNER, ZENTNER u. JENNINGS [27]
Sulfamat	Nickelsulfamat ($Ni(NH_2SO_3)_2$) Borsäure (H_3BO_3) Netzmittel	450 30 0,4	pH 3,0···5,0 Temperatur 40···60°C Stromdichte max. 30 A/dm²	BARRETT [28]

Tabelle F 2. (Fortsetzung)

Badtyp	Zusammensetzung g/l	Betriebsbedingungen	Quelle
Zinn-Nickel	Nickelchlorid ($NiCl_2 \cdot 6H_2O$) 250 Zinn(II)-chlorid ($SnCl_2 \cdot 2H_2O$) 50 Ammoniumhydrogenfluorid (NH_4HF_2) 40 Ammoniak (NH_4OH) Dichte 0,88 g/l 35 ml/l	pH 2,5 Temperatur 65···70 °C Stromdichte 2···3 A/dm^2	TIN RESEARCH INST. [29]

Nickel der gleiche Polarisationsverlauf wie bei aktivem Nickel. Trotzdem bleibt die Stromausbeute bei reinem Nickel in allen Fällen 100%, ausgenommen im chloridfreien Elektrolyten. Entsprechend der gestrichelten Kurve steigt hier das Anodenpotential auf 1,5 V. Unter Sauerstoffentwicklung sinkt die Stromausbeute auf sehr niedrige Werte ab.

Von WESLEY wird angenommen, daß bei Anwesenheit von Chlorionen die Umwandlung der $[Ni^0]$-Form zu einem hydratisierten Komplex

$$[Ni^0]\genfrac{}{}{0pt}{}{\diagup Cl^-}{\diagdown H_2O} + (y-1)\,H_2O \rightarrow (Ni^{00} \cdot y\,H_2O \cdot Cl^-)^+ + 2e^-$$

beschleunigt vor sich geht [13].

Tab. F 2 [23] gibt einen Überblick über die Zusammensetzung, die Stromdichte- und pH-Bereiche sowie die Betriebstemperatur einiger typischer Nickelbäder.

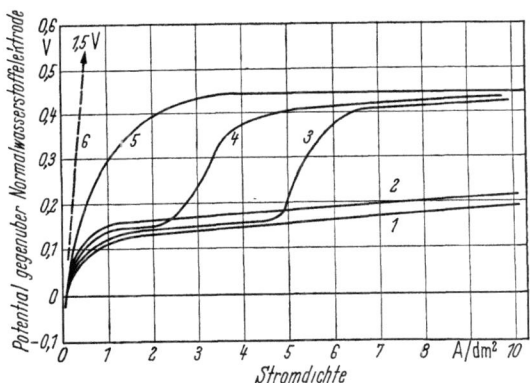

Abb. F 15. Anodische Polarisationskurven von reinem Nickel und aktivem Nickel im Wattsbad bei 55 °C, pH 2 [13].

Kurve 1: aktives Nickel, Chlorionenkonzentration 0,5 n;
Kurve 2: Reinnickel, Chlorionenkonzentration 3 n;
Kurve 3: Reinnickel, Chlorionenkonzentration 0,8 n;
Kurve 4: Reinnickel, Chlorionenkonzentration 0,5 n;
Kurve 5: Reinnickel, Chlorionenkonzentration 0,25 n;
Kurve 6: Reinnickel, chloridfrei.

Will man in der Praxis mit noch größeren Strömen arbeiten, so kann man anstelle der glatten Platten- oder Stabanoden stückiges bzw. kugelförmiges Anodennickel in Kunststoff- oder Titankörben einsetzen, weil man hierdurch eine wesentlich größere Anodenfläche erhält, die im Gegensatz zu den glatten Anoden in ihrer Fläche praktisch konstant bleibt, solange die Körbe regelmäßig nachgefüllt werden [30, 31].

2.3 Nickelüberzüge

Da Matt- und Glanznickelüberzüge in der Technik eine außerordentliche Verbreitung gefunden haben, ist das vorliegende Forschungs- und Berichtsmaterial sehr umfangreich, so daß für eine erschöpfende Information auf das einschlägige Schrifttum verwiesen wird (z. B. [32]). Hier soll, dem Thema entsprechend, in erster Linie das elektrochemische Verhalten der Überzüge betrachtet werden, mit einigen Hinweisen auf typische Unterschiede zwischen metallurgisch und galvanisch hergestellten Nickelschichten.

Auf Grund seiner guten physikalischen, mechanischen und chemischen Eigenschaften sowie seines silbrigen Aussehens und seiner relativ einfachen galvanischen Abscheidung gehört Nickel zu einem der meistverwendeten Überzugsmetalle.

Das Hauptanwendungsgebiet liegt beim Korrosionsschutz mit dekorativer Wirkung vor allem für Autobeschlagteile und Geräte für den Haushalt einschließlich sanitärer Armaturen. In zweiter Linie wird Nickel überall dort eingesetzt, wo Oberflächen gegen Korrosion oder mechanischen Verschleiß und Abrieb geschützt werden sollen. Schließlich findet es in den letzten Jahren steigende Bedeutung bei der Galvanoformung.

Da Mattnickelüberzüge zur Erzielung des für dekorative Zwecke erforderlichen Glanzes anschließend noch von Hand poliert werden mußten, werden hierfür heute nur noch Glanznickelüberzüge verwendet.

2.31 *Glanznickel*

SCHLÖTTER gelang es vor etwa 30 Jahren als Erstem, durch Zusatz organischer Stoffe aus einem einfachen Nickelelektrolyten glänzende Überzüge abzuscheiden [33]. Diese Glanzzusätze bzw. Glanzbildner wirken dadurch, daß sie oder ihre Reduktionsprodukte von der Kathodenoberfläche adsorbiert werden, und zwar vorwiegend an Rauhigkeitsspitzen, wodurch dort die Kristallisation der Metallionen gehemmt wird; sie werden daher auch Inhibitoren genannt [34, 35].

Die Wirkung organischer Elektrolytzusätze auf die Nickelabscheidung ist immer wieder Gegenstand von Untersuchungen gewesen [36—38].

Man hat dabei festgestellt, daß auch anorganische Substanzen, wie Cadmium-, Blei- und Kobaltzusätze, eine Glanzwirkung ausüben, doch ist deren Mechanismus noch nicht geklärt [38].

In der Praxis werden bei der Glanzvernicklung nur organische Glanzzusätze verwendet, die verschiedenen schwefelhaltigen Verbindungstypen angehören. Bei der kathodischen Reduktion dieser Zusätze wird

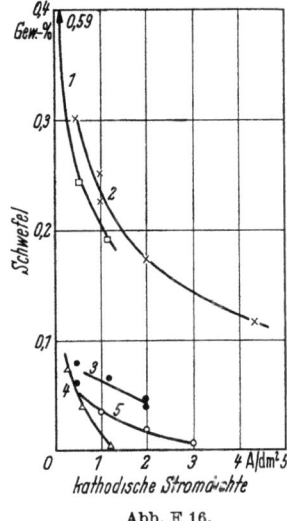

Abb. F 16.

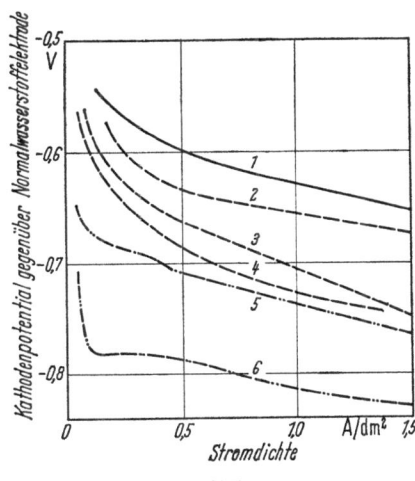

Abb. F 17.

Abb. F 16. Schwefelgehalt von Nickelniederschlägen aus Elektrolyten mit Zusätzen aromatischer Sulfonsäuren [39].

Kurve *1*: 0,015 g/l 2-Naphthylamin-5-sulfonsaures Natrium;
Kurve *2*: 1 g/l β-Naphthalinsulfonsaures Kalium;
Kurve *3*: 10 g/l phenolsulfonsaures Natrium;
Kurve *4*: 0,025 g/l 2-Naphthylamin-7-sulfonsaures Natrium;
Kurve *5*: 0,015 g/l 2-Naphthylamin-6-sulfonsaures Natrium.

Abb. F 17. Einfluß aromatischer und heterozyklischer Sulfonsäuren auf den Verlauf der Kathodenpotential-Stromdichte-Kurven in Nickelelektrolyten [36].

Kurve *1*: Zusatzfreier Nickelelektrolyt;
Kurve *2*: 0,1 g/l Dibutylnaphthalin-sulfonsäure + 0,1 g/l Nickelionen;
Kurve *3*: 2 g/l 2-Naphthylamin-5-sulfonsäure, unbewegter Elektrolyt;
Kurve *4*: 2 g/l 2-Naphthylamin-5-sulfonsäure, bewegter Elektrolyt;
Kurve *5*: 2 g/l Chinolin-8-sulfonsäure, unbewegter Elektrolyt;
Kurve *6*: 2 g/l Chinolin-8-sulfonsäure, bewegter Elektrolyt.

der Schwefel als Nickelsulfid in die Glanznickelüberzüge eingebaut. Wie man aus Abb. F 16 sieht, nimmt der Schwefelgehalt in den Nickelniederschlägen mit steigender Stromdichte ab [39]. Infolge der Kristallisationshemmung, bedingt durch die Adsorption der Glanzzusätze bzw. ihrer Zersetzungsprodukte auf der Kathodenoberfläche, verläuft die Abscheidung der Glanznickelüberzüge mit höherer Polarisation als die matter Überzüge, wie das aus den Kathodenpotential-Stromdichte-Kurven in Abb. F 17 zu ersehen ist [36].

Da die Glanznickelüberzüge Schwefel meist in Form von Sulfid enthalten, unterscheiden sie sich in ihrem Korrosionsverhalten deutlich von den schwefelfreien Mattnickelüberzügen, da durch Anwesenheit von

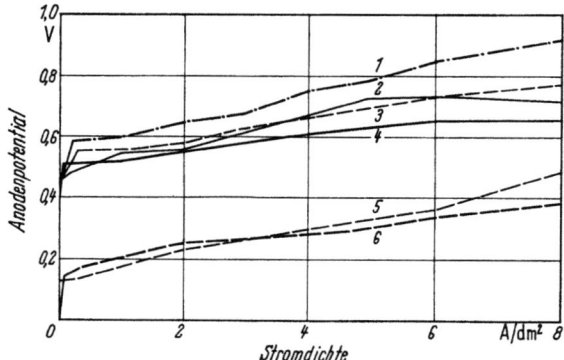

Abb. F 18. Anodenpotential-Stromdichte-Kurven von Matt- und Glanznickelniederschlägen, gemessen in neutraler 2%iger Natriumchloridlösung bei 20°C [40].

Kurve 1: Mattnickel aus Wattsbad, pH 3,5; 20°C; 5 A/dm²;
Kurve 2: Mattnickel aus Wattsbad, pH 3,5; 50°C; 2 A/dm²;
Kurve 3: Mattnickel aus Chloridbad, pH 3,5; 50°C; 2 A/dm²;
Kurve 4: Mattnickel aus Chloridbad, pH 3,5; 20°C; 0,5 A/dm²;
Kurve 5: Glanznickel aus Glanzbad, pH 3,5; 20°C; 1 A/dm²;
Kurve 6: Glanznickel aus Glanzbad, pH 3,5; 50°C; 2 A/dm².

Sulfid die Passivität herabgesetzt wird (vgl. Kap. F 2.21 und Abb. F 13). Die Anodenpotential-Stromdichte-Kurven von Mattnickelüberzügen im Vergleich zu Glanznickelüberzügen in Abb. F 18 [40] zeigen, daß das Anodenpotential des Glanznickels bis zu hohen Stromdichten wesentlich unedler ist und daß Glanznickel demnach leichter korrodiert als Mattnickel.

2.32 Doppelnickel

Eine Möglichkeit, trotz Anwendung der Glanzvernicklung den Korrosionsschutz nicht zu verschlechtern, bietet die Doppelvernicklung, die ursprünglich aus wirtschaftlichen Überlegungen entwickelt worden war. Hierbei bringt man zuerst einen halbglänzenden duktilen Nickelüberzug mit sehr guter Einebnung auf und danach in kontinuierlicher Arbeitsweise eine Hochglanznickelschicht. Auf diese Weise lassen sich das Zwischenpolieren und auch ein Teil der Vorbereitungsarbeiten des Grundwerkstoffs einsparen. Wie nun Korrosionsversuche zeigten, ergab sich als weiterer Vorteil dieses Verfahrens, daß die Doppelnickelschicht im Vergleich zu einer Glanznickelschicht gleicher Dicke eine erhöhte

Korrosionsbeständigkeit hatte. RAUB und DISAM konnten durch Untersuchungen von Einzel- und Kontaktkorrosion verschiedener Nickelsorten nachweisen, daß durch die sich anodisch auflösende Hochglanznickelschicht das darunterliegende Mattnickel kathodisch geschützt wird [40]. HEILING untersuchte das Korrosionsverhalten von Kupfer-Nickel-Chrom-Schichten unter Einschluß von Doppelnickel und beobachtete, daß bei normaler Glanzverchromung Doppelnickel den gleichen Korrosionsschutz bietet wie polierte Mattnickelschichten gleicher Dicke, während reines Glanznickel merklich schlechter war [41]. Auch BIGGE konnte durch vergleichende Korrosionsversuche im praktischen Fahrbetrieb und durch verschiedene Kurzzeitprüfverfahren zeigen, daß Doppelnickel dem Glanznickel deutlich überlegen ist[1] [42].

Anhand von metallografischen Untersuchungen wurde nachgewiesen, daß die Corrodkote-Prüfung [43] den im Betrieb entstehenden Korrosionsangriff am besten wiedergibt, während die Prüfung in Schwefeldioxid-Atmosphäre stark davon abweicht [44, 45].

Eine Weiterentwicklung des Doppelnickels stellen die Dreifach-Nickelüberzüge dar [46]. Bei diesen wird zwischen die schwefelfreie halbmatte Grundnickelschicht und die oberste Glanznickelschicht noch eine etwa $0,75 \cdots 1,0$ μm dicke Nickelschicht mit einem Schwefelgehalt von $0,15 \cdots 0,20\%$ aufgebracht. Infolge des höheren Schwefelgehaltes ist diese Zwischenschicht noch stärker anodisch als die darüberliegende Glanznickelschicht und wird demgemäß unter ihr bis zu einem gewissen Ausmaß herauskorrodiert; dabei verhindert diese Zwischenschicht das seitliche Ausweiten der Oberflächengrübchen in der Oberschicht.

Eine Verbesserung der Korrosionsbeständigkeit von Doppelnickel, aber auch von Glanznickel und halbmatten Nickelschichten erreicht man durch Aufbringen einer Nickelschicht mit eingebauten nichtmetallischen Partikeln (von der Udylite-Process Co. als Nickel-Seal bezeichnet). Das geschieht dadurch, daß man dem Nickelbad unlösliche Oxide, Sulfate, Oxalate, Carbide usw. in Pulverform zusetzt, wobei die Partikelgröße unter 5 μm liegen soll [47]. Die mikroskopisch feinen nichtmetallischen Einschlüsse in der obersten Nickelschicht führen zu einer entsprechend feinen Porosität in der anschließenden Chromdeckschicht (mikroporöses Chrom).

2.33 *Wasserstoff in Nickelüberzügen*

Bei der Abscheidung von Nickel findet gleichzeitig mit der Entladung der Ionen im gesamten Stromdichtebereich eine Abscheidung von Wasserstoff statt. Obwohl der größte Teil als molekularer gasförmiger

---

[1] Allerdings geben verschiedene Kurzzeitprüfverfahren unterschiedliche Bewertungen des Korrosionsschutzes.

Wasserstoff in die Luft entweicht, wird doch ein Teil molekular oder atomar auf Zwischengitterplätze eingebaut. Eine Übersättigung mit Wasserstoff bei der Elektrokristallisation von Nickel findet vor allem dann statt, wenn das Metallgitter durch Einbau von Fremdstoffen stark gestört ist [32].

Nach Untersuchungen von BRENNER, ZENTNER und JENNINGS hängt der Wasserstoffgehalt eines Nickelüberzuges von der Zusammensetzung

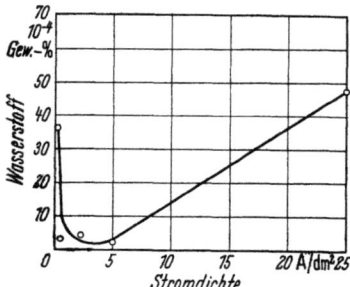

Abb. F 19. Einfluß der Stromdichte auf den Wasserstoffgehalt einer aus einem Wattselektrolyten (pH 3,0) bei 55 °C abgeschiedenen Nickelschicht [27].

und der Temperatur des Elektrolyten sowie der Stromdichte ab [27]. Während im Wattsbad im normalen Arbeitsbereich die Wasserstoffaufnahme nur gering ist (Abb. F 19), beobachtet man bei einigen anderen Nickelelektrolyten im unteren Temperaturbereich stärkere Wasserstoffbeladungen der abgeschiedenen Nickelschichten (Abb. F 20).

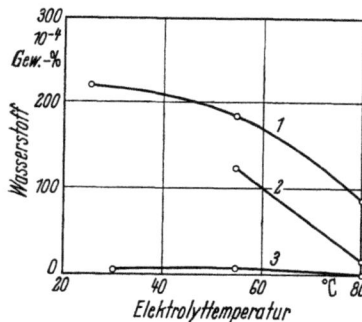

Abb. F 20. Einfluß der Elektrolyttemperatur auf den Wasserstoffgehalt einer bei 5 A/dm² abgeschiedenen Nickelschicht [27].

Kurve 1: Ammoniumsalzhaltiger Elektrolyt (pH 8,5);
Kurve 2: reiner Nickelchloridelektrolyt (pH 5);
Kurve 3: Wattsbad (pH 1,5 ... 5,0).

Es ist jedoch verhältnismäßig einfach, durch eine entsprechende Wärmebehandlung den gesamten Wasserstoff aus den Nickelüberzügen zu entfernen. Die von verschiedenen Autoren angegebenen Behandlungstemperaturen schwanken zwischen 140 und 290 °C und die Behandlungszeiten zwischen 0,5 und 3 h [49—51].

2.34 Mechanische Eigenschaften der Nickelüberzüge

Die mechanischen Eigenschaften von Überzügen, die sich in verschiedenen Nickelbädern (Badbedingungen vgl. Tab. F 2) erzielen lassen, sind aus Tab. F 3 zu ersehen. Es handelt sich hierbei um Durchschnittswerte aus einer großen Zahl von Versuchsergebnissen. Es fällt auf, daß

Tabelle F 3. *Die mechanischen Eigenschaften der Nickelüberzüge aus verschiedenen Bädern.*

Badtyp	Überzug	Aussehen des Überzugs	Zugfestigkeit kp/mm^2	Vickershärte kp/mm^2	Dehnung %	Innere Zugspannungen kp/mm^2
Watts	Ni	matt	40	150	28	15
Chloridbad (sulfatfrei)	Ni	matt	70	240	10	28
Sulfatbad (chloridfrei)	Ni	matt	49	200	15···25	12
Nickel-Kobalt-Glanzbad	Ni 2% Co	glänzend	140	510	4	10
organisches Glanzbad	Ni	glänzend	119	550	2	8···25
Sulfamat	Ni	matt	70	300	30	0,4
Zinn-Nickel	65% Sn 35% Ni	halbglänzend		600	spröde	verschieden

die Werte für Härte und Festigkeit dieser elektrokristallisierten Überzüge wesentlich über den Werten von metallurgisch hergestelltem und rekristallisiertem Nickel liegen; besonders auffällig ist dieser Befund beim organischen Glanzbad und dem Nickel-Kobalt-Bad. Es ist anzunehmen, daß bei der Elektrokristallisation Beimengungen in das Nickelgitter eingebaut werden, die zu Gitterstörungen und damit zu einer Art von Kaltverfestigungszustand führen. Bei einer Anlaßbehandlung tritt deshalb ein deutlicher Abfall der Zugfestigkeit und Härte ein, während die Dehnung mit Ausnahme der Überzüge aus organischen Glanzbädern zwischen 400 und 600 °C ein Maximum durchläuft (Abb. F 21) [52].

Andererseits kann die Härte der Überzüge besonders in gewissen Sulfamatbädern auch durch die Stromdichte beeinflußt werden, wie aus

Abb. F 22 zu erkennen ist [52]. Die Abhängigkeit der inneren Spannungen der Überzüge von der Stromdichte für das Wattsbad und zwei Bäder vom Sulfamattyp zeigt Abb. F 23. Kurve *3a* unterscheidet sich von Kurve *3b* durch die Elektrolyttemperatur. Wie man sieht, ergibt das konzentrierte Sulfamatbad (Kurve *3*) je nach Höhe der angewandten Strom-

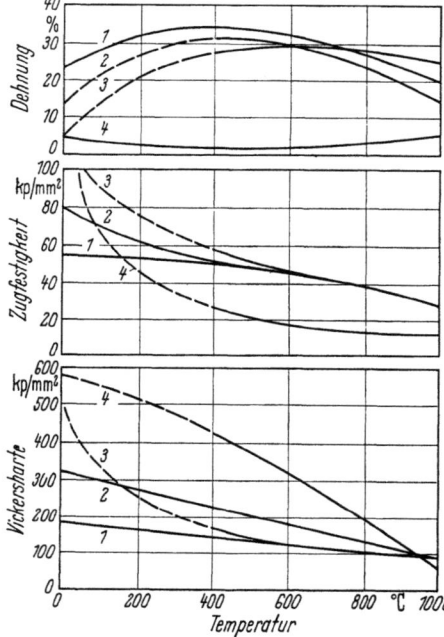

Abb. F 21. Einfluß der Wärmebehandlung auf Härte, Zugfestigkeit und Dehnung von aus verschiedenen Bädern abgeschiedenen Nickelüberzugen [23].

Kurve *1*: Wattsbad;
Kurve *2*: Chloridbad;
Kurve *3*: Nickel-Kobalt-Bad;
Kurve *4*: organisches Glanzbad.

dichte spannungsfreie Niederschläge oder solche mit Zug- oder Druckspannungen. Die beiden anderen Bäder liefern lediglich Niederschläge mit Zugspannungen, die beim gewöhnlichen Sulfamatbad (300 g/l Sulfamat) noch relativ niedrige, beim Wattsbad aber doch schon erhebliche Werte aufweisen.

In Übereinstimmung mit der oben erwähnten Auffassung, daß durch Einbau von Fremdstoffen Gitterverspannungen erzeugt werden, zeichnen sich diese spannungsarmen bzw. -freien Niederschläge auf Nickelsulfamatbasis dadurch aus, daß sie praktisch fremdstoff- bzw. schwefelfrei sind. Daher weisen sie im Vergleich zu den organischen Glanzbädern eine höhere Korrosionsbeständigkeit auf.

Infolge der geringen Verspannung der Niederschläge aus Sulfamatbädern eignen sich diese besonders für die Galvanoformung, weil es bei der galvanoplastischen Herstellung von Matrizen und Fertigteilen auf eine sehr genaue Wiedergabe feinster Details ankommt. Da es aber auch möglich ist, mit diesen Bädern nicht nur verhältnismäßig spannungsfreie Überzüge herzustellen, sondern außerdem mit viel höheren Abscheidungsgeschwindigkeiten zu arbeiten als mit den sonst üblichen

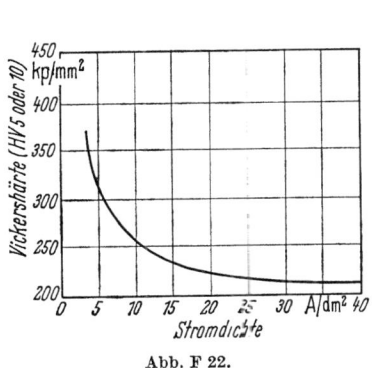

Abb. F 22.

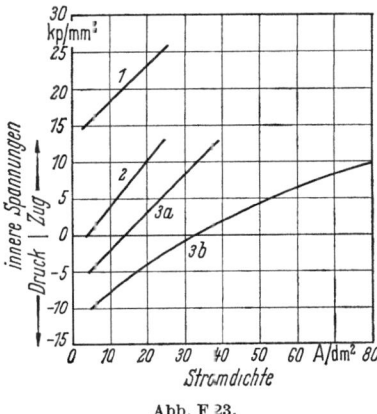

Abb. F 23.

Abb. F 22. Abhängigkeit der Härte von der Kathodenstromdichte bei Nickelniederschlägen aus einem zusatzfreien konzentrierten Sulfamatbad (600 g/l Nickelsulfamat. pH 4,0; 60 °C) [52].

Abb. F 23. Typischer Verlauf der Abhängigkeit der inneren Spannungen in Nickelniederschlagen von der Kathodenstromdichte [52, 53].
Kurve 1: Wattsbad (300 g/l Nickelsulfat, 60 g/l Nickelchlorid, 40 g/l Borsäure), pH 4,0; 60 °C;
Kurve 2: Sulfamatbad (300 g/l Nickelsulfamat, 5 g/l Nickelchlorid, 40 g/l Borsäure), pH 4,0; 60 °C;
Kurve 3: Konzentriertes Sulfamatbad (600 g/l Nickelsulfamat, 5 g/l Nickelchlorid, 40 g/l Borsäure)
a) pH 4,0; 60 °C;   b) pH 4,0; 70 °C.

Nickelelektrolyten, eignen sich diese Bäder besonders für die technische Vernicklung zur Herstellung dicker korrosions- und abriebbeständiger Überzüge.

3 Abscheidung ohne äußere Stromquelle

Zum Unterschied zur galvanischen Nickelabscheidung, bei der die zur Reduktion der Nickelionen erforderlichen Elektronen durch eine äußere Stromquelle geliefert werden, basiert die stromlose Nickelabscheidung auf einer Reduktion der Nickelionen durch Elektronen chemischer Reaktionspartner.

3.1 Tauchverfahren

Der einfachste Vorgang dieser Art ist die Tauchvernicklung, bei der der zu vernickelnde Gegenstand, z. B. ein Eisenblech, in eine Nickelsalzlösung getaucht wird. Das unedlere Eisen geht in Lösung und gibt dabei seine Valenzelektronen an die in Lösung befindlichen Nickelionen, die sich daraufhin auf dem Eisen metallisch abscheiden. Diese Austauschreaktion ist für die Praxis nur von Bedeutung, wenn die Potentiale der beiden Metalle genügend weit auseinanderliegen und diese Reaktion daher mit entsprechender Geschwindigkeit verläuft; sie ist beendet, sobald in dem betrachteten Beispiel das Nickel die Eisenoberfläche abgedeckt hat.

Die bei diesen Tauchverfahren (bei höheren Temperaturen spricht man von Sudvernicklung) erzielten Überzüge sind sehr dünn und haben daher geringen Schutzwert. Jedoch verwendet man die Tauchvernicklung in technischem Maßstab vor dem Aufbringen der Grundemaille zur besseren Haftung der Emailleschicht auf Stahlblechen [54].

3.2 Katalytische Reduktionsverfahren

Wesentlich bedeutungsvoller als die Tauchverfahren sind die katalytisch gesteuerten stromlosen Vernicklungsverfahren, bei denen die Nickelabscheidung mit Hilfe von Reduktionsmitteln auf katalytisch wirksamen Oberflächen stattfindet. Als Reduktionsmittel für die Vernicklung werden Natriumhypophosphit, Hydrazin, Natriumboranat und verschiedene Borazane verwendet.

Obwohl diese Verfahren gegenüber der galvanischen Vernicklung wesentlich teurer sind, haben sie den Vorteil, daß sich hierbei vollkommen gleichmäßige Schichtdicken ergeben, selbst auf stark profilierten oder nur schwer zugänglichen Oberflächen. Auch ist die Abscheidung auf nichtmetallischen Werkstoffen, wie Glas, Kunststoff und Keramik, verhältnismäßig leicht durchzuführen.

Ein weiterer Vorteil dieser Phosphor bzw. Bor enthaltenden Nickelschichten ist ihre außerordentliche Verschleißfestigkeit. Von SAFRANEK wurde hinsichtlich der Nickel-Phosphor-Überzüge ein guter Überblick gegeben über die verschiedenen Anwendungsmöglichkeiten einschließlich der vernickelten Grundwerkstoffe mit den erforderlichen Vor- und Nachbehandlungen auf Grund langjähriger Erfahrungen in den USA [55].

3.21 Nickel-Phosphor-Niederschläge

Am weitesten verbreitet sind die Verfahren auf Hypophosphitbasis, deren Grundlagen von BRENNER und RIDDELL erarbeitet wurden 56—58]. Sie wurden dann unter der Bezeichnung Kanigen (*K*atalytic *Ni*ckel *Gen*eration) in die Praxis eingeführt [59, 60]. Der chemische Reaktionsablauf läßt sich vereinfacht durch folgende Beziehung beschreiben:

$$3 NaH_2PO_2 \cdot H_2O + NiCl_2 \xrightarrow{Kat.} Ni + 3 NaH_2PO_3 + 2 HCl + 2 H_2.$$

Über den Ablauf der Vorgänge im einzelnen bestehen aber noch unterschiedliche Ansichten [60—65]. Neben der Nickelabscheidung wird Hypophosphit unter Bildung von Phosphor reduziert, der in den Nickelniederschlag eingebaut wird:

$$NaH_2PO_2 \cdot H_2O + HCl + 1/2\,H_2 \xrightarrow{Kat.} P + 3\,H_2O + NaCl.$$

Bei einer normalen Arbeitstemperatur von 94···96 °C und einem pH-Wert von 4,4···4,6 erzielt man eine durchschnittliche Abscheidungsgeschwindigkeit von 25 µm/h bei Phosphorgehalten von ca. 7%. Nach GUTZEIT und MAPP haben Kanigenüberzüge, die aus sauren Bädern abgeschieden wurden, eine wesentlich bessere Korrosionsbeständigkeit als galvanisch abgeschiedenes Nickel [66]. Allerdings stimmt dieser Befund nicht mit Potentialmessungen an Kanigen- und Elektrolytnickel in 3%iger Natriumchloridlösung überein, bei denen Kanigennickel mit -210 mV gegenüber Elektrolytnickel mit -200 mV als etwas elektronegativer gefunden wurde. Art des Grundmetalls und Höhe des Phosphorgehaltes sind hier zusätzlich von Bedeutung.

Daß geringe Phosphorzusätze die Korrosionsbeständigkeit von Guß- bzw. Walznickel verschlechtern, muß nach den bereits zitierten Arbeiten angenommen werden [10, 40].

Katalysatoren für die stromlose Nickelabscheidung aus Hypophosphitbädern sind folgende Metalle der 8. Gruppe des periodischen Systems: Nickel, Kobalt, Palladium, Rhodium, Osmium, Iridium und Platin. Diese Elemente lassen sich also direkt vernickeln.

Das gleiche gilt für nichtkatalytische Metalle, die unedler sind als Nickel, wie Eisen, Aluminium, Beryllium und Titan. Taucht man diese in die Badlösung ein, so scheiden sich entsprechend dem Vorgang beim Tauchverfahren (vgl. Kap. F 3.1) Nickelkeime auf der Oberfläche ab, die nun ihrerseits katalytisch wirken.

Nichtkatalytische edlere Metalle als Nickel, wie Kupfer, Silber und Gold, können durch einen kurzen kathodischen Stromstoß oder mit Hilfe einer Palladiumchloridlösung aktiviert werden. Nichtmetallische Werkstoffe, wie Kunststoffe, Glas und Keramik, werden nach Sensibilisieren durch eine Zinn(II)-chloridlösung ebenfalls mit Palladiumchloridlösung aktiviert [57].

Durch eine Reihe von Elementen, wie Zink, Cadmium, Zinn, Blei, Antimon, Wismut und Schwefel, werden jedoch die Katalysatoren für die Abscheidung vergiftet, so daß diese stark vermindert oder bei einem höheren Prozentsatz dieser Gifte ganz blockiert wird.

3.22 *Nickel-Bor-Niederschläge*

In den letzten Jahren wurde unter der Bezeichnung Nibodur eine Reihe neuer Verfahren zur chemischen Nickelabscheidung entwickelt, bei denen Borwasserstoff-Verbindungen als Reduktionsmittel verwendet werden [67, 68]. Der chemische Reaktionsablauf, der zu einem Gemisch von Nickel und Nickelborid im Niederschlag führt, läßt sich durch die beiden Gleichungen beschreiben:

$$NaBH_4 + 4NiCl_2 + 8NaOH \xrightarrow{Kat.} 4Ni + NaBO_2 + 8NaCl + 6H_2O,$$

$$2NaBH_4 + 4NiCl_2 + 6NaOH \xrightarrow{Kat.} 2Ni_2B + 6H_2O + 8NaCl + H_2.$$

Die Niederschläge enthalten 6,8···7,1% B neben Spuren von Abbauprodukten des Stabilisators. Das Standardbad arbeitet bei 90···95 °C und ergibt eine Abscheidungsgeschwindigkeit von 10···30 μm/h, je nachdem, welcher Stabilisator verwendet wird.

Das Verfahren eignet sich im wesentlichen für die Plattierung von Eisen und Stahl, Nickel, Chrom, Kupfer und Messing.

Wegen ihrer Empfindlichkeit gegenüber Alkalien können Leichtmetalle nicht im Standardbad chemisch vernickelt werden. Hierfür wurden Bäder entwickelt, in denen Borazan als Reduktionsmittel verwendet wird und die daher im neutralen bis schwach sauren Bereich arbeiten. Da die Betriebstemperaturen dieser Bäder bei 65 °C liegen, ergeben sich gegenüber dem Standardbad geringere Abscheidungsgeschwindigkeiten.

In Tab. F 4 sind einige physikalische Eigenschaften der Nickel-Bor-Überzüge im Vergleich zu denen der Nickel-Phosphor-Überzüge zusammengestellt [66, 67].

Tabelle F 4. *Physikalische Eigenschaften und Härte von stromlos abgeschiedenen Nickelüberzügen* [66, 67].

		Kanigen	Nibodur
mittlere Zusammensetzung		Ni mit 7···9% P	Ni mit 6,8···7,1% B
Dichte	g/cm³	8,3 (bei 7% P)	7,8
Schmelzpunkt	°C	890 (bei 7% P)	1065···1095
Vickershärte (unbehandelt)	kp/mm²	500	500
wärmebehandelt 1 h/400 °C	kp/mm²	950···1000	1000···1050
elektrischer Widerstand wärmebehandelt 1 h/400 °C	$\Omega \cdot \frac{mm^2}{m}$	0,25 (bei 7% P)	1,35
thermischer Ausdehnungskoeffizient	grd⁻¹	$13 \cdot 10^{-6}$	$10,5 \cdot 10^{-6}$

Literatur zu Kapitel F

1. Pourbaix, M., N. de Zoubov u. E. Deltombe: 7. Tagung des Comité International de Thermodynamique et de Cinétique Electrochimique (CITCE). Lindau 1955, S. 193.
2. Milazzo, G.: Elektrochemie. Theoretische Grundlagen und Anwendungen. Wien 1952.
3. Osterwald, J., u. H. H. Uhlig: J. electrochem. Soc. 108 (1961) 515—519.
4. Flade, F.: Z. phys. Chem. 76 (1911) 513.
5. Vetter, K. J., u. K. Arnold: Z. Elektrochem. 64 (1960) 244, 407.
6. Marković, I., u. M. Ahmedbašić: Werkst. u. Korrosion 16 (1965) 212—217.
7. Kunze, E., u. K. Schwabe: Corrosion Sci. 4 (1964) 109—136.
8. Okamoto, G., u. N. Sato: Trans. Jap. Inst. Metals 1 (1960) 16.
9. Okamoto, G., u. N. Sato: Nippon Kinzoku Gakkai-Shi 23 (1959) 662.
10. DiBari, G. A., u. J. V. Petrocelli: J. electrochem. Soc. 112 (1965) 99—104.
11. Uhlig, H. H.: Z. Elektrochem. 62 (1958) 700.
12. Flint, G. N., u. W. Barker: Vortrag vor d. Society of Chemical Industry. London, Okt. 1964. Unveröffentlicht.
13. Wesley, W. A.: Trans. Inst. Metal Finish. 33 (1956) 87—105.
14. Raub, E., u. K. Müller: In: Handbuch der Galvanotechnik. Hrsg. v. H. W. Dettner u. J. Elze. Bd. 1, Teil 1. München 1963, S. 52.
15. Lyons, E. H.: J. electrochem. Soc. 101 (1954) 376.
16. Uhlig, H. H.: Metal Interfaces. Hrsg. v. American Society for Metals. Cleveland/Ohio 1952, S. 312.
17. Hogaboom, G. B.: Brass World 24 (1928) 18—19.
18. Madsen, C. P.: Trans. Amer. electrochem. Soc. 39 (1921) 483—496.
19. Frankenschwert, L.: D.R.P. 461300.
20. Hoar, T. P.: 8th Hothersall Memorial Lecture 1962.
21. Pfanhauser, W.: Z. Elektrochem. 7 (1901) 700.
22. Bancroft, W. O.: Trans. Amer. electrochem. Soc. 9 (1906) 211.
23. Volk, K. E.: In: Jb. Oberflächentechn. Bd. 13. Berlin 1957, S. 215—238.
24. Watts, O. P.: Trans. electrochem. Soc. 29 (1916) 395.
25. Ollard, E. A., u. E. B. Smith: Handbook of Industrial Electroplating, 2. Aufl. London 1954, S. 161.
26. Hothersall, A. W., u. G. E. Gardam: J. Electrodepositors' Techn. Soc. 27 (1951) 181—195.
27. Brenner, A., V. Zentner u. W. C. Jennings: Plating 39 (1952) 865—927, 1229—1230.
28. Barrett, R. C.: Plating 41 (1954) 1027—1032.
29. Electroplated Tin-Nickel Alloy. Hrsg. v. Tin Research Inst. Durchges. Ausg. Greenford, Middlesex 1962.
30. Cassidy, V. J., u. A. S. Stecker: Plating 49 (1962) 579—601.
31. Wagner, H.: Galvanotechn. 57 (1966) 48 (Kurzref.).
32. Handbuch der Galvanotechnik. Hrsg. v. H. W. Dettner u. J. Elze. Band I, Teil 1. München 1963.
33. Schlötter, M.: Z. Metalldke. 27 (1935) 236.
34. Fischer, H.: Korrosion u. Metallschutz 20 (1944) 285.
35. Fischer, H.: Electrochim. Acta 2 (1960) 50.
36. Raub, E., u. M. Wittum: Z. Electrochem. 46 (1940) 71—82.
37. Dale, J. J.: Metal Finish. 52 (1954) 52—56, 67—72.
38. Elze, J.: Metall 14 (1960) 104—112.
39. Raub, E.: Metalloberfl., Ausg. B, 5 (1953) 17—25.

40. RAUB, E., u. A. DISAM: Metalloberfl. 15 (1961) 195.
41. HEILING, H. M.: Metall 14 (1960) 549.
42. BIGGE, D. M.: Plating 47 (1960) 1263.
43. BIGGE, D. M.: Proc. Amer. Electroplaters' Soc. 46 (1959) 149.
44. FLINT, G. N., u. S. H. MELBOURNE: Trans. Inst. Metal Finish. 38 (1961) 35—44.
45. VOLK, K. E.: Metalloberfl. 16 (1962) 6—11.
46. BROWN, H.: Metalloberfl. 16 (1962) 333—334.
47. TOMASZEWSKI, T. W., R. J. CLAUSS u. H. BROWN: Proc. Amer. Electroplaters' Soc. 50 (1953) 169—174.
48. RAUB, E., u. F. SAUTTER: Metalloberfl. 13 (1959) 129.
49. SAMPLE, C. H., u. P. B. CROLY: In: Handbuch der Galvanotechnik. Hrsg. v. H. W. DETTNER u. J. ELZE. Bd. 2. München 1966, S. 87—141.
50. HOTHERSALL, A. W.: Iron Age 154 (1944) H. 21, S. 47—51, 114.
51. CURKIN, K. H., u. R. W. MOELLER: Plating 4 (1954) 1155—1159.
52. KENDRICK, R. J.: Trans. Inst. Metal Finish. 41 (1964) 59—65.
53. The Ni-Speed Process, Operating Conditions. Hrsg. v. International Nickel Ltd. London 1966, S. 6.
54. McINTYRE, G. H.: Amer. ceram. Soc. Bull. 25 (1946) 333—337.
55. SAFRANEK, W. H.: In: ASTM Spec. Techn. Publn. No. 265. Philadelphia/Pa. 1959, S. 41—49.
56. BRENNER, A., u. G. E. RIDDELL: J. Res. nat. Bur. Stand. 37 (1946) 31—34; 39 (1947) 385—395.
57. BRENNER, A.: Metal Finish. 52 (1954) Nr. 11, S. 68—76; Nr. 12, S. 61—68.
58. BRENNER, A., u. G. E. RIDDELL: Proc. Amer. Electroplaters' Soc. 34 (1947) 156—170.
59. Kanigen — General American's New Chemical Nickel Plating Process. Hrsg. v. General American Transportation Corp. 1954.
60. GUTZEIT, G.: In: ASTM Spec. Techn. Publn. No. 265. Philadelphia/Pa. 1959, S. 3—12.
61. ISHIBASHI, S., S. ORII u. J. KAMIGAMA: Himeji Kogyo Daigakŭ Kenkyŭ Hokokŭ 12 (1960) 73; Chem. Abstr. 55 (1961) 20720.
62. ISHIBASHI, S.: Himeji Kogyo Daigakŭ Kenkyŭ Hokokŭ 13 (1961) 68; Chem. Abstr. 56 (1962) 1283.
63. FRANKE, W., u. J. MOENCH: Ann. Chem. 550 (1941) 1.
64. SATYAGINA, A. A., K. M. GORBUNOVA u. M. P. GLAZUNOW: Doklady Akademii Nauk SSSR 147 (1962) 433; Chem. Abstr. 58 (1963) 6517.
65. LUKES, R. M.: Plating 51 (1964) 969—971.
66. GUTZEIT, G., u. E. T. MAPP: Corrosion Technol. 3 (1956) 331.
67. LANG, K., G. HEIM u. H.-G. KLEIN: Nickel-Ber. 23 (1965) 391—395.
68. LANG, K.: Metalloberfl. 19 (1965) 133—138.

G. Verhalten in Gasen

Von R. Ergang

1 Theoretische Grundlagen

1.1 Das Zweistoffsystem Nickel-Sauerstoff

Das Zweistoffsystem Ni–O nach der Zusammenstellung von HANSEN ist in Abb. G 1 wiedergegeben [1]. Nickel bildet mit Sauerstoff die Verbindung NiO mit einem Schmelzpunkt bei rd. 2000 °C. Bei 0,24 Gew.-%

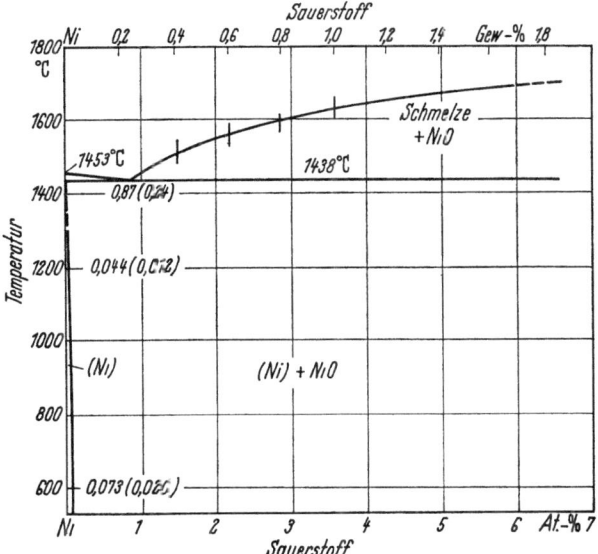

Abb. G 1. Das Zweistoffsystem Nickel-Sauerstoff [1].

Sauerstoff befindet sich ein Eutektikum, das 15 grd unterhalb des Schmelzpunktes von Nickel liegt. Die Löslichkeit von Sauerstoff in Nickel nimmt mit abnehmender Temperatur zu (Einfluß auf verarbeitbarkeit vgl. Kap. A 4.7).

1.2 Thermodynamische Grundlagen

Für die Reaktion eines zweiwertigen Metalls mit Sauerstoff gilt ganz allgemein die Beziehung

$$2\,\text{Me} + \text{O}_2 = 2\,\text{MeO}. \tag{1}$$

Eine Aussage über die Stabilität dieser Verbindung erhält man durch Bestimmung ihrer freien Bildungsenergie, für die folgende Gibbsche Gleichung gilt:

$$\varDelta G = \varDelta H - T\varDelta S. \tag{2}$$

$\varDelta G$ ist die Differenz der freien Bildungsenergie, $\varDelta H$ die Differenz der Enthalpie (Wärmetönung) und $\varDelta S$ die Differenz der Entropie des Systems jeweils vor und nach der Reaktion. T bedeutet die absolute Temperatur in °K.

Auf Grund der Definition der freien Bildungsenergie ergibt sich, daß bei negativem Vorzeichen von $\varDelta G = G_{\text{vor}} - G_{\text{nach}}$ die Reaktion nach rechts verläuft. Me und O_2 stehen dann miteinander im Gleichgewicht, wenn $\varDelta G = 0$ ist.

Bei der Reaktion eines Metalls mit einem reinen Gas wird als Normalzustand der Konzentrationen jener Zustand definiert, bei dem der Gasdruck 1 atm beträgt und von der gegenseitigen Löslichkeit der metallischen Ausgangsphase und der entstehenden Verbindung abgesehen wird, d. h. es wird mit den reinen Phasen gerechnet. Die freie Bildungsenergie solcher Prozesse bezeichnet man als Standardbildungsarbeit $\varDelta G_0$.

Wie weiter oben bereits festgestellt, bildet Nickel mit Sauerstoff Nickeloxid nach der Gleichung

$$2\,\text{Ni} + \text{O}_2 = 2\,\text{NiO}.$$

Nach einer Zusammenstellung von KUBASCHEWSKI und EVANS [2] haben THOMAS und PFEIFFER [3] die Standardbildungsarbeiten $\varDelta G_0$ (Sauerstoffdruck = 1 atm) in Abhängigkeit von der Temperatur graphisch dargestellt (Abb. G 2). Aus dieser Abbildung geht hervor, daß NiO z. B. stabiler als Cu_2O und instabiler als FeO und Cr_2O_3 ist. Außerdem ist zu erkennen, daß sich mit steigender Temperatur die Werte der Standardbildungsarbeit Null nähern. Für NiO erreicht $\varDelta G_0$ diesen Wert bei über 2000 °C, d. h., bei einem Sauerstoffdruck von 1 atm stehen erst oberhalb des NiO-Schmelzpunktes NiO und Ni miteinander im Gleichgewicht.

Will man andererseits den Zersetzungsdruck p_{O_2} berechnen, so ergibt sich

$$\varDelta G = \varDelta G_0 - RT \log \cdot p_{\text{O}_2}. \tag{3}$$

In Abb. G 3 sind die Zersetzungsdrücke von Nickeloxid und anderen Metalloxiden in Abhängigkeit von der Temperatur aufgetragen.

Da selbst bei 1100 °C der Zersetzungsdruck für NiO erst 10^{-5} Torr beträgt, läßt sich aus diesem Grunde durch übliches Vakuumglühen NiO

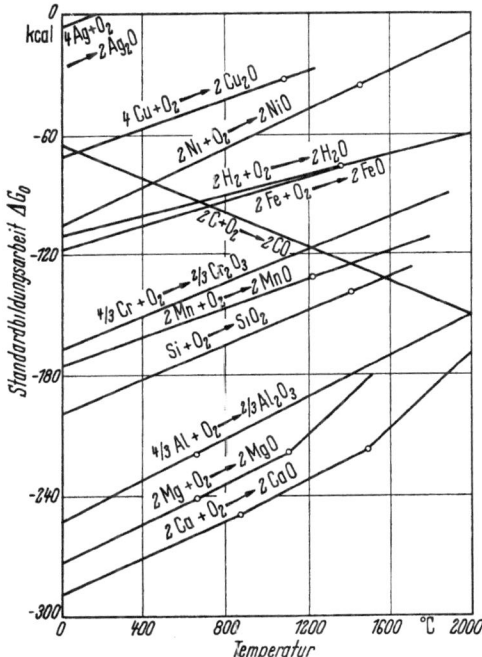

Abb. G 2. Standardbildungsarbeiten einiger Oxydationsreaktionen in Abhängigkeit von der Temperatur. Die eingezeichneten Kreise entsprechen den Schmelz- und Siedepunkten der betreffenden Metalle [3].

— oder allgemeiner der Zunder auf austenitischen Chrom-Nickel-Stählen und Chrom-Nickel-Legierungen — nicht zersetzen [5].

Es wurde nachgewiesen, daß die Wirkungsweise der Vakuumentzunderung erst durch die Reduktion des Zunders durch den im Grundmetall gelösten Kohlenstoff möglich ist.

1.3 Der zeitliche Ablauf der Oxydation

Die Thermodynamik der Bildung von Metalloxiden sagt noch nichts über den zeitlichen Ablauf der Oxydation aus. Bei sehr geringen Schichtdicken entstehen infolge der Chemisorption und der gleichzeitigen Bildung einer Raumladungsrandschicht starke elektrische Felder zwischen dem Metall und dem Oxid mit positiver Ladung an der Grenzfläche Metall/Oxid und mit negativer Ladung an der Grenzfläche Oxid/Gasphase, die die Geschwindigkeit der Anfangsoxydation bestimmen [6].

Hierbei eilen die Elektronen den relativ langsamen Ionen in Richtung zur Gasphase voraus und werden an der Grenze Oxid/Sauerstoff durch Bildung von Sauerstoffionen verbraucht. Das hohe elektrische Potential bewirkt die Ionenstörstellenwanderung selbst bei sehr niedrigen Tempe-

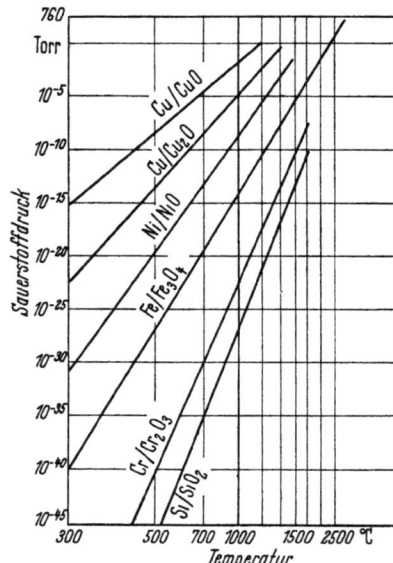

Abb. G 3. Zersetzungsdrücke von auf festen Metallen gebildeten Metalloxiden [4].

raturen, bei denen die thermische Energie nicht ausreicht, einen Platzwechsel zu ermöglichen. Die Schichtdicke wächst proportional der zweiten oder dritten Wurzel bzw. dem Logarithmus oder dem Gegenwert des Logarithmus mit der Zeit [7]. Der Einfluß der Raumladungsrandschicht dauert so lange an, bis die zunehmende Oxiddicke das elektrische Feld unter den erforderlichen Schwellwert gesenkt hat und nur noch die Teilchendiffusion im heteropolaren Kristallgitter maßgebend ist.

In vielen Fällen ist bei einer bestimmten Temperatur und Dicke der Oxidschicht die Diffusion eines der Reaktionspartner der langsamste und daher zeitbestimmende Vorgang. Die Dickenzunahme ist dann umgekehrt proportional der Schichtdicke s, und ihre zeitliche Änderung ergibt sich aus der Gleichung

$$\frac{ds}{dt} = \frac{K}{s} \qquad (4)$$

$\dfrac{ds}{dt}$ zeitliche Änderung der Schichtdicke,

K Konstante,

und bei Integration nach der Zeit

$$s^2 = K \cdot t + s_0 \quad \text{bzw.} \quad \left(\frac{\Delta m}{q}\right)^2 = K'' \cdot t; \tag{5}$$

s_0 Ausgangsschichtdicke,
Δm Gew.-Zunahme,
q Querschnitt,
K'' Zunderkonstante ($g^2 \cdot cm^{-4} \cdot sec^{-1}$),
t Oxydationszeit.

Obige Gleichung wurde erstmalig von TAMMAN aufgestellt [8]. Für Nickel gilt dieses parabolische Zeitgesetz der Oxydation etwa in dem Temperaturbereich 750···1240 °C [9].

Tabelle G 1. *Die Zunderkonstante von Nickel im Vergleich zu Kobalt, Wolfram und Kupfer* [10].

	700 °C	800 °C	900 °C	1000 °C
Elektrolytnickel in Sauerstoff		$0{,}093 \cdot 10^{-6}$	$0{,}76 \cdot 10^{-6}$	$3{,}4 \cdot 10^{-6}$
Kobalt in Luft	$5{,}8 \cdot 10^{-7}$	$3{,}3 \cdot 10^{-6}$	$2{,}2 \cdot 10^{-6}$	$7{,}4 \cdot 10^{-5}$
Wolfram in Luft	$1{,}6 \cdot 10^{-5}$	$16{,}6 \cdot 10^{-5}$	$17{,}9 \cdot 10^{-5}$	$46{,}1 \cdot 10^{-5}$
Kupfer in Sauerstoff		$3{,}14 \cdot 10^{-5}$		$6{,}02 \cdot 10^{-4}$

In Tab. G 1 sind die Zunderkonstanten K'' von Nickel im Vergleich zu Kobalt, Wolfram und Kupfer nach DUNN und WICKENS aufgestellt [10]. Man erkennt, daß Nickel bis etwa 800 °C (in Sauerstoff) nur wenig anläuft.

1.4 Diffusionsmechanismus bei der Bildung von Nickeloxid

Der Mechanismus der Diffusion in festen Phasen kann heute besonders durch die Arbeiten von FRENKEL [11], WAGNER und SCHOTTKY [12], SCHOTTKY [13] und JOST [14, 15] als im wesentlichen geklärt gelten. Nickeloxid bildet wie alle Metalloxide und -sulfide ein Ionenkristallgitter. Für den Fortgang der Zunderbildung zwischen Metall und Sauerstoff muß entweder der Sauerstoff- oder das Metallion durch die Zunderschicht diffundieren. Das ist nur dadurch möglich, daß das Ionengitter des Oxids eine Fehlordnung aufweist. Das Fehlordnungsmodell von Nickeloxid ist in Abb. G 4 dargestellt. Es handelt sich um einen Elektronendefektleiter [16]. Für jeden nicht besetzten Gitterplatz der Metallionen muß, da im Kristall Elektronneutralität herrschen muß, die fehlende zweifache positive Ladung von höherwertigen Kationen mit übernommen werden. Es müssen also für jeden unbesetzten Gitterplatz zwei dreiwertige Nickelionen in der Umgebung dieser

Leerstelle vorhanden sein. Durch Wanderung eines Elektrons von einem normalgeladenen Kation zu einer Elektronendefektstelle erfolgt der Stromtransport. Durch die Abgabe des Elektrons wird das vorher zweiwertige Kation selbst dreiwertig aufgeladen. Die Diffusion der Metallionen findet dadurch statt, daß ein Kation, das der Leerstelle benachbart ist und die benötigte Aktivierungsenergie aufbringt, d. h. bei ausreichender Temperatur, auf die Gitterlücke überwechselt. Die Leerstelle wandert auf diese Weise durch das Gitter. Wenn man annimmt, daß die Beweglichkeit der Ionen und Elektronen über Fehl-

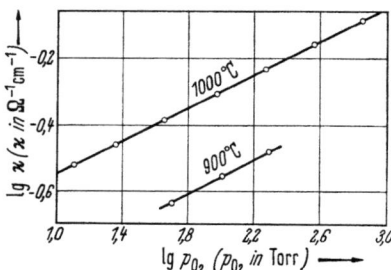

O^{2-}	Ni^{3+}	O^{2-}	Ni^{2+}
Ni^{2+}	O^{2-}	Ni^{2+}	O^{2-}
O^{2-}	☐	O^{2-}	Ni^{3+}
Ni^{2+}	O^{2-}	Ni^{2+}	O^{2-}
O^{2-}	Ni^{2+}	O^{2-}	Ni^{2+}

☐ Gitterleerstelle

Abb. G 4. Fehlordnungsmodell des Nickeloxidgitters mit Nickeldefizit.

Abb. G 5. Elektrische Leitfähigkeit von Nickeloxid als Funktion des Sauerstoffdruckes [17]

ordnungsstellen praktisch unabhängig von der Fehlordnungskonzentration und vom Fremdionengehalt ist, dann kann man in erster Annäherung die Oxydationsgeschwindigkeit proportional der maßgebenden Fehlordnungskonzentration setzen. An der Phasengrenze Oxid/Sauerstoff bzw. sauerstoffhaltiges Gas erfolgt die Aufnahme eines Sauerstoffatoms durch Bildung eines Ions in der Weise, daß zwei zweiwertige Nickelionen durch Abgabe je eines Elektrons dreiwertig werden, d. h. zwei Elektronendefektstellen bilden. Gleichzeitig entsteht je reagierendem Sauerstoffatom eine Kationenleerstelle. Die Fehlordnungskonzentration wird an der Grenzfläche Oxid/Sauerstoff bzw. sauerstoffhaltiges Gas größer sein als im Innern. Sie nimmt außerdem mit der Sauerstoffkonzentration des Gases zu. Diese Überlegungen stehen im Einklang mit Untersuchungen von v. BAUMBACH und WAGNER [17], die feststellten, daß die Leitfähigkeit mit steigendem Sauerstoffdruck auf Grund der Zunahme der Defektelektronen zunimmt (Abb. G 5). An der Grenzfläche Metall/Oxid werden andererseits Nickelionen und Elektronen aus dem Metallverband in die vorhandenen Leerstellen des Oxids unter Abgabe zweier Elektronen an die entsprechenden benachbarten Elektronendefektstellen, d. h. die dreiwertigen Nickelionen, überspringen. Die dreiwertigen Nickelionen erhalten dadurch wieder ihre normale zweiwertige Ladung. Die Nickelionen wandern auf Grund des vorhandenen

Konzentrationsgefälles in Richtung Gasphase. Gleichzeitig findet mehr oder weniger eine Sauerstoffdiffusion in umgekehrter Richtung statt.

ILSCHNER und PFEIFFER [18] und auch SARTELL und LI [19] (s. auch [20]) konnten durch Markierungen mit Platindrähten nachweisen, daß sowohl Nickel als auch Sauerstoff durch die gebildete Oxidschicht diffundieren. Die auf die Oberfläche gelegten Platindrähte fanden sich nach den Glühungen (z. B. 1000°C) an Luft innerhalb der Oxidschicht an der Stelle der ursprünglichen Metalloberfläche. Es konnten deutlich zwei unterschiedliche Bereiche festgestellt werden, an deren Grenze sich der Platindraht befand. Die innen aufgelockerte, hellgrüne Oxidschicht ist durch Einwärtsdiffusion von Sauerstoff und die äußere kompakte, schwarze Schicht durch Diffusion des Metalls nach außen entstanden. Die Farbunterschiede der beiden Schichten sind durch den unterschiedlichen Sauerstoffgehalt bedingt.

SARTELL und LI glühten die abgelösten Zunderschichten getrennt bei 1000°C und erzielten durch diese Behandlung, daß auch die innere, sauerstoffärmere grüne Schicht schwarz wurde. Die bereits schwarze äußere Schicht änderte ihre Farbe durch diese Behandlung nicht mehr. Die Diffusion des Kations durch die Oxidschicht bestimmt die Oxydationsgeschwindigkeit.

1.5 Temperaturabhängigkeit der Oxydation

Die Temperaturabhängigkeit der Oxydation von Nickel läßt sich nach der Arrheniusschen Gleichung beschreiben:

$$K = A \cdot e^{-Q/RT} \qquad (6)$$

Dabei bedeutet
K die Reaktionsgeschwindigkeitskonstante (hier die Zunderkonstante),
Q die Aktivierungsenergie des Prozesses,
T die absolute Temperatur,
R die Gaskonstante.
A eine Konstante.

Die Oxydationsgeschwindigkeit nimmt also exponentiell mit der Temperatur zu. Nach den Untersuchungen von SARTELL und LI in reinem Sauerstoff im Temperaturbereich von 950···1200°C ergibt sich die Aktivierungsenergie für reines Nickel zu 67 000 cal/mol [19]. Da nach ihren Untersuchungen die Diffusion des Kations durch die äußere Oxidschicht geschwindigkeitsbestimmend ist, dürfte diese Aktivierungsenergie auch der Aktivierungsenergie der Diffusion des Kations zuzuordnen sein (s. hierzu auch Kap. B 3.13).

1.6 Einfluß von Zusätzen

Die Fehlordnung in NiO läßt sich nach folgender Gleichung beschreiben:

$$1/2\, O_2 = NiO + Ni\square'' + 2 \oplus. \tag{7}$$

Dabei ist Ni $\square''$ Nickelionenleerstelle,
$\oplus$ Elektronendefektstelle.

Auf diese Gleichung kann das Massenwirkungsgesetz angewendet werden:

$$[Ni\square''] \cdot [\oplus^2] = K \quad (p_{O_2} = \text{konst}); \tag{8}$$

[Ni$\square''$] Konzentration der Nickelionenleerstelle,
[$\oplus^2$] Konzentration der Elektronendefektstelle.

Das heißt, bei konstantem Sauerstoffpartialdruck besteht zwischen der Konzentration der Nickelionenleerstellen und der Konzentration der Elektronendefektstellen eine eindeutige Beziehung. Der Einfluß von Zusätzen ergibt sich wie folgt: Wird in das Nickelgitter ein höherwertiges Ion eingebaut, so nehmen unter Berücksichtigung der Elektroneutralität die Kationenleerstellen und damit die Oxydationsgeschwindigkeit zu. Für den Einbau von beispielsweise dreiwertigen Chromionen gilt folgende Gleichung:

$$Cr_2O_3 \rightleftharpoons 2\, Cr\bullet\cdot(Ni) + Ni\square'' + 3\, NiO. \tag{9}$$

Hierbei bedeutet Cr$\bullet\cdot$(Ni) ein Cr^{3+} Ion auf einem Nickelionenplatz, das relativ zum Gitter einfach positiv geladen ist.

PFEIFFER und HAUFFE konnten diese Beziehung klarstellen und experimentell die Zunahme der Oxydationsgeschwindigkeit mit zunehmendem Chromgehalt nachweisen (Tab. G 2) [21]. Andererseits erhöht sich durch Einbau eines nur einwertigen Ions die Konzentration der Elektronendefektstelle. Zum Beispiel muß für den Einbau von Li$_2$O folgende Beziehung gelten:

$$Li_2O + 1/2\, O_2 \rightleftharpoons 2\, Li\bullet'(Ni) + 2 \oplus + 2NiO. \tag{10}$$

Hier bedeutet Li$\bullet'$(Ni) ein Li$^+$ Ion auf einem Nickelionenplatz.

Da nach Gl. 8 mit der Erhöhung der Zahl der Elektronendefektstellen durch Einbau des einwertigen Lithiumions die Zahl der Nickelionenleerstellen abnimmt, muß sich auch die Oxydationsgeschwindigkeit verringern.

Tabelle G 2. *Oxydationsgeschwindigkeitskonstanten von Nickel, Nickel-Chrom- und Nickel-Silber-Legierungen bei 1000°C und $p_{O_2} = 1$ atm* [21].

Werkstoff	K'' in $g^2 \cdot cm^{-4} \cdot sec^{-1}$	Mittelwert von k''
Ni, reinst	$2{,}55 \cdot 10^{-10}$ $2{,}64 \cdot 10^{-10}$ $1{,}88 \cdot 10^{-10}$	$2{,}38 \cdot 10^{-10}$
Ni + 0,1 At.-% Cr	$8{,}35 \cdot 10^{-10}$ $7{,}37 \cdot 10^{-10}$ $9{,}57 \cdot 10^{-10}$	$8{,}43 \cdot 10^{-10}$
Ni + 0.3 At.-% Cr	$9{,}22 \cdot 10^{-10}$ $11{,}80 \cdot 10^{-10}$ $10{,}99 \cdot 10^{-10}$	$10{,}67 \cdot 10^{-10}$
Ni + 0,5 At.-% Cr	$14{,}40 \cdot 10^{-10}$ $13{,}67 \cdot 10^{-10}$ $15{,}15 \cdot 10^{-10}$	$14{,}41 \cdot 10^{-10}$
Ni + 1,0 At.-% Cr	$27{,}7 \cdot 10^{-10}$ $26{,}7 \cdot 10^{-10}$ $28{,}3 \cdot 10^{-10}$	$27{,}6 \cdot 10^{-10}$
Ni + 0,1 At.-% Ag	$2{,}55 \cdot 10^{-10}$ $2{,}46 \cdot 10^{-10}$ $2{,}64 \cdot 10^{-10}$	$2{,}55 \cdot 10^{-10}$
Ni + 0,3 At.-% Ag	$2{,}50 \cdot 10^{-10}$ $2{,}32 \cdot 10^{-10}$ $2{,}27 \cdot 10^{-10}$	$2{,}36 \cdot 10^{-10}$
Ni + 0,7 At.-% Ag	$2{,}89 \cdot 10^{-10}$ $2{,}34 \cdot 10^{-10}$ $2{,}34 \cdot 10^{-10}$	$2{,}52 \cdot 10^{-10}$
Ni + 1,0 At.-% Ag	$3{,}05 \cdot 10^{-10}$ $2{,}83 \cdot 10^{-10}$ $3{,}20 \cdot 10^{-10}$	$3{,}03 \cdot 10^{-10}$

Auch diese theoretische Voraussage konnte von PFEIFFER und HAUFFE bestätigt werden (Abb. G 6) [21]. Daß sich diese Beziehungen nicht immer so klar erfassen lassen, ergab sich daraus, daß die Verfasser keinen nennenswerten Einfluß beim Zusatz von Silber zu Nickel finden konnten (Tab. G 2), obwohl nach der Theorie Ag_2O die Zundergeschwindigkeit von Nickel vermindern sollte. Nach Ansicht der Verfasser dürfte entweder der relativ große Unterschied der Ionenradien für die zu geringe Löslichkeit von Ag_2O in NiO verantwortlich sein, oder es werden in das Gitter zweiwertige Silberionen eingebaut.

Der Einfluß von Zusätzen auf die Oxydationsgeschwindigkeit von Nickel wurde systematisch bereits von HORN untersucht [22]. Diese Ergebnisse sind in Abb. G 7 wiedergegeben. In allen Fällen wurde

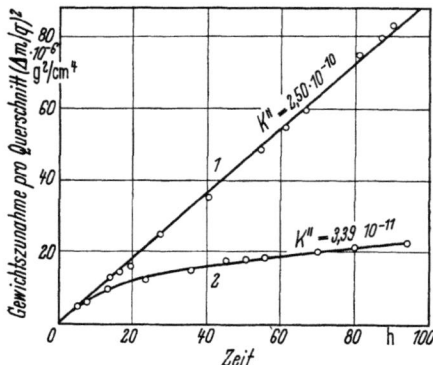

Abb. G 6. Die Oxydationsgeschwindigkeit als Gewichtszunahme pro Querschnitt ($\Delta m/q$) von Mondnickel in reinem Sauerstoff (Kurve 1) und in Sauerstoff mit einem Zusatz von Lithiumoxiddampf (Kurve 2) in Abhängigkeit von der Zeit [21].

das parabolische Anlaufgesetz bestätigt. Ausführlicher sei noch auf den Einfluß von Aluminium auf die Oxydationsgeschwindigkeit eingegangen. Aus den Untersuchungen von HORN konnte man schließen, daß außer im Falle Chrom auch bei Aluminium der Wagnersche Mechanismus bei

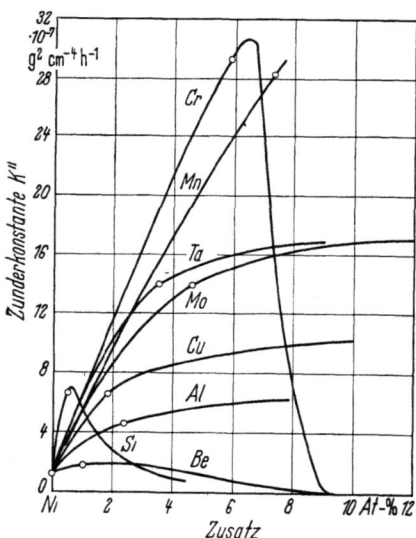

Abb. G 7. Abhängigkeit der Zunderkonstante bei 900 °C von der Konzentration des Zusatzmetalls [22].

der Oxydation bestätigt wird. Das Aluminium ist bei der Bildung von Al_2O_3 dreiwertig positiv. Bei Zugabe von Aluminium müßte also die Zahl der Fehlstellen im Oxidgitter zunehmen und damit auch die Oxydationsgeschwindigkeit. FUEKI und ISHIBASHI konnten aber dieses Ergebnis zumindest bei Zugabe von geringen Aluminiumgehalten nicht bestätigen [23]. Sie fanden, daß die Oxydationsgeschwindigkeit bei 900 °C bei Zugabe bis zu 1 Mol-% Al herabgesetzt wird und erst bei höheren Gehalten wieder ansteigt. Durch Analyse des Aluminium- und Nickelanteils ergab sich, daß mit steigendem Aluminiumgehalt der Gewichtsverlust von Nickel oberhalb von 1 Mol-% Al praktisch konstant bleibt. Der Aluminiumverlust steigt fast linear mit dem Aluminiumgehalt an (Abb. G 8). Die Ursache ist darin zu sehen, daß sich in diesem System, das als Beispiel für viele andere anzusehen ist, verschiedene Schichten unterschiedlicher Oxide ausbilden. Die Schichtfolge des Systems Ni–Al in dem untersuchten Bereich bis zu 12 Mol-% Al ist in Abb. G 9 dar-

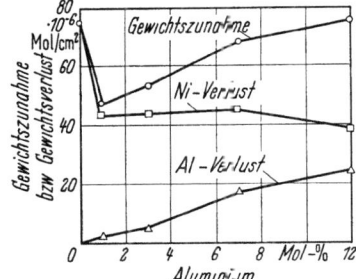

Abb. G 8. Gewichtsverluste von Nickel und Aluminium in Abhängigkeit von der Legierungszusammensetzung nach dreistündiger Oxydation bei 900 °C [23].

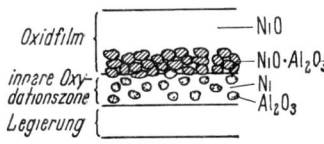

Abb. G 9. Schematische Darstellung des Aufbaues der bei 900 °C gebildeten Oxidschichten in Ni–Al-Legierungen [23].

gestellt. Zunächst tritt durch Sauerstoff eine innere Oxydation des Ni–Al-Mischkristalls unter Bildung von Al_2O_3 in der Nickelgrundmasse wegen der wesentlich höheren Sauerstoffaffinität des Aluminiums im Vergleich zum Nickel auf (vgl. Abb. G 2). Das Aluminium wird also selektiv oxydiert. An der Grenze Oxid/Metall bildet sich NiO; dabei verschiebt sich diese Grenze nach innen. Es entsteht eine poröse Schicht $NiO \cdot Al_2O_3$, durch die noch die Nickelionen wandern können. Nach außen bildet sich eine reine NiO-Schicht. Sowohl die Oxydation des Nickels als auch die des Aluminiums erfolgt nach dem parabolischen Geschwindigkeitsgesetz. Bei niedrigeren Temperaturen (700 °C) andererseits kann sich sofort eine Al_2O_3-Schicht bilden ohne eine innere Oxydation. Diese einheitliche Al_2O_3-Schicht ist zäh und dicht und schützt vor weiterer Oxydation.

Aus diesem Beispiel ergibt sich bereits, daß das stöchiometrische Verhältnis der Metalle im Mischoxid im allgemeinen anders als das in der Legierung selbst ist. Die Zusammensetzung der Oxidschichten ist unter den vorgegebenen Versuchsbedingungen abhängig von den freien Bildungsenergien der Oxide der einzelnen Legierungskomponenten und ihrer Diffusionsgeschwindigkeit sowohl innerhalb der Oxidschichten als auch innerhalb der Legierung. Die Untersuchungen von WAGNER über die Oxydation von Ni–Cu-Legierungen sind in diesem Zusammenhang insofern von besonderem Interesse, als die beiden Komponenten eine vollständige Reihe von Mischkristallen bilden, ihre Oxide demgegenüber aber eine nur geringe Löslichkeit ineinander besitzen, die vernachlässigt werden kann [24]. Für beide Komponenten gelten grundsätzlich jeweils die folgenden Beziehungen:

Für Nickel: $2\,Ni_{(Legierung)} + O_2 = 2\,NiO$ bzw. (11a)

$$n^2_{Ni(i)} \cdot p_{O_2(i)} = \pi^2_{O_2(NiO)} \qquad (11b)$$

Dabei ist

$n_{Ni(i)}$ Nickelmolenbruch an der Phasengrenze Legierung/Oxid;
$p_{O_2(i)}$ der dort herrschende Sauerstoffdruck;
$\pi_{O_2(NiO)}$ der zur jeweils gewählten Temperatur gehörige Zersetzungsdruck des NiO.

Für Kupfer:

$$4\,Cu_{(Legierung)} + O_2 = 2\,Cu_2O, \qquad (12a)$$

$$n^4_{Cu(i)} \cdot p_{O_2(i)} = \pi^2_{O_2(Cu_2O)}. \qquad (12b)$$

$n_{Cu(i)}$ Kupfermolenbruch an der Phasengrenze Legierung/Oxid;
$\pi_{O_2(Cu_2O)}$ der zur jeweils gewählten Temperatur gehörige Oxydationszersetzungsdruck des Cu_2O.

So ergibt sich z. B. bei 950 °C für NiO ein Zersetzungsdruck von $9 \cdot 10^{-12}$ atm und für Cu_2O ein solcher von $2 \cdot 10^{-7}$ atm. Daraus kann man berechnen, daß zwischen NiO und Cu_2O auf Grund gleicher Zersetzungsdrücke dann Gleichgewicht eintritt, wenn die binäre Legierung 0,7% Ni enthält. Oberhalb dieser Konzentration sollten in dem Zweistoffsystem Cu–Ni lediglich Nickel und unterhalb dieser Konzentration Kupfer selektiv oxydiert werden. Das kann aber nur dann gelten, wenn an der Phasengrenzfläche Metall/Metalloxid im Laufe der Oxydation kein Konzentrationsunterschied zwischen den Komponenten der Legierung im Vergleich zu der Gleichgewichtszusammensetzung im Innern auftritt. Bei Gehalten oberhalb von 0,7% treten aber durch die Oxydation des Nickels Kupferanreicherungen auf, die bewirken, daß sich NiO allein erst bei wesentlich höheren Nickelkonzentrationen bilden kann. Nach den Berechnungen von WAGNER unter Berücksichtigung der Diffusions- und Oxydationskonstanten bildet sich daher NiO allein erst oberhalb 75% Nickel [24]. Unterhalb dieser Konzentration tritt also aus den oben erwähnten Gründen ein Oxidgemisch auf. Diese Überlegungen stehen in Übereinstimmung mit Untersuchungen von PILLING und BEDWORTH, die feststellten, daß in Ni–Cu-Legierungen bei einer Kupferkonzentration von 20···30% eine Unstetigkeit in der Konzentrationsabhängigkeit der Oxydationsgeschwindigkeit auftritt [25].

Diese Grenzwerte verschieben sich verständlicherweise mit der Temperatur. So fanden HICKMAN und GULBRANSEN, daß je nach Zusammensetzung in Cu–Ni-Legierungen von 10···100% Kupfer bei niedrigen Temperaturen ausschließlich Cu_2O bzw. $CuO_2 + CuO$ und je nach Zusammensetzung ab 500···800 °C nur NiO gebildet werden [26]. Je höher der Nickelgehalt ist, desto niedriger liegt die Temperatur, bei der ausschließlich NiO entsteht.

Auf Ni-Mn-Legierungen bilden sich bei 600 °C und bei Mangangehalten von etwa 15% an ausschließlich Manganoxide. Bei 1000 °C wird demgegenüber erst bei 60% Mangan eine selektive Oxydation des Mangans beobachtet [27].

Besonders deutlich tritt die oben beschriebene selektive Oxydation dann auf, wenn Nickel mit einem Edelmetall legiert wird. Derartige Untersuchungen haben WAGNER und GRÜNEWALD durchgeführt [24, 28]. Auf das System Ni–Pt sei noch eingegangen: Durch selektive Oxydation des Nickels tritt eine Anreicherung von Platin an der Grenzschicht Metall/Oxid auf. Dieser Anreicherung ist aber dadurch eine Grenze gesetzt, daß das Platin in das Innere der Legierung durch das entstehende Diffusionsgefälle wieder abwandert. Durch eine Anreicherung der edleren Komponenten nimmt die freie Bildungsenergie des Nickeloxids und damit auch die Oxydationsgeschwindigkeit entsprechend ab. Dieser interessante Effekt läßt sich jedoch technisch nicht verwerten, da man, wie KUBASCHEWSKI und v. GOLDBECK feststellten, bereits 20% Pt zulegieren muß, um bei 1000 °C die Oxydationsgeschwindigkeit um die Hälfte herabzusetzen [29].

2 Zunderfeste Legierungen

2.1 Zusammensetzung der Oxidschichten

Am Beispiel Nickel-Aluminium ist bereits im letzten Abschnitt auf die Bedeutung dichter Oxidschichten als Schutz gegen weitere Oxydation hingewiesen worden. Das heißt, diese Schichten müssen möglichst undurchlässig für eindringenden Sauerstoff oder nach außen wandernde Metallionen sein. Die Entstehung solcher Schichten bei entsprechenden Betriebstemperaturen ist die Voraussetzung für zunderfeste Legierungen. Das gemeinsame Kennzeichen dieser Legierungsgruppe ist ein Chromgehalt von mindestens 10 Gew.-%, möglichst sogar 15 Gew.-% und mehr.

Wie im letzten Abschnitt besprochen, nimmt die Zunderung von Nickel mit zunehmendem Chromgehalt zunächst zu. Aus Abb. G 7 geht aber auch hervor, daß sie bei 900 °C mit Chromgehalten von mehr als

7 At.-% stark abnimmt und bei 10 At.-% bereits unterhalb des Wertes von Nickel liegt. Dieser Steilabfall verschiebt sich mit steigender Temperatur nach höheren Chromgehalten.

MOREAU und BÉNARD haben die Oxidschichten von Ni–Cr-Legierungen mit Chromgehalten bis 10 Gew.-% im Temperaturbereich von 800···1300 °C untersucht [30]. Sie konnten drei Schichten unterscheiden (Abb. G 10): In der inneren Oxydationszone ist Cr_2O_3 im Metall eingebettet. Diese Schicht ist durch innere Oxydation des Chroms durch

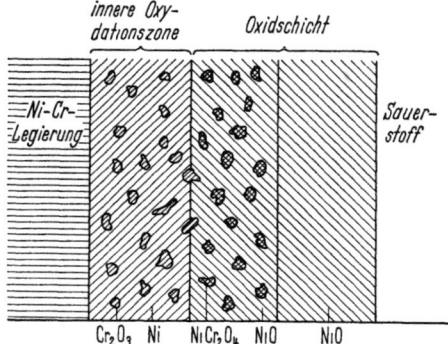

Abb. G 10. Schematische Darstellung des Aufbaus der Oxidschicht einer Ni–Cr-Legierung mit 5% Cr [30].

den eindiffundierenden Sauerstoff infolge der höheren Sauerstoffaffinität des Chroms im Vergleich zu Nickel entstanden. Nach außen grenzt an diese Schicht NiO mit eingebetteten Partikeln aus $NiCr_2O_4$ (Ni–Cr-Spinell). Die äußere Schicht besteht praktisch aus reinem NiO.

ZIMA fand, daß die bei 1100 °C gebildete Oxidschicht mit steigendem Chromgehalt der Legierung außen zunehmend Cr_2O_3 enthält [31]. Die innere poröse Schicht setzt sich aus NiO, Cr_2O_3 und $NiCr_2O_4$ zusammen. Der C_2O_3-Anteil in der Oxidschicht nimmt mit dem Chromgehalt der Legierung zu. Die Konzentration an $NiCr_2O_4$ steigt bis zu ca. 8,7 Gew.-% Cr, also dem Gehalt an, bei dem Ni–Cr-Legierungen bei 1100 °C den geringsten Oxydationswiderstand haben. Bei weiterer Zunahme des Chromgehalts in der Legierung nimmt der $NiCr_2O_4$-Anteil ab und der Cr_2O_3-Anteil zu. Unmittelbar an der Phasengrenze Metall/Oxid wird die Bildung von praktisch reinem Cr_2O_3 bei einer Konzentration von 15 Gew.-% angenommen. Diese Schicht ist sehr dicht, und Platzwechselvorgänge können in ihr nur noch sehr langsam stattfinden.

Die Ansichten sind allerdings nicht einheitlich, ob die Schutzwirkung vor weiterer Oxydation auf die Cr_2O_3- oder $NiCr_2O_4$-Bildung zurückzuführen ist. Während SCHEIL und KIWIT [32] wie auch LUSTMAN [33] auf Grund ihrer Untersuchungen vornehmlich die Schutzwirkung auf die Cr_2O_3-Bildung an der Grenzfläche Metall/Oxid der zunderbeständigen Ni–Cr-Legierungen zurückführten, gelangten z. B. IITKATA und MIYAKE

[34] sowie Hauffe und Pschera [35—37] zu der Ansicht, daß die schützende Oxidschicht im wesentlichen aus $NiCr_2O_4$ besteht. Die letzteren finden allerdings in der Nähe der Grenzfläche Ni–Cr-Legierung/Oxid einen Überschuß an Cr_2O_3 und in Richtung der Grenzfläche Oxid/Gasphase ein zunehmendes Defizit. Dieser Konzentrationsabfall von Cr_2O_3 wird ihrer Ansicht nach durch die relativ große Verdampfungsgeschwindigkeit von Cr_2O_3 noch begünstigt und bewirkt die von ihnen beobachtete bevorzugte Diffusion von Chromionen durch die $NiCr_2O_4$-Schicht.

Tabelle G 3. *Zusammensetzung von Oxidschichten auf Nickel-Chrom- und Nickel-Chrom-Eisen-Legierungen in Abhängigkeit von der Dicke* [38].

Legierung	Zusammensetzung (Gew.-%)					Oxidschichtdicke[a]		
	Ni	Cr	Fe	Si	Mn	0,03···005 μm (1000 °C)	etwa 0,1 μm (800 °C)	10···30 μm (1100 °C)
NiCr 80 20	77,6	21	1	1,4	0,2	$NiCr_2O_4$ Sp. Cr_2O_3	Cr_2O_3 Sp. $NiCr_2O_4$	Cr_2O_3; $NiCr_2O_4$ $MnCr_2O_4$ w. $FeCr_2O_4$
NiCr 60 15	61,4	18	17,5	1,2	0,5	$FeCr_2O_4$ $MnCr_2O_4$ $NiCr_2O_4$		Cr_2O_3; $NiCr_2O_4$ $MnCr_2O_4$ $FeCr_2O_4$
NiCr 30 20	33	21	43	2,3	0,8	$MnCr_2O_4$ w. $FeCr_2O_4$ w. α-Fe_2O_3		Cr_2O_3; $MnCr_2O_4$ $MnFe_2O_4$ Sp. $NiCr_2O_4$

[a] Sp. = Spuren; w. = wenig.

Nach Untersuchungen von Pfeiffer an den Legierungen NiCr80 20, NiCr 60 15 und NiCr 30 20 hängt die Zusammensetzung des gebildeten Oxids stark von der Schichtdicke ab [38]. Tab. G 3 zeigt das für allerdings bei unterschiedlichen Temperaturen gebildete Schichten. In dünneren Schichten (0,03···0,05 μm) wurde an NiCr 80 20 praktisch ausschließlich $NiCr_2O_4$ nachgewiesen und Cr_2O_3 lediglich in Spuren gefunden, während bei dickeren Schichten (0,1 μm) umgekehrt Cr_2O_3 der Hauptbestandteil der Schicht war, und $NiCr_2O_4$ nur in Spuren auftrat. Im Bereich noch dickerer Schichten (10···30μm) wurden wiederum neben Cr_2O_3 als Hauptbestandteil der Ni–Cr-Spinell $NiCr_2O_4$ und in mehr oder weniger starker Konzentration weitere Spinelle beobachtet.

In der dünnen Oxidschicht der Legierung NiCr 60 15 wurde der Spinell $FeCr_2O_4$ festgestellt und außerdem noch $MnCr_2O_4$ sowie $NiCr_2O_4$. In der noch eisenreicheren Legierung NiCr 30 20 war der Hauptbestandteil der dünnen Oxidschicht $MnCr_2O_4$.

Die dicken Oxidschichten der Legierung NiCr 60 15 (10···30 μm) unterscheiden sich nicht wesentlich von denen der Legierung NiCr 80 20.

Ebenso weisen die dicken Oxidschichten der Legierung NiCr 30 20 als Hauptbestandteil Cr_2O_3 auf. Als zweiter Hauptbestandteil wurde noch $MnCr_2O_4$ gefunden. Auffällig war, daß in dieser Legierung $NiCr_2O_4$ nur in Spuren entstand. Der Unterschied der Oxidzusammensetzung dicker und dünner Schichten wird damit erklärt, daß nur im Anfangsstadium der Oxydation sämtliche oxidfähigen Elemente oxydiert werden. Im Verlauf der weiteren Oxydation werden jedoch die Oxide der weniger sauerstoffaffinen Elemente von den Elementen mit größerer Sauerstoffaffinität reduziert, so daß diese schließlich vorherrschen.

2.2 Verhalten der Oxidschicht bei wechselnder Aufheizung und Abkühlung

Für die praktische Verwendung hitzebeständiger Legierungen ist nicht allein ihr Oxydationswiderstand in ruhender Luft von Bedeutung. Der Widerstand der Oxidschicht gegen Rißbildung und Abplatzen bei wechselnder Aufheizung und Abkühlung ist sicher ebenso wichtig. Wenn

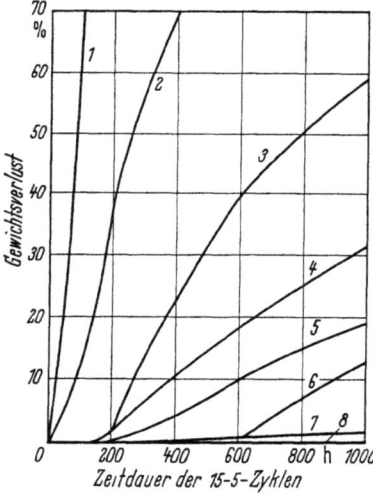

Abb. G 11. Zunderbeständigkeit einer Fe–Cr–Ni-Legierungen bei 980 °C unter zyklischem Erhitzen.

Ein Zyklus bestand aus 15 min Ofenerhitzung und 5 min Luftabkühlung. Die Versuchsbleche waren 0,8 mm dick und wurden allseitig beansprucht [39].

Kurve 1: AISI-Typ 304 (entspr. X5CrNi18 9);
Kurve 2: AISI-Typ 347 (entspr. X10CrNiNb18 9);
Kurve 3: 19/14-Cr-Ni-Stahl;
Kurve 4: AISI-Typ 309 (entspr. X15CrNi23 14);
Kurve 5: AISI-Typ 330 (entspr. X20NiCr25 15);
Kurve 6: AISI-Typ 310 (entspr. X15CrNiSi25 20);
Kurve 7: X10NiCr32 20;
Kurve 8: NiCr15Fe.

sich das oxydierte Metall abkühlt, können die Druckspannungen in der Oxidschicht beträchtlich zunehmen, weil sich das Metall in der Regel wesentlich stärker zusammenzieht als die Oxidschicht. Die Verbesserung der Haftfestigkeit wird z. B. durch Spurenelemente, wie Cer, Calcium, Aluminium, Zirkon und Silicium, bewirkt. Hierauf wurde bereits im Kap. B 6.415 ausführlich eingegangen. Der Einfluß des Chrom- und des Nickelgehaltes ergibt sich aus Abb. G 11. Dort sind die Gewichtsveränderungen von hitzebeständigen Nickelbasislegierungen und nickelhaltigen Stählen aufgetragen, die zyklisch einer Ofentemperatur von 980 °C 15 min lang ausgesetzt waren und anschließend jeweils 5 min abgekühlt wurden [39]. Da alle Proben in der gleichen Abmessung verwendet wurden, läßt der einfache Vergleich der Gewichtsänderung die relative Zunderfestigkeit dieser Legierungen an Luft erkennen. Während der Einfluß des Nickels bei gleichbleibender Temperatur in ruhender Luft nur gering ist, ergibt sich aus diesen Versuchen, daß unter zyklischen Bedingungen die hochnickelhaltigen, zunderbeständigen Legierungen den entsprechenden nickelärmeren, zunderbeständigen Stählen überlegen sind. Das gilt unter der Voraussetzung gleichen Chromgehaltes. Der günstige Einfluß eines hohen Chromgehaltes ergibt sich z. B. aus dem Vergleich der Kurve 5 (15% Cr, 35% Ni) mit Kurve 6 (25% Cr. 20% Ni) in Abb. G 11.

2.3 Übersicht über die technischen Legierungen

2.31 Chemische Zusammensetzung und Anwendbarkeit der hitzebeständigen Stähle und Legierungen

Je nach Anwendung unterscheidet man folgende Gruppen zunderfester Legierungen:

1. Heizleiterwerkstoffe,
2. hochwarmfeste Werkstoffe,
3. hitzebeständige Stähle und Legierungen.

Die Heizleiterwerkstoffe sind in Kap. B 6.41 und die hochwarmfesten Werkstoffe im Kap. D 1.21 besprochen worden.

Die hitzebeständigen Stähle und Legierungen werden als Konstruktionswerkstoffe verwendet, wenn außer einer Zunderbeständigkeit noch eine gewisse mechanische Widerstandsfähigkeit bei hohen Temperaturen verlangt wird. Die Tab. G 4 und 5 geben eine Zusammenstellung charakteristischer nickelhaltiger Schmiede- und Walz- bzw. Gußstähle und Gußlegierungen. Je nach ihrer Zusammensetzung liegen die höchsten Gebrauchstemperaturen an Luft zwischen 800 und 1200 °C. In anderen Atmosphären, wie z. B. in kohlenstoffhaltigen, reduzierend wirkenden oder in schwefelhaltigen Gasen, können die maximalen Anwendungstemperaturen erheblich tiefer liegen. Über das Verhalten der hitzebeständigen Legierungen in diesen Atmosphären wird weiter unten berichtet.

Der Chromgehalt der Legierungen liegt im allgemeinen oberhalb von 12%. Während die nickelfreien, hitzebeständigen ferritischen Stähle eine kubisch-raumzentrierte Struktur haben, sind die nickelhaltigen, austenitischen hitzebeständigen Stähle und Nickelbasislegierungen kubisch-flächenzentriert. Dieses vollaustenitische Gefüge erzielt man bei Chromgehalten von 18% durch Nickelzusätze von mindestens 8%. Austenitbildend sind noch Kohlenstoff, Mangan und Stickstoff. Andererseits sind Silicium, Aluminium und Titan Ferritbildner. Die Oxydationsbeständigkeit des 18/9-Chrom-Nickel-Stahles reicht bis etwa 800°C. Durch Steigerung des Chrom- und Nickelgehaltes um je 2% steigt die Gebrauchstemperatur an Luft auf 1050°C, und bei einer weiteren Erhöhung dieser Gehalte auf 25% Chrom und 20% Nickel werden Gebrauchstemperaturen bis 1200°C erzielt.

2.32 Das Dreistoffsystem Chrom-Eisen-Nickel; Ausscheidungen und ihr Einfluß auf die Festigkeitseigenschaften

Das Dreistoffsystem Chrom-Eisen-Nickel, (isothermer Schnitt bei 800°C) ist in Abb. G 12 wiedergegeben. Der Vergleich mit den Tab. G 4 und 5 läßt erkennen, daß einige der Stähle in das Grenzgebiet $\gamma/\gamma + \sigma$ bzw. $\gamma/\gamma + \alpha$ fallen. Da die handelsüblichen Legierungen außer Eisen, Nickel und Chrom noch Silicium, Mangan, Kohlenstoff, Stickstoff u. a. enthalten, kann

Tabelle G 4. *Chemische Zusammensetzung (Gew.-%) nickelhaltiger hitzebeständiger, walzbarer Legierungen und Stähle und ihre Anwendbarkeit an Luft.*

Bezeichnung	C	Si	Mn	Cr	Ni	Fe	Cu	sonstige	anwendbar an Luft bis etwa °C
NiCr 15 Fe	< 0,15	< 0,5	< 1,0	14···17	Rest	6···10	< 0,5	< 0,1	1100
NiCr 20 Ti	0,08···0,15	< 1,0	< 1,0	18···21	Rest	< 5	< 0,5	Ti 0,2···0,6	1100
X 10 NiCr 32 16	< 0,1	< 1,0	< 1,5	19···22	30···34	41···48	< 0,5	—	1100
X 12 NiCrSi 36 16	≦ 0,15	1,5···2,0	≦ 2,0	15···17	34···37	Rest	—	—	1100
X 15 CrNiSi 25 20	≦ 0,20	1,8···2,3	≦ 2,0	24···26	19···21	Rest	—	—	1200
X 15 CrNiSi 20 12	≦ 0,20	1,8···2,3	≦ 2,0	19···21	11···13	Rest	—	—	1050
X 12 CrNiTi 18 9	≦ 0,15	≦ 1,0	≦ 2,0	17···19	9···11	Rest	—	Ti ≦ 0,7	800

Tabelle G 5. *Chemische Zusammensetzung (Gew.-%) nickelhaltiger hitzebeständiger Gußlegierungen und -stähle und ihre Anwendbarkeit an Luft.*

Werkstoff	C	Si	Mn	Cr	Ni	Fe	Cu	sonstige	anwendbar an Luft bis etwa °C
G-NiCr 20 TiAl	0,07···0,15	0,20···0,80	0,20···0,70	18···22	Rest	< 0,5	< 0,5	Ti 0,3···0,6 Al 0,1···0,4	1100
G-X 40 NiCrSi 30 16 [a]	0,20···0,50	1,0 ···2,5	≦ 1,5	16···19	36···39	Rest	—	—	1100
G-X 40 CrNiSi 25 20 [a]	0,20···0,50	1,0 ···2,5	≦ 1,5	24···27	19···21	Rest	—	—	1150
G-X 35 CrNiSi 25 12 [a]	0,20···0,50	1,0 ···2,5	≦ 1,5	24···26	11···14	Rest	—	—	1100
G-X 25 CrNiSi 20 14 [a]	0,15···0,35	1,0 ···2,5	≦ 1,5	19···21	13···15	Rest	—	—	1000
G-X 40 CrNiSi 22 9 [a]	0,30···0,50	1,0 ···2,5	≦ 1,5	21···23	9···11	Rest	—	—	1000
G-X 25 CrNiSi 18 9 [a]	0,15···0,35	1,0 ···2,5	≦ 1,5	17···19	8···10	Rest	—	—	850

[a] Nach Stahl-Eisen-Werkstoffblatt 471—60

ihr Gefüge durch ihre Lage in dem System Eisen-Nickel-Chrom nur annähernd bestimmt sein. Die Sigmaphase bildet sich nach mehr oder weniger langen Glühzeiten im Temperaturbereich zwischen 550 und 900 °C aus. Sie ist eine harte, unmagnetische Phase, und ihre Ausscheidung führt zu einer starken Versprödung des Werkstoffs. Ihre Bildungsbedingungen sind daher auch eingehend untersucht worden [44].

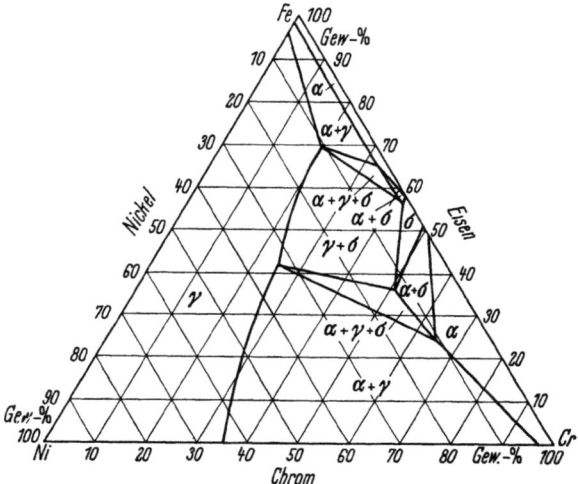

Abb. G 12. Phasenverteilung in Cr-Fe-Ni-Legierungen bei 800 °C (nach Ergebnissen von [40–43]).

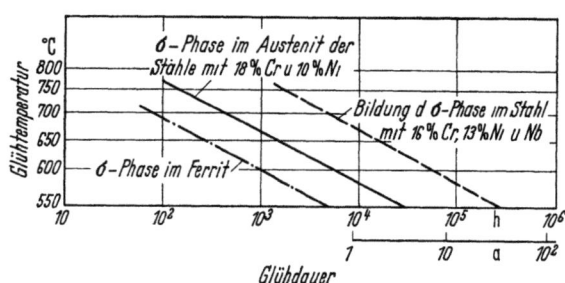

Abb. G 13. Beginn der Bildung von Sigmaphase in stabilisierten Chrom-Nickel-Stählen ohne und mit δ-Ferrit [46].

Die Sigmaphase scheidet sich bevorzugt aus dem Ferrit aus. Aus dem Austenit kann sie sich bilden, sofern die Zusammensetzung in der Nähe der Grenzlinie $\gamma/\gamma + \alpha$ liegt [45]. Wegen der wesentlich geringeren Diffusionsgeschwindigkeit im γ-Mischkristall erfolgt die Ausscheidung aus dem γ-Mischkristall auch wesentlich langsamer als aus dem α-Mischkristall (vgl. Abb. G 13). Die Trägheit der Sigmaphasenbildung aus dem

γ-Mischkristall ist die Ursache dafür, daß die Phasengrenze $\gamma/\gamma + \sigma$ nicht genau zu ermitteln ist. Von technischer Bedeutung ist, daß diese Phase sich etwa oberhalb von 35% Ni nicht mehr bildet. Durch Legierungszusätze lassen sich allerdings die Neigung und die Grenzen zur

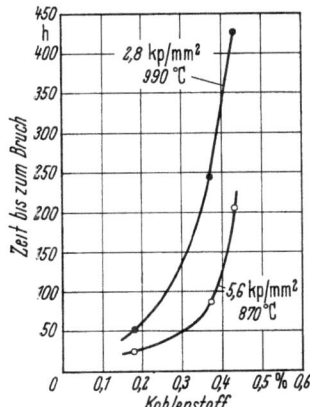

Abb. G 14. Einfluß des Kohlenstoffgehaltes auf die Zeitstandfestigkeit einer Legierung entsprechend G-X 40 CrNiSi 25 20 bei 870 und 990 °C [48].

Sigmaphasenbildung z. T. stark verändern. Die Sigmaphasenbildung fördern im allgemeinen die Ferritbildner Molybdän, Silicium, Titan und Niob. Aluminium kann sie auf dem Umwege der Ferritbildung gleichfalls erhöhen. Demgegenüber verzögert Aluminium in ferritischen Stäh-

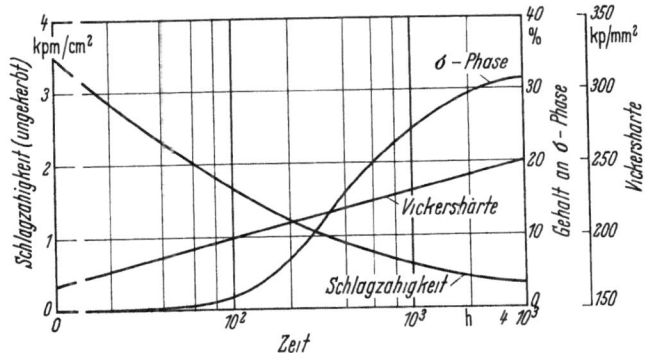

Abb. G 15. Änderungen der mechanischen Eigenschaften und Bildung von Sigmaphase eines 25/20-Chrom-Nickel-Stahlgusses durch Glühen bei 800 °C (Stahl 6 nach Tab. G 6).

len ihre Entstehung [47]. Mit zunehmendem Molybdängehalt wird auch die Stabilität der Sigmaphase zu höheren Temperaturen verschoben. Außerdem erhöht Molybdän die Bildungsgeschwindigkeit. So genügen z. B. bei einem Stahl mit 18% Cr, 8% Ni und 2,6% Mo 15 min Glühen bei

850 °C, um einen erheblichen Teil des Ferrits in Sigmaphase umzuwandeln.

In den hitzebeständigen Stählen und Legierungen können sich im Temperaturbereich von rd. 600···950 °C auch Chromcarbide ($M_{23}C_6$ und M_7C_3) ausscheiden. Dies trifft besonders für die Gußlegierungen zu, die schon aus gießtechnischen Gründen im allgemeinen höhere Kohlenstoffgehalte besitzen als die vergleichbaren Walz- und Schmiedestähle. Die Erhöhung des Kohlenstoffgehaltes bewirkt eine Festigkeitssteigerung (vgl. Abb. G 14). Es ist allerdings zu beachten, daß diese Festigkeitssteigerung mit einer Verminderung des Dehnungsvermögens verbunden ist.

Die Versprödung der austenitischen Chrom-Nickel-Stähle durch Sigmaphasenausscheidung ist größer als die durch Carbidausscheidungen. Eine Carbidversprödung wird bei langzeitigem Glühen bei 800 °C erst bei Kohlenstoffgehalten von mehr als 0,2% merkbar [49]. Bei Kohlenstoffgehalten von 0,4% ist die Versprödungsneigung bereits erheblich. Aus einer weiteren Untersuchung geht hervor, daß der Kohlenstoffgehalt, der zu einer Zähigkeitsverminderung durch Carbidausscheidungen führt, bei dem hitzebeständigen 20/15-Chrom-Nickel-Stahl größer ist als bei dem 24/22-Chrom-Nickel-Stahl [50]. Andererseits liegt der Kohlenstoffgehalt, der zur Versprödung führt, höher als beim 18/37-Chrom-Nickel-Stahl. Die durch die Ausscheidung hervorgerufene Versprödung machte sich besonders bei Temperaturen bis zu etwa 800 °C bemerkbar. Bei höherer Temperatur ist dieser Einfluß nur noch gering.

Tabelle G 6. *Abhängigkeit der Schlagzähigkeit vom Gefügezustand bei hitzebeständigen 25/20-Chrom-Nickel-Stählen* [49].

Stahl	Zusammensetzung Gew.-%					Schlagzähigkeit kpm		Gefüge
	C	Si	Mn	Ni	Cr	Gußzustand	4000 h/800 °C	
1	0,21	0,76	0,74	22,0	23,0	89,0	21,5	γ + Carbidausscheidungen
2	0,223	1,19	2,51	23,2	23,8	64,7	12,0	γ + Carbidausscheidungen
3	0,38	0,72	0,70	21,25	23,55	50,3	2,2	γ + starke Carbidausscheidungen
4	0,439	1,15	2,21	21,9	25,0	19,1	1,9	γ + starke Carbidausscheidungen
5	0,433	1,20	2,24	18,6	24,9	26,5	1,3	γ + starke Carbidausscheidungen + Spuren von σ
6	0,237	2,11	1,73	20,9	25,9	25,7	0,3	γ + σ + Carbidausscheidungen
7	0,214	2,03	2,45	25,2	25,2	18,1	0,5	γ + σ + Carbidausscheidungen

Wesentlich weiter sinkt die Schlagzähigkeit bei Auftreten der Sigmaphase ab (Tab. G 6). Die Parallelität des Absinkens der Schlagzähigkeit mit zunehmendem Anteil an Sigmaphase geht aus Abb. G 15 hervor. Aus dieser Darstellung ist ebenfalls ersichtlich, daß das Gleichgewicht der Sigmaphasenbildung bei dem 25/20-Chrom-Nickel-Stahlguß nach

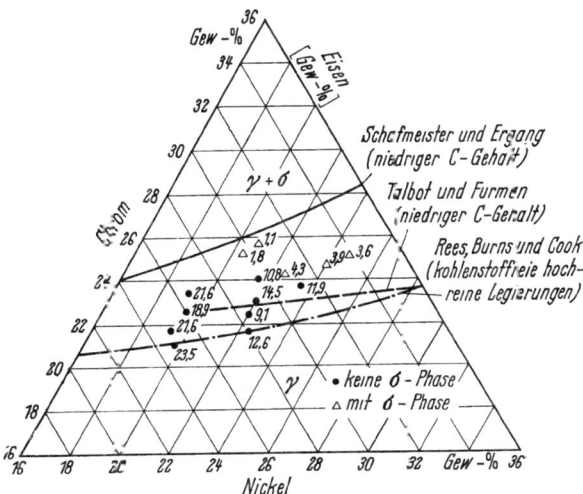

Abb. G 16. Isothermer Schnitt durch das Dreistoffsystem Cr–Fe–Ni bei 800 °C [41, 42, 49, 54]. Die Zahlen neben den Punkten sind Werte für die Schlagzähigkeit (ungekerbt) in kpm. Die Stähle enthalten: rd. 0,25% C; max. 1% Si; 1,75 oder 2,5% Mn; 0,02% N_2. Glühzeit mind. 768 h.

rd. 2000 h erreicht wird. Nach 48 h Glühen dieses Stahles bei 800 °C haben sich Sekundärcarbide in den Körnern und an den Korngrenzen ausgeschieden. Nach 96 h sind die Korngrenzencarbide jedoch teilweise wieder in Lösung gegangen und durch Sigmaphase ersetzt worden. Daß nach längeren Glühzeiten Chromcarbide teilweise durch Sigmaphase ersetzt werden, ist auch bereits in anderen Untersuchungen festgestellt worden [51—53]. Aus Abb. G 16 kann man an den Werten für die Kerbschlagzähigkeit erkennen, wie groß die Neigung der Stähle zur Sigmaphasenbildung ist.

3 Reaktionen mit verschiedenen Gasen

3.1 Verhalten in kohlenstoffhaltigen Gasen

Kohlenstoff erniedrigt den Schmelzpunkt des Nickels und bildet bei 1318 °C (2,22 Gew.-% C) ein Eutektikum. Nickel vermag bei der eutektischen Temperatur 0,55 Gew.-% C zu lösen. Die Löslichkeit vermindert sich mit fallender Temperatur und beträgt bei 700 °C nur noch 0,08% [1].

Kohlenstoffhaltige Gase werden in der Praxis als Schutzgas oder beim Einsatzhärten in großem Umfang verwendet. Sie können Kohlenmonoxid, Kohlendioxid, Kohlenwasserstoffe, Wasserstoff und Stickstoff enthalten. Je nach Zusammensetzung des Gases, der Legierung und der Temperatur können die Gase für den jeweiligen nickelhaltigen Werkstoff oxydierend oder reduzierend sein, d. h., sie können zu einer Entkohlung oder zu einer Aufkohlung führen. Da die Aufkohlung den Werkstoff durch Bildung von Carbiden versprödet, ist der Widerstand des Werkstoffs gegen Aufkohlung von großer technischer Bedeutung.

In Abb. G 2, die die Standardbildungsarbeiten einiger Reaktionen von Elementen mit Sauerstoff in Abhängigkeit von der Temperatur wiedergibt, ist auch die Kurve für die Reaktion

$$2\,C + O_2 = 2\,CO \tag{13}$$

eingetragen. Wegen der andersgerichteten Tendenz dieser Gleichgewichtskurve ergeben sich Schnittpunkte mit den Gleichgewichtskurven für die Oxydation anderer Elemente. Man kann daraus die Temperaturen (für 1 atm Druck) entnehmen, die zur Reduktion des entsprechenden Metalloxids durch Kohlenstoff erforderlich sind. Bei Temperaturen oberhalb des Schnittpunktes tritt Reduktion des entsprechenden Oxids ein; unterhalb dieser Temperaturen ist eine Reduktion durch Kohlenstoff nicht möglich. Aus der Abbildung ergibt sich, daß NiO bereits oberhalb rd. 450 °C von Kohlenstoff reduziert wird, während eine Reduktion von Cr_2O_3 erst oberhalb rd. 1200 °C stattfindet.

Chrom ist Carbidbildner und fördert daher die Aufkohlung. Chrom vermindert andererseits die Kohlenstoffdiffusion. In Ni-Cr-Legierungen nehmen aus diesen Gründen mit steigendem Chromgehalt bei Einwirkung aufkohlender Gase die Randkohlenstoffgehalte zu, aber die Aufkohlungstiefen ab. Siliciumgehalte setzen die Kohlenstoffaufnahme beträchtlich herab [55]. Das gleiche gilt für Aluminium, offensichtlich auf Grund einer Diffusionsbehinderung.

Der Einfluß eines Nickelgehaltes auf die Kohlenstoffaufnahme ist von den Betriebsbedingungen abhängig. Bei kontinuierlicher Glühung nimmt die Kohlenstoffaufnahme mit steigendem Nickelgehalt stark ab (vgl. Abb. G 17).

Wesentlich anders liegen die Verhältnisse jedoch, wenn die Legierungen abwechselnd einer reduzierenden, aufkohlenden und einer oxydierenden Atmosphäre ausgesetzt werden. SCHULZE berichtet über Ergebnisse von Versuchen, die bei 950 °C an Proben durchgeführt worden sind, die im Wechsel je 60 h einer aufkohlenden und je 40 h einer oxydierenden Atmosphäre (Luft) ausgesetzt wurden [57]. Nicht nur die Temperatur, sondern auch die Zusammensetzung der von ihm verwendeten aufkohlenden Atmosphäre (20% CO, 40% H_2, 0,5% CO_2, 2% CH_4, Rest N_2) war praktisch gleich der Atmosphäre, mit der die zu Abb. G 17 erwähnten Versuche durchgeführt worden sind. Unter diesen zyklischen Bedingungen ergibt sich mit steigendem Nickelgehalt eine zunehmende Aufkohlung. Zum Beispiel ist nach zwanzigmaligem Glüh-

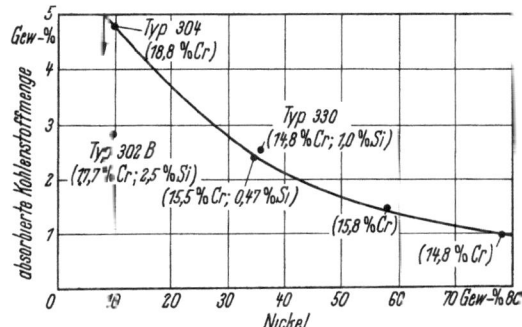

Abb. G 17. Wirkung des Nickelgehaltes auf die Aufkohlung von nickelhaltigen Werkstoffen mit 15…19% Cr bei 970 °C (Versuchsdauer 1500 h [56]).
Atmosphäre: 40% H_2, 21% CO, 2,5% CH_4, 35,5% N_2. Taupunkt: 12…8 °C.

zyklus der Kohlenstoffgehalt von NiCr 80 20 auf 1,63% gestiegen gegenüber 1,45% bei NiCr 60 15 und 0,25% bei NiCr 30 20. Die Ausgangskohlenstoffgehalte waren bei allen drei Legierungen $\approx 0{,}05 \cdots 0{,}08\%$.

Der Einfluß von Temperatur und Zusammensetzung der kohlenstoffhaltigen Atmosphäre auf die Schutzwirkung bzw. Aufkohlung von Ni–Cr- und Ni–Cr–Fe-Heizleiterlegierungen geht aus den Abb. G 18a und b hervor [58]. Der Steilabfall bei der Lebensdauerprüfung ist durch die Bildung flüssiger Carbideutektika auf Grund einer Kohlenstoffaufnahme bedingt. Nach den Untersuchungen des Dreistoffsystems C–Cr–Ni von KÖSTER und KABERMANN bilden sich Eutektika bei 1045 und 1270 °C [59]. Je höher der Sauerstoffgehalt des Gases ist, desto mehr wird die Temperatur des Steilabfalls zu höheren Werten verschoben. Die Ursache ist darin zu suchen, daß der Sauerstoffgehalt die Bildung schützender Oxidschichten bewirkt, die die Carbidbildung verzögern. Aus den miteingezeichneten Kurven für das Verhalten an Luft ergibt sich, daß bei Temperaturen unterhalb des Steilabfalls diese Gase als Schutzgas wirken, denn es werden höhere Lebensdauern erzielt als an Luft. In diesem Temperaturbereich wird die Lebensdauer offensichtlich weitgehend durch die Oxydationsgeschwindigkeit, d. h. vom Sauerstoffgehalt des Gasgemisches bestimmt.

In Kohlendioxid ergibt sich im allgemeinen höhere Zunderbeständigkeit als in Luft, sowohl bei den Ni–Cr-Legierungen als auch bei den

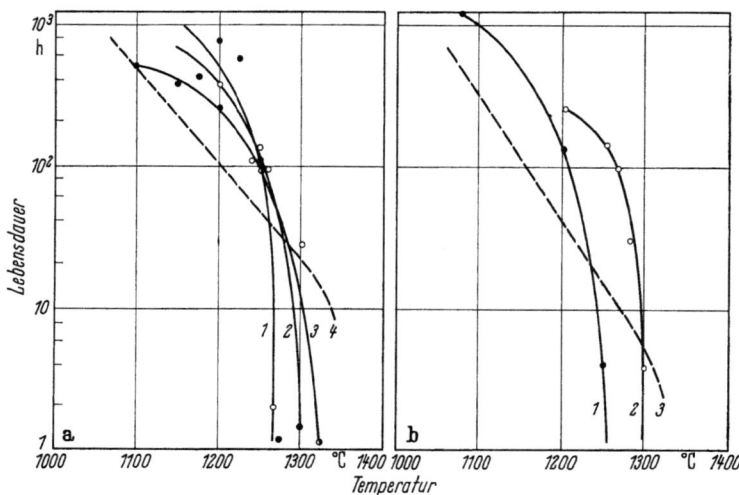

Abb. G 18. Lebensdauer von Ni–Cr-Legierungen in Endogas und Exogas in Abhängigkeit von der Temperatur [58].

a) NiCr 80 20 Kurve *1*: Endogas[a], Kurve *2*: Exogas[a], Kurve *3*: Exogas + O_2[a], Kurve *4*: Luft;

b) NiCr 30 20 Kurve *1*: Endogas[a], Kurve *2*: Exogas[a], Kurve *3*: Luft.

[a] Zusammensetzung der Gase in Vol.-%

	H_2	CO	CO_2	CH_4	N_2	O_2
Endogas	40	20	–	–	40	–
Exogas	20	13	7	2	58	–
Exogas + O_2	25	7	4	3	59	2

austenitischen Nickel-Chrom-Stählen [60], und zwar wächst der Zunder austenitischer Nickel-Chrom-Stähle in Kohlendioxid im Temperaturbereich von 600···1000 °C im Langzeitversuch (1000 h) nach einem exponentiellen Gesetz [61]

$$\left(\frac{\Delta m}{q}\right)^n = K \cdot t; \qquad (14)$$

Δm Gew.-Zunahme;
q Querschnitt;
t Oxydationszeit;
K'' Zunderkonstante; vgl. Gl. (5)

wobei der Exponent n zwischen 2 und 3 liegt.

Die hohe Schutzwirkung des Zunders wird auf die selektive Oxydation des Chroms zurückgeführt.

Die Aufkohlung wird durch Zusatz von Kohlenwasserstoffen stark gefördert. Ein Methanzusatz von 4 Vol.-% zu Kohlendioxid ergibt bereits eine deutliche Verminderung der Lebensdauer. Diese Erscheinung ist bei den eisenfreien Legierungen stärker ausgebildet als bei den austenitischen Stählen.

3.2 Verhalten in stickstoffhaltigen Gasen

Molekularer Stickstoff reagiert nach Untersuchungen von SIEVERTS und KRUMBHAAR nicht mit Nickel [62]. Er ist gegenüber Nickel sehr reaktionsträge und kann als inertes Gas angesehen werden. Atomarer Stickstoff, wie er sich z. B. durch Glühen in Ammoniak an der Metalloberfläche bildet, wird demgegenüber von Nickel aufgenommen. Durch Glühen von Nickelpulver in Ammoniak im Temperaturbereich von 300···1000°C unter Druck läßt sich ein Präparat mit 0,32 Gew.-% N herstellen [63]. Die Affinität des Nickels zum Stickstoff und die Stabilität des Nitrids Ni_3N sind nur gering. Ni_3N zersetzt sich beim Erhitzen im Vakuum bereits wieder bei einer Temperatur von 190°C und beim Erhitzen in Stickstoffatmosphäre bei ca. 450°C.

Das Verhalten der hitzebeständigen Stähle und Legierungen gegenüber stickstoffhaltigen Gasen wird durch die unterschiedlichen Affinitäten der Legierungselemente wesentlich beeinflußt. Die Affinität zum Stickstoff nimmt in der Reihenfolge Nickel, Eisen, Mangan, Chrom, Aluminium, Titan und Zirkon zu. Die letzten drei Elemente bilden Nitride hoher Beständigkeit.

Tabelle G 7. *Hochtemperaturkorrosion in trockenem Ammoniak* [66].

Werkstoff	Korrosions-geschwindigkeit mm/a
Nickel	2
NiCr 80 20	0,17
NiCr 15 Fe	0,15
NiCr 60 15	0,17
NiCr 37 18	0,43
25/20-Chrom-Nickel-Stahl	1,35
24/14-Chrom-Nickel-Stahl	2,4
17/13-Chrom-Nickel-Stahl mit 2,5% Mo	>13
18/8-Chrom-Nickel-Stahl	2,5
27%iges Chromeisen	4,2

In den hitzebeständigen Stählen und Legierungen nimmt bei gleichem Chromgehalt die Stickstoffaufnahme mit steigendem Nickelgehalt ab. Das gilt sowohl für Glühungen an Luft [64] (Abb. G 19) als auch bei Glühungen in Ammoniak [65] (vgl. Tab. G 7). Aus Tab. G 7 kann man auch den günstigen Einfluß von Chrom entnehmen. Wie in kohlenstoffhaltigen Gasen (vgl. Kap. G 3.1) setzt offensichtlich Chrom in Nickelbasislegierungen und austenitischen Stählen die Stickstoffdiffusion herab. Der zeitliche Ablauf der Nitridbildung erfolgt ähnlich der inneren Oxydation. Der zunächst gelöste Stickstoff reagiert mit den in der Legierung gelösten Metallen, die die höchsten Affinitäten zum Stickstoff besitzen. Sowohl in den austenitischen Stählen als auch in den Ni–Cr-Legierungen entstehen bei entsprechend langen Glühzeiten Ausscheidungen von Chromnitriden. Die Stickstoffaufnahme führt aber bei den Chrom-

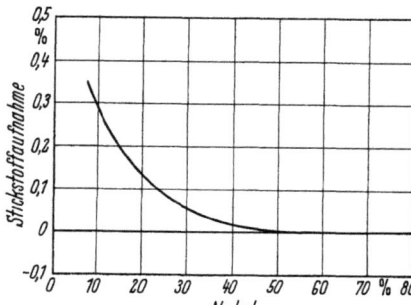

Abb. G 19. Stickstoffaufnahme beim Zundern an Luft (500 h bei 1200 °C) bei hitzebeständigen Chrom-Nickel-Stählen in Abhängigkeit vom Nickelgehalt (nach unveröffentlichten Untersuchungen von G. BANDEL; (vgl. [64]).

Nickel-Stählen und Cr–Ni-Legierungen noch nicht unbedingt zu einer Beeinträchtigung der Lebensdauer im Vergleich zur Lebensdauer an Luft. Aus den in Tab. G 8 wiedergegebenen Untersuchungsergebnissen [67] geht z. B. hervor, daß bei 1050 °C die Lebensdauer der Legierung NiCr 80 20 in Ammoniak größer ist als an Luft. Erst oberhalb dieser Temperatur ist die Lebensdauer etwas geringer als an Luft. Im Stickstoff-Wasserstoff-Gemisch ist die Lebensdauer sogar auch bei 1150···1200 °C besser als an Luft. Aus dieser Tabelle geht auch die wesentlich bessere Widerstandsfähigkeit der nickelhaltigen Legierungen sowie der austenitischen Stähle gegenüber molekularem Stickstoff im Vergleich zu atomarem Stickstoff hervor.

Tabelle G 8. *Lebensdauer von Nickel-Chrom- und Nickel-Chrom-Eisen-Legierungen in Ammoniak und anderen Atmosphären* [67].

Werkstoff	Temperatur °C	Lebensdauer h in Ammoniak	Lebensdauer h in 25% N_2, 75% H_2	Lebensdauer h in Luft
NiCr 80 20	1050	900		630
NiCr 80 20	1150	46		145
NiCr 80 20	1200	12	457	89
NiCr 30 20	1150	59	509	106
NiCr 30 20	1200	3	95	54

3.3 Verhalten in schwefelhaltigen Gasen

Nickel besitzt eine hohe Affinität zum Schwefel. Bei 645 °C und 21,5 Gew.-% Schwefel bildet sich ein Eutektikum zwischen Nickel und dem Nickelsulfid Ni_3S_2 (Abb. G 20). Selbst noch 100 grd unterhalb dieses Schmelzpunktes führt ein Glühen in schwefelhaltigen Gasen zum Eindringen des Schwefels in das Innere des Nickels, besonders entlang den Korngrenzen. Schwefel kann daher in Werkstoffen mit hohem Nickelgehalt einen besonders schädlichen Einfluß ausüben (vgl. [68]).

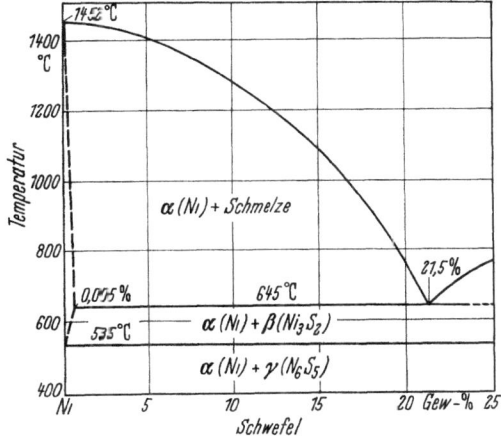

Abb. G 20. Zustandsschaubild Ni-S (vgl. [1]).

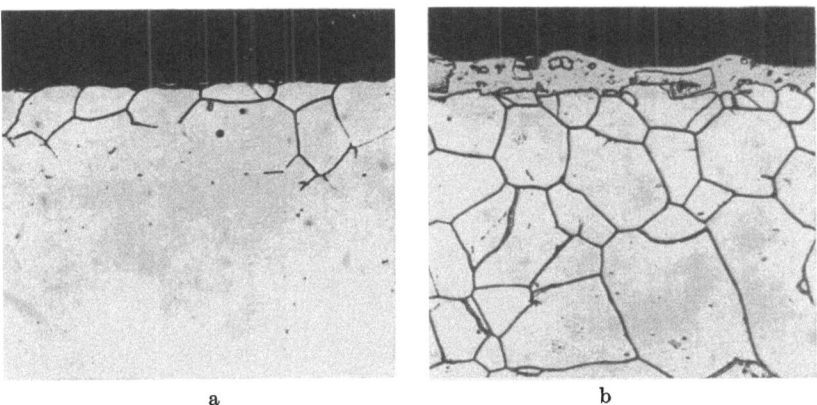

Abb. G 21. a) Querschliff eines 2,5 mm dicken Nickelbleches nach dem Reinigen und einstündigem Glühen bei 600 °C in Stickstoff mit einem Gehalt von 0,5% Schwefelwasserstoff.
b) Querschliff eines Nickelbleches nach Glühen bei 640 °C in Stickstoff mit einem Gehalt von 0,5% Schwefeldioxid. Der wesentlich stärkere Schwefelangriff wurde allein durch die Temperaturerhöhung um 40 grd verursacht.

Ausführlich haben in neuerer Zeit MROWEC, WERBER und ZASTAWNIK den Mechanismus der Hochtemperaturkorrosion von Ni–Cr-Legierungen in Schwefeldampf bei Atmosphärendruck im Temperaturbereich 500 bis 900 °C untersucht [69]. Bei allen Legierungszusammensetzungen folgt die

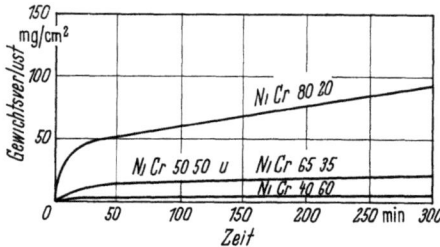

Abb. G 22. Gewichtsverlust von Ni–Cr-Legierungen in Schwefelwasserstoff bei 700 °C in Abhängigkeit von der Zeit [70].

Hochtemperaturkorrosion dem Tamannschen Parabelgesetz unabhängig von der Temperatur. Die hohe Aufschwefelungsgeschwindigkeit der Legierungen mit niedrigem Chromgehalt ($< 2\%$) im Vergleich zum reinen Nickel ist auf die Einlagerung von dreiwertigen Chromionen in das Sulfidgitter zurückzuführen, was eine hohe Konzentration an Kationenleer-

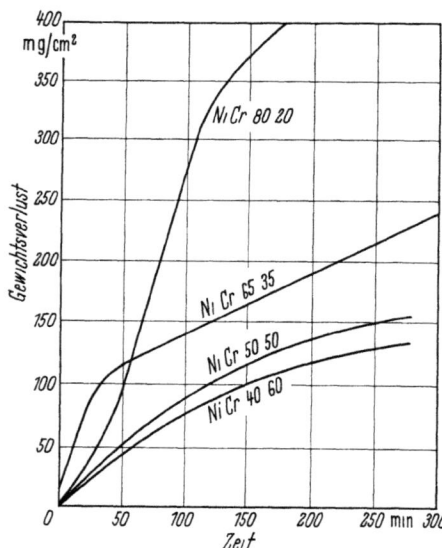

Abb. G 23. Gewichtsverlust von Ni–Cr-Legierungen in Schwefelwasserstoff bei 900 °C in Abhängigkeit von der Zeit [70].

stellen mit sich bringt. Umgekehrt wird die niedrigere Aufschwefelungsgeschwindigkeit in chromreichen Legierungen im Vergleich zum reinen Chrom durch die Einlagerung von zweiwertigen Nickelionen in das Chromsulfidgitter (Cr_2S_3-Gitter) und der damit einhergehenden Verminderung der Zahl der Kationenleerstellen bewirkt. Den großen Einfluß des Chromgehaltes erkennt man daraus, daß Unterschiede in der Reaktionskonstante (Gl. 4) des parabolischen Zeitgesetzes von vier Zehnerpotenzen für Legierungen von 0,11···62% Cr gefunden wurden.

Auch der Einfluß der Temperatur auf die Eindringgeschwindigkeit ist recht erheblich. Ein Vergleich der Abb. G 21 a und b macht dies deutlich. (Einfluß auf Verarbeitung s. Kap. A 4.9).

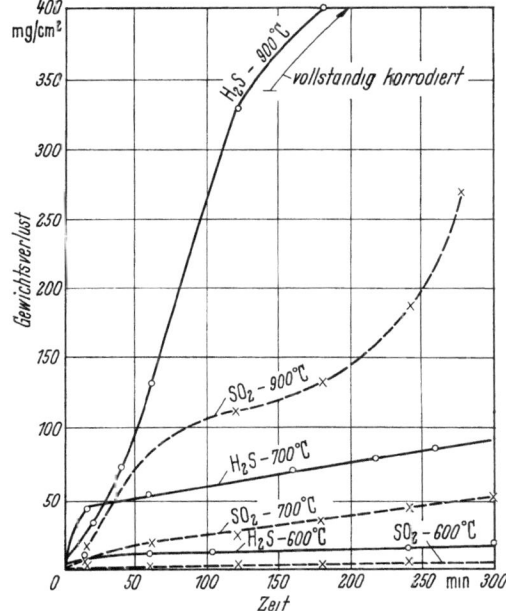

Abb. G 24. Gewichtsverlust der Legierung NiCr 80 20 in Schwefelwasserstoff und in Schwefeldioxid in Abhängigkeit von der Zeit [71].

In reduzierend wirkenden schwefelwasserstoffhaltigen Gasen ist die interkristalline Korrosion stärker ausgeprägt als in oxydierend wirkenden schwefeldioxidhaltigen Gasen, besonders bei Temperaturen oberhalb 800 °C. Offensichtlich verzögern die sich unter oxydierenden Bedingungen bildenden Korrosionsprodukte das Eindringen des Schwefels.

Bei einer Steigerung des Chromzusatzes über 2% erhöht sich der Widerstand gegen die Korrosion durch Schwefel. Das gilt sowohl für oxydierend als auch für reduzierend wirkende schwefelhaltige Gase. Aus den Abb. G 22 und 23 [70] läßt sich erkennen, daß sich die Korrosionsbeständigkeit von Ni–Cr-Legierungen gegenüber reinem Schwefelwasserstoff bei 700 °C durch Erhöhen des Chromgehalts von 20 auf 35% erheblich verbessern läßt. Oberhalb 35% Cr ist eine weitere Verbesserung der Korrosionsbeständigkeit nicht klar erkennbar. Bei höheren Temperaturen hat jedoch ein höherer Chromgehalt als 35% noch einen verbessernden Einfluß [71]. Die Korrosionskurven der Legierungen mit 35% Cr und höher verlaufen bei 700 °C noch deutlich parallel, d. h., die sich auf diesen Legierungen bildenden Korrosionsprodukte haben eine Schutzwirkung gegen weitere Aufschwefelung. Aus Zunderuntersuchungen ist zu erkennen, daß die schützenden Korrosionsprodukte in einer Schwefeldioxidatmosphäre aus Cr_2O_3 bestehen, in das etwas NiO eingebaut ist [72]. In Schwefelwasserstoff bestehen diese Schichten aus reinem CrS. In schwefeldioxidhaltigen Gasen ist der Angriff erheblich geringer als in schwefelwasserstoffhaltigen Gasen, wie man anhand von Abb. G 24, die dies für die Legierung NiCr 80 20 zeigt, erkennt.

Auch in oxydierend wirkenden schwefelhaltigen Gasen nimmt die Korrosionsbeständigkeit mit steigendem Chromgehalt zu. Erst wenn Chrom nicht in ausreichender Menge zur Verfügung steht, diffundiert Schwefel nach innen, und es bildet sich das niedrigschmelzende Ni_3S_2-Eutektikum.

Der Einfluß von Titan- und Aluminiumzusätzen zu Ni–Cr-Legierungen ist nicht deutlich ausgeprägt. Nach BRADBURY, HANCOCK und LEWIS vermindern sie anscheinend die Korrosion durch Schwefel [72].

3.4 Verhalten in halogenhaltigen Gasen

Durch chlor- und fluorhaltige Gase werden die hitzebeständigen Legierungen bereits bei mittleren Temperaturen stark angegriffen. Es bilden sich dabei Schwermetallhalogenide, die fest, flüssig oder gasförmig sein können. Der Angriff geht tief in das Innere, ohne die oxidische Deckschicht stärker anzugreifen. Äußerlich ist daher der Angriff kaum zu erkennen.

Nach den Untersuchungen von ARBELLOT ist für Nickel und Nickellegierungen in Anwesenheit von Chlor und Salzsäure die Anwendungstemperatur auf max. 500 °C beschränkt [73], während in Fluorwasserstoff und Wasserdampf die Beständigkeit noch bis 575 °C reicht [74].

4 Sonderformen der Korrosion

4.1 Grünfäule

Eine besondere Art der Hochtemperaturkorrosion in reduzierend wirkenden Gasen ist die sogenannte Grünfäule. Bei dieser Erscheinung findet eine bevorzugte Oxydation des Chroms in der Legierung (innere Oxydation) z. T. bis zu beträchtlichen Tiefen statt, vornehmlich entlang den Korngrenzen. Es kommt hierbei zum Unterschied zur normalen

Oxydation zu keiner Schutzschichtbildung. Die Zerstörung der Legierung läuft daher nach Beginn der Korrosion in zumeist recht kurzer Zeit ab. Der Werkstoff wird spröde, und die Bruchstellen weisen zumeist eine typische grünliche Färbung auf. Die Grünfäule ist in solchen Gasen anzutreffen, deren Sauerstoffgehalte zwar eine Oxydation des Chroms gestatten, jedoch nicht ausreichen, um gleichzeitig eine Oxydation von Nickel und Eisen herbeizuführen. Die austenitischen Nickel-Chrom-Stähle zeigen gegenüber dieser Korrosionserscheinung eine wesentlich bessere Beständigkeit als die eisenfreien Ni–Cr-Legierungen. Siliciumzusatz verbessert den Korrosionswiderstand gegenüber Grünfäule. Da in den Legierungen Chrom selektiv oxydiert wird und Nickel bzw. Nickel und Eisen metallisch übrigbleiben, werden die von Grünfäule befallenen Legierungen magnetisch. Es haben bisher erhebliche Schwierigkeiten bestanden, die Erscheinung der Grünfäule im Laborversuch zu reproduzieren. Daher gibt es auch noch keine eindeutige Erklärung für diese Erscheinung. Kohlenstoff und Schwefel scheinen die Entstehung der Grünfäule zu fördern, dafür aber nicht unbedingt erforderlich zu sein.

4.2 Katastrophale Korrosion

Wenn sich aus den Abgasen der Brennstoffe niedrigschmelzende Schlacken auf den Werkstoffen absetzen — Alkalipyrosulfate schmelzen bereits ab 300 °C und Alkalieisendoppelsulfate ab 600 °C —, so wirken diese flüssigen Schlacken als Sauerstoffüberträger. Ist diese Anschmelzung an der Oberfläche erst einmal erfolgt, so kann Sauerstoff durch die flüssige Phase sehr viel schneller an das Metall herangetragen werden. In dieser Sulfat/Oxid-Korrosion ist der Angriff sehr oft grübchenartig. Er tritt dann auf, wenn diese Schlacken bei den angewendeten Temperaturen im heterogenen Gebiet fest/flüssig liegen. An den Stellen, die zuerst flüssig werden, schreitet die Korrosion schneller fort.

Eine besonders gefährliche und schnelle Korrosion erfolgt dann, wenn sich aus den Sulfaten unter gleichzeitiger Oxydation des Metalls Sulfide bilden. Wie bereits schon besprochen, bildet Nickel mit Nickelsulfid ein niedrigschmelzendes Eutektikum, das heißt, es tritt eine Metallauflösung ein, ohne daß eine vorherige Oxydation notwendig ist. Diese Art des Angriffs wird nach einer längeren Inkubationsperiode beobachtet, besonders bei hochnickelhaltigen hitzebeständigen Werkstoffen; und zwar dürfte bei der Umsetzung von Alkalisulfaten mit Chrom und chromreichen Legierungen zunehmend Chromat unter Freisetzung von Schwefeldioxid entstehen [75]. Die dadurch hervorgerufene selektive Oxydation des Chroms bewirkt eine Verarmung der Randzone des Metalls an Chrom. Verarmt die Schlacke durch mechanischen Abtrag oder chemische Reaktion an Chromat, so setzt eine direkte chemische Umsetzung des Nickels mit dem Sulfat ein, wobei sich Sulfide bilden können. Sind erst einmal Sulfidnester entstanden, so ist der Sulfidangriff auch bei höherem Chromgehalt in tieferen Schichten festzustellen. Das gilt besonders dann, wenn das Oxidpotential der Schlacke an der Metalloberfläche durch Diffusionsbehinderung niedrig gehalten wird. Eine Diffusionsbehinderung tritt jedoch durch die im Anschluß an die Sulfidbildung einsetzende Nickeloxidbildung in den „Pusteln" auf.

4.3 Ölasche-Korrosion

Der wirtschaftliche Einsatz von Rückstandsölen als Heizstoff für Dampfkesselanlagen sowie Raffinerieöfen ist bisher nur in begrenztem Umfang möglich gewesen, da sich die bei der Verbrennung entstehenden Ölaschen als sehr korrosiv erwiesen haben. Die aschebildenden Kompo-

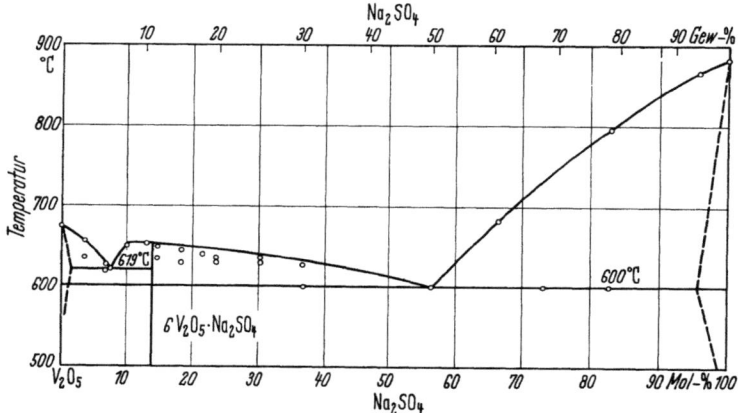

Abb. G 25. Zustandsdiagramm des Systems V_2O_5-Na_2SO_4.

nenten im Öl, wie Schwefel (2···4%), Vanadin (20···800 ppm) und Natrium (10···600 ppm) führen zu niedrigschmelzenden Oxiden, die nach weitverbreiteter Ansicht die schützenden Oxidschichten zerstören und als Sauerstoffüberträger fungieren [76—78]. Da die für die Verflüssigung der Schutzschicht notwendige Ölasche eine Mindestmenge pro Flächeneinheit haben muß, um ein Ausheilen der angegriffenen Oxidschutzschicht zu verhindern, setzt im praktischen Betrieb die Korrosion erst nach einer Inkubationszeit ein.

In Abb. G 25 ist das Zustandsdiagramm V_2O_5 — Na_2SO_4 wiedergegeben. Man erkennt, daß zwei Eutektika gebildet werden, und zwar bei etwa 619°C und rd. 5 Gew.-% Na_2SO_4 und bei 600°C und rd. 50 Gew.-% Na_2SO_4. Sofern Temperaturen vorherrschen, bei denen diese Oxidgemische flüssig sind, wird die Korrosionsgeschwindigkeit nicht von dem Schmelzpunkt der Ölasche bestimmt, sondern durch die Sauerstoffmenge, die in der flüssigen Phase löslich ist. Voraussetzung ist dabei,

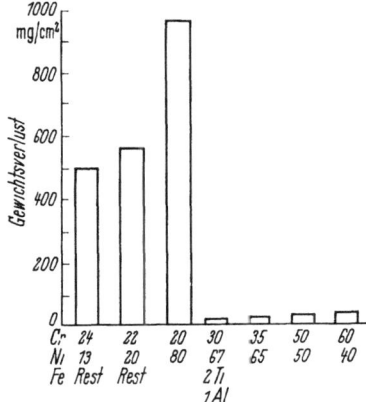

Abb. G 26. Hochtemperaturkorrosion verschiedener nickelhaltiger Werkstoffe in Salzschmelzen aus 75% Na_2SO_4 und 25% NaCl; Versuchsdauer: 300 h, Versuchstemperatur: 800 °C.

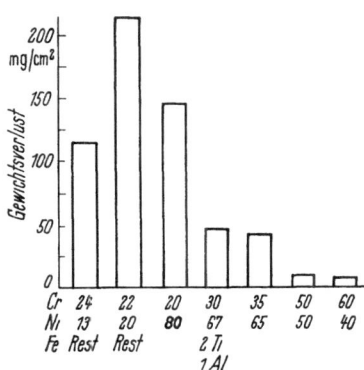

Abb. G 27. Hochtemperaturkorrosion verschiedener nickelhaltiger Werkstoffe in Salzschmelzen aus 80% V_2O_5 und 20% Na_2SO_4; Versuchsdauer: 16 h, Versuchstemperatur: 800 °C.

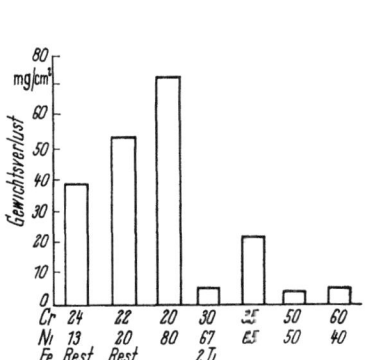

Abb. G 28. Hochtemperaturkorrosion verschiedener nickelhaltiger Werkstoffe in Salzschmelzen aus 80% Na_2SO und 20% V_2O_5; Versuchsdauer: 300 h, Versuchstemperatur: 800 °C.

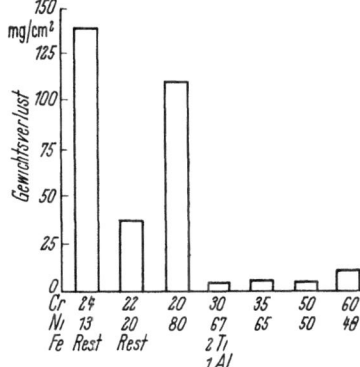

Abb. G 29. Hochtemperaturkorrosion verschiedener nickelhaltiger Werkstoffe in Salzschmelzen aus 60% Na_2SO_4, 20% V_2O_5 und 20% NaCl; Versuchsdauer: 16 h, Versuchstemperatur: 800 °C.

daß die Diffusion des Sauerstoffs durch die schmelzflüssige Phase an die Metalloberfläche die geschwindigkeitsbestimmende Teilreaktion der Ölaschekorrosion ist. Nach den Untersuchungen von CUNIGHAM und BRASUNAS liegt das Maximum der Sauerstofflöslichkeit bei einem Na_2SO_4-Gehalt von 16,3 Gew.-% [79]. Dieses Ergebnis steht in gutem

Tabelle G 9. *Chemische Zusammensetzung und mechanische Eigenschaften der Legierungen CrNi 60 40, NiCr 50 50 und NiCr 65 35.*

Legierung	Zusammensetzung (Gew.-%)					
	C	Si	Mn	Fe	Cr	Ni
CrNi 60 40	≦ 0,1	≦ 0,3	≦ 0,5	≦ 2,0	57···61	Rest
NiCr 50 50	≦ 0,1	≦ 0,3	≦ 0,5	≦ 2,0	48···52	Rest
NiCr 65 35	≦ 0,1	≦ 0,3	≦ 0,5	≦ 2,0	33···37	Rest

Legierung	Prüftemperatur °C	Festigkeitseigenschaften				
		0,2-Grenze kp/mm²	Zugfestigkeit kp/mm²	Dehnung %	Brucheinschnürung %	Rockwellhärte HRC
CrNi 60 40 (gegossen)	20	64,0	100,0	9,5	9,0	36
	925	14,5	22,0	10,0	11,5	
NiCr 50 50 (gewalzt, 1 h/980°C/Öl)	20	78,0	113,1	7,3	10,5	35,1
NiCr 65 35 (gegossen)	20	22,0[a]	49,0	62,0		
	900	10,5	22,0	38,0		

[a] 0,1-Grenze

Einklang mit praktischen Versuchen, die ein Maximum der Korrosionsgeschwindigkeit im Bereich 35···20 Gew.-% Na_2SO_4 ergaben. Weitere Beimengungen zu den Na_2SO_4-V_2O_5-Gemischen können die Korrosionsgeschwindigkeit noch wesentlich verändern. So erhöht z. B. Natriumchlorid nach den Untersuchungen von LEWIS die Korrosionsgeschwindigkeit [80]. Andererseits ist es auch möglich, durch Zusätze zum Öl die Ölaschekorrosion zu verringern. Bewährt haben sich z. B. Zusätze von SiO_2, CaO und MgO, die den Schmelzbereich der Ölaschen zu höheren Temperaturen hin verschieben. Außerdem wurde nachgewiesen, daß durch Zusatz von MgO im System $V_2O_5 + Na_2SO_4$ die Sauerstofflöslichkeit stark verringert wird [79].

Für das Korrosionsverhalten der hitzebeständigen Fe–Cr–Ni- und Ni–Cr-Legierungen gegenüber Ölaschen ist besonders der Chrom- und Nickelgehalt von Bedeutung, und zwar nimmt die Beständigkeit im allgemeinen mit steigendem Chrom- und Nickelgehalt zu. Die Überlegenheit der Nickelbasislegierungen gegenüber den austenitischen Chrom-Nickel-Stählen und den ferritischen Chromstählen wurde von LUCAS, WEDDLE und PREECE [81] und durch neuere, den praktischen Betriebsbedingungen angepaßte Untersuchungen von SCHULTZE [82] und auch von JAHN [83] nachgewiesen. JAHN fand dabei ein Maximum des Angriffs in einem mittleren Temperaturbereich von etwa 650 bis 750 °C. In den Abb. G 26 bis 29 sind die Ergebnisse dargestellt, die von Versuchen mit synthetisch hergestellten Salzmischungen gewonnen wurden [70] und den Einfluß des Chromgehaltes gut erkennen lassen.

Nach den Untersuchungen von WICKERT sind die Ni–Cr-Legierungen mit 35···50% Cr noch bis zu einer Oberflächentemperatur von 800 °C und Ölaschenablagerungen von V_2O_5/Na_2O-Gemischen in einem Verhältnis von 1,2 : 2 verwendbar [84]. Auch bei dem noch ungünstigeren Verhältnis 4 : 1 konnte aus den Versuchen geschlossen werden, daß die Legierung CrNi 50 50 bei 800 °C noch ausreichend beständig ist.

In Tab. G 9 sind chemische Zusammensetzung und die mechanischen Eigenschaften der drei Ni-Cr-Legierungen NiCr 65 35, CrNi 50 50 und CrNi 60 40 wiedergegeben. Die Legierungen NiCr 65 35 und 50 50 können als Guß und auch als Walzmaterial verwendet werden, während die Legierung CrNi 60 40 nur gießbar ist.

Literatur zu Kapitel G

1. HANSEN, M.: Constitution of Binary Alloys, 2. Ausg. New York 1958.
2. KUBASCHEWSKI, O., u. E. L. EVANS: Metallurgical Thermochemistry. London 1956, S. 331—338.
3. PFEIFFER, H., u. H. THOMAS: Zunderfeste Legierungen. 2. Aufl. Berlin 1963, S. 7.

4. Lustman, B.: Steel Proc. 32 (1946) 669 u. 676.
5. Ergang, R., u. P. H. Huppertz: Metall-Reinigung & Vorbehandl. 10 (1961) 108; Draht-Welt 51 (1965) 485.
6. Cabrera, N., u. F. N. Mott: Progr. in Phys. 12 (1949) 163.
7. Hauffe, K.: Reaktionen in und an festen Stoffen. Berlin 1955, S. 554.
8. Tamman, G.: Z. anorg. Chem. 111 (1920) 78.
9. Pfeiffer, H., u. H. Thomas: Zunderfeste Legierungen. 2. Aufl. Berlin 1963, S. 28.
10. Dunn, J. S., u. F. W. Wickens: In: Review of Oxidation and Scaling of Heated Solid Metals. Hrsg. v. Metallurgy Research Board of the Department of Science and Industrial Research. London 1935, S. 67.
11. Frenkel, J.: Z. Phys. 35 (1926) 652.
12. Wagner, C., u. W. Schottky: Z. phys. Chem., Abt. B, 11 (1930) 163.
13. Schottky, W.: Z. phys. Chem., Abt. B, 29 (1935) 335; Z. Elektrochem. 45 (1939) 33.
14. Jost, W.: J. chem. Phys. 1 (1933) 466.
15. Jost, W.: Trans. Faraday Soc. 34 (1938) 860.
16. Hauffe, K.: Ergebn. exakt. Naturwiss. 25 (1951) 193.
17. Baumbach, H. H. von, u. F. Wagner: Z. phys. Chem., Abt. B, 24 (1934) 59.
18. Ilschner, B. H., u. H. Pfeiffer: Naturwiss. 40 (1953) 603.
19. Sartell, J. A., u. C. H. Li: J. Inst. Metals 90 (1961/62) 92.
20. Gulbransen, E. A., u. K. F. Andrew: J. electrochem. Soc. 104 (1957) 451.
21. Pfeiffer, H., u. K. Hauffe: Z. Metallkde. 43 (1952) 364.
22. Horn, L.: Z. Metallkde. 40 (1949) 73.
23. Fueki, K., u. K. Ishibashi: J. electrochem. Soc. 108 (1961) 306.
24. Wagner, C.: J. electrochem. Soc. 99 (1952) 359; 103 (1956) 571.
25. Pilling, N. B., u. R. E. Bedworth: Ind. Engng. Chem. 17 (1925) 372.
26. Hickmann, J. W., u. E. A. Gulbransen: Trans. AIME 180 (1949) 534.
27. Evans, E. B., C. A. Phaluikar u. W. M. Balduin: J. electrochem. Soc. 103 (1956) 367.
28. Wagner, C., u. K. Grünewald: Z. phys. Chem., Abt. B, 40 (1938) 455.
29. Kubaschewski, O., u. I. von Goldbeck: J. Inst. Metals 76 (1949) 255, 738.
30. Moreau, J., u. J. Bénard: C. R. hebd. Séances Acad. Sci. 237 (1953) 1417; J. Inst. Metals 83 (1954/55) 87.
31. Zima, G. E.: Trans. amer. Soc. Metals 49 (1957) 924.
32. Scheil, E., u. K. Kiwit: Arch. Eisenhüttenwes. 9 (1935/36) 405.
33. Lustman, B.: Trans. AIME 188 (1950) 995.
34. Iikata, J., u. S. Miyake: Nature 137 (1936) 457.
35. Hauffe, K., u. K. Pschera: Z. anorg. allg. Chem. 262 (1950) 147.
36. Hauffe, K.: Z. Metallkde. 42 (1950) 34.
37. Hauffe, K.: Oxydation von Metallen und Metallegierungen. Berlin 1956, S. 164.
38. Pfeiffer, I.: Z. Metallkde. 51 (1960) 322.
39. Eiselstein, H. L., u. E. N. Skinner: In: ASTM Spec. Techn. Publ. Nr. 165. Philadelphia/Pa. 1954.
40. Pfeiffer, H., u. H. Thomas: Zunderfeste Legierungen, 2. Aufl. Berlin 1963, S. 184.
41. Schafmeister, P., u. R. Ergang: Arch. Eisenhüttenwes. 12 (1939) 459.
42. Rees, W. R., B. D. Burns u. A. J. Cook: J. Iron Steel Inst. 162 (1949) 325.
43. Cook, A. J., u. B. R. Brown: J. Iron Steel Inst. 171 [1952) 345.
44. Ergang, R., G. Günther u. H. Weik: Stahl u. Eisen 79 (1959) 46.
45. Bungardt, K., u. H. Sychrovsky: Stahl u. Eisen 75 (1955) 25.
46. Oppenheim, R., u. G. Lennartz: DEW Techn. Ber. 4 (1964) 7.

Literatur zu Kapitel G   355

47. BUNGARDT, K., H. BORCHERS u. D. KÖLSCH: Arch. Eisenhüttenwes. 34 (1963) 465.
48. MANGONE, R. J., u. A. M. HALL: Alloy Casting Bull. No. 17, Okt. 1961. S. 6.
49. COX, G. J., u. D. E. JORDAN: In: Materials Technology in Steam Reforming. Hrsg. v. C. EDELEANU. Oxford, London usw. 1966, S. 121—141.
50. COX, G. J.: In: Materials Technology in Steam Reforming. Hrsg. v. C. EDELEANU. Oxford, London usw. 1966, S. 101—119.
51. LISMER, R. E., L. PRYCE u. K. W. ANDREWS: J. Iron Steel Inst. 171 (1952) 49—58.
52. PICKERING, F. B.: In: Iron Steel Inst., Spec. Rep. No. 64. London 1959, S. 118 bis 124.
53. KIRKBY, H. W., u. R. J. TRUMAN: In: Iron Steel Inst., Spec. Rep. No. 64. London 1959, S. 242—258.
54. TALBOT, A. M., u. D. E. FURMAN: Trans. Amer. Soc. Metals 45 (1953) 429.
55. HOUDREMONT, E.: Handbuch der Sonderstahlkunde. Berlin 1956, S. 833.
56. Korrosionsbeständigkeit der austenitischen Chrom-Nickel-Stähle bei hohen Temperaturen. Hrsg. v. International Nickel Deutschland GmbH, Düsseldorf 1965, S. 14 u. 15.
57. SCHULZE, H.: Jb. Elektrowärme. Essen 1956, S. 435.
58. PFEIFFER, H., u. G. SOMMER: Werkst. u. Korrosion 13 (1962) 667.
59. KÖSTER, W., u. S. KABERMANN: Arch. Eisenhüttenwes. 26 (1955) 629.
60. PFEIFFER, H., u. H. THOMAS: Zunderfeste Legierungen. 2. Aufl. Berlin 1963, S. 329.
61. BUNGARDT, K., H. PREISENDANZ u. H. G. BITTER: DEW Techn. Ber. 6 (1966) 176.
62. SIEVERTS, A., u. W. KRUMBHAAR: Ber. Dt. chem. Ges. 43 (1910) 894.
63. HÄGG, G.: Nova Acta Reg. Soc. Sci. Upsaliensis (4) 7 (1929) 2.
64. HOUDREMONT, E.: Handbuch der Sonderstahlkunde. Berlin 1956, S. 825 (nach unveröffentlichten Untersuchungen v. G. BANDEL).
65. Korrosionsbeständigkeit der austenitischen Chrom-Nickel-Stähle bei hohen Temperaturen. Hrsg. v. International Nickel Deutschland GmbH, Düsseldorf 1965.
66. Warmfeste Wiggin-Werkstoffe. Hrsg. v. Henry Wiggin & Co., Ltd. Hereford 1963. S. 21.
67. PFEIFFER, H., u. H. THOMAS: Zunderfeste Legierungen. 2. Aufl. Berlin 1963, S. 308.
68. WENDEROTT, B.: Elektrowärme 16 (1958) 170.
69. MROVEC, S., T. WERBER u. M. ZASTAWNIK: Corrosion Sci. 6 (1966) 47.
70. SWALES, G. L.: Australasian Corrosion Engng. 7 (1963) Sept.
71. HANCOCK, P.: In: Proc. 1st Internat. Congress on Metallic Corrosion, London 1961. London 1962. S. 290.
72. BRADBURY, E. J., P. HANCOCK u. H. LEWIS: Metallurgia 67 (1963) 3.
73. ARBELLOT, L.: Corrosion & Anticorrosion 5 (1957) 112.
74. TETER, E. K., u. C. F. RITCHIE: U. S. Atomic Energy Commission Rep. NYO-1330, 1959.
75. UMLAND, F., W. MÖLLER u. P. VOIGT: Meßtechn. Z. 25 (1964) 347.
76. BRASUNAS, A. DE S., u. N. J. GRANT: Trans Amer. Soc. Metals 44 (1952) 1117.
77. BRASUNAS, A. DE S., u. N. J. GRANT: Iron Age 166 (1950) 17. Aug., S. 85.
78. MEIJERWING, J. K., u. G. W. RATHENAU: Nature 165 (1950) 240.
79. CUNNINGHAM, G. W., u. A. DE S. BRASUNAS: Corrosion 12 (1956) 389.
80. LEWIS, H.: Brit. Petroleum Equipm. News 7 (1959) 48.
81. LUCAS, G., M. WEDDLE u. A. PREECE: J. Iron Steel Inst. 179 (1955) 342.
82. SCHULTZE, G. E.: Werkst. u. Korrosion 17 (1966) 1.
83. JAHN, E.: Werkst. u. Korrosion 16 (1965) 761.
84. WICKERT, K.: Nickel-Ber. 24 (1966) 177.

H. Chemisches Verhalten in wäßrigen Lösungen

Von

F. L. LaQue und G. N. Flint

1 Allgemeines zum chemischen Verhalten von Nickel — Wirkung von Legierungselementen

Aus dem Potential-pH-Diagramm für Nickel (Einzelheiten vgl. Kap. F, Abb. F 1 und 2) ist zu entnehmen, daß Nickel ein Metall mit verhältnismäßig geringer Korrosionsbeständigkeit ist, da sein Beständigkeitsbereich in Wasser begrenzt ist und es bereits in ziemlich verdünnten Säuren unter Wasserstoffentwicklung korrodiert. Auch in alkalischen Lösungen kann es angegriffen werden, wenn Oxydationsmittel anwesend sind, und eine Passivierung tritt nur im pH-Gebiet von 9···12 ein. Demnach ergibt sich aus dem Pourbaix-Diagramm, daß Nickel kaum korrosionsbeständiger als Eisen und dem Kupfer deutlich unterlegen ist.

In Wirklichkeit wird Nickel in luftfreier verdünnter Salz-, Schwefel- und Phosphorsäure bei gewöhnlicher Temperatur nur leicht angegriffen; sehr oft wird es in neutralen und schwach sauren Lösungen passiv und ist außerordentlich beständig in alkalischen Lösungen. Es ist praktisch wesentlich beständiger als Eisen und zeigt sich unter Betriebsbedingungen häufig edler als Kupfer.

Das Pourbaix-Diagramm kann nicht mehr als die Bereiche der thermodynamischen Stabilität abgrenzen und die Bedingungen angeben, unter denen Passivität eintreten kann. In der Praxis treten metastabile Zustände auf, z. B. kann sich auf einer Metalloberfläche ein Oxid mit derselben Geschwindigkeit bilden, mit der es aufgelöst wird.

Außerdem zeigen Nickel und einige Nickelbasislegierungen häufig eine hohe anodische Polarisation und verhalten sich deshalb edler als zu erwarten wäre.

Nickel ist befähigt, seine besonderen Eigenschaften der Korrosionsbeständigkeit auf andere Metalle zu übertragen, mit denen es legiert wird. Andererseits kann auch seine eigene Korrosionsbeständigkeit durch Zulegieren anderer Metalle gesteigert werden. So wird seine chemische Beständigkeit in reduzierend wirkenden Säuren verbessert, wenn es mit Kupfer legiert wird, und seine Korrosionsbeständigkeit in stark oxydierend wirkenden Säuren wird durch einen Chromzusatz erhöht. Ebenso verbessert Nickel, wenn es dem Kupfer oder Eisen zulegiert wird, dessen Beständigkeit gegenüber alkalischen Lösungen. Die gute Verträglichkeit des Nickels mit so vielen anderen Metallen macht es zu einem geeigneten Ausgangswerkstoff für eine Vielzahl von korrosionsbeständigen Legierungen. Die spezifischen Wirkungen der anderen Legierungselemente lassen sich zum Aufbau von Legierungen ausnutzen, die in einem breiten Bereich erwünschte Eigenschaften der Korrosionsbeständigkeit und Festigkeit in sich vereinen. In Legierungen, in denen Nickel nicht der Hauptbestandteil ist, ergibt es eine erwünschte Erhöhung der Korrosionsbeständigkeit; bei den austenitischen Stählen führt es außerdem noch zu einem Gefügeaufbau mit höherer Festigkeit und verbesserten Verarbeitungseigenschaften.

1.1 Nickel–Kupfer-Legierungen

Ein Zusatz von Kupfer zu Nickel erhöht seine chemische Beständigkeit [1, 2] unter reduzierenden Bedingungen und läßt auch die Überlegenheit von Nickel gegenüber Kupfer unter oxydierenden Bedingungen bestehen, wie aus den Abtragungskurven in Abb. H 1 und aus den

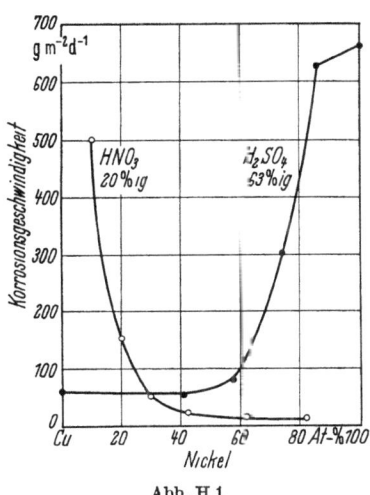

Abb. H 1

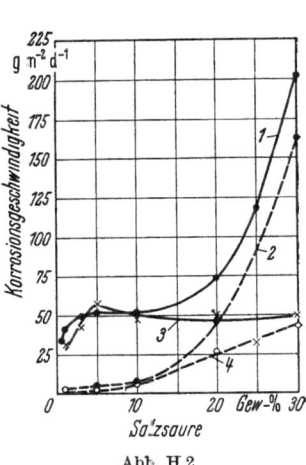

Abb. H 2

Abb. H 1. Einfluß des Nickelgehaltes auf die Korrosion von Cu–Ni-Legierungen.

Abb. H 2. Korrosionsgeschwindigkeit von Nickel und NiCu 30 Fe in Salzsäure bei 30 °C.

Kurve *1*: NiCu 30 Fe in luftgesättigten Lösungen;
Kurve *2*: NiCu 30 Fe in luftfreien, stickstoffgesättigten Lösungen;
Kurve *3*: Nickel in luftgesättigten Lösungen;
Kurve *4*: Nickel in luftfreien, stickstoffgesättigten Lösungen.

Werten potentiostatischer Messungen hervorgeht, die in Kap. F 1.31, Abb. F 5, wiedergegeben sind. Die wichtigste Ni–Cu-Legierung NiCu 30 Fe ist sowohl dem Nickel als auch dem Kupfer in vielen angreifenden Medien — besonders in belüfteten reduzierend wirkenden Säuren und Salzlösungen, einschließlich Meerwasser — überlegen. In den Fällen jedoch,

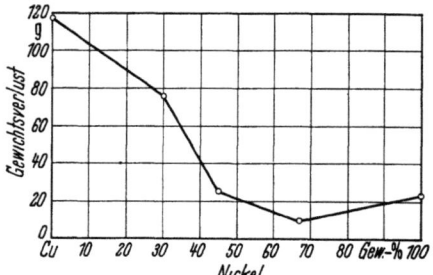

Abb. H 3. Einfluß des Nickelgehaltes auf den Gewichtsverlust von Ni–Cu-Legierungen in strömendem Meerwasser. Die Proben (200 mm × 600 mm) waren 497 Tage zu 2/3 in strömendes Meerwasser (0,45···0,90 m/sec Strömungsgeschwindigkeit) eingetaucht.

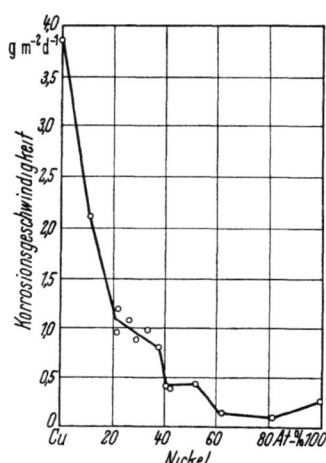

Abb. H 4. Korrosionsgeschwindigkeit von Ni–Cu-Legierungen in belüfteter 4%iger Natriumchloridlösung bei 25 °C[5].

in denen sich lösliche Korrosionsprodukte in Nähe der korrodierenden Oberfläche ansammeln, kann die beschleunigende Wirkung oxydierender Kupfersalze, die aus den Korrosionsprodukten der kupferhaltigen Legierung stammen, die durch den Kupfergehalt erhöhte Beständigkeit der Legierung wieder herabsetzen. Dies würde für die Überlegenheit von Reinnickel gegenüber NiCu 30 Fe in konzentrierter Salzsäure sprechen [3] (vgl. Abb. H 2).

Auf Grund der Elektronenkonfiguration leiten OSTERWALD und UHLIG [63] ab, daß im Legierungssystem Ni–Cu bei etwa 30% Ni Passivität beginnt (vgl. auch Kap. F 1.31). Diese Annahme wird gestützt durch Ergebnisse von Versuchen in Meerwasser, wie sie in Abb. H 3 wiedergegeben sind. Eine volle Passivität wird bei Nickelgehalten von ca. 60% erreicht. Dies bestätigen Versuche in 4%iger Natriumchloridlösung (vgl. Abb. H 4) [5]. Wenn die Legierungen geringe Anteile von Eisen enthalten, verschiebt sich die Passivitätsgrenze zu niedrigeren Nickelgehalten.

1.2 Nickel–Chrom-Legierungen

Der maßgebende Einfluß eines Chromzusatzes zum Nickel auf das elektrochemische Verhalten geht aus Kap. F 1.32, Abb. F 7, hervor. Mit zunehmendem Chromgehalt werden das Potential und die Stromdichte, die zur Einleitung einer Passivität erforderlich sind, erniedrigt, das Potentialgebiet, in dem die Passivität erhalten bleibt, zunehmend erweitert und der im passiven Bereich fließende Strom verringert. Im transpassiven Bereich, in dem Chrom zum sechswertigen Zustand oxydiert wird, gehen die Polarisationskurven für die Legierungen NiCr 65 35 und

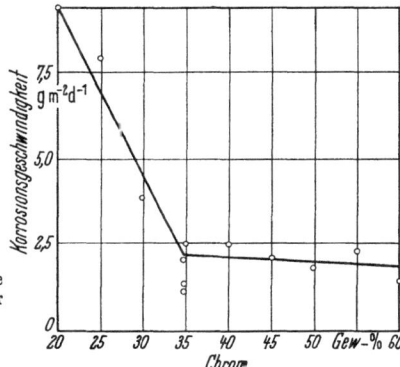

Abb. H 5. Einfluß des Chromgehaltes auf die Bestandigkeit von Ni–Cr-Legierungen in siedender 70%iger Salpetersäure.

NiCr 20 Ti ineinander über; die Stromdichte bei vorgegebenem Potential ist höher als für Nickel. Anzeichen für eine sekundäre Passivität bestehen bei diesen Ni–Cr-Legierungen nicht, obgleich diese für Nickel deutlich sind. Bei Legierungen mit geringerem Chromgehalt, z. B. 15%, deutet jedoch eine Unstetigkeit im Kurvenzug auf eine sekundäre Passivät hin.

Unter den Bedingungen der Praxis kann erwartet werden, daß die Ni–Cr-Legierungen mit zunehmendem Chromgehalt gegenüber stark oxydierend wirkenden Stoffen beständiger werden. Zu einem gewissen Grade trifft das auch zu, und Ni–Cr-Legierungen mit 35% Cr und mehr zeigen eine relativ gute Korrosionsbeständigkeit in siedender Salpetersäure bei Konzentrationen bis zu 70% (vgl. Abb. H 5) und gegenüber höheren Konzentrationen, z. B. 90%, bis zu Temperaturen von etwa 60°C.

Bei höheren Konzentrationen und Temperaturen, oder wenn bestimmte Ionen, wie Ce^{4+}, MnO_4^{2-}, VO_3^-, vorhanden sind, erreicht das Potential jedoch Werte des transpassiven Bereichs, und es ergeben sich hohe Korrosionsgeschwindigkeiten, wie sie sich auch bei den austenitischen nichtrostenden Stählen unter ähnlichen Bedingungen einstellen.

1.3 Nickel–Molybdän-Legierungen

Der Zusatz von Molybdän zu Nickel verbessert deutlich die Korrosionsbeständigkeit gegenüber nichtoxydierend wirkenden Säuren [6—8]. Mit weiter ansteigenden Gehalten nimmt allerdings die Beständigkeit nicht mehr in gleichem Maße zu; außerdem werden diese Werkstoffe schwerer verformbar. Der obere Molybdängehalt für walzbare Legierungen liegt daher bei etwa 30%. Bei diesem Gehalt wird eine außerordentlich gute Korrosionsbeständigkeit gegenüber Salzsäure (Abb. H 6), Schwefelsäure und Phosphorsäure erreicht. Da die technischen Legierungen, z. B. NiMo30, mit Hilfe von Ferro-Molybdän erschmolzen wer-

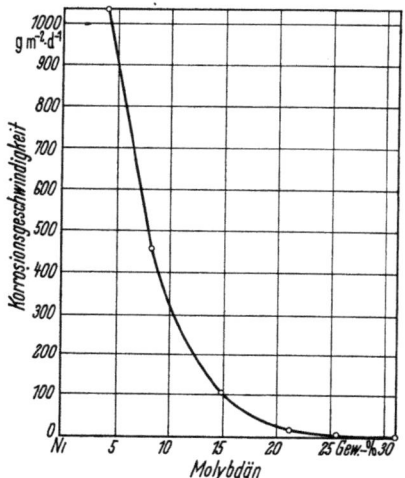

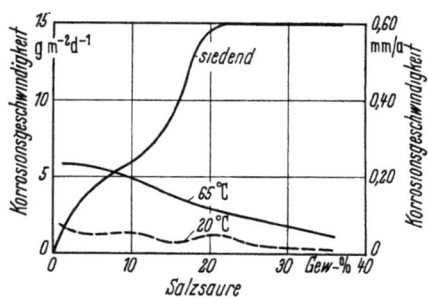

Abb. H 7. Korrosionsgeschwindigkeit von NiMo30 in Salzsäure.

Abb. H 6. Korrosionsgeschwindigkeit von Ni–Mo-Legierungen in siedender 10%iger Salzsäure.

den, enthalten sie Eisen in der Größenordnung von 4···7%. Die Beständigkeit dieser Legierung gegenüber dem Angriff durch Salzsäure zeigt Abb. H 7. Im Gegensatz zu den eisenhaltigen Legierungen können die Legierungen ohne Eisen durch Wärmebehandlung bei 700 °C ausgehärtet werden, ohne an Korrosionsbeständigkeit einzubüßen.

Die handelsüblichen Ni–Mo-Legierungen weisen einen geringen Gehalt an Kohlenstoff auf, der sich als ein molybdänreiches Carbid (z. B. Ni_3Mo_3C) ausscheiden kann, mit einer Wirkung, die der sich in Chromlegierungen ausscheidender Chromcarbide ähnlich ist. Die Ausscheidung kann die Legierungen für interkristalline Korrosion, z. B. in den wärmebeeinflußten Schweißzonen, empfindlich machen. Diese Sensibilität kann durch eine Wärmebehandlung wieder beseitigt werden, wodurch die Molybdäncarbide wieder in Lösung gehen oder der erforderliche Molybdängehalt in den verarmten Zonen durch eine Diffusion wiederhergestellt wird [9].

Eine Sensibilisierung läßt sich auch verhindern, wenn man diese Legierungen mit sehr niedrigem Kohlenstoff- und Siliciumgehalt herstellt [9]. Weiter hat sich gezeigt, daß Vanadin, beispielsweise in Gehalten von ca. 2%, eine schädliche Carbidausscheidung in den Legierungen verhindern kann, deren Eisengehalt so niedrig wie möglich gehalten wird [10].

1.4 Nickel–Silicium-Legierungen

Die Wirkung eines Siliciumzusatzes auf die Korrosionsbeständigkeit von Nickel wird durch eine Gefügeänderung kompliziert. Ein Gehalt bis zu etwa 5% Silicium beeinflußt die Struktur noch nicht, verbessert aber auch die Beständigkeit nur wenig. Mit steigenden Siliciumgehalten

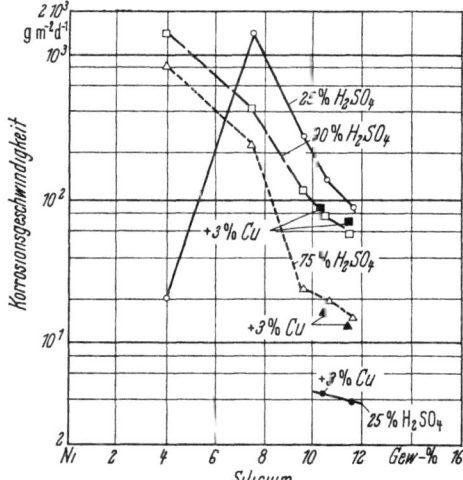

Abb. H 8. Korrosionsgeschwindigkeit von Ni–Si-Legierungen mit und ohne Kupferzusatz in siedender Schwefelsäure.

scheidet sich in den Gußlegierungen infolge von Steigerungen die spröde γ-Phase aus, und zwar in um so größerem Umfang, je höher der Siliciumanteil wird. Zusätze, die 11% übersteigen, führen dazu, daß sich primär Nadeln der γ-Phase ausscheiden, womit die Duktilität völlig verlorengeht, so daß der maximale Gehalt in technischen Legierungen auf ungefähr 10% zu begrenzen ist.

Die Wirkung verschieden hoher Siliciumgehalte auf die Korrosionsbeständigkeit der Ni–Si-Legierungen in Schwefelsäure ist in Abb. H 8 dargestellt. Allgemein wird die Korrosionsbeständigkeit mit höheren Siliciumgehalten gesteigert, obgleich das nicht für alle verdünnten Säuren zutrifft. Ein kleiner Zusatz von Kupfer erweist sich als günstig, besonders weil er die Legierungen gegenüber verdünnten Säuren beständiger macht. Aus diesem Grunde enthalten technische Legierungen mit 10% Silicium auch noch etwa 3% Kupfer.

1.5 Nickel–Eisen-Legierungen

Wie zu erwarten, wird die Korrosionsbeständigkeit von Eisen durch einen Zusatz von Nickel gegenüber vielen Medien verbessert. Der Angriff durch stark alkalische Lösungen wird etwa proportional mit dem

Nickelgehalt der Legierung vermindert. In reduzierend wirkenden Säuren, wie Schwefelsäure, wird die Geschwindigkeit des Angriffs mit steigenden

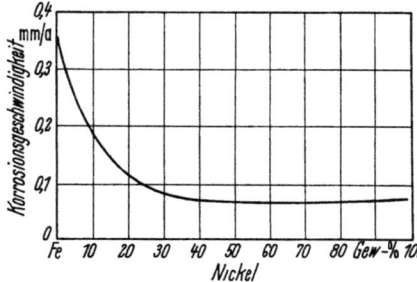

Abb. H 9. Einfluß des Nickelgehaltes auf die Beständigkeit von Ni–Fe-Legierungen in 5%iger belüfteter Schwefelsäure bei 25 °C.

Nickelgehalten bis zu 20···30% Ni herabgesetzt [11]. Wie Abb. H 9 zeigt, ist eine weitere Erhöhung des Nickelgehaltes wenig wirkungsvoll.

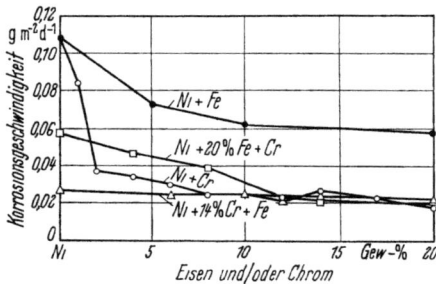

Abb. H 10. Korrosionsgeschwindigkeit einiger Nickellegierungen in Luft bei Bayonne, N.J., USA (Versuchsdauer 19,8 Jahre; überdachte, senkrechte Aufstellung der Blechproben, exponierte Seite nach Süden).

Die walzbaren Ni–Fe-Legierungen werden nur selten in aggressiven Medien eingesetzt. Ihre hauptsächliche Anwendung beruht auf ihren besonderen physikalischen Eigenschaften, wie Magnetismus und Wärme-

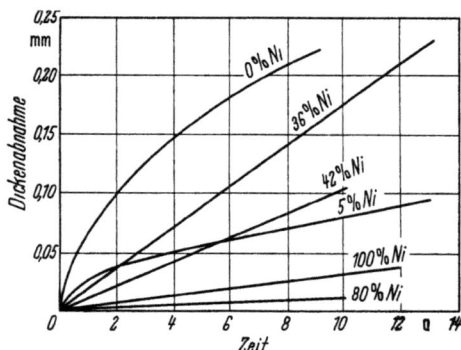

Abb. H 11. Korrosionsgeschwindigkeit einiger Ni–Fe-Legierungen in Industrieluft (Bayonne, N.J., USA).

ausdehnung (vgl. Kap. B). Bei dieser Verwendung ist die Beständigkeit gegenüber der Atmosphäre von Bedeutung. Eine Zugabe von Eisen bis zu 20% verbessert die Beständigkeit in Industrieluft, wie aus Abb. H 10 zu ersehen ist. Diese Abbildung enthält auch Kurven, die die Wirkung von Chromzusätzen bzw. gleichzeitigen Zusätzen von Chrom und Eisen zu Legierungen mit hohem Nickelgehalt zeigen. Werte für die Korrosion in der Atmosphäre von Legierungen mit höheren Eisengehalten sind

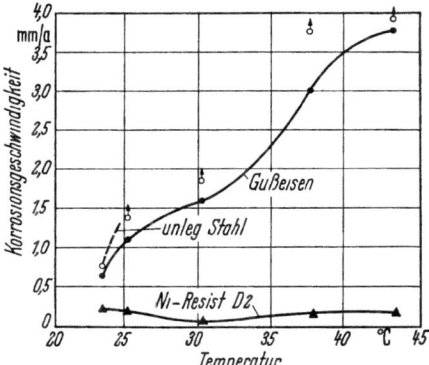

Abb. H 12. Korrosionsgeschwindigkeit von austenitischem Gußeisen Ni-Resist D 2 (Nickelgehalt 20%), unlegiertem Stahl und Gußeisen in belüftetem Meerwasser in Abhängigkeit von der Temperatur (Versuchsdauer 156 Tage). Die mit einem Pfeil markierten Meßpunkte für unlegierten Stahl besagen, daß die Probe durchkorrodierte und die Korrosionsgeschwindigkeit höher ist als angegeben.

der Abb. H 11 zu entnehmen. Es ist zu erkennen, daß die 5% Ni enthaltende Legierung beständiger als die Legierung mit 36 bzw. 42% Ni ist. Dieser Unterschied ist der Tatsache zuzuschreiben, daß die Rostschicht, die sich auf dem 5%igen Nickelstahl bildet, fester haftet und

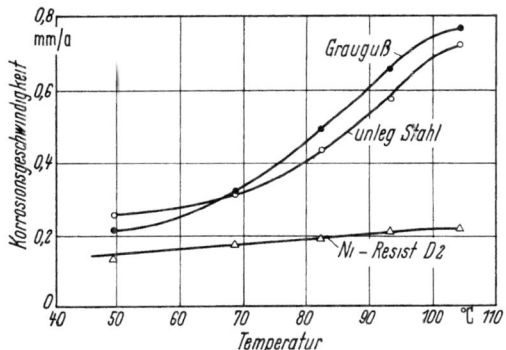

Abb. H 13. Korrosionsgeschwindigkeit von austenitischem Gußeisen Ni-Resist D 2 (Nickelgehalt 20%), unlegiertem Stahl und Gußeisen in entlüftetem Meerwasser in Abhängigkeit von der Temperatur (Versuchsdauer 156 Tage).

schützend wirkt im Vergleich zu den Schichten auf den Legierungen mit 36 bzw. 42% Ni. Die Legierungen mit höherem Nickelanteil (über 50%) sind den eisenreichen Legierungen hinsichtlich Lochfraßbeständigkeit bei atmosphärischem Angriff überlegen.

Das große praktische Interesse für verbesserte Korrosionsbeständigkeit, die durch Zugabe von Nickel zu Eisen erreicht wird, richtet sich auf die Gruppe der austenitischen Gußlegierungen mit Lamellengraphit, die 20···35% Ni bzw. 15% Ni und 6% Cu enthalten. Sie sind unter der Bezeichnung Ni-Resist bekanntgeworden [12]. Neuerdings werden diese Gußlegierungen auch mit Kugelgraphit hergestellt, was zu erhöhter

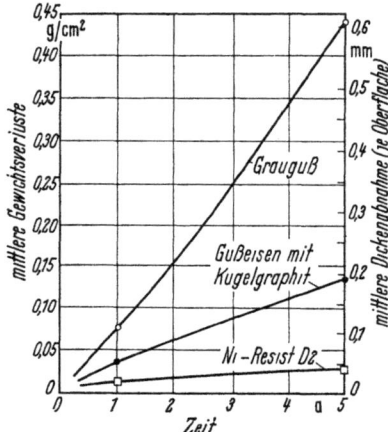

Abb. H 14.
Korrosionsgeschwindigkeit von austenitischem Gußeisen Ni-Resist D 2 (Nickelgehalt 20%); Grauguß und Gußeisen mit Kugelgraphit in Meeresluft; 25 m Abstand von der Kuste bei Kure Beach, N.C., USA.

Duktilität und Zähigkeit gegenüber den Sorten mit Lamellengraphit führt. In belüfteter 5%iger Schwefelsäure bei 30°C wird beispielsweise eine Ni-Resist-Sorte mit 20% Ni mit einer Geschwindigkeit von $1,8 \text{ g} \cdot \text{m}^{-2} \cdot \text{d}^{-1}$ abgetragen im Vergleich zu $4000 \text{ g} \cdot \text{m}^{-2} \cdot \text{d}^{-1}$ für unlegiertes Gußeisen mit Graphitlamellen.

Ein zusätzlicher Vorteil neben der Verbesserung der Korrosionsbeständigkeit durch Nickel in der austenitischen Grundsubstanz beruht darauf, daß das Potential dieser Ni-Resist-Sorte um etwa 150 mV edler ist als unlegiertes Gußeisen. Die für die sogenannte Graphitisierung von Gußeisen verantwortliche Potentialdifferenz zwischen Grundsubstanz und Graphit wird entsprechend verringert. Beispielsweise entwickelten Proben von gewöhnlichem Gußeisen in Meerwasser nach zwei Jahren graphithaltige Korrosionsschichten, die über 3 mm dick waren. Die Abtragungsgeschwindigkeit betrug etwa 1,25 mm/a. Demgegenüber wurden die Ni-Resist-Proben unter gleichen Bedingungen nur mit einer Geschwindigkeit von 0,5 mm/a angegriffen, wobei graphitisierte Korrosionsschichten mit weniger als 0,4 mm Dicke gebildet wurden.

Die Beständigkeit der austenitischen Gußeisensorten gegenüber Salzwasser besteht auch noch bei erhöhten Temperaturen, wie sie in Anlagen zur Salzgewinnung und zur Entsalzung von Meerwasser für die Frischwassergewinnung vorkommen. Die Verbesserung ist am deutlichsten in belüftetem Meerwasser, besteht aber auch bei entlüftetem Meerwasser und Salzsolen, besonders bei höheren Temperaturen, wie aus dem Verlauf Kurven in Abb. H 12 und 13 hervorgeht.

Die austenitischen Gußeisensorten sind auch dem gewöhnlichen Gußeisen in der Beständigkeit gegen atmosphärischen Angriff überlegen (vgl. Abb. H 14).

1.6 Nickel—Zinn-Legierungen

Die intermetallische Verbindung NiSn (35% Ni) ist insofern interessant, als ihre Korrosionsbeständigkeit gegenüber vielen Stoffen erheblich besser ist als die ihrer Komponenten (vgl. Kap. F 1.34). Die Legierung widersteht dem Angriff von oxydierend wirkenden Säuren, wie z. B. heißer Chrom- und Salpetersäure, und ist auch beständig gegenüber organischen Säuren, schwefliger Säure und Schwefelsäure in einem begrenzten Konzentrationsbereich. Sie wird jedoch schnell von Salzsäure angegriffen. Leider ist die Legierung spröde, so daß sie bisher nur galvanisch abgeschieden werden kann.

2 Besondere Korrosionsarten

2.1 Interkristalline Korrosion

Nickel und nickelreiche Legierungen sind zum Teil empfindlich gegenüber interkristallinem Angriff in bestimmten Medien, wenn bei einer vorhergehenden Wärmebehandlung Ausscheidungen an den Korngrenzen entstanden sind. Solche Ausscheidungen können entweder von einer Wärmebehandlung in einer verunreinigten Atmosphäre (z. B. bildet sich in schwefelhaltiger Atmosphäre über 300°C in Ni- und Ni–Cu-Legierungen Nickelsulfid) oder von einer Phasenumwandlung in der Legierung herrühren. Die Ausscheidungen oder die benachbarten Gebiete unterscheiden sich in ihren elektrochemischen Eigenschaften vom Korninnern und erzeugen eine Anfälligkeit für einen Korrosionsangriff.

So wird beispielsweise Graphit an den Korngrenzen bei normalem handelsüblichem Nickel bei einer Wärmebehandlung im Temperaturbereich von 315 bis etwa 650°C abgeschieden, wodurch der Werkstoff gegenüber interkristallinem Angriff in alkalischen Medien empfindlich wird, besonders wenn Zugspannungen dazukommen. Nickel mit niedrigem Kohlenstoffgehalt (max. 0,02% C) ergibt nur geringe Korngrenzenausscheidungen. Ni–Cr-Legierungen erleiden nach einer Wärmebehandlung bei 650°C einen interkristallinen Angriff in Salpetersäure oder anderen Medien, sofern der Chromgehalt nicht über 30% liegt (s. Kap. H 3.22). Auch Ni–Mo-Legierungen zeigen eine Anfälligkeit nach Wärmebehandlungen, durch die Molybdäncarbide an den Korngrenzen ausgeschieden werden und die angrenzenden Zonen an Molybdän verarmen. Auf weitere Beispiele wird weiter unten noch eingegangen.

Nickel und einige Nickelbasislegierungen sind in stark oxydierend wirkenden Medien für interkristalline Korrosion empfindlich; allerdings werden diese Werkstoffe unter solchen Bedingungen kaum verwendet. So wird Nickel in Schwefelsäure interkristallin angegriffen, wenn das Potential im transpassiven Bereich gehalten wird [13]. Die Ni–Cu-Legierungen NiCu 30 Fe und NiCu 30 Al werden durch Chromsäure, z. B. durch Nebel von Verchromungsbädern, interkristallin angegriffen. Ni–Cr-Legierungen unterliegen ebenfalls einem Angriff dieser Form in heißer konzentrierter Salpetersäure, wenn in dieser Chromat- oder Vanadationen enthalten sind.

2.2 Spannungsrißkorrosion

Nickel und die hochnickelhaltigen Legierungen sind gegenüber Spannungsrißkorrosion, die durch eine Reihe von aggressiven Stoffen ausgelöst werden kann, beständig, besonders gegenüber Chloriden, die für andere Le-

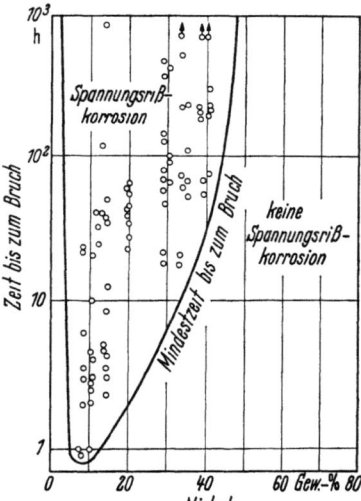

Abb. H 15. Spannungsrißkorrosions-Empfindlichkeit von Drähten aus Fe–Cr–Ni-Legierungen mit 18% Cr in siedender 42%iger Magnesiumchloridlösung [14].

gierungen gefährlich sind [14]. Der günstige Einfluß eines hohen Nickelgehaltes in den Fe–Ni–Cr-Legierungen geht deutlich aus Abb. H 15 hervor. Es gibt jedoch eine Reihe von spezifischen Medien, die unter ungünstigen Bedingungen Spannungsrisse auslösen können [15—17]. Diese sind in Tab. H 1 aufgeführt. Die Ni–Mo-, Ni–Cr–Mo- und Ni–Si-Legierungen gelten allgemein als beständig gegenüber dieser Angriffsart.

Tabelle H 1. *Medien, in denen Spannungsrißkorrosion von Nickel und Nickelbasislegierungen beobachtet wurde.*

Werkstoff	angreifender Stoff	Bemerkungen
Nickel	Natrium- und Kaliumhydroxid	interkristalline Risse möglich im Metall, wenn es mehr als 0,02% C enthält, durch konzentrierte Lösungen oberhalb 315°C [14, 15];
	Flußsäure	interkristalline Risse möglich in kaltgewalzten oder ausgehärteten Nickellegierungen in heißer feuchter Dampfphase, wenn Luft zugegen ist [16];
NiCu 30 Fe	Kieselfluorwasserstoffsäure und ihre Salze	interkristalline Risse möglich in Lösungen bei Raumtemperatur und höhereren Temperaturen [15].
	Flußsäure	transkristalline und interkristalline Risse in heißem, feuchtem Dampf bei Anwesenheit von Luft. Risse auch möglich, wenn Werkstoff von Lösungen benetzt und Spannungen ausgesprochen hoch sind [16];
	Quecksilber und Lösungen seiner Salze	interkristalline Risse bei Raumtemperatur und hohen Zugspannungen [15];
	Natriumhydroxid	empfindlich für Spannungsrisse, gewöhnlich interkristalliner Art, in heißen Lösungen [15];
NiCr 15 Fe	Natriumhydroxid	Risse möglich unter starken Spannungen in Schmelzen oder heißen konzentrierten Lösungen [15];
	Wasser	empfindlich für interkristalline Risse unter hohen Spannungen bei vorhandenen Spalten unter hohen Drücken bei etwa 300°C, wenn reichlich Sauerstoff vorhanden ist [17]. Risse können auch bei Fehlen von Sauerstoff auftreten [18];
	Flußsäure	interkristalline Risse möglich an aushärtbaren Legierungen im gehärteten Zustand [16];
	Polythionsäuren	Risse möglich, wenn die Legierung in sensibilisiertem Zustand vorliegt [19];

Tabelle H 1. (Fortsetzung).

Werkstoff	angreifender Stoff	Bemerkungen
X 10 NiCr 32 20	Chloride	es sind einige Fälle von transkristallinen Rissen bekannt unter Bedingungen hoher Zugspannung und hohen Temperaturen in konzentrierten Lösungen [20];
	Polythionsäuren	Risse möglich, wenn die Legierung im sensibilisierten Zustand vorliegt [19];
	Natrium- und Kaliumhydroxid	interkristalline und transkristalline Risse möglich bei hohen Temperaturen in konzentrierten Lösungen;
NiCr 21Mo	Chloride	transkristalline Risse in Lösungen bei sehr hohen Temperaturen, z. B. 300 °C, möglich [20];

2.3 Lochfraßkorrosion

Nickel und seine Legierungen werden lochfraßähnlich angegriffen in Lösungen, die die spezifisch wirksamen Chlor-, Brom- und Jodionen enthalten. Am häufigsten tritt Lochfraß durch Chlorionen auf, nicht

Tabelle H 2. *Kritische Potentiale von Nickel-Chrom-Eisen-Legierungen und Chrom-Nickel-Stählen.*

Werkstoff	kritisches Potential (gegenüber Wasserstoffelektrode) V	Lösung		Literatur
22% Cr-Stahl mit Ti	+0,360	0,1n Chloridlösung		[21]
22% Cr-Stahl mit 2% Ni u. Ti	+0,420	0,1n Chloridlösung		[21]
22% Cr-Stahl mit 12% Ni u. Ti	+0,470	0,1n Chloridlösung		[21]
X 10 CrNi Ti 18 9	+0,47 +0,25	Meerwasser[b]	30 °C 80 °C	[22] [22]
X 5 CrNiMo 18 10	+0,54 +0,36		30 °C 80 °C	[22] [22]
NiCr 21 Mo	+0,66 +0,39		30 °C 80 °C	[22] [22]
NiMo 16 Cr	[a] [a]		30 °C 80 °C	[22] [22]

[a] Entwickelt kein kritisches Potential.
[b] Künstlich hergestellt.

Tabelle H 3. *Lochfraßkorrosion der nichtrostenden Stähle, der Nickel–Chrom–Eisen-, Nickel–Kupfer- und Kupfer–Nickel-Legierungen.*

Werkstoff	Bewuchsziffer[a]	Korrosion nach dreijähriger Auslagerung in unbewegtem Meerwasser[d]					Bemerkungen
		Gewichtsverlust[b] g		Lochtiefe mm			
				Maximum		Durchschnitt[c]	
X 12 CrNi 18 8	2	16,8	17,4	>3,2 (durchlöchert)			Spaltkorrosion unter Muscheln
X 5 CrNiMo 18 10	2	4,0	4,8	1,83	1,52	1,27 1,14	Spaltkorrosion unter Muscheln
NiCr 21 Mo	1	0,2	0,2	0,13	0,03	0,03 0,03	Spaltkorrosion unter Muscheln
NiCu 30 Fe	2	36,6	34,2	1,32	1,04	1,22 0,91	zahlreiche weite Vertiefungen
G-NiCu 30 Si 4	0	32,5	32,4	1,09	0,97	0,56 0,51	Bereiche allgemeiner Korrosion mit vereinzelten, weiten Vertiefungen
CuNi 30 Fe	9	7,8	7,8	0,25	0,20	0,08 0,05	Bereiche allgemeiner Korrosion, Spaltkorrosion an den Halteklammern

[a] 10 = frei von Bewuchs, 0 = vollständig bewachsen.
[b] Abmessungen der Proben: 30,5 cm × 10,2 cm.
[c] Mittel der fünf größten Vertiefungen.
[d] Von jeder Legierung wurden zwei Proben untersucht.

nur, weil diese häufiger vorkommen, sondern auch, weil sie die wirksamsten von den Halogenionen sind. Trotzdem ist Lochfraß bei Anwesenheit von Chloriden im allgemeinen gering, und sein Auftreten hängt sehr oft davon ab, ob sich Niederschläge oder deckende Schichten bilden, unter denen die Grübchen entstehen können. Weiterhin kann auch bei schneller Bewegung von Lösungen häufig eine Passivität von Nickel und Nickelbasislegierungen aufrechterhalten werden, ohne daß Lochfraß trotz anwesender Chlor- oder anderer angreifender Ionen entsteht. Die Vorstellung eines kritischen Durchbruchpotentials, unterhalb dessen (d. h.

bei unedleren Werten) Lochbildung nicht auftritt, bleibt auch für Ni–Fe–Cr-Legierungen gültig; leider wurde bisher über Messungen an Ni-, Ni–Cu- und Ni–Mo-Legierungen nichts veröffentlicht. Der günstige Einfluß zunehmender Nickelgehalte in den Ni–Fe–Cr-Legierungen geht deutlich aus Tab. H 2 hervor, die Untersuchungsergebnisse von KOLOTYRKIN [21] und DEFRANOUX [22] wiedergibt.

Die bisher veröffentlichten Werte der kritischen Potentiale beschreiben recht gut das Verhalten dieser Legierungen in Meerwasser. So ist NiMo16Cr gegenüber Lochfraß in Meerwasser, selbst unter Muschel- und anderem organischem Bewuchs, immun. In Tab. H 3 wird das Verhalten der nichtrostenden Stähle, der Ni–Cr–Fe-Legierungen und der Legierungen aus Nickel und Kupfer in ruhendem Meerwasser verglichen. Wie man sieht, neigt NiCu30Fe eher zu Lochfraß als CuNi30Fe. Das geht auf die toxischen Eigenschaften der Kupferbasislegierungen zurück, die tatsächlich frei von Muschel- und anderem organischem Bewuchs bleiben; dieser löst jedoch auf der Oberfläche von Nickellegierungen Spaltkorrosion aus.

2.4 Kontaktkorrosion

Bei der Kontaktkorrosion erleidet das unedlere Metall gewöhnlich eine erhöhte Abtragung, während die Korrosion des edleren Metalls zurückgeht. Die Lage der Potentiale des Nickels und der Nickelbasislegierungen innerhalb der galvanischen Spannungsreihe ist von Bedeutung, weil aus ihr die Richtung des Stromes hervorgeht, wenn Nickel oder Nickellegierungen mit fremden Metallen oder Legierungen während einer Korrosion miteinander in galvanischem Kontakt stehen. Die galvanische Spannungsreihe in Tab. H 4 ist aus den Korrosionspotentialen in mit 4 m/sec fließendem Meerwasser von 24···27 °C zusammengestellt [23].

Die Reihenfolge gilt nur für Werkstoffe, die unter den genannten Bedingungen unter Meerwasser miteinander in Berührung sind. Andere Bedingungen oder andere Medien verändern schnell die Stellung der Metalle innerhalb dieser Reihe. Außerdem sagt die galvanische Spannungsreihe nichts über die Stärke des galvanischen Stromes aus. Diese hängt vielmehr von der Polarisierbarkeit beider Metalle, der Größe ihrer Flächen, dem Widerstand des Elektrolyten und dem des metallischen Kontaktes sowie von weiteren Faktoren, wie Säuregrad und Belüftungsgrad der Lösung, ab. In vielen Lösungen wird der galvanische Strom durch die Zustandsbedingungen bestimmt, wie z. B. durch die Geschwindigkeit, mit der Sauerstoff zur Kathode diffundiert, in anderen Fällen jedoch ist die kathodische Polarisation der edleren Metallkomponente der bestimmende Faktor, wie es in diesem Zusammenhang für die nichtrostenden Stähle, Titan und Ni–Cr-Legierungen zutrifft, die kathodisch stärker polarisieren als Kupfer und Cu–Ni-Legierungen.

Nickel und Nickellegierungen sind gewöhnlich kathodisch gegenüber vielen anderen Metallen und Legierungen, mit denen sie in technischen Anlagen in unmittelbarer Berührung stehen, z. B. mit Zink, Eisen, Stahl, Aluminium, Cu–Zn-Legierung, Pb–Sn-Lot, Zinn und Blei. Der Kontakt

Tabelle H 4. *Galvanische Spannungsreihe verschiedener Legierungen in fließendem Meerwasser (4 m/sec; 24···27°C).* [23].

Werkstoff	Versuchsdauer d	Potential gegenüber gesättigter Kalomelelektrode V	Potential gegenüber Normalwasserstoffelektrode (umgerechnet) V
Zink	5,7	1,03	−0,780
Gußeisen	16	0,61	−0,360
unleg. Stahl	16	0,61	−0,360
Ni-Resist 2	16	0,54	−0,290
X 5 CrNi 18 9 (aktiv)	15	0,53	−0,280
Kupfer	31	0,36	−0,110
CuZn 15	14,5	0,33	−0,080
CuZn 20 Al	14,5	0,32	−0,070
CuNi 10 Fe	15	0,28	−0,030
CuNi 30 Fe	15	0,25	±0
X 5 CrNiMo 18 10 (aktiv)	15	0,18	+0,070
NiCr 15 Fe	15	0,17	+0,080
Titan	41	0,15	+0,100
Nickel	—	0,10[a]	+0,150
X 5 CrNi 18 9 (passiv)	15	0,084	+0,166
NiMo 16 Cr	15	0,079	+0,171
NiCu 30 Fe	6	0,075	+0,175
X 5 CrNiMo 18 10 (passiv)	15	0,05	+0,200

[a] Geschwindigkeit 2,3 m/sec.

von Nickel und Nickellegierungen mit Zink, Eisen, Stahl oder Aluminium ist in den meisten sauren Lösungen und Salzlösungen nicht zu empfehlen, während in neutralen Lösungen der Kontakt von Nickel mit Zinn, Blei und Blei–Zinn-Loten normalerweise zuverlässig ist. Es ist zu beachten, daß in einer Reihe von Medien Nickel und Nickelbasislegierungen gegenüber Graphit anodisch sind und beschleunigt angegriffen werden können, wenn sie mit Kohlenstoff oder mit kohlenstoffausgekleideten Anlagen in Berührung stehen.

3 Chemisches Verhalten in verschiedenen Medien

3.1 Korrosion durch alkalische und neutrale Lösungen

3.11 *Nickel*

3.111 Verhalten gegenüber alkalischen Lösungen

Nickel ist der Standardwerkstoff für den Bau von Anlagen zur Herstellung von Natrium- und Kaliumhydroxid [24, 25]. In solchen Anlagen wird es für Behälter, Leitungen, Pumpen, Ventile und Verdampfer bei Temperaturen bis zu ungefähr 550 °C verwendet. Oberhalb dieser Temperatur korrodiert es schnell (vgl. Abb. H 16). In geschmolzenem Natrium-

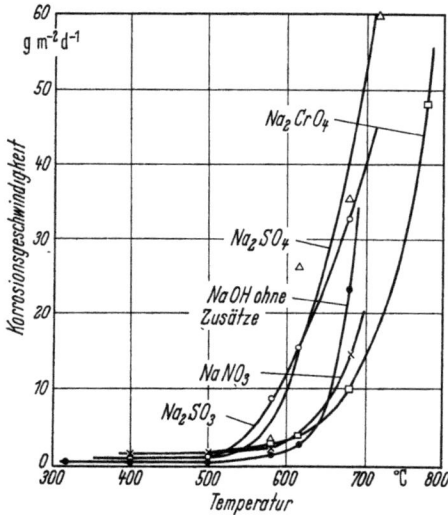

Abb. H 16. Korrosionsgeschwindigkeit von Nickel in Ätznatronschmelzen mit Zusätzen in eutektischen Mengen [25].

hydroxid tritt ein Stofftransport ein, der die Verwendung von Nickel bei Temperaturen oberhalb 600 °C verbietet. Metallisches Nickel wird in Bereichen mit hoher Temperatur in der Schmelze gelöst und als Metall oder Oxid in Bereichen niedrigerer Temperatur abgeschieden. Unter isothermen Bedingungen und unter einer Wasserstoffatmosphäre kann die Korrosion von Nickel durch Natriumhydroxidschmelzen fast vollständig zum Stillstand kommen, selbst bei Temperaturen von 815 °C.

Wenn keine Wasserstoffatmosphäre aufrechterhalten wird, steigt die Korrosionsgeschwindigkeit schnell an, wie aus den in Tab. H 5 wiedergegebenen Versuchsergebnissen zu ersehen ist. Übliche Verunreinigungen — Oxydationsmittel ausgenommen — in der Schmelze haben wenig Einfluß auf den Stofftransport. Jedoch hat sich gezeigt, daß Natrium

Tabelle H 5. *Korrosion von Nickel in geschmolzenem Natriumhydroxid* [26].

Temperatur °C	Korrosionsgeschwindigkeit von Nickel (g · m⁻² · d⁻¹) in Natriumhydroxid unter verschiedenen Atmosphären						
	H_2	10% H_2 + N_2	N_2	Ar	Vakuum	Luft	O_2
677	2,2	10,1	60,5	100,5		198,0	
580	0,12		1,56		2,3		17,5
400	0		0,57		0,67		

aluminat in der optimalen Konzentration von 10% den Stofftransport von Nickel bei 815 °C verringert.

Die Eigenschaft des Nickels, bis zu Temperaturen von etwa 600 °C gegenüber einem Angriff durch konzentrierte Alkalilaugen beständig zu sein, beruht größtenteils auf der Schutzwirkung von Oxidschichten. Der äußerst wirksame schwarze Oxidbelag wird bei Temperaturen oberhalb 315 °C gebildet. Im Bereich von 180···230 °C entsteht eine grünliche Oxidschicht, die keinen Schutz bietet. Unterhalb 180 °C bilden sich dünne, dunkle Schutzschichten. Es kann daher solange ein wechselndes Verhalten von Nickel — und zwar besonders in Kurzzeit-Laborversuchen — beobachtet werden, bis sich eine schützende Oxidschicht gebildet hat.

Die Ergebnisse von Labor-Korrosionsversuchen, die das Verhalten von Nickel in Natriumhydroxid zeigen, sind in den Tab. H 6 und 7 wiedergegeben.

Versuche mit Proben über eine Zeit von 6 Monaten in einem Verdampfer, in dem Natriumhydroxidlösung auf 75% konzentriert wird, ergaben eine Korrosionsgeschwindigkeit für Nickel von nur 0,9 g · m⁻² · d⁻¹.

Tabelle H 6. *Korrosion von Nickel in 50%iger Natronlauge.*

Temperatur °C	Druck Torr	Geschwindigkeit m/min	Versuchsdauer h	Korrosionsgeschwindigkeit g · m⁻² · d⁻¹
30	760	—	120	0,4
30	760	—	24	0,20
91	760	4,6	24	0,34
100	610	—	24	0,40
100	610	—	240	0,40
100	820	—	264	0,30
130	760	—	720	0,63
143	760	—	258	0,64
150	760	—	336	0,22
155	760	—	672	0,28
155	257	23	20	0,71

Tabelle H 7. *Korrosion von Nickel in 75···100%igem Natriumhydroxid.*

Temperatur °C	Versuchsdauer h	NaOH-Konzentration %	Korrosionsgeschwindigkeit g · m^{-2} · d^{-1}
180	105	74	0,45
316	75	95	1,3
330	102	95	19,4
482	184	97	0,3
380	64	98	10,0
380	96	98	3,7
149···260		60 bis fast 100	1,75
400···410		100	5,5

Tabelle H 8. *Einfluß oxydierbarer Schwefelverbindungen auf die Korrosion von Ni 99,6 in Natriumhydroxid. (Temperatur 13 ± 5°C, Versuchsdauer 19···22 h).*

Versuch Nr.	Korrosionsmittel	Korrosionsgeschwindigkeit g · m^{-2} · d^{-1}	mm/a
1	techn. reines Natriumhydroxid in der Konzentrationsstufe von 50 auf 75% (Schwefelgehalt zu Beginn, berechnet als H$_2$S 0,009%)	1,1	0,0425
2	75% Natriumhydroxid, chem. rein	0,35	0,015
3	75% Natriumhydroxid, chem. rein + 0,75% Natriumsulfid	14,1	0,58
4	75% Natriumhydroxid, chem. rein + 0,75% Natriumthiosulfat	4,9	0,20
5	75% Natriumhydroxid, chem. rein + 0,75% Natriumsulfit	3,2	0,130
6	75% Natriumhydroxid, chem. rein + 0,75% Natriumsulfat	0,4	0,015

Die Korrosion wird durch oxydierbare Schwefelverbindungen beschleunigt, wie aus der Abb. H 16 und den Werten der Tab. H 8 hervorgeht. Oxydierend wirkende Stoffe, wie Natriumperoxid und besonders Chlorate, die sich bei Temperaturen oberhalb 290°C zersetzen, können ebenfalls den Angriff von Alkalihydroxidschmelzen beschleunigen. Die Wirkung von Chloraten geht aus Tab. H 9 hervor. Chlorate sollten vor der Endeindickung in Verdampfern aus Nickel entfernt werden.

Anlagen aus Nickel zur kontinuierlichen Konzentrierung von Alkalilaugen bis zum wasserfreien Produkt können mit Dowtherm (einem organischen Wärmeträger) oder mit Salzschmelzen, beispielsweise aus Kalium- und Natriumnitrat, erhitzt werden. Falls im Heizmittel irgend-

Tabelle H 9. *Korrosion von Ni 99,6 und NiCr 15Fe während des Eindampfens von chloratfreier und chlorathaltiger Natronlauge von 73 auf 96%* (*Temperatur 180···450°C, Versuchsdauer 24 h*).

Werkstoff	Korrosionsgeschwindigkeit			
	ohne Chlorat		mit 0,30% Chlorat (bezogen auf das wasserfreie Produkt)	
	$g \cdot m^{-2} \cdot d^{-1}$	mm/a	$g \cdot m^{-2} \cdot d^{-1}$	mm/a
Ni 99,6	9,3	0,375	160	6,5
NiCr 15 Fe	13,0	0,55	226	9,5

eine Schwefelverbindung enthalten, ist, so sollte Reinnickel durch eine Ni–Cr-Legierung, wie z. B. NiCr 15 Fe, ersetzt werden. Da es möglich ist, daß es in den Ni–Cr-Legierungen zur Rißbildung kommt, wenn sie unter Spannung stehen (vgl. Kap. H 2.2), kann man alternativ auch Nickel verwenden, wenn der Angriff des Heizmittels durch Oxydation des Schwefels verringert wird. Wenn größere Schwefelanteile vorkommen, verwendet man Duplex-Rohre mit Nickel auf der Alkalihydroxidseite und Ni–Cr–Fe-Legierungen, wie X10 NiCr 32 20, auf der Heizgasseite.

Um einen möglichen interkristallinen Angriff auszuschließen, der durch Spannungsbelastung in Natriumhydroxid bei Temperaturen oberhalb etwa 315°C beschleunigt wird, empfiehlt es sich, den Kohlenstoffgehalt des Nickels auf max. 0,02% zu begrenzen [15].

Nickel bleibt passiv, wenn es anodisch ist und mit konzentrierten Alkalilaugen in Berührung steht. Diese Eigenschaft wird mit Vorteil bei den Nickelanoden in den Elektrolysezellen für die Sauerstoffgewinnung und in Brennstoffzellen ausgenützt.

Nickel läßt sich auch kathodisch in Alkalilaugen schützen. Dieses Verfahren wird gelegentlich angewendet, um die Menge des Nickels zu verringern, die in Verdampfersystemen oder bei verhältnismäßig langer Lagerzeit oder während des Transportes aufgenommen wird. Es hängt von den Umständen während der Berührungszeiten ab, wie hoch der Schutzstrom zu bemessen ist. Er liegt in der Größenordnung von 0,01 mA/cm² bei der Lagerung von 75%iger Natronlauge und bei 1 mA/cm² in Verdampfern für das wasserfreie Produkt.

Erwartungsgemäß ist Nickel gegenüber alkalischen Lösungen und alkalischen Salzen im allgemeinen ausreichend beständig; es findet daher in einer Reihe von Anlagen für chemische Verfahren Verwendung, z. B. in Anlagen zur Herstellung von Seife, Viskosefasern, Sulfatzellstoff, Natriumsulfid und zur Behandlung von Erdölprodukten zur Säureabstumpfung und Entfernung der Schwefelanteile.

Da Nickel mit Ammoniak einen Komplex bildet, ist es nur in sehr gering konzentrierten wäßrigen Ammoniaklösungen genügend beständig.

3.112 Verhalten gegenüber der Atmosphäre[1]

Nickel läuft an der Luft an und wird trüb, wenn die relative Feuchte über 70% ansteigt. Bei Anwesenheit von Schwefeldioxid bildet sich ein Korrosionsprodukt, das schließlich in basisches Nickelsulfat übergeht

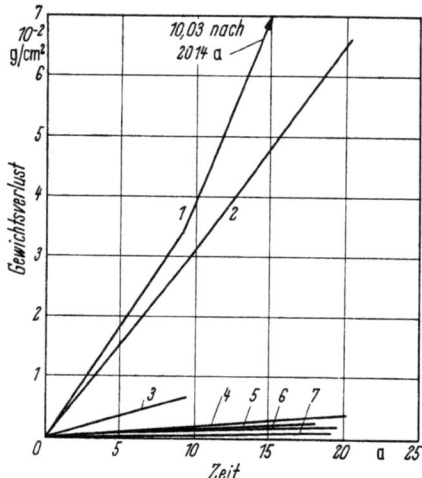

Abb. H 17. Gewichtsverlust von Nickel durch atmosphärische Korrosion in langen Zeiten [28].

Kurve 1: Altoona/Pennsylvania;
Kurve 2: New York;
Kurve 3: Sandy Hook, New-Jersey;
Kurve 4: State College/Pennsylvanien;
Kurve 5: La Jolla/Kalifornien;
Kurve 6: Key West/Florida;
Kurve 7: Phoenix/Arizona.

[27]. Das Verhalten von Nickel in verschiedenen Atmosphären ist in Abb. H 17 wiedergegeben. Der Angriff in der Meeresluft von La Jolla/Kalifornien sowie in der Landluft von State College/Pennsylvanien, und Phoenix/Arizona ist nur gering. Die Korrosion ist weit stärker in der Industrieluft von New York und Altona/Pennsilvanien, aber auch hier beträgt die Abtragungsgeschwindigkeit nur 0,005 mm/a. Festigkeitsversuche mit Proben nach einer Auslagerungszeit von 20 Jahren in verschiedenen Atmosphären haben keine Abnahme der Festigkeit oder Duktilität erbracht, die über die eingetretene Dickenabnahme hinausgeht.

Wenn Nickel für dekorative Zwecke als galvanischer Überzug auf Stahl, Zink- oder Kupferlegierungen verwendet wird, verchromt man es üblicherweise [29]. Die obere Chromschicht verhindert das Anlaufen, während Nickel das Grundmetall vor dem atmosphärischen Angriff schützt. Die Dicken der Nickelschicht betragen bis zu 0,05 mm und hängen von Stärke und Art der Beanspruchung ab.

Der Durchbruch der Nickelschicht kann durch Aufbringen von zwei Lagen verringert werden, von denen die obere auf Grund eines 0,05%igen

---

[1] Die Korrosion von Nickel und Nickellegierungen in der atmosphärischen Luft bei normalen Temperaturen setzt die Anwesenheit von Feuchtigkeit voraus und wird deshalb in diesem Kapitel behandelt. Über die Hochtemperaturkorrosion in Gasen siehe Kap. G.

Schwefelanteils anodisch gegenüber der unteren wirkt (vgl. Kap. F 3.23). Grübchen, die die obere anodische Lage durchdringen, werden aufgehalten, wenn sie die edlere untere Lage erreichen, und erweitern sich eher als daß sie in die Tiefe gehen.

Die Durchdringung der oberen Nickelschicht läßt sich z. B. dadurch verringern, daß das Chrom mit einem Netzwerk feiner Risse, bis etwa 800 Risse pro Zentimeter, abgeschieden wird. Hiermit wird die edlere Chromfläche, die mit dem Nickel am Grunde der Risse in Verbindung steht, verkleinert und die Kontaktkorrosion durch das edlere Chrom verringert.

3.113 Verhalten gegenüber Wässern

Nickel ist sehr beständig gegenüber dem Angriff von Süßwasser bei Temperaturen bis zum Siedepunkt bei Atmosphärendruck. Die Geschwindigkeit des Angriffs, selbst in aggressiven Trinkwässern, ist gewöhnlich kleiner als 0,0005 mm/a. Grubenwässer des Kohlebergbaues, die sauer sind und oxydierend wirkende Eisen(III)- oder Kupfersalze enthalten, sind wesentlich aggressiver und können die Korrosionsgeschwindigkeit bis auf 0,60 mm/a erhöhen. Entlüftetes Wasser und aufbereitetes Kesselspeisewasser für die Dampferzeugung greifen Nickel kaum an. Das trifft auch zu für destilliertes und entionisiertes Wasser, wie es in Kernreaktoranlagen gebraucht wird. Versuche in diesen Wässern von pH 10 mit 15···50 ml/kg Wasserstoff bei 345 °C und einer Durchlaufgeschwindigkeit von 7,6 m/sec über die Zeit von 1500 h ergaben eine Abtragungsgeschwindigkeit für Nickel von 0,005 mm/a. Stärkere Abtragungen sind bei Anwesenheit von Sauerstoff anstelle von Wasserstoff zu erwarten.

In Meerwasser ist Nickel passiv, erleidet aber schweren örtlichen Angriff durch Organismen, die Beläge hervorrufen, oder unter anderen Ablagerungen, die sich bei langsam strömendem Meerwasser ansammeln. Bei hohen Strömungsgeschwindigkeiten ist Nickel gegen Erosion und Kavitation beständig.

3.114 Verhalten gegenüber neutralen und alkalischen Salzen

Nickel hat eine gute Beständigkeit gegenüber dem Angriff durch neutrale und alkalische Salzlösungen, wie Chloride, Carbonate, Sulfate, Nitrate und Acetate, mit Abtragungsgeschwindigkeiten, die gewöhnlich kleiner als 0,13 mm/a sind. Nickelrohre werden mit gutem Erfolg in Verdampferanlagen für Natriumchlorid und Natriumsulfat eingesetzt; für den Bau von rotierenden Salztrocknungsöfen werden Stähle verwendet, die mit Nickel plattiert sind.

3.12 Nickel–Kupfer- und Kupfer–Nickel-Legierungen

3.121 Verhalten gegenüber alkalischen Lösungen

Der hohe Nickelgehalt in der Ni–Cu-Legierung NiCu 30 Fe verleiht ihr fast die gleiche hohe Beständigkeit gegenüber Alkalihydroxiden, wie sie für Reinnickel besteht (vgl. Abb. H 18). Die Bedingung, die Verunreinigung des Produktes durch Kupfer so klein wie möglich zu halten,

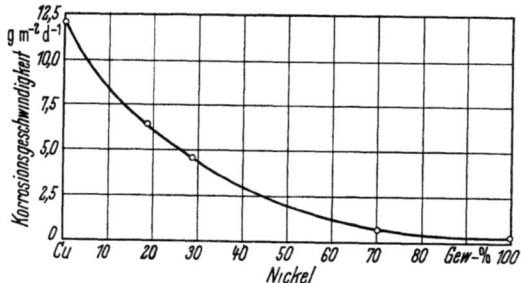

Abb. H 18. Ergebnisse von Korrosionsversuchen mit Cu–Ni-Legierungen in einem Verdampfer für 50%iges Ätznatron.

beschränkt die Verwendung von NiCu 30 Fe in Anlagen zur Herstellung von Alkalihydroxiden. In den Fällen, in denen eine Aufnahme von Kupfer ohne nachteilige Folgen bleibt, ist die Legierung NiCu 30 Fe einsetzbar, z. B. für Anlagen zur Entschwefelung von Erdölprodukten. Geschwindigkeiten der Abtragung, wie sie sich aus Betriebsversuchen ergaben, sind in Tab. H 10 aufgeführt. Gleich Nickel unterliegt NiCu 30 Fe dem Stofftransport in Natriumhydroxidschmelzen.

Tabelle H 10. *Korrosionsbeständigkeit der Legierung NiCu 30 Fe gegenüber Natriumhydroxid.*

NaOH-Konzentration	Temperatur	Versuchsdauer	Korrosionsgeschwindigkeit
%	°C	d	mm/a
14	88	90	0,0015
23	105		0,005
49···51	55··· 75	30	0,0008
60···75	149···177		0,12
70	90···115	90	0,028
60···100[a]	149···260		0,33

[a] Laborversuche.

Um Spannungsrißkorrosion zu vermeiden, sollte für die Verwendung in heißen Lösungen mit Konzentrationen über 50% NiCu 30 Fe allgemein im spannungsarm geglühten Zustand verwendet werden (vgl. Kap. A 5.3).

NiCu 30 Fe ist beständig gegenüber absolut wasserfreiem Ammoniak und wird in Anlagen verwendet, die Ammoniak als Kühlgas benutzen. In wäßrigen Lösungen, die mehr als 3% Ammoniak enthalten, erleidet NiCu 30 Fe einen beträchtlichen Angriff, der durch Erhöhen der Temperatur oder durch Belüftung noch beschleunigt wird.

Die Cu–Ni-Legierung CuNi 30 Fe ist den anderen Kupferbasislegierungen hinsichtlich der Beständigkeit gegenüber Spannungsrißkorrosion

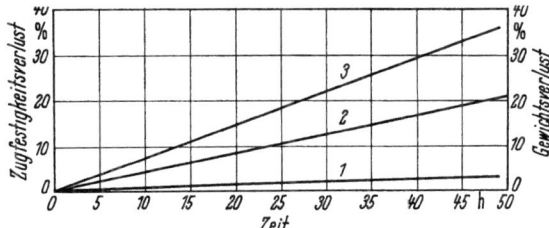

Abb. H 19. Zugfestigkeits- und Gewichtsverlust von CuNi 30 Fe und Cu–Zn-Legierung in ammonikhaltiger Atmosphären [31].
Kurve 1: Zugfestigkeits- und Gewichtsverlust von CuNi 30 Fe;
Kurve 2: Gewichtsverlust von Cu–Zn-Legierung;
Kurve 3: Zugfestigkeitsverlust von Cu–Zn-Legierung.

überlegen [30, 31], wie an Ergebnissen von Spannungsrißkorrosionsversuchen in Ammoniakatmosphäre gezeigt werden konnte (vgl. Abb. H 19).

Die 10% Ni enthaltende Legierung CuNi 10 Fe ist nicht so beständig gegen Spannungsrißkorrosion wie die Legierung mit 30% Ni, aber sie ist wesentlich beständiger als die Kupferlegierung mit 10% Zn. In Versuchen in feuchter Ammoniakatmosphäre unter einer Belastung von 7 kp/mm² hatte die 10% Ni enthaltende Legierung eine Standzeit von 9552 min, verglichen mit 973 min für die 10% Zn enthaltende Kupferlegierung. Unter gleichen Versuchsbedingungen ging die Legierung mit 30% Ni während einer Versuchsdauer von 40000 min nicht zu Bruch.

Die nickelhaltigen Kupferbasislegierungen sind den nickelfreien sowohl im spannungsfreien Zustand als auch unter Spannungen bei Ammoniakangriff überlegen. Sie werden deshalb für Anlagenteile eingesetzt, die mit kondensierenden Dämpfen in Berührung kommen, die geringe Mengen Ammoniak enthalten. So wird z. B. die 10% Ni enthaltende Legierung in Zuckerverdampfern verwendet [32]. Ein quantitativer Vergleich wurde durch Versuche erbracht, bei denen verdünntes Ammoniak und Mischungen von Ammoniak mit Ammoniumcarbonat auf Rohrproben 20 Tage lang bei Raumtemperatur auftropften [33]. Die Ergebnisse sind in Abb. H 20 wiedergegeben. In stärker konzentrierten Ammoniaklösungen sind Legierungen mit hohen Nickelgehalten vorteilhaft, wie aus Abb. H 21 hervorgeht. Jedoch werden die Legierungen mit hohem

Nickelgehalt sowie Reinnickel durch belüftete ammoniakalische Lösungen stark angegriffen und sind in dieser Hinsicht den Eisenbasis- und Ni–Cr-Legierungen unterlegen.

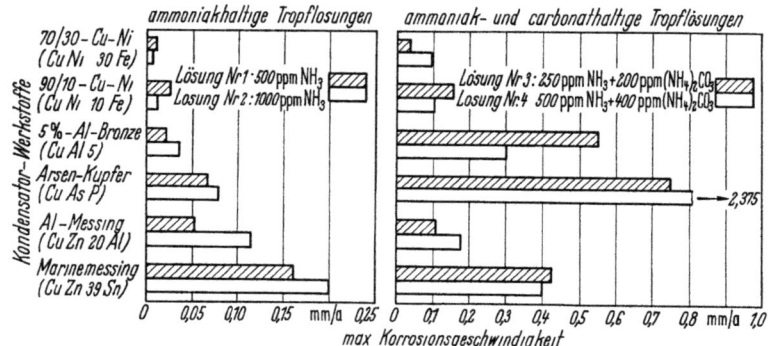

Abb. H 20. Korrosionsgeschwindigkeit verschiedener Kupferbasislegierungen beim Betropfen mit ammoniakalischen Lösungen.

linkes Diagramm: Der Angriff reiner ammoniakalischer Lösungen ist bei den untersuchten Legierungen praktisch unabhängig von den angewandten Konzentrationen (0,05 und 0,1%);

rechtes Diagramm: Durch Zugabe von Carbonationen wird der Angriff bei allen untersuchten Legierungen verstärkt.

3.122 Verhalten gegenüber Süßwasser

Die Ni–Cu-Legierungen sind ausgezeichnet beständig gegen den Angriff von Süßwasser bei Temperaturen bis zum Siedepunkt bei Atmosphärendruck und werden für Warmwasserbehälter und für wesentliche Teile von Ventilen und Reglern eingesetzt. Hauptsächlich werden sie für Röhrenvorwärmer bei der Kesselspeisewasseraufbereitung bei hohen Temperaturen und Drücken verwendet. NiCu 30 Fe wird für die höheren Temperatur- und Druckbereiche bevorzugt, bei denen auch die höhere Festigkeit ausgenutzt werden kann. So läßt der ASME-Boiler-Code Betriebsbelastungen von 14,5 kp/mm^2 bei spannungsarm geglühtem NiCu 30 Fe bei Betriebstemperaturen von 315 °C zu, dagegen nur 10,25 kp/mm^2 für die Legierung mit 30% Ni und nur 4,2 kp/mm^2 für die Legierung mit 10% Ni. In den Speisewasservorwärmern erleidet CuNi 30 Fe den mit ,,Abblättern'' (Exfoliation) bezeichneten Angriff an der Oberfläche der Dampfseite, wenn Luft in den Dampfraum eindringt, beispielsweise bei Drosselungen außerhalb des Spitzenbetriebes [34—36]. Im System Ni–Cu ist die Legierung mit 30% Ni diesem Angriff besonders ausgesetzt. Die Legierung mit 10% Ni ist dieser Angriffsart gegenüber wesentlich beständiger, und die Legierungen mit 70% Ni sind völlig unempfindlich.

Ein Erhöhen des Eisengehaltes auf 5% bei der 30% Ni enthaltenden Legierung macht sie wesentlich beständiger gegenüber diesem Angriff [37]. Dieser hohe Eisengehalt verbessert auch die Warmfestigkeit, z. B.

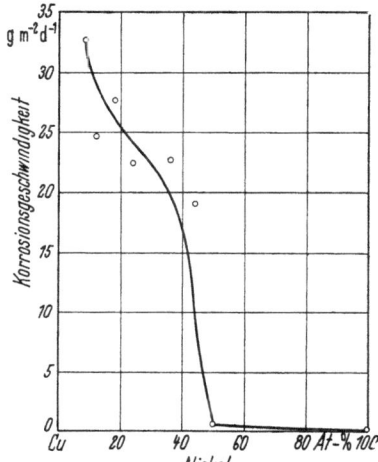

Abb. H 21. Einfluß des Nickelgehaltes auf die Korrosion von Cu–Ni-Legierungen in luftfreiem 12%igem Ammoniak.

bei der wärmebehandelten Legierung um 60% bei 315 °C. Anscheinend verbessert er auch die Beständigkeit gegenüber Schwefelwasserstoff bei erhöhten Temperaturen, beispielsweise bei der Erdölraffination.

NiCu 30 Fe zeigt ebenfalls hervorragende Beständigkeit gegenüber entionisiertem Wasser, wie es im Primärkreis von Atomkraftwerken verwendet wird [38]. Versuche in alkalisch eingestelltem Wasser unter Wasserstoffatmosphäre bei 288 °C ergaben eine Abtragungsgeschwindigkeit von 0,10 g · m^{-2} · d^{-1}. Durch Sauerstoffmengen von 0,2···0,5 ppm wird die Geschwindigkeit auf 0,13 g · m^{-2} · d^{-1} erhöht. Unter keiner der Versuchsbedingungen wurde Spalt- oder Lochfraßkorrosion beobachtet.

3.123 Verhalten gegenüber Meerwasser

NiCu 30 Fe wird in ausgedehntem Umfang bei Angriff durch Meerwasser und Salzsolen eingesetzt, besonders dann, wenn hohe Festigkeit neben Korrosions- und Erosionsbeständigkeit verlangt wird, wie z. B. bei Wellen für Schiffsschrauben, bei Pumpen, Ventilsitzen, Pumpenrädern, Bolzen und Schrauben und dergleichen. Das verhältnismäßig edle Potential dieser Legierung begünstigt ihren Einsatz im Kontakt mit großflächigen Cu–Zn-Legierungen.

Beim Einsatz in ruhendem Meerwasser verhält sich NiCu 30 Fe weniger günstig, weil die gebildeten kupferhaltigen Korrosionsprodukte nicht ausreichen, um den Bewuchs durch Meeresorganismen zu verhindern.

Versuche in Kalifornien ergaben eine durchschnittliche Abtragungsgeschwindigkeit von 0,013 mm/a nach 30 Monaten, jedoch eine maximale Grübchentiefe von 0,94 mm unter dem Bewuchs [39].

Auf der Kupferseite des Systems Nickel-Kupfer sind die Legierungen mit 30 oder 10% Ni und geringen Zusätzen von Eisen von wesentlichem Interesse, da sie die bessere Beständigkeit gegenüber Kavitation oder Erosion in Meerwasser von höherer Geschwindigkeit aufweisen [40—42].

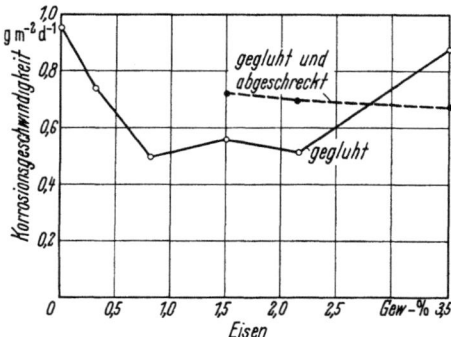

Abb. H 22. Einfluß des Eisengehaltes auf die Korrosionsgeschwindigkeit von Kupfer-Nickel 90/10 in Meerwasser von Wrightsville Beach, N.C., USA (Versuchsdauer: 300 Tage in der Zeit von Januar bis November 1949, Strömungsgeschwindigkeit des Wassers: $0\cdots1{,}2$ m/sec).

Der bevorzugte Eisengehalt liegt bei der Legierung mit 30% Ni zwischen 0,30 und 0,50% und bei der Legierung mit 10% Ni zwischen 1,00 und 1,50%. In einigen Ländern werden für die 10%ige Legierung höhere Eisengehalte bevorzugt, jedoch haben Vergleichsversuche nur geringe Vorteile für Eisengehalte über 2,0% ergeben, falls die Legierungen nach dem Glühen nicht abgeschreckt werden, um das Eisen in Lösung zu halten (vgl. Abb. H 22). Die Legierung mit 2% Fe ist besonders widerstandsfähig in Salzwasser und bei erosivem Angriff, beispielsweise durch Sand oder Schlamm.

CuNi 30 Fe wird hauptsächlich für Kondensatorrohre und Salzwasserleitungen angewendet [43—45], bei Kriegs- und Handelsschiffen, wenn aus Gründen der Zuverlässigkeit Kavitation und Lochfraß ausgeschlossen werden müssen [46, 47]. CuNi 30 Fe ist beständiger als andere Kupferbasislegierungen gegenüber verschmutztem Meerwasser, das in manchen Häfen und Flußmündungen auch Schwefelwasserstoff enthalten kann [48]. Diese Eigenschaft ist entscheidend für die Wahl der Legierung für mit Brackwasser betriebene Kondensatoren und Wärmetauscher in Kraftwerken, Erdölraffinierien und chemischen Fabriken [49—51].

Die Legierung CuNi 10 Fe wurde während des letzten Krieges entwickelt, um Nickel einzusparen, und anstelle der Legierung mit 30% Ni für Kondensatorrohre und Meerwasserleitungen in solchen Fällen verwendet, bei denen die Betriebsbedingungen weniger kritisch waren und Abstriche an Zuverlässigkeit hingenommen werden konnten [52].

CuNi 10 Fe wurde außerdem anstelle von Kupfer oder Rotguß eingeführt, um eine wesentlich bessere Beständigkeit gegenüber Erosion und Kavitation in meerwasserführenden Leitungssystemen zu erzielen. Eine Zeitlang wurde eine Kupferlegierung mit 5% Ni und verändertem Eisengehalt anstelle von Kupfer für meerwasserführende Leitungen in der britischen Marine verwendet. Der wesentliche Vorteil dieser Legierung mit niedrigerem Nickelgehalt war der, daß sie sich wie Kupfer von

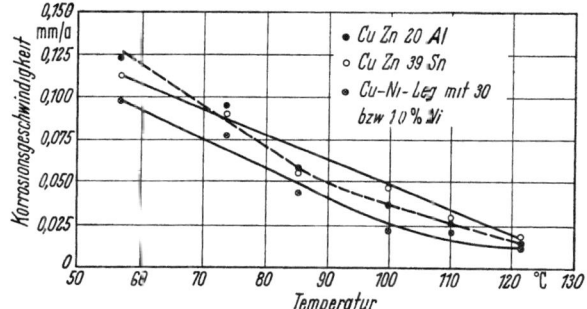

Abb. H 23. Einfluß der Temperatur auf die Korrosionsgeschwindigkeit von Rohrwerkstoffen auf Kupferbasis für Wärmeaustauscher in luftfreiem normalem Meerwasser im Werk Freeport/Texas. Ununterbrochene Auslagerung über 156 Tage; Sauerstoffgehalt der Lösungen 0,04···0,6 ppm; pH-Wert 6,2···7,8; Konzentrationsfaktor der Sole 0,8···1,1; Turbulenz: mäßig, bei 121 °C gering.

den Kupferschmieden verarbeiten ließ. Es stellte sich jedoch heraus, daß die 5%ige Legierung, obgleich mit ihrem Erosionswiderstand dem Kupfer überlegen, doch wesentlich unbeständiger als die 10%ige Legierung war. Infolgedessen wurde die Anwendung der 5%igen Legierung für meerwasserführende Leitungen zugunsten der Legierung mit 10% Ni wieder aufgegeben.

Die Gewinnung von Süßwasser durch Destillation von Meerwasser zur Deckung des Bedarfs an Trinkwasser in Mangelgebieten und auf Schiffen hat zu ausgedehnter Anwendung von Kupfer-Nickel-Legierungen für Rohre, Rohrböden, Leitungen und Verdampferkörper geführt. Es werden sowohl die Legierungen mit 10 als auch mit 30% Ni verwendet. Die letzteren werden für die Anlagen bevorzugt, für die maximale Lebensdauer und Sicherheit verlangt werden, beispielsweise sehr große Anlagen, bei denen allein die Wärmeaustauscher 60% der Gesamtkosten ausmachen, wobei eine dreißigjährige Lebensdauer der Rohre ohne Auswechseln erwartet wird. In entlüftetem Meerwasser nimmt die Korrosion der Kupferbasislegierungen mit steigender Temperatur ab, wie aus Abb. H 23 hervorgeht.

Ein besonderer Vorteil der Cu–Ni-Legierungen ist, daß Rohre, Bleche und Bodenplatten durch Schweißen verbunden werden können und daß Rohre mit besonderen Abmessungen und Längen für große Wärmeübertragungsflächen zur Verfügung stehen.

Die im Nickelgehalt höhere Legierung NiCu 30 Fe ist in Destillationsanlagen gegenüber einem Meerwasserangriff vorzüglich beständig. Sie wird für Verdampferkörper, Ventilsitze, Pumpenteile und für Wärmedurchgangsflächen verwendet, besonders für solche, die so konstruiert sind, daß sich die Ablagerungen entfernen lassen, die infolge von Thermoschock abplatzen. In solchen Anwendungsfällen sind die hohe Festigkeit und Unempfindlichkeit gegenüber Korrosionsermüdung wesentlich für die Wahl dieser Legierung.

Ein besonderer Vorteil der durch Eisenzusatz verbesserten Legierung mit 10% Ni ist ihre Eigenschaft, das Ansiedeln von Muscheln und anderen Meeresorganismen zu verhindern [53]. Sie ist die einzige Legierung, die diese Eigenschaft besitzt und außerdem unempfindlich gegen Kavitation und Erosion ist. Die eisenfreien Cu–Ni-Legierungen mit Nickelgehalten bis zu 30% widerstehen allerdings auch einem Bewuchs durch Organismen. Setzt man aber diesen Legierungen Eisen zu, um sie gegen Erosion beständig zu machen, so verringert sich die Geschwindigkeit, mit der Kupfer aus den Korrosionsprodukten freigesetzt wird, unter einen Wert von $0{,}5$ g $\cdot$ m^{-2} $\cdot$ d^{-1}, der anscheinend ein Grenzwert für den Muschelbewuchs darstellt. Lediglich die eisenhaltigen Kupferlegierungen mit Nickelgehalten bis zu 10% entwickeln noch gerade so viel kupferhaltige Korrosionsprodukte, daß ein Bewuchs verhindert wird.

3.124 Verhalten gegenüber neutralen und alkalischen Salzen

Neutrale und alkalische Salze beeinflussen die Legierung NiCu 30 Fe nur wenig. Die Korrosionsgeschwindigkeiten liegen gewöhnlich unter 0,025 mm/a und selten über 0,125 mm/a. Die Legierung wird deshalb in großem Umfang für Anlagen zur Salzgewinnung und für Vorrichtungen gebraucht, in denen Kühlsolen umlaufen.

3.13 *Nickel–Chrom-Legierungen*

Die Legierung NiCr 15 Fe mit rund 76% Ni, 16% Cr und 7% Fe kommt neben Reinnickel für Anlagenteile in Frage, die bei hohen Temperaturen mit konzentrierten Alkalilaugen in Berührung stehen. Ihre Beständigkeit ist kaum geringer als die von Nickel, wie aus den Werten der Tab. H 11 hervorgeht.

Jedoch enthalten die Korrosionsprodukte der Legierung NiCr 15 Fe gewöhnlich auch Chromate, die die Farbe der geschmolzenen Alkalihydroxide beeinträchtigen können, so daß man aus diesem Grunde

Tabelle H 11. *Korrosionsbeständigkeit von Nickel und NiCr 15 Fe gegenüber geschmolzenem Natriumhydroxid in reinem Stickstoff* [25].

Werkstoff	Korrosionsgeschwindigkeit $g \cdot m^{-2} \cdot d^{-1}$			
	400 °C	500 °C	580 °C	680 °C
Nickel	0,57	0,82	1,56	23,5
NiC 15Fe	0,67	1,4	3,0	39,3

Nickel zum Bau der Anlagen bevorzugt. NiCr15 Fe ist aber dann besonders am Platze, wenn ein festerer Werkstoff als das niedriggekohlte Nickel verlangt wird, oder wenn der Schwefelgehalt der Alkalihydroxide so hoch ist, daß Nickel angegriffen wird. Die Beständigkeit gegen alkalische Schwefelverbindungen erstreckt sich auch auf Natriumsulfid und

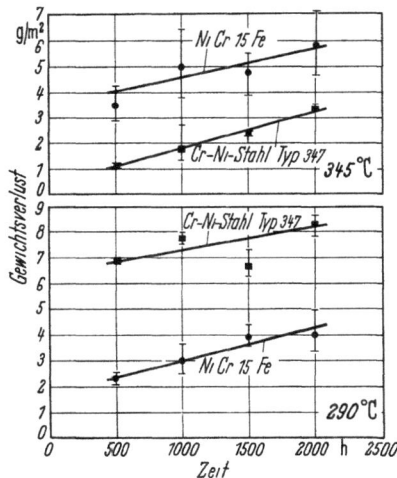

Abb. H 24. Gewichtsverlust von NiCr15Fe und nichtrostendem Chrom-Nickel-Stahl AISI-Typ 347 in strömendem, sehr reinem Wasser.

die Lösungen, die zur Herstellung von Sulfatzellstoff für Kraftpapier dienen, und zwar in den Lösebehältern und den Verdampfern für die Schwarzlauge sowie auch gegenüber den Dämpfen dieser Lösungen. Versuche in 50%igem Natriumsulfid bei 170 °C ergaben eine Abtragungsgeschwindigkeit von nur 0,1 mm/a.

NiCr 15 Fe erleidet Stofftransport in geschmolzenem Natriumhydroxid in etwa gleichem Umfang wie Reinnickel unter denselben Bedingungen; durch Wasserstoff wird die Reaktion beträchtlich verzögert.

Die Legierung ist gegenüber Korrosion durch alkalische und neutrale Salze gut beständig, selbst bei Siedetemperaturen, obgleich sie zu Spaltkorrosion in Chloridlösungen neigt. Sie ist äußerst beständig gegenüber natürlichem Süßwasser und destilliertem Wasser innerhalb eines weiten Temperaturbereiches. Die Ni–Cr-Legierungen sind ganz besonders beständig gegenüber einem Angriff durch Reinstwasser bei hohen Temperaturen und Drücken, wie sie in Atomkraftwerken vorkommen [38]. Werte hierzu sind in Abb. H 24 wiedergegeben. Die Korrosionsbeständigkeit ist auch unter radioaktiver Strahlung vorhanden.

Eine Verunreinigung durch Blei kann NiCr 15 Fe für Spannungsrisse empfindlich machen. Risse können auch in Spalten bei großem Überschuß von Sauerstoff entstehen. Derart hohe Sauerstoffgehalte treten bei Reinstwasser unter normalen Bedingungen praktisch nicht auf.

3.2 Korrosion durch oxydierend wirkende Lösungen und Säuren

3.21 *Nickel*

Obgleich potentiostatische Polarisationsmessungen ein Gebiet ausweisen, in dem Nickel passiv ist, wird es im allgemeinen durch oxydierend wirkende Säuren oder durch Lösungen oxydierend wirkender Salze angegriffen. Legierungen des Nickels mit Chrom und zu einem gewissen Grade mit Silicium sind gegenüber oxydierend wirkenden Lösungen beständiger und werden in der Technik verwendet. Jedoch steigert ein Legierungsanteil von Kupfer die Empfindlichkeit für den Angriff und erhöht auch die Korrosionsgeschwindigkeit.

3.22 *Nickel-Chrom-Legierungen*

Die Zugabe von Chrom zu Nickel erhöht die Beständigkeit in oxydierend wirkenden Säuren beträchtlich [5, 54] und verringert, wie sich aus potentiostatischen Messungen ergibt, den Grenzwert dieser oxydierenden Wirkung, der notwendig ist, um eine Passivität zu erreichen oder unter anderen Umgebungen aufrecht zu erhalten [55]. Da jedoch die chromhaltigen Legierungen auf Eisenbasis (nichtrostende Stähle) eine ausgezeichnete Beständigkeit an oxydierend wirkenden Säuren aufweisen, ist die Verwendung der chromhaltigen Nickelbasislegierungen unwirtschaftlich, wenn es in der Hauptsache auf die Beständigkeit in solchen Medien ankommt.

Eine Ausnahme macht die Legierung NiCr 65 35, die — wie Abb. H 25 zeigt — eine bessere Beständigkeit gegenüber 70%iger Salpetersäure besitzt als die Legierung mit 20% Cr.

Im allgemeinen kommt es bei chromhaltigen Legierungen, die einen geringen Prozentsatz von Kohlenstoff enthalten, zu Ausscheidungen von Chromcarbiden, wodurch die Korrosionsbeständigkeit infolge von Chromverarmung, z. B. in den wärmebeeinflußten Zonen von Schweißverbindungen, herabgesetzt wird. Das gilt auch für die chromhaltigen

Nickelbasislegierungen. Bei der oben erwähnten Legierung NiCr 65 35 gleicht der hohe Chromgehalt die Chromverarmung in der Umgebung der Carbidausscheidungen aus und macht die Legierung verhältnismäßig unempfindlich gegenüber solchen Wärmebehandlungen (vgl. Abb. H 25).

Bei niedrigeren Chromgehalten haben die Nickellegierungen gegenüber den Eisenlegierungen einen gewissen Vorteil infolge der unterschiedlichen Zusammensetzung der Carbide. In den Nickellegierungen

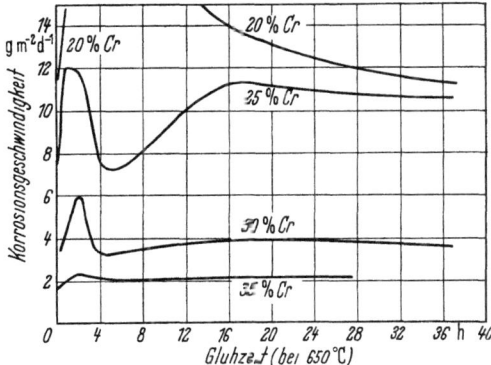

Abb. H 25. Korrosionsgeschwindigkeit verschiedener Ni–Cr-Legierungen in 70%iger Salpetersäure in Abhängigkeit von der Glühzeit.

liegen die Carbide als Cr_7C_3 und bei den Eisenlegierungen als $Cr_{23}C_6$ vor. Bei den Nickellegierungen ist daher die Chromverarmung infolge der Carbidausscheidungen weniger stark.

Wie schon erwähnt, werden die Nickel-Chrom-Legierungen in der Praxis nicht gewählt, wenn nur eine Beständigkeit gegenüber gewöhnlichen, oxydierend wirkenden Säuren gefordert wird, jedoch bieten sie Vorteile, wenn Halogenverbindungen anwesend sind. Das trifft z. B. für Mischungen von Salpetersäure und Flußsäure zu, die zum Beizen von nichtrostenden Stählen oder zum Aufarbeiten wertvoller Metalle verbrauchter Kernenergieelemente von Atomkraftwerken verwendet werden (vgl. Tab. H 12).

Tabelle H 12. *Korrosion der Legierung NiCr 65 35 in fluoridhaltiger Salpetersäure.*

Lösung	Korrosionsgeschwindigkeit $g \cdot m^{-2} \cdot d^{-1}$			
	40 °C	60 °C	70 °C	80 °C
55% HNO_3	< 0,1	0,18		0,6
55% HNO_3 + 0,4 g/l HF	1,2	3,0		4,8
55% HNO_3 + 1,8 g/l HF	5,4	10,8		14,4
10% HNO_3 + 3% HF			6,0	

Die Nickellegierung mit höherem Chromgehalt bietet auch Vorteile in stark konzentrierter Salpetersäure bei erhöhten Temperaturen, wie aus den Werten der Tab. H 13 hervorgeht.

Tabelle H 13. *Korrosion der Legierung NiCr 65 35 und eines niobstabilisierten nichtrostenden 18/8-Chrom-Nickel-Stahles in Salpetersäure.*

Lösung	Korrosionsgeschwindigkeit $g \cdot m^{-2} \cdot d^{-1}$			
	NiCr 65 35		nichtrostender 18/8-Nb-Stahl	
	lösungs-geglüht[a]	sensibilisiert[b]	lösungs-geglüht[a]	sensibilisiert[b]
siedende 70%ige HNO_3	1,2	1,8	7,8	15,0
rauchende 95%ige HNO_3 bei 60 °C	3,0	3,6	20,4	33,0
siedende 98%ige HNO_3	21,0		36,0	

[a] Lösungsgeglüht: 15 min/1000 °C/Wasser.
[b] Sensibilisiert: lösungsgeglüht wie vor + 30 min/650°C/Wasser.

Ni–Cr-Legierungen ohne weitere Legierungskomponenten, besonders Molybdän, sind nicht beständig gegenüber Lösungen oxydierend wirkender Halogenverbindungen, wie Hypochlorite, Eisen(III)- und Kupfer(II)-chloride, ausgenommen in sehr verdünnten Konzentrationen. Die Verwendung von NiCr 15 Fe in Hypochloritlösungen ist daher begrenzt auf Chlorkonzentrationen bis max. 3 g/l.

3.23 *Nickel-Chrom-Eisen-Legierungen*

Die Ni–Cr–Fe-Legierungen sind beständig gegenüber oxydierend wirkenden Salzen, übertreffen aber die austenitischen Stähle in dieser Hinsicht nicht. Jedoch hat die Legierung NiCr 21 Mo einige Vorteile in Mischungen von Salpetersäure mit anderen Säuren, wie Salpetersäure/Schwefelsäure-, Salpetersäure/Phosphorsäure- und einigen Salpetersäure/Flußsäuregemischen.

Der im Vergleich zu den austenitischen Stählen des Typs X 5 CrNiMo 18 10 höhere Nickelgehalt der letztgenannten Legierung ist vorteilhaft, weil er sie gegenüber Lochfraß in chloridhaltigen, oxydierend wirkenden Säuren unempfindlicher macht. So zeigt sich der nichtrostende Stahl X 5 CrNiMo 18 10 in einer Lösung, die 8% Eisen(III)-ammoniumsulfat und 0,2% Ammoniumchlorid bei 50 °C enthält, lochfraßempfindlich, wogegen die Legierung NiCr 21 Mo nicht angegriffen wird.

3.3 Korrosion durch reduzierend wirkende Lösungen und Säuren

3.31 Nickel

In Säuren wird durch Nickel kaum Wasserstoff entwickelt, und bei Abwesenheit von Luft und anderen oxydierend wirkenden Substanzen ist die Korrosion so gering, daß Nickel für industrielle Zwecke in verdünnten Säuren verwendet wird. Die Korrosionsgeschwindigkeit von Nickel in kalter, luftfreier Schwefelsäure (aus dem Kontaktverfahren) mit Konzentrationen unterhalb 80 Gew.-% ist kleiner als 0,13 mm/a. Maximale Abtragungen treten bei etwa 5%iger Konzentration auf und werden gleichmäßig erniedrigt, wenn die Konzentration bis auf ungefähr 80% ansteigt. Oberhalb dieser Konzentration ist das Verhalten sehr unstet mit so hohen Abtragungen, daß die Anwendung von Nickel unwirtschaftlich wird. Bei Temperaturen zwischen Raumtemperatur und dem Siedepunkt schwankt die Korrosionsgeschwindigkeit mit der Säurekonzentration und der Temperatur. Bei Schwefelsäurekonzentrationen über 25% ist die Verwendung von Nickel oberhalb Raumtemperatur schon unsicher. Jedoch ergaben Nickelrohre in Verdampfern oder Vakuumkristallisatoren, wie sie zum Anreichern von Fällungs- oder Härtungsbädern bei der Viskoseherstellung verwendet werden, eine angemessene Beständigkeit. Die angereicherten Bäder enthalten ungefähr 15% Schwefelsäure und Natriumsulfat, außerdem andere Bestandteile, einschließlich Schwefelwasserstoff. Nickel ist ausreichend beständig in kalter unbelüfteter Salzsäure in Konzentrationen bis zu 20%. In heißen Säuren ist seine Anwendung allgemein auf Konzentrationen bis zu 2% begrenzt.

Wie Tab. H 14 zeigt, besitzt Nickel auch eine gute Beständigkeit gegen Säuren, die sich durch Hydrolyse chlorierter organischer Produkte bilden [3]. Die Bedingungen während der Rektifikation im Zuge der Herstellung chlorierter Lösungsmittel sind gewöhnlich in der Kolonne oder in den Wiederverdampfern äußerst aggressiv, ebenso am Boden der Kolonne, wo sich Wasser anzusammeln pflegt.

Wenn es darauf ankommt, Verunreinigungen durch Eisen möglichst niedrig zu halten, wird Nickel für den Bau von Gefäßen für die trockene Chlorierung organischer Stoffe, wie Paraffin, Anilin und Benzol, verwendet.

Nickel wird auch für Gefäße gebraucht, in denen Chlorwasserstoff als Katalysator bei der Phenol-Kunstharzherstellung verwendet wird. Hierdurch wird die Gefahr einer Verunreinigung und Verfärbung durch eisenhaltige Korrosionsprodukte vermieden, falls Feuchtigkeit infolge Kondensation vorhanden ist. Ähnliches gilt auch für die Verwendung von Nickel bei der Herstellung von Kunstharz und synthetischem

Tabelle H 14. *Ergebnisse von Korrosionsversuchen in chlorierten Lösungsmitteln und deren Dämpfen.*

Lösungsmittel	Korrosionsgeschwindigkeit							
	25···30 °C				Siedetemperatur			
	mit flüssiger Wasserphase		ohne flüssige Wasserphase		mit flüssiger Wasserphase		ohne flüssige Wasserphase	
	g·m⁻²·d⁻¹	mm/a	g·m⁻²·d⁻¹	mm/a	g·m⁻²·d⁻¹	mm/a	g·m⁻²·d⁻¹	mm/a
1. Nickel								
Tetrachlorkohlenstoff	0,012	0,0005	0,002	0,000075	1,11	0,045	0,016	0,00075
Chloroform	0,036	0,0015	0,017	0,00072	0,073	0,0025	0,13	0,005
Äthylendichlorid	0,008	0,00025	0,004	0,000175	0,22	0,01	0,02	0,00075
Trichloräthylen	0,23	0,010	0,094	0,00375	0,59	0,025	0,014	0,0005
Tetrachlorkohlenstoff[a] u. Äthylendichlorid	0,002	0,000075	0,002	0,000075	0,109	0,005	0,034	0,0015
2. NiCu 30Fe								
Tetrachlorkohlenstoff	0,066	0,0025	0,006	0,0002	2,7	0,11	0,023	0,001
Chloroform	0,01	0,0005	0,008	0,00025	2,73	0,1125	0,093	0,005
Äthylendichlorid	0,015	0,0005	0,006	0,0002	1,65	0,0675	0,017	0,00075
Trichloräthylen	0,41	0,0175	0,045	0,00175	6,71	0,275	0,036	0,0015
Tetrachlorkohlenstoff[a] u. Äthylendichlorid	0,012	0,0005	0,006	0,0002	0,61	0,025	0,059	0,0025
3. unlegierter Stahl								
Tetrachlorkohlenstoff	4,43	0,205	0,035	0,00150	87,4	4,0	0,03	0,0015
Chloroform	1,29	0,06	0,37	0,0175	6,59	0,3	4,68	0,215
Äthylendichlorid	0,76	0,035	0,03	0,00015	7,34	0,3275	0,9	0,04
Trichloräthylen	0,70	0,0325	0,33	0,0015	3,78	0,175		
Tetrachlorkohlenstoff[a] u. Äthylendichlorid	4,84	0,2225	0,004	0,0000175	107,9	5,0	0,25	0,0125

[a] Die Mischung enthielt 90 Vol.-% Tetrachlorkohlenstoff und 10 Vol.-% Äthylendichlorid.

Gummi, wenn chlorierte monomere oder polymere Kohlenwasserstoffe[1] verwendet werden. Nickel widersteht auch anderen organischen[2] und anorganischen[3] Chloriden.

Nickel ist begrenzt brauchbar gegenüber Phosphorsäure; in der reinen Säure ist die Abtragung bei Raumtemperatur und unbewegter Lösung kleiner als 0,4 mm/a und in belüfteter und bewegter Lösung kleiner als 1 mm/a. Phosphorsäuren, die durch nassen Aufschluß gewonnen werden, greifen gewöhnlich Nickel an.

Organische Säuren (wenn keine Luft zugegen ist) oder andere organische Stoffe sind — mit wenigen Ausnahmen — nur wenig aggressiv gegenüber Nickel, jedoch in warmen Lösungen der Ameisen-, Essig- und Weinsäure kann der Angriff beträchtlich werden.

H.32 Nickel-Chrom-Legierungen

Ein Zusatz von Chrom zum Nickel beeinflußt seine Beständigkeit gegenüber nichtoxydierend wirkenden Säuren nicht sonderlich. So reicht

Tabelle H 15. *Korrosion von NiCr 15 Fe in Salzsäure.*

HCl-Konzentration %	Temperatur °C	Versuchsbedingungen	Bewegung m/min	Korrosionsgeschwindigkeit mm/a
5	30	mit H_2 gesättigt	5	0,33
5	30	mit Luft gesättigt	5	2,46
5,9	30	mit Luft gesättigt	ohne Bewegung	1,14

Tabelle H 16. *Korrosion von NiCr 15 Fe in Schwefelsäure.*

H_2SO_4-Konzentration %	Temperatur °C	Bewegung m/min	Korrosionsgeschwindigkeit mm/a	
			unbelüftet	mit Luft gesättigt
0,16	100		0,094	
1	30			1,2
5	19	ohne	0,061	
5	30	4,8	0,23	2,0
5	60	ohne	0,25	

[1] Zu diesen gehören: Vinyl- und Vinylidenchlorid, Kopolymere des Vinylchlorids, Vinylidenchlorids, Äthylendichlorids und Trichloräthans, Chloroprenpolymere, Thiokautschuk mit Äthylendichlorid, Chlorostyrolpolymere, Chlorkautschuk, chlorierte Paraffine, Siliconharze und Siliciumtetrachlorid.

[2] Zu diesen gehören: Amylchlorid, Allylchlorid, Benzylchlorid, Benzoylchlorid, Chlorbenzol.

[3] Zu diesen gehören: Aluminiumchlorid (als Katalysator zur Isomerisation und für Friedel-Crafts-Reaktionen), Ammoniumchlorid, Antimonchlorid, Phosphoroxychlorid, Phosphortrichlorid, Pyrosulfurylchlorid, Nitrosylchlorid, Thionylchlorid, Thiophosphorylchlorid, Sulfurylchlorid, Schwefelmonochlorid, Zinntetrachlorid.

die Beständigkeit von NiCr 15 Fe (vgl. Tab. H 15 und 16) und NiCr 80 20 in kalter Salzsäure und Schwefelsäure zur industriellen Anwendung aus, obgleich andere Legierungen, wie NiCr 65 35 in ihrem Verhalten überlegen sind.

3.33 Eisen-Nickel-Chrom-Legierungen mit Zusatz von Molybdän und Kupfer

Fe–Ni–Cr-Legierungen sind ziemlich beständig gegenüber kalter Salz- und Schwefelsäure, aber ein Zusatz von Molybdän gibt eine erhebliche Verbesserung, während ein weiterer Zusatz von Kupfer auch die Beständigkeit gegenüber Schwefel- und Phosphorsäure erhöht.

Aus Tab. H 17 ist der Grad der Verbesserung der Korrosionsbeständigkeit in siedender 20%iger Schwefelsäure durch Legierungszusätze ersichtlich.

Tabelle H 17. *Wirkung von Molybdän- und Kupferzusätzen auf die Korrosionsbeständigkeit von Eisen-Nickel-Chrom-Legierungen.*

Zusammensetzung der Legierung (Gew.-%)		Korrosionsgeschwindigkeit in siedender 20%iger Schwefelsäure mm/a
37Ni/20Cr	Rest Fe	17,3
37Ni/20Cr/2,0Mo	Rest Fe	1,96
37Ni/20Cr/2,9Mo	Rest Fe	0,92
37Ni/20Cr/2,1Mo/2,1Cu	Rest Fe	0,19

Es steht eine Reihe von handelsüblichen Legierungen mit Nickelgehalten von etwa 25···50%, mit 20% Cr und mit Zusätzen von Kupfer und Molybdän zur Verfügung. Mit zunehmendem Nickelgehalt kann auch der Molybdänanteil auf höhere Werte angehoben werden ohne nachteilige Wirkung auf die metallurgische Stabilität oder Verformbarkeit. Das Verhalten einer handelsüblichen Legierung ist in einem Flächendiagramm (Abb. H 26) wiedergegeben.

Gegenüber Phosphorsäure sind die Ni–Cr–Fe-Legierungen mit Molybdän und Kupferzusatz beständig und finden eine weite Anwendung. Die

Tabelle H 18. *Korrosion von Eisen-Nickel-Chrom-Legierungen in Phosphorsäure* [56].

Zusammensetzung der Legierung (Gew.-%)		Korrosionsgeschwindigkeit mm/a				
		reine Säure 85%			techn. Säure 67%	
		120°C	140°C	Siedepunkt 150°C	120°C	140°C
20Cr/ 8Ni/2,5Mo/1,5Cu	Rest Fe	0,25	2,5	75		
20Cr/25Ni/4,5Mo/1,5Cu	Rest Fe	0,1	0,45	1	1,1	3
20Cr/40Ni/3Mo/3Cu	Rest Fe	0,07	0,3	0,6	0,6	2

Abtragungsgeschwindigkeit hängt sehr stark vom Reinheitsgrad der Säure ab und ist bei den technisch reinen Säuren im allgemeinen größer (vgl. Tab. H 18).

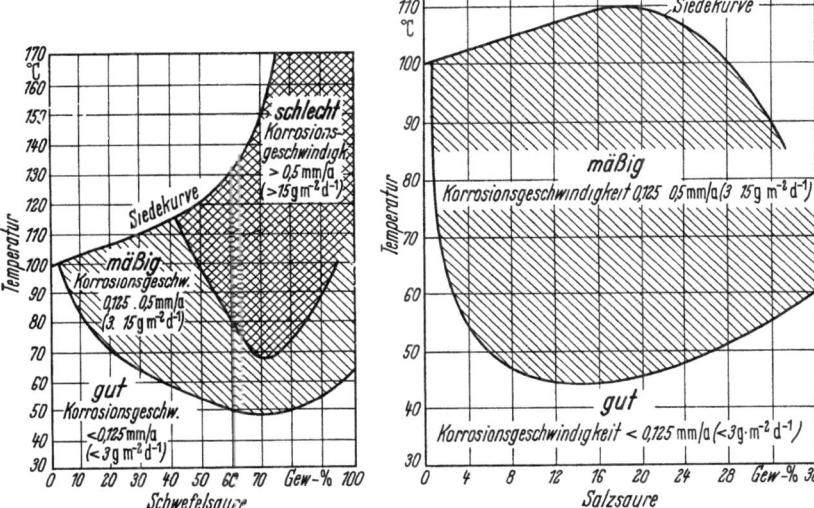

Abb. H 26. Isokorrosionskurven (Anhaltswerte) für NiCr 21 Mo (42% Ni, 21% Cr, 3% Mo, 2% Cu Rest Fe) in chemisch reiner Schwefelsäure (nach Laborversuchen).

Abb. H 27. Isokorrosionskurven (Anhaltswerte) für NiMo 30 (mind. 62% Ni, 28% Mo, Rest Fe) in chemisch reiner Salzsäure (nach Laboratoriumsversuchen).

3.34 Nickel-Molybdän- und Nickel-Chrom-Molybdän-Legierungen

Die Legierung NiMo 30 ist hervorragend beständig gegenüber Salzsäure und wird bei allen Säurekonzentrationen bei Temperaturen bis zum Siedepunkt technisch angewendet. Die Isokorrosionskurven der Abb. H 27 fassen die Beständigkeit der Legierung nach Laboratoriumsversuchen in reiner Säure zusammen. Verunreinigungen der Säure durch Kupfer(II)- und Eisen(III)-salze bewirken eine sehr starke Korrosion der Legierung, während die Anwesenheit von Luft die Abtragung nicht wesentlich erhöht. Wichtige Anwendungen der Legierung ergeben sich bei der Destillation, Kondensation, Wiedergewinnung, Lagerung und dem Transport von Salzsäure sowie bei der Handhabung von feuchtem, gasförmigem Chlorwasserstoff.

Besonders zu erwähnen ist die Verwendung dieser Legierung für Einrichtungen, in denen Friedel-Crafts-Alkylierungsreaktionen mit Aluminiumchlorid-Katalysatoren ausgeführt werden, und ferner bei der Isomerisierung von Paraffinen mit Aluminium- oder Antimonkatalysatoren.

Diese Ni–Mo-Legierung widersteht dem Angriff einer Vielzahl anderer nichtoxydierend wirkender Stoffe, einschließlich Schwefelsäure, Phosphorsäure und vieler organischer Säuren. Sie ist jedoch nicht beständig gegenüber schwefliger Säure. Ihre Beständigkeit gegenüber Schwefelsäure ist aber besonders gut, so daß die Legierung in Säurekonzentrationen bis zu 60% bei allen Temperaturen bis zum Siedepunkt und bei darüberliegenden Konzentrationen bei Temperaturen bis zu 100°C benutzt werden kann. Wenn oxydierend wirkende Stoffe zugegen sind, wird die Geschwindigkeit der Abtragung wesentlich erhöht.

NiMo 30 erweist sich auch als sehr beständig gegenüber Phosphorsäure unter den üblichen Bedingungen von Temperatur und Konzentration und ist die beständigste aller Nickelbasislegierungen; jedoch kann der Angriff in heißer und konzentrierter Säure technischer Qualität recht hoch werden [56].

Nickelbasislegierungen, die Chrom und auch Molybdän enthalten, nutzen die spezifische Wirkung des Chroms zur Verbesserung der Beständigkeit gegenüber oxydierend wirkenden Lösungen aus. Für deren allgemeines Verhalten sollen die Legierungen NiMo 16 Cr (54% Ni, 16% Mo, 16% Cr) und NiCr 22 Mo 9 Nb (61% Ni, 22% Cr, 9% Mo, 4% Nb) als Beispiele dienen [57, 58].

Die 16% Mo enthaltende Legierung ist beständig gegenüber feuchtem Chlor bei Temperaturen bis zu etwa 70°C, gegenüber Mischungen von Chlor und konzentrierter Schwefelsäure, wie sie bei der Trocknung von Chlorgas vorkommen, sowie gegenüber Chlordioxidlösungen, die zum Bleichen von Papierbrei benutzt werden [59].

NiMo 16 Cr widersteht ebenfalls feuchtem Jod und Brom, aber nicht in der Dampfphase. Sie ist hervorragend beständig gegen einen Angriff durch Meerwasser. Sie bleibt unverändert, ist frei von Lochfraß- und Spaltkorrosion in einem breiten Bereich unbewegter und extrem bewegter Lösungen sowie bei erhöhten Temperaturen. Proben, die Meerwasser bei gewöhnlicher Temperatur über 12 Jahre lang ausgesetzt waren, erlitten weder einen nennenswerten Gewichtsverlust noch Lochfraß. Der hohe Nickelgehalt macht die Legierung in hohem Maße unempfindlich gegenüber Spannungsrißkorrosion in heißen chloridhaltigen Lösungen.

Diese Legierung ist auch in einem weiten Bereich beständig gegenüber oxydierend und reduzierend wirkenden Säurelösungen, einschließlich oxydierend wirkender Salze, wie Eisen(III)-chlorid. In 45%iger Eisen(III)-chloridlösung bei 45°C beträgt der Angriff nur ungefähr 0,1 mm/a. Sie kann auch sehr gut für Schwefel- oder Salzsäure verwendet werden, die oxydierend wirkende Salze, wie Chromate und Nitrate, enthalten.

NiMo 16 Cr ist äußerst beständig gegenüber organischen Säuren, z. B. Essigsäure, in allen Konzentrationen und bei Temperaturen bis zum Siedepunkt mit einem Angriff gewöhnlich kleiner als 0,01 mm/a. Die

Fähigkeit, sowohl gegenüber Chlor als auch gegenüber organischen Säuren beständig zu sein, hat dazu geführt, sie für Anlagen und Einrichtungen für organische Chlorierungsreaktionen zu verwenden, z. B. für solche zur Herstellung von Chloressigsäure.

Die Legierung mit 16% Molybdän ist nach dem Schweißen gegen interkristallinen Angriff anfällig. Der Angriff zeigt sich in Zonen dicht neben der Schweißnaht ähnlich wie der Angriff bei nichtstabilisierten nichtrostenden Stählen. Die Schweißempfindlichkeit wird in diesem Fall auf eine Sigmaphasen-Ausscheidung zurückgeführt. Die Beständigkeit kann dadurch verbessert werden, daß die Gehalte für Silicium niedrig gehalten werden [10]. Diese Legierungen sind dann frei von interkristallinem Zerfall, selbst bei dicken Querschnitten, die nur langsam abkühlen.

Die Legierung NiCr 22 Mo 9 Nb mit 9% Mo ist in ihren Korrosionseigenschaften der 16% Mo enthaltenden Legierung durchaus ähnlich. Sie hat aber eine bessere Beständigkeit gegenüber konzentrierter Salzsäure und Mischungen von Salpeter- und Flußsäure.

Es gibt noch eine andere Gruppe derartiger Legierungen, denen neben Chrom und Molybdän Kupfer zulegiert ist. Ein typischer Vertreter dieser Gruppe ist die Legierung mit 59% Ni, 22% Cr, 6% Mo und 6% Cu. Sie wurde ursprünglich als Werkstoff zum Einsatz gegenüber verschiedenen Mischungen von Schwefel- und Salpetersäure entwickelt, die bei der Herstellung von Schwefelsäure und bei Nitrierungsreaktionen vorkommen. Die Legierung ist beständig gegenüber Schwefelsäure aller Konzentrationen und in Mischungen von Schwefelsäure und Schwefelwasserstoff in Viskose-Spinnbädern und Zellophanfällungsbädern. Sie ist ein bevorzugter Gußwerkstoff für Pumpen und Ventile, die gegenüber einer großen Anzahl von Lösungen beständig sein müssen, die neben Schwefelsäure auch andere Chemikalien enthalten. Sie ist ferner auch beständig in heißer konzentrierter Phosphorsäure, die Fluoride und oxydierend wirkende Beimengungen enthält, und ebenso gegenüber Mischungen von Schwefelsäure, schwefliger Säure sowie gegenüber Schwefelwasserstoff enthaltenden Lösungen.

Wie auch bei anderen Chromlegierungen, die Kohlenstoff enthalten, sind die Nickellegierungen der hier besprochenen Gruppe am besten korrosionsbeständig und neigen nicht zu interkristallinem Angriff, besonders durch oxydierend wirkend saure Medien, wenn die Legierungen im lösungsgeglühten Zustand verwendet werden.

3.35 *Nickel-Kupfer-Legierungen*

Da die Nickel-Kupfer-Legierungen nicht leicht Wasserstoff aus sauren Lösungen freisetzen, sind sie beständig in reduzierend wirkenden Lösungen und Säuren, wie Schwefelsäure, Salzsäure und Phosphorsäure. In vielen Fällen bestimmt jedoch der Grad der Belüftung oder die Menge an oxydierend wirkenden Verunreinigungen die Korrosionsgeschwindigkeit. Eine Ausnahme bildet die schweflige Säure, die sowohl reduzierend als auch oxydierend wirken kann. Gegen diese Säure sind die Ni–Cu-Legierungen nur in verdünnten Lösungen beständig.

In luftfreier Schwefelsäure ist die Korrosionsgeschwindigkeit der Legierung NiCu 30 Fe bei Raumtemperatur und bei allen Konzentrationen bis zu 80% kleiner als 0,15 mm/a. In luftgesättigter Säure bei der gleichen Temperatur und bis zu Konzentrationen von 80% ergibt sich ein Maximum der Abtragung bei der 5%igen Säure mit etwa 1 mm/a. Die Legierung wird in luftfreier Schwefelsäure bis zu 60% bei 60 °C verwendet und in siedender Säure bis zu etwa 10%. In besonderen Fällen — wie z. B. bei der Behandlung der Säureschlämme in Erdölraffinerien und in Sulfurierungs-Reaktionen —, bei denen Mischungen von Öl und konzentrierter Schwefelsäure vorkommen, kann der Anwendungsbereich auf Grund der inhibierenden Wirkung des Öls ausgeweitet werden.

Ein Hauptanwendungsgebiet für die Legierung NiCu 30 Fe sind die Vorrichtungen und Gestelle, die Stahlteile während des Entzunderns in heißer Schwefelsäure aufnehmen. Beizroste, die hierfür benutzt werden, zeigen auch nach einer Reihe von Jahren keinen wesentlichen Angriff. Die Beständigkeit von NiCu 30 Fe wird durch die reduzierenden Bedingungen erhöht, die sich aus der Wasserstoffentwicklung und dem galvanischen Schutz durch den zu beizenden Stahl ergeben.

NiCu 30 Fe ist beständig in verdünnter Salzsäure und den durch Hydrolyse saurer Salze oder organischer chlorierter Stoffe entstehenden Säuren. Luftgesättigte Säure greift fünf- bis zehnmal stärker an als luftfreie Säure, doch die meisten Anwendungen der Legierung beschränken sich auf praktisch luftfreie Säure in Konzentrationen bis zu 20 Gew.-% und Raumtemperatur. Bei Temperaturen oberhalb etwa 50 °C bleibt die Anwendung der Legierung gewöhnlich auf Konzentrationen unter 2 Gew.-% beschränkt. Eine typische Anwendung ist die Auskleidung der oberen Teile der Erdöldestillationstürme, Glockenböden und Kondensationsrohre, die mit Dämpfen in Berührung kommen, die verdünnte Salzsäure enthalten können.

NiCu 30 Fe ist auch beständig gegenüber Zink- und Ammoniumchlorid enthaltende Flußmittel, wie sie zum Feuerverzinken und Löten verwendet werden. Es darf jedoch nicht mit geschmolzenem Zink zusammenkommen. Diese Ni–Cu-Legierung ist auch gegen Chloressigsäure beständig und wird in Anlagen für die Destillation und Wiedergewinnung chlorierter Chlorkohlenwasserstoffe (Lösungsmittel) verwendet. Wegen der Beständigkeit gegenüber Zinkchlorid wird NiCu 30 Fe auch bei der Vulkanfiber-Herstellung aus Papier verwendet.

NiCu 30 Fe und auch die aluminiumaushärtbare Ni-Cu-Legierung NiCu30Al werden häufig als Werkstoff für Anlagenteile benutzt, die mit Flußsäure in Berührung kommen, besonders für solche zur Wiedergewinnung der Säure, wenn sie als Katalysator im Erdölraffinierprozeß

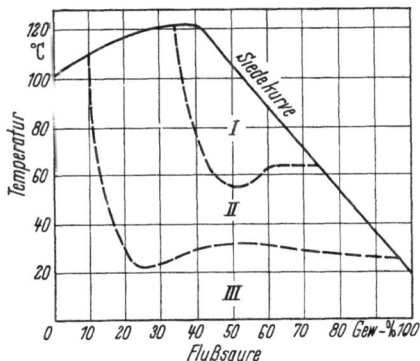

Abb. H 28. Korrosion von NiCu 30 Fe in Flußsäure. Die Korrosionsgeschwindigkeiten betrugen:
Bereich   I: in luftfreien Lösungen < 0,5 mm/a, in belüfteten Lösungen > 0,5 mm/a;
Bereich   II: in luftfreien Lösungen < 0,25 mm/a, in belüfteten Lösungen > 0,65 mm/a;
Bereich III: in luftfreien Lösungen < 0,025 mm/a, in belüfteten Lösungen < 0,25 mm/a.

verwendet wird [60]. Das allgemeine Verhalten von NiCu 30 Fe in Flußsäure ist in Abb. H 28 dargestellt, aus der ersichtlich wird, daß die Korrosion durch Sauerstoff und durch erhöhte Temperaturen beschleunigt wird und daß der erste Faktor wirkungsvoller als der zweite ist.

Der Angriff durch kondensierende Dämpfe wird weitgehend durch Spannungen [16] beschleunigt und kann entweder zu inter- oder zu transkristalliner Spannungsrißkorrosion in der Dampfphase führen, wenn der Werkstoff zuvor nicht spannungsarm geglüht wurde (vgl. Kap. A 5.3). Ähnliche Spannungskorrosionsrisse treten durch Dämpfe der Kieselfluorwasserstoffsäure auf.

Wenn NiCu 30 Fe vollständig in Kieselfluorwasserstoffsäure eingetaucht ist, kommt die Spannungsrißkorrosion nicht so leicht vor, obgleich Risse auftreten können, wenn die Spannungen sehr hoch sind und die Korrosion durch gelösten Sauerstoff verstärkt wird.

3.36 Nickel-Silicium-Legierungen

Das Zulegieren von Silicium zu Nickel ergibt eine Legierung mit ausgezeichneter Beständigkeit gegenüber heißer konzentrierter Schwefelsäure bis 180°C und ca. 75%. Das beweist die Nickelgußlegierung mit ungefähr 10% Si und 3% Cu. Sie ist nicht so korrosionsbeständig wie die

Eisenlegierungen mit hohen Siliciumgehalt, hat aber den Vorteil höherer Festigkeit und eines besseren Widerstandes gegen Schlag und Thermoschock. In siedender Säure von etwa 55% zeigt sie ein wechselndes Verhalten.

Die Legierung wird für Verdampferanlagen für die Konzentrierung von Schwefelsäure [61] und für Einleitungsrohre von heißen Benzoldämpfen in heiße konzentrierte Schwefelsäure bei der Herstellung von Benzolsulfonsäure verwendet.

Literatur zu Kapitel H

1. Claus, W., u. I. Hermann: Z. Metallkde. 31 (1939) 55—59.
2. Skortcheletti, V. V., u. B. M. Idelschik: Metallurgist 9 (1934) Nr. 2, S. 30 bis 43; Nr. 3, S. 27—38.
3. Friend, W. Z., u. B. B. Knapp: Trans. Amer. Inst. chem. Eng. 39 (1943) 731—752.
4. Osterwald, J., u. H. H. Uhlig: J. electrochem. Soc. 108 (1961) 515—519.
5. Landau, R., u. C. S. Oldach: Trans. electrochem. Soc. 81 (1942) 521—558.
6. Flint, G. N.: Metallurgia 62 (1960) 195—200.
7. McCurdy, F. T.: Proc. Amer. Soc. Test. Mater. 39 (1939) 698.
8. Endo, H., u. A. Itagaki: Nippon Kinzoku Gakkai-Shi 3 (1939) 294.
9. Flint, G. N.: J. Inst. Metals 87 (1958/59) 303—310.
10. Class, I., H. Gräfen u. E. Scheil: Z. Metallkde. 53 (1962) 283—293.
11. Fink, C. G., u. C. M. Croly: Trans. electrochem. Soc. 56 (1929) 239.
12. LaQue, F. L.: Cast Iron in the Chemical and Process Industries. Hrsg. v. Gray Iron Founders' Soc. Cleveland/Ohio 1945.
13. Kunze, E., u. K. Schwabe: Corrosion Sci. 4 (1964) 109—136.
14. Copson, H. R.: In: Proc. 1st. Internat. Congress on Metallic Corrosion, London, 10.—15. Apr. 1961. London 1962, S. 328—338.
15. Fraser, O. B. J.: In: Symposium on Stress-Corrosion Cracking of Metals 1944. Hrsg. v. Amer. Soc. Test. Mater. u. Amer. Inst. Min. Metallurg. Eng. Philadelphia/Pa., New York 1945, S. 458.
16. Copson, H. R., u. C. F. Cheng: Corrosion 12 (1956) 171; Disk. 13 (1957) 77.
17. Copson, H. R., u. S. W. Dean: Corrosion 21 (1965) 1—8; Disk. S. 8.
18. Coriou, H., L. Grall u. Mitarbeiter: Fissuration sous contrainte en milieu chloruré et dans l'eau pure à haute température d'alliages inoxydables au nickel. Vortrag gehalten beim Colloque de la Société Européenne d'Energie Atomique, Studsvik, 22. Mai 1962.
19. Samans, G. H.: Corrosion 20 (1962) 256t—261t; Disk. S. 261t—262t.
20. Neumann, P. D., u. J. C. Griess: Corrosion 19 (1963) 345t—353t.
21. Kolotyrkin, J. M.: Corrosion 19 (1963) 261t—268t.
22. Defranoux, J. M.: In: Congrès International de la Corrosion Marine et des Salissures, Cannes 1964, S. 57—64.
23. May, T. P., W. K. Abbott u. J. F. Mason: Mater. Protection 1 (1962) 40—42.
24. Wallace, T., u. A. Fleck: J. chem. Soc. 119 (1921) 1839.
25. Gregory, J. N., N. Hodge u. J. V. G. Iredale: The Static Corrosion of Nickel and other Materials in Molten Caustic Soda. Rep. C/M 272. Hrsg. v. Atomic Energy Research Establishment. Harwell (England) 1956.

Literatur zu Kapitel H   399

26. GREGORY, J. N., u. N. HODGE: A Survey of Data and Information on Molten Sodium Hydroxide Relevant to its Application as a Reactor Medium. Rep. AERE C/R 2439. Hrsg. v. U. K. Atomic Energy Authority. London 1958.
27. VERNON, W. H. J.: J. Inst. Metals 48 (1932) 121.
28. COPSON, H. R.: ASTM Spec. Techn. Publn. No. 175. Hrsg. v. Amer. Soc. Test. Mater. Philadelphia/Pa. 1956, S. 141—158.
29. LAQUE, F. L.: Trans. Inst. Metal Finish. 41 (1964) 127—139.
30. THOMPSON, D. H., u. A. W. TRACY: Trans. AIME 185 (1949) 100.
31. BULOW, C. L.: In: Symposium on Stress-Corrosion Cracking of Metals, 1944. Hrsg. v. Amer. Soc. Test. Mater. u. Amer. Inst. Min. Metallurg. Eng., Philadelphia/Pa., New York 1945, S. 19—33.
32. TYRER, H. G. P., u. A. R. RICHARDSON: Internat. Sugar J. 50 (1948) 125.
33. TICE, E. A., u. C. P. VENIZELOS: Power 107 (1963) Nr. 11, S. 64—66.
34. EVANS, G. J., u. H. G. MASTERSON: In: Proc. 1st Internat. Congress on Metallic Corrosion, London, 10.—15. Apr. 1961. London 1962, S. 619.
35. URATA, H., N. KAWASHIMA u. O. OSAI: Hitachi Rev., Spec. Issue, 37 (1960) 80.
36. HARRISON, J. T.: Corrosion Technol. 9 (1962) 64.
37. HOPKINSON, B. E.: Corrosion 20 (1964) 80t—87t; Disk. S. 88t.
38. LAQUE, F. L., u. M. A. CORDOVI: In: Steels for Reactor Pressure Circuits. Spec. Rep. No. 69. Hrsg. v. Iron Steel Inst. London 1961, S. 157—178.
39. BROUILLETTE, C. V.: Corrosion 14 (1958) 352t—356t.
40. Cupro-Nickel Condenser Tubes. Minor Constituents (Iron and Manganese). Hrsg. v. British Non-Ferrous Metals Res. Assoc. London 1939.
41. TRACY, A. W., u. R. L. HUNGERFORD: Proc. Amer. Soc. Test. Mater. 45 (1945) 591.
42. BAILEY, G. L.: J. Inst. Metals 79 (1951) 243—292.
43. LAQUE, F. L.: J. Amer. Soc. naval Eng. 53 (1941) 29.
44. FREEMAN, J. R. jr., u. A. W. TRACY: Corrosion 5 (1949) 245.
45. MAY, R.: Trans. Inst. Marine Eng. 49 (1937) 171.
46. LAQUE, F. L., u. W. C. STEWART: Métaux & Corrosion 23 (1948) 147.
47. BETHON, H. E.: Corrosion 4 (1948) 457.
48. KENWORTHY, L.: Trans. Inst. Marine Eng. 77 (1965) 149—160; Disk. S. 161 bis 173.
49. GILBERT, P. T.: Trans. Inst. Marine Eng. 66 (1954) 1.
50. LAQUE, F. L., u. J. F. MASON jr.: Proc. Amer. Petroleum Inst. 30 M (1950) 103.
51. LAQUE, F. L.: Corrosion 10 (1954) 391—399.
52. STEWART, W. C., u. F. L. LAQUE: Corrosion 8 (1952) 259—277.
53. LAQUE, F. L., u. W. F. CLAPP: Trans. electrochem. Soc. 87 (1945) 103.
54. ROHN, W.: Z. Metallkde. 18 (1926) 387.
55. MYERS, J. R., F. H. BUCK u. M. G. FONTANA: Corrosion 21 (1965) 277—287.
56. DESESTRET, A.: Quelques résultats sur le comportement des aciers et alliages inoxydables dans les solutions phosphoriques. Vortrag gehalten beim IVéme Colloque Régional Chimie-Sidérurgie, Lille, 20.—21. Okt. 1966.
57. LUCE, W. A.: Chem. Engng. Progr. 44 (1948) 453—457; Disk. 457—458.
58. Hastelloy Corrosion Resistant Alloys. Hrsg. v. Haynes Stellite Co. 10. Aufl. Kokomo/Indiana 1957.
59. TEEPLE, H. O., u. R. L. ADAMS jr.: TAPPI 38 (1955) 44.
60. HOLMBERG, H. E., u. F. A. PRANGE: Ind. Engng. Chem. 37 (1945) 1030—1033.
61. BURKE, J. F., u. E. MANTIUS: Chem. Engng. Progr. 43 (1947) 237.

Sachverzeichnis

Für das Sachverzeichnis wurde die für den DUDEN gültige und von ihm empfohlene alphabetische Ordnung gewählt. Die Umlaute ä, ö, ü und äu wurden wie die nicht umgelauteten Selbstlaute a, o, u und au behandelt. Die Schreibweise ae, oe und ue wurde nach ad usw. eingeordnet, ß wurde wie ss behandelt, ein griechischer Buchstabe wie ein deutscher.

Wird ein Stichwort auf mehreren aufeinanderfolgenden Seiten behandelt, so wird jeweils nur die erste Seite angeführt.

‚Nickel' und ‚Nickellegierung' werden als Sachwort — soweit entbehrlich — nicht verwendet. Ist also beispielsweise hinter dem eine Eigenschaft bezeichnenden Sachwort kein Werkstoff genannt, so wird auf der angegebenen Seite in den meisten Fällen die genannte Eigenschaft von Nickel behandelt oder — was jedoch selten vorkommt — Allgemeines über diese Eigenschaft ausgesagt.

Legierungen und Systeme werden unter dem Kurzzeichen — falls vorhanden — oder sonst mit den chemischen Symbolen aufgeführt.

Verwendete Abkürzungen:
für Elemente stets das chemische Formelzeichen
s. siehe unter
s. a. siehe auch
v. von
Leg. Legierung oder Legierungen

$\alpha \leftrightarrows \gamma$-Umwandlung 101
— — v. Ni–Fe-Leg. 27, 31
α-Gefüge v. Fe–Ni-Leg. 101
Abklingkurven nach Bestrahlung v. NiCr 15 Fe 175, 176
— — — X 10 CrNiNb 18 9 176
Abkühlgeschwindigkeit nach Lösungsglühung v. hochwarmfesten Leg. 254
Abkühlung und Aufheizung, Einfluß auf Oxidschicht 332
Abscheidung, galvanische 296
—, kathodische, Mechanismus 296, 297
— v. Nickelüberzügen ohne äußere Stromquelle 311
Abschirmungen, magnetische 75
absolute Magnetisierung 56
— Sättigungsmagnetisierung 56
Absorption, chemische 284
Absorptionskoeffizient bei verschiedenen Wellenlängen 20
Absorptionsquerschnitt, elementarer, für thermische Neutronen 174
Abtragung, s. Korrosion

Abtragungsgeschwindigkeit, s. Korrosion
Adsorption s. Chemisorption
Adsorptionswärme 281
Affinität zu N 343
aktive Zentren (Katalyse) 281
aktives Ni, Polarisationskurven 303
Aktivierungsenergie bei Diffusion 23
— der Chemisorption 281
— der Oxydation v. Ni 323
Al, Einfluß auf Aufkohlung 340
—, — — Bruchdehnung v. Ni–Cr–Mo-Leg. 245
—, — — Festigkeitseigenschaften v. hochwarmfesten Leg. 239
—, — — — — Ni–Cr–Co-Leg. 240
—, — — — — Ni–Cr-Leg. 240
—, — — hochwarmfeste Leg. 234
—, — — Lebensdauer v. Heizleitern 152
—, — — Oxydationsgeschwindigkeit 326
—, — — spezifischen elektrischen Widerstand 133

Sachverzeichnis

Al, Einfluß auf Zeitstandverhalten v. hochwarmfesten Leg. 243
—, Schmelzpunkt 234
Al–Cr–Ni–Ti, Phasendiagramm 235, 238
Al–Cu, Phasendiagramm 262
Al–Cu–Ni, Phasendiagramm 262, 263
Alkalilauge, s. Korrosion in NaOH
Alkalimetalle, Korrosion v. Heizleitern durch 159
alkalische Lösungen, Korrosion in 372, 378
— Salze, Korrosion in 377, 384
Allegheny 4750, magnetische Eigenschaften nach Bestrahlung 186
Alloy 713 LC, Zusammensetzung 255
Alni 113
— 120, Ausscheidunggen 121, 123
— —, Dichte 114
— —, Gefüge 116
— —, magnetische Eigenschaften 114
— —, Zusammensetzung 114
Alnico 113
— 130 H, Entmagnetisierung 122
— 450, Ausscheidungen 127
— —, Entmagnetisierungskurven 115
— —, Gefüge 127
— 500 118, 123
— —, Anlaßbehandlung 120
— —, Ausscheidungen 121
— —, Dilatometerkurven 118
— —-Einkristalle 123
— —, Entmagnetisierung 115, 122
— —, ferromagnetische Ausscheidungen 127
— —, Gefüge 120, 121
— —, Hystereseschleifen 123
— —, Koerzitivkraft 125
— —, Phasen 117, 119
— 700, Entmagnetisierung 122
— -Dauermagnetwerkstoffe 116
— —, Ausscheidungen 123
— —, Dichte 114
— —, Herstellung 128
— —, magnetische Eigenschaften 114
— —, — Vorzugsrichtung 121
— —, Phasen 117
— —, Zusammensetzung 114
Al–Ni, Phasendiagramm 234, 236
Alterung, künstliche, bei Ni–Fe-Leg. 34
Alterungsbehandlung v. Ni–Fe-Leg. 35
Alumel/Chromel 170
Aluminieren v. hochwarmfesten Gußleg. 256

Ammoniak, Hochtemperaturkorrosion in 343
—, s. Korrosion in NH_4OH
Analyse, s. Zusammensetzung unter der Legierungsbezeichnung bzw. dem Kurzzeichen des Werkstoffs
Anfangspermeabilität, hohe, bei weichmagnetischen Leg. 92
— —, Leg. mit Magnetfeldtemperung 93
— —, Ursache 83
—, Korngrößenabhängigkeit 66
—, Steigerung der 94
—, Temperaturverlauf 66
— v. hochnickelhaltigen Leg. 74
— — 76,5%-Ni–Fe–Cu–Mo-Leg. 85
— — Ni–Fe–Mo-Leg. 77, 78
Angriff, s. Korrosion
anisotrope Ordnung 97
— — v. Ni–Fe-Leg. 89
Anisotropie, einachsige magnetische 88
—, innere 110
— innerer Spannungen 109
—, makroskopische 115, 121
—, uniaxiale 62
Anisotropieeffekte 63
Anisotropiefaktor des Elastizitätsmoduls 42
Anlaßbehandlung v. Ni und Ni-Leg. 15
—, Einfluß auf Permeabilität 85
—, — — Temperaturabhängigkeit der Permeabilität 85
— v. Alnico 500 120
— — Dauermagnetwerkstoffen 115
— — hochwarmfesten Leg. 249
— — Ni–Cu–Al-Leg. 262
Anlassen v. Permalloylegierungen, innere Zustandsänderungen 86
Anlaßverhalten v. Ni–Fe–Mo-Leg. 76
Anoden, carbonisierte 298, 299
—, depolarisierte 298, 299
—, Einfluß des Gefüges 300
— in Kunststoff- oder Titankörben 304
—, Löslichkeit 298, 303
—, Zusammensetzung 298, 299
Anodenpotential-Stromdichte-Kurven v. Glanznickel 306
— — — Mattnickel 306
anodische Polarisation 297
— —, Einfluß v. Kaltverformung 301
— —, — — S 300
— —, — — Wärmebehandlung 301

Antiferromagnetismus 40
— v. Ni–Fe-Leg. 32
Anwärmzeiten beim Schmieden 15
Anwendungstemperatur v. hitzebeständigen Werkstoffen 333, 334, 335
Arbeitsbedingungen v. Ni-Bädern 302
A-286-Stahl, Zeitstandverhalten unter Bestrahlung 185
atmosphärische Korrosion, s. Korrosion in Luft
Atomgewicht 18
Atommoment, magnetisches 56, 108
Atomnummer 18
Atomradius 19
Atomwärme 21
—, Temperaturabhängigkeit 23, 24
Ätznatron, s. Korrosion in NaOH
Au, Einfluß auf spezifischen elektrischen Widerstand 133
Aufheizung und Abkühlung, Einfluß auf Oxidschichten bei hitzebeständigen Leg. 332
Aufkohlung, allgemeines 340
—, Einfluß v. Al 340
—, — — Cr 340
—, — — Ni 340, 341
—, — — Si 340
— v. Heizleiterlegierungen 341, 342
— — Ni–Cr–Fe-Leg. 341, 342
— — Ni–Cr-Leg. 341, 342
Aufschwefelungsgeschwindigkeit in Ni-Cr-Leg. 346
Aufspaltung, formanisotrope 122
Ausdehnungskoeffizient, Abhängigkeit v. Nickelgehalt 30
— v. Ni–Fe-Leg. 29, 30, 31, 35
Ausdehnungskurven v. Ni–Fe-Leg. 28
Ausgleichsleitungen für Thermoelemente 171, 172
aushärtbare Leg. 55, 233
— Ni–Cr–Fe-Leg. 55
— Ni–Cr-Leg. 233
— Ni–Mo–Fe-Leg. 55
Aushärtung v. G-NiCu 30 Si 4 268
— — NiCu 30 Al 266
Aushärtungsverhalten bei warmfesten Leg. 224
Ausheilkurve für neutronenbestrahltes Ni 178
Ausscheidung, diskontinuierliche 227,
—, halbkohärente 226, 232   ⌊231
—, heterogene 226, 227
—, homogene 226

Ausscheidung, inkohärente 226, 231
— intermetallischer Phasen 233
—, kohärente 226, 231, 232
—, Kristallorientierung 228
—, kugelförmige 230, 232
—, lamellare 227
—, metastabile 227, 229
—, nadelförmige 228, 230
—, plattenförmige 228, 230
—, Rückbildung 230
—, spinoidale 123
—, stabile 227, 229
—, Stufen der 229
—, Vergröberung 231
— v. Chromcarbiden 338, 386
— — Ni_3Al 226, 232, 233
— — NiSi 232
— — Ni_3Ti 227, 233
— — Sigmaphase 336
—, Wachstum 230
—, würfelförmige 232
Ausscheidungen, ferromagnetische v. Alnico 500 127
—, freie Volumenenergie 229
— in Alni- und Alnico-Dauermagnetwerkstoffen 121, 123, 127
— — Fe–Ni–Cr-Leg. 334
— — Hochtemperaturleg. 232
— — Ni-Basisleg. 232
— — Ni–Cr–Ti–Al-Leg. 232
— — Ni–Cu-Leg. 233
— — Permanickel 233
ausscheidungshärtbare Leg. 232
— Ni–Cu-Leg. 260
Ausscheidungshärtung v. warmfesten Leg. 239
—, Theorie 224
Ausscheidungsisoperm 99
Austauschanisotropie 111
Austauschenergien, quantenmechanische 56
Austenit, ferromagnetischer 101
austenitische Stähle, s. Cr–Ni-Stähle und Ni–Cr-Stähle
austenitisches Gußeisen, Korrosion in Luft 364
— —, — — Meerwasser 363, 364
austenitstabilisierende Elemente 101

B, Einfluß auf Bruchdehnung v. hochwarmfesten Leg. 248
—, — — Festigkeitseigenschaften v. hochwarmfesten Leg. 247

B, Einfluß auf Kerbempfindlichkeit v. hochwarmfesten Leg. 248
—, — — Kriechgeschwindigkeit hochwarmfester Leg. 248
—, — — Zeitstandverhalten v. Ni–Cr–Co-Leg. 248
—, Schmelzpunkt 234
B 1900, Zusammensetzung 255
Badtypen (galvanische) 302
Banddickeneffekt bei weichmagnetischen Leg. 75
Bandkerne aus weichmagnetischen Leg. 75
Bariumferrit 300, Entmagnetisierungskurven 115
Bariumferrit-Dauermagnete 106
Bariumferrite 114, 128
Barkhausen-Sprung 68
Be, Einfluß auf spezifischen elektrischen Widerstand 133
Bedeutung als Legierungselement 2
Begleitelemente, s. a. Zusätze
—, Einfluß auf Eigenschaften 7, 8
Beladung mit H 11
Bereichsstruktur v. Ni-Einkristallen 67
Bergwerksproduktion 4
beschleunigtes Kriechen 208
Beständigkeit, s. Korrosion
bestrahlte Werkstoffe, Festigkeitseigenschaften 180, 181
Bestrahlung, Einfluß auf Bruchdehnung 179
—, — — — v.16/13-Cr–Ni-Stahl 182,183
—, — — — 18/8-Cr–Ni-Stahl 184
—, — — — 20/25-Cr–Ni-Stahl 182, 183
—, — — — NiCr 15 Fe 182, 183
—, — — — NiCr 15 Fe 7 TiAl 182
—, — — — NiCr 22 Mo 9 Nb 183
—, — — Festigkeitseigenschaften 178
—, — — 0,2-Grenze 179
—, — — Hochtemperaturversprödung 182
—, — — Kerbschlagverhalten 186
—, — — kritische Schubspannung 179
—, — — magnetische Eigenschaften 186
—, — — spezifischen elektrischen Widerstand 177
—, — — Zeitstandverhalten 185
—, — — — v. Cr–Ni-Stahl 185
—, — — — NiCr 15 Fe 185, 186
—, — — — NiCr 15 Fe 7 TiAl 186
—, — — — Stahl A-286 185

Bestrahlung, Einfluß auf Zugfestigkeit 179
Betriebsbedingungen v. Ni-Bädern 302
$(B \cdot H)_{max}$-Punkt 108
— -Wert 112, 122, 127
Biegen, günstigster Temperaturbereich 14
Biegewechselfestigkeit v. Ni 99,4 214
— — NiCr 15 Fe 214
— — NiCu 30 Fe 214
Bimetalle, Thermo- 35
binäres Permalloy 73
Blankglühen 14
Blochwand, Dicke 64
—, Wandenergie 64
Blochwände 67, 109
Bohrsche Magnetonen, Zahl 63
Boranatverfahren, s. Nibodurverfahren
Brechungsindex 20
Brinell-Härte, s. Härte
Bruchdehnung, Einfluß v. Bestrahlung 179
— nach Bestrahlung v. 16/13-Cr–Ni-Stahl 182, 183
— — — — 18/8-Cr–Ni-Stahl 184
— — — — 20/25-Cr–Ni-Stahl 182, 183
— — — — NiCr 15 Fe 182, 183
— — — — NiCr 15 Fe 7 TiAl 182
— — — — NiCr 22 Mo 9 Nb 183
— v. H-belandenem Ni 11
— — H-freiem Ni 11
— — hochwarmfesten Leg., Einfluß v. B 248
— — —, — — Zr 248
— — — Ni (Gußwerkstoff) 211
— — — (Knetwerkstoff) 211, 212, 213
— — — Ni 99,4 211, 212, 213
— — — Ni 99,99 211
— — — NiCr 80 20 211, 247
— — — NiCr 15 Fe 211, 212, 213
— — — NiCr 20 Mo 3 247
— — — NiCu 30 Fe 211, 212, 213
— — — NiMo 30 311
— — — NiMo 16 Cr 211
— — — Reinstnickel 211
Brüchigkeit durch NiS 12
Bruchzähigkeit v. hochwarmfesten Leg. 256
Buckling 112, 113

C-Diffusion 340
C, Einfluß auf Bruchdehnung v. Ni–Cr–Mo-Leg. 245

C, Einfluß auf Dauermagnetwerkstoffe 126
—, — — Eigenschaften 9
—, — — Festigkeitseigenschaften v. hochwarmfesten Leg. 244
—, — — hochwarmfeste Leg. 237
—, — — Zeitstandfestigkeit 337, 338
—, Löslichkeit in Ni 9
C-haltige Gase, Einfluß auf hitzebeständige Werkstoffe 339
Ca, Einfluß auf Duktilität v. hochwarmfesten Leg. 260
—, — — Zunderbeständigkeit v. Heizleitern 151, 152, 154
Carbidausscheidung in warmfesten Leg. 233
Carbidbildung in Ni–Cr-Leg. 238
Carbidphase in Ni–Cr-Leg. 251
Carbidversprödung in Cr–Ni-Stählen 338
carbonisierte Anoden 298, 299
Carbonylnickel 8
—, Hallfeld-Kurve 137, 138
Carbonylnickelpulver, Koerzitivfeldstärke 70
Carbonylverfahren 6
Ce, Einfluß auf Festigkeitseigenschaften v. hochwarmfesten Leg. 248
—, — — Zunderbeständigkeit v. Heizleitern 151, 152, 154, 156
CeO_2 bei Heizleitern 155, 156, 157
chemische Zusammensetzung, s. Zusammensetzung
chemisches Verhalten s. Korrosion
Chemisorption 280
—, Aktivierungsenergie 281
—, Energieprofil 281
Chloridbad, galvanisches 302
Chromel/Alumel 170
C–Ni, Eutektikum 339
C-Ni 98,5, Zusammensetzung 8
C-Ni 99,5, Zusammensetzung 8
C-Ni 99,8, Zusammensetzung 8
CO_2, Einfluß auf Zunderbestandigkeit v. Ni–Cr-Leg. 341
—, — — Zundergeschwindigkeit v. Ni–Cr-Stählen 342
Co, Einfluß auf Dauermagnetwerkstoffe 124
—, — — Eigenschaften 7
—, — — Festigkeitseigenschaften hochwarmfester Leg. 245
—, — — spezifischen elektrischen Widerstand 133

Co, Einfluß auf Stapelfehlerenergie v. Reinnickel 204
—, Gehalt im Rohnickel 7
—, Schmelzpunkt 234
—, Zunderkonstante 321
Co–Cr–Fe-Leg., thermische Eigenschaften 40
—, Wärmeausdehnung 40
Co–Cr–Ni–Fe-Leg., Wärmeausdehnungskoeffizient 40
Cr_7C_3 238, 251, 387
$Cr_{23}C_6$ 238, 251, 387
Cr-Carbide 238
— —, Ausscheidung 251, 338, 386
Cr, Diffusionsgeschwindigkeit in Heizleitern 154
—, Einfluß auf Aufkohlung 340
—, — — Aufschwefelungsgeschwindigkeit bei Ni–Cr-Leg. 346
—, — — Festigkeitseigenschaften v. hochwarmfesten Leg. 239
—, — — Haftfestigkeit v. Oxidschichten 332
—, — — hochwarmfeste Leg. 234
—, — — Korrosion v. Ni–Cr-Leg. 347, 358
—, — — Lebensdauer v. Heizleitern 152
—, — — Ölasche-Korrosion 353
—, — — Oxydationsgeschwindigkeit v. Ni 324, 326, 329
—, — — Passivierung v. Ni 293, 294
—, — — spezifischen elektrischen Widerstand 133
—, — — Stickstoffaufnahme in Cr–Ni-Stählen 343, 344
—, — — Zundereigenschaften 143
—, mikroporöses 307
—, mikrorissiges 377
—, Schmelzpunkt 234
—, selektive Oxydation 348, 349
—, Verarmung 151, 169, 386
Cr–Fe–Ni, Phasendiagramm 334, 336, 339
Cr–Ni, Phasendiagramm 234, 235
CrNi 25 20, Festigkeitseigenschaften 144
—, Oberflächenbelastung als Heizleiter 161
—, physikalische Eigenschaften 144
—, Zusammensetzung 143
CrNi 60 40, Festigkeitseigenschaften 352
—, Härte 352
—, Korrosion in H_2S 346, 347
—, Salzschmelzen 351, 353
—, Zusammensetzung 352

Cr–Ni-Leg., Korrosion in Salzschmelzen 351, 353
15/13-Cr–Ni-Stahl als Hüllwerkstoff in Reaktoren 187
15/26-Cr–Ni-Stahl, Zeitstandverhalten unter Bestrahlung 185
16/13-Cr–Ni-Stahl, Bruchdehnung nach Bestrahlung 182, 183
18/8-Cr–Ni-Stahl, Bruchdehnung nach Bestrahlung 184
—, Zeitstandverhalten unter Bestrahlung 185
20/25-Cr–Ni-Stahl, bestrahlt und unbestrahlt, Festigkeitseigenschaften 180 181
—, Bruchdehnung nach Bestrahlung 182, 183
—, Erholung der Festigkeitseigenschaften nach Bestrahlung 182
—, Zeitstandverhalten unter Bestrahlung 185
Cr–Ni-Stähle, Ausscheidung v. Chromnitriden 344
—, Dauermagnetwerkstoffe 130
—, Hochtemperaturkorrosion in Ammoniak 343
—, Korrosion in HNO_3 388
—, — — oxydierend wirkenden Säuren 386, 388
—, — — Salzschmelzen 351, 353
—, — — Wasser 385
—, kritische Potentiale in Chloridlösungen 368
—, Lochfraßkorrosion 369
—, Versprödung 338
—, Zunderbeständigkeit 332
Cr–Nitride in Ni-Stählen und Leg. 344
Cr_2O_3, Reduktion durch Kohlenstoff 340
Cu, Einfluß auf Dauermagnetwerkstoffe 124
—, — — Eigenschaften 9
—, — — Korrosion v. Ni–Cu-Leg. 357
—, — — — Ni–Si-Leg. 361
—, — — Nulldurchgang der Magnetostriktionskonstante 85
—, — — Nulldurchgang v. K_1 82
—, — — Passivierung v. Ni 292
—, — — Permalloy 84
—, — — spezifischen elektrischen Widerstand 133
—, — — Stapelfehlerenergie v. Reinnickel 204
—, elektrische Eigenschaften 171

Cu/Konstantan 132, 172
—, Wärmeleitfähigkeit 171
—, Zunderkonstante 321
Cu–Mn–Ni, Phasendiagramm 164
CuMn 12 Ni, Einfluß v. Vorbehandlungen auf Widerstandsänderung 165
—, elektrische Eigenschaften 163
—, Zusammensetzung 163
CuMn 12 NiAl, elektrische Eigenschaften 163
—, Zusammensetzung 163
Cu–Mn–Ni-Leg., elektrische Eigenschaften 163
— für Präzisionswiderstände 165
—, selektive Oxydation 166
—, Temperaturkoeffizient des elektrischen Widerstandes 165
Cu–Ni, Phasendiagramm 260, 261
CuNi 44, elektrische Eigenschaften 163, 171
—, spezifischer elektrischer Widerstand 166
—, Thermokraft 168
—, Wärmeleitfähigkeit 171
—, Zusammensetzung 163
Cu–Ni–Co-Leg., Dauermagnetwerkstoffe 129
—, diskontinuierliche Ausscheidung in 231
CuNi 5 Fe, Erosion 383
CuNi 10 Fe, Erosion 382, 384
—, Exfoliation 380
—, Kavitation 382, 384
—, Korrosion in Meerwasser 382
—, — — NH_4OH 379
—, — — Wasser 380
—, Verwendung 282, 283, 379, 380
CuNi 30 Fe, Erosion 382
—, Exfoliation 380
—, Kavitation 382
—, Lochfraßkorrosion 369
—, Korrosion in Meerwasser 382
—, — — NH_4OH 379
—, — — Wasser 380
—, Verwendung 282, 283, 379, 380
Cu–Ni–Fe-Leg., Dauermagnetwerkstoffe 129
—, diskontinuierliche Ausscheidung in 231
Cu–Ni-Leg., elektrische Eigenschaften 163
—, Korrosion in alkalischen Lösungen 378

Cu–Ni-Leg., Korrosion in Meerwasser 381
—, — — NaOH 378
—, — — NH$_4$OH 379, 381
—, — — Wasser 380
—, Lochfraßkorrosion 369
—, Thermospannungen gegen Fe 168, 169
CuNi 20 Mn 10, elektrische Eigenschaften 163
—, Zusammensetzung 163
CuNi 30 Mn, elektrische Eigenschaften 163
—, Zusammensetzung 163
Cu–Ni–Si, Phasendiagramm 263, 264
Cu$_2$O, Zersetzungsdruck 328
Curiepunkt 56
— v. Kompensationswerkstoffen 101
— — Ni–Fe-Leg. 56
Curietemperatur 24, 56, 63
— v. Duranickel 270
— — G-NiCu 30 Si 4 268
— — Kompensationswerkstoffen 101
— — Ni–Cr–Fe-Leg. 39
— — NiCu 30 Al 266
— — Ni–Fe-Leg. 56, 73
— — Permanickel 270
— — Reinnickel 73
Curie-Weißsche Beziehung 64
Curling 112
Cu–Si, Phasendiagramm 264

ΔE-Effekt 41
— v. Ni–Cr-Leg. 49
— — Ni–Cu-Leg. 49
— — Ni–Fe-Leg. 45, 47
— — Ni–Ti-Leg. 49
ΔE_γ-Effekt 41
— — v. Ni–Fe-Leg. 46, 47
„D" Nickel, s. NiMn 5
Dampfdruck 20, 21
Dämpfung 43, 44, 215
—, Frequenzabhängigkeit bei Ni–Fe-Leg. 49
— in Ni–Fe-Leg. 49
Dämpfungsursachen, magnetisch bedingte 44
Dämpfungsvermögen v. dispersionsgehärteten Leg. 275
Dauermagnete, Bariumferrit- 106
Dauermagnetkreise, magnetische 108
Dauermagnetwerkstoffe 107
—, Anlaßbehandlung 115
—, Cu–Ni–Co-Leg. 129

Dauermagnetwerkstoffe, Cu–Ni–Fe-Leg. 129
—, Einfluß v. C 126
—, — — Co 124
—, — — Cu 124
—, — — Nb 126
—, — — Si 125
—, — — Ti 126
—, Fe–Mn–Cr-Leg. 129
—, Fe–Ni–Cr-Leg. 129
—, Grundlagen 107
—, Herstellung 128
—, Induktion 107
—, Magnetisierung 107
—, nichtrostende Stähle 130
—, Wärmebehandlung 115
Dauermagnetzustand, optimaler 117
Defektkaskaden 179
Dehngrenze, s. 0,2-Grenze
Dehnung 213
— v. dispersionsgehärteten Leg. 272
— — Duranickel 270
— — G-NiCu 30 Si 4 268
— — Heizleitern 145
— — hochwarmfesten Leg., Einfluß v. Ca 260
— — NiCr 80 20 mit Zusätzen 249
— — NiCu 30 Al 267
— — Ni–Si-Leg. 361
— — Permanickel 270
depolarisierte Anoden 298, 299
Desorption 280, 283
—, Einfluß v. Fremdstoffeinlagerungen 283
Desoxydation 233
— v. weichmagnetischen Leg. 75
Desoxydationsmittel 13
—, Einfluß auf Hochtemperatureigenschaften 260
destilliertes Wasser, s. Korrosion in Wasser
diamagnetische Stoffe, Hall-Konstante 137
Dichte 19
— v. Alni 120 114
— — Alnico-Dauermagnetwerkstoffen 114
— — Duranickel 270
— — G-NiCu 30 Si 4 268
— — NiCu 30 Al 266
— — Ni–Fe-Leg. 32, 33
— — Permanickel 270
Dickvernicklung 311

Diffusion 23
— in Ni 24
— v. Ni 25
Diffusionsanisotropie 62, 88
— -Konstante 62
Diffusionsgeschwindigkeit v. Cr in Heizleitern 154
— — Zusätzen in Heizleitern 154, 155
diffusionshemmende Schicht in Heizleitern 154, 155
Diffusionskoeffizient 23
Diffusionsmechanismus bei der Bildung v. NiO 321
Dilatometerkurven v. Alnico 500 118
diskontinuierliche Ausscheidung 227, 231
dispersionsgehärtete Leg., Dämpfungsvermögen 275
— —, Duktilität 272
— —, Erholung 272
— —, Festigkeitseigenschaften 272, 273
— —, Gefüge 272
— —, Gefügestabilität 275
— —, Herstellung 271
— —, Kristallorientierung 273
— —, Rekristallisation 272
— —, Textur 273
— —, Zeitstandfestigkeit 273
Dispersionshärtung 271
Doppelnickel 376
—, Korrosion 306, 307
Drehprozesse bei Magnetisierung ferromagnetischer Werkstoffe 110
— der Magnetisierung 112
— in ferromagnetischen Elementarbereichen 109
Drehung, kohärente 112, 113
Dreifach-Nickelüberzüge 307
Dreistoffsystem, s. Phasendiagramm
Druck, Einfluß auf spezifischen elektrischen Widerstand 132
Duktilität, s. Dehnung
Duranickel, Festigkeitseigenschaften 270
—, Härte 270
—, physikalische Eigenschaften 270
—, Wärmebehandlung 269
—, Zusammensetzung 269
Dynamax 94

η-Phase in Ni–Cr-Leg. 251
echte Rechteckschleife v. hochnickelhaltigen Leg. 74

Eigenschaften, elastische, s. elastische Eigenschaften
—, elektrische, s. elektrische Eigenschaften
—, elektrochemische 287
—, katalytische 280
—, kerntechnische 173
—, magnetische, s. magnetische Eigenschaften
—, mechanische, s. Festigkeitseigenschaften und unter den einzelnen Eigenschaften
—, optische 19
—, physikalische, s. physikalische Eigenschaften
—, thermische, s. thermische Eigenschaften
—, thermoelektrische 168
— v. weichmagnetischen Leg. bei Anlaßbehandlung unterhalb Curietemperatur 86
Eigenschaftsänderungen, Erholung 180
einachsige magnetische Anisotropie 88
Einbereichteilchen 109
—, Koerzitivfeldstärke 111
Einbereichverhalten 109
— bei Magnetisierung 110
Einkristall Ni, s. Ni-Einkristall
Eisenwhisker 112
elastische Anisotropie v. Ni–Fe-Leg. 45
— Eigenschaften 41, 215
— — v. aushärtbaren technischen Leg. 55
— — — Duranickel 270
— — — G-NiCu 30 Si 4 268
— — — Mehrstofflg. auf Ni–Fe-Basis 50
— — — Ni–Co-Leg. 50
— — — Ni–Cr-Leg. 49
— — — Ni–Cu-Leg. 49
— — — NiCu 30 Al 266
— — — Ni–Fe-Leg. 45
— — — Ni–Mn-Leg. 50
— — — Ni–Ti-Leg. 49
— — — Permanickel 270
— — — technischen Werkstoffen 50
— Konstanten 215
— Verspannungen 75
Elastizitätskonstanten 215
Elastizitätsmodul 41, 215, 216
—, Abhängigkeit v. Kaltverformung 43
—, — — Magnetisierung 43
—, Anisotropiefaktor 42

Elastizitätsmodul, Einfluß v. Überstruktur Ni_3Fe 48
—, negativer Temperaturkoeffizient 48
—, Temperaturabhängigkeit bei Ni-Cr-Fe-Leg. 51
—, Temperaturkoeffizient 50
— v. Duranickel 270
— — G-NiCu 30 Si 4 268
— — Ni 99,4 216
— — Ni-Al-Leg. 49
— — Ni-Co-Leg. 50
— — Ni-Cr-Co-Fe-Leg. 53
— — NiCr 15 Fe 216
— — Ni-Cr-Leg. 49
— — NiCu 30 Al 266
— — NiCu 30 Fe 216
— — Ni-Cu-Leg. 49
— — Ni-Einkristallen 42
— — Ni-Fe-Leg. 45
— — 36%-Ni-Fe-Leg. 47, 72
— — 40%-Ni-Fe-Leg. 52
— — 50%-Ni-Fe-Leg. 72
— — Ni-Fe-Leg., Temperaturabhängigkeit 51
— — Ni-Fe-Mo-Leg. 52
— — Ni (Gußwerkstoff) 216
— — Ni (Knetwerkstoff) 216
— — Ni-Mn-Leg. 50
— — NiMo 30 216
— — NiMo 16 Cr 216
— — Ni-Mo-Fe-Leg. 53
— — Ni-Mo-Leg. 49
— — Ni-Ti-Leg. 49
— — Permanickel 270
— — polykristallinem Ni 42
— — Reinnickel 72
elektrische Eigenschaften 130
— — v. Cu 171
— — — CuMn 12 Ni 163
— — — CuMn 12 NiAl 163
— — — Cu-Mn-Ni-Leg. 163
— — — CuNi 44 163, 171
— — — Cu-Ni-Leg. 163
— — — CuNi 20 Mn 10 163
— — — CuNi 30 Mn 163
— — — Duranickel 270
— — — Fe 171
— — — G-NiCu 30 Si 4 268
— — — NiCr 90 10 171
— — — Ni-Cr-Al-Cu-Leg. 163
— — — Ni-Cr-Al-Fe-Leg. 163
— — — Ni-Cr-Si-Mn-Leg. 163
— — — Ni-Cr-Ti-Al-Co-Leg. 163

elektrische Eigenschaften v. NiCu 30 Al 266
— — — Ni-Fe-Leg. 163
— — — Ni mit Zusätzen 171
— — — Permanickel 270
— — — Thermoelementwerkstoffen 171
— Leitfähigkeit v. NiO 322
— Widerstände, Einfluß v. Spannungen auf die Temperaturkonstanz 165
elektrischer Widerstand, s. spezifischer elektrischer Widerstand
elektrochemische Eigenschaften 287
elektrochemisches Potential 287
— Verhalten 287
Elektrokristallisation 296
Elektrolyte 302
elektrolytische Raffination 6
Elektrolytnickel 8
—, Fe-Gehalt 9
—, Koerzitivfeldstärke 70
—, Zunderkonstante 321
Elektrolyttemperatur, Einfluß auf H-Gehalt der Nickelüberzüge 308
Elektrolyttypen 302
Elektronenanordnung 18, 130
Elektronendefektleiter 321
Elektronendefektstellen 324
Elementarbereichanordnung 109, 110
Elementarbereiche, magnetisierte 108
Elementarbereichstrukturen 113
elementarer Absorptionsquerschnitt für thermische Neutronen 174
Elementarzelle, Kantenlänge 18
Elemente als Legierungszusätze, s. Zusätze
—, austenitstabilisierende 101
—, matrixhärtende, Einfluß auf hochwarmfeste Leg. 245
Eley-Rideal-Mechanismus 283, 284
Emission 20
Emissionsspektrum 20
Emissionsvermögen 20
E-Modul, s. Elastizitätsmodul
Energie, freie 22, 220, 224, 231
Energieprofil der Chemisorption 281
E-Ni 99,5, Zusammensetzung 8
E-Ni 99,8, Zusammensetzung 8
Entdeckung 1
Entfestigungsvorgänge 207
entionisiertes Wasser, s. Korrosion in Wasser
Entkohlung 340

Entmagnetisierung, Elementarprozesse
—, innere 70 [108
—, thermische 67
— v. Alnico-Werkstoffen 122
Entmagnetisierungsfaktor 70, 108
—, innerer, Einfluß der Sintertemperatur 71
Entmagnetisierungskurve 107
Entmagnetisierungskurven v. Alnico-Werkstoffen 115, 122
— — Bariumferrit 300 115
— — VS 35 und VS 55 127
Entmischung, spinoidale 231
—, — v. Dauermagnetleg. 123
Entropie 21
Entschwefelung v. Ni-Schmelzen 9
Entspannungsglühen v. hochwarmfesten Gußleg. 255
Erdalkalimetalle, Einfluß auf Zunderfestigkeit v. Heizleitern 141
Erholung 217, 218
— der Eigenschaftsänderungen 180
— — Festigkeitseigenschaften 180, 182
— des spezifischen elektrischen Widerstandes nach Bestrahlung 178
— v. dispersionsgehärteten Leg. 272
Erholungskurve der Härte v. kaltverformtem Ni 217
— latenten Energie v. kaltverformtem Ni 217
— des elektrischen Widerstandes v. kaltverformtem Ni 217
Erholungsstufen 219
Ermüdung, thermische, v. NiCr 80 20 mit Zusätzen 249
Ermüdungseigenschaften v. Ni und Ni-Leg. 214
Erosion, Korrosion durch 377
— v. CuNi 5 Fe 383
— — CuNi 10 Fe 382, 384
— — CuNi 30 Fe 382
— — NiCu 30 Fe 381
Erschmelzung v. Ni-Leg. 12
Erze 3
eutektische Temperatur v. Ni–C 9
— Zusammensetzung Ni–O 10
— — Ni–S 12
Exfoliation v. CuNi 10 Fe 380
— — CuNi 30 Fe 380
Extraktion sulfidischer Erze 5

Fe, Einfluß auf Eigenschaften 9
—, — — Korrosion v. Ni-Fe-Leg. 361

Fe, Einfluß auf spezifischen elektrischen Widerstand 133
—, elektrische Eigenschaften 171
—-Gehalt im Elektrolytnickel 9
— — — Rohnickel 9
—/Konstantan, Thermospannung 172
—, Schmelzpunkt 234
—, Wärmeleitfähigkeit 171
Fe–Cr–Ni-Leg., Ölasche-Korrosion 353
—, Spannungsrißkorrosion 366
—, Zunderbeständigkeit 332
Federn aus hochwarmfesten Leg., Wärmebehandlung 257
Fehlordnung in NiO 324
Fehlordnungskonzentration 322
Fehlordnungsmechanismus in Heizleitern 154
Fehlordnungsmodell v. NiO 321, 322
Feinstpulvermagnete, nadelförmige 112
Feldstärke-Magnetostriktions-Kurven 72
— — — für Ni–Fe-Leg. 72
—-Permeabilität-Kurven v. 63%-Ni–Fe-Leg. 96
Fe–Mn–Cr-Leg., Dauermagnetwerkstoffe 129
FeNi, Überstruktur 34
Fe$_3$NiAl, Magneteigenschaften 116
Fe–Ni–Al-Leg., Dauermagnetwerkstoffe 113
Fe–Ni–Al–Co-Leg., Dauermagnetwerkstoffe 113
Fe–Ni–Cr–Mo–Cu-Leg., Korrosion in H$_2$SO$_4$ 392
Fe–Ni–Cr–Mo-Leg., Korrosion in H$_2$SO$_4$ 392
—, — — reduzierend wirkenden Lösungen und Säuren 392
Fe–Ni–Cr-Leg. als Kompensationswerkstoffe 105
—, Ausscheidungen in 334
—, Dauermagnetwerkstoffe 129
—, Einfluß v. Ti auf Zeitstandverhalten 243
—, Korrosion in H$_2$SO$_4$ 392
—, — — reduzierend wirkenden Lösungen und Säuren 392
Fe–Ni-Leg., α-Gefüge 101
—, Sättigungsmagnetisierung 101
Fe-Oxid, Korrosion v. Heizleitern durch 159
Fe$_3$Pt, Überstruktur 34
Ferminiveau 280, 284

27 Volk, Nickel

Fernordnung Ni$_3$Fe 86, 97, 100
Ferrite, weichmagnetische 111
Ferriteinschlüsse bei nichtmagnetisierbaren Stählen 104
Ferromagnetikum, Hallfeld-Kurve 137, 138
ferromagnetische Ausscheidungen in Alnico 500 127
— Phasenbestandteile 116
— Stoffe, Hall-Effekt 137
— Werkstoffe 108
ferromagnetischer Austenit 101
Festigkeit v. hochwarmfesten Leg. 255, 257
Festigkeitseigenschaften 204
— der hochwarmfesten Leg. 239
—, Einfluß der Wärmebehandlung bei hochwarmfesten Leg. 256
—, — v. Bestrahlung 178
—, — — Sigmaphase 336
—, Erholung 180
— v. bestrahlten und unbestrahlten Stählen und Leg. 180, 181
— — CrNi 25 20 144
— — CrNi 60 40 352
— — 20/25-Cr-Ni-Stahl, bestrahlt und unbestrahlt 180, 181
— — — ,Erholung nach Bestrahlung 182
— — dispersionsgehärteten Leg. 272, 273
— — Duranickel 270
— — G–NiCu 30 Si 4 268
— — Heizleitern 144
— — hochwarmfesten Leg., Einfluß v. Al 239
— — — —, Einfluß v. C 244
— — — —, — — Ce 248
— — — —, — — Cr 239
— — — —, — — Nb 239
— — — —, — — Ti 239
— — — —, — — Wärmebehandlung 256
— — nichtmagnetisierbaren Werkstoffen 102, 103, 104
— — Ni-Überzügen 309
— — Ni und Ni-Leg. bei hohen Temperaturen 212
— — — — — — Raumtemperatur 211
— — — — — — tiefen Temperaturen 213
— — NiCr 30 20 144
— — NiCr 50 50 352

Fertigkeitseigenschaften v. NiCr 60 15 144
— — NiCr 65 35 352
— — NiCr 80 20 144
— — — mit Ti+Al 240
— — — — Zusätzen 249
— — NiCr 15 Fe, bestrahlt und unbestrahlt 180, 181
— — NiCr 15 Fe 7 TiAl, bestrahlt und unbestrahlt 180, 181
— — Ni–Cr–Co-Leg. 240
— — Ni–Cr–Fe–W–Al-Leg. 241
— — NiCu 30 Al 267
— — Permanickel 270
— — X 5 Ni CrTi 26 15, bestrahlt und unbestrahlt 180, 181
— — X 8 CrNi Nb 16 13, bestrahlt und unbestrahlt 180, 181
Flade-Potential 289, 290
Fließgrenze 259
Fließkurven 205, 208
— v. Ni-Vielkristall 205
formanisotrope Aufspaltung bei Magnetleg. 122
Formanisotropie 109, 122, 123
freie Energie 22, 224, 231
— — einer Ni-Oberfläche 220
— Oberflächenenergie 225, 228
— Volumenenergie 225
— — der Ausscheidungen 229
Fremdatome, Einfluß auf Stapelfehlerenergie 208
—, — — Streckgrenze 207
Fremdstoffe, Einfluß auf Katalyse 284
Fremdstoffeinlagerungen, Einfluß auf Desorption 283
Frenkel-Defekt bei Bestrahlung 177
Frequenzabhängigkeit der Dämpfung bei Ni–Fe-Leg. 49
Frequenzfaktor (Diffusion) 23

$\gamma \to \alpha$-Umwandlung v. Ni-Fe-Leg. 28
γ'-Phase (Ni$_3$Al) 239
—, Änderung des Gitterparameters 240
—, Ausscheidung in hochwarmfesten Leg. 251
—, Ausscheidungsform 240
—, Bildung von — in hochwarmfesten Leg. 234
—, Einfluß v. Ti/Al 240
— in Ni–Cr-Leg. 241
galvanische Abscheidung 296
— Spannungsreihe 370

galvanische Spannungsreihe in Meerwasser 371
Galvanoformung 304, 310
Garnierit 3
Gase, halogenhaltige, s. halogenhaltige Gase
—, kohlenstoffhaltige, s. kohlenstoffhaltige Gase
—, schwefelhaltige, s. schwefelhaltige Gase
—, stickstoffhaltige, s. stickstoffhaltige Gase
Gefüge, Einfluß auf Löslichkeit v. Anoden 300
—, — — Passivierungsstromdichte 291
— v. Alni 120 116
— — Alnico 450 127
— — Alnico 500 120, 121
— — dispersionsgehärteten Leg. 272
— — hochwarmfesten Leg. 252, 253
— — NiCo 15 CrMoAlTi 253, 254
— — NiCr 80 20 155
— — NiCr 20 Co 18 Ti 253, 254
— — Ni–Fe-Leg. 101
—, Widmannstättensches 232
Gefügestabilisierung bei Ni–Co–Fe-Leg.
— — Ni–Fe-Leg. 33 138
Gefügestabilität v. dispersionsgehärteten Leg. 275
gerichtete Kristallisation v. Dauermagneten 115
— Nahordnung (Ni–Fe-Leg.) 88
Geschichtliches 1
Gesenkschmieden 14
Gewichtsverlust, s. Korrosion
Gewinnung, hüttenmännische 4
Gießen 12
— v. hochwarmfesten Gußleg. 254
Gießtemperatur für Ni–Cr-Leg. 13
— — Ni–Cu-Leg. 13
Gitterkonstante 19
—, Einfluß v. Legierungselementen auf 19
Gitterparameter, Änderung des, v. γ-Phase 240
— v. Ni–Cr-Leg. 237
Gitterspannungen durch Ausscheidungen 228
Gitterstruktur 18
Glanzbäder 302
Glanznickel 304
—, Anodenpotential-Stromdichte-Kurven 306

Glanznickel, Korrosion 306
Glanzzusätze 304
Glas, Haftung am, v. Ni–Fe-Leg. mit Cr-Zusatz 39
Glas-Metall-Verschmelzungen 38
Gleichgewichtsdiagramm Ni–H_2O 287
GMR 235 D, Zusammensetzung 255
G–NiCr 20 TiAl, Anwendungstemperatur 335
—, Zusammensetzung 335
G–NiCu 30 Si 4, Aushärtung 268
—, Curietemperatur 268
—, elastische Eigenschaften 268
—, elektrische Eigenschaften 268
—, Festigkeitseigenschaften 268
—, Härte 268
—, Lochfraßkorrosion 369
—, physikalische Eigenschaften 268
—, Schmelzbereich 268
—, thermische Eigenschaften 268
—, Wärmebehandlung 268
—, Zusammensetzung 268
0,2-Grenze, Einfluß v. Bestrahlung 179
— v. Duranickel 270
— —, G–NiCu 30 Si 4 268
— — Ni 99,4 211, 212, 213
— — Ni 99,99 211
— — NiCr 80 20 211
— — — mit Zusätzen 249
— — NiCr 15 Fe 211, 212, 213
— — NiCu 30 Al 267
— — NiCu 30 Fe 211, 212, 213
— — Ni (Gußwerkstoff) 211
— — Ni (Knetwerkstoff) 211, 212, 213
— — NiMo 30 211
— — NiMo 16 Cr 211
— — Permanickel 270
— — Reinstnickel 211
Grubenwasser, s. Korrosion in Wasser
Grünfäule 160, 348
Gußblöcke, porige, durch H 13
Gußeisen, austenitisches, Korrosion in Luft 364
—, —, — — Meerwasser 363, 364
Gußleg., hochwarmfeste, s. hochwarmfeste Gußleg. 255
Gußmagnete 128, 129
Guß–Ni, Bruchdehnung 211
—, Elastizitätsmodul 216
—, 0,2-Grenze 211
—, Härte 211
—, Zugfestigkeit 211

Guß–Ni–Cu-Leg., s. NiCu 30 Si 4
G–X 25 CrNiSi 18 9, Anwendungstemperatur 335
—, Zusammensetzung 335
G–X 25 CrNiSi 20 14, Anwendungstemperatur 335
—, Zusammensetzung 335
G–X 35 CrNiSi 25 12, Anwendungstemperatur 335
—, Zusammensetzung 335
G–X 40 CrNiSi 22 9, Anwendungstemperatur 335
—, Zusammensetzung 335
G–X 40 CrNiSi 25 20, Anwendungstemperatur 335
—, Zusammensetzung 335
G–X 40 NiCrSi 30 16, Anwendungstemperatur 335
—, Zusammensetzung 335

H, Absorption 284
H-Aufnahme 13
—-beladenes Ni, Bruchdehnung 11
—-Beladung 11
—, Einfluß auf Eigenschaften 10
—-freies Ni, Bruchdehnung 11
—-Gehalt in Nickelüberzügen 307
—, Löslichkeit in Ni 10
—, — in Ni–Co-Schmelzen 11
—, — in Ni–Fe-Schmelzen 11
—, Versprödung 11
Haftfestigkeit des Zunders bei Heizleitern, s. Zunderhaftfestigkeit
— v. Oxidschichten 332
Haftung an Glas v. Ni–Fe-Leg. mit Cr-Zusatz 39
halbkohärente Ausscheidung 226, 232
Halbwertszeit v. Ni-Isotopen 173
Hall-Effekt 136
—, Anwendung 140
— v. ferromagnetischen Stoffen 137
—, Wirkung v. Zusatzelementen 138
Hallfeld-Kurve eines Ferromagnetikums 137, 138
— v. Carbonylnickel 137, 138
— — 92,5%-Ni–Cu–Fe-Leg. 137, 138
Hall-Konstante 137, 139
—, Änderung in Mischkristallreihen 140
— v. diamagnetischen Stoffen 137
— — Ni–Co-Leg. 138
— — Ni–Cr-Leg. 140
— — Ni–Cu-Leg. 138
— — paramagnetischen Stoffen 137

halogenhaltige Gase, Einfluß auf hitzebeständige Werkstoffe 348
Härte, Einfluß v. Sigmaphase 337
— v. CrNi 60 40 352
— — Duranickel 270
— — G–NiCu 30 Si 4 268
— — hochwarmfesten Leg. 257
— — kaltverformtem Ni, Erholungskurve 217
— — Kanigennickel 314
— — Ni (Gußwerkstoff) 211
— — Ni 99,4 211
— — Ni 99,99 211
— — Nibodurnickel 314
— — NiCr 50 50 352
— — NiCr 65 35 352
— — NiCr 15 Fe 211
— — NiCu 30 Al 267
— — NiCu 30 Fe 211
— — 36%-Ni–Fe-Leg. 72
—.— 50%-Ni–Fe-Leg. 72
— — NiMo 30 211
— — NiMo 16 Cr 211
— — Nickelüberzügen 309
— — Permanickel 270
— — Reinnickel 72
— — Reinstnickel 211
Hastelloy B, s. NiMo 30
Hastelloy C, s. NiMo 16 Cr
Hastelloy N, s. INOR 8
Hastelloy X, s. NiCr 21 Fe 18 Mo
Häufigkeit in der Erdrinde 3
Heizleiter, Aufkohlung 341, 342
—, CeO_2 in 155, 156, 157
—, Chromverarmung 151
—, definierter Prüfzustand 148
—, Dehnung 145
—, Diffusionsgeschwindigkeit v. Cr 154
—, diffusionshemmende Schicht 154, 155
—, Einfluß der Abmessungen 150
—, — — Geometrie 150
—, — v. Ce auf Zunderbeständigkeit 156
—, — — Metallionen auf die Lebensdauer 156, 157, 158
—, — — Zusätzen auf Diffusionsgeschwindigkeit 154, 155
—, Fehlordnungsmechanismus 154
—, Festigkeitseigenschaften 144
—, Grünfäule 160
—, Kaltwiderstand 148
—, Korrosion 159, 160

Heizleiter, K-Zustand, Einfluß v. Legierungszusätzen 149
—, Lebensdauer 141, 142, 145, 153
—, Lebensdauerkennzahl 143, 145
—, Lebensdauerprüfung 145, 146
—, lebensdauerverbessernde Zusätze 143, 151
— nach Kaltverformung, Lebensdauerkennwerte 154
—, Ni–Cr–Fe-Leg. 141
—, Ni–Cr-Leg. 141
—, Oberflächenbelastung 142, 160
—, physikalische Eigenschaften 144
—, Schmelztemperatur 144
—, spezifischer elektrischer Widerstand 144, 147
—, Streckgrenze 145
—, technische 142
—, Temperaturabhängigkeit der Kurzzeitwerte 145
—, Temperaturfaktor 148, 149, 150
—, Temperaturkoeffizient 151
—, Temperaturwechseltest 142
—, Verwendung 141, 160
—, Vielzahlzunderversuche 156
—, Wirkungsmechanismus lebensdauerverbessernder Zusätze 152, 156
—, zulässige Höchsttemperatur 144
—, Zunderbeständigkeit, Einfluß v. Zusätzen 151, 152, 154
—, Zunderfestigkeit 141
—, Zundergeschwindigkeit 156
—, Zunderhaftfestigkeit 155, 157, 158, 159
—, Zunderkonstanten 157
—, Zunderverhalten 154
—, Zusammensetzung 143, 153
Herstellung v. Dauermagnetwerkstoffen 128
— — dispersionshärtenden Leg. 271
— — weichmagnetischen Leg. 74
heterogene Ausscheidung 226, 227
— Keimbildung 226
hexagonale Phase 19
hitzebeständige Leg., Anwendungstemperatur 333, 334, 335
—, Einfluß v. Halogenen 348
—, — — kohlenstoffhaltigen Gasen 339
—, — — schwefelhaltigen Gasen 345
—, — — stickstoffhaltigen Gasen 343

hitzebeständige Leg., katastrophale Korrosion 349
— —, Korrosion 348
— —, Ölasche-Korrosion 350
— —, Stickstoffaufnahme 343
— —, Zunderbeständigkeit 332
— —, Zusammensetzung 333, 334, 335
hitzebeständige Stähle, Anwendungstemperatur 333, 334, 335
— —, Einfluß v. Halogenen 348
—, — — kohlenstoffhaltigen Gasen 339
—, — — schwefelhaltigen Gasen 345
—, — — stickstoffhaltigen Gasen 343
— —, Korrosion 348
— —, Stickstoffaufnahme 343, 344
— —, Zusammensetzung 333, 334, 335
hochbelastbare Widerstände 167
hochfeste Superlegierungen 260
hochmanganhaltige Leg., Wärmeausdehnung 40
hochnickelhaltige Leg., Anfangspermeabilität 74
— —, echte Rechteckschleife 74
— —, Hysteresebeiwert 74
— —, Permeabilität 74
— —, Pseudorechteckschleife 74
— —, spontane Rechteckschleife 74
— weichmagnetische Leg. 73
hochpermeable Leg., Induktion-Feldstärke-Kurven 79
— —, Permeabilität-Feldstärke-Kurven 79
hochreines Ni, Gewinnung 6
höchste Arbeitstemperatur v. Ni (Widerstandswerkstoff) 163
— — — Widerstandsleg. 163
Hochstromwiderstände 163
Höchsttemperatur, zulässige, für Heizleiter 144
Hochtemperatureigenschaften, Einfluß v. Desoxydationsmitteln 260
—, — der Schmelzbedingungen 259
Hochtemperaturkorrosion in Ammoniak 343
— — Salzschmelzen 351, 353
— v. Ni–Cr-Leg. in Schwefeldampf 346
Hochtemperatur-Leg., s. hochwarmfeste Leg.
Hochtemperaturversprödung nach Bestrahlung 182
—, strahlungsinduzierte 184

Hochtemperaturzähigkeit v. hochwarmfesten Leg. 260
hochwarmfeste Gußleg., Aluminieren 256
— —, Entspannungsglühen 255
— —, Festigkeit bei hohen Temperaturen 255
— —, Gießen 254
— —, Korrosionsschutz 255
— —, Oberflächenbeschichtung 256
— —, Wärmebehandlung v. 254
— —, Zusammensetzung 255
— Leg., Abkühlgeschwindigkeit nach Lösungsglühung 254
— —, Anlaßbehandlung 249
— —, Ausscheidungen in 232
— —, — v. Chromcarbid 251
— —, — — γ'-Phase 251
— —, Bildung v. γ'-Phase 234
— —, Bruchzähigkeit 256
— —, Einfluß matrixhärtender Elemente 245
— —, — v. Al 234
— —, — — B 248
— —, — — C 237
— —, — — Ca 260
— —, — — Ce 248
— —, — — Co 245
— —, — — Cr 234
— —, — — Desoxydationsmitteln 260
— —, — — Mo 236, 245
— —, — — Nb 236
— —, — — Ta 236
— —, — — Ti 235
— —, — — Wärmebehandlung auf mechanische Eigenschaften 256
— —, — — W 236, 245
— —, — — Zr 248
— —, — — Zusätzen 239, 247
— —, Festigkeitseigenschaften 239, 240
— —, Gefüge v. 252, 253
— —, Härte 257
— —, Hochtemperaturzähigkeit 260
— —, Kriechfestigkeit 242, 249
— —, Lösungsglühen 249, 259
— —, Schmelzbedingungen 259
— —, Schweißen 258
— —, Schweißnähte, Wärmebehandlung 258
— —, thermische Ermüdung 256
— —, Thermoschock 256
— —, Vakuumschmelzen 260
— —, Verschleißfestigkeit 257

hochwarmfeste Leg., Wärmebehandlung 249, 253, 254, 257, 258
— —, Wechselfestigkeit 256
— —, Zähigkeit bei hohen Temperaturen 256
— —, Zeitstandeigenschaften 242, 274
— Nickelbasis-Leg., Legierungselemente 234
— Ni–Cr-Leg. 233
hohe Anfangspermeabilität bei 50%-Ni–Fe-Leg. 92
— — — weichmagnetischen Leg. 92
— — — durch Magnetfeldtemperung, Leg. mit 93
— —, Ursache der 83
— Permeabilität bei 50 Hz 96
— —, Zone für, bei Ni–Cu–(Fe+Cr)-Leg. 76
— —, — —, — Ni–Cu–(Fe + Mo)-Leg. 76
homogene Ausscheidung 226
— Keimbildung 226
Hüllwerkstoffe für Reaktoren 187
hüttenmännische Gewinnung 4
Hüttennickelsorten 7
Hydride 11
Hypophosphitverfahren, s. Kanigen-Verfahren
Hysterese, magnetomechanische 45, 49
Hysteresebeiwert v. hochnickelhaltigen Leg. 74
Hystereseschleife, rechteckförmige, Leg. mit 90
—, —, v. hochnickelhaltigen Leg. 74
—, —, — 50%-Ni–Fe-Leg. 79
—, —, — Permalloy 79
—, schematische Darstellung 107
— v. Alnico 500 123
— — Ni–Fe-Leg. 96
— — 65%-Ni–Fe-Leg. 93
— — Ni–Fe–Mo-Leg. 96

ideale Magnetisierungskurve, Bestimmung 70
IN 100, Zusammensetzung 255
Incoloy 800, s. X-10 NiCr 32 20
Incoloy 825, s. NiCr 21 Mo
Inconel 600, s. NiCr 15 Fe
Induktion v. Dauermagnetwerkstoffen 107
Induktion-Feldstärke-Kurven v. hochpermeablen Leg. 79
— — — — Ni–Fe-Leg. 79
— — — — Permalloy 79

inkohärente Ausscheidung 226, 231
innere Anisotropien v. Dauermagneten 110
— Entmagnetisierung 70
— Oxydation 271, 348
— Reibung 43
— — v. Nickelüberzügen 309
— Zustandsänderungen beim Anlassen v. Permalloyleg. 83
innerer Entmagnetisierungsfaktor, Einfluß der Sintertemperatur 71
INOR 8 als Hüllwerkstoff in Reaktoren 188
instabile Ni–Co–Fe-Leg. 37
interkristalline Korrosion 347, 360, 365
interkristalliner Sprödbruch 11
intermetallische Phasen, Ausscheidung 233
Isothermen der Gitterkonstanten v. Ni–Fe-Leg. 32
— des Ausdehnungskoeffizienten v. Ni–Fe-Leg. 29, 30
Isothermschleifen 91
Isotope 18, 173
isotrope Ordnung 89, 97

„K" Monel, s. NiCu 30 Al
K_1-Werte v. Ni–Fe-Leg. 57
K_2-Werte v. Ni–Fe-Leg. 59
K-Zustand 87
—, Einfluß v. Legierungszusätzen bei Heizleitern 149
— v. Ni_2Cr 135
— v. Ni–Cr–Fe-Leg. 147
— v. Ni–Cr-Leg. 140, 147, 169, 170
Kaltumformen, s. Kaltverformen
Kaltverfestigung, Beseitigung v., v. Oberflächenschichten 258
kaltverformtes Ni, Erholungskurven 217
Kaltverformung, Einfluß auf magnetische Eigenschaften 68
—, — — Ausdehnungskoeffizienten bei 36%-Ni–Fe-Leg. 34
—, — — Elastizitätsmodul 43, 53
—, — — Löslichkeit v. Anoden 301
Kaltverformungseffekt bei magnetischen Eigenschaften 69
Kaltwalzen, Einfluß auf magnetische Eigenschaften 68
Kaltwiderstand v. Heizleitern 148
— — NiCr 80 20 150
— — Ni–Cr-Leg. 147
Kanigennickel, Härte 314

Kanigennickel, Korrosion 313
—, physikalische Eigenschaften 314
—, Schmelzpunkt 314
Kanigenverfahren 312
Kantenlänge der Elementarzelle 18
Katalysatoren für Kanigenverfahren 313
Katalyse 280
—, Einfluß v. Fremdstoffen 284
katalytische Eigenschaften 280
— Reaktionen, Eley-Rideal-Mechanismus 284
— —, Langmuir-Hinshelwood-Mechanismus 284
— —, Kinetik 284
— —, Produkthemmung 285
— Reduktionsverfahren zur stromlosen Vernicklung 312
katastrophale Korrosion 349
kathodische Abscheidung, Mechanismus 296, 297
— Polarisation 297
kathodischer Schutz v. Ni in Alkalilaugen 375
Kationenleerstellen in Cr-Leg. 346
Kavitation, Korrosion durch 377
— v. CuNi 10 Fe 382, 384
— — CuNi 30 Fe 382
Keimbildung 224, 226, 239
Keimwachstum 224
keramische Massen, Korrosion v. Heizleitern durch 159
Kerbempfindlichkeit hochwarmfester Leg. 248
Kerbschlagverhalten, Einfluß v. Bestrahlung 186
Kerbschlagzähigkeit 213
— v. Ni (Knetwerkstoff) 211
— — Ni 99,4 211
— — NiCr 15 Fe 211
— — NiCu 30 Fe 211
— — NiMo 30 211
— — NiMo 16 Cr 211
Kernreaktionen der Nickelisotope mit Neutronen 173
kerntechnische Eigenschaften 173
Kerr-Effekt 67
Kesselspeisewasser, s. Korrosion in Wasser
Kinetik katalytischer Reaktionen 284
Knetleg., hochwarmfeste, Wärmebehandlung 249
kobaltfreies Nickel 6

Koeffizienten des Elastizitätsmoduls v.
Ni-Einkristallen 42
—, thermoelastische 52
Koerflex 129
Koerzitivfeldstärke, Abhängigkeit v.
Sintertemperatur 71
—, Einfluß v. Umformung 69
—, — — Wärmebehandlung 69
—, Korngrößenanteil 65
—, Temperaturverlauf 65
— v. Carbonylnickelpulver 70
— — Einbereichteilchen 111
— — Elektrolytnickel 70
— — 36%-Ni–Fe-Leg. 73
— — 50%-Ni–Fe-Leg. 73
— — 57%-Ni–Fe-Leg. 95
— — 63%-Ni–Fe-Leg. 95
— — Ni–Mo-Leg. 77, 78
— — Reinnickel 73
— — zonengeschmolzenem Ni 70
Koerzitivkraft, reduzierte 112
— v. Alnico 500 125
KOH, s. Korrosion in NaOH
kohärente Ausscheidung 226, 231, 232
— Drehung (Magnetisierung) 112
Kompensation der Wärmeausdehnung 31
Kompensationswerkstoffe 101, 105, 106
Kompressionsmodul 215
Konstantan, s. CuNi 44
Konstanten, elastische 215
Konstanthaltung des Stromes, Leg. für 163, 164
Kontaktkorrosion 370
Koordinationszahl (Gitterstruktur) 19
Korngrenzen, Leerstellen an 252
Korngrenzenausscheidungen 251, 252
Korngrenzencarbide 251
Korngrenzenenergie 220
Korngrenzengleiten 252
Korngrenzenumgebung, Verarmung an Legierungselementen 253
Korngröße 205, 220
Korngrößenanteil der Anfangspermeabilität 66
— — Korzitivfeldstärke 65
Kornvergrößerung, Rekristallisationsdiagramm 218, 220
Kornwachstum 216
Korrosion bei hohen Temperaturen 348
— — — — in Salzschmelzen 351, 353
— durch Erosion 377
— — Kavitation 377

Korrosion durch Ölasche 350
—, galvanische Spannungsreihe 370
— in alkalischen Lösungen 372, 378
— — — Salzen 377, 384
— — anorganischen Chloriden 389
— — chlorierten Lösungsmitteln 389
— — HCl 389
— — H_3PO_4 391
— — H_2SO_4 389
— — Luft 376
— — Meerwasser 377
— — NaOH 372, 373, 374
— — neutralen Lösungen 372
— — — Salzen 377, 384
— — NH_4OH 343, 375
— — organischen Chloriden 389
— — — Lösungsmitteln 389
— — — Säuren 391
— — oxydierend wirkenden Lösungen und Säuren 386
— — reduzierend wirkenden Lösungen und Säuren 389
— — Wasser 377, 380, 381
—, interkristalline 365
—, katastrophale 349
— v. austenitischem Gußeisen in Luft 364
— — — — Meerwasser 363, 364
— — Cr–Ni-Stählen in oxydierend wirkenden Säuren 388
— — — — Wasser 385
— — — — HNO_3 388
— — — — oxydierend wirkenden Säuren 386
— — CuNi 10 Fe in Meerwasser 382
— — — — NH_4OH 379
— — — — Wasser 380
— — CuNi 30 Fe in Meerwasser 382
— — — — NH_4OH 379
— — — — Wasser 380
— — Cu–Ni-Leg. in alkalischen Lösungen 378
— — — — Meerwasser 381
— — — — NH_4OH 379, 381
— — — — NaOH 378
— — — — Wasser 380
— — Doppelnickel 306, 307
— — Fe–Ni–Cr-Leg. in H_2SO_4 392
— — — — reduzierend wirkenden Lösungen und Säuren 392
— — Fe–Ni–Cr–Mo–Cu-Leg. in H_3PO_4 392
— — Fe–Ni–Cr–Mo-Leg. in H_2SO_4 392

Korrosion v. Fe–Ni–Cr–Mo-Leg. in reduzierend wirkenden Lösungen und Säuren 392
— — Glanznickel 306
— — Heizleitern durch Alkalimetalle 159
— — — — Fe-Oxid 159
— — — — keramische Massen 159
— — — — Metallschmelzen 159
— — — — Mo 159
— — — — Salzschmelzen 160
— — — — V 159
— — hitzebeständigen Werkstoffen 348
— — Kanigennickel 313
— — Mattnickel 307
— — Nickel-Seal 307
— — Ni in HCl 357
— — Ni 99,6 in NaOH 375
— — — — — (schwefelhaltig) 374
— — Ni-Überzügen 310
— — NiCr 65 35 in HNO_3 386, 387, 388
— — NiCr 80 20 in HCl 392
— — — — NHO$_3$ 386
— — — — H$_2$SO$_4$ 392
— — NiCr 15 Fe in alkalischen Salzen 385
— — — — HCl 391
— — — — H$_2$SO$_4$ 391
— — — — NaOH 375, 384
— — — — Na$_2$S 385
— — — — neutralen Salzen 385
— — — — Wasser 385
— — Ni–Cr–Fe-Leg. in oxydierend wirkenden Lösungen und Säuren 388
— — Ni–Cr–Fe–Mo–Cu-Leg. in reduzierend wirkenden Lösungen und Säuren 392
— — Ni–Cr-Leg., Einfluß v. Cr 347
— — — in alkalischen Lösungen 384
— — — HNO$_3$ 359, 387
— — — Luft 362
— — — NaOH 375
— — — neutralen Lösungen 384
— — — oxydierend wirkenden Lösungen und Säuren 386
— — — reduzierend wirkenden Lösungen und Säuren 391
— — — Schwefeldampf bei hohen Temperaturen 346
— — — Wasser 386
— — — wäßrigen Lösungen 358
— — NiCr 21 Mo in H$_2$SO$_4$ 393
— — — — oxydierend wirkenden Lösungen und Säuren 388

Korrosion v. Ni–Cr–Mo–Cu-Leg. in H$_3$PO$_4$ 395
— — — — H$_2$S 395
— — — — H$_2$SO$_3$ 395
— — — — H$_2$SO$_4$ 395
— — NiCr 22 Mo 9 Nb in HCl 395
— — — — HF 395
— — — — HNO$_3$ 395
— — NiCu 30 Al in HF 397
— — NiCu 30 Fe in AlCl$_3$ 396
— — — — alkalischen Salzen 384
— — — — chlorierten Lösungsmitteln 396
— — — — HCl 357, 396
— — — — HF 397
— — — — H$_2$SiF$_6$ 397
— — — — in H$_2$SO$_4$ 396
— — — — Meerwasser 358, 381
— — — — NaCl 358
— — — — NaOH 378
— — — — neutralen Salzen 384
— — — — NH$_4$OH 379
— — — — organischen Chloriden 390, 396
— — — — — Lösungsmitteln 390, 396
— — — — Salzlösungen 358
— — — — Säuren 358
— — — — Wasser 380
— — — — ZnCl$_2$ 396
— — Ni–Cu-Leg. in alkalischen Lösungen 378
— — — — alkalischen Salzen 384
— — — — Meerwasser 381
— — — — neutralen Salzen 384
— — — — reduzierend wirkenden Lösungen und Säuren 395
— — — — Wasser 380
— — — — wäßrigen Lösungen 357
— — Ni–Fe–Cr-Leg. in Luft 362
— — Ni–Fe-Leg. in Alkalien 361
— — — — H$_2$SO$_4$ 362
— — — — Luft 362
— — — — Säuren 362
— — — — wäßrigen Lösungen 361
— — NiMo 30 in HCl 360, 393
— — — — H$_3$PO$_4$ 394
— — — — H$_2$SO$_3$ 394
— — — — H$_2$SO$_4$ 394
— — — — organischen Säuren 394
— — — — oxydierend wirkenden Lösungen 394
— — NiMo 16 Cr in Br 394
— — — — Cl 394

Korrosion v. NiMo 16 Cr in ClO_2 394
— — — — HCl 394
— — — — H_2SO_4 394
— — — — J 394
— — — — Meerwasser 394
— — — — organischen Säuren 394
— — — — oxydierend und reduzierend wirkenden Säuren 394
— — Ni–Mo–Cr-Leg. in reduzierend wirkenden Lösungen und Säuren 393
— — Ni–Mo-Leg. in HCl 360
— — — — H_3PO_4 360
— — — — H_2SO_4 360
— — — — reduzierend wirkenden Lösungen und Säuren 393
— — — — wäßrigen Lösungen 359
— — Ni-Resist D 2 in Luft 364
— — — — Meerwasser 363, 364
— — Ni–Si-Leg. in H_2SO_4 361
— — — — reduzierend wirkenden Lösungen und Säuren 397
— — — — wäßrigen Lösungen 361
— — Ni–Zn-Leg. in wäßrigen Lösungen
— — Widerstandsleg. 162 ⌊365
Korrosionsgeschwindigkeit, s. Korrosion
Korrosionsschutz durch Nickelüberzüge 304
— hochwarmfester Gußleg. 255
KR-Monel, s. NiCu 30 C
Kriechen 208, 209
Kriechfestigkeit v. hochwarmfesten Leg. 242, 249
Kriechgeschwindigkeit hochwarmfester Leg. 248
Kriechverhalten v. Ni und Ni-Leg. 214
Kristallanisotropie, magnetische 57, 108
Kristallanisotropie-Konstante v. Ni–Co–Fe-Leg. 100
— — Ni–Fe-Leg. 97
— — Ni–Fe–Mo-Leg. 85
— — Ni–Mo–(Fe+Cu)-Leg. 81
Kristalleigenschaften, magnetische 55
Kristallenergie 57, 63, 67
—, magnetische, Temperaturverlauf 65
— — v. Ni–Fe-Leg. 58
— v. Ni–Fe-Leg. 57
Kristallenergiekonstante 57
—, Temperaturverlauf 64
Kristallerholung 257
Kristallisation, gerichtete, v. Dauermagneten 115
Kristallorientierung bei dispersionsgehärteten Leg. 273

Kristallorientierung v. Ausscheidungen 228
Kristallstruktur 19
kritische Potentiale v. Cr–Ni-Stählen 368
— — — Ni–Cr–Fe-Leg. 368
— Schubspannung, Einfluß v. Bestrahlung 179
— Stromdichte der Passivität 289
— Teilchengröße (Einbereichverhalten) 109
kritisches Potential 289
— — v. NiCr 21 Mo 368
— — — NiMo 16 Cr 368
kubisch-flächenzentrierte Phase 19
kugelförmige Ausscheidungen 230, 232
künstliche Alterung bei Ni–Fe-Leg. 34
Kunststoffkörbe für Anoden 304
Kupfereisenkies 3
Kupfernickel 1
Kupper Nicklicht 1
Kurzzeitwerte v. Heizleitern 145

lamellare Ausscheidung 227
Längenänderung, magnetostriktive 60
—, relative, in Abhängigkeit v. der Induktion 97, 98
Langmuir-Hinshelwood-Mechanismus 282, 284
Längsdiffusion (Katalyse) 285
latente Energie v. kaltverformtem Ni, Erholungskurve 217
latenter Antiferromagnetismus v. Ni–Fe-Leg. 32
lateritische Erze 3
LC–Ni 99, Biegen 14
—, Spannungsausgleichglühen 16
—, Schmieden 14
—, Spannungsfreiglühen 16
—, Vorwärmdauer 15
—, Weichglühen 16
—, Zusammensetzung 14
Lebensdauer v. Heizleitern 141, 142, 145, 153
— — —, Einfluß v. Metallionen 156, 157, 158
— — NiCr 30 10 146
— — NiCr 60 15 146
— — —, Einfluß v. Zusätzen 152
— — NiCr 80 20 146
— — —, Einfluß v. Zusätzen 151
— — Ni–Cr–Fe-Leg. 344
— — Ni–Cr-Leg. 143, 153, 342, 344

Lebensdauerkennwerte v. Kaltverformung 154
Lebensdauerkennziffer v. Heizleitern 143, 145
Lebensdauerprüfung v. Heizleitern 145, 146
lebensdauerverbessernde Zusätze für Heizleiter 143, 151, 152, 156
Leerstellen an Korngrenzen 252
Leerstellenüberschuß, Einfluß auf Ordnungseinstellung 89
Leg., aushärtbare 233
—, bestrahlte, Festigkeitseigenschaften 180, 181
—, dispersionsgehärtete, s. dispersionsgehärtete Leg.
— für hochbelastbare Widerstände 167
— — Präzisionswiderstände 163, 165
— — Thermoelemente 168
— — Widerstände zur Konstanthaltung des Stromes 163, 164
— — Widerstandsthermometer 163, 164
—, hitzebeständige, s. hitzebeständige Leg.
—, hochnickelhaltige weichmagnetische 73
—, hochpermeable 84
—, hochwarmfeste, s. hochwarmfeste Leg.
— mit besonderen elektrischen Eigenschaften 141
— — flachem Anstieg der Permeabilität 89
— — Isothermschleife 90
— — niedriger Sättigungsmagnetisierung 101
— — Rechteckschleife 90
—, weichmagnetische, s. weichmagnetische Leg.
—, zunderfeste 329
Legierungselemente, s. Zusätze
Legierungszusätze, s. Zusätze
Leitfähigkeit, elektrische, v. NiO 322
Li, Einfluß auf Oxydationsgeschwindigkeit 324
Lieferformen 8
Lochfraßkorrosion 368, 369
Löslichkeit v. Anoden 298
— — —, Einfluß v. Chlorionenkonzentration 303
— — —, — des Gefüges 300
— — C in Ni 9
— — H in Ni 10

Löslichkeit v. H in Ni–Co-Schmelzen 11
— — H in Ni–Fe-Schmelzen 11
— — Mn in Ni 9
— — O in Ni 10, 317
— — S in Ni 12
Lösungen, alkalische, Korrosion in 372, 378
—, neutrale, Korrosion in 372
—, oxydierend wirkende, Korrosion in 386
—, reduzierend wirkende, Korrosion in 389
Lösungsglühen bei hochwarmfesten Leg. 239
—, Abkühlgeschwindigkeit nach, v. thermoelastischen Leg. 54
— v. hochwarmfesten Leg. 249, 259
Lösungstemperatur, Einfluß auf Korngröße und Zeitstandfestigkeit 250
Luft, Korrosion in 376

M 22, Zusammensetzung 255
M 1040 73, 76, 84
magnetfeldinduzierte Rechteckschleife 93
Magnetfeldtemperung 63, 94, 96
— quer zur Magnetisierungsrichtung 86
magnetisch bedingte Dämpfungsursachen 44
magnetische Abschirmungen 75
— Anisotropie, einachsige 88
— Atommomente 56, 108
— Dauermagnetkreise 56, 108
— Eigenschaften 55, 63
— —, Einfluß v. Anlaßbehandlung oberhalb Curietemperatur 76
— —, — — Bestrahlung 186
— —, — — Glühbehandlungen 68
— —, — — Legierungszusammensetzung 76
— —, — — Reinheit 68
— —, — — Umformung 68
— —, — Temperaturabhängigkeit 64
— —, v. Allegheny 4750 nach Bestrahlung 186
— — — Alni 114
— — — Alnico 114
— — — Monimax nach Bestrahlung 186
— — — Mumetall nach Bestrahlung 186
— — — nichtmagnetisierbaren Leg. 103, 104
— — — nichtmagnetisierbaren Stählen 102, 104

magnetische Eigenschaften v. Permalloy
    nach Bestrahlung 186
— — — Pulvermaterial 70
— — — Sinimax nach Bestrahlung 186
— — — Sintermaterial 70
— — — Supermalloy nach Bestrahlung
    186
— Grundkonstanten 63
— — ,Temperaturgang 64
— —, Zusammenhang mit magnetischen Eigenschaften 80
— Konstanten 63
— Kristallanisotropie 57
— Kristalleigenschaften 55
— Kristallenergie, Temperaturverlauf
— — v. Ni–Fe-Leg. 58 [65
— Nachwirkungseffekte (Relaxation) 63
— Vorzugsachse 63
— Vorzugsebene 60, 67
— Vorzugslage 60, 62
— Vorzugsrichtung 67, 115
— — v. Alnico-Dauermagnetwerkstoffen 121
— —, Werkstoffe mit 115
Magnetisierbarkeit, Richtungen 57
magnetisierte Elementarbereiche 108
Magnetisierung, absolute 56
—, Drehprozesse 112
—, Einfluß auf Elastizitätsmodul 43
—, — v. mechanischen Spannungen 67
—, Elementarprozesse 108
—, spontane 108, 110
— v. Dauermagnetwerkstoffen 107
— — Kompensationswerkstoffen 101
— — 30%-Ni–Fe-Leg. 104, 105
— — Thermoperm 105
Magnetisierungskurve, Bestimmung der idealen 70
Magnetkies 3
magnetomechanische Hysterese 45, 49
Magnetonenzahl 63
Magnetooptik 67
magnetostatische Wechselwirkung 113
Magnetostriktion 59, 67, 109
Magnetostriktion-Feldstärke-Kurven v. Ni–Fe-Leg. 72
Magnetostriktionseffekte, technische Bedeutung 71
Magnetostriktionshub 72
Magnetostriktionskonstanten 59, 64
—, Nulldurchgänge, bei Ni–Cu–(Fe+Cr)-Leg. 76

Magnetostriktionskonstanten, Nulldurchgänge bei Ni–Cu–(Fe+Mo)-Leg. 76
—, —, Einfluß v. Cu 85
—, Temperaturverlauf 64
— v. Ni–Fe-Leg. 61
Magnetostriktionswerte v. Ni–Fe-Leg. 60, 61
magnetostriktive Längenänderungen 60
— Schwinger 71
makroskopische Anisotropie 115, 121
Makrostruktur (Katalyse) 285
Manganferrit 111
MAR-M 200, Zusammensetzung 255
MAR-M 246, Zusammensetzung 255
Martensitbereich im Gefüge einer Ni–Co–Fe-Leg. 36, 37
Martensiteinschlüsse bei nichtmagnetisierbaren Stählen 104
Matrixgitter, Überstruktur 232
matrixhärtende Elemente, Einfluß auf hochwarmfeste Leg. 245
Matrixhärtung 233
Mattnickel 304
—, Anodenpotential-Stromdichte-Kurven 306
—, Korrosion 307
Maximalpermeabilität, Temperaturverlauf 66
M_6C 238, 253
M_7C_3 338
$M_{23}C_6$ 238, 338
mechanische Dämpfung 43
— Eigenschaften, s. Festigkeitseigenschaften und unter den einzelnen Eigenschaften
— Spannungen, Einfluß auf Magnetisierung 67
Mehrstoffsystem, s. Phasendiagramm
Metall-Glas-Verschmelzungen 38
Metalloxide, Zersetzungsdruck 319, 320
Metallschmelzen, Korrosion v. Heizleitern durch 159
metastabile Ausscheidung 227, 229
Meteoreisen 1
Mg, Einfluß auf Eigenschaften 9
Mikrodehnung 207
mikroporöses Cr 307
mikrorissiges Cr 377
Mikrostruktur (Katalyse) 280
Minerale, nickelhaltige 3
Mischphase, geordnete, Ni_2Cr 135
Mischungslücke, spinodale 231

mittlere Sättigungsmagnetostriktion 59
— spezifische Wärme 21
mittlerer Wärmeausdehnungskoeffizient 26
M–Ni 99,5, Zusammensetzung 8
Mn, Einfluß auf Eigenschaften 9
—, — — spezifischen elektrischen Widerstand 133
—, Löslichkeit in Ni 9
—, Schmelzpunkt 234
Mn–Ni–Cu-Leg., thermische Eigenschaften 40
Mn–Zn-Ferrite, weichmagnetische 105
Mo-Carbide, Ausscheidung 360
Mo, Einfluß auf Festigkeitseigenschaften v. hochwarmfesten Leg. 245
—, — — Gitterparameter in Ni–Cr-Leg. 237
—, — — hochwarmfeste Leg. 236
—, — — Korrosion v. Heizleitern 159
—, — — — — Ni–Mo-Leg. 359
—, — — Nulldurchgang v. K_1 82
—, — — — der Kristallanisotropiekonstante 84
—, — — Passivierung v. Ni 294
—, — — Permalloy 84
—, — — spezifischen elektrischen Widerstand 133
— -Permalloy 74, 87
—, Schmelzpunkt 234
Modul, elastischer 215
molare Adsorptionswärme 281
Mond-Carbonyl-Verfahren 6
Mondnickel 8
Monel, s. NiCu 30 Fe
Monel 400, s. NiCu 30 Fe
Monel-K, s. NiCu 30 Al
Monel-KR, s. NiCu 30 C
Monimax, magnetische Eigenschaften nach Bestrahlung 186
Mumetall 73, 76, 84
—, magnetische Eigenschaften nach Bestrahlung 186
Münzlegierung 1

N, Affinität zu 343
— -Aufnahme v. hitzebeständigen Werkstoffen 343, 344
— -haltige Gase, Einfluß auf hitzebeständige Werkstoffe 343
Nachwirkung der Permeabilität bei 50%-Ni–Fe-Leg. 98
Nachwirkungseffekte, magnetische 63

nadelförmige Ausscheidungen 228, 230
— Feinstpulvermagnete 112
Nahordnung, gerichtete, v. Dauermagneten 88
—, $NiFe_3$ 86, 97, 100
Natronlauge, s. Korrosion in NaOH
Nb, Einfluß auf Dauermagnetwerkstoffe 126
—, — — Festigkeitseigenschaften v. hochwarmfesten Leg. 239
—, — — hochwarmfeste Leg. 236
—, — — spezifischen elektrischen Widerstand 133
—, — — Zeitstandverhalten v. hochwarmfesten Leg. 243
—, Schmelzpunkt 234
Néel-Punkt 111
Néelsche Orientierungsüberstruktur 97
negativer Temperaturkoeffizient des Elastizitätsmoduls 48
neutrale Lösungen, Korrosion in 372
— Salze, Korrosion in 377, 384
neutronenbestrahltes Ni, Ausheilkurve 178
Neutronenbestrahlung bei 50%-Ni–Fe-Leg. 93
Ni, aktives, Polarisationskurven 303
— -Al_2O_3 273
— -Anoden, s. Anoden
— -Bäder 302
— -Basisleg. s. u. Ni-Leg. oder den entspr. Leg.-Gruppen
—, Einfluß auf Aufkohlung 340
—, — — Ausdehnungskoeffizienten 30
— -Einkristall, Bereichsstruktur 67
— —, Koeffizienten des Elastizitätsmoduls 42
— —, Schubspannungs-Abgleitungs-Kurven 204
— —, Übergangskriechen 209
— —, Verfestigung 204
— —, Verformung 204
— -Elektrolyse 296
— -Elektrolyte 302
— -Ferrit, weichmagnetischer 111
— —, (Gußwerkstoff), Bruchdehnung 211
— —, Elastizitätsmodul 216
— —, 0,2-Grenze 211
— —, Härte 211
— —, Zugfestigkeit 211
—, hochreines, Schubspannungs-Scherungskurve 206
— -Hydrid 11, 130

Ni-Ionenleerstellen 324
—, Isotope 173
—, kaltverformtes, Erholungskurven 217
— (Knetwerkstoff), Biegewechselfestigkeit 214
— —, Bruchdehnung 211, 212, 213
— —, Elastizitätsmodul 216
— —, 0,2-Grenze 211, 212, 213
— —, Härte 211
— —, Kerbschlagzähigkeit 211
— —, Kriechverhalten 214
— —, Zugfestigkeit 211, 212, 213, 214
—, kobaltfreies 6
— mit Zusätzen, elektrische Eigenschaften 171
— — —, Rekristallisation 219
— — —, Wärmeleitfähigkeit 171
—, neutronenbestrahltes, Ausheilkurve 178
— -Niederschläge, s. Nickelüberzüge
— -Oberfläche, freie Energie 220
—, polykristallines, Verfestigungskurve 205
— -Schmelzen, Entschwefelung 9
—, Thermokraft gegen Pt 132
— -ThO$_2$ 272, 273, 274, 275
— -Überzüge 304
— —, Anwendung 304
— —, Festigkeitseigenschaften 309
— —, Härte 309
— —, H-Gehalt 307
— —, innere Spannungen 309
— —, Korrosion 310
— —, mechanische Eigenschaften 309
— —, stromlose Abscheidung, s. stromlose Vernicklung
— —, Wärmebehandlung 308
— —, —, Einfluß auf Festigkeit 309
— — — — — Härte 309
— -Verbrauch 2
— (Widerstandswerkstoff), höchste Arbeitstemperatur 163
— —, spezifischer elektrischer Widerstand 163
— —, Temperaturkoeffizient des elektrischen Widerstandes 163
— —, Thermospannung gegen Cu 163
— —, Zusammensetzung 163
Ni 99,0, Zusammensetzung 299
Ni 99,2, Biegen, günstigster Temperaturbereich 14

Ni 99,2 Schmieden 14
—, Spannungsausgleichglühen 16
—, Spannungsfreiglühen 16
—, Umformen 14
—, Vorwärmdauer 15
—, Weichglühen 16
—, Zusammensetzung 14
Ni 99,4, Biegewechselfestigkeit 214
—, Bruchdehnung 211, 212, 213
—, Elastizitätsmodul 216
—, 0,2-Grenze 211, 212, 213
—, Härte 211
—, Kerbschlagzähigkeit 211
—, Kriechverhalten 214
—, Zugfestigkeit 211, 212, 213, 214
Ni 99,4 NiO, Zusammensetzung 299
Ni 99,6, Biegen 14
—, Korrosion in NaOH 375
—, — — — (schwefelhaltig) 374
—, Schmieden 14
—, Spannungsausgleichglühen 16
—, Spannungsfreiglühen 16
—, Umformen 14
—, Vorwärmdauer 15
—, Weichglühen 16
—, Zusammensetzung 14
Ni 99,7, Zusammensetzung 299
Ni 99,8, Streckgrenze 208
Ni 99,98, Streckgrenze 205
Ni 99,99, Bruchdehnung 211
—, 0,2-Grenze 211
—, Härte 211
—, Zugfestigkeit 211
Ni 99,999, Schubspannungs-Scherungskurve 206
Ni 330 (bestrahlt und unbestrahlt), Spannungs-Dehnungs-Kurve 179, 180
Ni 99 CSi, Zusammensetzung 299
Ni-Ag-Leg., Oxydationsgeschwindigkeitskonstanten 325
NiAl 262
Ni$_3$Al 208, 226, 232, 233, 234, 239, 263, 265, 269
Ni–Al-Leg., Ausscheidungen 232
—, Elastizitätsmodul 49
—, Oxidschichten 327
Ni–Al–Si–Mn/Ni–Cr–Fe, Thermopaar 170
NiAl 4 Ti, s. Duranickel
Ni–Au-Leg., stationäres Kriechen 209
Ni–B-Niederschläge, stromlose Vernicklung 313

Ni–C, eutektische Temperatur 9
Ni$_3$C 9
Ni(CO)$_4$ 6
Ni-15Co-15Cr-5Al-4Mo-4Ti, Zeitstandfestigkeit 274
Ni–Co–Cr–Fe-Leg., thermische Eigenschaften 40
NiCo 15 CrMoAlTi, Gefüge 253, 254
NiCo 20 Cr 15 MoAlTi, Zeitstandfestigkeit 274
Ni–Co–Fe-Leg., Gefügestabilisierung 38
—, instabile 37
—, Kristallanisotropie-Konstanten 100
—, Martensitbereich im Gefüge 36, 37
—, thermische Eigenschaften 35, 36
Ni–Co-Glanzbad 302
Ni–Co-Leg., elastische Eigenschaften 50
—, Hall-Konstante 138
—, Stapelfehlerenergie 208
—, Übergangskriechen 209
Ni–Co-Schmelzen, Löslichkeit v. H 11
Ni$_2$Cr, K-Zustand 135
—, Überstruktur 147
NiCr 30 10, Lebensdauer 146
NiCr 30 20, Festigkeitseigenschaften 144
—, Lebensdauer 344
—, Oberflächenbelastung 161
—, physikalische Eigenschaften 144
—, spezifischer elektrischer Widerstand 144
—, Zusammensetzung 143
—, Zusammensetzung der Oxidschichten 331
NiCr 40 60, s. CrNi 60 40
NiCr 50 50, Festigkeitseigenschaften 352
—, Härte 352
—, Korrosion in H$_2$S 346, 347
—, — — Salzschmelzen 351, 353
—, Zusammensetzung 352
NiCr 60 15, Biegen 14
—, Einfluß v. Zusätzen auf Lebensdauer 152
—, Festigkeitseigenschaften 144
—, Lebensdauer 146
—, Oberflächenbelastung 161
—, physikalische Eigenschaften 144
—, Schmieden 14
—, Spannungsausgleichglühen 15
—, Spannungsfreiglühen 16
—, spezifischer elektrischer Widerstand 144
—, Umformen 14

NiCr 60 15, Vorwärmdauer 15
—, Weichglühen 16
—, Zusammensetzung 14, 143
—, Zusammensetzung der Oxidschichten 331
NiCr 65 35, Festigkeitseigenschaften 352
—, Härte 352
—, Korrosion in fluoridhaltiger HNO$_3$ 387
—, — — HNO$_3$ 386, 388
—, — — H$_2$S 346, 347
—, — — Salzschmelzen 351, 353
—, Polarisationskurve 294, 295
—, Zusammensetzung 352
NiCr 70 30, Heizleiter 143
NiCr 80 20, Biegen 14
—, Bruchdehnung 211, 247
—, Festigkeitseigenschaften 144
—, Gefüge 155
—, 0,2-Grenze 211
—, Kaltwiderstand 150
—, Korrosion in HCl 392
—, — — HNO$_3$ 386
—, — — H$_2$S 346, 347
—, — — H$_2$SO$_4$ 392
—, — — Salzschmelzen 351, 353
—, — — SO$_2$ 347
—, Lebensdauer 146, 151, 344
—, Oberflächenbelastung 161
—, physikalische Eigenschaften 144
—, relative Widerstandsänderung 150
—, Schmieden 14
—, Spannungsausgleichglühen 16
—, Spannungsfreiglühen 16
—, spezifischer elektrischer Widerstand 144, 149
—, Temperaturfaktor 150
—, Temperaturfaktor-Bereich 149
—, Umformen 14
—, Vorwärmdauer 15
—, Weichglühen 16
—, Zugfestigkeit 211, 247
—, Zusammensetzung 14, 143
—, — der Oxidschichten 331
— mit Ti+Al, Festigkeitseigenschaften 240
— — Zusätzen, Festigkeitseigenschaften 249
— — —, Temperaturkoeffizient des elektrischen Widerstandes 166, 167
— — —, thermische Ermüdung 249
NiCr 80 20/Ni, Thermospannung 170

NiCr 90 10, elektrische Eigenschaften 171
—, Wärmeleitfähigkeit 171
Ni–Cr–Al–Cu-Leg., elektrische Eigenschaften 163
Ni–Cr–Al–Fe-Leg., elektrische Eigenschaften 163
Ni–Cr–Al-Leg., Ausscheidungen in 232
—, Heizleiter 145
Ni–Cr–Co–Fe-Leg., Elastizitätsmodul 53
Ni–Cr–Co-Leg., s. hochwarmfeste Leg.
Ni–Cr–Co–Mo-Leg., Zeitstandwerte 242
Ni–Cr–Co–Ti–Al-Leg., Zeitstandverhalten 245
NiCr 20 Co 18 Ti, Gefüge 253, 254
—, Wärmebehandlung 249
—, Zeitstandfestigkeit 274
NiCr 15 Fe, Abklingkurven 175, 176
—, Anwendungstemperatur 334
—, bestrahlt und unbestrahlt, Festigkeitseigenschaften 180, 181
—, Biegen 14
—, Biegewechselfestigkeit 214
—, Bruchdehnung 211, 212, 213
—, — nach Bestrahlung 182, 183
—, Elastizitätsmodul 216
—, 0,2-Grenze 211, 212, 213
—, Härte 211
—, Hüllwerkstoff in Reaktoren 187
—, Kerbschlagzähigkeit 211
—, Korrosion in alkalischen Salzen 385
—, — — HCl 391
—, — — H$_2$SO$_4$ 391
—, — — NaOH 375, 384
—, — — Na$_2$S 385
—, — — neutralen Salzen 385
—, — — Wasser 385
—, Kriechverhalten 214
—, Radioaktivität 175, 176
—, Schmieden 14
—, Spannungsausgleichglühen 16
—, Spannungsfreiglühen 16
—, Spannungsrißkorrosion 367
—, Stofftransport in NaOH 385
—, Umformen 14
—, Verwendung 384, 386
—, Vorwärmdauer 15
—, Weichglühen 16
—, Zeitstandverhalten unter Bestrahlung 185, 186
—, Zugfestigkeit 211, 212, 213, 214
—, Zunderbeständigkeit 332

NiCr 15 Fe, Zusammensetzung 14, 334
Ni–Cr–Fe-Leg., Aufkohlung 341, 342
—, aushärtbare 55
—, Curietemperatur 39
—, Heizleiter 141
—, Korrosion in oxydierend wirkenden Säuren und Lösungen 388
—, kritische Potentiale 368
—, K-Zustand 147
—, Lebensdauer 344
—, Lochfraßkorrosion 369
—, spezifischer elektrischer Widerstand 148
—, Temperaturabhängigkeit des Elastizitätsmoduls 51
—, thermische Eigenschaften 38
—, thermoelastische Koeffizienten 52
—, Wärmeausdehnung 38
—, Wärmeausdehnungskoeffizient 39
—, Zusammensetzung der Oxidschichten 331
NiCr 21 Fe 18 Mo als Hüllwerkstoff in Reaktoren 187
Ni–Cr–Fe–Mo–Cu-Leg., Korrosion in reduzierend wirkenden Säuren 391, 392
Ni–Cr–Fe/Ni–Al–Si–Mn, Thermopaar 170
NiCr 15 Fe 7 TiAl als Hüllwerkstoff in Reaktoren 187
—, bestrahlt und unbestrahlt, Festigkeitseigenschaften 180, 181
—, Bruchdehnung nach Bestrahlung 182
—, Zeitstandverhalten unter Bestrahlung 186
Ni–Cr–Fe–W–Al-Leg., Festigkeitseigenschaften 241
Ni–Cr/Konstantan, Thermospannung 172
Ni–Cr-Leg., Aufkohlung 340, 341, 342
—, Aufschwefelungsgeschwindigkeit 346
—, aushärtbare 233
—, Ausscheidung v. Chromnitriden 344
—, Chromverarmung 169
—, ΔE-Effekt 49
—, Einfluß v. Cr auf Korrosion 358
—, elastische Eigenschaften 49
—, γ'- und η-Phase 241
—, Gießtemperatur 13
—, Gitterparameter 237
—, Grünfäule 349
—, Hall-Konstante 140

Ni–Cr-Leg., Heizleiter 141
—, Hochtemperaturkorrosion 349
—, — in Ammoniak 343
—, — — Schwefeldampf 346
—, hochwarmfeste, s. hochwarmfeste Leg.
—, interkristalline Korrosion 365
—, Kaltwiderstand 147
—, Korrosion bei hohen Temperaturen 349
—, — in alkalischen Lösungen 384
—, — — fluoridhaltiger HNO_3 387
—, — — HNO_3 359, 387
—, — — Luft 362
—, — — in NaOH 375
—, — — neutralen Lösungen 384
—, — — oxydierend wirkenden Lösungen und Säuren 386
—, — — reduzierend wirkenden Lösungen und Säuren 391
—, — — Salzschmelzen 351, 353
—, — — Wasser 386
—, — — wäßrigen Lösungen 358
—, K-Zustand 140, 147, 169, 170
—, Lebensdauer 143, 153, 342, 344
—, Ölasche-Korrosion 353
—, Oxydation 329, 330
—, Oxydationsgeschwindigkeitskonstanten 325
—, Passivierung 293
—, Polarisationskurven 293, 294
—, porige Gußblöcke durch Wasserstoffaufnahme 13
—, Schmelzprozeß 13
—, selektive Oxydation 169
—, spezifischer elektrischer Widerstand
—, Steigen der Schmelzen 13 [148
—, thermoelektrische Eigenschaften 168
—, Thermoelemente 168
—, Thermospannungen gegen Ni 169
—, Wasserstoffaufnahme 13
—, Zeitstandverhalten 246
—, Zunderbeständigkeit in CO_2 341
—, Zusammensetzung 153
—, — der Oxidschichten 331
Ni_2Cr-Mischphase, geordnete 135
NiCr 20 Mo 3, Bruchdehnung 247
—, Zugfestigkeit 247
NiCr 21 Mo, Korrosion in H_2SO_4 393
—, — — oxydierend wirkenden Lösungen 388
—, — — oxydierend wirkenden Säuren 388

NiCr 21 Mo, kritisches Potential 368
—, Lochfraßkorrosion 369
—, Spannungsrißkorrosion 368
Ni–Cr–Mo–Cu-Leg., Korrosion in H_3PO_4 395
—, — — H_2S 395
—, — — H_2SO_3 395
—, — — H_2SO_4 395
Ni–Cr–Mo-Leg., Einfluß v. Zusätzen auf Bruchdehnung 245
—, Spannungsrißkorrosion 366
—, s. a. hochwarmfeste Leg.
NiCr 22 Mo 9 Nb, Bruchdehnung nach Bestrahlung 183
—, Korrosion in HCl 395
—, — — HF 395
—, — — HNO_3 395
Ni–Cr/Ni, Thermokraft 132
—, Thermopaare 170
—, Thermospannung 170, 172
NiCr 30 20/Ni, Thermospannung 170
NiCr 60 15/Ni, Thermospannung 170
NiCr 90/10/Ni, Thermospannung 170
Ni–Cr–Si–Mn-Leg., elektrische Eigenschaften 163
Ni–Cr-Stähle, Zunderbeständigkeit 342
—, Zundergeschwindigkeit 342
NiCr 20 Ti, Anwendungstemperatur 334
—, Polarisationskurve 294
—, Zusammensetzung 334
NiCr 20 TiAl, Wärmebehandlung 249, 257
Ni–Cr–Ti–Al-Leg., Ausscheidungen in 232
Ni–Cr–Ti–Al–Co-Leg., elektrische Eigenschaften 163
Nicrotung, Zusammensetzung 255
NiCu 30 Al, Aushärtung 266
—, Biegen 14
—, Curietemperatur 266
—, Dehnung 267
—, Dichte 266
—, elastische Eigenschaften 266
—, elektrische Eigenschaften 266
—, Festigkeitseigenschaften 267
—, 0,2-Grenze 267
—, Härte 266
—, Korrosion in HF 397
—, physikalische Eigenschaften 266
—, Poissonsche Konstante 266
—, Schmelzbereich 266
—, Schmieden 14
—, Spannungsausgleichglühen 16

NiCu 30 Al, Spannungsfreiglühen 16
—, spezifischer elektrischer Widerstand 266
—, spezifische Wärme 266
—, Temperaturkoeffizient des Widerstandes 266
—, thermische Eigenschaften 266
—, Umformen 14
—, Verwendung 267
—, Vorwärmdauer 15
—, Wärmeausdehnungskoeffizient 266
—, Wärmebehandlung 266
—, Wärmeleitfähigkeit 266
—, Weichglühen 16
—, Zugfestigkeit 267
—, Zusammensetzung 14, 265
Ni–Cu–Al-Leg., Anlaßbehandlung 262
—, Ausscheidungen in 232
—, Phasen 262, 263
—, Schmelztemperaturen 262
NiCu 30 C, Zusammensetzung 265
NiCu 30 Fe, Biegen 14
—, Biegewechselfestigkeit 214
—, Bruchdehnung 211, 212, 213
—, Elastizitätsmodul 216
—, Erosion 381
—, 0,2-Grenze 211, 212, 213
—, Härte 211
—, Kerbschlagzähigkeit 211
—, Korrosion in $AlCl_3$ 396
—, — — alkalischen Salzen 384
—, — — chlorierten Lösungsmitteln 396
—, — — HCl 357, 396
—, — — HF 397
—, — — H_2SiF_6 397
—, — — H_2SO_4 396
—, — — Meerwasser 358, 381
—, — — NaCl-Lösungen 358
—, — — NaOH 378
—, — — neutralen Salzen 384
—, — — NH_4OH 379
—, — — organischen Chloriden 390, 396
—, — — — Lösungsmitteln 390, 396
—, — — Salzlösungen 358
—, — — Säuren 358
—, — — Wasser 380
—, — — $ZnCl_2$ 396
—, Kriechverhalten 214
—, Lochfraßkorrosion 369
—, Schmieden 14
—, Spannungsausgleichglühen 16
—, Spannungsfreiglühen 16
—, Spannungsrißkorrosion 367

NiCu 30 Fe, Stofftransport in NaOH 378
—, Umformen 14
—, Verwendung 378, 380, 381, 384, 396
—, Vorwärmdauer 15
—, Weichglühen 16
—, Zugfestigkeit 211, 212, 213, 214
—, Zusammensetzung 14
Ni–Cu–Fe-Leg., Hallfeld-Kurve 137, 138
Ni–Cu–(Fe+Cr)-Leg., ⌊Nulldurchgänge der Magnetostriktionskonstanten 76
—, Zone für hohe Permeabilität 76
Ni–Cu–(Fe+Mo)-Leg., Nulldurchgänge der Magnetostriktionskonstanten 76
—, Zone für hohe Permeabilität 76
Ni–Cu-Leg., Ausscheidungen in 233
—, ausscheidungshärtbare 260
—, ΔE-Effekt 49
—, Einfluß v. Cu auf Korrosion 357
—, elastische Eigenschaften 49
—, Gießtemperatur 13
—, Hall-Konstante 138
—, interkristalline Korrosion 365
—, Kompensationswerkstoffe 105
—, Korrosion in alkalischen Lösungen
—, — — Salzen 384   ⌊378
—, — — Meerwasser 381
—, — — neutralen Salzen 384
—, — — reduzierend wirkenden Lösungen und Säuren 395
—, — — Wasser 380
—, — — wäßrigen Lösungen 357
—, Lochfraßkorrosion 369
—, Oxydation 328
—, Passivierung 292
—, Polarisationskurven 292
—, Schmelzprozeß 13
—, spezifischer elektrischer Widerstand 134
—, thermoelektrische Eigenschaften 168
—, Thermoelemente 168
—, Widerstandsleg. 161
Ni–Cu–Mn-Leg., Widerstandsleg. 161
NiCu 30 Si 4, s. G-NiCu 30 Si 4
Ni–Fe, Überstruktur 93, 98
Ni_3Fe, Fernordnung 86, 97, 100
—, Nahordnung 86, 97, 100
—, Überstruktur 33, 48, 57, 58, 88
Ni–Fe–Co-Leg., Perminvar 99
Ni–Fe–Cr-Leg., Korrosion in Luft 362
Ni–Fe–Cu-Leg., Ausscheidungsisoperm 99
Ni–Fe–Cu–Mo-Leg., Anfangspermeabilität 85

Sachverzeichnis 427

Ni–Fe-Leg., $\alpha \rightleftharpoons \gamma$-Umwandlung 27, 28, 31
—, Alterungsbehandlung 35
—, anisotrope Ordnung 89
—, Antiferromagnetismus 32
—, Ausdehnungskoeffizient 29, 30, 31, 35
—, Ausdehnungskurven 28
—, Curiepunkt 56
—, Curietemperatur 56
—, ΔE-Effekt 45, 47
—, ΔE_γ-Effekt 46, 47
—, Dämpfung 49
—, Dichte 32, 33
—, Einfluß v. Fe auf Korrosion 361
—, — — Kaltverformung 53
—, elastische Anisotropie 45
—, — Eigenschaften 45, 50
—, elektrische Eigenschaften 163
—, Frequenzabhängigkeit der Dämpfung 49
—, Gefüge 101
—, Gefügestabilisierung 83
—, Gitterkonstanten, Isotherme 32
—, Hystereseschleife 96
—, Isothermen der Gitterkonstanten 32
—, isotrope Ordnung 89
—, K_1-Werte 57
—, K_2-Werte 59
—, Korrosion in Alkalien 361
—, — — H_2SO_4 362
—, — — Luft 362
—, — — Säuren 362
—, — — wäßrigen Lösungen 361
—, Kristallenergie 57
—, künstliche Alterung 34
—, Löslichkeit v. H 11
—, magnetische Kristalleigenschaften 55
—, — Kristallenergie 58
—, magnetomechanische Hysterese 49
—, Magnetostriktion 47
—, Magnetostriktionswerte 60, 61
—, Ordnungseffekte 57
—, Ordnungsvorgänge 58
—, Rekristallisationstextur 221
—, reversible 34
—, Sättigungsmagnetisierung 56
—, Sättigungsmagnetostriktion 46, 47
—, Schrumpfung 28
—, spezifischer elektrischer Widerstand 32, 33, 136

Ni–Fe-Leg., Temperaturabhängigkeit des Elastizitätsmoduls 51
—, thermische Eigenschaften 27
—, thermoelastische Koeffizienten 52
—, Volumenänderung im magnetischen Feld 31
—, Volumenmagnetostriktion 29, 32, 46
—, Wärmeausdehnung 27
—, Wärmeleitfähigkeit 34
30%-Ni–Fe-Leg., Magnetisierung 104, 105
—, Curietemperatur 73
—, Elastizitätsmodul 47, 72
—, Härte 72
—, Induktion-Feldstärke-Kurve 79
—, Koerzitivfeldstärke 73
—, Magnetostriktion-Feldstärke-Kurven 72
—, Permeabilität 73
—, Permeabilität-Feldstärke-Kurve 79
—, Sättigungsinduktion 73
—, Sättigungsmagnetostriktion 73
—, Schallgeschwindigkeit in 72
—, spezifischer elektrischer Widerstand 72
36...48%-Ni–Fe-Leg., flacher Anstieg der Permeabilität 89
—, relativer Hysteresebeiwert 89
40%-Ni–Fe-Leg., Elastizitätsmodul 52
50%-Ni–Fe-Leg., Curietemperatur 73
—, Einfluß v. Neutronenbestrahlung 93
—, Elastizitätsmodul 72
—, Härte 72
—, hohe Anfangspermeabilität 92
—, Induktion-Feldstärke-Kurve 79
—, Koerzitivfeldstärke 73
—, Magnetostriktion-Feldstärke-Kurven 72
— mit hoher Anfangspermeabilität 92
—, Nachwirkung der Permeabilität 98
—, Permeabilität 73
—, Permeabilität-Feldstärke-Kurve 79
—, rechteckförmige Hystereseschleife 79, 90
—, Sättigungsinduktion 73
—, Sättigungsmagnetostriktion 73
—, Schallgeschwindigkeit in 72
—, sekundärrekristallisierte 91
—, spezifischer elektrischer Widerstand 72
50...65%-Ni–Fe-Leg., magnetische Eigenschaften 84
57%-Ni–Fe-Leg., Koerzitivfeldstärke 95

28*

57%-Ni–Fe-Leg., Kristallanisotropie-
 Konstante 97
—, Permeabilität 95
—, Remanenz 95
63%-Ni–Fe-Leg., Koerzitivfeldstärke 95
—, Kristallanisotropie-Konstante 97
—, Permeabilität 95
—, Permeabilität-Feldstärke-Kurve 96
—, relative Längenänderung in Abhängigkeit v. der Induktion 97, 98
—, Remanenz 95
65%-Ni–Fe-Leg., Hystereschleife 93
—, uniaxiale Anisotropiekonstante 93
Ni–Fe–Mo-Leg., Anfangspermeabilität 77, 78
—, Anlaßverhalten 76
—, Elastizitätsmodul 52
—, Hystereseschleife 96
—, Kristallanisotropiekonstante 85
—, Remanenz 77, 78
—, Sättigungsmagnetostriktion 81
50...65%-Ni–Fe–Mo-Leg., magnetische Eigenschaften 94
65%-Ni–Fe–Mo-Leg., niedrige Remanenz 98
—, Tempern im Magnetfeld 98
Ni–H_2O, Gleichgewichtsdiagramm 287
—, Potential-pH-Diagramm 287
Ni-Leg., Ausscheidungen in 232
—, Ermüdungseigenschaften 214
—, Festigkeitseigenschaften 211, 212, 213
—, Kriechverhalten 214
— mit As, Supraleitfähigkeit 131
— — Bi, Supraleitfähigkeit 131
— — Cr, Supraleitfähigkeit 131
—, Passivierung 292
—, Verwendung in der Reaktortechnik 187
Ni_3Mn 50
Ni_3Mn-Überstruktur 130, 136
NiMn 5, Biegen 14
—, Schmieden 14
—, Spannungsausgleichglühen 16
—, Spannungsfreiglühen 16
—, Umformen 14
—, Weichglühen 16
—, Zusammensetzung 14
Ni–Mn–Fe-Leg., thermische Eigenschaften 40
Ni–Mn-Leg., elastische Eigenschaften 50
—, Oxydation 329
Ni–Mn-Mischkristall, spezifischer elektrischer Widerstand 136

NiMo 30, Biegen 14
—, Bruchdehnung 211
—, Elastizitätsmodul 216
—, 0,2-Grenze 211
—, Härte 211
—, Kerbschlagzähigkeit 211
—, Korrosion in HCl 360, 393
—, — — H_3PO_4 394
—, — — H_2SO_3 394
—, — — H_2SO_4 394
—, — — organischen Säuren 394
—, — — oxydierend wirkenden Lösungen 394
—, Polarisationskurve 294, 295
—, Schmieden 14
—, Umformen 14
—, Verwendung 393
—, Vorwärmdauer 15
—, Weichglühen 16
—, Zugfestigkeit 211, 212
—, Zusammensetzung 14
Ni_3Mo_3C 360
NiMo 16 Cr, Biegen 14
—, Bruchdehnung 211
—, Elastizitätsmodul 216
—, 0,2-Grenze 211
—, Härte 211
—, Kerbschlagzähigkeit 211
—, Korrosion in Br 394
—, — — Cl 394
—, — — ClO_2 394
—, — — HCl 394
—, — — H_2SO_4 394
—, — — J 394
—, — — Meerwasser 394
—, — — organischen Säuren 394
—, — — oxydierend und reduzierend wirkenden Säuren 394
—, kritisches Potential 368
—, Schmieden 14
—, Sigmaphasenausscheidung 395
—, Umformen 14
—, Verwendung 395
—, Vorwärmdauer 15
—, Weichglühen 16
—, Zugfestigkeit 211, 212
—, Zusammensetzung 14
Ni–Mo–Cr-Leg., Korrosion in reduzierend wirkenden Säuren und Lösungen 393
—, Passivierung 295
—, Polarisationskurven 295
NiMo 16 CrW, Polarisationskurve 295

Ni–Mo–(Fe+Cu)-Leg., Kristallanisotropiekonstante 81
—, Nulldurchgänge der Magnetostriktionskonstanten 80
—, — v. λ_{111}, λ_s, λ_{100} u. K_1 80
Ni–Mo–Fe-Leg., aushärtbare 55
—, Elastizitätsmodul 53
Ni–Mo-Leg., Einfluß v. Mo auf Korrosion 359
—, Elastizitätsmodul 49
—, interkristalline Korrosion 360, 365
—, Koerzitivfeldstärke 77, 78
—, Korrosion in HCl 360
—, — — H_3PO_4 360
—, — — H_2SO_4 360
—, — — reduzierend wirkenden Säuren und Lösungen 393
—, — — wäßrigen Lösungen 359
—, Passivierung 294
—, Polarisationskurven 294
—, Sensibilität für interkristalline Korrosion 360
—, Spannungsrißkorrosion 366
—, spezifischer elektrischer Widerstand 134, 135
Ni–Mo/Ni–Cu, Thermopaar 170
Ni_3N 343
Ni_3Nb 236
NiO, Diffusionsmechanismus bei der Bildung 321
—, elektrische Leitfähigkeit 322
—, Fehlordnung 324
—, Fehlordnungsmodell 321, 322
—, Reduktion durch Kohlenstoff 340
—, Zersetzungsdruck 319, 320, 328
Ni–O, eutektische Zusammensetzung 10
—, Phasendiagramm 317
Ni–P-Niederschläge, stromlose Vernicklung 312
Ni–Pt-Leg., Oxydation 329
Ni-Resist D 2, Korrosion in Luft 364
—, — — Meerwasser 363, 364
NiS 12
Ni–S, eutektische Zusammensetzung 12
—, Phasendiagramm 345
Ni_3S_2 348
NiSi, Ausscheidung 232
Ni–Si, Phasendiagramm 263
Ni_3Si 264, 268
Ni–Si-Leg., Ausscheidungen in 232
—, Duktilität 361
—, Einfluß v. Cu auf Korrosion 361
—, — — Si auf Korrosion 361

Ni–Si-Leg., Korrosion in H_2SO_4 361
—, — — reduzierend wirkenden Lösungen und Säuren 397
—, — — wäßrigen Lösungen 361
—, Spannungsrißkorrosion 366
—, Verwendung 398
NiSn, Polarisationskurve 295
Ni–Sn-Leg., Einfluß v. Sn auf Korrosion 365
—, Passivierung 295, 296
—, Polarisationskurven 295
Ni_3Ta 236
Ni–Ta-Leg., Passivierung 296
Ni–Ti, Phasendiagramm 235, 237
Ni_3Ti 235, 240, 241
—, Ausscheidungen 227, 233
Ni–Ti–Al-Leg., Ausscheidungen in 232
Ni–Ti-Leg., ΔE-Effekt 49
—, elastische Eigenschaften 49
—, Passivierung 296
Ni–Zn-Ferrite, weichmagnetische 105
Ni–Zn-Leg., Korrosion in wäßrigen Lösungen 365
Nibodurnickel, Härte 314
—, physikalische Eigenschaften 314
—, Schmelzpunkt 314
Nibodurverfahren 313
nichtmagnetisierbare Stähle 101, 102, 104
— Stahlgußleg., 103, 104
— Sondergußeisen, 103, 104
nichtrostende Stähle, s. Cr–Ni-Stähle, Ni–Cr-Stähle oder unter Kurzzeichen
Nickelcarbonyl 6
Nickel-Seal 307
—, Korrosion 307
Nickeltetracarbonyl 6
niedrige Remanenz bei 65%-Ni–Fe–Mo-Leg. 98
— Sättigungsmagnetisierung, Leg. mit 101
Nimonic 75, s. NiCr 20 Ti
Nimonic 80 A, s. NiCr 20 TiAl
Nimonic 90, s. NiCr 20 Co 18 Ti
Nimonic 115, s. Ni-15Co-15Cr-5Al-4Mo-4Ti
Nitridbildung in Ni–Cr-Leg. 344
Normalanoden 299
Normalpotential 287
Nulldurchgang der Kristallanisotropiekonstante, Einfluß v. Mo 84

Nulldurchgang der Magnetostriktionskonstante, Einfluß v. Cu 85
— — — v. Ni–Cu–(Fe+Cr)-Leg. 76
— — — — Ni–Mo–(Fe+Cu)-Leg. 80
— — — — Ni–Cu–(Fe+Mo)-Leg. 76
— v. K_1, Einfluß v. Cu 82
— — —, Einfluß v. Mo 82
— — λ_{111}, λ_s, λ_{100} u. K_1 v. Ni–Mo–(Fe+Cu) 80

O-Diffusion in Ni 323
O, Einfluß auf Eigenschaften 10
—, Löslichkeit in Ni 10, 317
obere Streckgrenze, Auftreten nach Bestrahlung 179
Oberfläche, freie Energie 220
Oberflächenbedeckung (Katalyse) 280
Oberflächenbelastung v. CrNi 25 20 161
— — Heizleitern 142, 160
— — Ni–Cr-Leg. 161
Oberflächenbeschichtung v. hochwarmfesten Gußleg. 256
Oberflächenenergie 225, 226, 228
Oberflächenschichten, Beseitigung der Kaltverfestigung 258
Öffnungsfeldstärke 94
Ölasche-Korrosion 350, 353
optimaler Dauermagnetzustand 117
optische Eigenschaften 19
Ordnung, anisotrope 89, 97
—, isotrope 89, 97
Ordnungseffekte bei Ni–Fe-Leg. 57
Ordnungsvorgänge bei Ni–Fe-Leg. 58
Ordnungszahl 18
organische Glanzzusätze 305
organisches Glanzbad 302
Orientierungsüberstruktur 62, 89, 93
—, Néelsche 97
Oxide, Stabilität 318
—, Standardbildungsarbeit 318, 319
oxidische Nickelerze 3
Oxidschichten, Verhalten bei wechselnder Aufheizung und Abkühlung 332
— bei Ni–Al-Leg. 327
— — Ni–Cr-Leg. 330
—, Zusammensetzung 329, 331
Oxydation, Einfluß v. Zusätzen 324
—, Geschwindigkeit 319
—, innere, 271, 348
—, parabolisches Zeitgesetz 321, 326
—, selektive 329, 348
—, —, v. Cr 348, 349
—, —, — Cu–Mn–Ni-Leg. 166

Oxydation, selektive, v. Ni–Cr-Leg. 169
—, Temperaturabhängigkeit 323
— v. Ni–Cr-Leg. 329
— — Ni–Cu-Leg. 328
— — Ni–Mn-Leg. 329
— — Ni–Pt-Leg. 329
— — Ni, Temperaturabhängigkeit 323
—, zeitlicher Ablauf 319
Oxydationsgeschwindigkeit 319, 323
—, Einfluß v. Al 326
—, — — Cr 324, 326, 329
—, — — Li 324
—, — — Zusätzen 326
Oxydationsgeschwindigkeitskonstanten 325
oxydierend wirkende Lösungen, Korrosion in 386
— — Säuren, Korrosion in 386

Pakfong 1
parabolisches Zeitgesetz der Oxydation 321, 326
paramagnetische Stoffe, Hall-Konstante 137
Paramagnetismus 56, 64
Passivierung v. Ni, Einfluß v. Cr 293, 294
— — —, — — Cu 292
— — —, — — Mo 294
— — —, — — Si 296
— — —, — — Sn 295, 296
— — —, — — Ta 296
— — —, — — Ti 296
— — Ni–Cr-Leg. 293
— — Ni–Cu-Leg. 292
— — Ni-Leg. 292
— — Ni–Mo-Leg. 294, 295
— — Ni–Sn-Leg. 295, 296
— — Ni–Ta-Leg. 296
— — Ni–Ti-Leg. 296
Passivierungsstromdichte, Einfluß des Reinheitsgrades 291
Passivität, kritische Stromdichte 289
—, primäre 291
—, sekundäre 289, 291
Passivschicht 290, 291
Pa, spezifischer elektrischer Widerstand 131
Pd, Einfluß auf spezifischen elektrischen Widerstand 133
PDRL 162, Zusammensetzung 255
Pentlandit 3
Permalloy 61, 73, 86

Permalloy, Einfluß v. Zusätzen 84
—, Induktion-Feldstärke-Kurve 79
—, innere Zustandsänderungen beim Anlassen 86
—, magnetische Eigenschaften nach Bestrahlung 186
—, Mo-haltiges 87
—, Permeabilität-Feldstärke-Kurve 79
—, rechteckförmige Hystereseschleife 79
Permanickel, Ausscheidungen in 233
—, Festigkeitseigenschaften 270
—, Härte 270
—, physikalische Eigenschaften 270
—, Wärmebehandlung 239
—, Zusammensetzung 269
Permeabilität, Einfluß der Anlaßbehandlung bei Ni-Fe-Leg. 85
—, hohe, bei 50 Hz 96
—, Nachwirkung der, bei 50%-Ni-Fe-Leg. 98
—, Temperaturverlauf bei Reinnickel, 65, 66
— v. hochnickelhaltigen Leg. 74
— — nichtmagnetisierbaren Stählen 101
— — 36%-Ni-Fe-Leg. 73
— — 50%-Ni-Fe-Leg. 73
— — 57%-Ni-Fe-Leg. 95
— — 63%-Ni-Fe-Leg. 95
— — Reinnickel 73
Permeabilität-Feldstärke-Kurven v. hochpermeablen Leg. 79
— — — 36%-Ni-Fe-Leg. 79
— — — 50%-Ni-Fe-Leg. 79
— — — 63%-Ni-Fe-Leg. 96
— — — Permalloy 79
Perminvar 99
Perminvarschleife 63, 93, 100
Phase, hexagonale 19
—, kubisch-flächenzentrierte 19
Phasen in Alnico-Dauermagnetleg. 117, 119
— — Dauermagnetwerkstoffen 117
— — Ni-Cu-Al-Leg. 262, 263
—, intermetallische, Ausscheidung in Ni-Cr-Leg. 233
Phasenanteile, Zwischenflächenenergie bei Dauermagnetleg. 123
Phasenbestandteile, ferromagnetische 116
Phasendiagramm Al-Cr-Ni-Ti 235, 238
— Al-Cu 262
— Al-Cu-Ni 262, 263
— Al-Fe-Ni 116

Phasendiagramm Al-Ni 234, 236
— C-Ni 339
— Cr-Fe-Ni 334, 336, 339
— Cr-Ni 234, 235
— Cu-Mn-Ni 164
— Cu-Ni 260, 261
— Cu-Ni-Si 263, 264
— Cu-Si 264
— Ni-O 317
— Ni-S 345
— Ni-Si 263
— Ni-Ti 235, 237
—, schematisch 225, 230
— V_2O_5-Na_2SO_4 350
pH-Potential-Diagramm v. Ni-H_2O 287, 288
physikalische Eigenschaften 18
— — v. CrNi 25 20 144
— — — Duranickel 270
— — — G-NiCu 30 Si 4 268
— — — Heizleitern 144
— — — Kanigennickel 314
— — — Nibodurnickel 314
— — — Ni-Cr-Leg. 144
— — — NiCu 30 Al 266
— — — Permanickel 270
plattenförmige Ausscheidungen 228, 230
Poissonsche Konstante v. NiCu 30 Al 266
— Querkontraktionszahl 215
Polarisation, anodische, Einfluß v. S 300
—, Einfluß v. Kaltverformung 301
—, — — Wärmebehandlung 301
—, kathodische und anodische 297
Polarisationskurven 289
— v. Ni 290, 292, 294, 303
— — Ni-Cr-Leg. 293, 294
— — Ni-Cu-Leg. 292
— — Ni-Mo-Cr-Leg. 295
— — Ni-Mo-Leg. 294
— — Ni-Sn-Leg. 295
Polfigur v. Reinnickel 210
polykristallines Ni, Verfestigungskurve 205
Porendiffusion (Katalyse) 285
porige Gußblöcke durch H 13
Portevin-Le-Chatelier-Effekt 207, 209
Potential, elektrochemisches 287
—, kritisches, s. kritisches Potential
—, thermoelektrisches, v. Präzisionswiderständen 167
— -pH-Diagramm v. Ni-H_2O 287, 288

Potential-Stromdichte-Kurve, s. Polarisationskurve
Potentiale in Meerwasser 371
Präzisionswiderstände, Leg. für 163, 165
—, thermoelektrisches Potential 167
Preßmagnete 128
primäre Passivität 291
Primärrekristallisation 216
—, Würfeltextur 90
Produkthemmung katalytischer Reaktionen 285
Prüfzustand, definierter, v. Heizleitern 148
Pseudorechteckschleife, Ursache der 83
— v. hochnickelhaltigen Leg. 74
Pt, Einfluß auf spezifischen elektrischen Widerstand 133
Pulvermaterial, magnetische Eigenschaften 70

quantenmechanische Austauschenergien 56
Querdiffusion (Katalyse) 285
Querkontraktionszahl, Poissonsche 215

radioaktive Isotope 18, 173
Radioaktivität 174
— v. NiCr 15 Fe 175, 176
— — X 10 CrNiNb 18 9 176
Radioisotope v. Ni 173
Raffination, elektrolytische 6
Raney-Ni 285
Reaktionen, katalytische, s. katalytische Reaktionen
Reaktionsquerschnitte v. Ni-Isotopen 173
Reaktorwerkstoffe 187
rechteckförmige Hystereseschleife, Leg. mit 74, 90, 93
— — v. 50%-Ni–Fe-Leg. 79, 90
— — — Permalloy 79
Rechteckschleife 63, 65, 96, 97, 100
—, echte, v. hochnickelhaltigen Leg. 74
—, Leg. mit 74, 90, 93
—, magnetfeldinduzierte 93
—, spontane, v. hochnickelhaltigen Leg. 74
Reduktion v. Metalloxiden 340
Reduktionsmittel zur stromlosen Vernicklung 312
Reduktionsverfahren, katalytische, zur stromlosen Vernicklung 312

reduzierend wirkende Lösungen, Korrosion in 389
— — Säuren, Korrosion in 389
reduzierte Koerzitivkraft 112
Reflexion 19
Reibung, innere 43
Reinanoden 299
Reinheitsgrade v. Hüttennickel 7
Reinigungsglühung v. weichmagnetischen Leg. 75
Reinnickel, Aktivierungsenergie 323
—, Curietemperatur 73
—, Einfluß v. Zusätzen auf Stapelfehlerenergie 204
—, Elastizitätsmodul 72
—, Härte 72
—, Koerzitivfeldstärke 73
—, Permeabilität 73
—, Polarisationskurven 290, 292, 294, 303
—, Polfigur 210
—, Sättigungsinduktion 73
—, Sättigungsmagnetostriktion 73
—, Schallgeschwindigkeit in 72
—, Schertextur 210
—, spezifischer elektrischer Widerstand
—, Stapelfehlerenergie 204 ⌊72
—, stationäres Kriechen 209
—, Streckgrenze 205, 208
Reinstnickel, Bruchdehnung 211
—, 0,2-Grenze 211
—, Härte 211
—, Zugfestigkeit 211
Rekristallisation 217, 219
— v. dispersionsgehärteten Leg. 272
Rekristallisationsdiagramm 218, 219
Rekristallisationsglühung v. weichmagnetischen Leg. 75
Rekristallisationstextur 91, 221
relative Längenänderung in Abhängigkeit v. der Induktion 97, 98
— Remanenz, Abhängigkeit v. Sintertemperatur 71
— Widerstandsänderung v. NiCr 80 20 150
relativer Hysteresebeiwert v. 36···48%-Ni–Fe-Leg. 89
Relaxation, magnetische Nachwirkung 63, 258
Remanenz, niedrige bei 65%-Ni–Fe–Mo-Leg. 98
—, relative, Einfluß der Sintertemperatur 71

Remanenz, Temperaturverlauf 67
— v. Ni–Fe–Mo-Leg. 77, 78
— — Ni–Fe-Leg. 95
reversible Ni–Fe-Leg. 34
reziproke Suszeptibilität 64
Richtungen der Magnetisierbarkeit 57
Richtungsanisotropie 62
Richtungsordnung in Magnetlegierungen 63
— v. Atomen 62
Rockwell-Härte, s. Härte
Rohnickel, Co-Gehalt 7
—, Cu-Gehalt 9
—, Fe-Gehalt 9
Rohnickelsorten 7, 8
Rohnickelverbrauch 2
Rückbildung der Ausscheidungen 230

S, Einfluß auf anodische Polarisation 300
—, — — Eigenschaften 12
— -haltige Gase, Einfluß auf hitzebeständige Werkstoffe 345
— —, — — interkristalline Korrosion 347
—, Korrosion durch 346
—, Löslichkeit in Ni 12
—, Schmelzpunkt 234
S-Verbindungen, Einfluß auf Korrosion v. Ni 99,6 in NaOH 374
Salze, alkalische, Korrosion in 377, 384
—, neutrale, Korrosion in 377, 384
Salzschmelzen, Hochtemperaturkorrosion in 351, 353
—, Korrosion v. Heizleitern durch 160
Sättigungsinduktion v. Ni–Fe-Leg. 56, 73
— — Reinnickel 73
Sättigungsmagnetisierung 56, 63
—, absolute 56
—, niedrige, Leg. mit 101
—, Temperaturverlauf 64
— v. Fe–Ni-Leg. 101
Sättigungsmagnetostriktion 59, 69, 71, 72
—, mittlere 59
—, v. Ni–Fe–Mo-Leg. 81
— — Ni–Fe-Leg. 46, 47, 73
— — Reinnickel 73
Säuren, oxydierend wirkende, Korrosion in 386
—, reduzierend wirkende, Korrosion in 389

Schallgeschwindigkeit in Ni–Fe-Leg. 72
— — Reinnickel 72
Schertextur 210
Scherungsfaktor 70
Schicht, diffusionshemmende, in Heizleitern 154, 155
Schlagzähigkeit, Einfluß v. Sigmaphase 337, 339
Schmelzbedingungen v. hochwarmfesten Leg. 259
Schmelzbereich 21
— v. G–NiCu 30 Si 4 268
— — NiCu 30 Al 266
Schmelzen 12
—, Steigen v. 13
— v. Ni–Cr-Leg. 13
— — Ni–Cu-Leg. 13
Schmelzpunkt v. Ni 20, 22
— — Ni–Cu–Al-Leg. 262
— — Kanigennickel 314
— — Legierungselementen für hochwarmfeste Leg. 234
— — Nibodurnickel 314
Schmelztemperatur v. Heizleitern 144
Schmelzwärme 21, 22
Schmieden 14
—, Vorwärmdauer 15
Schmiedestähle, nichtmagnetisierbare, 102, 104
Schmiedetemperatur 13
Schubmodul 43, 215
Schubspannung, kritische, Einfluß durch Bestrahlung 179
Schubspannungs-Abgleitungs-Kurven v. Ni-Einkristallen 204
Schubspannungs-Scherungs-Kurve v. hochreinem Ni 206
Schutz, kathodischer, v. Ni in Alkalilaugen 375
Schweißen v. hochwarmfesten Leg. 258
Schweißverbindungen an hochwarmfesten Leg., Wärmebehandlung 258
Schwellenenergie für Auftreten des Frenkel-Defekts 177
Schwindmaß 13
Schwindung 13
Schwinger, magnetostriktive 71
—, Vormagnetisierung 73
Schwingermaterialien 72, 73
Séjournet-Verfahren 15
sekundäre Passivität 289, 291
Sekundärrekristallisation 91, 216

sekundärrekristallisierte Ni–Fe-Leg. 91
selektive Oxydation 329, 348
— — v. Cr 348, 349
— — — Cu–Mn–Ni-Leg. 166
— — — Ni–Cr-Leg. 169
Sensibilität für interkristalline Korrosion bei Ni–Mo-Leg. 360
Si, Einfluß auf Aufkohlung 340
—, — — Dauermagnetwerkstoffe 125
—, — — Korrosion v. Ni–Si-Leg. 361
—, — — Lebensdauer v. Heizleitern 152
—, — — Passivierung v. Ni 296
—, Schmelzpunkt 234
Siedepunkt 20
Sigmaphase in Ni–Cr–Fe-Leg. 336
—, Einfluß auf Schlagzähigkeit 337, 339
Sigmaphasenausscheidung bei NiMo 16 Cr 395
Sinimax, magnetische Eigenschaften nach Bestrahlung 186
Sintermagnete 128, 129
Sintermaterial, magnetische Eigenschaften 70
Sintertemperatur, Einfluß auf inneren Entmagnetisierungsfaktor 71
—, — — Koerzitivfeldstärke 71
—, — — relative Remanenz 71
Sn, Einfluß auf Korrosion v. Ni–Sn-Leg. 365
—, — — Passivierung v. Ni 295, 296
Sn–Ni-Bad 302
Sondergußeisen, nichtmagnetisierbares, Festigkeitseigenschaften 103, 104
—, —, magnetische Eigenschaften 103, 104
—, —, Zusammensetzung 103, 104
Spannungen, Einfluß auf Temperaturkonstanz v. Widerständen 165
—, innere, v. Nickelüberzügen 309
Spannungsanisotropie-Energie 60
Spannungsausgleichsglühen 15, 16
Spannungs-Dehnungs-Diagramm, allgemeines 41
— — — v. Ni. 330 (bestrahlt und unbestrahlt) 179, 180
Spannungsenergie 59, 60, 67, 228
Spannungsfreiglühen 15, 16
Spannungsreihe, galvanische, in Meerwasser 371
—, thermoelektrische 168
Spannungsrißkorrosion 366, 367, 368
Spannungs-Stromdichte-Kurve, s. Polarisationskurve

Spektrallinien 20
spezifische Wärme 21
— — v. Duranickel 270
— — — G–NiCu 30 Si 4 268
— — — NiCu 30 Al 266
— — — Permanickel 270
spezifischer elektrischer Widerstand 130, 136
— — —, Einfluß v. Bestrahlung 177
— — —, — — Druck 131
— — —, — — Legierungszusätzen 133
— — —, — — Zugspannung 131
— — —, Erholung nach Bestrahlung 178
— — —, Temperaturabhängigkeit 162, 163, 164
— — —, Temperaturkoeffizient 131
— — —, — v. NiCu 30 Al 266
— — — v. CrNi 25 20 144
— — — — CuNi 44 166
— — — — Duranickel 270
— — — — G–NiCu 30 Si 4 268
— — — — Heizleitern 144, 147
— — — — kaltverformtem Ni 217
— — — — Ni–Co–Fe-Leg. 37
— — — — Ni–Cr–Fe-Leg. 148
— — — — Ni–Cr-Leg. 144, 148, 149
— — — — NiCu 30 Al 266
— — — — Ni–Cu-Leg. 134
— — — — Ni–Fe-Leg. 32, 33, 72, 136
— — — — Ni–Mn-Leg. 136
— — — — Ni–Mo-Leg. 134, 135
— — — — Ni (Widerstandswerkstoff)
— — — — Pd 131 [163
— — — — Permanickel 270
— — — — Reinnickel 72
— — — — Thermoelement - Ausgleichsleitungen 172
— — — — Widerstandsleg. 163
— Widerstand, s. spezifischer elektrischer Widerstand
spinoidale Ausscheidung 123
— Entmischung 231
— von Dauermagnetleg. 123
spontane Magnetisierung 108, 110
— Rechteckschleife v. hochnickelhaltigen Leg. 74
Sprödbruch, interkristalliner 11
Spurenelemente, Einfluß auf Haftfestigkeit v. Oxidschichten 332
stabile Ausscheidung 227, 229
— Isotope 18
Stabilität v. Oxiden 318

Stahl A-286, Zeitstandverhalten unter Bestrahlung 185
Stähle, austenitische, s. Cr–Ni-Stähle und Ni–Cr-Stähle
—, bestrahlte, Festigkeitseigenschaften 180, 181
—, hitzebeständige, s. hitzebeständige Stähle
—, nichtmagnetisierbare 101
—, nichtrostende, Dauermagnetwerkstoffe 130
Stahlguß-Leg., nichtmagnetisierbare, 103, 104
Standardbildungsarbeit v. Oxiden 318, 319
Stapelfehler 227
Stapelfehlerenergie bei Ni–Co-Leg. 208
—, Einfluß v. Fremdatomen 208
— v. Reinnickel 204
stationäres Kriechen 208, 209
statische Koerzitivfeldstärke v. Ni–Fe-Leg. 73
— — — Reinnickel 73
Steigen der Schmelzen 13
Stofftransport in NaOH 372
— v. NiCu 30 Fe in NaOH 378
— — NiCr 15 Fe in NaOH 385
Stoner-Wohlfarth-Modell 111, 120
Strahlenschäden 176
strahlungsinduzierte Hochtemperaturversprödung 184
Strangpressen 15
Streckgrenze 205, 212
—, Einfluß der Korngröße 205
—, — v. Fremdatomen 207
—, obere, Auftreten nach Bestrahlung 179
— v. Heizleitern 145
— — Reinnickel 205, 208
Stromdichte, Einfluß auf Härte v. Nickelüberzügen 309
—, — — H-Gehalt in Nickelüberzügen 308
—, — — innere Spannungen v. Nickelüberzügen 309
—, — — mechanische Eigenschaften v. Nickelüberzügen 309
—, kritische, der Passivität 289
Stromdichte-Anodenpotential-Kurven v. Glanznickel 306
— — — — Mattnickel 306
Stromdichte-Potential-Kurve, s. Polarisationskurve

Stromdichte-Spannungs-Kurve, s. Polarisationskurve
Stromdichte v. Ni-Bädern 302
stromlose Nickelabscheidung 311
— Vernicklung 311
Strontiumferrit 114
Struktur des Ni-Gitters 18
Strukturen, Widmannstättensche 228
Stufen der Ausscheidung 229
Sudvernicklung 311
Sulfamatbad 302
Sulfatbad 302
Sulfat/Oxid-Korrosion 349
sulfidische Erze, Extraktion 5
— Nickelerze 3
Superlegierungen, hochfeste 260
Supermalloy 73, 76, 84
—, magnetische Eigenschaften nach Bestrahlung 186
Superparamagnetismus 71, 130
Superplastizität 207
Supraleitfähigkeit v. Ni-Leg. 131
Süßwasser, s. Korrosion in Wasser
Suszeptibilität, reziproke 64

Ta, Einfluß auf hochwarmfeste Leg. 236
—, — — Passivierung v. Ni 296
—, — — Zeitstandverhalten v. hochwarmfesten Leg. 243
—, Schmelzpunkt 234
Tauchvernicklung 311
technische Heizleiterleg. 142
— Vernicklung 311
Teilchengröße, kritische (Einbereichsverhalten) 109
Temperaturabhängigkeit der Kurzzeitwerte v. Heizleitern 145
— — magnetischen Eigenschaften 64
— — Oxydation 323
— — Permeabilität 85
— des Elastizitätsmoduls v. Ni–Cr–Fe-Leg. 51
— — spezifischen elektrischen Widerstandes 162, 163, 164
Temperaturbeiwert des Widerstandes, s. Temperaturkoeffizient des elektrischen Widerstandes
Temperaturfaktor-Bereich v. NiCr 80 20 149
Temperaturfaktor v. Heizleitern 148, 149, 150
Temperaturfehler, Kompensation 106

Temperaturgang der magnetischen Grundkonstanten 64
Temperaturkoeffizient, negativer, des Elastizitätsmoduls 48
— des Elastizitätsmoduls 50
— — elektrischen Widerstandes 131, 162, 164, 165, 166
— — — — v. Ni (Widerstandswerkstoff) 163
— — — — — NiCr 80 20 mit Zusätzen 166, 167
— — — — — Widerstandsleg. 163
— — — — — NiCu 30 Al 266
— v. Heizleitern 151
Temperaturkonstanz v. Widerständen, Einfluß v. Spannungen 165
Temperaturverlauf der Anfangspermeabilität 66
— — Koerzitivfeldstärke 65
— — Kristallenergiekonstanten 64
— — magnetischen Kristallenergie 65
— — Magnetostriktionskonstanten 64
— — Maximalpermeabilität 66
— — Permeabilität 65
— — Remanenz 67
— — Sättigungsmagnetisierung 64
Temperaturwechseltest für Heizleiter 142
Tempern im Magnetfeld v. 65%-Ni–Fe–Mo-Leg. 98
Textur v. dispersionsgehärteten Leg. 273
Texturisotherm 91
Th, Einfluß auf Zunderbeständigkeit v. Heizleitern 151, 152, 154
thermische Ausdehnung, Kompensation 31
— — v. hochmanganhaltigen Leg. 40
— Eigenschaften 20, 27
— — v. Co–Cr–Fe-Leg. 40
— — — Duranickel 270
— — — G–NiCu 30 Si 4 268
— — — Mn–Ni–Cu-Leg. 40
— — — Ni–Co–Cr–Fe-Leg. 40
— — — Ni–Co–Fe-Leg. 35
— — — Ni–Cr–Fe-Leg. 38
— — — NiCu 30 Al 266
— — — Ni–Fe-Leg. 27
— — — Ni–Mn–Fe-Leg. 40
— — — Permanickel 270
— Entmagnetisierung 67
— Ermüdung v. hochwarmfesten Leg. 256
— — — NiCr 80 20 mit Zusätzen 249

Thermobimetalle 35
thermoelastische Koeffizienten 52
thermoelektrische Eigenschaften v. Ni–Cr- und Ni–Cu-Leg. 168
— Spannungsreihe 168
— Potential v. Präzisionswiderständen 167
Thermoelemente 168
—, Ausgleichsleitungen 171, 172
Thermoelementwerkstoffe 171
Thermokraft v. Cu/Konstantan 132, 168
— — Ni gegen Pt 132
— — Ni–Cr/Ni 132
Thermopaare 170, 171, 172
Thermoperm 105, 107
Thermoschock v. hochwarmfesten Leg. 256
Thermospannung v. Ni (Widerstandswerkstoff) gegen Cu 163
— — — — Widerstandsleg. 163
— v. Cu/Konstantan 172
— — Fe/Konstantan 172
— — Ni–Cr/Ni 172
— — NiCr 30 20/Ni 170
— — NiCr 60 15/Ni 170
— — NiCr 80 20/Ni 170
— — NiCr 90 10/Ni 170
— — Ni–Cr/Konstantan 172
— — Thermopaaren 170
— — Cu–Ni-Leg. gegen Fe 168, 169
— — Ni–Cr-Leg. gegen Ni 169
Ti, Einfluß auf Bruchdehnung v. Ni–Cr–Mo-Leg. 245
—, — — Dauermagnetwerkstoffe 126
—, — — Festigkeitseigenschaften v. hochwarmfesten Leg. 239
—, — — — Ni–Cr–Co-Leg. 240
—, — — — Ni–Cr-Leg. 240
—, — — hochwarmfeste Leg. 235
—, — — Passivierung v. Ni 296
—, — — spezifischen elektrischen Widerstand 133
—, — — Zeitstandverhalten v. hochwarmfesten Leg. 243
—, Schmelzpunkt 234
Ti/Al, Einfluß auf γ'-Phase 240
Ticonal X 127
Titankörbe für Anoden 304
Trinkwasser, s. Korrosion in Wasser
TRW 1900, Zusammensetzung 255

Übergangskriechen 208, 209
Überspannung 296, 297

Sachverzeichnis

Überstruktur bei Fe-Ni-Al-Leg. 117
— des Matrixgitters 232
— FeNi 34
— Fe_3Pt 34
— Ni–Fe 93, 98
— Ni_3Fe 33, 48, 57, 58, 88
— Ni_3Mn 130, 136
— Ni_2Cr 147
Udimet 500, Zusammensetzung 255
Umformung, günstigster Temperaturbereich 14
—, Einfluß auf Koerzitivfeldstärke 69
Ummagnetisierungskeime 65
uniaxiale Anisotropie 62
— Anisotropiekonstante v. 65%-Ni–Fe-Leg. 93

V, Korrosion v. Heizleitern durch 159
—, Schmelzpunkt 234
Vakuumentzunderung 319
Vakuumschmelzen v. hochwarmfesten Leg. 260
Verarmung der Korngrenzenumgebung an Legierungselementen 253
Verfestigung 204, 205, 216
— v. Ni-Einkristallen 204
— — polykristallinem Ni 205
Verformung 204
Verformungsanisotropie 62, 92
Verformungstexturen 209
Vergiftung durch H 284
Vergröberung der Ausscheidungen 231
Verhalten, chemisches, s. Korrosion
—, elektrochemisches 287
— in Gasen 317
Vernicklung, stromlose 311
—, technische 311
Verschleißfestigkeit v. hochwarmfesten Leg. 257
Verschleißschutz durch Nickelüberzüge 304
Versetzungen 227
Verspannungen, elastische 75
Versprödung durch H 11
— v. Cr–Ni-Stählen 338
Verunreinigungen, Einfluß auf Passivierungsstromdichte 291
Verwendung 1, 187, 372, 375, 377
— v. CuNi 10 Fe 282, 283, 379, 380
— — CuNi 30 Fe 282, 283, 379, 380
— — Heizleitern 141, 160
— — Kompensationswerkstoffen 106
— — nichtmagnetisierbaren Stählen 104

Verwendung v. Ni in der Reaktortechnik 187
— — NiCr 15 Fe 384, 386
— — NiCu 30 Al 267
— — NiCu 30 Fe 378, 380, 381, 384, 396
— — Ni-Leg. in der Reaktortechnik 187
— — NiMo 30 393
— — NiMo 16 Cr 395
— — Ni–Si-Leg. 398
— — Widerstandsleg. 161, 163
Vicalloy 129
Vickershärte, s. Härte
Vielkristallfließkurven 205
Vielzahlzunderversuche bei Heizleitern 156
Vierstoffsysteme, s. Phasendiagramm
V_2O_5–Na_2SO_4, Phasendiagramm 350
Volumenänderung v. Ni–Fe-Leg. in magnetischem Feld 31
Volumenenergie, freie 225
—, —, der Ausscheidungen 229
Volumenmagnetostriktion 31, 41
— v. Ni–Fe-Leg. 29, 32, 46, 47
Volumenmagnetostriktionskoeffizient 64
Vorkommen 3
Vormagnetisierung v. Schwingern 73
Vorwärmdauer für das Schmieden 15
Vorwärmtemperaturen für das Warmwalzen 15
Vorzugsachsen, magnetische 63
Vorzugsebene, magnetische 60, 67
Vorzugskristallisation 115, 121
Vorzugslagen, magnetische 60, 62, 67
VS 35, Entmagnetisierungskurven 127
VS 55, Entmagnetisierungskurven 127

W, Einfluß auf Festigkeitseigenschaften v. hochwarmfesten Leg. 245
—, — — hochwarmfeste Leg. 236
—, Schmelzpunkt 234
—, Zunderkonstante 321
W–Ni 99, Zusammensetzung 8
Wachstum der Ausscheidungen 230
wahre spezifische Wärme 21
Walzstähle, nichtmagnetisierbare 102, 104
Walztextur 209
180°-Wandverschiebung 98
Wandverschiebung in ferromagnetischen Elementarbereichen 109, 110
Warmbiegen 14

Wärme, spezifische, s. spezifische Wärme
Wärmeausdehnung 25, 27
—, Kompensation 31
— und α ⇌ γ-Umwandlung 31
— v. Co–Cr–Fe-Leg. 40
— — hochmanganhaltigen Leg. 40
— — Mn–Ni–Cu-Leg. 40
— — Ni–Co–Cr–Fe-Leg. 40
— — Ni–Co–Fe-Leg. 35
— — Ni–Cr–Fe-Leg. 38
— — Ni–Fe-Leg. 27
— — Ni–Mn–Fe-Leg. 40
Wärmeausdehnungskoeffizient 26
— v. Co–Cr–Ni–Fe-Leg. 40
— — Duranickel 270
— — G–NiCu 30 Si 4 268
— — Ni–Co–Fe-Leg. 36
— — Ni–Cr–Fe-Leg. 39
— — NiCu 30 Al 266
— — Permanickel 270
Wärmebehandlung, Einfluß auf Ausdehnungskoeffizienten bei 36%-Ni–Fe-Leg. 34
—, — — Löslichkeit v. Anoden 301
—, optimale, v. hochwarmfesten Leg. 253
— v. Dauermagnetwerkstoffen 115
— — Duranickel 269
— — G–NiCu 30 Si 4 268
— — hochwarmfesten Leg. 249, 254, 257, 258
— — — —, Einfluß auf mechanische Eigenschaften 256
— — NiCr 20 Co 18 Ti 249
— — NiCr 20 TiAl 249, 257
— — NiCu 30 Al 266
— — Nickelüberzügen 308
— — —, Einfluß auf Festigkeit 309
— — —, — — Härte 309
— — Permanickel 269
— — Schweißnähten an hochwarmfesten Leg. 258
— — weichmagnetischen Leg. 75
— zur Beseitigung der Kaltverfestigung v. Oberflächenschichten 258
Wärmeinhalt 21
Wärmeleitfähigkeit 25
— v. Cu 171
— — CuNi 44 171
— — Duranickel 270
— — Fe 171
— — G–NiCu 30 Si 4 268

Wärmeleitfähigkeit v. NiCr 90 10 171
— — NiCu 30 Al 266
— — Ni–Fe-Leg. 34
— — Ni mit Zusätzen 171
— — Permanickel 270
Warmkaltschmieden 14
Warmverarbeitung 12
Wasser, Korrosion in 377, 380, 381
Watts-Bad 302
Wechselfeldmagnetisierung 67
Wechselfestigkeit v. hochwarmfesten Leg. 256
Wechselwirkung, magnetostatische 113
Weichglühen 16
—, Vorgänge beim 204, 216
weichmagnetische Ferrite 111
— Leg. 56, 73
— —, Anlaßbehandlung unterhalb der Curietemperatur 86
— —, Desoxydation 75
— —, Eigenschaftsänderung bei Anlaßbehandlung unterhalb Curietemperatur 86
— —, Herstellung 74
— —, innere Zustandsänderung beim Anlassen 86
— — mit hoher Anfangspermeabilität 92, 93
— — — Isothermschleife 90
— — — mittlerem Ni-Gehalt 89
— — — Rechteckschleife 90, 93
— —, Wärmebehandlung 75
— Mn–Zn-Ferrite 105
— Ni–Zn-Ferrite 105
Weißsche Bezirke 56, 108
Wertigkeit 18
Widerstand, elektrischer, s. spezifischer elektrischer Widerstand
—, spezifischer, s. spezifischer elektrischer Widerstand
Widerstände, hochbelastbare, Werkstoffe für 167
— mit hoher Temperaturkonstanz 164
—, sonstige 167
— zur Konstanthaltung des Stromes 163, 164
Widerstandsänderung nach Vorbehandlung v. CuMn 12 Ni 165
—, relative v. NiCr 80 20 150
Widerstandsleg. 161
—, Anforderungen an 162
—, höchste Arbeitstemperatur 163
—, Korrosionsbeständigkeit 162

Widerstandsleg., spezifischer elektrischer Widerstand 163
—, Temperaturkoeffizient des elektrischen Widerstandes 163
—, Thermospannung gegen Cu 163
—, Verwendung 161, 163
—, Zusammensetzung 163
Widerstandstemperaturbeiwert, s. Temperaturkoeffizient des elektrischen Widerstandes
Widerstandsthermometer 163, 164
Widmannstättensche Strukturen 228
Widmannstättensches Gefüge 232
Wirbelstromanomalie 95, 97
würfelförmige Ausscheidungen 232
Würfellage 221
Würfelnickel 8
Würfeltextur 90
— bei Mo-Permalloy 74

X 5 NiCrTi 26 15, bestrahlt und unbestrahlt, Festigkeitseigenschaften 180, 181
X 8 CrNiMoVNb 16 13 als Hüllwerkstoff in Reaktoren 187
X 8 CrNiNb 16 13 als Hüllwerkstoff in Reaktoren 187
—, bestrahlt und unbestrahlt, Festigkeitseigenschaften 180, 181
X 10 CrNiNb 18 9, Abklingkurven 176
—, Radioaktivität 176
X 15 CrNiSi 20 12, Anwendungstemperatur 334
—, Zusammensetzung 334
X 15 CrNiSi 25 20, Anwendungstemperatur 334
—, Zusammensetzung 334
X 12 CrNiTi 18 9, Anwendungstemperatur 334
—, Zusammensetzung 334
X 10 NiCr 32 16, Anwendungstemperatur 334
—, Zusammensetzung 334
X 10 NiCr 32 20, Spannungsrißkorrosion 368
X 12 NiCrSi 36 16, Anwendungstemperatur 334
—, Zusammensetzung 334

Young's Modul 215

Zähigkeit bei hohen Temperaturen v. hochwarmfesten Leg. 256

Zahl der Bohrschen Magnetonen 63
Zeitgesetz, parabolisches, der Oxydation 321, 326
Zeitstandeigenschaften, s. Zeitstandverhalten
Zeitstandfestigkeit, s. Zeitstandverhalten
Zeitstandverhalten, Einfluß v. C 337, 338
— unter Bestrahlung 185
— v. dispersionsgehärteten Leg. 273
— — hochwarmfesten Leg. 242, 243, 274
— — Cr–Ni-Stählen unter Bestrahlung 185
— — Ni-15Co-15Cr-5Al-4Mo-4Ti 274
— — NiCo 20 Cr 15 MoAlTi 274
— — Ni–Cr–Co-Leg., 248
— — Ni–Cr–Co–Mo-Leg. 242
— — NiCr 20 Co 18 Ti 274
— — Ni–Cr–Co–Ti–Al-Leg. 245
— — NiCr 15 Fe unter Bestrahlung 185, 186
— — NiCr 15 Fe 7 TiAl unter Bestrahlung 186
— — Ni–Cr-Leg. 246
Zentren, aktive, katalytisches Verhalten 281
Zersetzungsdruck v. Cu_2O 328
— — Metalloxiden 319, 320
— — NiO 319, 320, 328
Ziehtextur 210
Zinkferrit 111
Zone für hohe Permeabilität bei Ni–Cu–(Fe+Cr)-Leg. 76
— — — — Ni–Cu–(Fe+Mo)-Leg. 76
zonengeschmolzenes Ni, Koerzitivfeldstärke 70
Zr, Einfluß auf Festigkeitseigenschaften v. hochwarmfesten Leg. 247, 248
—, Schmelzpunkt 234
Zugfestigkeit 212
—, Einfluß v. Bestrahlung 179
— v. Duranickel 270
— — G–NiCu 30 Si 4 268
— — Ni (Gußwerkstoff) 211
— — (Knetwerkstoff) 211, 212, 213, 214
— — Ni 99,4 211, 212, 213, 214
— — Ni 99,99 211
— — NiCr 80 20 211, 247
— — NiCr 15 Fe 211, 212, 213, 214
— — NiCr 20 Mo 3 247

Zugfestigkeit v. NiCu 30 Al 267
— — NiCu 30 Fe 211, 212, 213, 214
— — NiMo 30 211, 212
— — NiMo 16 Cr 211, 212
— — Permanickel 270
— — Reinstnickel 211
Zugspannung, Einfluß auf spezifischen elektrischen Widerstand 131
zulässige Höchsttemperatur für Heizleiter 144
Zunder, Haftfestigkeit bei Heizleitern 155, 157, 158, 159
Zunderbeständigkeit v. Cr–Ni-Stählen 332
— — Fe–Cr–Ni-Leg. 332
— — Heizleitern, Einfluß v. Ce 156
— — —, — — Zusätzen 151, 152, 154
— — Ni–Cr-Leg. in CO_2 341
— — Ni–Cr-Stählen 342
Zunderbildung 321
Zundereigenschaften, Einfluß v. Cr 143
zunderfeste Leg. 329
Zunderfestigkeit v. Heizleitern 141
Zundergeschwindigkeit v. Heizleitern 156
— — Ni–Cr-Stählen 342
Zunderhaftfestigkeit 142
— bei Heizleitern 155, 157, 158, 159
Zunderkonstante 142, 326
— v. Co 321
— — Cu 321
— — Heizleitern 157
— — Ni 321

Zunderkonstante v. W 321
Zunderschicht auf Heizleiterleg. 142
Zunderverhalten v. Heizleitern 154
Zusammensetzung v. ..., s. u. der Legierungsbezeichnung bzw. dem Kurzzeichen des Werkstoffs
Zusätze, Einfluß auf Diffusionsgeschwindigkeit in Heizleitern 154, 155
—, — — Festigkeitseigenschaften hochwarmfester Leg. 239
—, — — Hall-Effekt 138
—, — — K-Zustand v. Heizleitern 149
—, — — Lebensdauer v. NiCr 60 15 152
—, — — Ölasche-Korrosion 353
—, — — Oxydation 324
—, — — Oxydationsgeschwindigkeit 326
—, — — spezifischen elektrischen Widerstand 133
— für hochwarmfeste Nickelbasis-Leg. 234
—, lebensdauerverbessernde, für Heizleiter 151
Zusatzelemente, s. Zusätze
Zustand „Rechteckschleife" 97
Zustandsänderungen, innere, beim Anlassen v. weichmagnetischen Leg. 86
Zustandsdiagramm, s. Phasendiagramm
Zustandsschaubild, s. Phasendiagramm
Zweistoffsystem s. Phasendiagramm
Zwischenflächenenergie der Phasenanteile bei Dauermagnetleg. 123

MIX
Papier aus verantwortungsvollen Quellen
Paper from responsible sources
FSC® C105338

If you have any concerns about our products,
you can contact us on
ProductSafety@springernature.com

In case Publisher is established outside the EU,
the EU authorized representative is:
**Springer Nature Customer Service Center GmbH
Europaplatz 3, 69115 Heidelberg, Germany**

Printed by Libri Plureos GmbH
in Hamburg, Germany